KB264128

python

쉽게 배우는 파이썬 프로그래밍

김동근 저

Python Programming – 최신 Ver 3.5.2 기반

프로그래밍 초보자를 위한 최적의 언어 파이썬

초보 개발자를 위한 다양한 예제를 통해 기초 문법부터 응용까지 단계적 설명

Turtle 그래픽과 tkinter를 이용한 GUI 프로그래밍 설명

파이썬 확장 패키지 사용 방법 설명

NumPy, SciPy, Matplotlib를 이용하는 수치 데이터 처리와 그래프 그리기 프로그래밍 설명

Pillow/PIL과 OpenCV에 의한 영상 및 비디오 처리 프로그래밍 설명

파이썬(Python)은 Guido van Rossum에 의해 개발된 소스가 공개된 무료인 컴퓨터 프로그래밍 언어입니다. 파이썬은 자료형 자체도 클래스일 정도로 완벽한 객체지향 언어입니다. 또한, 프롬프트에서 명령을 내리면 즉각 실행하는 대화형 모드를 갖는 인터프리터 언어이면서, 편집기로 프로그램을 작성하여 실행시킬 수 있는 스크립트 프로그래밍 모드를 지원합니다.

파이썬은 초기에 과학자들이 사용하기 쉬운 언어를 목표로 만들어진 컴퓨터 프로그래밍 언어입니다. 파이썬은 초보자가 컴퓨터 프로그래밍 언어를 배우기에 적합한 언어입니다. 파이썬이 초보자가 배우기 쉽고, 사용하기 쉽다고 해서 할 수 있는 일이 제한적이란 의미는 아닙니다. 파이썬은 범용 언어로 수치 과학 계산, 게임 프로그래밍, 네트워크 프로그래밍, GUI 프로그래밍, 문자열 처리 분야, 데이터베이스 연결, 웹 프로그래밍, 보안과 해킹 프로그래밍, 인공지능 분야 등 다양한 분야에서 폭넓게 활용되고 있습니다.

또한, 파이썬은 Windows, Linux, iOS, 안드로이드 등 다양한 플랫폼에서 사용할 수 있으며, 융통성이 높은 인터프리터 언어의 단점인 계산 속도를 보완하기 위하여 C/C++ 등의 다른 언어와 쉽게 연동하여 사용할 수 있습니다.

이 책의 구조는 다음과 같습니다.

1장에서 파이썬의 설치와 대화형 모드 그리고 프로그래밍 모드의 간단한 사용법에 대하여 설명합니다.

2장에서 7장까지는 파이썬 언어의 기본 기능에 대하여 설명합니다. 2장은 자료형과 연산, 3장은 제어문, 4장은 함수, 5장은 클래스, 6장은 파일 입출력, 7장은 모듈과 패키지에 대하여 설명합니다.

8장과 9장은 파이썬 프로그래밍의 응용 분야 중 GUI 프로그래밍과 수치 데이터 처리 프로그래밍에 대하여 설명합니다. 8장은 터틀 그래픽과 tkinter 프로그래밍에 대하여 설명하고, 9장은 NumPy, Matplotlib, SciPy, Pillow/PIL, OpenCV에 의한 수치 데이터 처리, 그래프 그리기, 영상 처리 등에 대하여 설명합니다.

이 책의 모든 예제는 32비트 윈도우즈 운영체제에서 이 책을 출간하는 시점의 최신 버전인 Cpython 3.5.2(32비트)를 사용하여 작성되고 테스트 되었습니다.

필자는 오래전에 MIT 오픈강의에서 컴퓨터공학 전공 학생들의 컴퓨터 입문 강의에서 파이썬을 사용하는 것으로 처음 접했으며, 그 이후에 영상 처리와 컴퓨터 비전 라이브러리인 OpenCV를 사용하면서 파이썬 인터페이스를 지원하는 것을 보면서 좀 더 깊은 관심을 두기 시작했습니다. 몇 년 전부터는 대학 강의에서 컴퓨터 공학부 1학년 학생들에게 파이썬을 가르치고 있으며, 선형대수 강의에서 활용하고 있습니다.

이 책은 강의 내용과 개인적으로 관심 있는 GUI 프로그래밍, 수치 데이터 처리 그리고 인공지능 프로그래밍 등에 필요한 NumPy, SciPy, Matplotlib를 기반으로 하는 파이썬 프로그래밍 교재를 집필한 것입니다. 처음 의도는 간단하고 쉽게 배울 수 있는 교재를 쓰는 것이었습니다.

그러나 집필을 마치고 나니 처음 의도를 조금 벗어난 것이 아닌가 하는 아쉬운 점은 있지만, 교재에 포함하지 못한 SQLite 데이터베이스, 네트워크 프로그래밍, Django 웹 프로그래밍, SciPy의 최적화 문제, 신호 처리, 공간데이터 처리 등의 내용을 포함하지 못한 아쉬운 점이 더 큽니다.

여러 권의 교재를 집필하면서 항상 느끼는 점이지만, 이번 파이썬 교재를 집필하면서도 많은 시간을 컴퓨터 앞에 앉아서 예제를 작성하고, 설명을 붙이면서 왜 이러고 있나 하는 생각을 하다가도, 파이썬에 대해 모르거나 애매하게 사용하던 부분을 확실히 이해하였으며, 필자 자신에게 많은 공부가 되었습니다. 이 책으로 공부하는 독자 여러분도 이 책의 내용을 공부한 다음에는 자신의 관심 분야에 대해 좀 더 구체적으로 공부하면 많은 도움이 될 것입니다.

끝으로, 책 출판에 수고하신 가메출판사 담당자 여러분께 감사드리며, 독자 여러분의 파이썬 프로그래밍 공부에 많은 도움이 되길 바랍니다.

2016년 여름

김동근

contents

3장 _ 제어문

4장 _ 함수

6장 _ 파일 입출력

7장 _ 모듈과 패키지

Python 기초

1장

01 Python 개요

1.1 Python의 주요 버전 및 특징

파이썬(Python)은 Guido van Rossum에 의해 개발된 컴퓨터 프로그래밍 언어이다. 1994년에 버전 1.0이 발표되었으며, 2016년 3월 현재 최신 버전은 Python 2.7.12와 Python 3.5.2 버전이다. [표 1.1]은 Python 주요 버전의 발표 연도를 나타낸다. 파이썬 버전은 Python 2.x 버전과 Python 3.x 버전으로 발표되고 있다.

표 1.1 Python 주요 버전

년도	Python 2.x 버전	Python 3.x 버전
1994	Python 1.0	
2001	Python 2.0.1	
2008	Python 2.6.0	Python 3.0.0
2010	Python 2.7.0	Python 3.1.2
2012	Python 2.7.3	Python 3.3.0
2014	Python 2.7.9	Python 3.4.0
2015	Python 2.7.10	Python 3.4.3
2015	Python 2.7.11	Python 3.5.0
2015	Python 2.7.11	Python 3.5.1
2016	Python 2.7.12	Python 3.5.2

파이썬은 ABC 언어, Modula-2, C/C++, SmallTalk, Lisp 등의 언어로부터 영향을 받은 언어이다. Python의 주요 특징은 다음과 같다.

1. 파이썬은 GPL 호환 라이선스를 갖는 공개 소프트웨어(Open Source)이다.
2. 배우기 쉬우며, 사용하기 쉽다.
3. Windows, Linux, iOS, 안드로이드 등 다양한 플랫폼에서 사용할 수 있다.
4. C/C++ 등 다른 언어와 쉽게 연동하여 사용할 수 있다.
5. NumPy, SciPy 등 다양하고 강력한 라이브러리 및 유틸리티를 제공한다.
6. 인터프리터(Interpreter) 언어이다.
7. 객체지향 언어(Object Oriented Programming Language)이다.

파이썬 인터프리터는 [표 1.2]와 같이 Python, C/C++, JAVA, C# 등의 다양한 언어로 구현되어 있다. 본 교재에서는 32비트 윈도우즈 운영체제에서 C/C++ 언어로 구현된 CPython 3.5.2을 사용한다.

표 1.2 파이썬 인터프리터의 주요 구현

구현 언어	구현된 인터프리터
C/C++	CPython
Python	PyPy
JAVA	Jython
.NET Framework(C#)	IronPython

1.2 파이썬의 주요 사용 분야 및 동작 플랫폼

파이썬은 프로그래밍 분야의 비전문가인 과학자들이 사용하기 쉽도록 만들어진 언어이며, 배우기 쉬워 초보자가 프로그래밍을 학습하기에 적합한 언어이다.

파이썬 개발자인 Guido van Rossum이 2005년부터 2012년까지 Google에서 근무한 경력이 말해 주듯이, Google에서 웹 수집기(Web Crawler), 검색 엔진(Search Engine) 등에서 사용되어 유명해졌으며, Yahoo, NASA에서도 소프트웨어 통합 및 그룹관리 등을 위한 스크립트 언어로 Python을 사용하였다.

파이썬이 초보자가 배우기 쉽고, 사용하기 쉽다고 해서 할 수 있는 일이 제한적이란 의미는 아니다. 파이썬은 범용 언어로 거의 모든 분야에 사용 가능하다.

파이썬의 주요 사용 분야는 다음과 같다.

(1) Scientific Programming(과학 분야 프로그래밍)
 NumPy, SciPy, Matplotlib 등 과학 계산을 위한 풍부한 라이브러리 모듈을 지원한다.

(2) Game Programming(게임 프로그래밍)
PyGame, Kivy, Pyglet 같은 2D 게임 라이브러리와 PySoy, Panda3D 등의 3D 게임 엔진을 사용할 수 있다.

(3) Network Programming(네트워크 프로그래밍)
BSD 소켓 인터페이스인 socket 모듈과 HTTP, FTP, SMTP, POP3, Telnet 등의 다양한 인터넷 관련 모듈을 지원한다.

(4) GUI Programming(그래픽 인터페이스 프로그래밍)
TkInter, PyQt, PyGtk, wxPython 등의 GUI 툴킷을 지원한다.

(5) Database Programming(데이터베이스 프로그래밍)
SQLite가 내장되어 있으며, MySQL, Oracle, Informix, DB2, Sybase, Microsoft SQL Server, Access 등의 데이터베이스 인터페이스와 API를 지원한다.

(6) Text Processing(텍스트 처리)

문자열(String) 처리를 위한 내장 클래스(str), 연산자, 정규식(regular expression)을 사용하여 다양한 문자열 처리를 지원한다. NLTK는 자연어 처리를 위한 툴킷이다.

(7) Web Programming(웹 프로그래밍)

웹 응용을 위한 스크립트 언어로 사용할 수 있다. Apache 웹 서버를 위한 mod_wsgi, Django, Pylons, web2py 등의 웹 응용 프레임워크를 지원한다. urllib, HTMLParser, scrapy 등을 사용하여 웹 정보 수집(web crawling)을 쉽게 할 수 있다.

(8) Artificial Intelligence(인공지능)

scikit-learn, PyBrain, simpleai 등의 인공지능 및 기계학습 관련 라이브러리 모듈이 있다.

파이썬은 Microsoft Windows, Mac OS X, Linux, Unix 등 대부분의 컴퓨팅 플랫폼에서 동작한다. 물론 Android, iOS 등의 스마트 폰 환경에서도 사용 가능하며, Raspberry Pi 같은 소형보드 컴퓨터에서도 사용 가능하다.

02 Python 설치

[그림 1.1]은 파이썬의 공식 웹 사이트의 https://www.python.org/downloads 페이지이다. 현재(2016년 6월)까지의 최신 버전으로 2016년 6월 27일 발표된 Python 3.5.2를 클릭하여 다운로드한 후 설치한다.

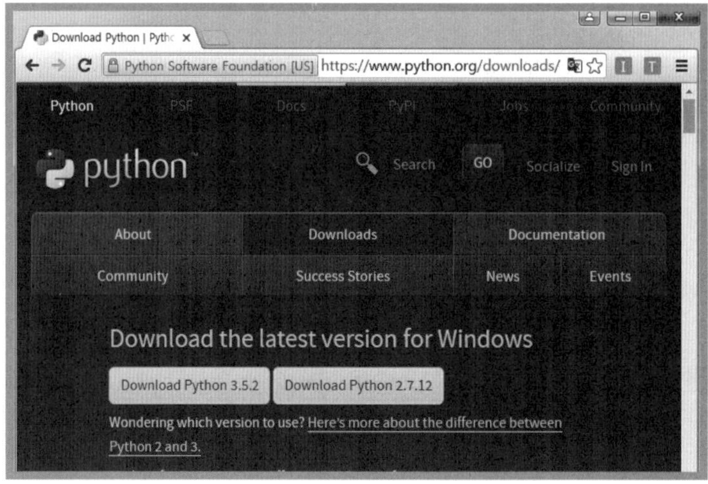

[그림 1.1] Python 공식 사이트

2.1 python 3.5.2 설치

본 교재는 32비트 윈도우즈용 Python 3.5.2 버전을 설치하여 사용한다.

1 다운로드 한 python-3.5.2.exe 파일을 더블클릭하여 설치를 진행한다

2 [그림 1.2]에서 'Install launcher for all users(recommended)'와 'Add Python 3.5 to PATH'의 체크박스가 선택된 상태에서 'Install Now'를 클릭하여 설치를 진행한다.

[그림 1.2] Python 3.5.2 설치

3 파이썬 설치가 완료되면 [그림 1.3]의 창이 나타난다. 'C:\Users*User*\AppData\Local\Programs\Python\Python35-32' 폴더에 파이썬이 설치되고, [그림 1.4]의 두 경로인 Python 설치 폴더의 경로와 설치 폴더 아래 \Scripts 폴더의 경로가 시스템의 환경 변수인 PATH에 자동으로 등록된다. Python 설치 폴더 아래의 \Scripts 폴더에는 easy_install, pip 등 패키지 설치 도구 파일들이 있다.

[그림 1.3] Python 3.5.2 설치 완료

C:\Users*User*\AppData\Local\Programs\Python\Python35-32\Scripts\;
C:\Users*User*\AppData\Local\Programs\Python\Python35-32\

[그림 1.4] 환경 설정의 PATH

4 [그림 1.5]는 Python 3.5.2가 설치된 폴더의 내용이다. 'python.exe' 실행 파일이 기본
Python 인터프리터로 명령 창(cmd)에서 실행되는 인터프리터이다. 'pythonw.exe'는 통합개발
환경인 IDLE처럼 명령 창 없이 응용 프로그램의 윈도우 내에서 파이썬 프로그램을 실행할 수 있는
인터프리터이다.

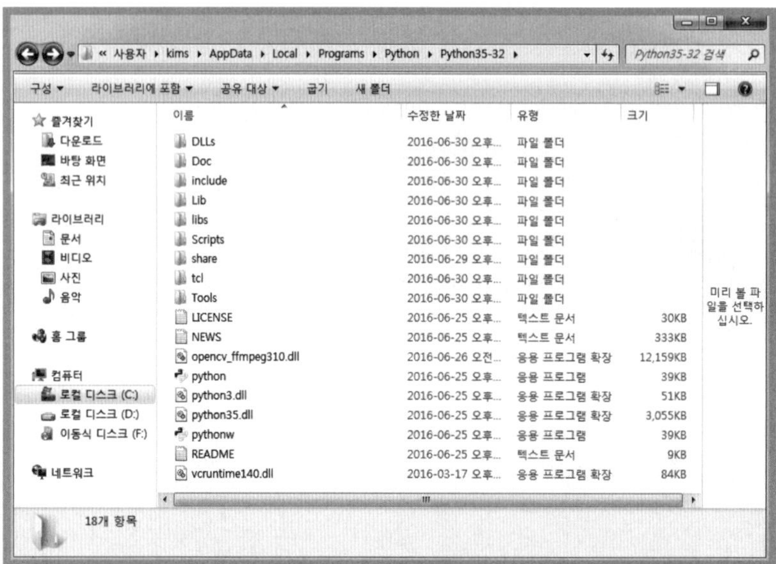

[그림 1.5] Python 3.5.2 설치 폴더

2.2 파이썬 인터프리터

윈도우즈의 [시작]-[모든 프로그램]-[Python 3.5]를 선택한 후, [Python 3.5 (32-bit)]를 클릭
하면 [그림 1.6]과 같이 파이썬 윈도우가 생성되고, 파이썬 인터프리터가 실행된다. 명령 창(cmd)
에서 'python' 또는 'python -i'를 실행하는 것과 같다. MSC v.1900은 파이썬 인터프리터를
Visual studio 2015를 사용하여 개발했음을 의미한다.

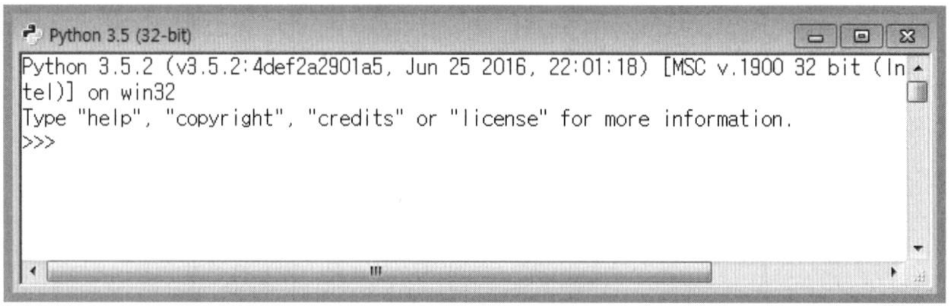

[그림 1.6] Python 3.5 (32-bit) : python.exe

2 윈도우즈의 [시작]-[모든 프로그램]-[Python 3.5]를 선택한 후, [IDLE(Python 3.5 32-bit)]를 클릭하면 [그림 1.7]과 같이 파이썬 3.5.2 Shell 윈도우가 생성되고, 인터프리터가 실행된다. 작업관리자에서 실행 프로세스의 목록을 보면 'pythonw.exe'가 실행하고 있는 것을 알 수 있다. 이 책에서는 파이썬 통합개발환경인 IDLE(Integrated Development & Learning Environment)를 사용하여 대화형(interactive) 모드와 프로그래밍(스크립트) 모드로 예제를 작성하고 설명한다.

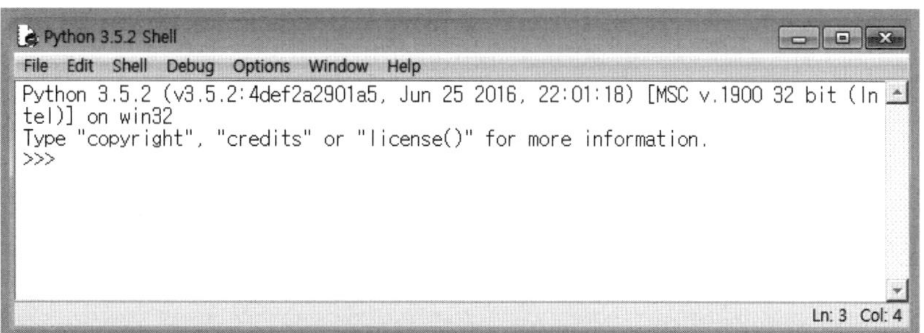

[**그림 1.7**] Python 3.5.2 Shell 윈도우 창 : pythonw.exe

3 실행되는 파이썬 인터프리터를 중지하기 위해서는 프롬프트(>>>)에서 exit() 또는 quit()를 실행한다. [IDLE(Python 3.5 32-bit)]에서는 단축키 Ctrl+D를 이용하여 종료한다. IDLE에서 exit() 또는 quit()를 입력하면 다음과 같이 종료 여부를 묻는 대화 상자가 나타난다. 대화 상자에서 [확인] 버튼을 클릭하면 IDLE를 종료한다.

[**그림 1.8**] IDLE 종료 확인 대화 상자

O3　대화형 모드

IDLE(Python 3.5 32-bit)를 사용하는 파이썬 3.5.2 Shell 윈도우의 프롬프트(>>>)에서 파이썬 문장(statement)을 입력하고 Enter 키를 누르면 파이썬 인터프리터(pythonw.exe)에 의해 문장이 바로 해석되고 실행되어 결과를 즉시 반환한다. 이러한 모드를 대화형 모드(Interactive Mode)라 한다.

간단한 수식을 계산하는 것은 대화형 모드는 물론 프로그래밍도 가능하다. 대화형 모드는 결과를 바로 확인할 수 있다는 장점이 있지만, 오류(error)가 발생하는 경우 소스 코드를 편집할 수 없어 다시 입력해야 하는 단점이 있다.

[예제 1.1] 파이썬 대화형 모드

[그림 1.9]는 파이썬 3.5.2 Shell 윈도우의 프롬프트(>>>)에서 대화형 모드로 변수 a와 변수 b에 값을 저장하고, 덧셈(+), 뺄셈(−), 곱셈(*), 실수 나눗셈(/), 정수 나눗셈(//), 나머지(%), 거듭제곱(**) 연산자가 포함된 간단한 수식의 결과를 직접 출력하거나 print() 함수를 사용하여 출력한 결과를 보여준다.

파이썬 문장을 입력하고 Enter 키를 누를 때마다 문장이 해석되고 실행되는 것을 확인할 수 있다.

```
Python 3.5.2 Shell

File  Edit  Shell  Debug  Options  Window  Help
Python 3.5.2 (v3.5.2:4def2a2901a5, Jun 25 2016, 22:01:18) [MSC v.1900 32 bit (In
tel)] on win32
Type "copyright", "credits" or "license()" for more information.
>>> a = 3
>>> b = 2
>>> a + b
5
>>> a - b
1
>>> a * b
6
>>> a / b
1.5
>>> a // b
1
>>> a % b
1
>>> a ** b
9
>>> print('a + b =', a + b)
a + b = 5
>>>

                                                    Ln: 21  Col: 4
```

[그림 1.9] 대화형 모드에서 간단한 산술 연산

O4   프로그래밍 모드

프로그래밍 모드는 스크립트 모드라고도 하며, 파이썬 통합개발환경 IDLE(Python 3.5 32-bit)를 사용하여 파이썬 프로그램을 작성하고, 저장하고, 편집하고, 실행하며 오류를 수정할 수 있다.

IDLE(Python 3.5 32-bit) 윈도우의 [File]−[New File](단축키 Ctrl+N) 메뉴 항목을 선택하면, 프로그래밍을 편집하고 실행할 수 있는 윈도우가 나타난다. 파이썬 프로그램을 작성하여 '.py' 확장자를 갖는 파일로 저장한다. 파이썬 소스 프로그램(스크립트) 파일은 기본으로 유니코드의 UTF-8로 인코딩되어 저장된다.

[예제 1.2] 파이썬 프로그래밍 모드

1 [그림 1.10]은 IDLE 윈도우에서 [File]–[New](Ctrl+N) 메뉴를 선택하여 열리는 편집 창에서 간단한 파이썬 프로그램을 작성하고, [File]–[Save](Ctrl+S) 메뉴를 선택하여 'ex0102.py'로 저장한다. 대화형 모드와 같이 a + b, a - b 등의 연산 결과는 프롬프트(>>>)에 출력되지 않는다. 프로그래밍 모드에서는 print() 함수를 사용하여 결과를 출력해야 한다.

```
ex0102.py - C:/Users/kims/AppData/Local/Programs/Python/Python35-32/ex0102.py (3.5.2)
File  Edit  Format  Run  Options  Window  Help
a = 3
b = 2
print(a + b)
print(a - b)
print(a * b)
print(a / b)
print(a // b)
print(a % b)
print(a ** b)
                                                           Ln: 10  Col: 0
```

[그림 1.10] 파이썬 프로그래밍 모드

2 [Run]–[Run Module](F5) 메뉴 항목을 선택하여 파이썬 프로그램을 실행시키면, [그림 1.11]과 같이 Python 3.5.2 Shell 윈도우에 실행 결과를 출력한다.

```
Python 3.5.2 Shell
File  Edit  Shell  Debug  Options  Window  Help
Python 3.5.2 (v3.5.2:4def2a2901a5, Jun 25 2016, 22:01:18) [MSC v.1900 32 bit (Intel)] on win32
Type "copyright", "credits" or "license()" for more information.
>>>
= RESTART: C:/Users/kims/AppData/Local/Programs/Python/Python35-32/ex0102.py =
5
1
6
1.5
1
1
9
>>>
                                                           Ln: 12  Col: 4
```

[그림 1.11] 실행 결과

05 주석, 행 구분자, 들여쓰기

5.1 주석(comment)

파이썬 프로그래밍에서 주석은 '#' 기호를 사용한다. '#' 기호는 행 단위의 주석이다. 즉, 같은 행에서 '#' 기호 뒤의 문장은 파이썬 문법으로 해석하지 않는다. '#'에 의한 주석의

용도는 설명 글을 기술하여 프로그램에 대한 이해를 돕는 데 있다.

5.2 행 구분자와 행 연결

파이썬의 행 구분자(line delimiter)는 세미콜론(';')이다. 그러나 한 행에 하나의 문장만 있을 경우는 행 구분자를 생략할 수 있다.

역슬래시('\') 기호는 행 연결(line continuation) 문자이다. 파이썬 문장을 여러 행에 나누어 작성하는 경우에 사용한다.

[예제 1.3] 주석 및 행 구분자

[그림 1.12]는 주석(#), 행 구분자(;), 행 연결(\) 문자를 사용한 예제이다.

```
Python 3.5.2 Shell
File  Edit  Shell  Debug  Options  Window  Help
Python 3.5.2 (v3.5.2:4def2a2901a5, Jun 25 2016, 22:01:18) [MSC v.1900 32 bit (In
tel)] on win32
Type "copyright", "credits" or "license()" for more information.
>>> # example 1.3
>>> a = 1   # assign 1 to a
>>> b = 2   # assign 2 to b
>>> a
1
>>> b
2
>>> a = 10; b = 20
>>> a
10
>>> b
20
>>> c = a + \
	b
>>> c
30
                                                                      Ln: 19  Col: 4
```

[그림 1.12] 주석, 행 구분자, 행 연결 문자

5.3 들여쓰기

파이썬에서 들여쓰기(indentation)는 반드시 해야 하는 강제 사항이다. 들여쓰기에 의해 블록(block)을 구분하며, 들여쓰기를 올바르게 사용하지 않으면 오류(error)가 발생한다. 들여쓰기는 스페이스 바(space bar)에 의한 공백과 탭(tab)을 혼합하여 사용하지 않아야 한다.

[예제 1.4] 올바른 들여쓰기

[그림 1.13]은 프로그래밍 모드에서 if~else 문장의 들여쓰기가 올바르게 사용된 프로그램이다. 변수 a = 10이고, 변수 a의 값을 2로 나눈 나머지가 0이면 print() 함수로 짝수("Even number!")라 출력하고, 그렇지 않으면 홀수("Odd number!")를 출력한다. 콜론(:)을 입력하고, 엔터키를 누르면 정의된 탭(tab)의 크기만큼 들여쓰기를 자동으로 수행한다. 즉, 콜론(':')이 있으면 블록이 시작함을 의미한다.

```
ex0104.py - C:/Users/kims/AppData/Local/Programs/Python/Python35-32/ex0104.py (3.5.2)
File  Edit  Format  Run  Options  Window  Help
a = 10
if a % 2 == 0:
    print("Even number!")
else:
    print("Odd number!")
                                                                    Ln: 6  Col: 0
```

[그림 1.13] 프로그래밍 모드에서 올바른 들여쓰기

2 [그림 1.14]는 대화형 모드에서 올바른 들여쓰기 예이다. 프롬프트()))) 때문에 들여쓰기가 맞지 않은 것처럼 보이지만, if와 else는 같은 들여쓰기 수준(level)에 맞춰진 문장이다. print("Even number!") 문장을 작성하고, 백스페이스(←)를 사용하여 앞으로 이동한 후에, 'else:'를 타이핑한 다. print("Odd number!")를 입력하고 엔터키를 두 번 누르면, if~else 문장이 수행되는 것을 확인할 수 있다.

```
Python 3.5.2 Shell
File  Edit  Shell  Debug  Options  Window  Help
Python 3.5.2 (v3.5.2:4def2a2901a5, Jun 25 2016, 22:01:18) [MSC v.1900 32 bit (In
tel)] on win32
Type "copyright", "credits" or "license()" for more information.
>>> a = 10
>>> if a % 2 == 0:
        print("Even number!")
else:
        print("Odd number!")


Even number!
                                                                    Ln: 11  Col: 4
```

[그림 1.14] 대화형 모드에서 올바른 들여쓰기

Python Shell 윈도우에서 [Option]-[Contigure IDLE] 메뉴를 선택하여 [Settings] 창에서 첫 번째 [Fonts/Tabs] 탭을 선택하고, 오른쪽 [Indentation Width]의 슬라이드를 조절하여 탭 크기(기본값은 4)를 조절할 수 있다.

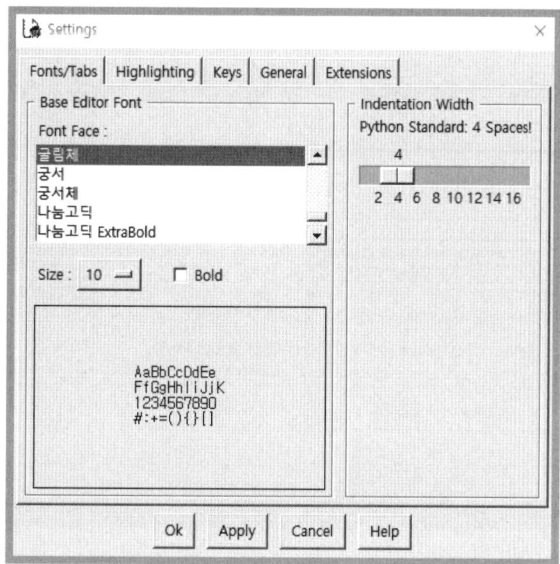

[그림 1.15] IDLE의 탭 크기 설정

[예제 1.5] 잘못된 들여쓰기

1 [그림 1.16]은 프로그래밍 모드에서 if~else 문장의 들여쓰기가 잘못 사용된 프로그램이다. if 문장의 콜론(:) 뒤에 들여쓰기를 하지 않았기 때문에, [그림 1.17]과 같은 오류 메시지 창이 나타난다.

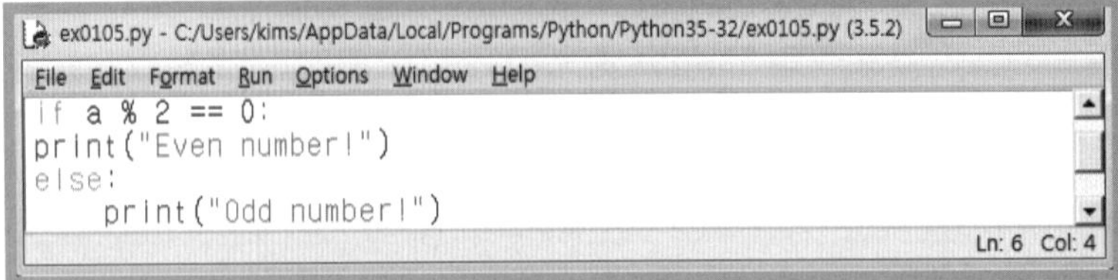

[그림 1.16] 프로그래밍 모드에서 잘못된 들여쓰기

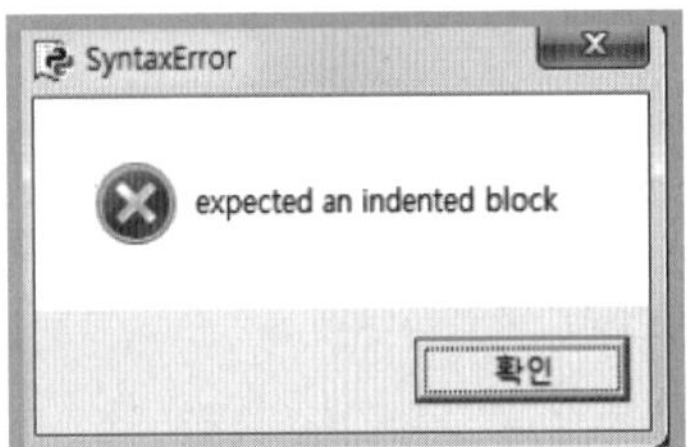

[그림 1.17] 들여쓰기 오류 메시지

2 [그림 1.18]은 대화형 모드에서 if 문장의 콜론(:) 다음에 들여쓰기를 하지 않았기 때문에 오류가 발생한 예이다.

```
Python 3.5.2 Shell
File  Edit  Shell  Debug  Options  Window  Help
Python 3.5.2 (v3.5.2:4def2a2901a5, Jun 25 2016, 22:01:18) [MSC v.1900 32 bit (In
tel)] on win32
Type "copyright", "credits" or "license()" for more information.
>>> a = 10
>>> if a % 2 == 0:
print("Even number!")
SyntaxError: expected an indented block
>>>
Ln: 7  Col: 4
```

[그림 1.18] 대화형 모드에서 잘못된 들여쓰기 1

3 [그림 1.19]는 print(a) 문장 앞에 한 칸의 공백이 추가되어 들여쓰기가 잘못된 예이다.

```
Python 3.5.2 Shell
File  Edit  Shell  Debug  Options  Window  Help
Python 3.5.2 (v3.5.2:4def2a2901a5, Jun 25 2016, 22:01:18) [MSC v.1900 32 bit (In
tel)] on win32
Type "copyright", "credits" or "license()" for more information.
>>> a = 10
>>> if a < 0:
        a = -a
        print(a)

SyntaxError: unexpected indent
>>>
Ln: 9  Col: 4
```

[그림 1.19] 대화형 모드에서 잘못된 들여쓰기 2

06   help(), dir(), type() 함수

6.1 help()

help() 함수는 대화형 모드에서 파이썬 키워드, 함수, 클래스, 메서드에 대하여 간단한 사용법에 대한 도움말을 알려 준다. [그림 1.20]은 dir() 함수와 if 문에 대한 도움말을 나타낸 것이다.

```
Python 3.5.2 Shell
File  Edit  Shell  Debug  Options  Window  Help
Python 3.5.2 (v3.5.2:4def2a2901a5, Jun 25 2016, 22:01:18) [MSC v.1900 32 bit (In
tel)] on win32
Type "copyright", "credits" or "license()" for more information.
>>> help(dir)
Help on built-in function dir in module builtins:

dir(...)
    dir([object]) -> list of strings

    If called without an argument, return the names in the current scope.
    Else, return an alphabetized list of names comprising (some of) the attribut
es
    of the given object, and of attributes reachable from it.
    If the object supplies a method named __dir__, it will be used; otherwise
    the default dir() logic is used and returns:
      for a module object: the module's attributes.
      for a class object:  its attributes, and recursively the attributes
        of its bases.
      for any other object: its attributes, its class's attributes, and
        recursively the attributes of its class's base classes.

>>> help('if')
The "if" statement
******************

The "if" statement is used for conditional execution:

    if_stmt ::= "if" expression ":" suite
                ( "elif" expression ":" suite )*
                ["else" ":" suite]

It selects exactly one of the suites by evaluating the expressions one
by one until one is found to be true (see section *Boolean operations*
for the definition of true and false); then that suite is executed
(and no other part of the "if" statement is executed or evaluated).
If all expressions are false, the suite of the "else" clause, if
present, is executed.

Related help topics: TRUTHVALUE
                                                          Ln: 39  Col: 4
```

[그림 1.20] dir() 함수에 대한 도움말

6.2 dir()

dir() 함수는 현재 지역 스코프(local scope)에서 사용 가능한 이름의 목록을 나타낸다. [그림 1.21]에서 dir() 함수는 현재 프롬프트()>>>)에서 사용할 수 있는 이름을 반환한다. dir('__builtins__')는 '__builtins__'에 정의된 이름을 보여준다. dir(math)는 math 모듈의 이름을 보여준다.

```
Python 3.5.2 Shell

File  Edit  Shell  Debug  Options  Window  Help
Python 3.5.2 (v3.5.2:4def2a2901a5, Jun 25 2016, 22:01:18) [MSC v.1900 32 bit (In
tel)] on win32
Type "copyright", "credits" or "license()" for more information.
>>> dir()
['__builtins__', '__doc__', '__loader__', '__name__', '__package__', '__spec__']
>>> dir('__builtins__')
['__add__', '__class__', '__contains__', '__delattr__', '__dir__', '__doc__', '_
_eq__', '__format__', '__ge__', '__getattribute__', '__getitem__', '__getnewargs
__', '__gt__', '__hash__', '__init__', '__iter__', '__le__', '__len__', '__lt__'
, '__mod__', '__mul__', '__ne__', '__new__', '__reduce__', '__reduce_ex__', '__r
epr__', '__rmod__', '__rmul__', '__setattr__', '__sizeof__', '__str__', '__subcl
asshook__', 'capitalize', 'casefold', 'center', 'count', 'encode', 'endswith', '
expandtabs', 'find', 'format', 'format_map', 'index', 'isalnum', 'isalpha', 'isd
ecimal', 'isdigit', 'isidentifier', 'islower', 'isnumeric', 'isprintable', 'issp
ace', 'istitle', 'isupper', 'join', 'ljust', 'lower', 'lstrip', 'maketrans', 'pa
rtition', 'replace', 'rfind', 'rindex', 'rjust', 'rpartition', 'rsplit', 'rstrip
', 'split', 'splitlines', 'startswith', 'strip', 'swapcase', 'title', 'translate
', 'upper', 'zfill']
>>> import math
>>> dir(math)
['__doc__', '__loader__', '__name__', '__package__', '__spec__', 'acos', 'acosh'
, 'asin', 'asinh', 'atan', 'atan2', 'atanh', 'ceil', 'copysign', 'cos', 'cosh',
'degrees', 'e', 'erf', 'erfc', 'exp', 'expm1', 'fabs', 'factorial', 'floor', 'fm
od', 'frexp', 'fsum', 'gamma', 'gcd', 'hypot', 'inf', 'isclose', 'isfinite', 'is
inf', 'isnan', 'ldexp', 'lgamma', 'log', 'log10', 'log1p', 'log2', 'modf', 'nan'
, 'pi', 'pow', 'radians', 'sin', 'sinh', 'sqrt', 'tan', 'tanh', 'trunc']
>>>

                                                                      Ln: 10  Col: 4
```

[그림 1.21] dir() 함수 사용 예

6.3 type() 함수

type(object) 함수는 object 객체의 자료형(data type)을 알려준다. [그림 1.22]에서
type(10)은 정수(int), type(3.14)는 실수(float), type('hello')는 문자열(str)임을 확인한다.
참고로 파이썬에서는 모든 자료형이 클래스(class)로 구현되어 있다.

```
Python 3.5.2 Shell

File  Edit  Shell  Debug  Options  Window  Help
Python 3.5.2 (v3.5.2:4def2a2901a5, Jun 25 2016, 22:01:18) [MSC v.1900 32 bit (In
tel)] on win32
Type "copyright", "credits" or "license()" for more information.
>>> type(10)
<class 'int'>
>>> type(3.14)
<class 'float'>
>>> type('hello')
<class 'str'>
>>> type("hello")
<class 'str'>
>>>

                                                                      Ln: 11  Col: 4
```

[그림 1.22] type() 함수 사용 예

자료형과 연산

2장

이 장에서는 파이썬의 내장 자료형(built-in data type)과 연산에 대하여 다룬다. [표 2.1]
은 파이썬의 주요 내장 자료형이다.

표 2.1 주요 내장 자료형

구분	자료형 클래스 (type)	변경 가능성 (mutable)	반복 가능 (iterable)
불리안(boolean type)	bool	불가능	불가능
숫자(numeric type)	int	불가능	불가능
	float		
	complex		
시퀀스(sequence)	str	불가능	가능
	bytes	불가능	가능
	bytearray	가능	가능
	memoryview	변경 가능/불가능	가능
	list	가능	가능
	tuple	불가능	가능
	range	불가능	가능
매핑(mapping)	dict	가능	가능
집합(set)	set	가능	가능
	frozenset	불가능	가능

파이썬의 내장 자료형은 불리안(bool), 숫자형(int, float, complex), 순서가 있는 시퀀스형
(str, bytes, bytearray, memoryview, list, tuple, range), key:value 형식의 쌍으로 값을 저
장하는 해쉬 테이블 형태의 매핑형(dict), 집합형(set, frozenset) 등이 클래스(class)로 제공
된다.

파이썬의 자료형은 변경 불가능(immutable) 자료형과 변경 가능(mutable) 자료형으로
구분할 수 있다. 변경 불가능 자료형은 bool, int, float, complex, str, bytes, tuple,
frozenset 등이 있고 변경 가능 자료형은 bytearray, list, set 등이 있다.

반복 가능(iterable)한 str, range, list, tuple, dict, set 등의 자료형은 반복문 for에서 항
목을 한 번에 하나씩 꺼내어 반복시킬 수 있다.

이 장에서는 각 자료형의 상수와 이름(name)을 갖는 객체(object) 그리고 자료형에서 가
능한 연산에 대하여 설명한다. 내장함수인 type() 함수는 객체의 자료형을 확인할 수 있
고, print() 함수는 상수, 변수, 수식 등의 값을 출력한다.

01   상수, 이름, 클래스, 객체, 값, 지정문, print() 함수

프로그래밍 언어에서 상수(constant value)는 데이터 값이 변하지 않는 값이다. 리터럴 (literal)은 내장된 자료형의 상수값을 의미한다. 변수(variable)는 이름(name)을 가지며 데 이터 값이 변할 수 있다.

파이썬은 대부분의 다른 인터프리터 언어처럼 변수의 자료형을 미리 선언하지 않고 사 용한다. '=' 연산자에 의한 지정문(assignment statement)에 의해 실제 데이터가 변수에 바인딩(묶임)되어 실행 시간(run time)에 변수의 자료형이 결정된다. 이것을 동적 바인딩 (dynamic binding)이라 한다. 따라서 파이썬에서는 실행 시간에 지정문에 의해 변수의 자 료형이 다른 자료형으로 변경될 수 있다.

파이썬은 객체지향 언어(objected-oriented language)이다. 파이썬의 모든 자료형은 클래 스(bool, int, float, complex, str, list, tuple, set, dict 등)로 구현되어 있으며, 파이썬에서 상수와 변수는 모두 클래스의 객체(object)가 된다. 그러므로 상수 객체에서도 해당 자료 형의 클래스 속성(attribute)인 멤버 데이터(member data, variable)와 메서드(method)를 사용할 수 있다. 클래스와 객체에 대해서는 5장에서 자세히 설명한다.

1.1 상수

파이썬에는 각각의 자료형에 대한 상수 표현이 있다. 예를 들어 False, True, 'python', b'python', 100, 0x11, 0o11, 0b11, 1+2J 등은 상수이다. [예제 2.1]은 내장된 상수 (built-in constants)의 예이다.

[예제 2.1] 내장된 상수

```
>>> type(False)
<class 'bool'>
>>> type(True)
<class 'bool'>
>>> type(None)
<class 'NoneType'>
>>> type(NotImplemented)
<class 'NotImplementedType'>
```

프로그램 설명

False와 True는 bool 클래스의 상수이고, None은 NoneType 클래스의 상수이며, NotImplemented는 NotImplementedType 클래스의 상수이다.

1.2 이름(names/identifiers)

파이썬 프로그램을 작성할 때, 사용자는 변수 이름(variable name), 함수 이름(function name), 클래스 이름(class name) 등의 이름(명칭)을 사용하며, 이름을 생성하는 규칙은 다음과 같다.

● 파이썬 이름 생성 규칙

1. 유니코드를 기반으로 한다.
2. 영문 대문자 A-Z, 소문자 a-z, 밑줄(_), 숫자(0-9)를 사용한다.
3. 숫자(0-9)로 시작할 수 없다.
4. 파이썬 문법을 표현하기 위한 키워드는 사용할 수 없다([예제 2.2] 참조).
5. 명칭의 길이는 제한이 없다
6. 소문자와 대문자는 서로 다른 것으로 구별한다.
7. 한글 명칭도 사용 가능하다. 그러나 일반적으로 프로그래밍에서는 한글 명칭을 사용하지 않는다.

[예제 2.2] 파이썬 키워드

```
>>> import keyword
>>> keyword.kwlist
['False', 'None', 'True', 'and', 'as', 'assert', 'break', 'class', 'continue', 'def', 'del', 'elif',
'else', 'except', 'finally', 'for', 'from', 'global', 'if', 'import', 'in', 'is', 'lambda', 'nonlocal',
'not', 'or', 'pass', 'raise', 'return', 'try', 'while', 'with', 'yield']
>>> keyword.iskeyword('if')
True
```

프로그램 설명

import 문장으로 파이썬의 keyword 모듈을 가져오고, keyword.kwlist 멤버 변수로 키워드 문자열의 리스트를 표시한다. keyword.iskeyword() 메서드는 인수로 전달하는 문자열이 키워드 리스트에 있으면 True를 반환한다.

1.3 클래스, 객체, 값, 지정문

(1) 클래스(class)와 자료형(data type)

파이썬은 객체지향 언어이다. 클래스(class)는 객체지향 언어에서 객체를 정의하는 수단이다. 파이썬의 모든 자료형이 클래스(bool, int, float, complex, str, range, list, tuple, set, dict 등)로 구현되어 있으므로, 파이썬의 클래스 이름(class name)은 자료형이 된다. 내장함수 type()은 객체의 자료형을 알려준다.

형식 type(object)

• object의 자료형(type)을 반환

(2) 객체(object), 인스턴스(instance)

객체(object)와 인스턴스(instance)는 혼용하여 사용한다. 객체는 클래스에 의해 생성된다. 파이썬의 모든 데이터는 객체이다. 예를 들어 정수 10은 int 클래스의 객체이고, 실수 3.14는 float 클래스의 객체이다. 문자열 'abc'는 str 클래스의 객체가 되며, 함수들은 function 클래스 객체이다.

isinstance() 함수는 객체가 클래스의 인스턴스인지를 확인한다.

> **형식** isinstance(object, classinfo)
>
> • object가 classinfo 클래스의 인스턴스이면 True

모든 객체는 클래스 이름인 자료형(type)을 갖고 유일한 고유번호(identity)를 갖는다. 자료형은 내장함수 type()으로 확인하며, 고유번호는 내장함수 id()로 확인한다. is 연산자는 고유번호를 비교하여 같으면 True, 다르면 False가 된다. 변수의 값이 같은지 비교할 때는 연산자 ==을 사용한다.

CPython에서는 id(x)는 x가 저장된 메모리 주소이다. hex(id(object))로 16진수 문자열로 변환하면 32비트 운영체제는 8자리(4바이트), 64비트 운영체제는 16자리(8바이트)이다.

> **형식** id(object)
>
> • object의 유일한 고유번호(identity)를 반환

(3) 속성(attribute)

객체(object)를 정의하는 수단인 클래스에는 변수(variable)와 함수가 정의되어 있다. 클래스에 정의된 변수와 함수를 객체의 속성(attribute)이라 한다.

클래스에 정의된 함수를 메서드(method)라고 한다. 클래스 또는 객체의 속성을 사용할 때는 객체 이름 또는 클래스 이름 뒤에 점(dot)을 사용한다.

> **형식** object.identifier
>
> • identifier는 멤버 변수 또는 메서드이다.

(4) 값(value), 변경 가능(mutable), 변경 불가능(immutable)

객체의 고유번호 변경 없이 값이 변경될 수 있으면 변경 가능(mutable)이라 한다. 그리고 객체의 고유번호 변경 없이 값을 변경할 수 없으면 변경 불가능(immutable)이라 한다.

변경 가능 및 불가능은 자료형(type)에 의해 결정된다. 예를 들어 숫자형(bool, int, float, complex), 문자열(str, bytes), 튜플(tuple)은 변경 불가능 자료형이고, 사전(dict), 리스트

(list) 등은 변경 가능 자료형이다.

변경 불가능 자료형에서 새로운 값을 계산하는 연산은 같은 자료형과 값을 갖는 이미 존재하는 객체로의 참조(reference)를 반환한다. 예를 들어 변경 불가능 자료형인 int형의 a = 1; b = 1에서 변수 a, b는 파이썬 인터프리터 구현에 따라 값 1을 갖는 객체를 참조할 수도 있고, 아닐 수도 있다. CPython 구현에서는 값 1을 갖는 객체를 참조한다.

그러나 변경 가능 자료형인 list에서 c = []; d = []에서 변수 c, d는 서로 다른 공백 리스트를 생성하고 참조한다. (c = d = []에서 변수 c, d는 같은 공백 리스트를 참조한다.)

주의할 것은 a = 1; a = 2에서 정수형 변수 객체 a의 값이 1에서 2로 변경 가능하다고 정수 자료형인 int형이 변경 가능 자료형이 아니다. a = 1 이후의 id(a)와 a = 2 이후의 id(a)는 다르기 때문에 변경 불가능 자료형이다. (C/C++ 언어에서는 a = 1 이후의 a의 주소(&a)와 a = 2 이후의 a의 주소(&a)는 같다.) 고유번호는 내장함수 id( )로 확인한다.

(5) 지정문과 변수

지정문(assignment statement)은 이름(name)에 값(value)을 바인딩(binding)하기 위해 사용하거나 변경 가능 객체의 속성 또는 항목을 수정하기 위해 사용한다. 이름(name)에 값(value)을 바인딩한다는 것은 이름의 값을 결정한다는 의미이다.

변수(variable)는 값이 변경 가능(changable)한 이름(name)을 의미한다. 물론 변수도 객체이다. 변수는 = 연산자에 의한 지정문에서 '변수 = 수식' 형태로 사용한다. 오른쪽의 수식(expression)을 계산하여 결과 객체를 왼쪽 변수가 참조(reference)하도록 한다.

= 연산자 왼쪽은 변수만 가능하며, 하나 이상의 변수가 올 수 있다. 대부분의 경우는 C/C++ 언어와 같이 '변수 = 수식'은 수식을 계산해서, 변수에 저장(store)한다고 생각해도 되지만, 파이썬에서는 위에서 설명한 바와 같이 수식의 결과를 변수에 바인딩(묶음)한다고 해야 정확한 의미이다.

형식　　**변수 = 수식**

- 수식의 계산 결과인 값을 변수에 바인딩

주의할 것은 파이썬은 변수 이름이 같다고 해서 id(변수)에 의한 변수의 고유번호가 같은 것이 아니다. 이것이 C/C++와 JAVA의 지정문과 다른 점이다. 예를 들어, [그림 2.1] (a)에서 a = 1은 변수 a가 정수형 상수 객체 1이 저장된 곳을 참조한다(가리킨다). [그림 2.1](b)에서 a = 2는 변수 a가 정수형 상수 객체 2가 저장된 곳을 참조한다. 따라서 두 번째 지정문을 실행하면 id(a)의 값이 변경된다.

(6) dir([object]) 함수

dir() 함수는 object를 생략하면, 현재 스코프(current scope)에서 사용 가능한 이름(name)들의 리스트를 반환한다. 즉, 사용 가능한 속성(변수, 메서드)을 확인할 수 있다.

dir(object)는 object 객체에서 사용 가능한 속성(변수, 메서드)을 문자열 리스트로 나열한다. 함수, 클래스 생성자, 메서드의 인수에서 대괄호 [ ]는 옵션으로 생략 가능하다는 것을 의미한다. 예를 들어, dir([object])는 dir() 또는 dir(object)처럼 사용 가능하다는 의미이다. 참고로 del 문장을 사용하면 이름을 삭제한다.

> **형식** dir([object])
>
> 1. dir()은 현재 스코프(current scope)에서 사용 가능한 이름(name)들의 리스트
> 2. dir(object)는 object 객체에서 사용 가능한 이름 리스트

(7) globals(), locals() 함수

globals() 함수는 전역 스코프(global scope)에서 사용 가능한 name:value 쌍의 사전(dict)을 반환한다. locals() 함수는 지역 스코프(local scope)에서 사용 가능한 name:value 쌍의 사전(dict)을 반환한다.

프롬프트(>>>)는 전역 스코프와 지역 스코프가 같으므로 globals() 함수와 locals() 함수를 호출하면 반환 값이 같다. 하지만, 뒤에서 배우게 될 함수(function), 모듈(module) 등에서는 다른 값을 갖는다.

> **형식** globals() / locals()
>
> 1. globals() 함수는 전역 스코프 심벌 테이블의 사전(dict)을 반환
> 2. locals() 함수는 지역 스코프 심벌 테이블의 사전(dict)을 반환

[예제 2.3]은 변경 불가능(immutable) 자료형인 int에서 자료형(클래스 이름), 상수 객체, 변수 객체, 값, id() 함수에 의한 고유번호를 지정문과 함께 설명한다.

[예제 2.3] 변경 불가능(immutable) 자료형 : int에서 지정문

```
# 설명 1 : [그림 2.1](a)
>>> a = 1                    # 변수(객체) 이름 a에 상수 1을 바인딩
>>> type(a)                  # 변수(객체) a의 자료형, 클래스 이름
<class 'int'>
>>> type(1)                  # 상수(객체) 1의 자료형, 클래스 이름
<class 'int'>
>>> isinstance(1, int)       # 상수 1은 int 클래스의 객체(인스턴스)
True
>>> isinstance(a, int)       # 변수 a는 int 클래스의 객체(인스턴스)
True
```

```
>>> a                    # 변수(객체) a의 값
1
>>> id(a)                # 변수(객체) a의 고유번호
1901942512


# 설명 2 : [그림 2.1](b)
>>> a = 2                # 변수(객체) 이름 a에 상수 2을 바인딩
>>> id(a)                # 변수(객체) a의 고유번호가 변경됨
1901942528


# 설명 3 : [그림 2.1](c)
>>> b = a                # 변수(객체) a를 변수(객체) b에 지정(바인딩)함
>>> id(b)                # 변수(객체) b의 고유번호가 a의 고유번호와 같음
1901942528
>>> a, b                 # 콤마에 의해 변수(객체) a, b의 값을 튜플로 반환
(2, 2)
>>> a == b               # 변수(객체) a, b의 값을 비교하면 True
True
>>> a is b               # 변수(객체) a, b의 고유번호를 비교(id(a) == id(b))하면 True
True


# 설명 4 : [그림 2.1](d)
>>> a = 1                # 변수(객체) 이름 a에 상수 1을 바인딩
>>> b = 1                # 변수(객체) 이름 b에 상수 1을 바인딩
>>> a is b is 1          # id(a) == id(b) == id(1)는 True
True
>>> >>> id(a), id(b), id(1) # 변수(객체) a, b와 상수(객체) 1의 고유번호가 모두 같음
(1901942512, 1901942512, 1901942512)
```

프로그램 설명

① 다음 [그림 2.1]은 [예제 2.3]의 실행 결과에서 객체 사이의 참조를 설명한다.

② 설명 1에서 a = 1의 결과는 [그림 2.1](a)와 같이 변수 a가 정수형 상수 객체 1을 참조한다. 이때 id(a)는 1901942512이다.

③ 설명 2에서 a = 2의 결과는 [그림 2.1](b)와 같이 변수 a가 정수형 상수 객체 2를 참조한다. 이때 id(a)는 1901942528로 변경되었다.

④ 설명 3에서 b = a의 결과는 [그림 2.1](c)와 같이 변수 a의 참조를 변수 b에 지정(복사)하면, id(b)와 id(a)는 같다. 즉, 변수 a와 b가 모두 정수형 상수 객체 2를 참조한다. a == b는 값을 비교하면 True이고, a is b는 id(a)==id(b)와 같은 의미로 True이다.

⑤ 설명 4에서 a = 1; b = 1의 결과는 [그림 2.1](d)와 같이 변수 a와 b는 모두 상수 객체 1을 참조한다. 따라서 a is b is 1은 True이다. 정수형(int)은 변경 불가능(immutable) 자료형으로 변수 객체 a에 대한 id(a)를 변경시키지 않고 다른 값을 가질 수 없다. 따라서 a = 1에서 a = 2로 값을 변경시키면 id(a)가 변경된다.

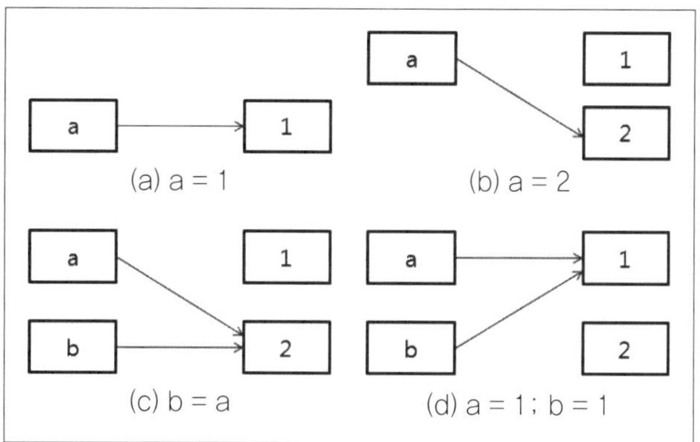

[그림 2.1] 변경 불가능(immutable) 자료형 int에서 지정문

[예제 2.4] 변경 가능(mutable) 자료형 : list에서 지정문

설명 1 : [그림 2.2](a)
```
>>> c = []          # 변수(객체) 이름 c에 공백 리스트 [] 생성 바인딩
>>> d = []          # 변수(객체) 이름 d에 공백 리스트 [] 생성 바인딩
# c = d = [ ]인 경우는 같은 공백 리스트를 참조

>>> type(c), type(d)     # 변수(객체) c, d의 자료형은 모두 list
(<class 'list'>, <class 'list'>)
>>> c, d            # 변수(객체) c, d의 값은 모두 공백 리스트 []
([], [])
>>> id(c), id(d)     # 변수(객체) c, d의 고유번호는 다름
(34486432, 34485832)
>>> c == d          # 변수(객체) c, d의 값을 비교하면 True
True
>>> c is d          # 변수(객체) c, d의 고유번호 비교(id(c) == id(d))하면 False
False
```

설명 2 : [그림 2.2](b)
```
>>> c.append(1) # 리스트 변수(객체) c의 항목에 정수 1 추가
>>> d.append(1) # 리스트 변수(객체) d의 항목에 정수 1 추가
>>> c, d            # 변수(객체) c, d의 값은 모두 리스트 [1]
([1], [1])
>>> id(c), id(d)     # 변수(객체) c, d의 고유번호가 공백 리스트일 때와 같음
(34486432, 34485832)          # 즉, 고유번호를 변경하지 않고 값이 변경됨(mutable)

>>> id(c[0]), id(d[0]), id(1)     # c[0], d[0]은 정수형 상수 1을 참조
(1576949488, 1576949488, 1576949488)
```

설명 3 : [그림 2.2](c)
```
>>> c[0] = 10       # 리스트 변수(객체) c의 c[0] 항목의 값을 10으로 변경
>>> d[0] = 20       # 리스트 변수(객체) d의 d[0] 항목의 값을 20으로 변경
>>> c, d            # 변수(객체) c의 값은 리스트 [10], d의 값은 리스트 [20]
([10], [20])
>>> id(c), id(d)     # 변수(객체) c, d의 고유번호가 공백 리스트일 때와 같음
(34486432, 34485832) # 즉 고유번호를 변경하지 않고 값이 변경됨(mutable)
```

```
>>> id(c[0]), id(d[0])      # c[0], d[0]은 정수형으로 고유번호가 변경(immutable)
(1576949632, 1576949792)
```

프로그램 설명

① 변경 가능(mutable) 자료형인 list에서 자료형(클래스 이름), 상수 객체, 변수 객체, 값, id() 함수에 의한 고유번호를 지정문과 함께 설명한다.

② **설명 1**은 [그림 2.2](a)와 같이 c = [], d = []의 결과로 리스트 변수 c와 d는 각각 서로 다른 공백 리스트 []를 참조한다. (주의할 점으로 c = d = []는 같은 참조를 갖는다.)

③ **설명 2**에서 c.append(1), d.append(1)의 결과는 [그림 2.2](b)와 같다. c와 d가 변경 가능(mutable) 자료형인 리스트 변수 객체이므로 id(c)와 id(d)를 변경하지 않고 각각의 리스트에 정수 1항목을 추가한다. c[0]와 d[0]는 모두 정수 1을 참조하여 id(c[0]), id(d[0]), id(1)는 모두 같다.

④ **설명 3**에서 c[0] = 10, d[0] = 20은 [그림 2.2](c)와 같이 리스트 c, d의 항목의 값을 변경한다. c와 d가 변경 가능(mutable) 자료형인 리스트 변수 객체이므로 id(c)와 id(d)를 변경하지 않고 항목을 변경한다. 그러나 c[0], d[0]는 변경 불가능(immutable) 자료형인 정수(int)이므로 id(c[0])와 id(d[0])는 변경된다.

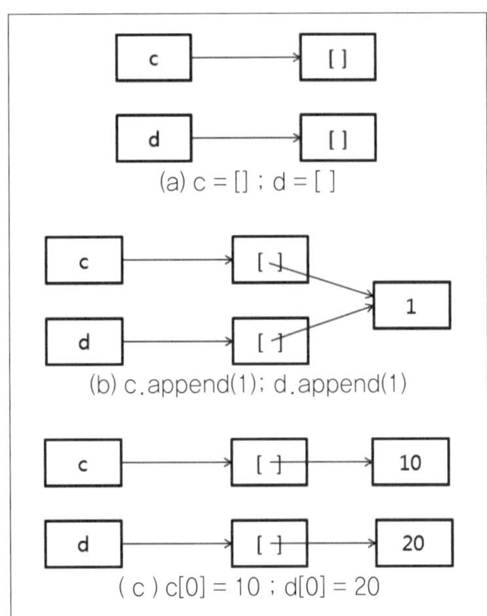

[그림 2.2] 변경 가능(mutable) 자료형 list에서 지정문

[예제 2.5] 다양한 지정문

```
# 설명 1
>>> a = 10
>>> A = 20
>>> a, A
(10, 20)
>>> 변수1 = 30
>>> 변수2 = 변수1 + a + A
```

```
>>> 변수1, 변수2
(30, 60)
>>> 1A = 1
SyntaxError: invalid syntax
>>> A@= 1
SyntaxError: invalid syntax
>>> 1 = A
SyntaxError: can't assign to literal
```

설명 2
```
>>> a = b = c = 0      # a is b is c is 0은 True
>>> print(a, b, c)
0 0 0
>>> a, b = 10, 20      # 내부적으로 tuple 이용
>>> print(a, b)
10 20
>>> a, b = b, a        # 두 변수의 값이 교환됨(tuple에 의해). id(a), id(b)가 교환됨
>>> print(a, b)
20 10
>>> a, *b = 1, 2, 3   # a = 1, b = [2, 3]
>>> print(a, b)
1 [2, 3]
>>> *a, b = 1, 2, 3   # a = [1, 2], b = 3
>>> print(a, b)
[1, 2] 3
```

설명 3
```
>>> a, b, c = [1, 2, 3]
>>> a, b, c
(1, 2, 3)
>>> a, b, c = "abc"
>>> a, b, c
('a', 'b', 'c')
```

프로그램 설명

① 설명 1에서 파이썬은 이름에서 대문자와 소문자를 구별하므로 a와 A는 다른 변수이다. '변수1' 또는 '변수2'와 같이 한글 변수 이름도 가능하다. 프롬프트에서 >>> a, A를 실행하면 (10, 20)과 같이 각 값을 튜플(tuple)의 항목으로 반환한다. a의 값은 10, A의 값은 20이다.

변수 이름으로 '1A'는 숫자 1로 시작하기 때문에 잘못된 변수 이름이다. 'A@'는 '@'때문에 잘못된 변수 이름이다. = 연산자는 오른쪽의 수식을 왼쪽에 저장하는 연산자이므로, = 연산자 왼쪽엔 반드시 변수가 와야 한다. 'SyntaxError: invalid syntax'는 파이썬에서 허용되지 않는 문법 오류를 의미한다. 'SyntaxError: can't assign to literal'은 지정문(=)의 왼쪽에 정수형 상수 리터럴 1을 사용할 수 없다는 의미이다.

② 설명 2에서 a = b = c = 0은 변수 a, b, c 모두에 0을 바인딩한다. a, b = 10, 20은 a = 10, b = 20이다. a, b = b, a는 a = 20, b = 10으로 두 변수의 값을 교환한다. a, *b = 1, 2, 3은 변수 a = 1, 변수 b = [2, 3]이다. 이때 a의 자료형은 int이고 b의 자료형은 list이다. *a, b = 1, 2, 3은 변수 b = 3, 변수

a = [1, 2]이다. 이때 a의 자료형은 list이고 b의 자료형은 int이다.

③ **설명 3**에서 a, b, c = [1, 2, 3]은 a = 1, b = 2, c = 3이고, 프롬프트(>>>)에서 a, b, c를 실행하면 (1, 2, 3)을 반환한다. a, b, c = "abc"는 a = 'a', b = 'b', c = 'c'이고, >>> a, b, c를 실행하면 ('a', 'b', 'c')를 반환한다.

[예제 2.6] dir( ), globals(), locals() 함수

```
# 설명 1
>>> a = 1
>>> dir()
['__builtins__', '__doc__', '__loader__', '__name__', '__package__', '__spec__', 'a']
>>> globals()
{'__package__': None, '__doc__': None, '__loader__': <class '_frozen_importlib.
BuiltinImporter'>, '__builtins__': <module 'builtins' (built-in)>, '__spec__': None, '__
name__': '__main__', 'a': 1}
>>> locals()
{'__package__': None, '__doc__': None, '__loader__': <class '_frozen_importlib.
BuiltinImporter'>, '__builtins__': <module 'builtins' (built-in)>, '__spec__': None, '__
name__': '__main__', 'a': 1}
>>> a     # 변수 이름 a의 값은 1
1
```

```
# 설명 2
>>> del a  # 변수 이름 a 삭제
>>> dir()
['__builtins__', '__doc__', '__loader__', '__name__', '__package__', '__spec__']
>>> a     # 변수 이름 a가 없기 때문에 NameError 발생
Traceback (most recent call last):
 File "<pyshell#7>", line 1, in <module>
  a
NameError: name 'a' is not defined

>>> dir(__builtins__)      # 내장함수, 예외, 객체
['ArithmeticError', 'AssertionError', 'AttributeError', 'BaseException',
..........
 'slice', 'sorted', 'staticmethod', 'str', 'sum', 'super', 'tuple', 'type', 'vars', 'zip']
```

프로그램 설명

① **설명 1**에서 a = 1의 지정문 뒤에 dir() 함수를 호출하면 이름 'a'가 문자열 리스트에 있다. globals() 함수와 locals() 함수로 전역 스코프와 현재 스코프에서 이름('a')과 값(1)이 있는 것을 확인할 수 있다. 프롬프트(>>>)에서 현재 스코프가 전역영역이기 때문에 globals() 함수와 locals() 함수의 결과는 같다.

② **설명 2**에서 del a로 변수 a를 삭제하고 dir() 함수로 확인하면 이름 'a'가 삭제된 것을 알 수 있다. a의 값을 확인하려고 하면 변수 이름 a가 없기 때문에 NameError가 발생한다. dir(__builtins__) 는 import 문장 없이 사용할 수 있는 내장함수, 예외, 객체의 이름을 리스트에 보여준다.

1.4 print() 함수

상수, 변수, 수식 등의 값을 출력하기 위하여 print() 함수를 사용한다. 이때 양식 (formatting)을 사용하는 출력은 C 언어 스타일(old style) 출력과 새로운 스타일(new style) 출력이 있다.

C 언어 스타일 출력은 '%s %s' % ('one', 'two')와 같이 문자열에 양식문자(%s, %r, %d, %f 등)를 사용하고, % 뒤에 하나의 값 또는 튜플을 이용하여 문자열 내에 있는 % 기호 뒤의 양식 문자에 차례로 대응하여 문자열을 생성하는 방법이다. 그리고 새로운 스타일은 str. format() 메서드를 사용하여 출력 양식을 지정한다.

> **형식** print(*objects, sep=' ', end='\n', file=sys.stdout, flush=False)
>
> 1. print() 함수는 상수, 변수, 수식 등을 문자열 형태로 표준출력장치(sys.stdout) 또는 파일 에 출력한다. objects는 출력할 가변 인수 객체로 tuple 자료형이다.
> 2. 디폴트 인수는 sep=' ', end='\n', file=sys.stdout으로 설정되어 인수들 사이에 공백(blank) 이 출력되고, 마지막에 줄이 바뀌고(new line), 표준출력장치(sys.stdout)에 출력한다.

[예제 2.7] print() 함수

```
# 설명 1
>>> print(1, 2, 3)    # sep=' ', end='\n'
1 2 3
>>> print(1, 2, 3, sep=',')
1,2,3
>>> print(1, 2, 3, sep=',', end='?'); print(1, 2, 3, sep=',', end='!')
1,2,3?1,2,3!
>>> print(1, 2, 3, sep=',', end='\n'); print(1, 2, 3, sep=',', end='!')
1,2,3
1,2,3!
>>>


# 설명 2
>>> a, b, c = (10, 20, 30) # sep = ' '
>>> print('a=', a, ',', 'b=', b,',' 'c=', c)
a= 10 , b= 20 ,c= 30        # sep = ' '
>>> print('a= %s, b= %s, c= %s'%(a, b, c))
a= 10, b= 20, c= 30
>>> print('a= {}, b= {}, c= {}'.format(a, b, c))
a= 10, b= 20, c= 30
```

프로그램 설명

① 설명 1에서 print() 함수의 sep는 출력 인수 사이의 구분 출력 문자이고, end는 출력 후에 행 의 끝처리를 지정한다. print(1, 2, 3)는 디폴트로 sep = ' ', end = '\n'로 설정되어, 1,' ', 2,' ', 3 에 의해 생성된 문자열 '1 2 3'을 출력하는 print('1 2 3')와 같다. end = '\n'이면 출력 후에 행 을 변경한다. print(1, 2, 3, sep = ',')는 print('1,2,3')의 출력과 같다. print(1, 2, 3, sep = ',', end = '?'); print(1, 2, 3, sep = ',', end = '!')는 1,2,3?1,2,3!을 하나의 행에 출력한다. print(1, 2, 3, sep = ',', end = '\n'); print(1, 2, 3, sep = ',', end = '!')는 두 행에 출력한다.

② 설명 2에서 a, b, c = (10, 20, 30)은 a = 10, b = 20, c = 30이다. print('a=', a, ',', 'b=', b,',' 'c=', c)는 매우 복잡하게 a= 10 , b= 20 ,c= 30으로 출력한다. print('a= %s, b= %s, c= %s'%(a, b, c))는 C 언어 스타일 문자열 포맷팅을 사용해 간단하게 문자열을 생성하여 a= 10, b= 20, c= 30으로 출력한다. print('a= {}, b= {}, c= {}'.format(a, b, c))는 str.format() 메서드를 사용하여 a= 10, b= 20, c= 30으로 출력한다.

[예제 2.8]은 C 언어 스타일 문자열 포맷팅을 설명하고, [예제 2.9]는 str.format() 메서드를 사용한 문자열 포맷팅을 설명한다.

[예제 2.8] C 언어 스타일(old-style) 문자열 포맷팅

```python
# 설명 1
>>> "%s" % 10          # "%s"%(10,)
'10'
>>> "%s %s" % (10, 3.14)
'10 3.14'


# 설명 2
>>> "%d %d" % (10, 3.14)
'10 3'
>>> "%f %f" % (10, 3.14)
'10.000000 3.140000'
>>> "%x %x" % (10, 20)
'a 14'
>>> "%o %o" % (10, 20)
'12 24'


# 설명 3
>>> "%s %s %s" % ('10', '20', '30')      # str()
'10 20 30'
>>> "%r %r %r" % ('10', '20', '30')      # repr()
"'10' '20' '30'"


# 설명 4
>>> "%10s" % ('abcd',)         # right justify
'      abcd'
>>> "%-10s" % ('abcd',)        # left justify
'abcd      '
>>> "%*s" % (-10, 'abcd')      # %*에 -10 전달
'abcd      '
>>> "%.2s" % ('abcd',)         # truncate
'ab'
>>> "%-10.2s" % ('abcd',)
'ab        '


# 설명 5
>>> print("%s" % 10 )
```

```
10
>>> print("%s %s" % (10, 3.14))
10 3.14
>>> "%*s" % (10, 'abcd')
'      abcd'
>>> print(";%10s,%-10.2s;" % ('abcd','efg'))
;      abcd,ef        ;
```

프로그램 설명

① 설명 1에서 "%s" % 10은 "%s"%(10,)과 같으며, 10을 str()로 변환하여 %s에 대응시켜 문자열 '10'
을 생성한다. "%s %s" % (10, 3.14)는 10과 3.14를 차례로 str()로 변환하여 %s %s에 차례로 대응
시켜 문자열 '10 3.14'를 생성한다.

② 설명 2에서 "%d %d" % (10, 3.14)는 10과 3.14를 10진 정수로 변환하여 %d %d에 차례로 대응시
켜 문자열 '10 3'을 생성한다. "%f %f" % (10, 3.14)는 10과 3.14를 소숫점 이하 6자리로 변환하여
%f %f에 차례로 대응시켜 문자열 '10.000000 3.140000'을 생성한다. "%x %x" % (10, 20)는 %x에
의해 16진수로 변환하여 문자열 'a 14'를 생성한다. "%o %o" % (10, 20)는 %o에 의해 8진수로 변
환하여 문자열 '12 24'를 생성한다. %x와 %o는 정수에 대해서만 변환 가능하다.

③ 설명 3에서 "%s %s %s" % ('10', '20', '30')는 %s에 의해 문자열 '10 20 30'을 생성한다. "%r %r
%r" % ('10', '20', '30')은 %r에 의해 repr()로 변환하여 문자열 "'10' '20' '30'"을 생성한다.

④ 설명 4에서 %10s는 문자열을 10자리에 오른쪽으로 정렬하여 결과를 생성한다. %-10s는 문자열
을 10자리에 왼쪽으로 정렬하여 결과를 생성한다. "%*s" % (-10, 'abcd')에서 * 자리에 -10이 전
달되어 10자리에 왼쪽으로 정렬한 문자열을 생성한다. "%*s" % (10, 'abcd')는 * 자리에 10이 전
달되어 10자리에 오른쪽 정렬한 문자열을 생성한다. %.2s는 대응하는 문자열에서 왼쪽 두 문자
만 절단하여 출력한다. %-10.2s는 10자리에 왼쪽정렬하고 대응하는 문자열에서 왼쪽 두 문자로
절단하여 출력한다.

⑤ 설명 5에서 print() 함수로 위의 C 언어 스타일 포맷팅 문자열을 이용하여 결과를 출력한다.

[예제 2.9] str.format() 메서드(new style 문자열 포맷팅)

```
# 설명 1
>>> '{}, {}, {}'.format('a', 'b', 'c')
'a, b, c'
>>> '{0}, {1}, {2}'.format('a', 'b', 'c')
'a, b, c'
>>> '{2}, {1}, {0}'.format('a', 'b', 'c')
'c, b, a'
>>> '{0}, {1}, {1}, {2}'.format('a', 'b', 'c')
'a, b, b, c'
>>> print('{0}, {1}, {1}, {2}'.format('a', 'b', 'c'))
a, b, b, c

# 설명 2
>>> point = (3, 5)
>>> 'X: {0[0]}; Y: {0[1]}'.format(point)
```

```
'X: 3; Y: 5'
>>> print('X: {0[0]}; Y: {0[1]}'.format(point))
X: 3; Y: 5
>>> point = [3, 5]          # list
>>> print('X: {0[0]}; Y: {0[1]}'.format(point))
X: 3; Y: 5
```

설명 3

```
>>> "Hi, {0} :-{{}}".format('Kim')
'Hi, Kim :-{}'
>>> "Hi, {0[name]}".format(dict(name='Kim'))
'Hi, Kim'
>>> ";{0:8};".format('Hello')
';Hello   ;'
>>> "{0:{1}}".format('Hello', 10)
'Hello     '
>>> "{0!r:20}".format("Hello")     # !r : repr() 함수를 사용해 문자열로 변환
"'Hello'             "
>>> "{0!s:20}".format(3.14)        # !s : str() 함수를 사용해 문자열로 변환
'3.14               '
```

설명 4

```
>>> '{:<20}'.format('left aligned')
'left aligned        '
>>> '{:>20}'.format('right aligned')
'       right aligned'
>>> '{:*^20}'.format('center aligned')
'***center aligned***'
>>> '{:>020}'.format(123)
'00000000000000000123'
```

설명 5

```
>>> '{:+f}; {:+f}'.format(3.14, -3.14)
'+3.140000; -3.140000'
>>> '{: f}; {: f}'.format(3.14, -3.14)
' 3.140000; -3.140000'
>>> '{:-f}; {:-f}'.format(3.14, -3.14)
'3.140000; -3.140000'
```

설명 6

```
>>>"int: {0:d}; hex: {0:x}; oct: {0:o}; bin: {0:b}".format(17)
'int: 17; hex: 11; oct: 21; bin: 10001'
>>> s = "int: {0:d}; hex: {0:#x}; oct: {0:#o}; bin: {0:#b}".format(17)
>>> s
'int: 17; hex: 0x11; oct: 0o21; bin: 0b10001'
>>> print(s)
int: 17; hex: 0x11; oct: 0o21; bin: 0b10001
```

프로그램 설명

① 설명 1에서 '{}, {}, {}'.format('a', 'b', 'c')는 문자열 'a, b, c'를 생성한다. {}, {}, {}는 str.format() 메서드의 인수 'a', 'b', 'c'에 순서대로 대응한다. '{0}, {1}, {2}'.format('a', 'b', 'c')와 같이 인수의 위치를 {} 안에 명시하여 인수를 원하는 위치에 대응시킬 수 있다. '{2}, {1}, {0}'.format('a', 'b', 'c')에서 {2}는 'c', {1}은 'b', {0}은 'a'이다. '{0}, {1}, {1}, {2}'.format('a', 'b', 'c')는 'a, b, b, c' 문자열을 생성한다.

② 설명 2에서 X: {0[0]}의 첫 번째 0은 point이고, [0]은 3이다. Y: {0[1]}의 첫 번째 0은 point이고, [1]은 5이다.

③ 설명 3에서 {{}}는 {} 자체를 의미한다. {0[name]}는 0번 인수의 name을 가리킨다. {0:8}은 0번 인수를 8자리 크기로 출력한다. {0:{1}}은 0에 'Hello', {1}에 10이 전달되어 {0:10}과 같다. {0!r:20}에서 !r은 repr() 함수를 이용하여 문자열로 변환한다. {0!s:20}에서 !s는 str() 함수를 이용하여 문자열로 변환한다.

④ 설명 4에서 {:<20}은 20자리에 왼쪽 정렬을 의미하고, {:>20}은 20자리에 오른쪽 정렬을 의미한다. {:*^20}은 20자리에 중간 정렬하고 빈 곳은 *로 채운다. {:>020}은 20자리에 오른쪽 정렬하고, 빈 곳은 0으로 채운다.

⑤ 설명 5에서 {:+f}, {:-f}는 부호(+, −)를 출력한다. '{:+f}; {:+f}'.format(3.14, −3.14)와 같이 명시된 {:+f}와 값 −3.14의 부호가 다를 경우 값의 부호를 출력한다.

⑥ 설명 6에서 {0:d}는 십진 정수, {0:x}는 16진수 정수, {0:o}는 8진 정수, {0:b}는 2진 정수를 명시한다. #x, #o, #b는 0x, 0o, 0b를 의미한다.

⑦ {:format_spec}의 출력 양식 format_spec은 다음과 같이 정의된다.

> **형식** format_spec ::= [[fill]align][sign][#][0][width][,][.precision][type]

> 1. 대괄호 []는 옵션을 의미한다.
> 2. fill은 채울 문자를 지정한다.
> 3. align은 왼쪽 정렬 "⟨" , 오른쪽 정렬 "⟩", 가운데 정렬 "^"이 있다.
> 4. sign은 부호 기호로 모두 부호 기호 출력은 "+" , 음수만 부호 기호 출력은 "−" 등이 사용된다.
> 5. # 기호는 정수에서 type으로 16진수, 8진수, 2진수를 지정하면 0x, 0o, 0b 등을 출력한다. 0은 빈 곳을 0으로 채우기, width는 전체 출력 자릿수, precision은 소숫점 이하 자릿수이며 type은 자료형 형식을 나타내는 문자로 문자열은 's', 정수는 'b', 'c', 'd', 'o', 'x', 'X' 등이 있으며 실수는 'e', 'E', 'f', 'F', 'g' 등이 있다. '%'를 사용하면 100을 곱하여 실수로 출력하고 퍼센트 기호를 붙인다.

02 불리안(bool)

불리안 자료형은 참(True) 또는 거짓(False) 값을 갖는 자료형으로 int 클래스에서 상속받아 bool 클래스로 구현되어 있다. bool 자료형은 상수 True와 False 그리고 조건 및 관계 연산자의 결과 및 bool() 함수로 생성할 수 있다. False는 0, True는 1로 하여 정수 계산이 가능하다.

형식 class bool([x])

1. x가 생략되거나 거짓이면 False를 반환하고, 그렇지 않으면 True를 반환한다.
2. int 클래스의 자식 클래스(sub class, child class)이다.

[예제 2.10] bool 자료형

```
# 설명 1
>>> bool(None)
False
>>> bool(0)        # integer zero
False
>>> bool(0.0)      # float zero
False
>>> bool(0+0J)
False
>>> bool('')       # empty string
False
>>> bool({})       # empty dictionary
False
>>> bool(())       # empty tuple
False
>>> bool([])       # empty list
False
>>> bool(set())    # empty set
False

# 설명 2
>>> a = 10 + True
>>> a
11
>>> issubclass(bool, int)
True
```

① **설명 1**에서 None, 0, 공백 문자열, 공백 사전, 공백 리스트 등의 불리안 값은 False이다.

② **설명 2**에서 a = 10 + True의 연산에서 True는 1이다. issubclass(bool, int) 함수로 bool 클래스는 int 클래스에서 상속된 것을 확인할 수 있다. int는 부모 클래스(parent class, super class)이고, bool은 자식 클래스(child class, sub class)이다.

2.1 불리안 연산

불리안 연산자는 논리합(or), 논리곱(and), 부정(not) 등이 있다.

[표 2.2]는 불리안 객체 x와 y의 불리안 연산을 나타낸다. or, and 연산자는 단축회로 (short-circuit) 연산자이다. x or y 연산은 x의 값이 True이면 y 값에 관계없이 결과는 True이다. x의 값이 False이면 y의 값이 연산의 결과가 된다. x and y 연산은 x의 값이 False이면 y 값에 관계없이 결과는 False이다. x의 값이 True이면 y의 값이 연산의 결과 가 된다. not 연산자는 비교연산자(==, != 등)보다 우선순위가 낮기 때문에 not x == b는 not (x == b)와 결과가 같다.

불리안 연산자는 주로 비교연산자와 함께 사용된다. 정수의 and 연산 결과는 작은 값 (min)이고, or 연산 결과는 큰 값(max)이다. 실수의 and 연산 결과는 큰 값(max)이고, or 연산 결과는 작은 값(min)이다. 앞서 언급했듯이 0과 0.0은 False이고, 나머지 숫자는 True이다.

표 2.2 불리안 연산자

연산자	의미
x or y	if x is False then y else x
x and y	if x is False then x else y
not x	if x is False then True else False

2.2 all() 함수와 any() 함수

반복 가능한 자료형(str, list, tuple, dict 등)에서 all() 함수와 any() 함수를 사용할 수 있다.

 all(iterable) / any(iterable)

1. all(iterable) 함수는 반복 가능한 자료형(iterable)의 모든 항목(item)이 True이면 함수의 결과는 True이다.
2. any(iterable) 함수는 반복 가능한 자료형(iterable)의 어떤 한 항목이 True이면 함수의 결과는 True이다.

[예제 2.11] 불리안 연산, all (), any() 함수

```
# 설명 1
>>> x = True
>>> y = False
>>> x or y
True
>>> x and y
False
>>> not x
False

# 설명 2 : 단축회로(short-circuit). 정수와 실수의 and, or
>>> a = 0
>>> a != 0 and 2 // a == 1
False
>>> 1 and 10
1
>>> 1 or 10
10
>>> 1.0 and 10.0
10.0
>>> 1.0 or 10.0
1.0
>>> bool(1.0 or 10.0)
True
>>> not(1.0 and 10.0)
False

# 설명 3
>>> all([True, True, True])
True
>>> all([True, True, False])
False

# 설명 4
>>> any([True, True, False])
True
>>> all( a > 0 for a in [1, 2, 3])      # 모든 항목이 양수이다.
True
>>> all( a > 0 for a in [1, 2, -3])     # 모든 항목이 양수는 아니다.
False
>>> any( a > 0 for a in [1, -2, -3])    # 어떤 한 항목이 양수이다.
True
```

프로그램 설명

① 설명 1에서 x = True, y = False일 때. x or y는 True, x and y는 False, not x는 False이다.

② **설명 2**에서 a != 0 and 2 // a == 1은 a = 0에서 a != 0이 False이므로, 2 // a == 1 평가 없이 바로 결과는 False가 된다. 만약 2 // a를 평가했다면 ZeroDivisionError가 발생한다. 1 and 10은 작은 값 1, 1 or 10은 큰 값 10이고, 1.0 and 10.0은 큰 값 10.0, 1.0 or 10.0은 작은 값 1.0이다. 여기서 1, 10, 10.0, 1.0 모두 True이다. bool(1.0 or 10.0)은 True이며, not(1.0 and 10.0)는 False이다.

③ **설명 3**에서 all([True, True, True])는 리스트의 모든 항목이 True이므로 True이고, all([True, True, False])은 모든 항목이 True가 아니므로 False이다.

④ **설명 4**에서 any([True, True, False])는 True인 항목이 있으므로 True이다. all(a > 0 for a in [1, 2, 3])는 모든 항목이 양수(a > 0)이므로 True이다. all(a > 0 for a in [1, 2, -3])은 -3 때문에 False이다. any(a > 0 for a in [1, -2, -3])는 양수인 항목 1 때문에 True이다.

03   숫자 자료형(int, float, complex)

정수(int), 실수(float), 복소수(complex) 등의 다양한 숫자(numeric) 자료형을 지원한다. 정수의 길이는 제한은 없다. 실수는 8바이트(64비트)로 표현하는 배정도(double precision) 실수이다. 파이썬의 숫자형 자료형은 int, float, complex 클래스로 구현되어 있다.

이 절에서는 숫자 자료형, 상수, 산술연산, 비교연산, 비트연산, 확장 지정문, 숫자 관련 내장함수, 숫자 클래스의 주요 메서드에 대해 설명한다.

3.1 정수형 : int

파이썬의 정수형은 int 클래스로 구현되어 있다. 정수형 상수는 10진수(decimal), 8진수(octal), 16진수(hexa), 2진수(binary)가 있다. 숫자 0 뒤에 영문 o 또는 O가 오면 8진수, 영문 x 또는 X가 오면 16진수, 영문 b 또는 B가 오면 2진수 정수이다.

주의할 것은, 편집기에서 숫자 0과 영문 소문자 o 또는 대문자 O의 구별이 애매하므로 주의해야 한다. 정수 상수의 길이는 제한이 없다. 정수, 실수, 복소수의 허수부 상수 등은 부호 기호(+, −) 등을 갖지 않고, 단항 연산자와 결합하여 부호 기호를 사용한다. 예를 들어 −1은 단항 연산자 −와 정수 상수 1의 결합이다.

형식 class int(x=0) / class int(x, base=10)

1. 숫자 또는 문자열인 x를 정수로 반환한다. x가 실수이면 소수점 이하를 절삭한다. 인수 (argument) 없이 int()는 정수 0을 반환한다

```
>>> int()
0
>>> int(10)
10
>>> int('10')
10
>>> int(3.14)
3
```

2. x가 문자열이고, base에 2, 8, 10, 16진법을 명시하여 정수를 생성한다.

```
>>> int('010', 2)
2
>>> int('010', 8)
8
>>> int('010', 16)
16
>>> int('010', 10)
10
```

[예제 2.12] int 자료형

설명 1
```
>>> type(1)
<class 'int'>
>>> 0
0
>>> -0
0
>>> +1
1
>>> -1
-1
>>> 0o11
9
>>> 0x11
17
>>> 0b11
3
```

설명 2
```
>>> a = '1'
>>> type(a)
<class 'str'>
>>> a = int('1')
>>> type(a)
<class 'int'>
```

프로그램 설명

① **설명 1**에서 type(1)은 1의 자료형 int를 알려 주며, 0과 -0은 모두 영(zero)을 나타내며, +1과 -1은 10진수 정수, 0o11은 8진수 정수, 0x11은 16진수 정수, 0b11은 2진수 정수이다.

② **설명 2**에서 int('1')에 의해 문자열 '1'을 정수 1로 변경한다.

3.2 실수형 : float

파이썬의 실수형은 float 클래스로 구현되어 있다.

형식 class float([x])

1. 숫자 또는 문자열인 인수 x의 실수를 반환한다. 인수가 없는 float()는 실수 0.0을 반환한다.

```
>>> float()
0.0
>>> float(10)
10.0
>>> float('10')
10.0
```

2. "Infinity", "inf", "nan" 등의 상수도 가능하다.

```
>>> a = float('nan')
>>> a
nan
>>> type(a)
<class 'float'>
>>> b = float('inf')
>>> type(b)
<class 'float'>
>>> c = float('-inf')
>>> c < b
True
```

[예제 2.13] float 자료형

```
>>> type(3.14)
<class 'float'>
>>> 1.
1.0
>>> .1
0.1
>>> 314e-2
3.14
>>> 3.14e2
314.0
>>> a = float(1)
```

```
>>> type(a)
<class 'float'>
>>> b = float('1')
>>> type(b)
<class 'float'>
>>> float('inf')
inf
>>> float('-inf')
-inf
```

프로그램 설명

실수형 상수는 소수점을 포함하는 숫자이며 e 또는 E를 사용한 지수형 실수도 있다. float('inf')와 float('-inf')는 실수로 $+\infty$와 $-\infty$ 값이다.

[예제 2.14] float 자료형의 최대값, 최소값, 간격

```
>>> import sys
>>> sys.float_info.max
1.7976931348623157e+308
>>> sys.float_info.min
2.2250738585072014e-308
>>> sys.float_info.epsilon
2.220446049250313e-16
>>> a = 1.0
>>> b = a + sys.float_info.epsilon
>>> a < b
True
>>> c = a + sys.float_info.epsilon/2.0
>>> a == c
True
```

프로그램 설명

sys 모듈을 사용하여 실수의 최대값 sys.float_info.max, 최소값 sys.float_info.min, 실수 간격 sys.float_info.epsilon을 확인한다. 실수는 64비트 배정도 실수로 표현되기 때문에 유한하다.

3.3 복소수형 : complex

파이썬의 복수형은 complex 클래스로 구현되어 있다. 복소수는 크기 비교를 할 수 없다.

형식　class complex([real[, imag]])

1. 문자열을 복소수로 반환한다. real 인수가 문자열일 때는 중앙의 부호(+, −) 주위에 공백을 허용하지 않는다.

```
>>> complex('1+2j')
(1+2j)
```

```
>>> complex('1 +2j')
Traceback (most recent call last):
  File "<pyshell#109>", line 1, in <module>
    complex('1 +2j')
ValueError: complex() arg is a malformed string
```

2. real + imag j인 복소수를 반환한다. 인수가 없으면 0j를 반환한다.

```
>>> complex(1)
(1+0j)
>>> complex(1, 2)
(1+2j)
```

3. 실수부 complex.real, 허수부 complex.imag의 멤버 변수와 컬레 복소수 complex.conjugate() 메서드가 있다.

```
>>> a = complex(1, 2)
>>> a.real
1.0
>>> a.imag
2.0
>>> a.conjugate()
(1-2j)
```

[예제 2.15] complex 자료형

설명 1
```
>>> 1e2j          # 1e2J
100j
>>> 1+2j          # 1+2J
(1+2j)
```

설명 2
```
>>> a = complex(10, 20)
>>> type(a)
<class 'complex'>
>>> a
(10+20j)

>>> a.real
10.0
>>> a.imag
20.0
>>> a.conjugate()
(10-20j)
```

프로그램 설명

① 설명 1에서 복소수 상수의 허수부는 정수 또는 실수 뒤에 'j' 또는 'J' 문자를 붙여 표현한다. 실수부가 없는 1e2j는 100j, 실수부와 허수부 모두 있는 1 + 2j는 (1 + 2j)로 표현된다.

② **설명 2**에서 a = complex(10, 20)는 복소수 a를 생성하고, a.real = 10.0, a.imag = 20.0이며, a.conjugate()는 켤레복소수 (10-20j)를 반환한다.

3.4 산술 연산

산술 연산자는 숫자 자료형에서 덧셈(+), 뺄셈(−), 곱셈(*), 실수 나눗셈(/), 정수 나눗셈(//), 나머지(%), 거듭제곱(**) 등이 있다.

산술 연산자의 우선순위(priority)는 단항 연산자(부호 기호 +, −), 거듭제곱(**), 곱셈과 나눗셈(*, /, //, %), 덧셈과 뺄셈(+, −) 순서이다. 거듭제곱(**)의 결합규칙(associativity)은 오른쪽에서 왼쪽으로 적용하고, 나머지는 연산자의 결합규칙은 왼쪽에서 오른쪽 순서로 계산한다. 우선순위를 변경할 때는 괄호( )를 사용한다.

[예제 2.16] 산술 연산

```
# 설명 1
>>> a = 1 + 2
>>> b = 1 - 2
>>> c = 1 * 2
>>> d = 1 / 2
>>> e = 1 // 2
>>> f = 1 % 2
>>> print('a:{0}, b:{1}, c:{2}, d:{3}, e:{4}, f:{5} '.format(a, b, c, d, e, f))
a:3, b:-1, c:2, d:0.5, e:0, f:1
>>> p = 2**3
>>> print("p=%d"%p)
p=8

# 설명 2
>>> 1 + 2 * 3 ** 2     # (1 + (2 * (3 ** 2) ) )
19
>>> 1 + 2 - 3          # (1 + 2) - 3
0
>>> 1*2//2             # (1 * 2) // 2
1
>>> 2**3**2            # 2 ** (3 ** 2)
512

# 설명 3
>>> (1+2j) + (1+3j)
(2+5j)
>>> (1+2j) * (1+3j)
(-5+5j)
>>> (1+2j)/2
(0.5+1j)
>>> (1+2j)**2          # (1 + 2j) * (1 + 2j)
(-3+4j)
```

프로그램 설명

① 설명 1에서 정수의 덧셈(+), 뺄셈(-), 곱셈(*), 실수 나눗셈(/), 정수 나눗셈(//), 나머지(%), 거듭제곱(**)을 수행한다.

② 설명 2에서 1 + 2 * 3 ** 2는 우선순위에 따라 (1 + (2 * (3 ** 2)))와 같다. 같은 우선순위를 갖는 연산자의 결합규칙에 따라, 1 + 2 - 3은 (1 + 2) - 3과 같고, 1 * 2 // 2는 (1 * 2) // 2와 같으며 2 ** 3 ** 2는 2 ** (3 ** 2)와 같다.

③ 설명 3에서 복소수의 덧셈, 곱셈, 나눗셈, 거듭제곱(**)을 수행한다.

3.5 비교 연산

비교 연산자는 [표 2.3]과 같다. 비교 연산의 결과는 불리안 자료형으로 True 또는 False를 갖는다. 주의할 것은 프로그래밍 언어에서 2개의 기호가 하나의 의미로 사용될 때는 반드시 붙여서 사용해야 한다.

str, tuple, list 등에서도 관계 연산자를 사용할 수 있다. 주의할 것은 복소수는 크기 비교(<, <=, >, >=)를 할 수 없다. ==, != 연산자는 값을 비교하고, is, is not 연산자는 id() 함수로 확인할 수 있는 객체의 고유번호를 비교하여 같은 객체인지를 확인한다.

표 2.3 비교 연산자

연산자	의미
<	작다(less than)
<=	작거나 같다(less than or equal)
>	크다(greater than)
>=	크거나 같다(greater than or equal)
==	같다(equal)
!=	같지 않다(not equal)
is	객체가 같다(object identity)
is not	객체가 같지 않다(negated object identity)

[예제 2.17] 숫자에서 비교 연산과 불리안 연산

```
# 설명 1 : 크기 비교
>>> 1 < 2
True
>>> 2 <= 2
True
>>> 1 > 2
False
>>> 2 >= 2
True
>>> 1 == 2
```

```
False
>>> 1 != 2
True

# 설명 2 : 불리안 연산
>>> 1 < 2 or 2 > 3
True
>>> 1 < 2 and 2 < 3
True
>>> 1 < 2 < 3
True
>>> not 1 < 2
False

# 설명 3 : 복소수에서 동등 비교
>>> (1+2j) == (1+3j)
False
>>> (1+2j) != (1+3j)
True

# 설명 4 : 정수형 변수의 동등 비교
>>> a = 1
>>> b = 1
>>> a == b
True
>>> a is b          # id(a) == id(b)
True
>>> id(a), id(b)    # 같은 객체를 참조한다.
(1392103888, 1392103888)
```

프로그램 설명

① 설명 1에서 정수의 비교 연산을 수행한다.

② 설명 2에서 불리안 and, or, not 연산을 수행한다. 1 < 2 < 3은 1 < 2 and 2 < 3과 같은 결과를 갖는다.

③ 설명 3에서 복소수는 동등 비교(==, !=)는 할 수 있지만, 크기 비교(<, <=, >, >=)는 할 수 없다.

④ 설명 4에서 a와 b의 값이 모두 1이기 때문에 a == b는 True이다. a is b는 id(a) == id(b)와 같다. id(a)와 id(b)가 같기 때문에 a is b는 True가 된다.

3.6 비트 연산

비트 연산자는 정수형(int)에서만 적용되며, 부정(~), 왼쪽 시프트(<<), 오른쪽 시프트(>>), 비트 논리곱(&), 비트 논리합(|), 비트 배타적논리합(^) 등이 있다. [표 2.4]는 1 비트를 갖는 x와 y의 비트 연산 예제이다.

표 2.4 비트 연산자

x	y	~x	x & y	x | y	x ^ y
0	0	1	0	0	0
0	1	1	0	1	1
1	0	0	0	1	1
1	1	0	1	1	0

[예제 2.18] 비트 연산

```
# 설명 1
>>> ~2
-3
>>> bin(~2)
'-0b11'
>>> int(bin(~2), 2)     # 2진법으로 정수 변환
-3


# 설명 2
>>> bin(0b1011 & 0b1001)
'0b1001'
>>> int(bin(0b1011 & 0b1001), 2)
9
>>> bin(0b1011 | 0b1001)
'0b1011'
>>> int(bin(0b1011 | 0b1001), 2)
11
>>> bin(0b1011 ^ 0b1001)
'0b10'
>>> int(bin(0b1011 ^ 0b1001), 2)
2
>>> bin(0b1011 << 1)
'0b10110'
>>> bin(0b1011 >> 1)
'0b101'
```

프로그램 설명

① bin() 함수는 정수를 입력받아 2진수의 bytes 문자열을 반환한다. int() 함수를 사용하여 2진수의 bytes 문자열을 10진수 정수로 변환한다.

② 설명 1에서 ~2가 -3이 되는 이유는 컴퓨터는 음수를 2의 보수(complement)로 표현하기 때문이다. 예를 들어 2를 8비트로 표현하면 0000 0010이다. ~(0000 0010)은 1111 1101이 된다. 첫 비트가 1이므로 음수(-)가 되며, 111 1101의 2의 보수를 구하면 000 0011이므로 3이 되어 부호와 함께 -3이 된다.

③ **설명 2**에서 bin(0b1011 & 0b1001)는 이진 비트 &연산의 결과 0b1001을 문자열 '0b1001'로 반환한다. int(bin(0b1011 & 0b1001), 2)는 비트 논리곱(&) 연산과 bin() 함수의 결과인 문자열 '0b1001'를 10진수 9로 변환한다. 이진 정수 상수에 대하여 비트 논리합(|), 비트 배타적 논리합(^), 왼쪽 시프트(<<), 오른쪽 시프트(>>)를 수행한다.

3.7 확장 지정문(augmented assignment statements)

확장 지정문은 +=, -=, *=, /=, //=, %=, **=, >>=, <<=, &=, ^=, |= 등의 연산자를 사용한다. 예를 들어 x += 1은 x = x + 1과 유사하게 동작한다. 확장 지정문은 왼쪽의 변수 객체 값을 먼저 읽고, 오른쪽의 수식을 계산하여 확장 연산을 수행한 다음에 왼쪽 변수 객체의 값을 변경한다.

[예제 2.19] 확장 지정문

```
>>> x = 1
>>> x += 10
>>> x
11
>>> x -= 10
>>> x
1
>>> x *= 10
>>> x
10
>>> x %= 2
>>> x
0
```

프로그램 설명

x = 1로 초기화하고, 확장 지정문은 +=, -=, *=, %=를 수행한다. x += 10은 x의 현재 값에 10을 더하는 연산으로, x = x + 10과 같으며, 결과는 x = 11이다.

3.8 숫자 관련 내장함수

[표 2.5]는 숫자 처리와 관련된 주요 내장함수의 목록을 보여주고 있다.

표 2.5 숫자 관련 주요 내장함수

함수	설명
abs(x)	숫자 x의 절대값을 반환한다.
bin(x)	정수 x를 2진 bytes 문자열로 변환한다.
hex(x)	정수 x를 16진수 문자열로 변경하여 반환한다.
oct(x)	정수 x를 8진수 문자열로 변경하여 반환한다.

divmod(a, b)	a를 b로 나눈 몫과 나머지를 tuple로 반환한다. a = q * b + a % b 정수 : (a // b, a % b) 실수 : (q, a % b), q = math.floor(a / b),
pow(x, y[, z])	z가 없으면 x의 y 제곱 결과를 반환하고, z가 있으면 x의 y 제곱 결과를 z로 나눈 나머지(pow(x, y) % z)의 결과를 반환한다.
round(number [, ndigits])	실수인 number를 소숫점 이하 ndigits에서 반올림한다. 같은 거리에 2개의 정수가 있으면 짝수를 선택한다.

[예제 2.20] 숫자 관련 내장함수

```
# 설명 1
>>> abs(-1)
1
>>> abs(-1.0)
1.0
>>> abs(-1 + 2j)
2.23606797749979
>>> abs(-1 -1j)
1.4142135623730951
>>> abs(-1 +1j)
1.4142135623730951


# 설명 2
>>> bin(11)
'0b1011'
>>> oct(11)
'0o13'
>>> hex(11)
'0xb'


# 설명 3
>>> divmod(7, 3)
(2, 1)
>>> pow(2, 3)
8
>>> pow(2, 3, 5)
3
>>> round(1.5)
2
>>> round(2.5)
2
>>> round(-1.5)
-2
>>> round(3.141592)
3
>>> round(3.141592, 4)
3.1416
```

프로그램 설명

① **설명 1**에서 abs() 함수는 정수와 실수에서는 절대값을 반환하고, 복소수는 크기(magnitude)를 반환한다. abs(-1 -1j)의 크기는 (-1 * -1 + -1 * -1) ** 0.5와 같다.

② **설명 2**에서 bin(11), oct(11), hex(11)는 10진 정수 11을 2진수, 8진수, 16진수 문자열로 반환한다.

③ **설명 3**에서 divmod(7, 3)는 7을 3으로 나눈 몫 2와 나머지 1을 튜플로 반환한다. pow(2, 3)는 2 ** 3과 같은 8을 반환하고, pow(2, 3, 5)은 2 ** 3 % 5인 3을 반환한다. round() 함수는 가장 가까운 정수를 반환한다. round(1.5)는 1.5에 가장 가까운 정수 1과 2중에서 짝수인 2를 반환한다. 다시 한 번 살펴보면, round(2.5)는 2.5에서 가장 가까운 정수 2와 3중에서 짝수인 2를 반환한다. round(-1.5)는 가장 가까운 정수 -1, -2 중에서 짝수 -2를 반환한다. round(3.141592)는 가장 가까운 정수 3을 반환하고, round(3.141592, 4)는 소수점 이하 5자리에서 반올림하여 소수점 이하 4자리인 실수 3.1416을 반환한다.

3.9 숫자 자료형 클래스(int, float, complex)의 주요 메서드

숫자 자료형 클래스(int, float, complex)의 메서드(method)는 dir(int), dir(float), dir(complex) 등으로 확인할 수 있다. [표 2.6]은 숫자 자료형 클래스의 주요 메서드이다.

표 2.6　숫자 자료형 클래스의 주요 메서드

메서드	설명
int.bit_length()	정수를 이진수로 표현하는 데 필요한 비트수를 반환한다. (부호와 leading 0은 제외)
int.to_bytes(length, byteorder, *, signed=False)	정수를 length 길이의 바이트로 표현하는 bytes 반환한다. byteorder는 'big' 또는 'little' 중 하나의 값을 가진다. signed = True이면 음수를 위해 2의 보수 표현을 사용한다.
int.from_bytes(bytes, byteorder, *, signed=False)	bytes를 byteorder인 'big' 또는 'little'을 고려하여 정수로 변환한다.
float.hex()	실수의 16진수 표현을 문자열로 반환한다. 형식 : [s] ['0x'] integer ['.' M] ['p' E] $X = (-1)^s \times 2^E \times 1.M$을 s에 따라 부호(+, -)와 M을 13자리 16진수(52 비트)와 지수 E로 표현한다. 정규화하는 경우 integer = 1이다.
float.fromhex(s)	16진수 문자열 실수 표현 s로부터 실수를 계산하여 반환한다.
float.as_integer_ratio()	실수에 대한 비율을 갖는 분자와 분모를 tuple로 반환한다.
float.is_integer()	실수에 대응하는 오차 없는 정수가 있는지를 판단한다.
complex.conjugate()	켤레복소수를 반환한다.

[예제 2.21] 숫자 자료형 클래스의 주요 메서드

```
# 설명 1 :  int 클래스 메서드
>>> n = 1024
>>> bin(n)
'0b10000000000'
>>> n.bit_length()      # (1024).bit_length()
11
>>> n.to_bytes(2, byteorder='big')     # (1024).to_bytes(2, byteorder = 'big')
b'\x04\x00'
>>> n.to_bytes(2, byteorder='little')
b'\x00\x04'
>>> n.to_bytes(10, byteorder='big')
b'\x00\x00\x00\x00\x00\x00\x00\x00\x04\x00'
>>> (-n).to_bytes(10, byteorder='big', signed = True)     # (-1024).to_bytes
b'\xff\xff\xff\xff\xff\xff\xff\xff\xfc\x00'

>>> int.from_bytes(b'\x00\x10', byteorder='big')
16
>>> int.from_bytes(b'\xfc\x00', byteorder='big', signed=True)
-1024
>>> int.from_bytes(b'\xfc\x00', byteorder='big', signed=False)
64512

# 설명 2 :  float 클래스 메서드
>>> (3.14).is_integer()
False
>>> (3.0).is_integer()
True
>>> (-0.75).hex()
'-0x1.8000000000000p-1'
>>> float.fromhex('-0x1.8000000000000p-1')
-0.75
>>> (0.25).as_integer_ratio()
(1, 4)

# 설명 3 :  complex 클래스 메서드
>>> c = (1 + 2j)
>>> c.imag
2.0
>>> c.real
1.0
>>> c.conjugate()
(1-2j)
```

프로그램 설명

① 설명 1은 int 클래스의 메서드를 사용한 실행 결과이다. n = 1024로 설정하고, bin(n)으로 2진수 문자열 상수로 변경한다. n.bit_length()는 11비트이고, 상수를 사용할 때는 (1024).bit_length() 와 같이 괄호를 사용한다.

n.to_bytes(2, byteorder = 'big')은 정수 n을 2바이트 문자열로 변환한다. byteorder = 'big' 은 상위 바이트를 먼저 표현한다. 그러므로 1024를 2바이트로 빅엔디안(big endian)으로 표현 하면 0x04, 0x00 순서이다. byteorder = 'little'은 하위 바이트를 먼저 표현한다. 그러므로 1024 를 2바이트로 리틀엔디안(little endian)으로 표현하면 0x00, 0x04 순서가 된다. n.to_bytes(10, byteorder = 'big')은 n을 상위 바이트를 먼저 표현하여 10바이트 문자열로 변환한다. (-n).to_ bytes(10, byteorder = 'big', signed = True)는 -n을 2의 보수로 표현한 10바이트 문자열을 반 환한다. (-n).to_bytes(10, byteorder = 'big', signed = False)는 'OverflowError: can't convert negative int to unsigned' 가 발생한다.

int.from_bytes(b'\x00\x10', byteorder = 'big')은 빅엔디안으로 주어진 바이트 문자열을 정수 로 반환한다. int.from_bytes(b'\xfc\x00', byteorder = 'big', signed = True)는 최상위 비트를 부호 비트로 하여 부호를 갖는 정수 -1024를 반환한다. int.from_bytes(b'\xfc\x00', byteorder = 'big', signed = False)는 빅엔디안으로 주어진 바이트 문자열 b'\xfc\x00'을 부호 없는 정수로 반환하여 64562를 반환한다.

② 설명 2는 float 클래스의 메서드를 사용한 실행 결과이다. (3.14).is_integer()는 3.14의 소수점 이 하 부분이 0이 아니므로 False이다. (3.0).is_integer()는 True이다. (-0.75).hex()는 -0.75를 16진 수로 표현한다. $-0.75 = (-1)^s \times 2^p \times 1.M = (-1)^1 \times 2^{-1} \times 1.1000...0$이다. 그러므로 16 진수 문자열 '-0x1.8000000000000p-1'로 표현된다. float.fromhex('-0x1.8000000000000p-1') 는 16진수 바이트 문자열을 실수 -0.75로 반환한다. (0.25).as_integer_ratio()는 비율이 주어진 실수 값과 같은 분자, 분모의 정수를 갖는 튜플을 반환한다. 분모는 항상 양수이다. 0.25는 대응하 는 1/4를 (1, 4) 튜플을 반환한다. (-0.25).as_integer_ratio()은 (-1, 4)이다.

③ 설명 3에서 c = (1 + 2j)이면, c.imag = 2.0, c.real = 1.0이고, c.conjugate()는 c의 켤레 복소수 (1- 2j)이다.

O4 문자열(str)

파이썬의 문자열은 str 클래스로 구현되어 있다. str은 한글을 포함한 유니코드로 표현 되는 모든 문자를 표현할 수 있는 순서를 갖는 시퀀스 자료형이다. s = 'abcd'에서 s[0] = 'A'와 같이 지정문으로 str 자료형의 한 문자를 변경할 수 없다. 즉 str 자료형은 변경 불 가능(immutable) 자료형이다.

이 절에서는 str 자료형, 시퀀스의 인덱싱, 슬라이싱, 시퀀스의 공통 연산, 비교 연산, 문자열 관련 주요 내장함수, str 클래스의 주요 메서드에 대해 설명한다.

> **형식**
> ```
> class str(object='')
> class str(object=b'', encoding='utf-8', errors='strict')
> ```
>
> 1. 인수가 주어지지 않으면 공백 문자열을 반환한다.
> ```
> >>> a = str()
> >>> a
> ''
> >>> type(a)
> <class 'str'>
> ```
>
> 2. 인코딩이 없으면, object의 출력 가능한 bytes 문자열을 반환한다.
> ```
> >>> str(100)
> '100'
> >>> str(3.14)
> '3.14'
> >>> str([1,2,3])
> '[1, 2, 3]'
> >>> str('abcd')
> 'abcd'
> ```
>
> 3. object가 bytes, bytearray 등의 바이트 객체이면, "ascii", "cp949", "utf-8", "utf-16",
>   등의 인코딩을 사용한다. bytes.decode(encoding, errors)와 같다.
> ```
> >>> str(b'1\xea\xb0\x80a', 'utf-8')
> '1가a'
> >>> b'1\xea\xb0\x80a'.decode('utf-8')
> '1가a'
> ```

4.1 문자열 상수

접두사(prefix) r, u, R, U 등이 문자열 앞에 올 수 있다. r 또는 R은 원래(raw) 문자열 그대로의 의미하며, u와 U는 유니코드(unicode)를 의미한다. 접두사가 생략되면, 유니코드 문자열이다. 문자열은 아스키 문자뿐만 아니라 유니코드의 어떤 문자도 포함할 수 있다. [표 2.7]은 이스케이프 시퀀스 제어 문자이다. 문자열 또는 바이트 상수에서 접두어 r 또는 R이 사용되면, 역슬래시(\)를 제어문자로 사용하지 않는 raw 문자열로 사용한다.

문자열은 단일 따옴표(single quote)와 이중 따옴표(double quote)의 쌍(pair) 안에 문자를 표시한다. 예를 들어 'Python is simple'과 "Python is simple"은 같은 문자열이다. "Python 'is' simple"과 같이 이중 따옴표 안에 단일 따옴표를 사용할 수 있고, 'Python "is" simple'과 같이 단일 따옴표 안에 이중 따옴표를 사용할 수 있다. 3연속 단일 따옴표('') 또는 3연속 이중 따옴표(""")의 쌍으로 여러 줄에 걸친 문자열을 표현한다.

표 2.7 이스케이프 시퀀스 제어문자

이스케이프 시퀀스	의미	사용가능 리터럴
\\	Backslash	String, Bytes
\'	single quote (')	String, Bytes
\"	double quote(")	String, Bytes
\a	ASCII Bell (BEL)	String, Bytes
\b	ASCII Backspace (BS)	String, Bytes
\f	ASCII Formfeed (FF)	String, Bytes
\n	ASCII Linefeed (LF)	String, Bytes
\r	ASCII Carriage Return (CR)	String, Bytes
\t	ASCII Horizontal Tab (TAB)	String, Bytes
\v	ASCII Vertical Tab (VT)	String, Bytes
\ooo	8진수 ooo	String, Bytes
\xhh	16진수 hh	String, Bytes
\N{name}	name은 BEL, NULL, NUL, TAB 등과 같이 유니코드에 이름이 정의되어 있는 유니코드 문자열	String
\uxxxx	16비트 16진수(hexa) xxxx	String
\Uxxxxxxxx	32비트 16진수(hexa) xxxxxxxx	String

[예제 2.22] str 상수 1 : 단일 따옴표와 이중 따옴표

```
>>> 'Python is simple.'
'Python is simple.'
>>> "Python isn't difficult."
"Python isn't difficult."
>>> print("Python isn't difficult.")
Python isn't difficult.

>>> "Python 'is' simple."
"Python 'is' simple."

>>> 'Python "is" simple.'
'Python "is" simple.'

>>> '파이썬'
'파이썬'
```

프로그램 설명

① 파이썬의 문자열은 디폴트로 유니코드를 사용한다. 예제에서는 단일 따옴표와 이중 따옴표를 사용하는 간단한 예제이다. str 자료형은 유니코드의 어떤 문자도 포함할 수 있으므로 한글도 사용이 가능하다.

② "Python 'is' simple."과 같이 이중 따옴표 속에 단일 따옴표가 있을 수도 있고, 'Python "is" simple.'과 같이 단일 따옴표 속에 이중 따옴표가 있을 수도 있다.

[예제 2.23] str 상수 2 : 이스케이프 시퀀스 제어문자

```
>>> print('Python isn\'t difficult.')
Python isn't difficult.
>>> print('C:\name')
C:
ame
>>> print(r'C:\name')
C:\name
```

프로그램 설명

역슬래시(\)를 포함한 문자열 상수 예제이다. 'C:\name'에서 줄 바꿈(new line) 제어문자 '\n'이 적용되어 출력되었다. r'C:\name'는 문자열 그대로 출력되었다. r은 raw 문자열을 의미한다.

[예제 2.24] str 상수 3 : 3중 단일 따옴표와 이중 따옴표

```
>>> print('''Python is
simple.''')
Python is
simple.
>>> print("""Python is
simple.""")
Python is
simple.
>>> print('Python is \
simple.')
Python is simple.
```

프로그램 설명

① 3중 단일 따옴표와 이중 따옴표는 여러 행에 걸쳐 문자열 상수를 표현할 수 있다.

② 역슬래시(\)는 다음 행과 연결됨을 의미한다. 위 예제에서 역슬래시(\)가 없으면 에러가 발생한다.

4.2 시퀀스의 인덱싱(indexing) 및 슬라이싱(slicing)

str, bytes, list, tuple 등의 시퀀스 객체는 0, 1, 2, 3,..., -1, -2 등의 정수 인덱스로 항목을 선택한다. 시퀀스 객체에서 슬라이싱에 의해 일정 범위의 항목을 선택한다.

시퀀스 자료형인 문자열의 각 문자는 대괄호([])와 정수 인덱스에 의해 선택된다. 인덱스는 문자열의 시작 위치를 0(zero-based indexing)으로 하여 문자에 접근하거나 문자열의 마지막 위치를 -1로 하여 문자에 접근할 수 있다. 예를 들면 s = 'abcd'에서 s[0]은

'a', s[1]은 'b', s[2]는 'c', s[3]은 'd', s[-1]은 'd', s[-2]는 'c', s[-3]은 'b', s[-4]는 'a'이다.
s[4]와 같이 인덱스가 범위를 벗어나면 IndexError가 발생한다.

시퀀스 자료형에서 부분 문자열을 취하는 슬라이싱의 형식은 다음과 같다.

> **형식**   s[i:j:k]
>
> 1. i는 시작 인덱스, j는 종료 인덱스, k는 증분이다.
> 2. 시작 인덱스 i는 포함(<=, inclusive)하고, 종료 인덱스 j는 미포함(<, exclusive)한다.
> 3. i가 생략되면 i = 0이고, j가 생략되면 j = len(s)이며, k가 생략되면 k = 1이다. 예를 들면
>   s = 'abcdefg'에서 s[0:2]와 s[:2]는 'ab'이고, s[2:]는 'cdefg', s[:]는 'abcdefg', s[::2]는
>   'aceg'이다. 시퀀스에서 슬라이싱을 하면 부분 문자열을 새로 생성한다.

[예제 2.25] str에서 인덱싱

```
# 설명 1
>>> s = 'abcd'
>>> s[0]
'a'
>>> s[1]
'b'
>>> s[-1]
'd'
>>> s[-2]
'c'

# 설명 2
>>> s[4]
Traceback (most recent call last):
 File "<pyshell#36>", line 1, in <module>
  s[4]
IndexError: string index out of range

>>> s[0] = 'A'
Traceback (most recent call last):
 File "<pyshell#44>", line 1, in <module>
  s[0] = 'A'
TypeError: 'str' object does not support item assignment
```

프로그램 설명

① 설명 1에서 문자열의 시작을 기준으로, s[0]은 'a', s[1]은 'b', s[2]은 'c', s[3]은 'd'이다. 문자열의
   끝을 기준으로 한 음수 인덱스를 사용하면, s[-1]은 'd', s[-2]는 'c', s[-3]은 'b', s[-4]는 'a'이다.

② 설명 2에서 문자열 s의 인덱스 범위는 0..3이다. s[4]는 IndexError: string index out of range
   가 발생한다. 문자열은 항목을 지정문으로 변경할 수 없기 때문에, s[0] = 'A'는 TypeError: 'str'
   object does not support item assignment가 발생한다.

[예제 2.26] str에서 슬라이싱

```
# 설명 1
>>> s = 'abcdefg'
>>> id(s)
47628576
>>> s[0:2]       # 새로운 부분 문자열 생성
'ab'
>>> id(s[0:2]) # 새로운 부분 문자열 생성하므로 새로운 고유번호
47628704

# 설명 2
>>> s[:2]
'ab'
>>> s[2:]
'cdefg'
>>> s[:]         # 새로 생성하지 않음. s[:] is s, id(s[:]) == id(s)는 True
'abcdefg'
>>> s[::2]
'aceg'
>>> s[::3]
'adg'

# 설명 3
>>> a = s[:]     # 지정문, a = s와 같음. list에서는 다름
>>> id(s), id(a)
(47628576, 47628576)
>>> a is s       # id(a) == id(s)
True
```

프로그램 설명

① **설명 1**에서 s[0:2]는 s[0], s[1]로 이루어진 부분 문자열 'ab'를 새로 생성한다. id() 함수로 고유번호를 확인하면, 새로운 고유번호임을 알 수 있다.

② **설명 2**에서 s[:2]는 s[0:2]와 같이 'ab'이며, s[2:]는 s[2:-1]와 같이 'cdefg'이고, s[:]는 s[0:-1]과 같으며 전체 문자열 'abcdefg'이다. 이때 id(s[:]) == id(s)와 s[:] is s는 True이다. 즉 전체 문자열에 대한 슬라이싱은 문자열을 새로 생성하지 않는다. s[::2]는 s[0], s[2], s[4], s[6]으로 이루어진 문자열 'aceg'이다. s[::3]는 s[0], s[3], s[6]으로 이루어진 문자열 'adg'이다. s[::] is s는 True이다.

③ **설명 3**에서 변경 불가능인 str 객체에서 슬라이싱으로 문자열 전체를 복사하는 경우는 참조만 복사되어 a와 s는 같은 고유번호를 갖는다.

4.3 시퀀스의 공통 연산

연결 연산자(+), 반복 연산자(*), 포함 연산자(in) 등은 시퀀스 자료형(str, bytes, bytearray, list, tuple)에서 공통으로 사용할 수 있는 연산이다.

(1) 연결(concatenation) 연산자(+)

+ 연산자를 이용하여 두 개의 시퀀스 자료형을 연결하여 하나의 객체로 생성한다. 예를 들어 'ab' + 'cd' 는 'abcd'를 생성한다.

(2) 반복(repetition) 연산자(*)

* 연산자를 이용하여 시퀀스의 항목을 반복하여 객체를 생성한다. 예를 들어 'ab' * 5는 'ababababab'를 생성한다.

(3) 포함(contain) 연산자(in, not in)

in 연산자를 사용하여 부분 시퀀스가 포함되어 있는지 확인하여 True 또는 False를 반환한다. 예를 들어 'ell' in 'hello'는 True이다. 'ell' not in 'hello'는 False가 된다.

[예제 2.27] str에서 시퀀스 공통 연산

```
# 설명 1
>>> 'ab' + 'cd'
'abcd'
>>> 'ab'*5
'ababababab'

# 설명 2
>>> 'ell' in 'hello'
True
>>> 'ell' not in 'hello'
False
>>> 'abcd' == 'abcd'
True
>>> 'abcd' != 'abcd'
False
```

프로그램 설명

① 설명 1에서 'ab' + 'cd'는 두 문자열을 연결하여 하나의 문자열 'abcd'를 생성한다. 'ab' * 5는 문자열을 5회 반복하여 문자열 'ababababab'를 생성한다.

② 설명 2에서 'ell' in 'hello'는 'ell'이 'hello'에 속해 있으므로 True이다. 'ell' not in 'hello'는 False이다.

[예제 2.28] str에서 비교 연산

```
# 설명 1 : 동등 비교
>>> a = 'abcd'
>>> b = 'abcd'
>>> a == b
True
>>> a != b
False
>>> a is b        # id(a) == id(b)
True
>>> a is not b    # id(a) != id(b)
False
>>> id(a), id(b) # 같은 객체를 참조한다.
(38575904, 38575904)

# 설명 2 : 크기 비교
>>> 'abcd' < 'abce'
True
>>> 'abcd' < 'abc'
False
>>> 'abcd' > 'abc'
True
>>> 'abcd' > 'abce'
False
```

프로그램 설명

① 설명 1에서 a == b는 두 문자열의 내용이 같으므로 True이고, a != b는 False이다. a is b는 id(a) == id(b)와 같고, 같은 고유번호를 가지므로 True이다. a is not b는 id(a) != id(b)와 같고, False이다.

② 설명 2에서 문자열의 크기 비교는 사전순서(lexicographic order)에 따른다. 'abcd' < 'abce'는 True, 'abcd' < 'abc'는 False, 'abcd' > 'abc'는 True, 'abcd' > 'abce'는 False이다.

4.4 str 관련 주요 내장함수

다음의 [표 2.8]은 str 클래스에서 제공되는 주요 내장함수의 목록이다.

표 2.8 문자열 관련 주요 내장함수

함수	설명
len(object)	시퀀스 또는 컬렉션 자료형의 object의 항목 수를 반환한다.
chr(i)	코드표에서의 정수 i 위치의 문자를 반환한다. chr(97)은 'a'를 반환한다. i의 범위 : 0 <= i <= 0x10FFFF
ord(c)	유니코드 문자 x의 코드표에서의 위치를 정수로 반환한다. ord('a')는 97이다. ord('\u2020')는 8224이다.

repr(object)	object 객체의 공식적인(official) 문자열을 반환한다. 공식적이란 의미는 문자열로부터 원본 객체를 복구할 수 있다는 의미다. eval(repr(object))은 object를 반환한다.
ascii(object)	object의 출력 가능한 ASCII 문자열을 반환한다. repr(object)에 의한 문자열에서 non-ASCII 문자를 \x, \u, \U를 사용하여 처리한다.
eval(expression)	문자열 수식인 expression에 주어진 문장을 분석하여 실행한다. eval(repr(object)) == object
exec(object [, globals [, locals]])	파이썬 코드를 실행시킨다. object는 문자열이거나 코드 객체이다.
input([prompt])	prompt에 주어진 문자열을 표준 출력장치에 표시하고, 표준 입력장치(키보드)로부터 한 행을 입력받아 문자열(str)로 반환한다.

[예제 2.29] str 관련 주요 내장함수

```
# 설명 1
>>> str(1)
'1'
>>> repr(1)
'1'
>>> ascii(1)
'1'


# 설명 2
>>> str('abcd')
'abcd'
>>> repr('abcd')
"'abcd'"
>>> ascii('abcd')
"'abcd'"


# 설명 3
>>> str('가')
'가'
>>> repr('가')
"'가'"
>>> ascii('가')
"'\\uac00'"


# 설명 4
>>> len('abcdefg')
7
>>> len('파이썬')
3


# 설명 5
>>> ord('a')
97
```

```
>>> chr(97)
'a'
>>> ord('\uac00')
44032
>>> chr(44032)
'가'


# 설명 6
>>> x = 1
>>> eval('x+1')
2
>>> eval(repr(x+1))
2
>>> a = 10
>>> exec("a = a + 20")
>>> a
30


# 설명 7
>>> s = 0
>>> exec("for i in range(5): s += i; print(i, s)")
0 0
1 1
2 3
3 6
4 10


# 설명 8
>>> import datetime
>>> today = datetime.datetime.now()
>>> today
datetime.datetime(2016, 3, 15, 23, 29, 8, 263513)
>>> str(today)
'2016-03-15 23:29:08.263513'
>>> repr(today)
'datetime.datetime(2016, 3, 15, 23, 29, 8, 263513)'
>>> eval(repr(today))
datetime.datetime(2016, 3, 15, 23, 29, 8, 263513)
#>>> eval(str(today)) : #SyntaxError: invalid token
```

프로그램 설명

① **설명 1**에서 str(1), repr(1), ascii(1) 함수 모두 문자열 '1'을 생성한다.

② **설명 2**에서 str('abcd')은 문자열 'abcd'를 생성하고, repr('abcd')와 ascii('abcd')는 문자열 "'abcd'"를 생성한다.

③ 설명 3에서 str('가')는 '가'를 생성하고, repr('가')는 "'가'"를 생성하며, ascii('가')는 "'\\uac00'"를 생성한다. '가'의 유니코드가 '\uac00'이다.

④ 설명 4에서 len('abcdefg')은 항목의 개수 7, len('파이썬')은 항목의 개수 3이다.

⑤ 설명 5에서 ord('a')는 'a'의 코드표에서의 정수 위치 97을 반환하고, chr(97)은 코드표에서 97 위치의 문자는 'a'이다. ord('\uac00')은 코드표에서 유니코드 '\uac00'의 정수 위치 44032를 반환하고, chr(44032)은 정수 위치 44032의 문자 '가'를 반환한다.

⑥ 설명 6에서 eval('x + 1')은 수식 'x + 1'을 계산한다. x는 이미 값을 갖는 변수이다. eval(repr(x + 1))에서 repr(x + 1)는 '2'이고, eval('2')는 2이다. exec("a = a + 20")는 "a = a + 20"의 문자열 내의 수식을 계산한다.

⑦ 설명 7에서 exec("for i in range(5): s += i; print(i, s)")는 문자열로 주어진 파이썬 코드를 실행시킨다.

⑧ 설명 8에서 repr()과 str()의 차이를 이해하기 위하여 날짜(date)와 시간(time) 정보를 모두 갖는 datetime 모듈을 임포트한다. today = datetime.datetime.now()는 현재 날짜 및 시간을 today에 저장한다. str(today)은 문자열 '2016-03-15 23:29:08.263513'이다. repr(today)은 today 객체의 공식적인 문자열인 'datetime.datetime(2016, 3, 15, 23, 29, 8, 263513)'이다. eval(repr(today))은 today와 같다. eval(str(today))는 SyntaxError가 발생한다.

[예제 2.30] input 함수로 키보드에서 입력

```
# 설명 1
>>> a = input('---> ')          # 문자열 입력
---> 10
>>> a
'10'

>>> a = int(input('---> '))     # 정수입력
---> 10
>>> a
10

# 설명 2
>>> s = input('--->').split()   # 문자열 리스트로 입력
--->10 20
>>> s
['10', '20']
>>> x, y = [int(a) for a in s]  # 대괄호 [] 안에 반복문 for를 사용하여 리스트를 생성하는
>>> x, y                        # 리스트 이해로 항목을 정수로 변경
(10, 20)

# 설명 3
# 리스트 이해를 사용하여 2개의 정수 입력
>>> x, y = [int(a) for a in input('--->').split()]
--->10 20
>>> x, y
(10, 20)
```

```
# 설명 4
# map 함수를 사용하여 2개의 정수 입력
>>> x, y = map(int, input('--->').split())    # 문자열 항목에 int() 함수 적용
--->10 20
>>> x, y
(10, 20)


# 설명 5
# map 함수를 사용하여 문자열로 이름(name)과 정수로 나이(age) 입력
# 사용자 함수 f()에서 인수 x가 숫자로 구성된 문자열이면 int(x)로 반환, 그렇지 않으면 문자열 x
# 함수 정의와 map 함수는 4장에시 자세히 설명한디.
>>> def f(x):
        if x.isnumeric():
                return int(x)
        else:
                return x

>>> name, age = map(f, input('--->').split())    # 문자열 항목에 f() 함수 적용
--->kim 10
>>> name
'kim'
>>> age
10
```

프로그램 설명

① input() 함수로 키보드에서 문자열을 입력받아 자료형을 변환하여 사용한다. 한 행에서 여러 개의 자료를 입력받을 때는 str.split() 메서드로 문자열을 리스트의 항목으로 분리한 다음 처리한다. 리스트 이해(list comprehension) 또는 map 함수를 사용하여 리스트 항목의 문자열을 원하는 자료형으로 변환한다. 리스트 이해는 2장의 "6.2 list 자료형"을 참고한다.

② 설명 1에서 a - input('---> ')는 프롬프트(--->)가 출력되고, 10을 입력하고 엔터를 누르면, a에 문자열 '10'이 입력된다. a = int(input('---> '))는 입력된 문자열을 int() 함수에 의해 정수로 변환하여 a = 10이다.

③ 설명 2에서 s = input('--->').split()는 프롬프트(--->)에서 10 20을 입력하고 엔터를 누르면 s에 문자열 리스트 ['10', '20']을 입력한다. x, y = [int(x) for x in s]는 문자열 리스트 s에 리스트 이해를 사용하여 s의 각 항목인 문자열에 int() 함수를 적용하여 정수를 x, y에 입력한다.

④ 설명 3에서 x, y = [int(a) for a in input('--->').split()]는 리스트 이해를 사용한 2개의 정수를 x, y에 입력한다.

⑤ 설명 4에서 x, y = map(int, input('--->').split())는 map 함수로 각 문자열 항목에 int() 함수를 적용하여 2개의 정수를 x, y에 입력한다.

⑥ 설명 5에서 map 함수에 사용자 정의 함수 f()를 적용하여 문자열인 이름(name)과 정수인 나이(age) 입력한다. 함수 f(x)는 x가 숫자로 구성된 문자열이면 int(x)로 정수를 반환하고, 그렇지 않으면 문자열 x를 반환한다. 사용자 정의 함수와 map 함수는 4장에서 자세히 설명한다.

4.5 str 클래스의 주요 메서드

str 클래스의 주요 메서드는 dir(str)로 확인 할 수 있다. [표 2.9]은 str 클래스의 주요 메서드이며, 메서드의 인수에서 []는 옵션이고, [start, end]는 문자열의 슬라이싱을 통한 범위를 지정한다.

[표 2.9] str 클래스의 주요 메서드

메서드(method)	설명
str.capitalize() str.lower() str.upper() str.swapcase() str.title()	capitalize()는 문자열의 첫 문자를 대문자, 나머지는 소문자로 만든다. lower() 는 모든 문자를 소문자로 변경한다. upper()는 모든 문자를 대문자로 변경한다. swapcase()는 문자열에서 대소문자를 반대로 변경한다. title()은 문자열을 구성하는 단어의 시작은 대문자로 나머지는 소문자로 변경한다.
str.center(width[, fillchar]) str.ljust(width[, fillchar]) str.rjust(width[, fillchar])	width 길이의 문자열에서 중앙 정렬(center), 왼쪽 정렬(ljust), 오른쪽 정렬(rjust)하고 빈 칸을 모두 fillchar로 채운다.
str.format(*args, **kwargs)	문자열을 {}를 사용하여 양식 출력한다.
str.count(sub[, start[, end]])	문자열 sub의 출현 횟수 나타낸다.
str.encode(encoding="utf-8", errors="strict")	문자열을 인코딩하여 bytes 문자열을 생성한다. encoding은 "utf-8", "ascii", "cp949", "utf-16", "utf-16be", "utf-16le", "utf-32", "utf-32be", "utf-32le" 등이 있다.

str.startswith(prefix[,
    start[, end]])
str.endswith(suffix[,
    start[, end]])
	startswith()는 문자열이 prefix 문자열로 시작(startswith)하면 True를 반환하고, 아니면 False를 반환한다. endswith()는 문자열이 suffix 문자열로 끝(endswith)나면 True를 반환하고, 아니면 False를 반환한다.

str.find(sub[, start[, end]]) str.rfind(sub[, start[, end]])	find()는 문자열 sub가 있는 가장 작은 인덱스를 찾는다. rfind()는 문자열 sub가 있는 가장 큰 인덱스를 찾는다. sub가 없으면 -1을 반환한다. find()는 인덱스 위치를 알고 싶을 때 사용하고, sub가 문자열 내에 있는지만 알고 싶을 때는 in 연산자를 사용한다.
str.index(sub[, start[, end]])	find()와 유사하다. sub가 없으면 ValueError 예외를 일으킨다.
str.isalnum(), str.isalpha(), str.isdecimal(), str.isdigit(), str.isidentifier(), str.islower(), str.isnumeric(), str.isspace(), str.isprintable(), str.istitle(), str.isupper()	문자열이 알파벳, 숫자, 소문자, 대문자, 명칭, 공백 등을 판단하여 True 또는 False를 반환한다.
str.join(iterable)	반복 가능 객체 iterable에 있는 문자열을 연결한 문자열을 반환한다.

str.strip([chars]) str.lstrip([chars]) str.rstrip([chars])	strip()는 문자열의 시작과 끝에서 공백 또는 chars에 주어진 문자를 없앤다. lstrip()는 문자열의 시작에서 공백 또는 chars에 주어진 문자를 없앤다. rstrip()는 문자열의 끝에서 공백 또는 chars에 주어진 문자를 없앤다.
str.partition(sep) str.rpartition(sep)	partition()은 처음 나오는 sep를 기준으로 3개의 문자열을 갖는 tuple을 생성한다. rpartition()은 마지막 출현하는 sep를 기준으로 3개의 문자열을 갖는 tuple로 반환한다.
str.replace(old, new[, count])	old 문자열을 new 문자열로 처음 count개 만큼 대치한다.

str.split(sep=None,
    maxsplit = −1)
str.rsplit(sep=None,
    maxsplit = −1)
	split()는 문자열의 앞쪽부터 시작하여, sep 문자열로 문자열을 분리하여 단어 문자열의 리스트를 생성한다. rsplit()는 문자열의 끝에서부터 시작하여, sep 문자열로 문자열을 분리하여 단어 문자열의 리스트를 생성한다.

str.splitlines([keepends])	문자열에서 '\n'을 이용하여 문자열 행들의 리스트를 반환한다. keepends가 True이면 마지막 '\n'을 유지한다.
str.zfill(width)	길이 width 문자열을 생성하기 위해 ASCII 'O' 문자로 채운다.
static str.maketrans(x[,y[, z]])	문자열 x의 각 문자를 문자열 y의 각 문자로 변환표를 생성, z의 문자열은 변환시에 삭제된다.
str.translate(table)	변환표 table을 보고, 문자열을 변환한다.

[예제 2.31] str 클래스의 주요 메서드 1

```
# 설명 1 : 대소문자 변경
>>> 'Hello worlD'.capitalize()
'Hello world'
>>> 'hello'.upper()
'HELLO'
>>> 'HELLO'.lower()
'hello'
>>> 'Hello'.swapcase()
'hELLO'
>>> 'Hello worlD'.title()
'Hello World'

# 설명 2 : 문자열 정렬
>>> 'Hello'.ljust(10)
'Hello     '
>>> 'Hello'.rjust(10)
'     Hello'
>>> 'hello'.center(10)
'  hello   '

>>> "The sum of {0} + {1} is {2}".format(1, 2, 1 + 2)
'The sum of 1 + 2 is 3'
>>> 'Hello Kim, Hello Lee'.count('Hello')
```

2

```
>>> '1가a'.encode()          # encoding = "utf-8"
b'1\xea\xb0\x80a'


# 설명 3 : 시작과 끝 문자열 일치 확인
>>> 'Hello world.'.startswith('Hello')
True
>>> 'Hello world'.endswith('world')
True


# 설명 4 : 문자열 대치
>>> 'Hello world, Hello Kim'.replace('Hello', 'Hi')
'Hi world, Hi Kim'
```

프로그램 설명

① 설명 1에서 'Hello worlD'.capitalize()는 첫 문자만을 대문자로 변경한다. 'hello'.upper()는 모든 문자열을 대문자로 변경하고, 'HELLO'.lower()는 모든 문자열을 소문자로 변경하며, 'Hello'.swapcase()는 대소문자를 교환하고, 'Hello worlD'.title()는 문자열을 구성하는 각 단어의 시작 문자를 대문자로 변경한다.

② 설명 2에서 'Hello'.ljust(10)는 10자리에 문자열을 왼쪽 정렬하고, 'Hello'.rjust(10)는 오른쪽 정렬하고, 'hello'.center(10)는 중앙 정렬한다. "The sum of {0} + {1} is {2}".format(1, 2, 1 + 2)는 {0}, {1}, {2}에 1, 2, 1 + 2를 대응시켜 문자열을 생성한다. '1가a'.encode()는 encoding="utf-8"로 인코딩하여 바이트 문자열 b'1\xea\xb0\x80a'를 생성한다.

③ 설명 3에서 'Hello world.'.startswith('Hello')는 'Hello'로 문자열이 시작하는지를 확인하고, 'Hello world'.endswith('world')는 'world'로 문자열이 끝나는지를 확인한다.

④ 설명 4에서 'Hello world, Hello Kim'.replace('Hello', 'Hi')는 문자열 'Hello'를 찾아 문자열 'Hi'로 대치한 문자열을 생성한다.

[예제 2.32] str 클래스의 주요 메서드 2

```
# 설명 1 : 문자열 찾기
>>> 'abcdabcd'.find('cd')
2
>>> 'abcdabcd'.rfind('cd')
6
>>> 'abcdabcd'.find('f')
-1
>>> 'abcdabcd'.index('cd')
2
>>> 'abcdabcd'.index('f')
Traceback (most recent call last):
  File "<pyshell#30>", line 1, in <module>
    'abcdabcd'.index('f')
ValueError: substring not found
```

```
# 설명 2 : 문자열 종류 및 공백 제거
>>> 'a12b'.isalnum()
True
>>> 'hello'.islower()
True
>>> '  Hello world  '.strip()
'Hello world'
>>> '  Hello world  '.lstrip()
'Hello world  '
>>> '  Hello world  '.rstrip()
'  Hello world'

# 설명 3 : 단어 분리
>>> fruit = 'apple,banana,grapes,orange'
>>> fruit.partition(',')        # 처음 ','를 기준하여 3개로 분리
('apple', ',', 'banana,grapes,orange')
>>> fruit.rpartition(',')       # 마지막 ','를 기준하여 3개로 분리
('apple,banana,grapes', ',', 'orange')

>>> fruit.split()               # 공백, \t, \n으로 분리
['apple,banana,grapes,orange']
>>> fruit.split(',', 2)         # ','로 왼쪽에서 2단어 분리
['apple', 'banana', 'grapes,orange']
>>> fruit.rsplit(',', 2)        # ','로 오른쪽에서 2단어 분리
['apple,banana', 'grapes', 'orange']

# 설명 4 : 행 분리, 0으로 채우기, 문자 변환
>>> 'Hello world\n Hello Kim\n'.splitlines()    # 행 분리
['Hello world', ' Hello Kim']
>>> 'hello'.zfill(10)           # 자릿수에 맞게 0으로 채우기
'00000hello'

# 'a'는 '1'로 변환, 'b'는 '2'로 변환 'c'는 삭제
>>> 'abcdab'.translate(str.maketrans('ab', '12', 'c'))    # 문자 변환
'12d12'

# 설명 5 : 문자 변환
>>> A = ['hello', 'hi']         # 반복 가능 객체
>>> ''.join(A)                  # A의 항목을 공백 없이 하나의 문자열로 연결
'hellohi'
>>> ','.join(A)                 # A의 항목 사이에 ','을 추가하여 하나의 문자열로 연결
'hello,hi'
>>> '\n'.join(A)                # A의 항목 사이에 '\n'을 추가하여 하나의 문자열로 연결
'hello\nhi'
```

프로그램 설명

① 설명 1에서 'abcdabcd'.find('cd')는 'cd'가 있는 가장 작은 인덱스 2를 찾고, 'abcdabcd'.rfind('cd')는 'cd'가 있는 가장 큰 인덱스 6을 찾는다. 'abcdabcd'.find('f')는 'f'가 없으므로 −1이고, 'abcdabcd'.index('cd')는 'cd'가 있는 곳의 인덱스 2를 반환한다. 'abcdabcd'.index('f')는 'f'가 없으므로 ValueError: substring not found가 발생한다.

② 설명 2에서 'a12b'.isalnum()는 True, 'hello'.islower()는 True이다. ' Hello world '.strip()는 양 끝의 공백을 제거하고, ' Hello world '.lstrip()는 왼쪽 끝의 공백을 제거하고, ' Hello world '.rstrip()는 오른쪽 끝의 공백을 제거한다.

③ 설명 3에서 fruit.partition(',')은 처음 나오는 ','를 기준으로 3개의 문자열을 갖는 tuple을 생성한다. fruit.rpartition(',')은 마지막 나오는 ','를 기준으로 3개의 문자열을 갖는 tuple을 생성한다. fruit.split()는 공백, \t, \n을 구분자로 문자열을 리스트에 분리하고, fruit.split(',', 2)는 구분자 ','로 문자열의 앞쪽에서 2개의 단어를 분리한다. fruit.rsplit(',', 2)는 구분자 ','로 문자열의 끝에서 2개의 단어를 분리한다.

④ 설명 4에서 'Hello world\n Hello Kim\n'.splitlines()는 \n에 의해 행을 분리하여 리스트로 반환한다. 'hello'.zfill(10)은 10자리에 맞추고, 빈 곳을 0으로 채운다. 'abcdab'.translate(str.maketrans('ab', '12', 'c'))는 문자열에서 'a'는 '1'로 변환, 'b'는 '2'로 변환 'c'는 삭제하여, 문자열 '12d12'을 생성한다.

⑤ 설명 5에서 A = ['hello', 'hi']는 리스트로 반복 가능 객체이다. ''.join(A)는 A의 항목을 공백 없이 하나의 문자열로 연결하여 문자열 'hellohi'를 생성한다. ','.join(A)는 A의 항목 사이에 ','을 추가하여 하나의 문자열로 연결하여 문자열 'hello,hi'를 생성한다. '\n'.join(A)는 A의 항목 사이에 '\n'을 추가하여 하나의 문자열로 연결하여 문자열 'hello\nhi'를 생성한다.

05 바이트 문자열(bytes, bytearray, memoryview)

정수 0에서 255에 대응하는 ASCII 문자를 표현할 수 있는 바이트 시퀀스 자료형으로 bytes, bytearray, memoryview 등이 있다. bytes는 변경 불가능(immutable) 시퀀스 자료형이고, bytearray는 변경 가능(mutable) 시퀀스 자료형이다.

이 절에서는 이진 바이트 시퀀스 자료형, 문자열의 인코딩과 디코딩, 인덱싱, 슬라이싱, 이진 바이트 시퀀스의 주요 메서드에 대해 설명한다.

5.1 변경 불가능한 bytes 자료형

바이트는 bytes 클래스로 구현되어 있다. bytes는 정수 0에서 255의 ASCII 문자를 표현할 수 있는 순서를 갖는 변경 불가능 시퀀스 자료형이다. 바이트 상수, 연산자의 결과,

bytes() 등에 의해 바이트를 생성할 수 있다. bytes 클래스의 메서드는 [표 2.9]의 str 클래스의 메서드와 대부분 같다.

형식 class bytes([source[, encoding[, errors]]])

1. 인수를 사용하지 않으면, 크기 0인 bytes 객체가 생성된다.

```
>>> a = bytes()
>>> a
b''
>>> type(a)
<class 'bytes'>
```

2. source에 정수가 오면, 정수 크기의 bytes 객체가 생성되고 0으로 초기화된다.

```
>>> a = bytes(10)
>>> a
b'\x00\x00\x00\x00\x00\x00\x00\x00\x00\x00'
```

3. source에 str 문자열이 오면, encoding에 "ascii", "cp949", "utf-8", "utf-16" 등의 인코딩을 명시해야 한다.

```
>>> a = bytes('abcd', 'ascii')
>>> a
b'abcd'
```

4. source에 bytes 상수를 사용하여 초기화한다.

```
>>> a = bytes(b'abcd')
>>> a
b'abcd'
>>> b = b'abcd'
>>> b
b'abcd'
```

5. source에서 range()를 사용하여 0에서 255 사이 정수로 bytes 문자열을 초기화한다.

```
>>> a = bytes(range(10))
>>> a
b'\x00\x01\x02\x03\x04\x05\x06\x07\x08\t'
```

6. bytes 자료형은 변경 불가능(immutable) 시퀀스 자료형이다.

```
>>> a = b'abcd'
>>> a[0] = ord('A')
Traceback (most recent call last):
  File "<pyshell#42>", line 1, in <module>
    a[0] = ord('A')
TypeError: 'bytes' object does not support item assignment
```

[예제 2.33] 바이트 문자열 상수

```
# 설명 1
>>> b'Python is simple'
b'Python is simple'
>>> type(b'Python is simple')
<class 'bytes'>
>>> print(b'Python is simple')
b'Python is simple'


# 설명 2
>>> print(b'Python isn\'t simple')
b"Python isn't simple"
>>> print(br'Python isn\'t simple')
b"Python isn\\'t simple"
>>> b'파이썬'
SyntaxError: bytes can only contain ASCII literal characters.
```

프로그램 설명

① 설명 1에서 b'Python is simple'는 바이트 문자열 상수로 자료형이 bytes이다.

② 설명 2에서 b'Python isn\'t simple'에서 \는 이스케이프 제어문자로 b"Python isn't simple" 문자열과 같다. br'Python isn\'t simple'에서 \는 제어문자가 아니라 역슬래시(\) 문자를 의미하여 b"Python isn\\'t simple"과 같다. 바이트 문자열은 ASCII 문자만 포함할 수 있으므로 b'파이썬'은 SyntaxError 에러가 발생한다.

[예제 2.34] bytes 자료형 생성

```
# 설명 1
>>> a = b'abc'
>>> type(a)
<class 'bytes'>
>>> bytes( (97, 98, 99) )
b'abc'
>>> bytes( 'abc', 'ascii' )      # bytes( 'abc', 'cp949' )
b'abc'


# 설명 2
>>> bytes('가', 'utf-8' )
b'\xea\xb0\x80'
>>> bytes('가', 'utf-16' )
b'\xff\xfe\x00\xac'

>>> bytes(range(5))
b'\x00\x01\x02\x03\x04'
```

프로그램 설명

① 설명 1에서 바이트 문자열 상수 또는 bytes() 함수를 사용하여 바이트 문자열 객체를 생성한다. bytes((97, 98, 99))은 튜플(tuple) 자료형 (97, 98, 99)을 사용하여 b'abc'를 생성한다. bytes('abc', 'ascii')는 'abc'을 'ascii'로 인코딩하여 b'abc'를 생성한다. 'cp949' 인코딩도 같은 결과를 갖는다.

② 설명 2에서 bytes('가', 'utf-8'), bytes('가', 'utf-16')와 같이 유니코드(unicode) 인코딩인 'utf-8', 'utf-16'으로 bytes 문자열을 생성한다. bytes(range(5))는 16진수의 바이트 문자열 b'\x00\x01\x02\x03\x04'를 생성한다.

[예제 2.35] bytes에서 인덱싱 및 슬라이싱

```
# 설명 1
>>> a = b'abcdefg'
>>> a[0]
97
>>> a[1]
98
>>> a[-1]
103
>>> a[1:4]
b'bcd'
>>> a[2:]
b'cdefg'
>>> a[:3]
b'abc'
>>> a[::]
b'abcdefg'
>>> a[::2]
b'aceg'

# 설명 2
>>> a[0] = ord('A')      # 변경 불가능(immutable)
Traceback (most recent call last):
 File "<pyshell#10>", line 1, in <module>
  a[0] = ord('A')
TypeError: 'bytes' object does not support item assignment
```

프로그램 설명

① bytes에서 인덱싱 및 슬라이싱 예제이다. 설명 1에서 bytes 자료형 객체 a에서 str 자료형에서 처럼 a[0], a[1]과 같이 시작 위치를 0으로 하여 항목에 접근할 수 있다. 또한, 마지막 위치를 -1로 하여 항목에 접근할 수 있다.

② 설명 2에서 str 자료형과 같이 지정문으로 bytes 자료형의 한 문자를 변경할 수 없다. a[0] = ord('A')는 TypeError가 발생한다.

[예제 2.36] bytes에서 메서드 사용

```
# 설명 1
>>> bytes.fromhex('fff0 F1f2 ')
b'\xff\xf0\xf1\xf2'
>>> b'Hello worlD'.capitalize()
b'Hello world'
>>> b'Hello'.ljust(10)
b'Hello     '
>>> b'  Hello world  '.strip()
b'Hello world'
>>> b'  Hello world  '.lstrip()
b'Hello world  '
>>> b'  Hello world  '.rstrip()
b'  Hello world'

# 설명 2
>>> fruit = b'apple,banana,grapes,orange'
>>> fruit.partition(b',')
(b'apple', b',', b'banana,grapes,orange')
>>> fruit.split(b',')
[b'apple', b'banana', b'grapes', b'orange']
>>> fruit.count(b',')
3
>>> fruit.find(b',')
5
>>> fruit.index(b',')
5
>>> fruit.find(b'melon')
-1
>>> fruit.index(b'melon')
Traceback (most recent call last):
  File "<pyshell#33>", line 1, in <module>
    fruit.index(b'melon')
ValueError: substring not found
```

프로그램 설명

① bytes 자료형은 [표 2.9]의 str의 주요 메서드를 대부분 사용할 수 있다. 단, 문자열 인수는 bytes 자료형을 사용한다. str 자료형의 문자열을 사용하면 TypeError가 발생한다.

② 설명 1에서 bytes.fromhex('fff0 F1f2 ')는 문자열을 디코딩하여, ASCII 공백은 무시하고 16진수를 바이트 문자열 b'\xff\xf0\xf1\xf2'를 생성한다. b'Hello worlD'.capitalize()는 바이트 문자열의 첫 자만을 대문자로 변경한다. b'Hello'.ljust(10)은 10자리에 왼쪽 정렬한다. b' Hello world '.strip()은 바이트 문자열의 시작과 끝의 공백을 제거한다. b' Hello world '.lstrip()는 시작 공백을 제거한다. b' Hello world '.rstrip()은 끝의 공백을 제거한다.

③ 설명 2에서 fruit.partition(b',')은 처음 나오는 b','를 기준으로 3개의 문자열을 갖는 tuple을 생성한다. fruit.split()는 공백, \t, \n을 구분자로 바이트 문자열을 리스트에 분리한다. fruit.

count(b',')는 b','의 개수 3이다. fruit.find(b',')와 fruit.index(b',')는 첫 번째 b','를 찾아 인덱스 5를 반환한다. fruit.find(b'melon')는 b'melon'이 없기 때문에 -1을 반환한다. fruit.index(b'melon')는 없는 경우 ValueError가 발생한다.

[예제 2.37] 또한 문자열을 바이트로 인코딩하고 바이트를 문자열로 디코딩하는 예제이다. str.encode() 메서드는 str 문자열을 'ascii', 'cp949', 'utf-8', 'utf-16', 'utf-16le'(little endian), 'utf-16be'(big endian) 등으로 인코드하여 bytes 문자열을 생성한다.

ascii는 아스키 문자만 사용 가능하며, cp949는 마이크로소프트사의 MBCS(multiple byte character set)에 의한 아스키 문자는 1바이트, 한글은 완성형 2바이트를 사용하는 확장 아스키 코드이다.

bytes.decode() 메서드는 bytes 문자열을 ascii, cp949, utf-8, utf-16 등으로 디코드하여 str 문자열을 생성한다. '1가a'.encode()와 같이 문자열 상수 리터럴 '1가a'를 이용하여 str.encode() 메서드를 호출할 수 있다. b'1\xea\xb0\x80a'.decode()와 같이 bytes 문자열 상수 리터럴을 이용하여 bytes.decode() 메서드를 호출할 수 있다. a.encode('utf-16')로 인코딩하고, c.decode('utf-8')로 디코딩하면 에러가 발생한다. 즉, 인코딩 방법과 디코딩 방법이 같아야 한다.

[예제 2.37] 문자열의 인코딩과 디코딩

```
# 설명 1
>>> a = '1가a'
>>> a.encode()          # a.encode('utf-8')
b'1\xea\xb0\x80a'
>>> bytes.decode(a.encode())
'1가a'


# 설명 2
>>> a.encode('utf-16')
b'\xff\xfe1\x00\x00\xaca\x00'          # little endian, FF FE는 BOM
>>> a.encode('utf-16le')
b'1\x00\x00\xaca\x00'
>>> a.encode('utf-16be')
b'\x001\xac\x00\x00a'
>>> a.encode('cp949')
b'1\xb0\xa1a'


# 설명 3
>>> b = a.encode('utf-16')
>>> b.decode('utf-16')
'1가a'
```

```
>>> b.decode()          # b.decode('utf-8')
Traceback (most recent call last):
 File "<pyshell#46>", line 1, in <module>
   b.decode()
UnicodeDecodeError: 'utf-8' codec can't decode byte 0xff in position 0: invalid start byte
```

프로그램 설명

① 설명 1에서 a.encode()는 a.encode('utf-8')와 같고, "utf-8"로 인코딩하여 바이트 문자열 '1\xea\xb0\x80a'를 생성한다. bytes.decode(a.encode())로 디코딩하면 디폴트로 encoding = "utf-8"로 디코딩하여 문자열 '1가a'를 생성한다.

② 설명 2에서 a.encode('utf-16')는 'utf-16' 리틀엔디안으로 인코딩한다. FF FE는 BOM(Byte Order Marker)이다. a.encode('utf-16le')은 BOM이 없는 'utf-16le' 리틀엔디안으로 인코딩한다. a.encode('utf-16be')는 BOM이 없는 'utf-16be' 빅엔디안으로 인코딩한다. a.encode('cp949')은 마이크로소프트의 멀티바이트 코드(영문 1바이트, 한글 2바이트)인 'cp949'로 인코딩한다.

③ 설명 3에서 b = a.encode('utf-16')는 b에 문자열 객체 a를 'utf-16'으로 인코딩한 다음, b.decode('utf-16')으로 디코딩하면 '1가a'를 생성한다. 그러나 b.decode()로 디코딩하면 UnicodeDecodeError가 발생한다.

[예제 2.38] 유니코드에서의 한글

```
# 설명 1 : '한'의 유니코드 : 'ㅎ' 18, 'ㅏ' 0, 'ㄴ' 4
>>> a = 0xac00 + (18*588) + (0*28) + 4
>>> a
54620
>>> hex(a)
'0xd55c'
>>> chr(a)
'한'

# 설명 2 : 유니코드의 초성, 중성, 종성 위치 찾기
>>> b = a - 0xac00
>>> initial = b // 588
>>> medial = (b - initial*588) // 28
>>> final = (b - initial*588 - medial*28)
>>> initial, medial, final
(18, 0, 4)
```

프로그램 설명

① 한글 관련 유니코드 내용은 위키피디아(https://en.wikipedia.org/wiki/Korean_language_and_computers# Character_encodings)의 내용을 참조한다. [표 2. 10]은 한글의 초성, 중성, 종성 자모의 순서와 유니코드 계산 수식이다. 예를 들어, '한'의 유니코드는 'ㅎ' 18, 'ㅏ' 0, 'ㄴ' 4로 0xac00 + (18 * 588) + (0 * 28) + 4인 0xd55c이다.

표 2.10 한글의 초성, 중성, 종성 자모

구분	자모 순서
초성 19개 initial jamo	ㄱ 0, ㄲ 1, ㄴ 2, ㄷ 3, ㄸ 4, ㄹ 5, ㅁ 6, ㅂ 7, ㅃ 8, ㅅ 9, ㅆ 10, ㅇ 11, ㅈ 12, ㅉ 13, ㅊ 14, ㅋ 15, ㅌ 16, ㅍ 17, ㅎ 18
중성 21개 medial jamo	ㅏ 0, ㅐ 1, ㅑ 2, ㅒ 3, ㅓ 4, ㅔ 5, ㅕ 6, ㅖ 7, ㅗ 8, ㅘ 9 ㅙ 10, ㅚ 11, ㅛ 12, ㅜ 13, ㅝ 14, ㅞ 15, ㅟ 16, ㅠ 17, ㅡ 18 ㅢ 19, ㅣ 20
종성 28개 final jamo	no jamo 0, ㄱ 1, ㄲ 2, ㄳ 3, ㄴ 4, ㄵ 5, ㄶ 6, ㄷ 7, ㄹ 8, ㄺ 9 ㄻ 10, ㄼ 11, ㄽ 12, ㄾ 13, ㄿ 14, ㅀ 15, ㅁ 16, ㅂ 17, ㅄ 18 ㅅ 19, ㅆ 20, ㅇ 21, ㅈ 22, ㅊ 23, ㅋ 24, ㅌ 25, ㅍ 26, ㅎ 27
한글 유니코드 식	0xAC00 + (initial × 588) + (medial × 28) + final

② **설명 1**에서 a = 0xac00 + (18*588) + (0*28) + 4는 '한'의 유니코드를 계산한다. a는 10진수로 54620, 16진수로 0xd55c이다. chr(a)는 '한'이다.

③ **설명 2**에서 유니코드를 유니코드 수식의 역순서로 초성, 중성, 종성 순서를 찾는다. b = a − 0xac00로 기준값을 뺀다. initial = b // 588은 초성의 순서 18을 계산한다. medial = (b − initial * 588) // 28은 중성의 순서 0을 계산한다. final = (b − initial * 588 − medial * 28)은 종성의 순서 4를 계산한다.

5.2 변경 가능한 bytearray 자료형

bytearray 자료형은 bytes와 같이 정수 0에서 255의 ASCII 문자만을 저장할 수 있지만, 변경 가능(mutable) 시퀀스 자료형으로 배열의 항목을 변경할 수 있다. bytearray 자료형은 [표 2.9]의 str 클래스의 주요 메서드를 대부분 사용할 수 있다. 또한, 변경 가능(mutable) 시퀀스 자료형에서 사용할 수 있는 append(), clear(), copy(), extend(), insert(), pop(), remove(), reverse() 등의 메서드를 추가로 사용할 수 있다.

형식 class bytearray([source[, encoding[, errors]]])

1. 인수를 사용하지 않으면, 크기 0인 배열을 생성한다.

```
>>> a = bytearray()
>>> type(a)
<class 'bytearray'>
>>> len(a)
0
```

2. source가 정수이면, 배열이 정수 크기의 배열이 생성되고 0으로 초기화된다.

```
>>> bytearray(10)
bytearray(b'\x00\x00\x00\x00\x00\x00\x00\x00\x00\x00')
```

3. source에 str 문자열이 오면, encoding에 "ascii", "cp949", "utf-8", "utf-16" 등의 인코딩을 명시해야 한다.

```
>>> a = bytearray('abcd', 'ascii')
>>> a
```

```
bytearray(b'abcd')
```

4. source에 bytes 상수를 사용하여 배열을 초기화한다.

```
>>> a = bytearray(b'abcd')
>>> a
bytearray(b'abcd')
```

5. source에서 range()와 같은 반복 가능형(iterable)를 사용하여 0에서 255 사이 정수를 사용하면 배열의 값으로 초기화한다.

```
>>> a = bytearray(range(10))
>>> a
bytearray(b'\x00\x01\x02\x03\x04\x05\x06\x07\x08\t')
```

6. bytearray 자료형은 변경 가능(mutable) 시퀀스 자료형이다.

```
>>> a = bytearray(b'abcd')
>>> a[0] = ord('A')
>>> a
bytearray(b'Abcd')
```

[예제 2.39]는 bytearray에서 인덱싱, 슬라이싱, 메서드 예제이다. bytearray은 [표 2.9] 의 str 클래스의 주요 메서드를 대부분 사용할 수 있다. 단, 문자열을 사용하는 인수는 bytes 자료형을 사용한다.

[예제 2.39] bytearray에서 인덱싱, 슬라이싱, 메서드

```
# 설명 1
>>> a = bytearray(b'abcdfg')    # bytearray('abcdfg', 'ascii')
>>> a[0]
97
>>> a[-1]
103
>>> a[1:4]
bytearray(b'bcd')
>>> a[2:]
bytearray(b'cdfg')
>>> a[::]
bytearray(b'abcdfg')
>>> a[::2]
bytearray(b'acf')

# 설명 2
>>> a.capitalize()
bytearray(b'Abcdfg')
>>> a.ljust(10)
bytearray(b'abcdfg   ')
>>> a.find(b'cd')
2
```

프로그램 설명

① 설명 1에서 a = bytearray(b'abcdfg')는 바이트 문자열 b'abcdfg'의 bytearray 객체 a를 생성한다. bytearray('abcdfg', 'ascii')는 문자열 'ascii'을 'ascii' 인코딩으로 bytearray 객체를 생성한다. a[0], a[-1]과 같이 인덱싱을 사용할 수 있고, a[1:4], a[2:], a[::], a[::2]와 같이 슬라이싱을 사용할 수 있다.

② 설명 2에서 a.capitalize()는 첫 자만을 대문자로 변경한다. a.ljust(10)는 10자리에 왼쪽 정렬한다. a.find(b'cd')는 b'cd'의 첫 번째 인덱스인 2를 반환한다.

[예제 2.40] bytearray에서 비교 연산

```
>>> a = bytearray(b'abcd')
>>> b = bytearray(b'abcd')
>>> a == b
True
>>> a is b
False
>>> id(a), id(b)
(34214112, 38683488)
```

프로그램 설명

a와 b의 값이 모두 bytearray(b'abcd')이므로 a == b의 결과는 True이다. 그러나 id(a)와 id(b)가 같지 않기 때문에 a is b의 결과는 False가 된다. 즉 객체 a와 b는 다른 객체를 참조한다.

[예제 2.41]은 변경 가능(mutable)한 시퀀스 자료형인 bytearray에서 인덱싱과 슬라이싱을 이용한 항목 변경 및 append(), clear(), copy(), extend(), insert(), pop(), remove(), reverse() 등의 메서드를 사용한 예제이다. 이들은 변경 가능 시퀀스 자료형인 list에서도 유사하게 사용할 수 있다.

[예제 2.41] bytearray에서 변경 가능한 시퀀스 자료형 연산

```
# 설명 1
>>> a = bytearray(b'abcdfg')
>>> a[0] = ord('A')          # 인덱싱을 이용한 항목 변경
>>> a
bytearray(b'Abcdfg')

>>> a = bytearray(b'abcdfg')
>>> a[1:4] = b'123'          # 슬라이싱을 이용한 부분 문자열 변경
>>> a
bytearray(b'a123fg')

>>> a = bytearray(b'abcdfg') # 삭제, del a[1:4]
>>> a[1:4] = []              # 슬라이싱을 이용한 항목 삭제
>>> a
bytearray(b'afg')
```

```
# 설명 2
>>> a = bytearray(b'abcdfg')
>>> a.append(ord('H'))          # 항목 1개 추가, a[len(a):len(a)] = [ord('H')]
>>> a
bytearray(b'abcdfgH')


>>> a = bytearray(b'abcdfg')
>>> a.clear()                   # 전체 항목 삭제, del a[:]
>>> a
bytearray(b'')
```

```
# 설명 3
>>> a = bytearray(b'abcdfg')
>>> b = a.copy()
>>> id(a), id(b)
(36485792, 36486304)
>>> a == b
True
>>> a is b
False
```

```
# 설명 4
>>> a = bytearray(b'abc')
>>> a.extend(b'dfg')
>>> a
bytearray(b'abcdfg')


>>> a = bytearray(b'abcdfg')
>>> a.insert(1, ord('1'))       # a[1:1] = [ord('1')]
>>> a
bytearray(b'a1bcdfg')


>>> a = bytearray(b'abcdfg')
>>> a.pop()                     # 마지막 항목(103 == ord('g')) 반환 및 삭제
103
>>> a
bytearray(b'abcdf')


>>> a.pop(1)                    # 1위치 항목 반환 및 삭제
98
>>> a
bytearray(b'acdf')


>>> a = bytearray(b'abcdfga')
>>> a.remove(ord('a'))          # 처음 나오는 항목 삭제
>>> a
bytearray(b'bcdfga')
```

```
>>> a = bytearray(b'abcdfg')
>>> a.reverse()                # 순서 뒤집기
>>> a
bytearray(b'gfdcba')
```

프로그램 설명

① 설명 1에서 인덱싱을 이용하여 항목을 변경한다. a[0] = ord('A')를 수행하면, a는 bytearray(b'Abcdfg')이다. a[1:4] = b'123'는 a[1], a[2], a[3]이 b'123'로 변경된다. a[1:4] = []는 a[1], a[2], a[3]을 삭제한다.

② 설명 2에서 a.append(ord('H'))는 ord('H')를 추가한다. bytearray.append() 메서드는 정수 인수를 갖기 때문에, a.append(b'H')는 TypeError가 발생한다. a.clear()는 전체 항목 삭제한다.

③ 설명 3에서 b = a.copy()는 a를 b에 복사한다. id(a), id(b)가 다르므로 a is b는 False이고, 내용은 같으므로 a == b는 True가 된다.

④ 설명 4에서 a.extend(b'dfg')는 b'dfg'를 a에 추가한다. a.insert(1, ord('1'))는 인덱스 1인 위치에 ord('1')을 삽입한다. bytearray.insert() 메서드는 정수 인수를 갖는다. a = bytearray(b'abcdfg')에서 a.pop()는 마지막 바이트인 ord('g'), 103을 삭제하고 반환한다. a.pop(1)은 인덱스 1의 바이트 ord('b'), 98을 삭제하고 반환한다. a.remove(ord('a'))는 처음 나오는 ord('a')를 삭제한다. a.reverse()는 저장된 바이트 문자열의 순서를 뒤집는다.

5.3 memoryview 자료형

memoryview 자료형은 bytes, bytearray 객체를 복사 없이 내부 데이터에 접근할 수 있다. bytes 객체의 메모리 뷰는 읽기 전용(read-only)으로 변경 불가능하고, bytearray 객체의 메모리 뷰는 변경 가능하다. memoryview.readonly 멤버 변수로 확인할 수 있다. [표 2.11]은 memoryview 클래스의 주요 멤버 변수와 메서드이다.

형식 class memoryview(obj)

> 1. obj가 bytes 자료형이면 메모리 뷰는 변경 불가능하다. 인덱스로 접근 가능하고, 슬라이싱으로 부분 문자열을 복사 없이 접근 가능하다.

```
>>> v = memoryview(b'abcefg')
>>> v.readonly    # 변경 불가능
True
>>> v[0]
97
>>> v[1]
98
>>> v[1:4]
<memory at 0x022BF880>
>>> bytes(v[1:4])
b'bce'
>>> v[0] = ord('A')
```

```
Traceback (most recent call last):
 File "<pyshell#158>", line 1, in <module>
  v[0] = ord('A')
TypeError: cannot modify read-only memory
```

2. obj가 bytearray 자료형이면 메모리 뷰는 변경 가능하다.

```
>>> a = bytearray(b'abcefg')
>>> v = memoryview(a)
>>> v.readonly    # 변경 가능
False
>>> v[0]
97
>>> v[0] = ord('A')
>>> bytes(v)
b'Abcefg'
>>> a[0] = ord('B')
>>> bytes(v)    # v가 a의 메모리뷰
b'Bbcefg'
```

표 2.11 memoryview 클래스의 주요 메서드

멤버 데이터/메서드	설명
memoryview.readonly	메모리가 읽지 전용인지 여부의 불리안
memoryview.format	memoryview.format
memoryview.itemsize	메모리 뷰의 각 항목의 바이트 수
memoryview.obj	메모리 뷰의 원본 객체(underlying object)
memoryview.nbytes	총 바이트 수, len(memoryview.tobytes())
memoryview.tobytes()	메모리 버퍼의 데이터를 바이트 문자열로 반환한다. bytes( )를 사용한 결과와 같다.
memoryview.tolist()	메모리 버퍼의 데이터를 리스트로 반환한다. list( )를 사용한 결과와 같다.
memoryview.release()	메모리 버퍼의 데이터를 해제한다.
memoryview.cast()	메모리를 새로운 형식(format) 또는 모양(shape)으로 변경하여 새로운 메모리 뷰를 반환한다. format은 'B','b', 'c' 중 하나이다. array, struct 모듈에서 주로 사용한다.

[예제 2.42] bytes의 memoryview 1

```
# 설명 1
>>> m = memoryview(b'abcdefg')
>>> m.nbytes
7
>>> m.format
'B'
>>> m.obj
```

```
b'abcdefg'
>>> m.tobytes()
b'abcdefg'
>>> m.tolist()
[97, 98, 99, 100, 101, 102, 103]
```

```
# 설명 2
>>> m[0]
97
>>> m[0] = ord('A')
Traceback (most recent call last):
 File "<pyshell#104>", line 1, in <module>
  m[0] = ord('A')
TypeError: cannot modify read-only memory
>>> m.release()
>>> m[0]
Traceback (most recent call last):
 File "<pyshell#9>", line 1, in <module>
  m[0]
ValueError: operation forbidden on released memoryview object
```

프로그램 설명

① 설명 1에서 m = memoryview(b'abcdefg')는 바이트 문자열 b'abcdefg'의 memoryview 객체 m을 생성한다. m.nbytes=7, m.format은 'B', m.obj는 b'abcdefg', m.tobytes()는 객체를 바이트로 변환하여 b'abcdefg'이고, m.tolist()는 객체를 리스로 변환하여 [97, 98, 99, 100, 101, 102, 103]이다.

② 설명 2에서 m[0], m[1] 등과 같이 인덱스로 접근 가능하고, m[0] = ord('A')는 TypeError: cannot modify read-only memory가 발생한다. m.release()는 memoryview 객체 m을 해제한다. 메모리를 해제한 다음에, m[0]를 사용하면 ValueError: operation forbidden on released memoryview object가 발생한다.

[예제 2.43] bytearray의 memoryview 2

```
# 설명 1
>>> a = bytearray(b'abcdefg')
>>> m = memoryview(a)
>>> m.readonly
False
>>> m.obj
bytearray(b'abcdefg')
>>> m.obj == a
True
>>> m.obj is a          # id(m.obj) == id(a)
True
>>> m[0]
97
```

```
# 설명 2
>>> m[0] = ord('A')        # m[0] = b'A'는 TypeError
>>> m.obj
bytearray(b'Abcdefg')
>>> m.format
'B'

# 설명 3
>>> v = m.cast('c')        # m.format = 'c'는 AttributeError
>>> v.format
'c'
>>> v.obj
bytearray(b'Abcdefg')
>>> v[0] = b'C'
>>> a
bytearray(b'Cbcdefg')
```

프로그램 설명

① 설명 1에서 a = bytearray(b'abcdefg')은 바이트 문자열 b'abcdefg'의 bytearray 객체 a 를 생성한다. m = memoryview(a)은 객체 a의 memoryview 객체 m을 생성한다. m이 변경 가능인 bytearray를 이용하여 생성되었기 때문에 m.readonly = False이다. m.obj는 bytearray(b'abcdefg')이고, 내용인 같기 때문에 m.obj == a는 True이고, 고유번호가 같기 때문에 m.obj is a는 True이다.

② 설명 2에서 m이 변경 가능이기 때문에, m[0] = ord('A')는 m.obj를 bytearray(b'Abcdefg')로 변경한다. m[0] = b'A'는 m.format = 'B'에서는 TypeError가 발생한다.

③ 설명 3에서 v = m.cast('c')는 m의 메모리 형식(format)을 'c'로 변경하여 반환한다. m.format = 'c'는 AttributeError가 발생한다. v.format = 'c', v.obj = bytearray(b'Abcdefg'), v[0] = b'C'는 a를 bytearray(b'Cbcdefg')로 변경한다.

O6 범위(range), 리스트(list), 튜플(tuple)

범위(range), 리스트(list), 튜플(tuple)은 순서가 있는 시퀀스 자료구조이다. range와 tuple은 변경 불가능한 시퀀스이고 list는 변경 가능한 시퀀스이다. 이 절에서는 range, list, tuple 자료형과 사용할 수 있는 연산과 메서드에 대해 설명한다.

6.1 range 자료형

range는 숫자들의 변경 불가능한 시퀀스를 표현한다. range 객체는 대부분 list, tuple 그리고 반복문인 for와 함께 사용된다.

형식　class range(stop) / class range(start, stop[, step])

1. start, stop, step은 정수(int)이다. start가 생략되면 start=0이다. step이 생략되면 step = 1이다. step = 0이면 ValueError가 발생한다.

```
>>> list(range(10))
[0, 1, 2, 3, 4, 5, 6, 7, 8, 9]
>>> list(range(0))          # 공백 리스트
[]
```

2. step>0(양수)이면, 범위 r의 내용은 r[i] = start + step*i의 식에 의해 계산된다. 여기서 i>=0이고, r[i] < stop이다. start에서 시작해서 stop보다 작을 때까지 step만큼씩 증가시킨 정수들이다.

```
>>> list(range(1, 11))      # list(range(1, 11, 1))
[1, 2, 3, 4, 5, 6, 7, 8, 9, 10]
>>> list(range(1, 11, 2))
[1, 3, 5, 7, 9]
>>> list(range(1, 11, 3))
[1, 4, 7, 10]
```

3. step<0(음수)이면, 범위 r의 내용은 r[i] = start + step*i의 식에 의해 계산된다. 여기서 i>=0이고, r[i] > stop이다. start에서 시작해서 stop보다 클 때까지 step만큼씩 감소시킨 정수들이다.

```
>>> list(range(10, 0, -1))
[10, 9, 8, 7, 6, 5, 4, 3, 2, 1]
>>> list(range(10, 0, -2))
[10, 8, 6, 4, 2]
>>> list(range(10, 0, -3))
[10, 7, 4, 1]
```

4. range는 변경 불가능(immutable) 시퀀스 자료형이다.

```
>>> r = range(11, 20)
>>> type(r)
<class 'range'>
>>> r
range(11, 20)
>>> id(r)
45820168
>>> r[0]
11
>>> r[0] = 10          # id(r)를 변경하지 않고, 항목 값을 변경할 수 없다. (immutable)
```

```
Traceback (most recent call last):
  File "<pyshell#27>", line 1, in <module>
    r[0] = 10
TypeError: 'range' object does not support item assignment
```

[예제 2.44] range에서 연산

```
# 설명 1
>>> r = range(11, 20)
>>> r
range(11, 20)
>>> len(r)          # r의 요소 개수
9
>>> min(r)          # r에서 최소값
11
>>> max(r)          # r에서 최대값
19
>>> 11 in r         # r에 11이 있음, True
True
>>> 20 in r         # r에 20이 있음, False
False
>>> 20 not in r     # r에 20이 없음, True
True

# 설명 2 : range의 속성
>>> r.start
11
>>> r.stop
20
>>> r.step
1
# range의 메서드
>>> r.count(11)   # r에서 11이 1번 나옴.
1
>>> r.index(11)   # r에서 11의 인덱스는 0
0

# 설명 3 : 인덱싱 및 슬라이싱
>>> type(r[0])    # 인덱싱의 자료형은 int
<class 'int'>
>>> r[0]
11
>>> r[1]
12
>>> r[-1]
19
>>> type(r[:3])   # 슬라이싱의 자료형은 range
<class 'range'>
>>> r[:3]
```

```
range(11, 14)
>>> list(r[::3])
[11, 14, 17]
>>> r[::3].step
3
>>> range(10) == range(0, 10)    # 두 범위의 값이 같음
True

>>> for x in range(3):           # for 문에서 반복을 위해 사용함
        print(x)
0
1
2
```

프로그램 설명

① 설명 1에서 r = range(11, 20)은 범위를 표현하는 range 클래스 객체 r을 생성한다. len(r)은 r의 요소 개수 9이고, min(r)은 r에서 최소값 11, max(r)은 r에서 최대값 19이다. 11 in r은 r의 범위에 11이 있으므로 True, 20 in r은 r의 범위에 20이 없으므로 False, 20 not in r은 True이다.

② 설명 2에서 r.start = 11, r.stop = 20, r.step = 1이다. r.count(11)는 r에서 11이 1번 나오고, r.index(11)는 r에서 11의 인덱스는 0이다.

② 설명 3에서 type(r[0])은 int이고, 인덱싱에 의해 r[0]은 11, r[1]은 12, r[-1]은 19이다. type(r[:3])은 슬라이싱에 의한 r[:3]은 range(11, 14)와 같고, 자료형은 range 클래스이고, list(r[::3])는 리스트 [11, 14, 17]를 생성한다. ange(10) == range(0, 10)는 범위가 같으므로 True이고, for 문으로 반복할 수 있다.

6.2 list 자료형

파이썬의 리스트는 list 클래스로 구현되어 있다. list 자료형은 대괄호 [ ] 안에 콤마로 항목을 구분하며, 항목을 변경할 수 있는(mutable) 시퀀스 자료형이다. 리스트의 항목은 서로 다른 자료형의 항목도 가능하다.

형식 class list([iterable])

1. 대괄호 [] 안에 콤마로 항목을 구분하여 생성한다.

```
>>> a = []
>>> a
[]
>>> type(a)
<class 'list'>
>>> a = [1, 2, 3]
>>> a
[1, 2, 3]
```

2. 리스트 이해(list comprehension)-대괄호 [] 안에 반복문 for를 사용하여 리스트 생성-
   로 리스트를 생성한다.

```
>>> [ x for x in range(5)]
[0, 1, 2, 3, 4]
>>> [ x for x in 'abcd']
['a', 'b', 'c', 'd']
>>> [ (x, x*2) for x in range(5)]
[(0, 0), (1, 2), (2, 4), (3, 6), (4, 8)]
>>> A = [[i*3 + j for j in range(2)] for i in range(3)]    # 2D 배열, 행렬
>>> A
[[0, 1], [3, 4], [6, 7]]
>>> A[0][0]
0
>>> A[1][0]
3
>>> A[2][0]
6
```

3. list() 또는 list(iterable)로 리스트를 생성한다.

```
>>> a = list()      # a = []
>>> a
[]
>>> a = list('abc')
>>> a
['a', 'b', 'c']
>>> a = list(range(5))
>>> a
[0, 1, 2, 3, 4]
>>> a = list((1, 2, 3))
>>> a
[1, 2, 3]
```

4. 서로 다른 자료형의 항목을 갖는 리스트도 가능하다.

```
>>> a = [0, 1.0, 'a', b'bcd']
>>> a
[0, 1.0, 'a', b'bcd']
```

5. 서로 다른 길이의 항목을 갖는 리스트도 가능하다.

```
>>> A = [[1, 2], [3, 4, 5], [6, 7, 8, 9, 10] ]
```

6. list는 변경 가능(mutable) 시퀀스 자료형이다.

```
>>> a = [1, 2, 3]
>>> a[0] = 10
>>> a
[10, 2, 3]
```

[예제 2.45] list에서 동등 비교 연산

```
# 설명 1
>>> a = [1, 2, 3]
>>> b = [1, 2, 3]
>>> a == b
True
>>> a is b          # id(a) == id(b)
False
>>> id(a), id(b)
(37749344, 37769424)

# 설명 2
>>> b = a
>>> a is b          # id(a) == id(b)
True
>>> id(a), id(b)
(37749344, 37749344)
```

프로그램 설명

① 설명 1에서 a와 b의 값이 같으므로 a == b의 결과는 True이다. 그러나 id(a)와 id(b)가 같지 않기 때문에 a is b는 False이다. 즉 a와 b는 서로 다른 객체를 참조한다.

② 설명 2에서 b = a의 지정문은 객체 a와 b가 같은 객체를 참조하므로 id(a)와 id(b)가 같고, a is b는 True이다.

[예제 2.46] list에서 시퀀스 자료형 공통 연산

```
# 설명 1 : 항목이 리스트에 있는지 여부, 연결, 반복
>>> 10 in [10, 20, 30]
True
>>> 10 not in [10, 20, 30]
False

>>> [1, 2, 3] + [4, 5, 6]          # 리스트 연결
[1, 2, 3, 4, 5, 6]

>>> [0, 1, 2]*3                     # 3번 반복
[0, 1, 2, 0, 1, 2, 0, 1, 2]
>>> 3*[0, 1, 2]
[0, 1, 2, 0, 1, 2, 0, 1, 2]

# 설명 2 : 인덱싱 및 슬라이싱
>>> a = [10, 20, 30, 40, 50]
>>> a[0]
10
>>> a[1:4]
[20, 30, 40]
```

```
>>> a[::2]
[10, 30, 50]

# 설명 3 : 리스트 길이, 최소값, 최대값, 인덱스, 카운트
>>> a = [10, 20, 30, 40, 50]
>>> len(a), min(a), max(a)
(5, 10, 50)
>>> a = [10, 20, 30, 40, 30, 30]
>>> a.index(30)              # 리스트에서 항목이 처음 나오는 인덱스
2
>>> a.count(30)              # 리스트에서 항목이 나타나는 횟수
3
```

프로그램 설명

① 설명 1에서 항목이 리스트에 있는지 여부, 연결, 반복 연산을 수행한다.

② 설명 2에서 인덱싱 및 슬라이싱을 수행한다. a[0]은 리스트 a의 처음 항목 10, a[-1]은 마지막 항목 50이고, a[1:4]는 a[1], a[2], a[3]의 항목을 갖는 부분 리스트 [20, 30, 40]이다. a[::2]는 a[0], a[2], a[4]의 항목을 갖는 부분 리스트 [10, 30, 50]이다.

③ 설명 3에서 리스트 길이 len(a)는 5, 최소값 min(a)는 10, 최대값 max(a)는 50이다. a.index(30)는 리스트에서 30이 처음 나오는 인덱스 2, a.count(30)는 리스트에서 30이 나타나는 횟수인 3이다.

[예제 2.47] list에서 변경 가능한 시퀀스 자료형 연산

```
# 설명 1 : 항목 변경, 부분 리스트 변경
>>> a = [1, 2, 3]
>>> a[0] = 10               # 항목 변경
>>> a
[10, 2, 3]

# 인덱싱을 이용한 항목 변경, 슬라이싱을 이용한 부분 리스트 변경, 삭제
>>> a = [0, 1, 2, 3, 4, 5]
>>> a[1:4] = [10, 20, 30]    # 부분 리스트 변경
>>> a
[0, 10, 20, 30, 4, 5]

>>> a = [0, 1, 2, 3, 4, 5]
>>> a[1:4] = []              # 삭제, del a[1:4]
>>> a
[0, 4, 5]

# 설명 2 : append(), clear() 메서드
>>> a = [0, 1, 2, 3, 4, 5]
>>> a.append(6)
>>> a
[0, 1, 2, 3, 4, 5, 6]
```

```
>>> a.append([1, 2, 3])
>>> a
[0, 1, 2, 3, 4, 5, 6, [1, 2, 3]]
>>> a.clear()                   # 항목 전체 삭제
>>> a
[]
```

설명 3 : 얕은 복사(shallow copy)

```
>>> a = [0, [1,2]]
>>> b = a.copy() # b = a[:]
>>> a[0] = 10
>>> a
[10, [1, 2]]
>>> b
[0, [1, 2]]
>>> a[1][0] = 20
>>> a
[10, [20, 2]]
>>> b
[0, [20, 2]]                    # b[1][0]이 변경됨

>>> id(a), id(b)               # 서로 다른 객체를 참조한다.
(37764752, 38180384)
>>> id(a[0]), id(b[0])         # 서로 다른 객체를 참조한다.
(1620431456, 1620431296)
>>> id(a[1]), id(b[1])         # 서로 같은 객체를 참조한다.
(37763792, 37763792)
>>> a[1] is b[1]               # id(a[1]) == id(b[1]), 얕은 복사 때문이다.
True
```

설명 4 : extend(), insert(), pop(), remove(), reverse() 메서드

```
>>> a = [1, 2, 3]
>>> a.extend([4, 5, 6])        # 리스트 확장
>>> a
[1, 2, 3, 4, 5, 6]

>>> a = [0, 1, 2, 3]
>>> a.insert(1, 10)            # 항목 삽입, a[1:1] = 10
>>> a
[0, 10, 1, 2, 3]

>>> a = [0, 1, 2, 3]
>>> a.pop()                    # 마지막 항목 반환 및 삭제
3
>>> a
[0, 1, 2]

>>> a = [0, 10, 20, 30]        # 1위치 항목 반환 및 삭제
>>> a.pop(1)
```

```
10
>>> a
[0, 20, 30]

>>> a = [0, 10, 20, 30, 20]
>>> a.remove(20)                # 처음 나오는 항목 삭제
>>> a
[0, 10, 30, 20]
>>> a = [0, 1, 2, 3]
>>> a.reverse()                 # 리스트 뒤집기
>>> a
[3, 2, 1, 0]
```

프로그램 설명

① list는 변경 가능(mutable) 시퀀스 자료형이다. 설명 1에서 a[0] = 10은 a[0]의 항목을 변경한다.
a[1:4] = [10, 20, 30]은 a[1:4]를 리스트 [10, 20, 30]으로 변경한다. a[1:4] = []은 a[1:4]를 삭제한다.

② 설명 2에서 a.append(6)는 6을 추가하고, a.append([1, 2, 3])는 [1, 2, 3]를 리스트 a에 추가한다.
a.clear()는 전체 항목을 삭제한다.

③ 설명 3은 리스트에서 얕은 복사(shallow copy)를 한다. b = a.copy()는 b = a[:]와 같다. a[0] = 10
에 의해 b[0]이 변경되지 않는다. a[1][0] = 20은 b[1][0]도 변경된다. 그 이유를 알기 위해 고유번
호를 확인해보면, 원본 a와 복사본 b의 고유번호id(a)와 id(b)는 다르다. id(a[0]), id(b[0])도 다른
고유번호를 갖기 때문에 a[0]이 변경돼도 b[0]은 변경되지 않는다.

리스트 항목인 a[1]와 b[1]의 고유번호 id(a[1]), id(b[1])는 같다. 즉 같은 객체를 참조하여, a[1] is
b[1]은 True이다. 그래서 a[1][0]이 변경되면 b[1][0]도 변경된다. 이것은 b = a.copy() 또는 b =
a[:]가 얕은 복사를 하기 때문이다. 즉, 얕은 복사는 변경 가능한 리스트 항목까지 완전히 다른 객
체로 복사하지 않는다. [예제 2.48]의 copy.deepcopy()에 의한 깊은 복사와 비교해보면 차이를 알
수 있다.

④ 설명 4에서 a.extend([4, 5, 6])는 리스트 [4, 5, 6]의 각 항목을 리스트의 끝에 추가한다.
a.insert(1, 10)는 a[1]에 10을 삽입한다. a.pop()는 마지막 항목 3을 반환하고 삭제한다. a.pop(1)
은 a[1]의 값 10을 반환하고 삭제한다. a.remove(20)은 처음 나오는 20을 삭제한다. a.reverse()
는 리스트의 항목의 순서를 뒤집는다.

[예제 2.48] copy 모듈에 의한 list 복사

```
# 설명 1
>>> import copy
>>> a = [0, [1, 2]]
>>> b = copy.copy(a)     # b = a.copy(), 얕은 복사
>>> a[1] is b[1]
True
>>> a[1][0] = 10
>>> a
[0, [10, 2]]
```

```
>>> b
[0, [10, 2]]

# 설명 2
>>> a = [0, [1, 2]]
>>> c = copy.deepcopy(a)
>>> a[1] is c[1]
False
>>> id(a[1]), id(c[1])
(36561064, 36528176)
>>> a[1][0] = 10
>>> a
[0, [10, 2]]
>>> c
[0, [1, 2]]
```

프로그램 설명

① 설명 1에서 copy 모듈을 임포트한다. b = copy.copy(a)는 b = a.copy()와 같이 변경 가능한 리스트 항목까지 완전히 다른 객체로 복사하지 않는 얕은 복사를 한다. a[1] is b[1]은 True이며, a[1][0]을 10으로 변경하면, b[1][0]도 10으로 변경된다.

② 설명 2에서 c = copy.deepcopy(a)는 a의 변경 가능한 리스트 항목을 포함한 모든 항목을 완전히 다른 객체로 복사하는 깊은 복사를 한다. a[1] is c[1]은 False이며, id(a[1]), id(c[1])는 다른 고유값을 갖는다. 그러므로 a[1][0]을 10으로 변경해도 b[1][0]가 변경되지 않는다.

[예제 2.49] list의 항목이 시퀀스 자료형

```
# 설명 1
>>> a = [[], []]          # a[0]과 a[1]이 다른 리스트를 참조
>>> a[0].append(1)
>>> a
[[1], []]
>>> a[1].append(2)
>>> a
[[1], [2]]
>>> a[0] is a[1]
False
>>> a.append(3)
>>> a
[[1], [2], 3]

# 설명 2
>>> a = [[]]*2            # a[0]과 a[1]이 같은 리스트를 참조
>>> a
[[], []]
>>> a[0] is a[1]
True
>>> a[0].append(1)        # a[0]에 1을 추가하면, a[1]에도 추가
```

```
>>> a
[[1], [1]]
>>> a[1].append(2)              # a[1]에 2를 추가하면, a[0]에도 추가
>>> a
[[1, 2], [1, 2]]

# 설명 3
>>> a = [ [] for i in range(2) ]     # a[0]과 a[1]이 다른 리스트를 참조
>>> a
[[], []]
>>> a[0] is a[1]
False
>>> a[0].append(1)
>>> a
[[1], []]
>>> a[1].append(2)
>>> a
[[1], [2]]

# 설명 4
>>> a = [ (1, 2, 3), (4, 5, 6) ]      # a[0], a[1]은 변경 불가능 한 tuple 자료형
>>> a[0][0] = 10
Traceback (most recent call last):
  File "<pyshell#32>", line 1, in <module>
    a[0][0] = 10
TypeError: 'tuple' object does not support item assignment
```

프로그램 설명

① 설명 1에서 a = [[], []]의 a[0]과 a[1]이 다른 리스트를 참조한다. 즉, a[0] is a[1]는 False이다. a[0].append(1)는 a[1]을 변경하지 않는다. a[1].append(2)는 a[0]을 변경하지 않는다.

② 설명 2에서 a = [[]] * 2의 a[0]과 a[1]이 같은 리스트를 참조한다. 즉, a[0] is a[1]는 True이다. a[0].append(1)는 a[0]에 1을 추가하고, a[1]에도 추가된다. a[1].append(2)는 a[1]에 2를 추가하고, a[0]에도 추가된다.

③ 설명 3에서 a = [[] for i in range(2)]는 a[0]과 a[1]이 다른 리스트를 참조한다. 즉, a[0] is a[1]는 False이다. a[0].append(1)는 a[1]을 변경하지 않는다.

④ 설명 4에서 a = [(1, 2, 3), (4, 5, 6)]의 a[0], a[1]은 tuple로 변경 불가능 자료형이다.

[예제 2.50]은 list에서 list.sort(key = None, reverse = False) 메서드를 사용한 정렬 (sort) 예제이다. list.sort() 메서드는 리스트 자신의 항목을 정렬하여 변경한다. key는 적용할 함수를 지정하고, reverse = True이면 내림차순 정렬한다. 정렬에서 디폴트는 key = None, reverse = False이다.

[예제 2.50] list.sort() 메서드를 사용한 정렬

```
# 설명 1
>>> a = [2, 3, 5, 1, 0]
>>> a.sort()                # 정수 리스트의 오름차순 정렬
>>> a
[0, 1, 2, 3, 5]

>>> a.sort(reverse=True)    # 정수 리스트의 내림차순 정렬
>>> a
[5, 3, 2, 1, 0]

# 설명 2
>>> colors = ['blue', 'green', 'orange', 'red', 'yellow', 'purple']
>>> colors.sort()           # 문자열 리스트의 오름차순 정렬
>>> colors
['blue', 'green', 'orange', 'purple', 'red', 'yellow']

>>> colors.sort(reverse=True)    # 문자열 리스트의 내림차순 정렬
>>> colors
['yellow', 'red', 'purple', 'orange', 'green', 'blue']

# 설명 3
>>> colors = ['Blue', 'green', 'Orange', 'red', 'Yellow', 'purple']
>>> colors.sort(key = str.lower)    # 소문자 기준으로 오름차순 정렬
>>> colors
['Blue', 'green', 'Orange', 'purple', 'red', 'Yellow']

# 설명 4 : lambda 함수( 4장 참고 )
>>> colors = ['Blue', 'green', 'Orange', 'red', 'Yellow', 'purple']
>>> colors.sort(key = lambda s: s[-1])    # 문자열의 마지막문자로 오름차순 정렬
>>> colors
['red', 'Blue', 'Orange', 'purple', 'green', 'Yellow']
```

프로그램 설명

① 설명 1에서 a.sort()는 정수 리스트 a를 오름차순 정렬한다. a.sort(reverse= True)는 정수 리스트 a를 내림차순 정렬한다.

② 설명 2에서 colors.sort()는 문자열 리스트 colors를 사전순서로 오름차순 정렬한다. colors.sort(reverse = True)는 colors를 사전순서로 내림차순 정렬한다.

③ 설명 3에서 colors.sort(key = str.lower)는 key로 str.lower() 메서드를 적용하여, 소문자 기준으로 오름차순 정렬한다.

④ 설명 4에서 colors.sort(key = lambda s: s[-1])는 lambda 함수를 이용하여 문자열의 마지막 문자, s[-1]을 기준으로 오름차순 정렬한다.

[예제 2.51]은 내장함수 sorted(iterable[, key][, reverse])를 사용한 list의 정렬 예제이다. sorted() 함수는 str, list, tuple, dict, set 등 다양한 반복 가능한(iterable) 객체에서 사용 가능하며, 정렬된 결과를 리스트를 생성하여 반환하며, 원본은 변경하지 않는다. key는 적용할 함수를 지정하고, reverse = True이면 내림차순 정렬한다. 정렬에서 디폴트는 key = None, reverse = False이다.

[예제 2.51] 내장함수 sorted()를 사용한 list 정렬

```
# 설명 1
>>> a = [2, 3, 5, 1, 0]
>>> sorted(a)                    # 정수 리스트의 오름차순 정렬
[0, 1, 2, 3, 5]

>>> sorted(a, reverse = True)    # 정수 리스트의 내림차순 정렬
[5, 3, 2, 1, 0]

# 설명 2
>>> colors = ['Blue', 'green', 'Orange', 'red', 'Yellow', 'purple']
>>> sorted(colors)               # 문자열 리스트의 오름차순 정렬
['Blue', 'Orange', 'Yellow', 'green', 'purple', 'red']

# 설명 3
>>> sorted(colors, key = str.lower)              # 소문자 기준으로 오름차순 정렬
['Blue', 'green', 'Orange', 'purple', 'red', 'Yellow']
>>> sorted(colors, key = str.lower, reverse = True) # 소문자, 내림차순 정렬
['Yellow', 'red', 'purple', 'Orange', 'green', 'Blue']

# 설명 4 : lambda 함수( 4장 참고 )
>>> sorted(colors, key = lambda s: s[-1])        # 마지막 문자로 오름차순 정렬
['red', 'Blue', 'Orange', 'purple', 'green', 'Yellow']

# 설명 5 : 리스트의 항목에 (name, city, age)의 tuple 생성
>>> student = [('Lee', 'Seoul', 22),
        ('Kim', 'Taejeon', 20),
        ('Park', 'Cheonan', 21)]
>>> sorted(student, key=lambda st: st[0])        # sort by name
[('Kim', 'Taejeon', 20), ('Lee', 'Seoul', 22), ('Park', 'Cheonan', 21)]
>>> sorted(student, key=lambda st: st[2], reverse = True)   # sort by age
[('Lee', 'Seoul', 22), ('Park', 'Cheonan', 21), ('Kim', 'Taejeon', 20)]
```

프로그램 설명

① 내장함수 sorted(iterable[, key][, reverse])는 정렬한 결과를 리스트를 생성하여 반환하고, 원본은 변경하지 않는다.

② 설명 1에서 sorted(a)는 정수 리스트 a를 오름차순 정렬한 결과를 리스트로 빈환한다. sorted(a, reverse = True)는 내림차순 정렬한 결과를 리스트로 반환한다.

③ 설명 2에서 sorted(colors)는 문자열 리스트 colors를 사전순서로 오름차순 정렬한 결과를 리스트로 반환한다.

④ 설명 3에서 sorted(colors, key = str.lower)는 str.lower()에 의해 소문자 기준으로 오름차순 정렬한 결과를 리스트로 반환한다. sorted(colors, key = str.lower, reverse = True)는 소문자, 내림차순 정렬한 결과를 리스트로 반환한다.

⑤ 설명 4에서 sorted(colors, key = lambda s: s[-1])는 lambda 함수를 이용하여 문자열의 마지막 문자, s[-1]을 기준으로 오름차순 정렬한 결과를 리스트로 반환한다.

⑥ 설명 5에서 리스트의 항목에 (name, city, age)의 tuple 생성하고, sorted(student, key=lambda st: st[0])는 lambda 함수를 이용하여 st[0]인 name을 기준으로 오름차순 정렬한 결과를 리스트로 반환한다. sorted(student, key=lambda st: st[2], reverse = True)는 lambda 함수를 이용하여 st[2]인 age를 기준으로 내림차순 정렬한 결과를 리스트로 반환한다.

6.3 tuple 자료형

파이썬의 튜플은 tuple 클래스로 구현되어 있다. tuple은 소괄호 ( ) 안에 콤마로 구분된 항목 들이 나열되어 표현되는 시퀀스 자료형이다. 서로 다른 자료형의 항목이 가능하다. tuple은 항목을 변경할 수 없는(immutable) 자료형이다. tuple 클래스는 count()와 index() 두 개의 메서드만 있다.

형식　class tuple([iterable])

1. 소괄호 ( ) 안에 콤마로 항목을 구분하여 생성한다.

```
>>> a = ()
>>> a
()
>>> type(a)
<class 'tuple'>
>>> a = (1, 2, 3)
>>> a
(1, 2, 3)
```

2. 소괄호 없이 콤마(,)를 사용하여 튜플 생성한다.

```
>>> a = 1, 2, 3
>>> a
(1, 2, 3)
```

3. 마지막에 콤마(,)를 추가하여 1개의 항목을 갖는 튜플 생성한다.

```
>>> a = 1,          # 주의 : a = 1과 다르다.
>>> a
(1,)
>>> a = (1,)        # a = (1)과 다르다. a = 10이다.
>>> a               # 1개의 항목을 갖는 튜플
(1,)
```

4. tuple() 또는 tuple(iterable)로 리스트를 튜플 생성한다.

```
>>> a = tuple()        # a = ( )
>>> a
()
>>> tuple('one')
('o', 'n', 'e')
>>> tuple(['one', 'two', 'three'])
('one', 'two', 'three')
>>> tuple([1, 2, 3])
(1, 2, 3)
>>> tuple(range(5))
(0, 1, 2, 3, 4)
```

5. 서로 다른 자료형의 항목을 갖는 튜플도 가능하다.

```
>>> (0, 1.0, 'a', b'bcd')    # tuple([0, 1.0, 'a', b'bcd'])
(0, 1.0, 'a', b'bcd')
```

6. tuple은 변경 불가능(immutable) 시퀀스 자료형이다.

```
>>> a = (1, 2, 3)
>>> a[0] = 10
Traceback (most recent call last):
 File "<pyshell#139>", line 1, in <module>
  a[0] = 10
TypeError: 'tuple' object does not support item assignment
```

[예제 2.52] tuple에서 비교 연산

```
# 설명 1
>>> a = (1, 2, 3)
>>> b = (1, 2, 3)
>>> a == b
True
>>> a is b        # 서로 다른 객체를 참조한다.
False
>>> id(a), id(b)
(38056824, 38182824)
```

```
# 설명 2
>>> c = a
>>> a is c        # 서로 같은 객체를 참조한다.
True
>>> id(a), id(c)
(36561104, 36561104)
```

프로그램 설명

① 설명 1에서 a == b는 a와 b의 값이 같기 때문에 True이다. 그러나 id(a)와 id(b)가 다르기 때문에 a is b는 False이다. 즉 a와 b는 서로 다른 객체를 참조한다.

② 설명 2에서 c = a는 객체 a와 c가 같은 객체를 참조하므로 a is b는 True이다.

[예제 2.53] tuple에서 시퀀스 공통 연산

```
# 설명 1
>>> 10 in (10, 20, 30)
True
>>> 10 not in (10, 20, 30)
False


>>> (1, 2, 3) + (4, 5, 6)        # 튜플 연결
(1, 2, 3, 4, 5, 6)
>>> (0, 1, 2)*3                  # 3번 반복
(0, 1, 2, 0, 1, 2, 0, 1, 2)


# 설명 2 : 인덱싱 및 슬라이싱
>>> a = (10, 20, 30, 40, 50)
>>> a[0]
10
>>> a[-1]
50
>>> a[1:4]
(20, 30, 40)
>>> a[::2]
(10, 30, 50)


# 설명 3
# 튜플 길이 len(), 최소값 min(), 최대값 max(), 인덱스, 카운트
>>> a = (10, 20, 30, 40, 50)
>>> len(a), min(a), max(a)
(5, 10, 50)
>>> a = [10, 20, 30, 40, 30, 30]
>>> a.index(30)              # 30이 처음 나오는 인덱스
2
>>> a.count(30)              # 30이 나오는 횟수
3
```

프로그램 설명

① 설명 1에서 10 in (10, 20, 30)은 10이 튜플 항목에 있으므로 True, 10 not in (10, 20, 30)은 False, (1, 2, 3) + (4, 5, 6)은 두 튜플을 연결하여 (1, 2, 3, 4, 5, 6)이고, (0, 1, 2) * 3은 3번 반복하여 (0, 1, 2, 0, 1, 2, 0, 1, 2)이다.

② 설명 2에서 인덱싱 a[0]은 처음 항목 10, a[-1]은 마지막 항목 50이며, 슬라이싱 a[1:4]는 (20, 30, 40)이고, a[::2]는 (10, 30, 50)이다.

③ 설명 3에서 튜플 길이 len(a) = 5, 최소값 min(a) = 10, 최대값 max(a) = 50이며, a.index(30)는 30
이 처음 나오는 인덱스 2, a.count(30)은 30이 나오는 횟수 3이다.

[예제 2.54] tuple의 항목이 시퀀스

```
# 설명 1
>>> a = ( (1, 2, 3), ['a', 'b', 'c'] )
>>> type(a)
<class 'tuple'>

>>> del a[0]              # tuple은 항목을 삭제할 수 없음
Traceback (most recent call last):
 File "<pyshell#199>", line 1, in <module>
  del a[0]
TypeError: 'tuple' object doesn't support item deletion

>>> del a[1]              # tuple은 항목을 삭제할 수 없음
Traceback (most recent call last):
 File "<pyshell#201>", line 1, in <module>
  del a[1]
TypeError: 'tuple' object doesn't support item deletion

# 설명 2
>>> type(a[0])           # a[0]은 변경 불가능한 tuple 자료형
<class 'tuple'>
>>> a[0][0] = 10
Traceback (most recent call last):
 File "<pyshell#200>", line 1, in <module>
  a[0][0] = 10
TypeError: 'tuple' object does not support item assignment

>>> type(a[1])           # a[1]은 변경 가능한 list 자료형
<class 'list'>
>>> a[1][0] = 'A'
>>> a
((1, 2, 3), ['A', 'b', 'c'])
>>> a[1].append('d')
>>> a
((1, 2, 3), ['a', 'b', 'c', 'd'])
>>> del a[1][-1]
>>> a
((1, 2, 3), ['a', 'b', 'c'])
```

프로그램 설명

① 설명 1에서 a는 2개의 항목을 갖는 tuple이다. tuple은 변경 불가능 자료형이기 때문에 del로
tuple의 항목 a[0]과 a[1]을 삭제할 수 없다.

② **설명 2**에서 a[0] 항목은 tuple이므로 이므로 a[0][0] = 10은 TypeError가 발생한다. a[1]은 list
이므로 a[1][0] = 'A'로 항목을 변경할 수 있으며, a[1].append('d')로 항목을 추가할 수 있다. del
a[1][-1]로 삭제할 수 있다.

O7   집합(set)과 사전(dict)

7.1 set, frozenset 자료형

파이썬의 집합은 set과 frozenset 클래스로 구현되어 있다. 집합은 순서가 없고, 항목
의 값이 중복되지 않는 컬렉션(unordered collection) 자료형이다. set 자료형은 add()와
remove() 메서드를 사용하여 변경 가능한 집합이고, frozenset 자료형은 변경 불가능한
집합 자료형이다.

집합은 주로 멤버 확인, 시퀀스의 중복 항목 제거, 교집합(intersection), 합집합(union),
차집합(difference) 등 집합 연산을 위해 주로 사용한다. 집합은 순서가 의미 없기 때문에
인덱싱, 슬라이싱 같은 시퀀스 연산을 허용하지 않는다.

형식   class set([iterable]) / class frozenset([iterable])

1. 중괄호 안에 콤마로 항목을 구분하여 집합(set)을 생성한다.

```
>>> a = {1, 2, 3}
>>> type(a)
<class 'set'>
>>> a
{1, 2, 3}
```

2. set() 또는 set(iterable)로 집합(set)을 생성한다.

```
>>> a = set()            # 주의: a = {}는 dict 자료형이다.
>>> a
set()
>>> type(a)
<class 'set'>

>>> set('abca')          # str로부터 집합 생성. 중복은 제거됨
{'c', 'a', 'b'}
>>> set([1, 2, 3, 1, 2]) # list로부터 집합 생성. 중복은 제거됨
{1, 2, 3}
>>> set((1, 2, 3, 1, 2)) # tuple로부터 집합 생성. 중복은 제거됨
{1, 2, 3}
```

```
>>> set(range(5))     # range로부터 집합 생성
{0, 1, 2, 3, 4}
```

3. 서로 다른 자료형의 항목을 갖는 집합(set)도 가능하다.

```
>>> a = {0, 1.0, 'a', b'bcd'}
>>> a
{b'bcd', 1.0, 0, 'a'}
```

4. set은 변경 가능(mutable) 컬렉션 자료형이다.

```
>>> a = {1, 2, 3}
>>> a
{1, 2, 3}
>>> a.add(4)
>>> a
{1, 2, 3, 4}
>>> a.remove(3)
>>> a
{1, 2, 4}
```

5. 집합은 인덱싱, 슬라이싱을 사용할 수 없다.

```
>>> a = {1, 2, 3}
>>> a[0]
Traceback (most recent call last):
 File "<pyshell#259>", line 1, in <module>
  a[0]
TypeError: 'set' object does not support indexing
>>> a[1:4]
Traceback (most recent call last):
 File "<pyshell#260>", line 1, in <module>
  a[1:4]
TypeError: 'set' object is not subscriptable
```

6. frozenset은 변경 불가능(immutable) 컬렉션 자료형으로 add()와 remove() 메서드가 없다.

```
>>> a = frozenset('abca')
>>> a
frozenset({'c', 'a', 'b'})
>>> b = frozenset({1, 2, 3})
>>> b
frozenset({1, 2, 3})
```

7. 집합의 항목으로 집합을 사용하고자 할 때는, 내부에 사용하는 항목의 집합은 반드시
   frozenset 집합이어야 한다.

```
>>> { frozenset([1,2,3]), frozenset('abc')}
{frozenset({'c', 'a', 'b'}), frozenset({1, 2, 3})}
```

[예제 2.55] set에서 동등 비교 연산

```
# 설명 1
>>> a = {1, 2}
>>> b = {2, 1}
>>> a == b
True
>>> a is b              # id(a) == id(b)
False
>>> id(a), id(b)
(37961040, 38211752)

# 설명 2
>>> c = a
>>> a is c              # id(a) == id(b)
True
>>> id(a), id(c)
(37961040, 37961040)
```

프로그램 설명

① **설명 1**에서 a와 b의 값이 같으므로 a == b는 True이다. 그러나 id(a)와 id(b)는 같지 않기 때문에 a is b의 결과는 False이다. 즉 객체 a와 b는 다른 객체를 참조한다.

② **설명 2**에서 c = a는 객체 c가 a와 같은 객체를 참조하므로 a is b의 결과는 True이다.

[표 2.12]는 모든 집합(set, frozenset)에서 공통으로 사용할 수 있는 연산으로 S는 집합 객체이고, 연산자에 의한 집합연산(<=, <, >=, >, |, &, -, |, ^)에서 other는 집합 객체이다.

union(), intersection(), difference(), symmetric difference(), isdisjoint(), issubset(), issuperset() 등의 메서드에서 other는 반복 가능한(str, list, tuple, set 등) 객체이면 된다. 합집합, 교집합, 차집합, 대칭 차집합, 복사 등의 연산은 새로운 집합을 생성하여 반환한다.

표 2.12 모든 집합(set, frozenset)에서 가능한 연산

집합 S와 other 연산	의 미
len(S)	집합 S의 원소 개수
x in S	$x \in S$, 집합 S에 x가 있으면 True
x not in S	$x \notin S$, 집합 S에 x가 없으면 True
S.isdisjoint(other)	$S \cap set(other)=\varnothing$, 집합 S와 set(other)의 교집합이 공집합이면 True
S.issubset(other) S <= other	$S \subset set(other)$, 집합 S가 set(other)의 부분집합이면 True

S ⟨ other	s ⊂ set(other) and s != set(other), 집합 S가 set(other)의 진부분집합이면 True
S.issuperset(other) S ⟩= other	S ⊃ set(other), set(other)이 집합 S의 부분집합이면 True,
S ⟩= other	S ⊃ set(other) and s != set(other), set(other)이 집합 S의 진부분집합이면 True,
S.union(other, ...) S | other | ...	S ∪ set(other), 합집합을 계산하여 새로운 집합을 반환
S.intersection(other, ...) S & other & ...	S ∩ set(other), 교집합을 계산하여 새로운 집합을 반환
S.difference(other, ...) S − other − ...	S − set(other), 차집합을 계산하여 새로운 집합을 반환
S.symmetricdifference(other) S ^ other	(S − set(other)) ∪ (set(other) − S), 두 집합에 모두 있지 않은 요소들의 새로운 집합을 반환
S.copy()	S의 얕은 복사(shallow copy)로 새로운 집합 반환

[예제 2.56]은 모든 집합에서 사용할 수 있는 연산의 예제이다. S = S | set([1, 2, 3, 4])
의 합집합 연산에서 새로 집합을 생성하여 반환하므로 id(S)가 변경된다.


```
# 설명 1
>>> S = {1, 2, 3, 1, 2}          # S = {1, 2, 3}
>>> len(S)
3
>>> 1 in S
True
>>> 4 not in S
True
>>> S.isdisjoint([4, 5])
True
>>> S.issubset([1, 2, 3, 4])
True


# 설명 2
>>> S <= [1, 2, 3, 4]            # 연산자를 사용한 집합연산은 자료형이 모두 집합
Traceback (most recent call last):
  File "<pyshell#28>", line 1, in <module>
    S <= [1, 2, 3, 4]
TypeError: unorderable types: set() <= list()
>>> S <= set([1, 2, 3, 4])      # S.issubset([1, 2, 3, 4])
True
>>> S >= set([1, 2])            # S.issuperset([1, 2])
True
>>> S | set([1, 2, 3, 4])       # S.union([1, 2, 3, 4])
{1, 2, 3, 4}
```

```
>>> S & set([1, 2, 3, 4])    # S.intersection([1, 2, 3, 4])
{1, 2, 3}
>>> S - set([1, 2])          # S.difference([1, 2])
{3}
>>> S^set([1, 2, 3, 4])      # S.symmetric_difference([1, 2, 3, 4])
{4}

# 설명 3
>>> id(S)
44716920
>>> S = S | set([1, 2, 3, 4])    # 합집합을 새로 생성하여 반환하여, id(S)가 변경
>>> S
{1, 2, 3, 4}
>>> id(S)
44717400

# 설명 4
>>> A = S.copy()
>>> A == S
True
>>> A is S                   # id(A) == id(S)
False
```

프로그램 설명

① 설명 1에서 S = {1, 2, 3, 1, 2} 는 중복된 항목을 하나만 사용하여 S = {1, 2, 3}으로, len(S)은 집합 S의 원소의 개수는 3이다. 1 in S는 True, 4 not in S는 True, S.isdisjoint([4, 5])는 같은 원소를 가지지 않으므로 True, S.issubset([1, 2, 3, 4])는 S가 set([1, 2, 3, 4])의 부분집합이므로 True이다.

② 설명 2에서 S <= [1, 2, 3, 4]는 [1, 2, 3, 4]가 집합이 아니므로 TypeError가 발생한다. S <= set([1, 2, 3, 4])는 S.issubset([1, 2, 3, 4])와 같고 True이다.

S >= set([1, 2])는 S.issuperset([1, 2])와 같고 True이며, S | set([1, 2, 3, 4])는 합집합, S & set([1, 2, 3, 4])는 교집합, S - set([1, 2])는 차집합, S^set([1, 2, 3, 4])는 대칭 차집합을 계산한다.

③ 설명 3에서 S = S | set([1, 2, 3, 4])는 합집합의 결과를 새로운 집합에 생성하여 반환하여, id(S)가 변경한다.

④ 설명 4에서 A = S.copy()는 S를 A에 복사한다. A, S는 같은 집합 내용이므로, A == S는 True이고, id(A)와 id(S)는 다르므로, A is S는 False이다.

[표 2.13]은 변경 가능 집합인 set에서만 사용할 수 있는 연산으로, 집합 S의 id(S)를 변경하지 않고 S의 원소를 갱신한다. 예를 들어 S |= set([1, 2, 3, 4])는 집합 S = {1, 2, 3}과 집합 set([1, 2, 3, 4])의 합집합을 계산하여 집합 S를 갱신한다. 이때 id(S)는 변경되지 않는다.

표 2.13 set에서만 가능한 연산

집합 S와 other 연산	의 미
S.update(other, …) S |= other | …	S = S ∪ set(other), 합집합을 계산하여 S를 갱신
S.intersection_update(other, …) S &= other & …	S = S ∩ set(other), 교집합을 계산하여 S를 갱신
S.difference_update(other, …) S -= other | …	S = S − set(other), 차집합을 계산하여 S를 갱신
S.symmetric_difference_update(other) S ^= other	S = (S − set(other)) ∪ (set(other) − S), 두 집합에 모두 있지 않은 요소들 집합을 반환
S.add(elem)	집합 S에 원소 elem을 추가한다.
S.remove(elem)	집합 S에서 원소 elem을 삭제한다. 원소가 없으 면 KeyError가 발생한다.
S.discard(elem)	집합 S에서 원소 elem가 있으면 삭제한다.
S.pop()	집합 S에서 임의의 원소를 하나 삭제하고, 반환 한다. 공집합이면 KeyError가 발생한다.
S.clear()	집합 S의 모든 원소를 삭제한다.

[예제 2.57] set에서만 가능한 연산

```
# 설명 1
>>> S = {1, 2, 3}
>>> id(S)
44717280
>>> S |= set([1, 2, 3, 4])      # S.union([1, 2, 3, 4])
>>> id(S)                        # id(S)가 변경되지 않는다.
44717280
>>> S
{1, 2, 3, 4}
>>> S &= set([1, 2, 3, 4])      # S.intersection([1, 2, 3, 4])
>>> S
{1, 2, 3, 4}
>>> S -= set([1, 2])            # S.difference([1, 2])
>>> S
{3, 4}
>>> S ^= set([1, 2, 3, 4])      # S.symmetric_difference([1, 2, 3, 4])
>>> S
{1, 2}

# 설명 2
>>> S.add(3)
>>> S.remove(3)
>>> S
{1, 2}
>>> S.pop()
1
```

```
>>> S
{2}
>>> S.clear()
>>> id(S)              # 위의 집합연산을 수행하는 동안 id(S)가 변경되지 않는다.
44717280
```

프로그램 설명

① 설명 1에서 S |= set([1, 2, 3, 4])는 S와 set([1, 2, 3, 4])의 합집합을 계산하고, 집합 S의 id(S)를 변경하지 않고 S의 원소를 갱신한다. S가 변경 가능 자료형인 set이기 때문이다.

② 설명 2에서 S.add(3)는 집합 S에 3을 추가, S.remove(3)는 3을 제거, S.pop()은 임의의 원소 하나를 삭제 후 반환하며, S.clear()는 모든 원소 삭제하는 연산 등의 집합연산으로 집합 S의 고유번호 id(S)가 변경되지 않는다.

7.2 dict 자료형

파이썬의 dict 자료형은 dict 클래스로 구현되어 있다. dict은 중괄호 { } 안에 콤마로 구분된 key:value 쌍으로 이루어진 변경 가능한 매핑(mapping) 자료형이다. key는 int, str 등 해싱(hashing)이 가능한 자료형으로 중복을 허용하지 않는다. value는 list, set 등 제약이 없다. 사전은 순서가 없기 때문에 인덱싱, 슬라이싱 같은 시퀀스 연산을 허용하지 않는다.

형식 class dict(**kwarg) / class dict(mapping, **kwarg) / class dict(iterable, **kwarg)

1. 중괄호 { } 안에 콤마로 구분된 key:value 쌍으로 사전 객체를 생성한다.

```
>>> a = { }                        # a = dict()
>>> type(a)
<class 'dict'>
>>> a = {'one':1,'two':2,'three':3}  # key에 문자열
>>> b = {1:'A', 2:'B', 3:'C'}        # key에 숫자
```

2. dict()로 사전을 객체를 생성한다.

```
# 다음은 모두 {'one':1,'two':2,'three':3} 사전 객체를 생성한다.
>>> a = {'one':1,'two':2,'three':3}
>>> b = dict(one=1, two=2, three=3)
>>> c = dict([('one',1), ('two',2), ('three',3)])
>>> d = dict([['one',1],['two',2], ['three',3]])
>>> e = dict({'one':1,'two':2, 'three':3})
>>> f = dict(zip(['one','two','three'],[1,2,3]))   # zip 함수로 대응시켜 생성
>>> a == b == c == d == e == f
True
```

3. 사전은 key를 사용하여 항목에 접근하고, 변경 가능(mutable)한 매핑 자료형이다.

```
>>> a = {'one':1,'two':2,'three':3}
>>> a
{'three': 3, 'one': 1, 'two': 2}
>>> a['one']
1
>>> a['one'] = 100
>>> a
{'three': 3, 'one': 100, 'two': 2}
```

4. 동등 비교(==, !=, is, is not)는 가능하지만, 크기 비교(⟨=, ⟨, ⟩=, ⟩)는 할 수 없다.

```
>>> a = {'one':1,'two':2,'three':3}
>>> b = dict(one=1, two=2, three=3)
>>> a == b
True
>>> a is b          # id(a) == id(b)
False
>>> id(a), id(b)
(46973856, 47258360)
```

표 2.14 사전(dict)에서 연산

사전 d에서 연산	의 미
len(d)	사전 d의 항목 개수
d[key]	d에서 key인 항목의 value를 반환. key가 없으면 KeyError
d[key] = value	d[key]의 값을 value로 변경
del d[key]	d[key]의 항목 삭제. key가 없으면 KeyError
key in d	d에 key의 키가 있으면 True
key not in d	d에 key의 키가 없으면 True
iter(d)	d의 키에 의한 이터레이터를 반환. iter(d.keys())
d.clear()	사전 d의 모든 항목 삭제
d.copy()	d의 얕은 복사(shallow copy)로 새로운 사전 반환
d.fromkeys(seq[, value])	시퀀스 seq를 키로 설정하고, value를 값으로 설정한 새로운 사전 반환, 디폴트는 value=None이다.
d.get(key[, default])	key가 있으면 value를 반환(d[key]와 같음), 없으면 default 반환(묵시적으로 default=None)
d.items()	d의 항목 (key, value)에 대한 사전뷰(dictionary views) 객체를 반환
d.keys()	d의 키(keys)의 사전뷰(dictionary views) 객체를 반환
d.pop(key[, default])	key가 있으면 항목을 삭제하고 value를 반환하고 없으면 default를 반환하며 key가 없고 default가 없으면 KeyError

d.popitem()	d에서 임의의 항목을 삭제하고 튜플 (key, value)로 반환 d가 공백이면 KeyError
d.setdefault(key[, default])	d에 key가 있으면 value를 반환, 없으면 key:default 항목 추가하고 default 반환(묵시적으로 default=None)
d.update([other])	사전 객체 또는 key와 value 쌍의 반복 가능한 other를 가 지고 사전 d를 갱신하고 None을 반환하고 key가 있으면 갱신하고 없으면 삽입
d.values()	d의 값(values)의 사전뷰(dictionary views) 객체를 반환

[예제 2.58] 사전 dict에서 연산

```
# 설명 1
>>> d = {'one':1,'two':2,'three':3}
>>> id(d)
47291088
>>> len(d)
3
>>> d['one']
1
>>> d['one'] = 10
>>> d
{'three': 3, 'one': 10, 'two': 2} # d는 mutable
>>> id(d)
47291088

>>> d['four'] = 4        # 'four': 4 항목 삽입
>>> d
{'three': 3, 'one': 10, 'two': 2, 'four': 4}
>>> del d['four']        # 'four': 4 항목 삭제
>>> d
{'three': 3, 'one': 10, 'two': 2}

# 설명 2 : 항목 존재 확인
>>> 'one' in d
True
>>> 'four' is not d
True
>>> list(iter(d))        # list(iter(d.keys()))
['three', 'one', 'two']
>>> d.clear()            # d의 모든 항목 삭제
>>> d
{}
>>> d.fromkeys([1, 2, 3])        # 리스트 [1, 2, 3]의 항목을 key, value = None
{1: None, 2: None, 3: None}
>>> d.fromkeys([1, 2, 3], 'abc')   # 리스트 [1, 2, 3]의 항목을 key, value = 'abc'
{1: 'abc', 2: 'abc', 3: 'abc'}
```

```
# 설명 3
>>> d = {'one':1,'two':2,'three':3}
>>> d.get('one')           # d['one']
1
>>> d.items()              # d의 모든 항목
dict_items([('three', 3), ('one', 1), ('two', 2)])
>>> list(d.items())        # d의 항목 (key, value)의 리스트
[('three', 3), ('one', 1), ('two', 2)]
>>> d.keys()
dict_keys(['three', 'one', 'two'])
>>> list(d.keys())         # d의 key의 리스트
['three', 'one', 'two']
>>> d.values()
dict_values([3, 1, 2])
>>> list(d.values())       # d의 value의 리스트
[3, 1, 2]

# 설명 4
>>> d.pop('three')         # 'three': 3 삭제, 3 반환
3
>>> d
{'one': 1, 'two': 2}

>>> d = {'one':1,'two':2,'three':3}
>>> d.setdefault('one', 10)    # key 'one'이 있으므로 value 1을 반환
1
>>> d
{'three': 3, 'one': 1, 'two': 2}

>>> d.setdefault('four', 4)    # key 'four'이 없으므로 추가하고, value 4를 반환
4
>>> d
{'three': 3, 'one': 1, 'two': 2, 'four': 4}

>>> d = {'one':1,'two':2,'three':3}
>>> d.update(one=10, four=4)   # d.update([('one',10), ('four', 4)])
>>> d
{'three': 3, 'one': 10, 'two': 2, 'four': 4}
```

프로그램 설명

① 설명 1에서 d = {'one':1,'two':2,'three':3}은 사전 객체 d를 생성하고, id(d)로 고유번호를 확인한다. len(d)은 항목의 개수 3이고, d['one']은 키(key)가 'one'인 사전의 값 1을 반환하고, d['one'] = 10은 키가 'one'인 사전의 값을 10으로 변경한다. 사전은 변경 가능 자료형이므로, id(d)는 변경되지 않는다. d['four'] = 4는 키가 'four'인 항목이 사전 d에 없으므로 사전에 'four': 4 항목이 추가된다. del d['four']는 키가 'four'인 항목을 사전 d에서 삭제한다.

② 설명 2에서 'one' in d는 True, 'four' is not d는 True이다. list(iter(d))는 iter(), list() 함수를 사용하여 사전 d의 키(key)를 항목으로 하는 리스트를 생성한다. d.clear()는 사전의 모든 항목

을 삭제하여 공백 사전으로 만든다. d.fromkeys([1, 2, 3])는 사전 d에 리스트 [1, 2, 3]의 각 항목을 key로하고, value=None으로 하는 사전항목을 생성한다. d = {1: None, 2: None, 3: None}이다. d.fromkeys([1, 2, 3], 'abc')는 [1, 2, 3]의 각 항목을 key로하고, 'abc'를 값으로 하여 d = {1: 'abc', 2: 'abc', 3: 'abc'}이다.

③ 설명 3에서 d.get('one')는 키가 'one'인 항목의 값 1을 반환하고, list(d.items())는 d의 항목을 튜플 (key, value)로 하는 리스트를 생성한다. list(d.keys())는 d의 키(key)의 리스트를 생성한다. list(d.values())는 값의 리스트를 생성한다.

④ 설명 4에서 d.pop('three')은 key가 'three'인 항목을 삭제하고, value 3을 반환한다. d.setdefault('one', 10)는 key가 'one'인 항목이 있으므로 value 1을 반환한다. d.setdefault('four', 4)는 key가 'four'인 항목이 없으므로 항목을 추가하고, value 4를 반환한다. d = {'three': 3, 'one': 1, 'two': 2, 'four': 4}이다. d.update(one = 10, four = 4)는 key가 'one'인 항목 값을 10, key가 'four'인 항목 값을 4로 갱신한다.

08 연산자 우선순위(Operator precedence)

[표 2. 15]는 파이썬의 주요 연산자를 높은 우선순위(highest precedence)부터 낮은 우선순위(lowest precedence) 순서로 나열한다. 결합규칙(associativity rule)에 따라, 같은 연산자 우선순위를 갖는 연산자에서는 거듭제곱연산자(**)는 오른쪽에서 왼쪽으로 수행하고, 나머지 모든 연산자는 왼쪽에서 오른쪽으로 수행한다.

and와 or 연산자의 경우 파이썬은 항상 연산자(operator)의 왼쪽 피연산자(operand)를 평가하고, 필요에 따라 오른쪽 피연산자(operand)를 평가한다. 이것을 단축회로(short-circuit)라 한다. 함수의 인수 전달에서도 마찬가지이다.

표 2.15 연산자 우선순위

연산자	설명
(expressions...), [expressions...], {key: value...}, {expressions...}	괄호(바인딩, tuple), list, dictionary, set
x[index], x[index:index], x(arguments...), x.attribute	인덱싱(subscription), 슬라이싱, 함수 호출, 속성 참조
**	거듭제곱
+x, −x, ~x	단항 양수, 음수, 비트별 NOT
*, @, /, //, %	곱셈, 나눗셈, 나머지
+, −	이항 덧셈, 뺄셈
<<, >>	비트 이동

&	비트 AND
^	비트 XOR
|	비트 OR
in, not in, is, is not, ⟨, ⟨=, ⟩, ⟩=, !=, ==	비교, 멤버 확인, identity 확인
not x	논리 NOT
and	논리 AND
or	논리 OR
if-else	조건 수식
lambda	람다 수식

[예제 2.59] 연산자 우선순위

설명 1

```
>>> 1 + 2 * 3          # 1 + (2 * 3)
7
>>> (1 + 2) * 3
9
>>> 1 + 2 * 3 **4      # 1 + (2 * (3 ** 4))
163
>>> 5 * 2 // 3         # (5 * 2) // 3
3
>>> 2**3**2            # 2 ** (3 ** 2)
512
```

설명 2 : 윤년 판단

```
>>> year = 2016
>>> year % 4 == 0 and year % 100 != 0 or year % 400 == 0
True
>>> ((year % 4 == 0) and (year % 100 != 0)) or (year % 400 == 0)
True
```

프로그램 설명

① **설명 1**에서 1 + 2 * 3은 먼저 2*3을 계산하여 결과 6을 갖고, 1 + 6을 계산하여 계산결과 7을 갖는다. 즉, 1 + (2 * 3)과 같다. 계산순서를 변경하고 싶으면, 가장 높은 우선순위를 갖는 괄호를 사용한다. (1 + 2) * 3은 먼저 괄호 안의 수식, (1 + 2)를 계산하고, 3 * 3을 계산한 결과인 9를 얻는다. 1 + 2 * 3 ** 4는 1 + (2 * (3 ** 4))와 같으며, **, *, + 연산자 순서로 계산이 진행된다. 5 * 2 // 3은 연산자 *, //은 같은 우선순위이고, 결합규칙에 따라 왼쪽 연산자 *를 먼저 수행하여 (5 * 2) // 3과 같다. 2 ** 3 ** 2는 결합규칙에 따라, 2 ** (3 ** 2)와 같이 계산된다.

② **설명 2**에서 year의 윤년 여부를 판단한다. year의 값이 4의 배수이면 윤년이고, 100의 배수는 윤년이 아니고, 400의 배수는 윤년이다. year % 4 == 0 and year % 100 != 0 or year % 400 == 0로 표현되며, 계산 순서는 ((year % 4 == 0) and (year % 100 != 0)) or (year % 400 == 0)과 같다. 2016년은 2월이 29일까지 있어, 1년이 366일인 윤년이다.

제어문

3장

이 장에서는 파이썬 프로그램의 흐름을 변경하는 if, for, while, try 등의 제어문에 대하여 설명한다. if 문은 수식의 결과에 따라 분기하는 문장이고, for 문과 while 문은 〈문장묶음〉을 반복적으로 처리한다. try 문은 프로그램 실행 중 예기치 않게 발생하는 예외를 처리한다.

01   if 문

if 문은 수식의 결과가 True, False에 따라 실행할 〈문장묶음〉(suite)을 다르게 선택한다. if 문은 단일 분기, 이중 분기, 다중 분기 구조를 가질 수 있다. if 문의 수식은 불리안 연산(or, and, not), 비교 연산(<, <=, >, >=, ==, !=, is, is not)에 의한 수식일 수 있으며, 일반 수식의 참, 거짓은 bool(수식)로 알 수 있다. 예를 들어 0, 0.0, None, 공백 객체를 생성하는 str(), bytes(), list(), tuple(), set(), range(0) 등은 bool() 생성자에 의해 모두 False로 평가된다.

〈문장묶음〉은 콜론(:)과 같은 행에 문장을 세미콜론(;)으로 구분하여 나열하는 방법과 콜론(:) 다음 행에 하나 이상의 문장을 들여쓰기(indentation)하여 나열한다.

1.1 단일 분기 if 문

단일 분기 if 문은 〈수식〉이 참(True)일 때 콜론(:) 뒤의 〈문장묶음〉을 수행한다. 〈문장묶음〉은 콜론(:)과 같은 행에 문장을 세미콜론으로 구분하여 나열하거나, 콜론(:) 다음 행에 하나 이상의 문장을 들여쓰기 하여 나열한다.

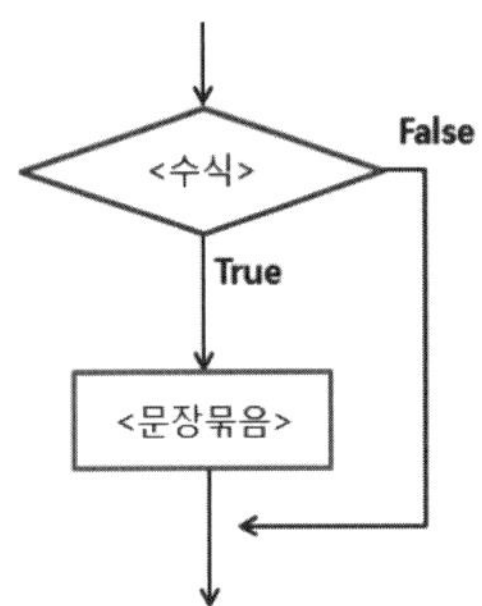

[그림 3.1] 단일 분기 if

형식	if <수식> : <문장묶음>　# 수식이 True일 때 <문장묶음> 수행

```
1. 세미콜론 사용
>>> if a < b : x = a + b; y = a * b

2. 들여쓰기 사용
>>> if a < b :
        x = a + b
        y = a * b

3. 세미콜론과 들여쓰기 혼합 사용
>>> if a < b :
        x = a + b; y = a * b
```

[예제 3.1] a가 b보다 작은 경우만 x와 y의 덧셈과 곱셈 계산

```
>>> a = 1; b = 2
>>> if a < b :      # if a < b : x = a + b; y = a * b
        x = a + b
        y = a * b

# 실행 결과
>>> x, y
(3, 2)
```

프로그램 설명

수식 a < b가 True 이므로, x = a + b와 y = a * b를 계산하여, x = 3, y = 2이다.

지금까지는 파이썬 프롬프트(>>>)에서 문장을 입력하여 실습하는 방법을 사용하였다. 파이썬 프로그램의 길이가 길어지면, 오타 등 때문에 프로그램을 다시 입력하려면 번거롭다. 이러한 번거로움과 프로그램 수정 등을 쉽게 하기 위해 이제부터는 파이썬 프로그램을 파일로 작성하여 실행하는 방법을 사용하기로 한다. 파이썬 프로그램 파일을 작성하는 방법은 1장의 "04 프로그래밍 모드"를 참고한다.

[예제 3.2] 입력한 두 정수의 비교 1　　　　　　　　　　　(0302_if.py)

```
01   x, y = map(int, input('--->').split())
02   if x == y:
03       print("%d is equal to %d"%(x, y))
04   if x < y:
05       print("%d is less than %d"%(x, y))
06   if x > y:
07       print("%d is greater than %d"%(x, y))
```

프로그램 설명

① 키보드 입력에서 공백으로 구분하여 입력한 두 정수 x, y를 비교한다.

② 입력한 두 정수 x, y에 대하여 항상 3개의 if 문(02, 04, 06행)의 수식을 평가하여 참일 때 해당하는 print() 함수(03, 05, 07행)를 각각 수행한다.

③ if~elif~else 문을 사용하면 보다 효율적으로 프로그램을 작성할 수 있다.

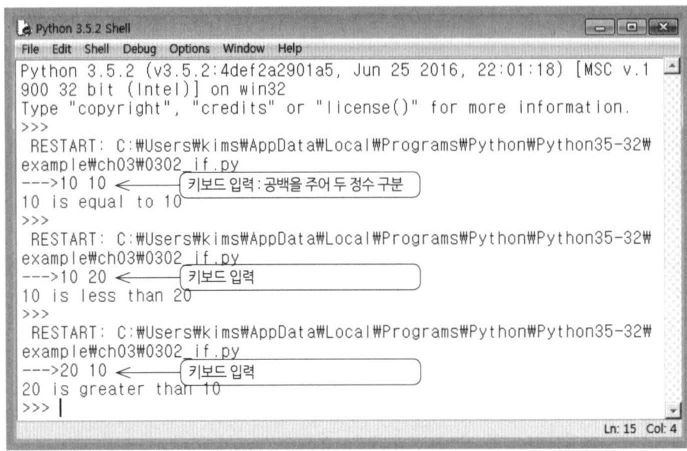

[그림 3.2] 실행 결과

[예제 3.3] 0에서 100까지의 정수를 입력받아 학점 출력 1　　　　　　　　　　(0303_if.py)

```python
01    score = int(input('--->'))
02    if 90 <= score <= 100:      # 90 <= score and score <= 100
03       grade = 'A'
04    if 80 <= score < 90:
05       grade = 'B'
06    if 70 <= score < 80:
07       grade = 'C'
08    if 60 <= score < 70:
09       grade = 'D'
10    if score < 60 :
11       grade = 'F'
12    print("score = %d, grade = %s" % (score, grade))
```

프로그램 설명

① 0~100 범위에서 임의의 정수를 점수로 입력받아 학점을 출력하는 프로그램이다. 모든 입력 성적 score에 대하여 다섯 가지 if 문의 수식을 평가하여야 한다.

② if~elif~else 문을 사용하면 더욱 효율적인 프로그램을 작성할 수 있다.

```
Python 3.5.2 Shell
File  Edit  Shell  Debug  Options  Window  Help
Python 3.5.2 (v3.5.2:4def2a2901a5, Jun 25 2016, 22:01:18) [MSC v.1
900 32 bit (Intel)] on win32
Type "copyright", "credits" or "license()" for more information.
>>>
 RESTART: C:\Users\kims\AppData\Local\Programs\Python\Python35-32\
example\ch03\0303_if.py
--->95        키보드 입력
score = 95, grade = A
>>>
 RESTART: C:\Users\kims\AppData\Local\Programs\Python\Python35-32\
example\ch03\0303_if.py
--->85        키보드 입력
score = 85, grade = B
>>>
 RESTART: C:\Users\kims\AppData\Local\Programs\Python\Python35-32\
example\ch03\0303_if.py
--->55        키보드 입력
score = 55, grade = F
>>> |
                                                    Ln: 15  Col: 4
```

[그림 3.3] 실행 결과

1.2 이중 분기 if~else 문

이중 분기 if 문은 else를 갖는 구조로 〈수식〉이 참(True)이면 〈문장묶음1〉을 수행하고, 거짓(False)이면 〈문장묶음2〉를 수행한다. 〈문장묶음1〉과 〈문장묶음2〉는 콜론(:)과 같은 행에 각 문장을 세미콜론으로 구분하여 나열하거나, 콜론(:) 다음 행에 하나 이상의 문장을 들여쓰기 하여 나열한다.

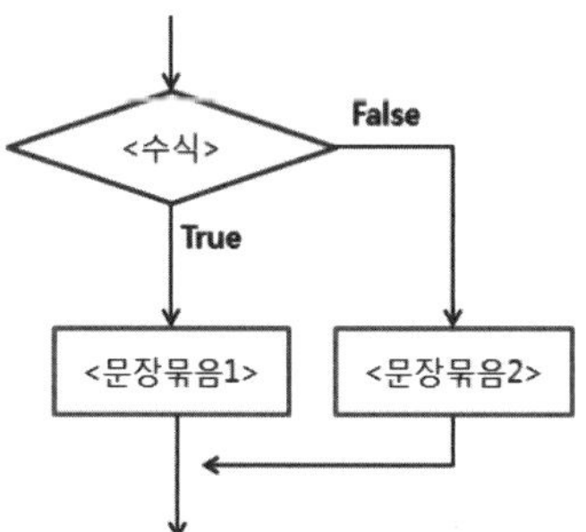

[그림 3.4] 이중 분기 if

<table>
<tr><td rowspan="2">형식</td><td>if <수식> : <문장묶음1>   # <수식>이 True이면 <문장묶음1> 수행</td></tr>
<tr><td>else   : <문장묶음2>   # <수식>이 False이면 <문장묶음2> 수행</td></tr>
</table>

1. 세미콜론 사용

```
>>> if a < b: x = a + b; y = a * b
else: x = a - b; y = a /b
```

2. 들여쓰기 사용

```
>>> if a < b:
        x = a + b
        y = a * b
else:       # 백스페이스 키를 누른 다음 else: 입력
        x = a - b
        y = a / b
```

3. 세미콜론과 들여쓰기 혼합 사용

```
>>> if a < b: x = a + b; y = a * b
else:
        x = a - b       # x = a - b; y = a / b
        y = a / b
```

[예제 3.4] 입력한 정수의 홀수, 짝수 판단   (0304_if.py)

```python
01    x = int(input('--->'))
02    if x % 2:                # x % 2 == 1
03        print("%d is an odd number."%x)
04    else:
05        print("%d is an even number."%x)
```

프로그램 설명

① 입력한 정수 x가 홀수(odd number)인지 짝수(even number)인지를 판단한다.

② x % 2 == 0이면 짝수이고, x % 2 == 1이면 홀수이다. 수식 x % 2의 결과가 1이면 참으로 수식 x % 2 == 1과 같은 결과를 갖는다. 반대로 x % 2의 결과가 0이면 거짓으로 수식 x % 2 == 0과 같은 결과를 갖는다. 모든 입력 x에 대하여 수식 x % 2를 한 번만 평가하여 홀수인지 짝수인지를 구분할 수 있다.

```
Python 3.5.2 Shell
File  Edit  Shell  Debug  Options  Window  Help
Python 3.5.2 (v3.5.2:4def2a2901a5, Jun 25 2016, 22:01:18) [MSC v.1
900 32 bit (Intel)] on win32
Type "copyright", "credits" or "license()" for more information.
>>>
 RESTART: C:\Users\kims\AppData\Local\Programs\Python\Python35-32\
example\ch03\0304_if.py
--->10      ← 키보드 입력
10 is an even number.
>>>
 RESTART: C:\Users\kims\AppData\Local\Programs\Python\Python35-32\
example\ch03\0304_if.py
--->11      ← 키보드 입력
11 is an odd number.
>>>
                                                    Ln: 11  Col: 4
```

[그림 3.5] 실행 결과

[예제 3.5] 두 변수의 최대값, 최소값 구하기 (0305_if.py)

```python
01    x, y = map(int, input('--->').split())
02    if x > y:
03        Max = x
04        Min = y
05    else:
06        Max = y
07        Min = x
08    print("x = %d, y = %d"%(x, y))
09    print("Max = %d, Min = %d"%(Max, Min))
```

프로그램 설명

① 입력한 두 정수 x, y에서 최대값(Max), 최소값(Min)을 계산한다.

② 모든 입력 x, y에 대하여 수식 x > y의 한 번의 평가로 최대값과 최소값을 구분할 수 있다.

```
Python 3.5.2 Shell
File  Edit  Shell  Debug  Options  Window  Help
Python 3.5.2 (v3.5.2:4def2a2901a5, Jun 25 2016, 22:01:18) [MSC v.1
900 32 bit (Intel)] on win32
Type "copyright", "credits" or "license()" for more information.
>>>
 RESTART: C:\Users\kims\AppData\Local\Programs\Python\Python35-32\
example\ch03\0305_if.py
--->10 20      ← 키보드 입력
x = 10, y = 20
Max = 20, Min = 10
>>>
 RESTART: C:\Users\kims\AppData\Local\Programs\Python\Python35-32\
example\ch03\0305_if.py
--->20 10      ← 키보드 입력
x = 20, y = 10
Max = 20, Min = 10
>>>
                                                    Ln: 13  Col: 4
```

[그림 3.6] 실행 결과

<table>
<tr><td>[예제 3.6] 윤년(leap year) 판단하기 1</td><td>(0306_if.py)</td></tr>
</table>

```python
01   year = int(input('--->'))
02   if not year % 4:          # year % 4 == 0
03      bLeapYear = True
04      if not year % 100:
05         bLeapYear = False
06         if not year % 400:
07            bLeapYear = True
08   else:
09      bLeapYear = False
10
11   if bLeapYear:
12      print(" 윤년 : %d"% year)
13   else:
14      print(" 평년 : %d"% year)
```

프로그램 설명

① 입력한 연도(year)가 윤년(leap year)인지를 판단하는 프로그램이다. 1년은 지구가 태양을 한 번 공전하는 시간으로 약 365.2422일이다. 그러므로 1년을 365일로 하면 오차가 발생한다. 이러한 오차를 바로잡기 위한 것이 윤년(leap year)이다. 400년 중에서 97번을 윤년으로 정하고, 윤년인 해는 2월을 29일로 하여 1년을 366일로 한다. 윤년인 아닌 평년은 2월을 28일로 하여 1년을 365일로 바로잡으면 1년의 평균길이가 지구의 공전주기에 근사한다.

② 윤년은 연도(year)가 4의 배수이면 윤년이고, 4의 배수 중에서 100의 배수는 윤년이 아니며, 그중에 400의 배수는 윤년으로 한다. 2016년은 윤년이고, 2015년은 평년이다.

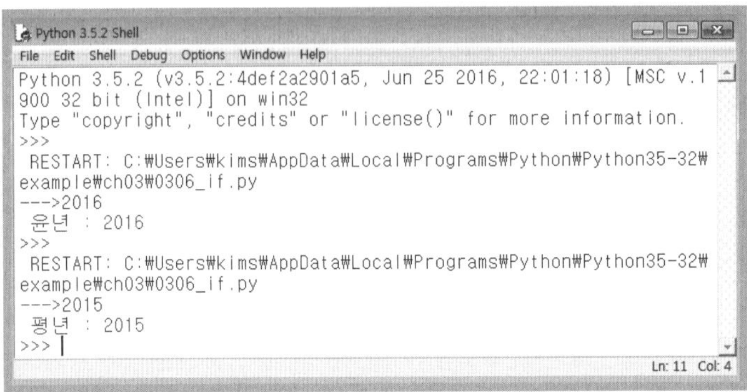

[그림 3.7] 실행 결과

1.3 다중 분기 if~elif~else 문

다중 분기 if 문은 elif를 갖는 구조로 ⟨수식1⟩이 참이면, ⟨문장묶음1⟩을 수행하고, ⟨수식2⟩가 참이면, ⟨문장묶음2⟩를 수행하고, ⟨수식n⟩이 참이면, ⟨문장묶음n⟩을 수행하고, 위의 모든 조건이 거짓이면 ⟨문장묶음n+1⟩을 수행한다.

문장묶음은 콜론(:)과 같은 행에 문장을 세미콜론으로 구분하여 나열하거나, 콜론(:) 다음행에 하나 이상의 문장을 들여쓰기 하여 나열한다. ⟨수식1⟩부터 차례로 평가하여 먼저 참이 나오는 ⟨문장묶음⟩을 실행하고, if 문장의 다음 문장을 수행한다. if~elif~else 문을 다중 분기 구조에서 사용하면 수식 평가의 횟수를 효율적으로 줄일 수 있다.

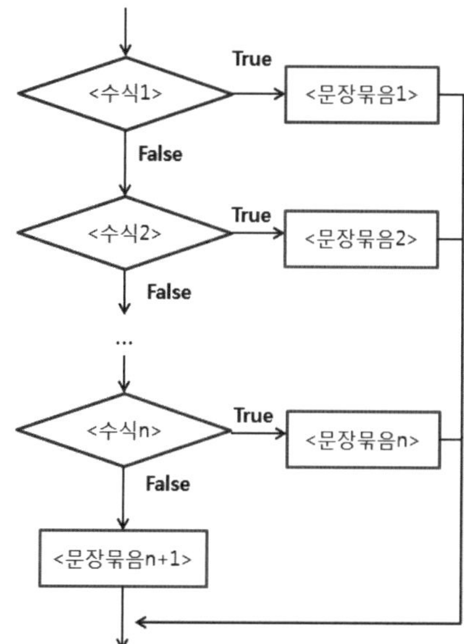

[그림 3.8] 다중 분기 if

```
if <수식1> : <문장묶음1>    # <수식1>==True면 <문장묶음1>
elif <수식2> : <문장묶음2>  # <수식2>==True면 <문장묶음2>
...
elif <수식n> : <문장묶음n>  # <수식n>==True면 <문장묶음n>
else : <문장묶음n+1>       # <수식1>, <수식2>, <수식n>이 모두 False면 <문장묶음n+1>
```

1. 세미콜론 사용

```
>>> if a == b: x = a; y = b
elif a < b: x = a + b; y = a * b
else: x = a - b; y = a / b
```

2. 들여쓰기 사용

```
>>> if a == b:
    x = a
    y = b
```

```
elif a < b:
   x = a + b
   y = a * b
else:
   x = a - b
   y = a / b
```

3. 세미콜론과 들여쓰기 혼합 사용

```
>>> if a == b:
   x = a; y = b
elif a < b:
   x = a + b; y = a * b
else:
   x = a - b; y = a / b
```

[예제 3.7] 입력한 두 정수의 비교 2   (0307_if.py)

```
01    x, y = map(int, input('--->').split())
02    if x == y:
03        print("%d is equal to %d"%(x, y))
04    elif x < y:
05        print("%d is less than %d"%(x, y))
06    else:
07        print("%d is greater than %d"%(x, y))
```

프로그램 설명

① 입력한 두 정수 x, y를 비교하는 [예제 3.2]를 if~elif~else 문으로 다시 작성한 것이다.

② 입력한 두 정수 x, y가 같은 경우는 x == y가 True이므로 한 번의 비교만을 수행한다.

③ x가 y보다 작은 경우는, x == y가 False가 되고, x < y가 True인 두 번의 비교를 수행한다.

④ x가 y보다 큰 경우는, x == y가 False가 되고, x < y가 False인 두 번의 비교를 수행한다.

⑤ [예제 3.2]의 결과와 같지만, [예제 3.7]이 보다 효율적이다.

[그림 3.9] 실행 결과

[예제 3.8] 0에서 100까지의 정수를 입력받아 학점 출력 2　　　　(0308_if.py)

```
01   score = int(input('--->'))
02   if 90 <= score <= 100:      # 90 <= score and score <= 100
03       grade = 'A'
04   elif 80 <= score:
05       grade = 'B'
06   elif 70 <= score:
07       grade = 'C'
08   elif 60 <= score:
09       grade = 'D'
10   else:
11       grade = 'F'
12   print("score = %d, grade = %s" % (score, grade))
```

프로그램 설명

0~100 범위에서 임의의 정수를 점수로 입력받아 학점을 출력하는 예제 프로그램인 [예제 3.3]을 if~elif~else 문을 사용하여 효율적으로 작성한다.

[그림 3.10] 실행 결과

[예제 3.9] 윤년(leap year) 판단하기 2　　　　　　　　　　　　　　　　　(0309_if.py)

```python
01   year = int(input('--->'))
02   if not year % 400:          # year % 400 == 0
03       bLeapYear = True
04   elif not year % 100:
05       bLeapYear = False
06   elif not year % 4:
07       bLeapYear = True
08   else:
09       bLeapYear = False
10
11   if bLeapYear:
12       print(" 윤년 : %d"% year)
13   else:
14       print(" 평년 : %d"% year)
```

프로그램 설명

[예제 3.6]의 윤년 판단 예제를 if~elif~else 문을 사용하여 효율적으로 작성한 프로그램이다. 물론, 2장의 마지막 예제에서와 같이 year % 4 == 0 and year % 100 != 0 or year % 400 == 0의 한 문장으로 윤년을 판단할 수 있다.

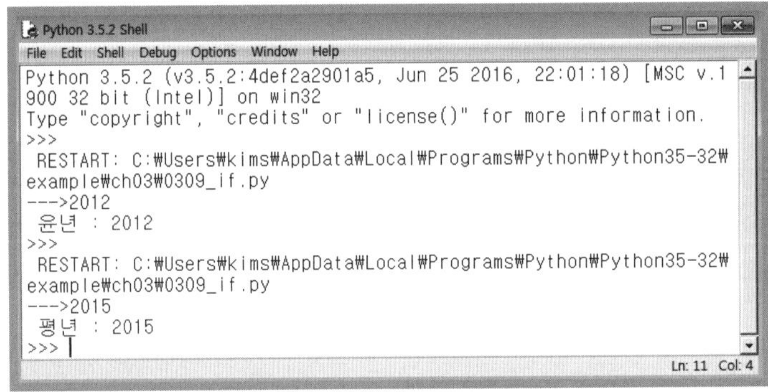

[그림 3.11] 실행 결과

O2   for 문

프로그래밍 언어에서 for 문은 일정 횟수만큼 반복할 때 사용하는 반복문이다. 파이썬에서 for 문은 반복 가능한(iterable) 객체의 항목(item)에 대해 반복 처리를 하기 위해 사용한다.

반복 가능한 객체는 시퀀스(str, bytes, bytearray, tuple, list, range) 객체, 집합(set), 매핑(dict), 열거형(enumerate) 객체, 제너레이터(generator) 함수 등의 이터레이터(iterator)를 갖는 객체이다.

[그림 3.12]는 for 문의 흐름도이다. for 문의 〈수식리스트〉는 반복 가능한 객체여야 하며, 〈수식리스트〉에 대해 이터레이터(iterator)가 생성된다. 이터레이터가 제공하는 순서에 따라 반환되는 항목을 지정문에 의해 〈목표리스트〉의 변수들에 저장하고 〈문장묶음1〉을 수행한다.

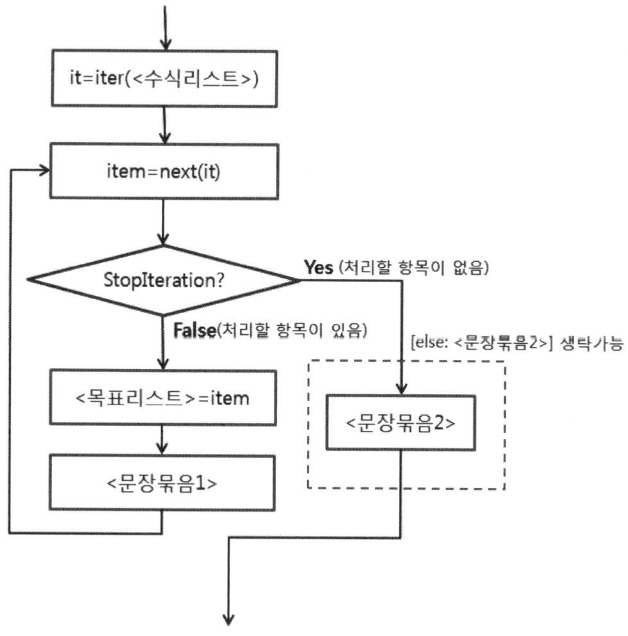

[그림 3.12] for 문의 흐름도

반복할 항목이 더 없으면(이터레이터가 반복할 항목이 없으면 StopIteration 예외를 발생) 반복을 종료한다. 만약 else 부분이 있으면 〈문장묶음2〉를 수행하고 반복을 종료한다. 반복을 종료해도 〈목표리스트〉에 있는 변수들은 삭제되지 않는다. else 부분은 생략 가능하다.

〈문장묶음1〉 내부에서 break, continue 문을 사용할 수 있다. break 문은 즉시 반복을
종료한다. break 문에 의해 반복이 종료되면 else 부분이 수행되지 않는다. continue 문
은 〈문장묶음1〉의 나머지 부분을 수행하지 않고, for 문의 시작으로 이동하여 다음 항목
을 처리한다.

형식

```
for <목표리스트> in <수식리스트> : <문장묶음>
    [else : <문장묶음2>]          # 생략 가능
```

```
1. 세미콜론 사용

>>> s = s2 = 0
>>> for x in range(11): s+= x; s2 += x*x

2. 들여쓰기 사용

>>> s = s2 = 0
>>> for x in range(11):
        s += x
        s2 += x*x
```

2.1 range() 함수를 사용한 숫자 반복

range() 함수를 사용하여 정수의 일정 범위에서 반복 가능 객체를 생성하여 for 문을 반
복시킬 수 있다.

[예제 3.10] 입력한 정수 n까지의 합계   (0310_for.py)

```
01    n = int(input('---> '))
02
03    nSum = 0
04    for i in range(1, n+1):      # nSum = sum(range(1, n+1))
05        nSum += i
06    print("n = %d : nSum = %d" % (n, nSum))
```

프로그램 설명

① for 문을 사용하여 1부터 입력한 정수 n까지의 합계를 계산한다.

② 내장함수 sum()을 사용하여 sum(range(1, n+1))로 계산한 결과와 같다. sum = 0의 지정문 이
후에는 sum() 함수를 사용할 수 없음에 주의한다. del sum 문장으로 삭제하면, 다시 내장함수
sum()을 사용할 수 있다.

[그림 3.13] 실행 결과

[예제 3.11] 입력한 정수 n까지 4의 배수의 합계   (0311_for.py)

```
01    n = int(input('---> '))
02    nSum = 0
03    for i in range(0, n+1, 4):     # nSum = sum(range(0, n+1, 4))
04        nSum += i
05    print("n = %d : nSum=%d" % (n, nSum))
```

프로그램 설명

① 1부터 입력한 정수 n까지의 수 중에서 4의 배수의 합계를 계산한다. range(0, n + 1, 4)에 의해 0 부터 n + 1보다 작을 때까지 4씩 증가시켜 4의 배수의 범위를 지정한다. range(4, n + 1, 4)로 지 정하면 4부터 n + 1보다 작을 때까지 4씩 증가시켜 4의 배수의 범위를 지정한다.

② 내장함수 sum()을 사용하면, nSum = sum(range(0, n + 1, 4))로 간단히 n까지의 4의 배수의 합 계를 계산할 수도 있다.

[그림 3.14] 실행 결과

[예제 3.12] 입력한 정수 n까지의 홀수와 짝수의 합계   (0312_for.py)

```
01    n = int(input('---> '))
02    oddSum = evenSum = 0
03    for i in range(1, n+1):
04        if i%2:            # i % 2 == 1
05            oddSum += i
06        else:
07            evenSum += i
08    print("n = %d : oddSum=%d, evenSum = %d" % (n, oddSum, evenSum))
```

프로그램 설명

① 1부터 입력한 정수 n까지의 홀수와 짝수의 합계를 계산하는 프로그램이다.

② 1부터 n까지 1씩 증가시켜가며 i%2 == 1이면 홀수이므로 oddSum에 덧셈하고, i%2 == 0이면 짝수이므로 evenSum에 덧셈한다.

```
Python 3.5.2 Shell
File  Edit  Shell  Debug  Options  Window  Help
Python 3.5.2 (v3.5.2:4def2a2901a5, Jun 25 2016, 22:01:18) [MSC v.1
900 32 bit (Intel)] on win32
Type "copyright", "credits" or "license()" for more information.
>>>
 RESTART: C:\Users\kims\AppData\Local\Programs\Python\Python35-32\
example\ch03\0312_for.py
---> 10
n = 10 : oddSum=25, evenSum = 30
>>>
                                                            Ln: 7  Col: 4
```

[그림 3.15] 실행 결과

[예제 3.13] n!(factorial) 계산   (0313_for.py)

```
01    n = int(input('---> '))
02    nFact = 1
03    for i in range(n, 0, -1):
04        nFact *= i
05
06    print("n = %d : nFact=%d" % (n, nFact))
```

프로그램 설명

n!(factorial)을 계산한다. n부터 1까지 1씩 감소하며, nFact에 곱셈한다. nFact의 초기값은 1이다.

```
Python 3.5.2 Shell
File  Edit  Shell  Debug  Options  Window  Help
Python 3.5.2 (v3.5.2:4def2a2901a5, Jun 25 2016, 22:01:18) [MSC v.1
900 32 bit (Intel)] on win32
Type "copyright", "credits" or "license()" for more information.
>>>
 RESTART: C:\Users\kims\AppData\Local\Programs\Python\Python35-32\
example\ch03\0313_for.py
---> 4
n = 4 : nFact=24
>>> |
                                                            Ln: 7  Col: 4
```

[그림 3.16] 실행 결과

<table>
<tr><td colspan="2">[예제 3.14] 년도(year)를 입력받아,
1년부터 (year-1)년까지 날짜의 합계 계산</td><td>(0314_for.py)</td></tr>
</table>

```python
01    year = int(input('년도---> '))
02    nDays = 0
03    for y in range(1, year):      # year-1년까지
04        if y % 4 == 0 and y % 100 != 0 or y % 400 == 0:
05            bLeapYear = True
06        else:
07            bLeapYear = False
08        if bLeapYear:
09            nDays += 366
10        else:
11            nDays += 365
12    print("year = %d : nDays=%d" % (year, nDays))
```

프로그램 설명

① 1년부터 (year-1)년까지 매년 윤년 여부를 판단하여 윤년인 해는 nDays에 366일을 더하고, 평년인 해는 365일을 더하여 날짜의 합계를 계산한다.

② y % 4 == 0 and y % 100 != 0 or y % 400 == 0은 윤년 여부를 판단하는 조건식이다.

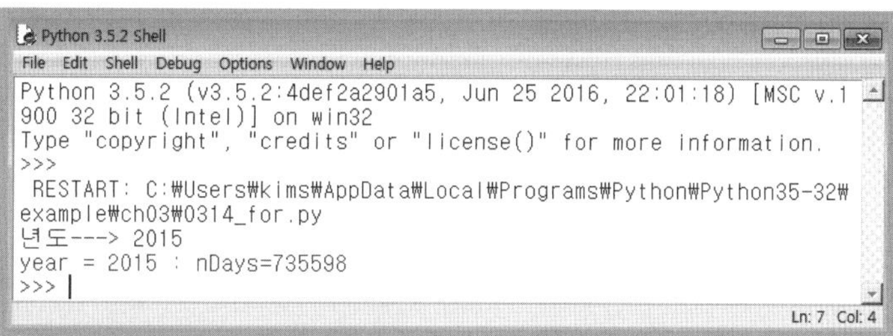

[그림 3.17] 실행 결과

2.2 문자열, 리스트, 튜플, 집합, 사전 자료형 객체에서 반복

str, bytes, bytearray, list, tuple, set, dict 등의 반복 가능 객체는 for 문을 사용하여 항목을 처리할 수 있다.

<table>
<tr><td>[예제 3.15] 문자열에서 영문, 한글, 기타 글자 개수 계산</td><td>(0315_for.py)</td></tr>
</table>

```python
01    nAlphabet = nHanGul = nOthers = 0
02    for s in "Python?파이썬!":
03        #print(s)
04        if 0x41 <= ord(s) <= 0x5A or 0x61 <= ord(s) <= 0x7A:
05            print('Alphabet = ', s)
06            nAlphabet += 1
07        elif 0xAC00 <= ord(s) <= 0xD7A3:      # ord('가') <= ord(s) <= ord('힣')
08            nHanGul += 1
```

```
09          print('HanGul = ', s)
10      else:
11          print('Others = ', s)
12          nOthers += 1
13
14  print("\nnAlphabet = %d" % nAlphabet)
15  print("nHanGul  = %d" % nHanGul)
16  print("nOthers  = %d" % nOthers)
```

프로그램 설명

① str 상수 "Python?파이썬!"에서 영문, 한글, 기타 글자의 개수를 카운트한다.

② ord('A') == 0x41, ord('Z') == 0x5A, ord('a') == 0x61, ord('z') == 0x7A이다.

③ 유니코드에서 한글의 첫 글자는 ord('가') == 0xAC00이고, 마지막 글자는 ord('힣') == 0xD7A3이다.

```
Python 3.5.2 Shell
File  Edit  Shell  Debug  Options  Window  Help
Python 3.5.2 (v3.5.2:4def2a2901a5, Jun 25 2016, 22:01:18) [MSC v.1
900 32 bit (Intel)] on win32
Type "copyright", "credits" or "license()" for more information.
>>>
 RESTART: C:\Users\kims\AppData\Local\Programs\Python\Python35-32\
example\ch03\0315_for.py
Alphabet =  P
Alphabet =  y
Alphabet =  t
Alphabet =  h
Alphabet =  o
Alphabet =  n
Others =  ?
HanGul =  파
HanGul =  이
HanGul =  썬
Others =  !

nAlphabet = 6
nHanGul  = 3
nOthers  = 2
>>>
                                              Ln: 20  Col: 4
```

[그림 3.18] 실행 결과

[예제 3.16] list에서 최소값과 최대값 계산   (0316_for.py)

```
01  L = [70, 100, 80, 60, 90]
02  nMin = nMax = L[0]
03  # nMin = min(L)
04  # nMax = max(L)
05  for n in L:
06     if nMin > n:
07        nMin = n
08     if nMax < n:
09        nMax = n
10  print("Min = %d , nMax = %d" % (nMin, nMax))
```

프로그램 설명

① list형 객체에서 최소값(nMin)과 최대값(nMax)을 찾는다.

② nMin, nMax를 리스트의 첫 번째 값인 L[0]으로 설정하고, for 문에서 if 문을 사용하여 리스트의 항목과 하나씩 비교하며 리스트의 항목 개수만큼 반복한다.

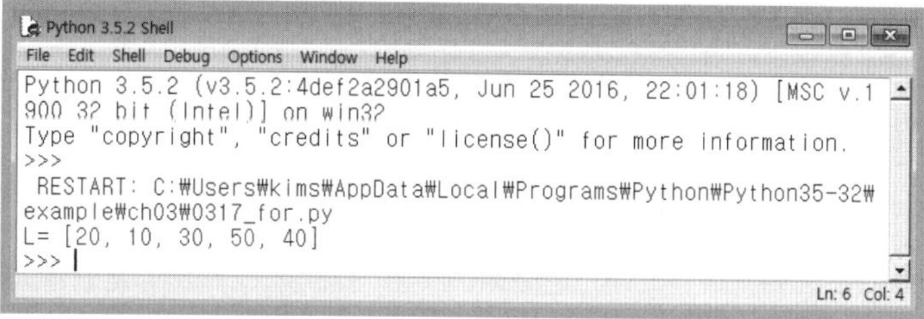

[그림 3.19] 실행 결과

[예제 3.17] list에서 인덱스를 이용한 값의 변경 1   (0317_for.py)

```
01   L = [ 2, 1, 3, 5, 4]
02   for i in range(len(L)):
03       L[i] *= 10
04   print("L= %s " % L)
05   #print("L= {0} ".format(L))
```

프로그램 설명

변경 가능한 자료형인 list형 자료에서 인덱스를 이용하여 각 항목의 값에 10을 곱하여 리스트의 값을 변경한다.

[그림 3.20] 실행 결과

[예제 3.18] set, dict에서 항목 반복   (0318_for.py)

```
01   print("----------- for in a set ----------")
02   for a in {1, 2, 3}:
03       print("a = ", a)
04
05   print("----------- for in a dict ----------")
06   D = { 'one':1,'two':2,'three':3}
07   for key in D:          # for key in D.keys():
08       print("key = ", key)
```

```
09
10    for value in D.values():
11        print("value = ", value)
12
13    for item in D.items():        # type(item) == tuple
14        print("item = ", item)
15
16    for key, value in D.items():
17        print("key ={0} : value ={1}".format(key, value))
```

프로그램 설명

① set와 dict에서 for 문을 이용하여 항목을 출력한다.

② for a in {1, 2, 3} 문장에서는 집합 {1, 2, 3}의 각 항목이 반복적으로 변수 a에 저장된다.

③ for value in D.values() 문장에서는 사전 D의 각 항목의 값이 value에 저장된다. type(value)는 int형이다.

④ for item in D.items() 문장은 사전 D의 각 항목이 item에 저장된다. type(item)은 tuple형이다.

⑤ for key, value in D.items() 문장은 사전 D의 각 항목이 (key, value)의 쌍으로 저장된다. type(key)는 str형이고, type(value)는 int형이다.

```
Python 3.5.2 Shell
File  Edit  Shell  Debug  Options  Window  Help
Python 3.5.2 (v3.5.2:4def2a2901a5, Jun 25 2016, 22:01:18) [MSC v.1
900 32 bit (Intel)] on win32
Type "copyright", "credits" or "license()" for more information.
>>>
 RESTART: C:\Users\kims\AppData\Local\Programs\Python\Python35-32\
example\ch03\0318_for.py
---------- for in a set ----------
a =   1
a =   2
a =   3
---------- for in a dict ----------
key =   two
key =   one
key =   three
value =   2
value =   1
value =   3
item =   ('two', 2)
item =   ('one', 1)
item =   ('three', 3)
key =two : value =2
key =one : value =1
key =three : value =3
>>>
                                                        Ln: 22  Col: 4
```

[그림 3.21] 실행 결과

[예제 3.19] 주민등록번호 오류 확인 (0319_for.py)

```
01    sID = input("주민번호 입력 :")     # 숫자만 13자리
02    W = (2, 3, 4, 5, 6, 7, 8, 9, 2, 3, 4, 5)
03    nSum = 0
04    for i in range(len(sID)-1):
05        nSum += W[i] * int(sID[i])
06    nCheckDigit = (11 - nSum % 11) %10
```

```
07
08   if int(sID[-1]) == nCheckDigit:
09       print("{0}은 올바른 주민번호".format(sID))
10   else:
11       print("{0}은 잘못된 주민번호".format(sID))
```


① 주민등록번호 오류를 확인한다. 주민등록번호는 yymmdd-sxxxxzc 형식이다. yy는 출생 연도, mm은 출생 월, dd는 출생 일이고 s는 성별로 1, 3은 남성, 2, 4는 여성을 의미하며, 1, 2는 1900년대 출생이며, 3, 4는 2000년대 출생을 의미한다. xxxx는 지역코드로 주민등록 관청(면, 동 사무소)의 코드 번호이며, z는 등록을 접수한 순서이고, 마지막 c는 오류 확인 번호이다.

② 올바른 주민번호는 주민번호 앞쪽 12자리와 W의 가중치와 각 자리에서 곱셈한 결과를 모두 덧셈한 다음, 덧셈 결과를 11로 나머지를 계산하고, 11에서 뺄셈한 결과를 10으로 나눈 나머지가 오류 확인 번호 c와 같아야 한다. 그렇지 않으면 잘못된 주민번호이다.

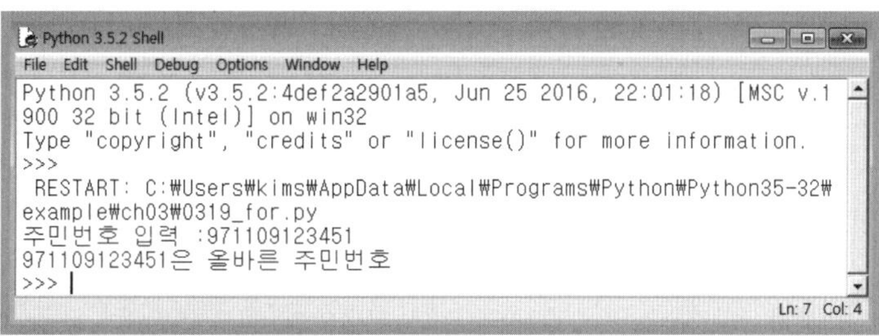

[그림 3.22] 실행 결과

[예제 3.20] 년도(year), 월(month), 일(day)을 입력받아 요일 계산   (0320_for.py)

```
01   year, month, day = map(int, input('년 월 일 ---> ').split())
02
03   nDays - 0
04
05   # 년도 처리
06   for y in range(1, year):
07       if y % 4 == 0 and y % 100 != 0 or y % 400 == 0:
08           bLeapYear = True
09       else:
10           bLeapYear = False
11
12       if bLeapYear:
13           nDays += 366
14       else:
15           nDays += 365
16   # 월 처리
17   mDays = (31, 28, 31, 30, 31, 30, 31, 31, 30, 31, 30, 31)    # 월별 날짜
18   for m in range(month-1):
19       nDays += mDays[m]
```

```python
20
21    # 당해(year)년도 윤년 판단
22    if year % 4 == 0 and year % 100 != 0 or year % 400 == 0:
23        bLeapYear = True
24    else:
25        bLeapYear = False
26
27    if bLeapYear and month>2:       # 윤년이고 2월보다 크면
28        nDays += 1                  # 2월이 29일
29
30    # 일 처리
31    nDays += day
32
33    sWeek = "일월화수목금토"
34    k = nDays%7
35    print("{0}년 {1}월 {2}일은 {3}요일입니다.".format(year, month, day, sWeek[k]))
```

프로그램 설명

① 년도(year), 월(month), 일(day)을 입력받아 요일을 계산한다.

② 1년 1월 1일부터 입력한 년, 월, 일까지의 총 날짜 수를 nDays에 계산하고, nDays % 7의 결과가 0이면 일요일, 1이면 월요일, 2이면 화요일, 3이면 수요일, 4면 목요일, 5면 금요일, 6이면 토요일이다. 윤년인 해는 2월을 29일로 계산한다.

③ nDays에 1년부터 (year - 1)년까지 윤년은 366일, 평년은 365일을 덧셈한다. year년은 입력된 월의 이전 달(month - 1)까지 mDays에 저장된 달의 날짜를 nDays에 덧셈한다.

④ year년이 윤년이고 month > 2이면 2월이 29일이므로 1일을 nDays에 덧셈해야 한다. 마지막으로 day를 nDays에 덧셈한다.

⑤ 간단하지만, 윤년 판단하는 if 문 부분의 코드가 중복되어 있다. 4장에서 배울 함수를 사용하여 정의하면, 효과적으로 프로그램을 작성할 수 있다.

```
Python 3.5.2 Shell
File  Edit  Shell  Debug  Options  Window  Help
Python 3.5.2 (v3.5.2:4def2a2901a5, Jun 25 2016, 22:01:18) [MSC v.1
900 32 bit (Intel)] on win32
Type "copyright", "credits" or "license()" for more information.
>>>
 RESTART: C:\Users\kims\AppData\Local\Programs\Python\Python35-32\
example\ch03\0320_for.py
년 월 일 ---> 2016 3 18
2016년 3월 18일은 금요일입니다.
>>>
                                                              Ln: 7  Col: 4
```

[그림 3.23] 실행 결과

2.3 중첩된 for 문

for, while의 반복문을 중첩(nested loop)하여 사용할 수 있다.

[예제 3.21] 구구단 출력 .　　　　　　　　　　　　　　　　　　　　　　　　　　(0321_for.py)

```
01    for i in range(1, 10):
02        for j in range(1, 10):
03            print(" {0}x{1}={2:>3}, ".format(i, j, i*j), end = '')
04        print()    # new line
```

프로그램 설명

① for 문 2개를 중첩하여 구구단 출력한다. i는 단에 대한 반복이고, j는 단 내에서 1에서 9까지의 곱셈을 위한 반복 변수이다.

② 범위 range(1, 10)의 각 i에 대하여, for j in range(1, 10) 문장이 수행되므로, print(" {0}x{1}={2:>3}, ".format(i, j, i*j), end = '')문장은 9 * 9 = 81번 수행된다.

③ {2:>3}은 format 메서드의 3번째 인수(i * j)를 3자리 공간에 오른쪽으로 정렬하여 출력한다.

```
Python 3.5.2 Shell
File  Edit  Shell  Debug  Options  Window  Help
Python 3.5.2 (v3.5.2:4def2a2901a5, Jun 25 2016, 22:01:18) [MSC v.1900 32 bit (Intel)] on w
in32
Type "copyright", "credits" or "license()" for more information.
>>>
 RESTART: C:\Users\kims\AppData\Local\Programs\Python\Python35-32\example\ch03\0321_for.py
 1x1=  1,   1x2=  2,   1x3=  3,   1x4=  4,   1x5=  5,   1x6=  6,   1x7=  7,   1x8=  8,   1x9=  9,
 2x1=  2,   2x2=  4,   2x3=  6,   2x4=  8,   2x5= 10,   2x6= 12,   2x7= 14,   2x8= 16,   2x9= 18,
 3x1=  3,   3x2=  6,   3x3=  9,   3x4= 12,   3x5= 15,   3x6= 18,   3x7= 21,   3x8= 24,   3x9= 27,
 4x1=  4,   4x2=  8,   4x3= 12,   4x4= 16,   4x5= 20,   4x6= 24,   4x7= 28,   4x8= 32,   4x9= 36,
 5x1=  5,   5x2= 10,   5x3= 15,   5x4= 20,   5x5= 25,   5x6= 30,   5x7= 35,   5x8= 40,   5x9= 45,
 6x1=  6,   6x2= 12,   6x3= 18,   6x4= 24,   6x5= 30,   6x6= 36,   6x7= 42,   6x8= 48,   6x9= 54,
 7x1=  7,   7x2= 14,   7x3= 21,   7x4= 28,   7x5= 35,   7x6= 42,   7x7= 49,   7x8= 56,   7x9= 63,
 8x1=  8,   8x2= 16,   8x3= 24,   8x4= 32,   8x5= 40,   8x6= 48,   8x7= 56,   8x8= 64,   8x9= 72,
 9x1=  9,   9x2= 18,   9x3= 27,   9x4= 36,   9x5= 45,   9x6= 54,   9x7= 63,   9x8= 72,   9x9= 81,
>>>
                                                                                   Ln: 14  Col: 4
```

[그림 3.24] 실행 결과

[예제 3.22] 행렬의 전치행렬　　　　　　　　　　　　　　　　　　　　　　　　(0322_for.py)

```
01    A = [ [1, 2, 3], [4, 5, 6] ]
02
03    # tA: A의 전치행렬, 0으로 초기화
04    tA = [ [ 0 for row in range(len(A)) ] for col in range(len(A[0]))]
05
06    for i in range(len(A)):
07        for j in range(len(A[0])):
08            tA[j][i] = A[i][j]
09
10    print(" A = ")
11    for row in A:
12        for value in row:
13            print("{0:>4}, ".format(value), end = '')
14        print()    # new line
```

```
15
16   print("tA = ")
17   for row in tA:
18     for value in row:
19       print("{0:>4}, ".format(value), end = '')
20     print()    # new line
```

프로그램 설명

① list를 이용하여 2x3 행렬 A의 전치행렬을 tA에 계산한다.

② 전치행렬 tA를 list를 이용하여 3x2 크기의 행렬을 생성하고 0으로 초기화한다. 중첩된 for 문에서 tA[j][i] = A[i][j]로 전치행렬 tA의 요소값을 저장한다.

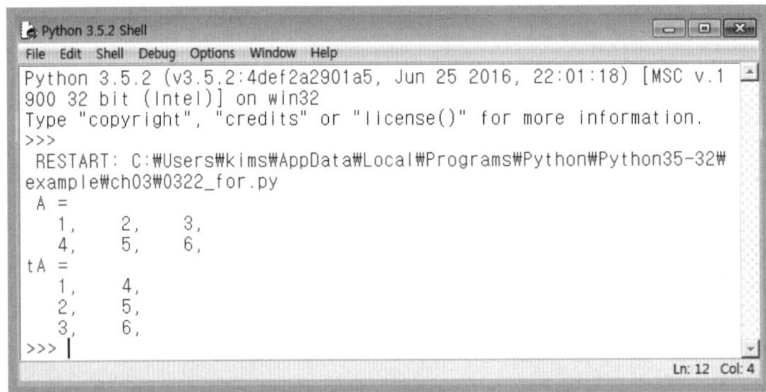

[그림 3.25] 실행 결과

[예제 3.23] 입력한 정수의 소수(prime number) 판단 1   (0323_for.py)

```
01   n = int(input('양의 정수---> '))
02
03   bPrime = True
04   for i in range(2, n):
05     if not n % i:        # n % i == 0
06       bPrime = False
07   if bPrime:
08     print("{0}은 소수이다.".format(n))
09   else:
10     print("{0}은 소수가 아니다.".format(n))
```

프로그램 설명

① 입력한 정수 n이 소수(prime number)인지 판단하는 프로그램이다. 소수는 1과 자기 자신 이외에 는 나누어지지 않는 정수이다.

② 먼저 bPrime = True로 설정하고, for 문을 사용하여 2부터 (n - 1)까지 1씩 증가시켜가며 나누어 지면 bPrime = False로 저장한다.

③ for 문이 종료하면 bPrime 변수의 값을 확인하여 소수인지 판단한다.

④ 이 프로그램의 단점은 for 문 중간에 나누어져(n % i == 0)도 (n-1)까지 반복문이 계속 진행된다. 이 단점은 break 문에서 해결할 것이다.

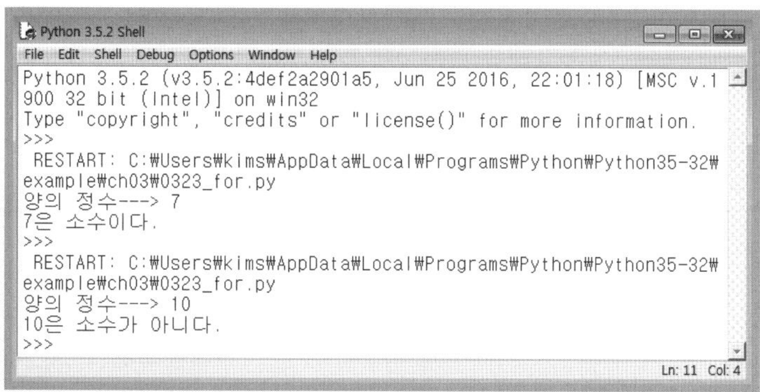

[그림 3.26] 실행 결과

2.4 iter(), next(), enumerate() 함수

iter() 함수는 객체에 대한 이터레이터(iterator)를 생성하고, next() 함수는 이터레이터로부터 다음 항목을 반환한다. enumerate() 함수는 반복 가능한 객체의 각 항목에 번호를 순서대로 부여하여 튜플로 반환한다.

형식	iter(object[, sentinel]) / next(iterator[, default]) / enumerate(iterable, start=0)

1. iter() 함수는 object에 대한 이터레이터를 생성하여 반환한다. 센티넬(sentinel; 끝을 구분하는 기호 문자열)이 있는 경우, next() 함수의 반환 값이 센티넬과 같으면 StopIteration 예외를 발생시켜 반복을 종료한다.

2. next() 함수는 이터레이터로부터 다음 항목을 반환한다. 반복할 항목이 없는 경우, 기본값(default)이 있으면 기본값(default)을 반환하고, 없으면 StopIteration 예외를 발생시킨다.

3. enumerate() 함수는 열거형 객체를 반환한다. iterable은 시퀀스, 이터레이터 또는 반복 가능한 객체이다. 반복에서 next() 함수는 (count, value)의 튜플을 반환한다. count는 start부터 시작하여 1씩 증가하고, value는 반복 가능한 객체의 반환 항목이다. enumerate() 함수는 반복 가능한 객체의 각 항목에 번호를 순서대로 부여할 때 사용한다.

[예제 3.24] iter()와 next() 함수   (0324_for.py)

```
01   L = [10, 20, 30]
02   it = iter(L)
03   print("%d"%next(it))
04   print("%d"%next(it))
05   print("%d"%next(it))
06   print("%d"%next(it))
```

프로그램 설명

① 반복 관련 iter()와 next() 함수를 사용한다. it = iter(L) 문장에 의해 리스트 L에 대한 이터레이터 it 를 생성한다. next(it)에 의해 이터레이터 it를 이용하여 리스트 L의 항목을 하나씩 반환한다.

② 리스트 L의 끝에 도달하여 반복할 항목이 없는 경우 StopIteration 예외를 발생시킨다.

```
Python 3.5.2 (v3.5.2:4def2a2901a5, Jun 25 2016, 22:01:18) [MSC v.1
900 32 bit (Intel)] on win32
Type "copyright", "credits" or "license()" for more information.
>>>
 RESTART: C:\Users\kims\AppData\Local\Programs\Python\Python35-32\
example\ch03\0324_for.py
10
20
30
Traceback (most recent call last):
  File "C:\Users\kims\AppData\Local\Programs\Python\Python35-32\ex
ample\ch03\0324_for.py", line 6, in <module>
    print("%d"%next(it))
StopIteration
>>>
```

[그림 3.27] 실행 결과

[예제 3.25] enumerate() 함수　　　　　　　　　　　　　　　　　　　　　(0325_for.py)

```
01    seasons = ['Spring', 'Summer', 'Fall', 'Winter']
02    for item in enumerate(seasons):
03        print(item)
04    for i, value in enumerate(seasons):
05        print(i, value)
06    for item in enumerate(seasons, 100):
07        print(item)
```

프로그램 설명

① enumerate() 함수를 사용한다. 리스트 seasons에 있는 문자열 항목에 번호를 순서대로 부여한다.

② enumerate(seasons)는 번호를 0부터 부여하고, enumerate(seasons, 100)은 번호를 100부터 부여한다.

```
Python 3.5.2 (v3.5.2:4def2a2901a5, Jun 25 2016, 22:01:18) [MSC v.1
900 32 bit (Intel)] on win32
Type "copyright", "credits" or "license()" for more information.
>>>
 RESTART: C:\Users\kims\AppData\Local\Programs\Python\Python35-32\
example\ch03\0325_for.py
(0, 'Spring')
(1, 'Summer')
(2, 'Fall')
(3, 'Winter')
0 Spring
1 Summer
2 Fall
3 Winter
(100, 'Spring')
(101, 'Summer')
(102, 'Fall')
(103, 'Winter')
>>>
```

[그림 3.28] 실행 결과

[예제 3.26] list에서 인덱스를 이용한 값의 변경 2　　　　　　　　　　　(0326_for.py)

```python
01    L = [ 2, 1, 3, 5, 4]
02    for i, value in enumerate(L):
03        L[i] = value * 10      # L[i] *= 10
04
05    print("L= %s " % L)
06    #print("L= {0} ".format(L))
```

---

① list에서 인덱스를 이용한 리스트 항목의 값을 변경하는 [예제 3.17]을 enumerate() 함수를 이용하여 다시 작성한다.

② 02행의 for i, value in enumerate(L) 문장에서 i는 0에서 4의 나열된 정수가 저장되고, value에는 리스트 L의 값이 저장된다.

```
Python 3.5.2 Shell
File  Edit  Shell  Debug  Options  Window  Help
Python 3.5.2 (v3.5.2:4def2a2901a5, Jun 25 2016, 22:01:18) [MSC v.1
900 32 bit (Intel)] on win32
Type "copyright", "credits" or "license()" for more information.
>>>
 RESTART: C:\Users\kims\AppData\Local\Programs\Python\Python35-32\
example\ch03\0326_for.py
L= [20, 10, 30, 50, 40]
>>>
                                                        Ln: 6  Col: 4
```

[그림 3.29] 실행 결과

2.5 break, continue, else 절을 갖는 for

for 또는 while을 이용하는 반복문 안에서 break 문장을 만나면 반복문을 즉시 벗어난다. continue 문은 〈문장묶음〉의 나머지 문장을 건너뛰고, for 또는 while의 시작으로 이동한다.

else 절은 생략 가능하고, 만약 else 절이 있으면 break에 의해 반복이 종료되지 않고 마지막까지 반복을 수행하면 최종적으로 else 절의 〈문장묶음〉을 수행한다.

[예제 3.27] 입력한 정수의 소수(prime number) 판단 2　　　　　　　　(0327_for.py)

```python
01    n = int(input('양의 정수---> '))
02    for i in range(2, n):
03        if not n % i:
04            bPrime = False
05            break
06        else:
07            bPrime = True
08
09    if bPrime:
10        print("{0}은 소수이다.".format(n))
```

```
11    else:
12        print("{0}은 소수가 아니다.".format(n))
```

프로그램 설명

① 입력한 정수 n이 소수인지 판단하는 [예제 3.23]을 break 문과 for 문의 else 절을 이용하여 더욱 효과적으로 작성한 프로그램이다.

② for 문에서 정수 2부터 (n-1)까지 i를 1씩 증가시켜가며 not n % i가 참이면, 나누어떨어지므로 bPrime = False이고, 즉시 for 문을 벗어난다.

③ for 문의 else 절을 수행하는 경우는 나누어떨어지지 않아서 for 문의 마지막까지 도달한 경우이므로 bPrime = True이다.

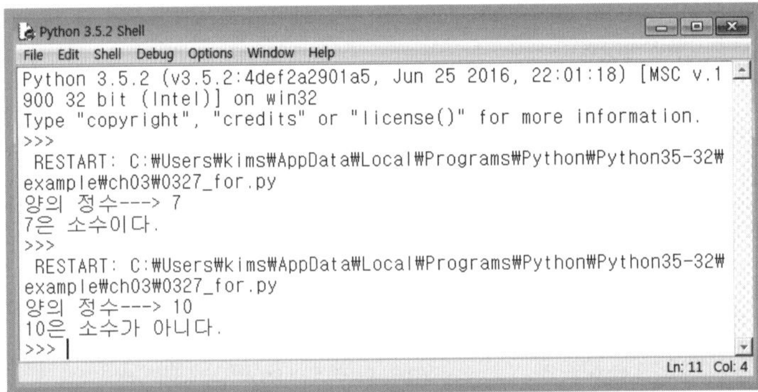

[그림 3.30] 실행 결과

[예제 3.28] continue 문을 사용한 입력 문자열 안의 숫자 문자의 합계　　　　　　　　　　(0328_for.py)

```
01    strInput= input('숫자를 포함한 문자열 ---> ')
02    nSum = 0
03    for s in strInput:
04        if not s.isnumeric():
05            continue
06        nSum += int(s)
07    print("nSum = ", nSum)
```

프로그램 설명

① continue 문을 사용하여 입력받은 문자열에서 숫자형 문자의 합계를 계산한다.

② 입력 문자열의 한 문자 s가 숫자형 문자가 아니면(not s.isnumeric()), continue 문에 의해 다음 문자 처리를 위해 for 문의 시작으로 이동한다. 숫자형인 경우는 int(s)로 정수로 변환하여 nSum에 덧셈한다.

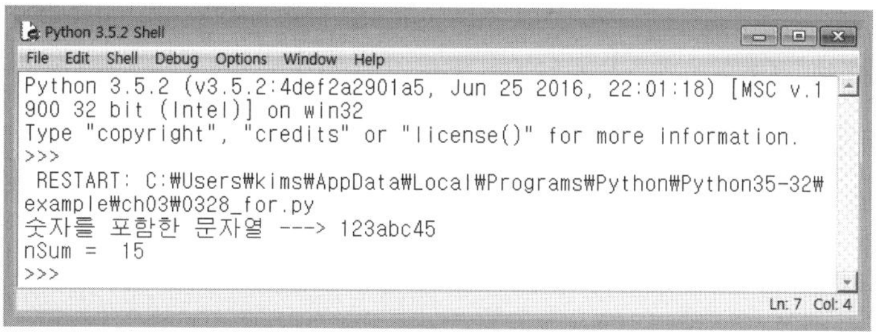

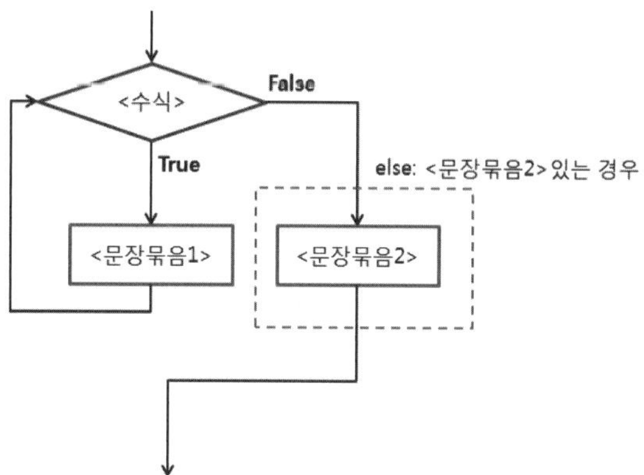

[그림 3.31] 실행 결과

03 while 문

while 문은 〈수식〉이 참(True)인 동안 〈문장묶음1〉을 반복적으로 수행한다. 〈수식〉을 평가하여 결과가 거짓(False)이면 반복을 종료한다. 만약 else 부분이 있으면 〈문장묶음2〉를 수행하고 반복을 종료한다. else 부분은 생략 가능하다.

〈문장묶음1〉 내부에서 break, continue 문을 사용할 수 있다. break 문은 즉시 반복을 종료한다. break 문에 의해 반복이 종료되면 else 부분이 수행되지 않는다. continue 문은 〈문장묶음1〉의 나머지 부분을 수행하지 않고, while 문의 시작으로 이동하여 〈수식〉을 평가한다.

[그림 3.32] while 문

<table>
<tr><td>형식</td><td>while <수식> : <문장묶음1>
[else : <문장묶음2>]　　# 생략 가능</td></tr>
</table>

① 세미콜론 사용

```
>>> s = s2 = 0
>>> while x < 11 : s += x; s2 += x * x; x += 1
```

② 들여쓰기 사용

```
>>> s = s2 = 0
>>> while x < 11:
        s += x
        s2 += x*x
        x += 1
```

[예제 3.29] 입력한 정수 n까지의 합계 2 　　　　　　　　　　　　(0329_while.py)

```
01    n = int(input('---> '))
02
03    i = 1
04    nSum = 0
05    while i <= n:
06        nSum += i
07        i += 1
08    print("n = %d : nSum = %d" % (n, nSum))
```

프로그램 설명

① while 문을 이용하여 1부터 입력한 정수 n까지의 양의 정수의 합계를 계산한다.

② while 문은 i <= n이 True인 동안 계속하여 <문장묶음1>에 해당하는 nSum += i와 i += 1 문장을
반복 수행하여 합계를 계산한다. while 문은 i > n일 때 반복을 종료한다.

```
Python 3.5.2 Shell
File  Edit  Shell  Debug  Options  Window  Help
Python 3.5.2 (v3.5.2:4def2a2901a5, Jun 25 2016, 22:01:18) [MSC v.1
900 32 bit (Intel)] on win32
Type "copyright", "credits" or "license()" for more information.
>>>
 RESTART: C:\Users\kims\AppData\Local\Programs\Python\Python35-32\
example\ch03\0329_while.py
---> 10
n = 10 : nSum = 55
>>>
                                                         Ln: 7  Col: 4
```

[그림 3.33] 실행 결과

[예제 3.30] while 문에 의한 무한 반복과 break 문에 의한 반복문 탈출   (0330_while.py)

```
01    nTH = int(input('---> '))
02
03    i = 1
04    nSum = 0
05    while True:
06        nSum += i
07        if nSum >= nTH:
08            break
09        i += 1
10    print("i = %d : nSum = %d" % (i, nSum))
```

프로그램 설명

① while 문을 사용하여 무한 반복하며 양의 정수를 nSum에 덧셈한 결과가 nSum >= nTH이면 break 문을 사용하여 반복문을 벗어난다.

② 예를 들어, nTH = 55이면 1부터 1씩 증가하면서 덧셈해서 55와 같거나 큰 값이 되는 정수는 i = 10이다.

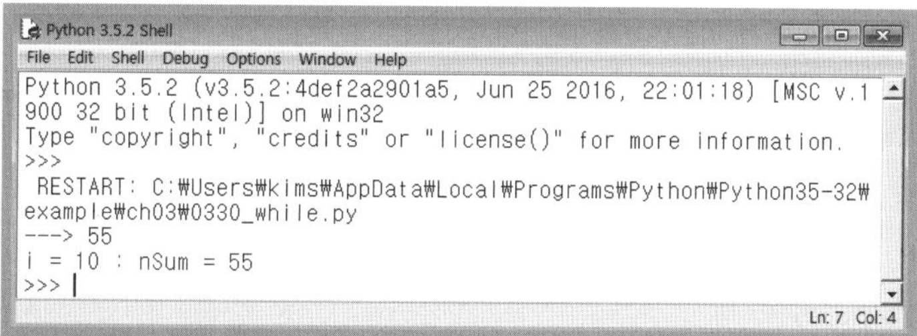

[그림 3.34] 실행 결과

[예제 3.31] while 문에 의한 소수(prime number) 판단 3   (0331_while.py)

```
01    n = int(input('양의 정수---> '))
02    i = 2
03    while i < n:
04        if not n % i:
05            bPrime = False
06            break
07        i += 1
08    else:
09        bPrime = True
10
11    if bPrime:
12        print("{0}은 소수이다.".format(n))
13    else:
14        print("{0}은 소수가 아니다.".format(n))
```

프로그램 설명

① while 문을 사용하여 입력한 정수 n이 소수인지 판단한다.

② 조건 not n % i는 입력한 정수 n이 i로 나눈 나머지가 0이면, 즉 나누어지면 True이다. 조건 not n % i이 True이면 소수가 아니므로 bPrime = False로 설정하고, break로 while 반복문을 탈출한다. else:를 수행할 때는 while 문이 i < n 조건이 False여서 반복을 중단할 때 수행된다. 즉, i를 2부터 (n-1)까지 1씩 증가시켜 나누었는데, 나누어지는 값이 없으므로 입력된 정수 n은 bPrime = True 가 되어 소수이다.

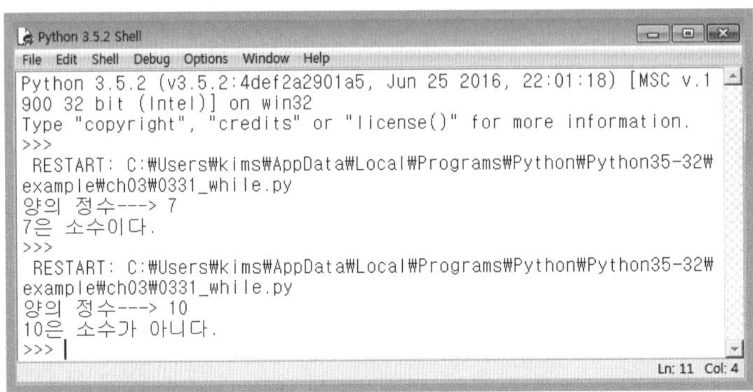

[그림 3.35] 실행 결과

[예제 3.32] n개의 소수 구하기   (0332_while.py)

```
01    nPrime = int(input('소수의 개수---> '))
02
03    k = 0
04    n = 2
05    L = []                    # 결과 리스트
06    while k != nPrime:        # k < nPrime
07        for i in range(2, n):
08            if not n % i: break
09        else:
10            L.append(n)
11            k += 1
12        n += 1
13
14    print("{0}개의 소수, L = {1}".format(k, L))
```

프로그램 설명

① 2부터 시작하여 입력한 nPrime 개수의 소수를 리스트 L에 찾는다. 변수 n은 2부터 시작하여 1씩 증가시키면서 양의 정수가 소수인지 판단하기 위한 변수로, 소수 판단은 [예제 3.27]을 이용한다.

② 변수 k는 계산된 소수의 개수를 카운트하기 위한 변수이다. while 문의 수식에서 k != nPrime과 k < nPrime는 같은 결과를 갖는다. len(L) != nPrime을 사용하면 변수 k는 필요 없다.

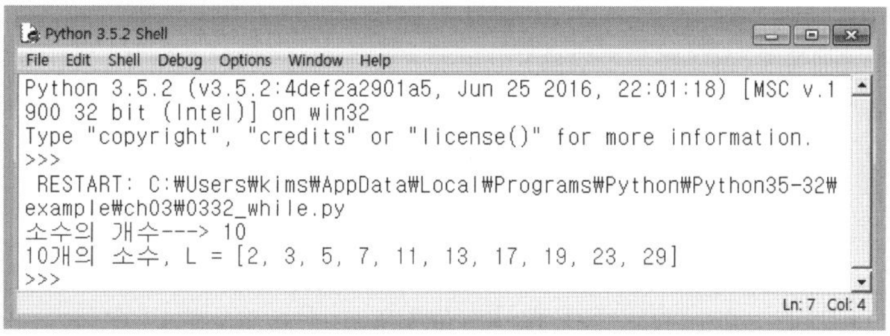

Python 3.5.2 Shell
File Edit Shell Debug Options Window Help
Python 3.5.2 (v3.5.2:4def2a2901a5, Jun 25 2016, 22:01:18) [MSC v.1
900 32 bit (Intel)] on win32
Type "copyright", "credits" or "license()" for more information.
>>>
RESTART: C:₩Users₩kims₩AppData₩Local₩Programs₩Python₩Python35-32₩
example₩ch03₩0332_while.py
소수의 개수---> 10
10개의 소수, L = [2, 3, 5, 7, 11, 13, 17, 19, 23, 29]
>>>
Ln: 7 Col: 4

[그림 3.36] 실행 결과

04 예외 처리

파이썬 프로그램은 문법 오류(syntax error)가 없으면 문장이 실행된다. 그러나 다양한 원인에 의해 실행 중에 비정상적인 예외(exception)가 발생하여 실행이 종료될 수 있다.

예를 들면, 수식에서 없는 변수를 사용하면 NameError 예외, 자료형이 맞지 않는 연산을 하면 TypeError 예외, 숫자를 0으로 나누면 ZeroDivisionError 예외, 시퀀스에서 범위를 벗어나는 인덱스를 사용하면 IndexError 예외 등이 발생하며 프로그램을 종료시킨다.

파이썬은 이러한 예외가 발생했을 때, try 문으로 적절히 예외 처리(exception handling)를 할 수 있도록 한다. raise 문과 assert 문은 인위적으로 예외를 발생시키기 위해 사용한다.

4.1 try 문

try 문의 〈문장묶음〉에서 예외가 발생하면, except 절에서 각각의 예외를 처리하고, finally에 명시된 〈마지막문장묶음〉을 수행한다. except 절의 [〈수식1〉 [as 〈명칭1〉]]은 생략 가능하다. 수식이 없는 except 절은 여러 개의 except가 나열될 때 제일 마지막 순서에 있어야 한다. except 절의 〈수식1〉, ..., 〈수식n〉에는 처리할 예외의 종류를 명시한다.

<table>
<tr><td rowspan="1">형식</td><td>

1. try : <문장묶음>
   finally : <마지막문장묶음>
2. try: <문장묶음>
   except [<수식1> [as <명칭1>]] : <문장묶음1>
   ……
   except [<수식n> [as <명칭n>]] : <문장묶음n>
   [else : <문장묶음n+1>]   # 예외가 발생하지 않은 경우 실행. 생략 가능
   [finally : <마지막문장묶음>] # 생략 가능

</td></tr>
</table>

1. try 문의 〈문장묶음〉에서 예외가 발생하면 finally의 〈마지막문장묶음〉를 실행한다.

2. try 문의 〈문장묶음〉에서 예외가 발생하면, except 절에서 각각의 예외를 처리하고 finally에 명시된 〈마지막문장묶음〉을 수행한다. except 절의 [〈수식1〉 [as 〈명칭1〉]]은 생략 가능하다. 수식이 없는 except 절은 여러 개의 except이 나열될 때 제일 마지막 순서에 있어야 한다. except 절의 〈수식1〉, …, 〈수식n〉에 처리할 예외를 명시한다. except 절에 명시된 수식의 예외가 발생하면 대응하는 〈문장묶음1〉,…, 〈문장묶음n〉을 실행한다. 〈수식1〉의 예외부터 차례로 매칭되는 예외를 검사하고, 매칭되는 예외가 있으면 해당 〈문장묶음〉을 처리하고 finally 절의 〈마지막문장묶음〉을 처리하므로 예외를 처리하는 순서는 중요하다. as 뒤의 〈명칭1〉, …, 〈명칭n〉은 생략 가능하고 수식에 명시된 예외 객체가 명칭에 전달되어 예외의 내용을 알 수 있다. 이들 명칭은 try 문을 벗어나면 삭제된다. except 절이 있는 경우는 else 절과 finally 절은 생략 가능하다. else 절은 try 절의 〈문장묶음〉에서 예외가 발생하지 않는 경우에 〈문장묶음n+1〉을 실행한다.

아래 [그림 3.37]은 내장 예외 클래스의 일부 계층 구조를 나타내고 있는 것이다. BaseException 클래스는 모든 예외를 위한 기반 클래스이다. BaseException 클래스에서 상속받은 Exception 클래스는 시스템 종료가 아닌 일반적인 예외 및 사용자 정의 예외의 기반클래스이다. [표 3.1]은 주요 예외 클래스에 대한 설명이다. 예외 클래스의 args 속성에 의해 예외의 내용을 확인할 수 있다.

```
BaseException
+-- SystemExit
+-- KeyboardInterrupt
+-- GeneratorExit
+-- Exception
 +-- StopIteration
 +-- StopAsyncIteration
 +-- ArithmeticError
 | +-- FloatingPointError
 | +-- OverflowError
 | +-- ZeroDivisionError
 +-- AssertionError
..................생략
```

[그림 3.37] 내장 예외 클래스의 계층구조

표 3.1 주요 예외 클래스

클래스 이름	설 명
ArithmeticError	OverflowError, ZeroDivisionError, FloatingPointError의 기반 클래스이다.
AssertionError	assert 문장에서 수식이 False일 때 발생한다.
IndexError	시퀀스에서 인덱스의 범위가 벗어날 때 발생한다.
IOError	입출력 오류일 때 발생한다.
NameError	이름이 지역 또는 전역 영역에 이름이 없으면 발생한다.
RuntimeError	어떤 종류에도 속하지 않은 실행시간 오류일 때 발생한다.
StopIteration	next() 함수에서 이터레이터에 의해 반환될 항목이 없을 때 발생한다.
SyntaxError	import 문, exec(), eval() 등에서 문법 오류가 발생할 때 발생한다.
SystemExit	sys.exit()에 의해 발생한다.
TypeError	연산 또는 함수의 자료형이 적절하지 않으면 발생한다.
ValueError	연산 또는 함수 사용에서 인수의 자료형은 적절한데, 값이 부적절할 때 발생한다.
ZeroDivisionError	0으로 나누면 발생한다.

[예제 3.33] except를 사용하지 않는 경우   (0333_except.py)

```
01    try:
02        z = 10 / 0        # ZeroDivisionError 예외
03    finally:
04        print('Goodbye')
```

프로그램 설명

① except 절을 사용하지 않는 프로그램이다. 10 / 0에 의해 예외가 발생하고, except 절에 의해 예외를 처리하지 않았기 때문에 예외가 표시되고 정상적으로 종료되지 않는다.

② finally 절은 예외의 발생 여부와 관계없이 어떤 경우에도 수행된다. 실행 결과에서 print('Goodbye') 함수가 수행된 것을 확인할 수 있다.

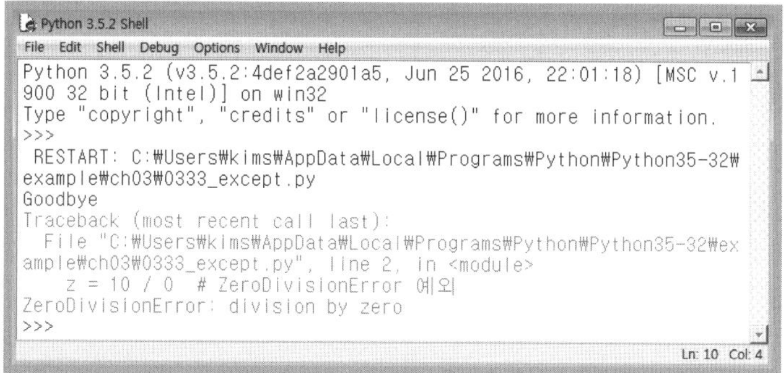

[그림 3.38] 실행 결과

[예제 3.34] except를 사용하여 예외 처리 (0334_except.py)

```
01   try:
02       z = 10 / 0
03   except :
04       z = 0.1
05   finally:
06       print("%f"%z)
07       print('Goodbye')
```

프로그램 설명

① except 절을 사용하는 프로그램이다. except만 사용하면 모든 예외가 대응된다.

② 10 / 0에 의해 ZeroDivisionError 예외가 발생하면, except 절의 z = 0.1을 수행한 뒤에 finally 절의 print() 함수가 수행된다.

③ except 절에 의해 예외를 처리했기 때문에 예외는 표시되지 않고 정상적으로 종료한다. 수식이 없는 except 절은 except 절이 여러 개 나열될 때 제일 마지막 순서에 있어야 한다.

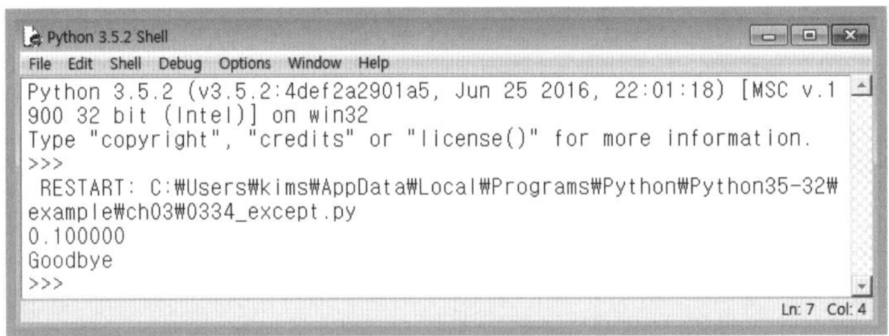

[그림 3.39] 실행 결과

[예제 3.35] except ZeroDivisionError를 사용하여 예외 처리 (0335_except.py)

```
01   try:
02       z = 10 / 0
03   except ZeroDivisionError:
04       print("ZeroDivisionError")
05   finally:
06       print('Goodbye')
```

프로그램 설명

① except ZeroDivisionError를 사용하여 예외를 처리한다. except 절의 수식에서 처리할 예외를 명시하여 처리한다.

② 예외가 발생해서, z = 10 / 0을 수행하지 않았기 때문에, try 문 이후에 z 변수는 전역영역 및 지역 영역에 존재하지 않는다.

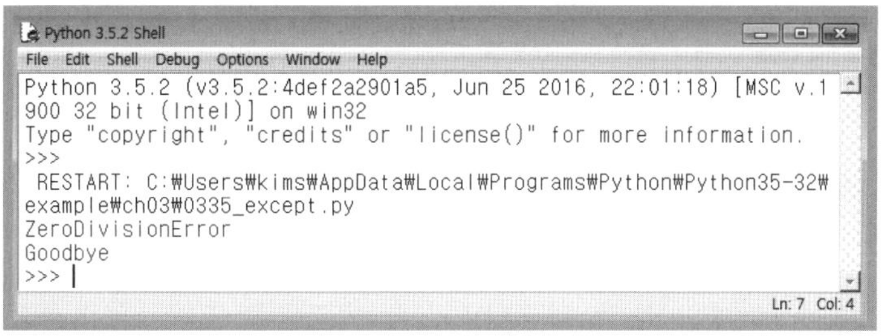

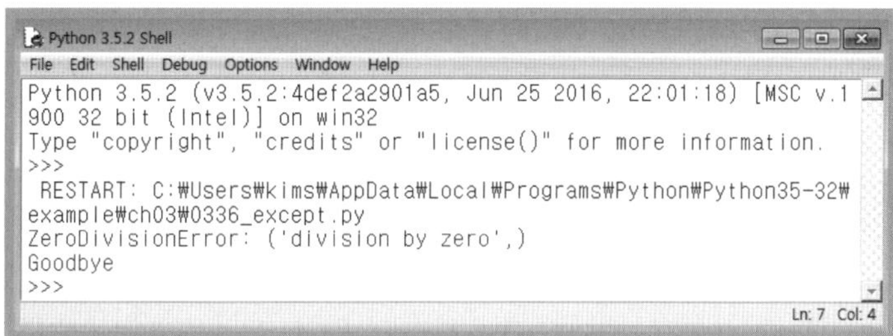

[그림 3.40] 실행 결과

[예제 3.36] except ZeroDivisionError as e를 사용하여 예외 처리   (0336_except.py)

```
01   try:
02       z = 10/0
03   except ZeroDivisionError as e:
04       print("ZeroDivisionError:", e.args)     # args는 예외 클래스의 속성
05   finally:
06       print('Goodbye')
```

프로그램 설명

except ZeroDivisionError as e로 명칭을 사용하여 예외를 처리한다. args 속성에 의해 예외의 내용을 확인할 수 있다.

[그림 3.41] 실행 결과

[예제 3.37] ArithmeticError, ZeroDivisionError 순서로 예외 처리   (0337_except.py)

```
01   try:
02       z = 10/0
03   except ArithmeticError as e:
04       print("ArithmeticError:", e.args)
05   except ZeroDivisionError as e:
06       print("ZeroDivisionError:", e.args)
07   finally:
08       print('Goodbye')
```

프로그램 설명

① ArithmeticError와 ZeroDivisionError 순서로 예외를 처리한다.

② ArithmeticError는 ZeroDivisionError의 상위 클래스이기 때문에 10 / 0은 ArithmeticError 에서 먼저 매칭이 이루어진다. 그러므로 print("ArithmeticError:", e.args)가 수행된 뒤에 print('Goodbye')가 수행된다.

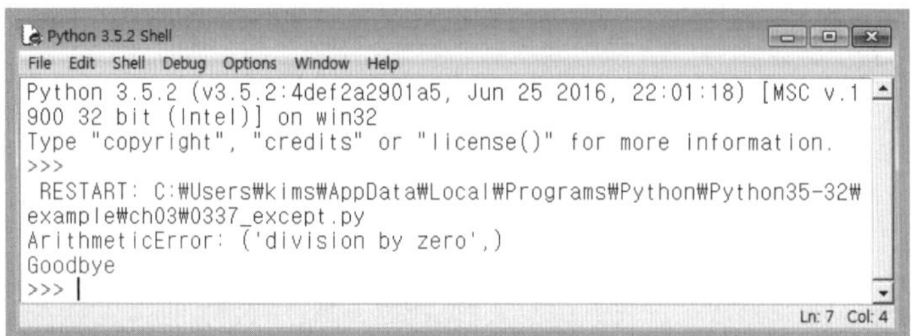

[그림 3.42] 실행 결과

[예제 3.38] ZeroDivisionError, ArithmeticError 순서로 예외 처리   (0338_except.py)

```
01   try:
02       z = 10/0
03   except ZeroDivisionError as e:
04       print("ZeroDivisionError:", e.args)
05   except ArithmeticError as e:
06       print("ArithmeticError:", e.args)
07   finally:
08       print('Goodbye')
```

프로그램 설명

① ZeroDivisionError와 ArithmeticError 순서로 예외를 처리한다.

② 10 / 0 연산은 ZeroDivisionError에서 먼저 매칭이 이루어지기 때문에 print("ArithmeticError:", e.args)가 수행된 뒤에 print('Goodbye')가 수행된다.

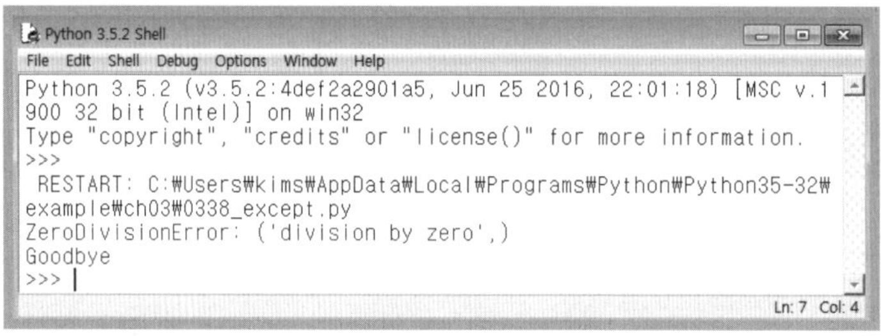

[그림 3.43] 실행 결과

[예제 3.39] ZeroDivisionError와 NameError를 동시에 예외 처리　　　　　　　　(0339_except.y)

```python
01  try:
02      z = 10/0
03      print(z)
04  except (ZeroDivisionError, NameError) as e:
05      print(e.args)
06  finally:
07      print('Goodbye')
08
09  try:
10      print(z)
11      z = 10/0
12  except (ZeroDivisionError, NameError) as e:
13      print(e.args)
14  finally:
15      print('Goodbye')
```

프로그램 설명

① ZeroDivisionError와 NameError를 하나의 except 절에서 예외 처리한다.

② 첫 번째 try 절에서 z = 10 / 0; print(z) 문장의 순서로 실행하면 10 / 0에서 먼저 ZeroDivisionError 예외가 발생하여 처리된다.

③ 두 번째 try 절에서 print(z); z = 10/0 문장의 순서로 실행하면, print(z) 문장에서 변수 z가 없으므로 NameError 예외가 발생하여 처리된다. 참고로 각각의 try 절에서 사용된 변수 z는 해당 try 절의 범위에서만 사용할 수 있다.

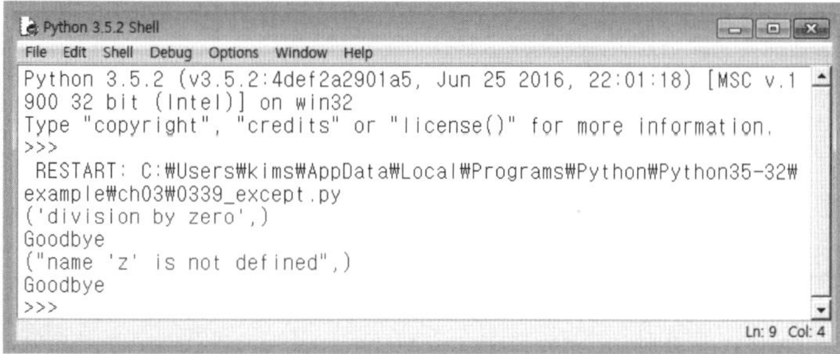

[그림 3.44] 실행 결과

[예제 3.40] else 절을 사용하는 경우　　　　　　　　　　　　　　　　　(0340_except.py)

```python
01  try:
02      z = 10/20
03  except ZeroDivisionError as e:
04      print("ZeroDivisionError:", e.args)
05  except NameError as e:
06      print("NameError:", e.args)
07  else:
08      print("No exceptions")
```

```
09   finally:
10      print('Goodbye')
```

프로그램 설명

else 절을 사용하는 프로그램이다. z = 10 / 20 문장은 예외를 발생시키지 않는다. 그러므로 else 절의 print("No exceptions")와 finally 절의 print('Goodbye') 문장이 수행된다.

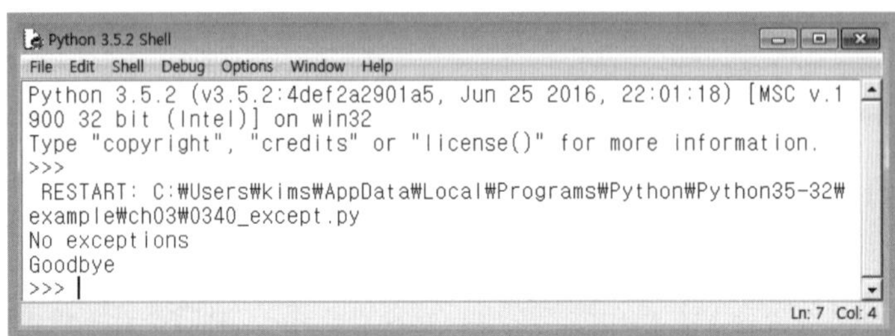

[그림 3.45] 실행 결과

4.2 raise 문

raise 문은 예외를 명시적으로 발생시킨다. raise만 사용하는 경우 현재 영역에서 최근 발생한 예외를 다시 발생시킨다. 최근 발생한 예외가 없는 경우 RuntimeError 예외를 발생시킨다. 〈수식1〉의 예외를 발생시킨다. 〈수식2〉는 〈수식1〉 예외 발생의 원인인 예외를 명시한다. raise 문은 try 문과 함께 사용된다.

형식 raise

최근 발생한 예외를 다시 발생(reraise)시킨다. 최근 발생한 예외가 없는 경우 RuntimeError 예외를 발생시킨다.

형식 raise 〈수식1〉

〈수식1〉의 예외를 발생시킨다.

형식 raise 〈수식1〉 from 〈수식2〉

〈수식2〉는 〈수식1〉 예외 발생의 원인인 예외이다.

[예제 3.41] raise Exception("Oops!")   (0341_except.py)

```
01   try:
02      raise Exception("Oops!")
03   except Exception as e:
04      print("Exception:", e.args)
05   finally:
06      print('Goodbye')
```

프로그램 설명

① raise 문을 사용하여 Exception 예외를 발생시킨다.

② raise Exception("Oops!")은 예외 처리를 위한 최상위 클래스인 Exception 예외를 발생시킨다. e 에는 raise 문에서 지정한 문자열 "Oops!"가 전달된다.

```
Python 3.5.2 Shell
File  Edit  Shell  Debug  Options  Window  Help
Python 3.5.2 (v3.5.2:4def2a2901a5, Jun 25 2016, 22:01:18) [MSC v.1
900 32 bit (Intel)] on win32
Type "copyright", "credits" or "license()" for more information.
>>>
 RESTART: C:\Users\kims\AppData\Local\Programs\Python\Python35-32\
example\ch03\0341_except.py
Exception: ('Oops!',)
Goodbye
>>>
                                                              Ln: 7  Col: 4
```

[그림 3.46] 실행 결과

[예제 3.42] 최근 발생한 예외를 다시 발생   (0342_except.py)

```
01   try:
02       raise Exception("Oops!")
03   except Exception as e:
04       print("Exception:", e.args)
05       raise      # 최근 발생한 예외를 다시 발생시킴
06   finally:
07       print('Goodbye')
```

프로그램 설명

① except 절에서 raise만 사용하여 최근 발생한 예외를 다시 발생시킨다. 먼저, raise Exception("Oops!")에 의해 Exception 예외가 발생한다.

② Exception 예외 처리에서 raise는 최근 발생 예외를 다시 발생시킨다.

```
Python 3.5.2 Shell
File  Edit  Shell  Debug  Options  Window  Help
Python 3.5.2 (v3.5.2:4def2a2901a5, Jun 25 2016, 22:01:18) [MSC v.1
900 32 bit (Intel)] on win32
Type "copyright", "credits" or "license()" for more information.
>>>
 RESTART: C:\Users\kims\AppData\Local\Programs\Python\Python35-32\
example\ch03\0342_except.py
Exception: ('Oops!',)
Goodbye
Traceback (most recent call last):
  File "C:\Users\kims\AppData\Local\Programs\Python\Python35-32\ex
ample\ch03\0342_except.py", line 2, in <module>
    raise Exception("Oops!")
Exception: Oops!
>>>
                                                              Ln: 11  Col: 4
```

[그림 3.47] 실행 결과

[예제 3.43] sys.exc_info() 메서드 사용 1　　　　　　　　　　　　　　　　　　(0343_except.py)

```python
01  import sys
02  try:
03      raise Exception("Oops!")
04  except Exception as e:
05      print("Exception:", e.args)
06      exc_type, exc_value, exc_traceback = sys.exc_info()
07      print("exc_type:", exc_type)
08      print("exc_value:", exc_value)
09      print("exc_traceback:", exc_traceback)
10  finally:
11      print('Goodbye')
```

프로그램 설명

① sys 모듈의 sys.exc_info() 메서드를 사용하여 정보를 출력한 프로그램이다. sys.exc_info() 메서드는 현재 처리되고 있는 예외에 대한 정보를 (type, value, traceback)의 3개 항목을 갖는 튜플로 반환한다.

② type은 처리하는 예외의 클래스 이름, value는 예외 인수 값, traceback은 예외가 발생한 시점의 호출 스택에서의 역추적(traceback) 객체이다. 예외가 발생하지 않으면 sys.exc_info() 메서드는 (None, None, None)을 반환한다.

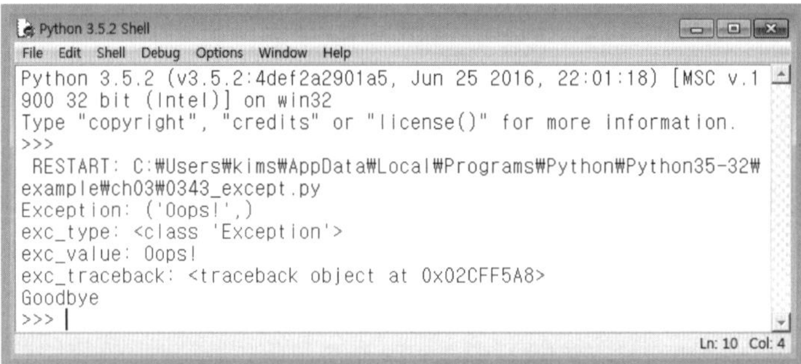

[그림 3.48] 실행 결과

[예제 3.44] traceback.format_exception 메서드 사용　　　　　　　　　　　　(0344_except.py)

```python
01  import sys
02  import traceback
03  try:
04      raise Exception("Oops!")
05  except:
06      exc_type, exc_value, exc_traceback = sys.exc_info()
07      lines = traceback.format_exception(exc_type, exc_value, exc_traceback)
08      print( ''.join('!! ' + line for line in lines))
09  finally:
10      print('Goodbye')
```

프로그램 설명

① 파이썬 프로그램의 디버깅에서 유용한 함수 호출에 따른 실행 스택 트레이스(stack trace)에 대한 표준 인터페이스인 traceback 모듈의 traceback.format_exception() 메서드를 사용한다.

② traceback.format_exception 메서드는 예외 정보와 스택 트레이스를 '\n'(줄바꿈 문자)을 갖는 문자열의 리스트로 반환한다.

```
Python 3.5.2 Shell
File Edit Shell Debug Options Window Help
Python 3.5.2 (v3.5.2:4def2a2901a5, Jun 25 2016, 22:01:18) [MSC v.1
900 32 bit (Intel)] on win32
Type "copyright", "credits" or "license()" for more information.
>>>
 RESTART: C:\Users\kims\AppData\Local\Programs\Python\Python35-32\
example\ch03\0344_except.py
!! Traceback (most recent call last):
!!   File "C:\Users\kims\AppData\Local\Programs\Python\Python35-32
\example\ch03\0344_except.py", line 4, in <module>
    raise Exception("Oops!")
!! Exception: Oops!

Goodbye
>>> |
                                                         Ln: 11  Col: 4
```

[그림 3.49] 실행 결과

4.3 assert 문

프로그램을 디버깅할 때 assert 문을 사용하면 편리하다. __debug__ 속성은 내장변수(built-in variable)이다. __debug__ 속성의 기본값은 True이고, 지정문에 의해 값을 변경할 수 없다. 명령 줄에서 최적화 옵션 −O를 사용하면, __debug__ 속성의 값은 False이다.

형식　assert ⟨수식1⟩

⟨수식1⟩이 False이면 AssertionError 예외를 발생시킨다. 다음 문장과 같다.

```
if __debug__:
  if not ⟨수식1⟩: raise AssertionError
```

형식　assert ⟨수식1⟩, ⟨수식2⟩

⟨수식1⟩이 False이면 AssertionError(⟨수식2⟩) 예외를 발생시킨다. ⟨수식2⟩는 AssertionError에 전달할 메시지이다. 다음 문장과 같다.

```
if __debug__:
  if not ⟨수식1⟩: raise AssertionError(⟨수식2⟩)
```

[예제 3.45] assert 1   (0345_assert.py)

```
01   x = -10
02   assert x > 0
```

프로그램 설명

assert x > 0은 수식 x > 0이 False이므로 AssertionError 예외가 발생한다.

```
Python 3.5.2 Shell
File  Edit  Shell  Debug  Options  Window  Help
Python 3.5.2 (v3.5.2:4def2a2901a5, Jun 25 2016, 22:01:18) [MSC v.1
900 32 bit (Intel)] on win32
Type "copyright", "credits" or "license()" for more information.
>>>
 RESTART: C:\Users\kims\AppData\Local\Programs\Python\Python35-32\
example\ch03\0345_assert.py
Traceback (most recent call last):
  File "C:\Users\kims\AppData\Local\Programs\Python\Python35-32\ex
ample\ch03\0345_assert.py", line 2, in <module>
    assert x > 0
AssertionError
>>>
                                                            Ln: 9 Col: 4
```

[그림 3.50] 실행 결과

[예제 3.46] assert 2   (0346_assert.py)

```
03   x = -10
04   assert x > 0, "need a positive number"
```

프로그램 설명

assert x > 0, "need a positive number" 문장에서 AssertionError 예외가 발생하고, "need a positive number" 메시지가 함께 전달된다.

```
Python 3.5.2 Shell
File  Edit  Shell  Debug  Options  Window  Help
Python 3.5.2 (v3.5.2:4def2a2901a5, Jun 25 2016, 22:01:18) [MSC v.1
900 32 bit (Intel)] on win32
Type "copyright", "credits" or "license()" for more information.
>>>
 RESTART: C:\Users\kims\AppData\Local\Programs\Python\Python35-32\
example\ch03\0346_assert.py
Traceback (most recent call last):
  File "C:\Users\kims\AppData\Local\Programs\Python\Python35-32\ex
ample\ch03\0346_assert.py", line 2, in <module>
    assert x > 0, "need a positive number"
AssertionError: need a positive number
>>>
                                                            Ln: 9 Col: 4
```

[그림 3.51] 실행 결과

[예제 3.47] try 문과 함께 assert 사용   (0347_assert.py)

```
01  try:
02      x = -10
03      assert x > 0, "need a positive number"
04  except AssertionError as e:
05      print(e.args)
06  finally:
07      print('Goodbye')
```

프로그램 설명

① try 문과 함께 assert 사용하여, AssertionError 예외를 처리한다.

② assert x > 0, "need a positive number"는 AssertionError 예외가 발생하고, e.args에 "need a positive number" 메시지가 함께 전달된다. 예외를 처리한 뒤에 finally 절의 print('Goodbye')가 수행된다.

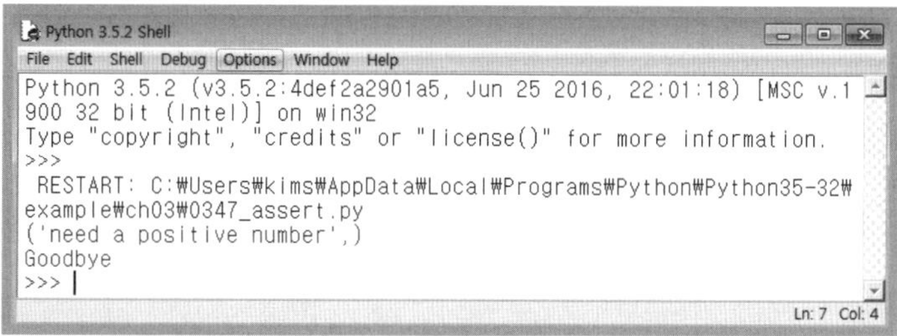

[그림 3.52] 실행 결과

함수

4장

3장까지 파이썬의 자료형과 제어문에 대하여 설명하기 위하여 다양한 내장함수(built-in function)를 사용하였다.

1장에서 help(), dir(), type() 함수를 설명하였으며, 2장의 자료형에서는 bool(), int(), float(), complex(), str(), bytes(), bytearray(), memoryview(), list(), tuple(), range(), set(), frozenset(), dict() 등의 자료형 클래스의 생성자(constructor) 함수와 type(), dir(), globals(), locals(), id(), len(), print(), input(), format(), issubclass(), all(), any(), bin(), abs(), hex(), oct(), divmod(), pow(), round(), chr(), ord(), repr(), ascii(), eval(), exec(), map(), min(), max(), sorted() 등의 내장함수를 사용하였다. 또한, 정렬을 위한 key를 위해 lambda 함수를 사용하였다.

3장의 제어문에서는 iter(), next(), enumerate() 함수 등을 추가로 사용하였다.

이 장에서는 사용자 정의 함수(user-defined function)의 정의와 함수 호출, 변수의 유효범위(scope), 인수(argument) 전달 방식, lambda 함수 그리고 여기까지 사용하지 않은 일부 내장함수 등에 대해 설명한다. [그림 4.1]은 사용자 정의 함수 add()의 정의 (definition)와 호출(call) 사이의 관계를 보인다.

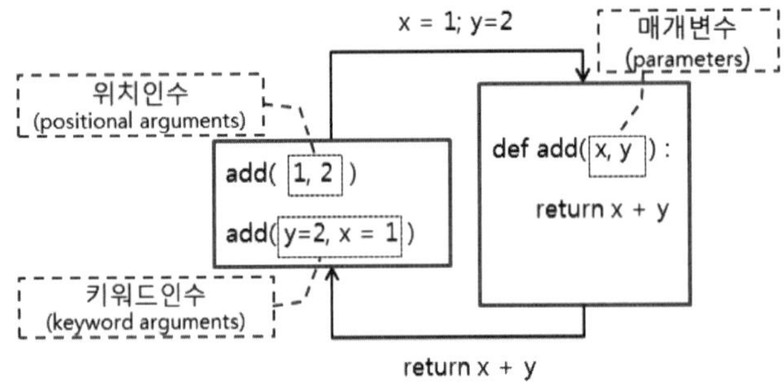

[그림 4.1] 함수 정의(definition)와 호출(call)

함수 이름에 의해 정의된 함수를 호출하고, "매개변수 = 인수"의 지정문에 의해 내부적으로 위치 인수 또는 키워드 인수를 함수 정의 부분의 매개변수로 전달한다. 그러므로 인수는 값을 가져야 하며, 매개변수는 상수 객체일 수 없다. 함수 정의 부분의 몸체 (body) 부분을 실행하고, return 문장에 의해 계산된 수식을 함수의 값으로 반환한다.

파이썬의 함수는 인수로 다른 함수의 매개변수에 전달할 수 있고, 반환값(return value) 으로 사용할 수 있으며, 변수에 바인딩할 수 있다. 프로그래밍 언어에서는 이러한 함수를 일급함수(first-class functions)라 부른다.

O1 함수 정의 및 호출

여기서는 파이썬의 def 키워드에 의한 사용자 정의 함수와 함수 호출에 대하여 설명하고, 3장 제어문의 예제를 함수로 구현하여 설명한다.

1.1 함수 정의 및 함수 객체 속성

파이썬의 함수는 def 키워드를 사용하여 정의한다. 〈매개변수_리스트〉의 각 변수는 함수의 지역변수(local variables)가 되며, 함수 호출에 의해 전달되는 인수의 자료형에 의해 동적으로 결정된다. 함수의 매개변수(parameters)는 반드시 변수이고, 일반적인 프로그래밍 언어에서는 형식 매개변수(formal parameters)라고도 한다.

return 문장에 의해 〈수식_리스트〉의 결과를 가지고 함수를 호출한 곳으로 되돌아간다. 〈수식_리스트〉의 자료형에 따라 함수의 반환 자료형이 결정된다. 함수가 정의되고 나면 dir() 함수 또는 globals() 함수로 정의된 함수 이름을 확인할 수 있다.

형식

```
def <함수이름> ( <매개변수_리스트> ) :  # 함수 정의
    <문장묶음>
[return <수식_리스트> ]
```

1. 〈함수이름〉은 명칭(identifier)이다. 변수의 이름 생성 규칙과 같다.

2. 〈매개변수_리스트〉는 콤마로 구분된 변수 목록으로 매개변수는 위치 인수와 키워드 인수를 받을 수 있다.

3. 변수 이름만 있는 매개변수는 위치 인수(positional arguments) 또는 키워드 인수(keyword arguments)를 전달받을 수 있다.

```
>>> def add(x, y):
        return x + y
```

4. "매개변수=value"로 설정하여 매개변수는 기본값(default value)을 가질 수 있다. 기본값은 함수를 호출할 때 인수를 생략하는 경우 매개변수의 값이 된다. 기본값을 갖는 매개변수는 이름만 있는 매개변수 앞에 있을 수는 없다.

```
>>> def add(x=1, y=2):
        return x + y
```

```
>>> def add(x=1, y):
        return x + y
SyntaxError: non-default argument follows default argument
```

5. *, ** 등을 사용하여 키워드 인수만 받거나, 인수의 개수를 가변으로 받을 수 있다.

6. 〈문장묶음〉은 함수에서 수행할 문장들이다. 수행할 문장이 없으면 pass를 사용한다.

> 7. 〈수식_리스트〉는 함수가 반환할 값이다. 두 개 이상의 값을 반환하면 내부적으로 튜플로
> 반환된다. return 문은 생략될 수 있고, 한 번 이상 나올 수 있다. return 문을 생략하면
> None이 반환된다.

함수 정의에 의해 함수 객체(function object)가 생성된다. [표 4.1]은 함수 객체의 주요 속성(attribute)이다. 사용자 정의 함수는 속성 대부분을 변경할 수 있지만, 내장함수는 속성을 변경할 수 없다. __doc__는 함수 정의 아래 삼중 단일 따옴표(''') 또는 삼중 이중 따옴표(""")에 의한 함수 설명이 저장된다.

표 4.1 함수 객체 속성

속성(attribute)	설 명
__doc__	함수의 문서 문자열 또는 None
__name__	함수의 이름
__qualname__	모듈의 전역 스코프에서 함수까지의 경로까지 점(dot)을 포함하는 이름
__module__	함수가 정의된 모듈 이름 또는 None
__defaults__	기본값을 갖는 인수의 인수값을 포함한 튜플 또는 None
__code__	컴파일된 함수 몸체의 코드 객체
__globals__	함수가 속한 모듈의 전역 네임스페이스의 사전
__closure__	함수의 자유변수에 대한 바인딩을 포함한 셀의 튜플

[예제 4.1] 함수 정의 및 함수 객체 속성 1

```
>>> def add(x, y=1):
        '''add x and y'''
        return x + y
```

```
# 실행 결과
>>> add.__doc__
'add x and y'
>>> add.__doc__ = 'sum x and y'
>>> add.__doc__
'sum x and y'
>>> add.__name__
'add'
>>> add.__module__
'__main__'
>>> add.__defaults__
(1,)
>>> add.__code__
<code object add at 0x000000000312D300, file "<pyshell#1>", line 1>
>>> add.__globals__
{'__builtins__': <module 'builtins' (built-in)>, '__spec__': None, '__doc__': None, '__name__': '__main__', '__package__': None, '__loader__': <class '_frozen_importlib.BuiltinImporter'>, 'add': <function add at 0x00000000031488C8>}
```

프로그램 설명

① 사용자 정의 함수 add()는 매개변수로 x, y를 받아 매개변수의 합계 x + y를 반환한다.

② add.__doc__ 속성은 함수 정의에서 삼중 단일 따옴표(''')에 의해 함수를 설명하는 문자열이 저장되며, add.__doc__ = 'sum x and y'와 같이 문자열 변경 가능하다. add.__name__ 속성은 함수의 이름 'add'를 가지며, add.__module__은 '__main__' 모듈에 저장되고, add.__defaults__ 속성은 함수 정의에서 디폴트 매개변수 y = 1의 값인 1이 튜플로 저장된다. add.__code__ 속성은 add() 함수 몸체의 코드 객체이고, add.__globals__ 속성은 전역 네임스페이스의 사전이다.

[예제 4.2] 함수 정의 및 함수 객체 속성 2

```
>>> def f():
        x = 1
        y = 2
        def newf(z):
                return x,y,z
        return newf
```

실행 결과

```
>>> w = f()
>>> w.__closure__[0].cell_contents
1
>>> w.__closure__[1].cell_contents
2
>>> w.__qualname__
'f.<locals>.newf'
```

프로그램 설명

① 사용자 정의 함수 f()는 지역변수 x, y를 가지며, 내부에 함수 newf() 함수를 갖고, newf를 반환한다. 함수 내부에 정의된 함수는 4장의 "05 일급함수, 함수 클로저, 데코레이터"에서 자세히 다룬다

② w = f()는 함수 f()의 반환 값 newf를 w에 저장한다. w는 newf() 함수를 참조한다. w.__closure__[0].cell_contents는 newf() 함수의 자유변수/비지역변수 x의 값 1이고, w.__closure__[1].cell_contents는 newf() 함수의 자유변수/비지역변수 y의 값 2이다. w.__qualname__ 속성은 newf 함수까지의 경로를 포함하는 이름인 'f.<locals>.newf'이다.

1.2 함수 호출

함수가 정의되어 있으면 함수를 호출하여 일을 시킬 수 있다. 함수는 〈함수이름〉을 사용하여 호출한다. 〈인수_리스트〉의 인수(arguments)는 상수, 변수, 함수 등이 가능하며, 호출되는 시점에 값을 가져야 한다.

일반적인 프로그래밍 언어에서는 함수 호출의 인수를 실매개변수(actual parameters)라고도 한다. 함수를 호출하면 〈매개변수_리스트〉 = 〈인수_리스트〉의 지정문을 수행하여 인수의 값을 함수의 매개변수에 전달한다.

> **형식**　　<함수이름>(<인수_리스트>)　# 함수호출

1. 〈함수이름〉은 정의된 함수의 이름이다.

2. 〈인수_리스트〉는 콤마로 구분된 값을 갖는 인수이다. 인수는 위치 인수와 키워드 인수가 있다.

3. 위치 인수(positional arguments)는 함수 정의에서 〈매개변수_리스트〉의 변수에 순서대로 대응된다. 즉, 콤마에 의해 나열된 순서가 중요하다.

```
>>> add(1, 2)       # x = 1, y = 2
3
>>> add(*(1,2))     # *에 의해 반복 객체에 있는 항목의 값이 순서대로 전달, x = 1, y = 2
3
```

4. 키워드 인수(keyword arguments)는 함수 정의에서 〈매개변수_리스트〉의 변수 이름에 값을 지정하거나, **를 사용하여 사전(dict)에 있는 항목의 값을 전달한다. 순서에 무관하다. 단, 키워드 인수 뒤에는 위치 인수가 올 수 없다.

```
>>> add(x=1, y=2)     # x = 1, y = 2
3
>>> add(y=2, x=1)     # x = 1, y = 2
3
>>> add(**{'x':1, 'y':2})    # **에 의해 사전에 있는 항목의 값을 전달, x = 1, y = 2
3
```

[예제 4.3]에서 [예제 4.13]까지의 예제는 3장의 제어문 예제를 함수로 정의하고, 호출한 예제들이다.

[예제 4.3] add() 함수 정의 및 호출

```
>>> def add(x, y):        # add 함수 정의
        return x + y


# 실행 결과
# 위치 인수(positional argument)
>>> add(1, 2)             # return type : int
3
>>> a = add(1, 2)         # return type : int
>>> a
3
>>> add(1.0, 2.0)         # return type : float
3.0
>>> add(1.0, 2)           # return type : float
3.0
>>> add('abc', 'def')     # return type : str
'abcdef'
>>> add([1, 2], [3, 4])   # return type : list
[1, 2, 3, 4]
>>> add((1,2), (3,4))     # return type : tuple
(1, 2, 3, 4)
```

```
>>> add(*(1,2))          # *에 의해 반복 객체에 항목의 값을 전달, x = 1, y = 2
3
>>> add('a', 1)
Traceback (most recent call last):
 File "<pyshell#17>", line 1, in <module>
  add('a', 1)
 File "<pyshell#6>", line 2, in add
  return x + y
TypeError: Can't convert 'int' object to str implicitly

# 키워드 인수(keyword argument)
>>> add(x = 1, y = 2)      # x = 1, y = 2
3
>>> add(y = 2, x = 1)      # x = 1, y = 2
3
>>> add(**{'x':1, 'y':2})    # **에 의해 사전(dictionary)에 있는 항목의 값을 전달, x = 1, y = 2
3
>>> add(**{'y':2, 'x':1})    # **에 의해 사전(dictionary)에 있는 항목의 값을 전달, x = 1, y=2
3
```

프로그램 설명

① add() 함수는 매개변수로 x, y를 받아 합계 x + y를 반환한다. 함수 정의에서 x, y는 위치 매개변수(positional parameter)이다.

② add(1, 2)는 위치 인수로 함수를 호출하며, x = 1이고, y = 2가 되어 x, y 그리고 반환값 x + y의 자료형은 모두 int이다. a = add(1, 2)는 함수 add()의 반환값을 변수 a에 저장한다(변수 a가 함수 add()의 반환값을 참조한다). add(1.0, 2.0)는 위치 인수로 함수를 호출하며, x, y 그리고 반환값의 자료형은 모두 float이다.

③ add('abc', 'def')는 위치 인수로 함수를 호출하며, x, y 그리고 반환값의 자료형은 모두 str이다. add([1, 2], [3, 4])는 위치 인수로 함수를 호출하며, x, y 그리고 반환값의 자료형은 모두 list이다. add((1,2), (3,4))는 위치 인수로 함수를 호출하며, x, y 그리고 반환값의 자료형은 모두 tuple이다.

④ add('a', 1)는 위치 인수로 함수를 호출하며, x의 자료형은 str, y의 자료형은 int로 x + y 연산에서 TypeError가 발생한다. add({1,2}, {3, 4}), add({'one':1, 'two': 2}, {'three':3})에서도 set과 dict 자료형에서는 + 연산을 할 수 없기 때문에 TypeError가 발생한다.

⑤ add(x=1, y=2), add(y=2, x = 1), add(**{'x':1, 'y':2}), add(**{'y':2, 'x':1})는 키워드 인수를 가지고 함수를 호출하며, 함수 정의에서 x = 1, y = 2로 전달된다. **{'x':1, 'y':2}는 사전(dict)에 있는 항목의 값을 전달된다.

[예제 4.4] isLeapYear(year) : 윤년 판단

```
>>> def isLeapYear(year):
        if year % 4 == 0 and year % 100 != 0 or year % 400 == 0:
                bLeapYear = True
        else:
                bLeapYear = False
        return bLeapYear
```

```
# 실행 결과
>>> isLeapYear(2016)
True
>>> isLeapYear(2015)
False
```

프로그램 설명

① isLeapYear() 함수는 윤년(leap year) 여부를 판단하는 기능을 함수로 정의한다.

② if 문을 사용하지 않고, 바로 return year % 4 == 0 and year % 100 != 0 or year % 400 == 0 문장만으로도 가능하다.

[예제 4.5] mySum(n) : 정수 n까지의 합계

```
>>> def mySum(n):
        nSum = 0
        for i in range(1, n+1):     # nSum = sum(range(1, n+1))
                nSum += i;
        return nSum
```

```
# 실행 결과
>>> mySum(10)
55
```

프로그램 설명

mySum() 함수는 [예제 3.10]에서 1부터 정수 n까지의 합계 계산을 함수로 정의한다.

[예제 4.6] fact(n) : n! 계산

```
>>> def fact(n):
        nFact = 1
        for i in range(n, 0, -1):
                nFact *= i
        return nFact
```

```
# 실행 결과
>>> fact(4)
24
```

프로그램 설명

fact() 함수는 [예제 3.13]에서 n!을 for 문으로 계산하는 부분을 함수로 정의한다.

[예제 4.7] countString(sArg) : 문자열의 영문, 한글, 기타 글자 개수

```
>>> def countString(sArg):
        nAlphabet = nHanGul = nOthers = 0
        for s in sArg:
            if 0x41 <= ord(s) <= 0x5A or 0x61 <= ord(s) <= 0x7A:
                nAlphabet += 1
            elif 0xAC00 <= ord(s) <= 0xD7A3:      # ord('가') <= ord(s) <= ord('힣')
                    nHanGul += 1
            else:
                    nOthers += 1
        return nAlphabet, nHanGul, nOthers
```

```
# 실행 결과
>>> alphabet, hangul, other = countString("Python?파이썬!")
>>> alphabet
6
>>> hangul
3
>>> other
2
```

프로그램 설명

① countString() 함수는 [예제 3.15]에서 문자열에 포함된 영문, 한글 또는 기타 글자의 개수를 계산하는 부분을 함수로 정의한다. return nAlphabet, nHanGul, nOthers 문장은 반환값이 2개 이상으로 tuple로 반환한다.

② 실행 결과에서 alphabet, hangul, other = countString("Python?파이썬!") 문장은 countString() 함수의 반환 tuple의 항목이 alphabet, hangul, other에 차례로 저장되어 alphabet = 6, hangul = 3, other = 2가 된다.

[예제 4.8] minmax(L) : 시퀀스의 최소값, 최대값

```
>>> def minmax(L):
        nMin = nMax = L[0]
        for n in L:
            if nMin > n:
                nMin = n
            if nMax < n:
                nMax = n
        return nMin, nMax
```

```
# 실행 결과
>>> minmax( [ 70, 100, 80, 60, 90] )
(60, 100)
>>> minmax( (70, 100, 80, 60, 90) )
(60, 100)
>>> minmax( ('apple', 'orange', 'grape', 'banana'))
('apple', 'orange')
```

```
>>> minmax('ecdaz')
('a', 'z')
```

프로그램 설명

① minmax() 함수는 [예제 3.16]에서 리스트를 구성하는 항목의 값 중 최소값과 최대값을 찾는 부분을 함수로 정의한다.

② 반환값이 2개 이상이면 튜플로 반환한다. 리스트, 튜플, 문자열의 시퀀스 자료형에서 최소값과 최대값을 찾는다.

[예제 4.9] idCheck(sID) : 시퀀스의 최소값, 최대값

```
>>> def idCheck(sID):
        W = (2, 3, 4, 5, 6, 7, 8, 9, 2, 3, 4, 5)
        nSum = 0
        for i in range(len(sID)-1):
            nSum += W[i] * int(sID[i])
        nCheckDigit = (11 - nSum % 11) %10
        if int(sID[-1]) == nCheckDigit:
            return True
        else:
            return False
```

```
# 실행 결과
>>> idCheck('971109123451')
True
```

프로그램 설명

idCheck() 함수는 [예제 3.19]에서 주민등록번호에서 오류를 확인하는 부분을 함수로 정의한다.

[예제 4.10] strWeek(year, month, day) : 요일 계산
calDays(year, month, day) : 경과한 날수 계산
isLeapYear(year) : 윤년 판단

```
>>> def isLeapYear(year):
        return year % 4 == 0 and year % 100 != 0 or year % 400 == 0
```

```
>>> def calDays(year, month, day):
        nDays = 0

        # 년도 처리
        for y in range(1, year):
            if isLeapYear(y):
                nDays += 366
            else:
                nDays += 365
```

```python
        # 월 처리
        mDays = (31, 28, 31, 30, 31, 30, 31, 31, 30, 31, 30, 31)   # 월별 날짜
        for m in range(month-1):
            nDays += mDays[m]

        # 당해(year) 연도의 윤년 판단
        if isLeapYear(year) and month>2:    # 윤년이고 2월보다 크면
            nDays += 1                       # 2월이 29일
        # 일 처리
        nDays += day
        return nDays

>>> def strWeek(year, month, day):            # 요일 계산
        nDays = calDays(year, month, day)
        sWeek = "일월화수목금토"
        k = nDays%7
        return sWeek[k]+"요일"
```

실행 결과
```python
>>> strWeek(2015, 11, 6)
'금요일'
>>> strWeek(2012, 11, 6)
'화요일'
```

프로그램 설명

① isLeapYear() 함수는 윤년을 판단하고, calDays() 함수는 1년 1월 1일부터 경과한 날짜 수를 계산한다.

② strWeek() 함수는 경과한 날짜를 이용하여 요일을 계산한다.

[예제 4.11] isPrime(n) : 정수 n의 소수 판단

```python
>>> def isPrime(n):
        for i in range(2, n):
            if not n % i:
                    bPrime = False
                    break
            else:
                bPrime = True
        return bPrime
```

실행 결과
```python
>>> isPrime(7)
True
>>> isPrime(10)
False
```

프로그램 설명

isPrime() 함수는 [예제 3.27]에서 소수를 판단하는 부분을 함수로 정의한다.

[예제 4.12] sumNum(strInput) : 정수 n의 소수 판단

```
>>> def sumNum(strInput):
        nSum = 0
        for s in strInput:
            if not s.isnumeric():
                    continue
            nSum += int(s)
        return nSum
```

\# 실행 결과
```
>>> sumNum('123abc45')
15
```

프로그램 설명

sumNum() 함수는 [예제 3.28]에서 문자열에 포함된 숫자 문자의 합계를 계산하는 부분을 함수로 정의한다.

[예제 4.13] calPrimes(nPrime) : nPrime 개의 소수 구하기

```
>>> def calPrimes(nPrime):
        k = 0
        n = 2
        L = []                  # 결과 리스트
        while k != nPrime:      # k < nPrime
            for i in range(2, n):
                    if not n % i: break
            else:
                    L.append(n)
                    k += 1
            n += 1
        return L
```

\# 실행 결과
```
>>> calPrimes(5)
[2, 3, 5, 7, 11]
```

프로그램 설명

① calPrimes() 함수는 [예제 3.32]에서 nPrime 개의 소수를 리스트에 계산하는 부분을 함수로 구현한다. calPrimes(5)는 2부터 시작해서 가장 작은 5개의 소수를 리스트로 계산한다.

② calPrimes() 함수 내에서 소수를 판단하는 부분을 [예제 4.11]의 isPrime() 함수를 사용하여 작성할 수 있다.

[예제 4.14] 2D 배열 생성 함수 make_2D_array()

```
>>> def make_2D_array(m, n, value=0):
        mat = [[value for j in range(n)] for i in range(m)]
        return mat

# 설명 1
>>> A = make_2D_array(2, 3)
>>> A
[[0, 0, 0], [0, 0, 0]]

# 설명 2
>>> B = make_2D_array(2, 4, 10)
>>> B
[[10, 10, 10, 10], [10, 10, 10, 10]]
```

프로그램 설명

① make_2D_array(m, n, value=0) 함수는 리스트 이해를 사용하여 m 행, n 열을 갖는 2차원 배열을 생성하고, value로 초기화한다.

② **설명 1**에서 A = make_2D_array(2, 3)는 0으로 초기화된 2×3 배열을 객체 A에 생성한다. A[0][0], A[0][1], A[0][2], A[1][0], A[1][1], A[1][2] 등으로 사용할 수 있다.

③ **설명 2**에서 B = make_2D_array(3, 4, 10)는 10으로 초기화된 2×4 배열을 객체 B에 생성한다. B[0][0], B[0][1], B[0][2], B[0][3], B[1][0], B[1][1], B[1][2], B[1][3] 등으로 사용할 수 있다.

O2 함수의 인수 전달

함수를 호출할 때 인수(arguments)를 함수 정의에 있는 매개변수(parameters)로 전달하는 방법에 대해 더욱 자세히 설명한다. 함수를 호출하면 '매개변수 = 인수'의 지정문에 의해 인수의 값을 매개변수가 참조한다고 생각하면 된다. 이때 나열되는 인수의 순서인 위치를 이용하여 전달할 수도 있으며, 매개변수의 이름을 이용하여 전달할 수 있다. 즉, 위치 인수(positional arguments)와 키워드 인수(keyword arguments)가 있다.

2.1 위치 인수와 키워드 인수

함수 정의 부분의 〈매개변수_리스트〉에서 매개변수 이름만 있으면 위치 인수 또는 키워드 인수를 전달받을 수 있다. "매개변수 = value"로 매개변수의 디폴트(default) 값을 설정한다. 즉, 인수를 생략하여 호출하면 디폴트(default)로 value 값을 갖는다. 디폴트 값이 설정된 매개변수도 함수 호출에서 인수가 있으면, 인수 값이 전달된다. 디폴트 매개변수 뒤에 디폴트 매개변수가 아닌 매개변수가 올 수 없다.

[예제 4.15] 위치 인수와 키워드 인수

```
>>> def polyFunc(x, y, z):
        print("x = {0}, y = {1}, z = {2}".format(x, y, z))
        return 3*x + 2*y + z

# 실행 결과
# 위치 인수를 사용하여 함수 호출
>>> polyFunc(1, 2, 3)              # 정수형 위치 인수
x = 1, y = 2, z = 3
10
>>> polyFunc(1.0, 2.0, 3.0)       # 실수형 위치 인수
x = 1.0, y = 2.0, z = 3.0
10.0
>>> polyFunc('a', 'b', 'c')       # 문자열 위치 인수
x = a, y = b, z = c
'aaabbc'
>>> polyFunc(*'abc')              # 문자열의 항목을 이용한 위치 인수
x = a, y = b, z = c
'aaabbc'
>>> polyFunc(*(1, 2, 3))          # 튜플의 항목을 이용한 위치 인수
x = 1, y = 2, z = 3
10
>>> polyFunc(*[1, 2, 3])          # 리스트의 항목을 이용한 위치 인수
x = 1, y = 2, z = 3
10

# 키워드 인수를 사용하여 호출
>>> polyFunc( z = 1, y = 2, x = 1 )    # 키워드 인수
x = 1, y = 2, z = 1
8
>>> polyFunc( 1, z = 3, y = 2 )        # 위치 인수 및 키워드 인수
x = 1, y = 2, z = 3
10
>>> polyFunc( z = 3, y = 2, 1 )
SyntaxError: positional argument follows keyword argument
>>> polyFunc(**{'z':3, 'x':1, 'y':2})   # **뒤에 사전을 이용한 키워드 인수
x = 1, y = 2, z = 3
10
```

프로그램 설명

① polyFunc() 함수는 위치 인수 또는 키워드 인수를 매개변수 x, y, z에 전달받아 print() 함수로 출력하고, 3 * x + 2 * y + z를 계산하여 반환한다.

② polyFunc(1, 2, 3)는 정수형 위치 인수 1, 2, 3이 매개변수에 x = 1, y = 2, z = 3으로 전달되고, 결과값으로 10을 반환한다. 이때 x, y, z 그리고 반환값의 자료형은 모두 int이다.

③ polyFunc(1.0, 2.0, 3.0)는 실수형 위치 인수 1.0, 2.0, 3.0이 매개변수에 x = 1.0, y = 2.0, z = 3.0으로 전달되고, 결과값으로 10.0을 반환한다. 이때 x, y, z 그리고 반환값의 자료형은 모두 float이다.

④ polyFunc('a', 'b', 'c')는 문자열 위치 인수 'a', 'b', 'c'이 매개변수에 x = 'a', y = 'b', z = 'c'로 전달되고, 결과값으로 'aaabbc'을 반환한다. 이때 x, y, z 그리고 반환값의 자료형은 모두 str이다.

⑤ polyFunc(*'abc'), polyFunc(*(1, 2, 3)), polyFunc(*[1, 2, 3])는 * 뒤의 시퀀스 객체의 각 항목이 매개변수 x, y, z에 차례로 전달된다.

⑥ polyFunc(z = 1, y = 2, x = 1)은 정수형 키워드 인수 z = 1, y = 2, x = 1을 사용하여 매개변수에 전달한다. 인수의 순서는 중요하지 않고, 매개변수 이름에 따라 전달된다.

⑦ polyFunc(1, z = 3, y = 2)는 정수형 위치 인수 1이 매개변수 a에 전달되고, 정수형 키워드 인수 z = 3, y = 2를 사용하여 매개변수에 전달한다. 이처럼 키워드 인수는 위치 인수 뒤에 있어야 한다. polyFunc(z = 3, y = 2, 1)는 위치 인수가 키워드 인수 뒤에 올 수 없기 때문에 SyntaxError가 발생한다.

⑧ polyFunc(**{'z':3, 'x':1, 'y':2})는 ** 뒤에 있는 사전 객체의 각 항목이 키워드인수가 되어 매개변수 x, y, z에 전달된다. 매개변수 이름의 문자열을 사전(dictionary) 항목의 키(key)로 사용한다.

[예제 4.16] 디폴트값을 갖는 매개변수

```
>>> def polyFunc(x=1, y=1, z=1):
        print("x = {0}, y = {1}, z = {2}".format(x, y, z))
        return 3*x + 2*y + z
```

```
# 실행 결과
>>> polyFunc()              # polyFunc(1, 1, 1)
x = 1, y = 1, z = 1
6
```

```
# 위치 인수를 사용하여 호출
>>> polyFunc(10)            # polyFunc(10, 1, 1), polyFunc( *(10,))
x = 10, y = 1, z = 1
33
>>> polyFunc(10, 20)       # polyFunc(10, 20, 1), polyFunc( *(10, 20))
x = 10, y = 20, z = 1
71
```

```
# 키워드 인수를 사용하여 호출
>>> polyFunc( z = 1, y = 2, x = 1 )   # 키워드 인수
x = 1, y = 2, z = 1
8
>>> polyFunc(z = 3)                   # 키워드 인수
x = 1, y = 1, z = 3
8
```

```
>>> polyFunc( 1, z = 3, y = 2 )         # 위치 인수 및 키워드 인수
x = 1, y = 2, z = 3
10
>>> polyFunc( z = 3, y = 2, 1 )
SyntaxError: positional argument follows keyword argument
>>> polyFunc(**{'z':3, 'x':1, 'y':2})   # **뒤에 사전을 이용한 키워드 인수
x = 1, y = 2, z = 3
10
>>> polyFunc(**{'x':1, 'y':2})
x = 1, y = 2, z = 1
8
```

프로그램 설명

① polyFunc() 함수는 매개변수 x, y, z를, print() 함수로 출력하고, 3 * x + 2 * y + z를 계산하여 반환한다. 매개변수는 x = 1, y = 1, z = 1의 디폴트값을 갖는다.

② polyFunc()는 인수가 없기 때문에, 매개변수는 디폴트값으로 x = 1, y = 1, z = 1이다.

③ polyFunc(10)는 위치 인수 10에 의해 x = 10이고, 디폴트값에 의해 y = 1, z = 1이다. polyFunc(10, 1, 1), polyFunc(*(10,))로 호출한 결과와 같다.

④ polyFunc(10, 20)는 위치 인수 10, 20에 의해 x = 10, y = 20이고, z는 디폴트값 z = 1이다. polyFunc(10, 20, 1), polyFunc(*(10, 20))로 호출한 결과와 같다.

⑤ polyFunc(z = 1, y = 2, x = 1)는 키워드 인수를 사용하여 호출한다. 매개변수의 값은 x = 1, y = 2, z = 1이다.

⑥ polyFunc(z = 3)는 키워드 인수에 의해 z = 3이고, x, y는 디폴트값이 적용되어 y = 1, z = 1이다.

⑦ polyFunc(1, z = 3, y = 2)는 위치 인수에 의해 x = 1이고, 키워드 인수에 의해 y = 2, z = 3이다. polyFunc(z = 3, y = 2, 1)는 키워드 인수가 위치 인수 앞에 있기 때문에 SyntaxError이다.

⑧ polyFunc(**{'z':3, 'x':1, 'y':2})는 ** 뒤의 사전 객체에 있는 각 항목이 키워드인수로 매개변수에 전달되어, x = 1, y = 2, z = 3이다. 변수 이름의 문자열을 사전 항목의 키(key)로 사용한다.

⑨ polyFunc(**{'x':1, 'y':2})는 ** 뒤의 사전 객체에 있는 각 항목이 키워드 인수로 매개변수에 전달되어 x = 1, y = 2이고, z는 디폴트값 1이다.

2.2 키워드 인수만 받는 매개변수

매개변수가 키워드 인수만 전달받도록 할 수 있다. 매개변수 위치에 오는 * 뒤의 매개변수는 키워드 인수만 받는다. 또 다른 방법은 매개변수 앞에 **를 추가하여 가변 키워드 인수(var-keyword arguments)를 전달받는 방법이다. **를 추가한 매개변수는 위치 인수를 전달받는 매개변수보다 뒤에 온다.

[예제 4.17] 키워드 인수만 받는 매개변수 : *

```
>>> def polyFunc(x, *, y, z):
        print("x = {0}, y = {1}, z = {2}".format(x, y, z))
        return 3*x + 2*y + z

# 실행 결과
>>> polyFunc(1, y = 2, z = 3 )
x = 1, y = 2, z = 3
10
>>> polyFunc(1, **{'z':3, 'y':2})
x = 1, y = 2, z = 3
10
>>> polyFunc(1, 2, 3)
Traceback (most recent call last):
 File "<pyshell#59>", line 1, in <module>
  polyFunc(1, 2, 3)
TypeError: polyFunc() takes 1 positional argument but 3 were given
```

프로그램 설명

① polyFunc() 함수의 매개변수 x는 위치 인수 또는 키워드 인수를 전달받을 수 있으며, * 뒤의 매개변수 y, z는 키워드 인수만을 받을 수 있다. polyFunc() 함수의 매개변수는 3개이다.

② polyFunc(1, y = 2, z = 3)는 위치 인수 1을 매개변수 x에 전달하여 x = 1이고, 키워드 인수에 의해 y = 2, z = 3이다.

③ polyFunc(1, **{'z':3, 'y':2})는 위치 인수 1을 매개변수 x에 전달하여 x = 1이고, ** 뒤의 사전 객체에 의한 키워드 인수에 의해 y = 2, z = 3이다.

④ polyFunc(1, 2, 3)는 3개의 위치 인수로 호출하기 때문에 TypeError가 발생한다. polyFunc() 함수에 위치 인수는 1개만 있다.

[예제 4.18] 가변 키워드 인수 : **

```
>>> def polyFunc(**kwargs):
        print(type(kwargs))
        print("kwargs=", kwargs)
        x = kwargs['x']
        y = kwargs['y']
        z = kwargs['z']
        print("x = {0}, y = {1}, z = {2}".format(x, y, z))
        return 3*x + 2*y + z

# 실행 결과
>>> polyFunc(x = 1, y = 2, z = 3)
<class 'dict'>
kwargs= {'y': 2, 'x': 1, 'z': 3}
x = 1, y = 2, z = 3
10
```

```
>>> polyFunc(**{'x':1, 'y':2, 'z':3})
<class 'dict'>
kwargs= {'y': 2, 'x': 1, 'z': 3}
x = 1, y = 2, z = 3
10
>>> polyFunc(1, 2, 3)
Traceback (most recent call last):
 File "<pyshell#76>", line 1, in <module>
  polyFunc(1, 2, 3)
TypeError: polyFunc() takes 0 positional arguments but 3 were given
```

프로그램 설명

① polyFunc() 함수는 매개변수 kwargs 앞에 **를 추가하여, 키워드 인수만을 전달받을 수 있다. type(kwargs)는 dict이며, 사전 객체 하나를 전달받아, 함수 내의 지역변수 x, y, z에 값을 저장하고, print() 함수로 그 값을 출력하며 3 * x + 2 * y + z를 계산하여 반환한다.

② polyFunc(x = 1, y = 2, z = 3)는 키워드 인수에 의해 매개변수 kwargs에 사전 객체 {'y': 2, 'x': 1, 'z': 3}이 전달된다. x = kwargs['x'], y = kwargs['y'], z = kwargs['z']에 의해 변수 x, y, z에 값을 저장한다.

③ polyFunc(**{'x':1, 'y':2, 'z':3})는 **뒤의 사전 객체의 항목이 키워드 인수가 되어 매개변수 kwargs에 사전 객체 {'y': 2, 'x': 1, 'z': 3}로 전달된다. x = kwargs['x'], y = kwargs['y'], z = kwargs['z']에 의해 변수 x, y, z에 값을 저장한다.

④ polyFunc(1, 2, 3)는 3개의 위치 인수를 사용하였기 때문에 TypeError가 발생한다. polyFunc() 함수는 위치 인수를 전달받는 매개변수가 없다.

⑤ **이 추가된 매개변수를 사용하여 가변 키워드 인수(var-keyword arguments)를 처리할 수 있다. **를 추가한 매개변수는 위치 인수를 전달받는 매개변수보다 뒤에 온다.

2.3 가변 위치 인수를 받는 매개변수

매개변수 앞에 *을 붙이면 매개변수의 자료형은 tuple이며, 가변 위치 인수(var-positional arguments)를 전달받을 수 있다. *를 추가한 매개변수는 **이 추가된 매개변수보다 앞에 있어야 한다. *을 추가한 매개변수 앞에 있는 매개변수는 위치 인수를 받는 매개변수여야 하고, *을 추가한 매개변수 뒤에 있는 매개변수는 키워드 인수를 받는 매개변수여야 한다.

[예제 4.19] 가변 위치 인수 1

```
>>> def varSum(*args):
        print(type(args))
        print("args=", args)
        s = 0
        for x in args:
            s += x
```

```
        return s

# 실행 결과
>>> varSum(1)
<class 'tuple'>
args= (1,)
1
>>> varSum(1, 2)
<class 'tuple'>
args= (1, 2)
3
>>> varSum(1, 2, 3)
<class 'tuple'>
args= (1, 2, 3)
6
```

프로그램 설명

① varSum() 함수는 매개변수 args 앞에 *를 추가하여, 위치 인수를 가변적으로 받을 수 있다. type(args)는 tuple이며, 튜플 객체 하나를 전달받아, print() 함수로 출력하고, for 문을 사용하여 합계를 계산하여 반환한다.

② varSum(1), varSum(1, 2), varSum(1, 2, 3) 등 개수가 다른 위치 인수를 매개변수에 전달하여 합계를 계산한다.

[예제 4.20] 가변 위치 인수 2

```
>>> # def varSum(*args, a):     # a는 키워드 인수를 받는다.
>>> def varSum(a, *args):        # a는 위치 인수를 받는다.
        print("a = ", a)
        print(type(args))
        print("args=", args)
        s = a
        for x in args:
            s += x
        return s

# 실행 결과
>>> varSum(1)
a = 1
<class 'tuple'>
args= ()
1
>>> varSum(1, 2)
a = 1
<class 'tuple'>
args= (2,)
3
>>> varSum(1, 2, 3)
```

```
a = 1
<class 'tuple'>
args= (2, 3)
6
```


① varSum() 함수의 매개변수 a는 위치 인수를 받는다. 매개변수 args는 가변 위치 인수를 전달받는다. type(args)는 tuple이며, s = a에 의해 합계를 계산하기 위한 변수 s를 a로 초기화하고, for 문을 사용하여 합계를 계산하여 반환한다.

② varSum(1)은 a = 1이고 args = ()이며, varSum(1, 2)는 a = 1이고 args = (2,)이며, varSum(1, 2, 3)는 a = 1이고 args = (2, 3)이다.

③ def varSum(*args, a)로 정의하면 매개변수 a는 키워드 인수를 받는다.

[예제 4.21] 가변 위치 인수와 가변 키워드 인수

```
>>> def varSum(*args, **kwargs):
        print("args = ", args)
        print("kwargs=", kwargs)
        s = 0
        for x in args:
            s += x
        a = kwargs['A']
        b = kwargs['B']
        return (a/b)*s
```

실행 결과
```
>>> varSum(1, 2, 3, A=1, B=2)    # A / B * (1 + 2 + 3)
args = (1, 2, 3)
kwargs= {'B': 2, 'A': 1}
3.0
```


① varSum() 함수는 가변 위치 인수를 받는 매개변수 args와 가변 키워드 인수를 받는 매개변수 kwargs를 갖는다. args의 합계에 (a / b)를 곱셈하여 반환한다.

② varSum(1, 2, 3, A = 1, B = 2)은 args = (1, 2, 3)이고, kwargs = {'B': 2, 'A': 1}이 전달된다.

2.4 변경 불가능(immutable) 인수와 변경 가능 인수(mutable)의 인수 전달

객체의 고유번호 변경 없이 값이 변경될 수 있으면 변경 가능(mutable)이라 한다. 객체의 고유번호 변경 없이 값이 생성된 이후에 변경될 수 없으면 변경 불가능(immutable)이라 한다. 변경 불가능 자료형은 bool, int, float, complex, str, bytes, tuple 등이 있고 변경 가능 자료형은 dict, list 등이 있다.

여기서는 인수로 전달된 변수를 함수 내에서 값을 변경했을 때 함수를 호출한 영역에서 변경된 값이 반영되는지를 자료형의 변경 가능성과 관련지어 예제를 이용하여 설명한다. 2장의 지정문에 의한 변경 불가능 객체 및 변경 가능 객체의 참조에 설명과 유효범위(scope)와 직접 관련이 있다.

[예제 4.22] 함수에서 변경이 반영되지 않는 경우

```
>>> def func1(x):
        print("before assignment in func1")
        print("id(x) = ", id(x))
        print("x =", x)
        if isinstance(x, int):        # 변경 불가능 객체인 int
            x = 10                    # 지정문에 의해 x가 새로운 값을 참조
        if isinstance(x, tuple):
            x = (10, 20, 30)          # 변경 불가능 객체인 tuple
        if isinstance(x, list):
            x = [10, 20, 30]          # 변경 가능 객체인 list

        print("after assignment in func1")
        print("id(x) = ", id(x))
        print("x =", x)
```

```
# 설명 1 : x가 변경 불가능(immutable) 자료형 int인 경우
>>> x = 1
>>> id(x)
1721259760
>>> func1(x)
before assignment in func1
id(x) = 1721259760
x = 1
after assignment in func1
id(x) = 1721259904
x = 10
>>> x
1
>>> id(x)
1721259760
```

```
# 설명 2 : x가 변경 불가능(immutable) 자료형 tuple인 경우
>>> x = (1, 2, 3)
>>> id(x)
44490264
>>> func1(x)
before assignment in func1
id(x) = 44490264
x = (1, 2, 3)
after assignment in func1
id(x) = 46177736
```

```
x = (10, 20, 30)

# 설명 3 : x가 변경 가능(mutable) 자료형 list인 경우
>>> x = [1, 2, 3]
>>> id(x)
44369960
>>> func1(x)
before assignment in func1
id(x) = 44369960
x = [1, 2, 3]
after assignment in func1
id(x) = 6755192
x = [10, 20, 30]
>>> x
[1, 2, 3]
>>> id(x)
44369960
```

프로그램 설명

① func1() 함수는 매개변수 x에 변경 불가능 인수(int, tuple)와 변경 가능 인수(list)를 전달받아, 함수 내에서 x의 값을 변경해도, 함수 밖에서는 x가 변경되지 않는다. 이유는 func1()에서 지정문에 의해 변수 x의 고유값(identity)이 변경되기 때문이다.

② isinstance() 함수를 사용하여 매개변수 x의 자료형이 int, tuple 또는 list 인지를 확인하여, 각 자료형에 따라 지정문을 사용하여 새로운 상수 객체를 바인딩(binding)한다. 예제와 같이 지정문을 사용하여 매개변수에 새로운 상수 객체를 바인딩하면 함수에서의 지정문에 의한 변경이 함수를 호출한 곳에서 반영되지 않는다. 파이썬에서는 지정문에 의해서 x가 새로운 참조를 가리키기 때문이다.

③ 설명 1은 x가 변경 불가능(immutable) 자료형 int인 경우이다.

전역영역(global scope)인 프롬프트(>>>)에서 x = 1로 설정하고 id(x) = 1721259760임을 확인한다. func1(x)로 함수를 호출하면, 함수 내에서 변수 x의 값과 id(x)는 전역영역의 x, id(x)와 같다. 그러나 지정문 x = 10에 의해 x의 값이 변경되면서 변수 x의 고유번호도 id(x) = 1721259904로 변경되었다. id(x)는 실제로 id(10)의 고유번호이다. 즉, 지정문이 고유번호를 변경하기 때문에 전역영역의 변수 x와 다른 변수가 된다. 그러므로 함수가 반환되고 나서 전역영역에서 x의 값은 변경되지 않은 x = 1이다. 전역영역에서의 고유번호는 여전히 id(x) = 1721259760으로 func1() 함수 내에서의 지정문 x = 10에 의해 변경되지 않는다.

④ 설명 2는 x가 변경 불가능(immutable) 자료형 tuple인 경우이다.

전역영역(global scope)인 프롬프트(>>>)에서 x = (1, 2, 3)으로 설정하고 id(x) = 44490264임을 확인한다. func1(x)로 함수를 호출하면, 함수 내에서 변수 x의 값과 id(x)는 전역영역의 x, id(x)와 같다. 그러나 지정문 x = (10, 20, 30)에 의해 x의 값이 변경되면서 변수 x의 고유번호도 id(x) = 46177736으로 변경되었다. 즉, 지정문이 고유번호를 변경하기 때문에 전역영역의 변수 x와 다른 변수가 된다. tuple에서는 id(x)와 id((10, 20, 30))가 같지 않다. 함수가 반환되고 전역영역 x의 값과 고유번호는 변경되지 않은 x = (1, 2, 3), id(x) = 1721259760이다. 참고로 튜플은 항목을 변경할 수 없다.

⑤ 설명 3은 x가 변경 가능(mutable) 자료형 list인 경우이다.

전역영역(global scope)인 프롬프트(>>>)에서 x = [1, 2, 3]으로 설정하고 id(x) = 44369960임을 확인한다. func1(x)로 함수를 호출하면, 함수 내에서 변수 x의 값과 id(x)는 전역영역의 x, id(x)와 같다. 그러나 지정문 x = [10, 20, 30]에 의해 x의 값이 변경되면서 변수 x의 고유번호도 id(x) = 6755192로 변경되었다. 즉, 지정문이 고유번호를 변경하기 때문에 전역영역의 변수 x와 다른 변수가 된다. list에서는 id(x)와 id([10, 20, 30])가 같지 않다. 함수가 반환되고 전역영역 x의 값과 고유번호는 변경되지 않은 x = [1, 2, 3], id(x) = 44369960이다. 참고로 리스트는 [예제 4.20]과 같이 고유번호를 변경하지 않고 항목을 변경할 수 있다.

[예제 4.23] 함수에서 변경이 반영되지 않는 경우 : 변경 가능 인수의 항목 변경

```
>>> def func2(x):
        print("before assignment in func2")
        print("id(x) = ", id(x))
        print("x =", x)

        if isinstance(x, list):
            x[0] = 10     # x[:] = [10, 20, 30]
        if isinstance(x, dict):
            x['color'] = 'red'

        print("after assignment in func2")
        print("id(x) = ", id(x))
        print("x =", x)

# 설명 1 : x가 변경 가능(mutable) 자료형 list인 경우
>>> x = [1, 2, 3]
>>> id(x)
44565608
>>> func2(x)
before assignment in func2
id(x) = 44565608
x = [1, 2, 3]
after assignment in func2
id(x) = 44565608
x = [10, 2, 3]
>>> x
[10, 2, 3]
>>> id(x)
44565608

# 설명 2 : x가 변경 가능(mutable) 자료형 dict인 경우
>>> x = {'color': 'blue', 'price': 100}
>>> id(x)
46177856
>>> func2(x)
before assignment in func2
id(x) = 46177856
```

```
x = {'price': 100, 'color': 'blue'}
after assignment in func2
id(x) = 46177856
x = {'price': 100, 'color': 'red'}
>>> x
{'price': 100, 'color': 'red'}
>>> id(x)
46177856
```

프로그램 설명

① func2() 함수는 매개변수 x에 변경 가능 인수 list, dict를 전달받아, 함수 내에서 x의 항목값을 변경하면, 함수 밖에서 x의 항목이 변경된다. 이유는 func2()에서 지정문에 의해 변수 x의 항목값을 변경하면 x의 고유번호(identity)가 변경되지 않기 때문이다.

② isinstance() 함수를 사용하여 매개변수 x의 자료형이 list 또는 dict 인지를 확인하여 각 자료형에 따라 지정문을 사용하여 항목을 변경한다. 변경 가능 객체의 항목에 지정문을 사용하여 새로운 상수 객체를 바인딩(binding)할 때 고유번호가 변경되지 않는다.

③ 설명 1은 x가 변경 가능(mutable) 자료형 list인 경우의 항목 변경이다.

전역영역(global scope)인 프롬프트(>>>)에서 x = [1, 2, 3]으로 설정하고 id(x) = 44565608임을 확인한다. func2(x)로 함수를 호출하면, 함수 내에서 변수 x의 값과 id(x)는 전역영역의 x, id(x)와 같다. x[0] = 10으로 항목을 변경하면, x = [10, 2, 3]으로 변경되고 id(x)는 변경되지 않는다. 함수가 반환된 후에 전역영역 x의 값은 x = [10, 2, 3]으로 변경된다. 고유번호는 변경되지 않는다. 함수 내에서 x[:] = [10, 20, 30] 문을 수행하면, id(x)는 변경되지 않고, 전역영역에서 x는 x = [10, 20, 30]으로 변경된다. 리스트의 인덱싱 및 슬라이싱을 이용하여 항목을 변경해도 고유번호는 변경되지 않는다.

④ 설명 2는 x가 변경 가능(mutable) 자료형 dict인 경우의 항목 변경이다.

전역영역(global scope)인 프롬프트(>>>)에서 x = {'color': 'blue', 'price': 100}으로 설정하고 id(x)=46177856임을 확인한다. func2(x)로 함수를 호출하면, 함수 내에서 변수 x의 값과 id(x)는 전역영역의 x, id(x)와 같다. x['color'] = 'red'로 항목을 변경하면, x = {'price': 100, 'color': 'red'}로 변경되고 id(x)는 변경되지 않는다. 함수가 반환된 후에 전역영역 x의 값은 x = {'price': 100, 'color': 'red'}로 변경된다. 그러나 고유번호는 변경되지 않는다.

03   네임스페이스와 유효범위

3.1 코드 블록, 네임스페이스, 유효범위

파이썬 프로그램은 코드 블록(code blocks)으로 구성되어 있다. 코드 블록은 모듈(module), 함수 몸체(function body), 클래스 정의(class definition) 등으로 하나의 실행 가능한 파이썬 프로그램 조각이다. 대화모드에서 입력한 명령, 파이썬 프로그램 파일(*.py), eval(), exec() 함수의 인수에 주어진 문자열도 코드 블록이다.

네임스페이스(namespace)는 이름(name)이 바인딩된 영역을 나타낸다. 이름(name)은 변수 이름, 함수 이름, 클래스 이름, 모듈 이름 등이 있다. 네임스페이스는 이름(name)과 바인딩된 객체(object)의 모임인 사전(dict)이다. 파이썬은 코드 블록과 관련된 [표 4.2]의 지역(local), 전역(global), 내장(built-in) 네임스페이스를 갖고 있다.

내장(built-in) 네임스페이스는 파이썬 인터프리터가 시작할 때 생성되어, 중단되기 전까지 유지된다. 전역 네임스페이스는 각 모듈이 시작될 때 생성되는 최상위(top-level) 네임스페이스이다. 모듈의 __name__ 속성이 '__main__'인지를 확인하여 파이썬 파일(*.py)이 실행되는지를 확인할 수 있다. 즉, import 문으로는 파이썬 파일을 실행하지 않게 할 수 있다.

지역 네임스페이스는 함수가 호출되거나 클래스의 인스턴스가 생성될 때 내부에서 바인딩된 이름에 의해 생성된다. 이처럼 네임스페이스는 독립적으로 생성되고 유지된다. 또한, 서로 다른 네임스페이스에서 동일한 이름을 가질 수 있다.

표 4.2 네임스페이스

네임스페이스	설 명
지역(local)	함수 또는 클래스 코드 블록의 내부에서 바인딩된 이름으로, locals() 함수로 확인 가능하다.
전역(global)	코드 블록이 속한 모듈의 최상위(top-level) 네임스페이스로, 모듈 전체에서 사용 가능한 이름으로 globals() 함수로 확인 가능하다.
내장(built-in)	파이썬 인터프리터가 내장모듈(__builtins__)의 이름으로 dir(__builtins__)로 확인 가능하다.

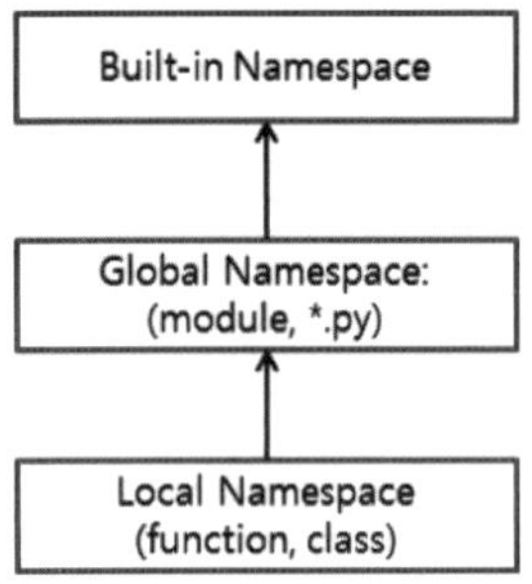

[그림 4.2] 네임스페이스와 유효범위(scope)

유효범위(scope)는 서로 다른 네임스페이스에 있는 이름에서 현재 사용하는 이름이 어느 네임스페이스에 속하는 이름인지를 결정한다. 이러한 결정을 유효범위 규칙(scope rule) 이라 한다.

파이썬은 프로그램의 블록구조에 따른 정적 유효범위 규칙(static scope rule)을 사용하 며, [그림 4.2]와 같이 L(local), G(global), B(built-in) 순서로 이름이 속한 코드 블록에 서 밖으로 나가면서 찾는다. 예를 들어, 함수 내부에서 이름을 찾는 순서는 먼저, 함수의 지역 이름 공간에서 이름을 찾고, 바인딩된 이름이 없으면, 함수를 둘러싼(enclosed) 가 장 가까운 외부 블록의 이름 공간에서 찾는다. 전역 이름 공간에도 이름이 없으면, 최종 적으로 내장 이름 공간에서 이름을 찾고 없으면 NameError가 발생한다.

지역 네임스페이스(local namespace)와 지역 유효범위(local scope), 전역 네임스페이스 (global namespace)와 전역 유효범위(global scope)를 혼용해서 사용한다. 변수 이름에 대 해서 전역변수(global variable)와 지역변수(local variable)란 용어도 함께 사용된다.

3.2 global 문

global 문은 함수, 클래스 등의 내부에서 전역이름을 사용할 때 사용한다. 〈명칭_리스트〉 는 콤마로 구분된 변수, 함수, 클래스 이름 등으로 나열된 이름은 전역 이름 공간의 명칭 으로 해석된다. 〈명칭_리스트〉에 나열된 이름이 전역 이름 공간에 미리 바인딩될 필요 는 없다. 〈명칭_리스트〉에 나열된 이름은 함수의 매개변수, for 문의 변수, 클래스 이름, 함수 이름, import 문장 등에는 사용할 수 없다.

형식	global 〈명칭_리스트〉

3.3 nonlocal 문

nonlocal 문은 전역 이름을 제외한 가장 가까운 유효한 이미 바인딩된 비지역 이름을 사용할 때 사용한다. 〈명칭_리스트〉에 나열된 이름은 비지역 이름 공간에 미리 바인딩되어 있어야 한다.

> **형식**　nonlocal <명칭_리스트>

[예제 4.24] 변수의 유효범위 1

```
>>> def func():
        x = 10        # x: local variable in func()
        print("x = ", x)
        print("locals() = ", locals())
        # print("globals() = ", globals())
```

```
# 설명 1
>>> globals()     # 전역 네임스페이스
{'func': <function func at 0x02E630C0>, '__builtins__': <module 'builtins' (built-in)>, '__
name__': '__main__', ... , '__package__': None}
```

```
# 설명 2
>>> func()
x = 10
locals() = {'x': 10}
```

```
# 설명 3
>>> print(x)      # 전역변수에 x가 없음
Traceback (most recent call last):
  File "<pyshell#10>", line 1, in <module>
    x
NameError: name 'x' is not defined
```

프로그램 설명

① func() 함수에서 지정문 x = 10에 의해 변수 이름 x가 10으로 바인딩되어 변수 이름 x는 함수 func()의 지역 네임스페이스에 포함된다. 즉, 변수 x는 함수 func()의 지역변수이다. locals() 함수로 확인할 수 있다.

② 설명 1에서 globals() 함수를 실행하면 함수 func()의 이름('func')이 사전(dict)의 항목인 것을 확인할 수 있다.

③ 설명 2에서 func()를 호출하면, 함수 func()에서 print() 함수로 x = 10을 출력한다. 이때, 변수 이름 x를 func() 함수의 지역 네임스페이스에서 먼저 찾는다. 즉, 함수에서 실행한 locals()의 반환 값인 사전에 'x': 10 항목이 있으므로 x는 함수 func()의 지역변수이다. 지역변수는 함수가 반환되면 소멸된다. func() 함수에서 globals() 함수를 호출하면 설명 1과 같이 프롬프트에서 globals() 함수를 호출한 결과와 같다.

④ **설명 3**에서 print() 함수로 x를 출력하면, 이름 x가 정의되지 않았다는 NameError를 발생한다. 프롬프트(>>>)는 전역 네임스페이스이므로 globals()에 이름 x가 없고 내장(built-in) 네임스페이스에도 없기 때문이다.

[예제 4.25] 변수의 유효범위 2

```
>>> x = 1            # global variable
>>> def func():
        x = 10       # x : local variable in func()
        print("x = ", x)
        print("locals() = ", locals())
        # print("globals() = ", globals())

# 설명 1
>>> globals()
{'func': <function func at 0x02E63078>, '__builtins__': <module 'builtins' (built-in)>, '__name__': '__main__', '__spec__': None, 'x': 1, ....}

# 설명 2
>>> func()
x = 10
locals() = {'x': 10}

# 설명 3
>>> print(x)
1
```

프로그램 설명

① 지정문 x = 1에 의해 변수 x는 전역변수이다. globals() 함수로 확인할 수 있다.

② func() 함수에서 지정문 x = 10에 의해, 변수 x는 func() 함수의 지역변수가 된다. locals() 함수로 확인할 수 있다.

③ func() 함수에서 print("x = ", x)의 변수 이름 x는 지역변수의 x이며 값은 10이다. 전역 네임스페이스와 지역 네임스페이스에 변수 이름 x가 있지만, 먼저 지역 네임스페이스에서 이름을 찾기 때문이다.

④ **설명 1**에서 globals() 함수를 실행하면, 변수 x는 전역변수임을 확인할 수 있다.

⑤ **설명 2**에서 func()를 호출하면, func() 함수에서 print() 함수로 x = 10을 출력한다.

⑥ **설명 3**에서 print() 함수로 x를 출력하면 1을 출력한다. 전역 네임스페이스에 이름 x의 값이 1이기 때문이다.

[예제 4.26] 변수의 유효범위 3 : 매개변수는 지역변수

```
>>> x = 1                  # x : global variable
>>> def func(x):           # x : local variable in func()
        print(x)
        print("locals() = ", locals())

# 설명 1
>>> func(10)
10
locals() = {'x': 10}

# 설명 2
>>> print(x)
1

# 설명 3
>>> func(x)
1
locals() = {'x': 1}
```

프로그램 설명

① 함수 정의 func(x)에서 매개변수 x는 지역변수이다. locals() 함수로 확인할 수 있다.

② func() 함수에서 print("x = ", x)의 변수 이름 x는 지역변수이다.

④ 설명 1에서 func(10)으로 호출하면, func() 함수에서 print() 함수로 x = 10을 출력한다.

⑤ 설명 2에서 print() 함수로 x를 출력하면, 1을 출력한다. 전역 네임스페이스에 이름 x가 값 1로 바인딩되기 때문이다.

⑥ 설명 3에서 func(x)을 호출하면, func() 함수에서 print() 함수로 x = 1을 출력한다. 전역변수와 지역변수에 x가 있지만, 매개변수인 지역변수의 값을 출력한 것이다.

[예제 4.27] 변수의 유효범위 4 : UnboundLocalError

```
>>> x = 1                      # x : global variable
>>> def func():
        print("x = ", x)    # x : local variable로 간주, x = 10 때문에
        x = 10
        print("x = ", x)
        print("locals() = ", locals())

# 실행 결과
>>> func()
Traceback (most recent call last):
 File "<pyshell#64>", line 1, in <module>
  func()
 File "<pyshell#63>", line 2, in func
  print("x = ", x)
UnboundLocalError: local variable 'x' referenced before assignment
```

프로그램 설명

① func() 함수에서 지정문 x = 10에 의해 변수 x를 func() 함수의 지역변수이다. 변수 x에 값을 바인
딩하기 전에 print() 함수에서 변수 x를 사용하여 UnboundLocalError가 발생한다.

② 지정문 x = 10이 없으면, 오류가 발생하지 않는다. 지정문 이전의 print() 함수가 없어도 오류가 발
생하지 않는다. 지역변수에 변수 x가 없으면, 전역변수 x를 사용할 수 있기 때문이다.

[예제 4.28] global 문에 의한 전역변수 참조

```
>>> x = 1              # x : global variable
>>> def func():
        global x
        x = 10          # x : global variable
        print("x = ", x)
        print("locals() = ", locals())

# 실행 결과
>>> func()
x = 10
locals() = {}
>>> print(x)
10
>>> globals()
{'func': <function func at 0x02DDAC48>, 'x': 10, ... }
```

프로그램 설명

① func() 함수에서 global 문에 의해 변수 x는 전역변수이다. 프롬프트의 지정문 x = 1이 없어도 동
일한 결과를 갖는다.

② func() 함수에서 x = 10은 global 문에 의해 전역변수 x의 값을 10으로 변경한다.

③ func() 함수에서 지역변수는 없다. locals() 함수로 확인할 수 있다.

[예제 4.29] 중첩된 함수에서 변수의 유효범위

```
>>> x = 10              # x : global variable
>>> def func():
        y = 20          # y : local variable in func()
        def inner():
            x = 30      # x : local variable in inner()
            print("inner x", x)
            print("inner y", y)
            print("inner, locals() = ", locals())
        inner()
        print("func x", x)
        print("func y", y)
        print("func locals() = ", locals())
```

```
# 실행 결과
>>> func()
inner x 30
inner y 20
inner, locals() = {'x': 30, 'y': 20}
func x 10
func y 20
func locals() = {'y': 20, 'inner': <function func.<locals>.inner at 0x02DDAC48>}
```

프로그램 설명

① 파이썬은 함수 안에서 함수 정의가 가능하다. func() 함수에 지역변수 y와 inner() 함수가 정의되어 있다. locals() 함수로 확인할 수 있다.

② inner() 함수에 지역변수 x가 정의되어 있다. print("inner x", x)는 inner() 함수의 지역변수 x에 바인딩된 30을 출력한다. print("inner y", y)는 inner() 함수의 지역변수에 변수명 y가 없으므로, inner() 함수를 포함하는 가장 가까운 외부 블록인 func()의 지역변수 y에 바인딩된 20을 출력한다.

③ func() 함수에서 inner() 함수를 호출한다. print("func x", x)는 func() 함수의 지역변수에 변수명 x가 없으므로, func() 함수를 포함하는 외부블록인 전역변수 x에 바인딩된 10을 출력한다. print("func y", y)는 func() 함수의 지역변수 y에 바인딩된 20을 출력한다.

[예제 4.30] nonlocal 문에 의한 비지역변수 참조

```
>>> def func():
        global x
        x = 10                  # x : global variable
        y = 20                  # y : local variable in func()
        def inner():
                x = 30          # x : local variable in inner()
                nonlocal y
                y = 40          # x : local variable in func(), nonlocal in inner()
                print("inner x", x)
                print("inner y", y)
                print("inner, locals() = ", locals())
        inner()
        print("func x", x)
        print("func y", y)
        print("func locals() = ", locals())

# 실행 결과
>>> func()
inner x 30
inner y 40
inner, locals() = {'x': 30, 'y': 40}
func x 10
func y 40
func locals() = {'y': 40, 'inner': <function func.<locals>.inner at 0x02DDAC48>}
```

프로그램 설명

① 파이썬은 함수 안에 함수 정의가 가능하다. func() 함수에 지역변수 y와 inner() 함수가 정의되어 있다. locals() 함수로 확인할 수 있다. 함수 func() 내부에서 사용되는 변수 x는 global 문에 전역변수이다.

② inner() 함수에 지역변수 x가 정의되어 있다. print("inner x", x)는 inner() 함수의 지역변수 x에 바인딩된 30을 출력한다.

③ inner() 함수에서 변수명 y를 nonlocal 문으로 지정하였으므로, inner() 함수를 포함하는 가장 가까운 외부 블록인 func()의 지역변수 y를 의미한다. 그러므로 y = 40에 의해 func()의 지역변수 y를 40으로 바인딩한다. print("inner y", y)는 40을 출력한다. inner() 함수 내의 locals() 함수에는 비지역변수 y가 포함됨에 주의한다.

③ func() 함수에서 inner() 함수를 호출한다. print("func x", x)는 func() 함수의 지역변수에 변수명 x가 없으므로, 전역변수 x에 바인딩된 10을 출력한다. print("func y", y)는 inner() 함수에서 비지역변수로 참조하여 변경한 40을 출력한다.

④ func() 함수에서 지정문 y = 20에 의한 지정문이 없으면, inner() 함수의 nonlocal 문에서 오류가 발생한다. nonlocal 문의 변수는 전역변수 이외에서 바인딩된 비지역 변수가 미리 존재해야 한다.

04 람다 함수, map(), filter(), 재귀함수

4.1 람다(lambda) 함수

lambda 함수는 이름을 갖지 않고 한 줄의 수식으로 구성되는 인라인 함수이다. 〈매개변수리스트〉는 생략 가능하다. 〈수식〉은 함수의 반환값이다. 람다 함수에서 인수를 매개변수에 전달하는 방법은 일반함수와 같다.

형식   lambda [〈매개변수리스트〉]: 〈수식〉

[예제 4.31] 람다(lambda) 함수 1

```
# 설명 1
>>> f = lambda x: x*x
>>> f(1)
1
>>> f(2)
4

# 설명 2
>>> def f(x):        # f = lambda x : x * x와 같다.
        return x*x
```

```
>>> f(1)
1
>>> f(2)
4
```


① 설명 1에서 f = lambda x : x * x는 매개변수 x를 제곱하여 반환한다. f(1)는 1, f(2)는 4를 반환한다.

② 설명 2에서 함수 f를 def f(x): return x * x로 다시 정의한다. 이처럼 단순한 함수는 설명 1에서처럼 람다 함수를 사용하는 것이 편리하다.

[예제 4.32] 람다(lambda) 함수 2

```
>>> f = lambda x, y=1: x + y
```

```
# 실행 결과
>>> f(1)
2
>>> f(1, 2)
3
>>> f(y = 10, x = 20)
30
```


① f = lambda x, y = 1: x + y는 매개변수 x, y를 덧셈하여 반환한다. 매개변수 y는 디폴트 값 1을 갖는다.

② 람다 함수 f는 함수로 정의하면 def f(x, y = 1): return x + y와 같다.

③ f(1)는 x = 1, y = 1이 전달되고, f(1, 2)는 x = 1, y = 2가 전달되고, f(y = 10, x = 20)는 x = 20, y = 10이 전달된다.

[예제 4.33] 람다(lambda) 함수 3

```
>>> from types import *        # types.LambdaType, types.FunctionType
>>> def g(f):
        if type(f) is LambdaType or type(f) is FunctionType:
                return [ f(x) for x in range(10)]
        return None
```

```
# 실행 결과
>>> g(10)          # 인수 10은 함수가 아님
>>> g(lambda x: x**2 + 2*x + 1)
[1, 4, 9, 16, 25, 36, 49, 64, 81, 100]
```

프로그램 설명

① 함수 g()의 매개변수 f가 함수 또는 람다 함수인지를 확인하기 위하여 types 모듈을 임포트한다. from types import *로 임포트하면 types.LambdaType 대신 간단히 LambdaType만 사용한다.

② type() 함수의 반환값에 의해 자료형을 확인할 수 있는 BooleanType, IntType, FloatType, ComplexType, StringType, UnicodeType, TupleType, ListType, DictType, FunctionType, LambdaType, GeneratorType, ClassType, InstanceType, MethodType, BuiltinFunctionType 등의 이름이 정의되어 있다.

③ g(10)에서 인수 10은 함수가 아니기 때문에, 함수 g()는 None을 반환한다.

④ g(lambda x: x**2 + 2*x + 1)는 람다 함수가 함수 g의 인수가 되어 매개변수 f에 전달된다.

4.2 map(), filter(), zip(), reduce(), partial() 함수

map(), filter(), zip() 함수는 내장함수이다. map() 함수는 같은 함수를 반복가능 객체 (예를 들어, 시퀀스)의 각 항목에 적용하는 반복가능(iterable) 객체를 반환하고, 적용한 결과를 반환한다. filter() 함수는 반복가능 객체에서 함수가 True인 반복가능 객체를 생성한다. zip() 함수는 반복가능 객체의 각 항목을 지퍼처럼 모아서 튜플로 반환하는 반복가능 객체를 반환한다.

reduce() 함수는 functools 모듈의 함수로 2개의 매개변수를 갖는 함수를 시퀀스의 각 항목에 왼쪽에서 오른쪽으로 누적하여 적용하여, 하나의 값을 반환한다. 예를 들어 reduce(lambda x, y : x+y, [1,2,3,4])는 (((1 + 2) + 3) + 4)와 같다.

map(), filter(), reduce() 함수에 사용되는 함수는 일반함수 또는 람다함수 모두 사용할 수 있다. partial() 함수는 functools 모듈의 함수로 기존 함수의 인수 일부를 고정(freeze)시킨 객체를 반환하여 함수를 호출할 수 있다.

[예제 4.34] map() 함수

```
>>> X = [1, 2, 3]
>>> list(map( lambda x: x **2, X))
[1, 4, 9]
>>> Y = [2, 2, 2]
>>> list(map(pow, X, Y))
[1, 4, 9]
```

프로그램 설명

① map(lambda x: x ** 2, X)는 리스트 X의 각 항목을 람다 함수의 매개변수 x로 받아 제곱하는 이터레이터(iterator)를 반환한다. list()를 사용하여 리스트를 생성한다.

② map(pow, X, Y)는 X의 각 항목 x와 Y의 각 항목 y에 대해 pow(x, y)를 적용하는 이터레이터(iterator)를 반환한다. list()를 사용하여 리스트를 생성한다.

[예제 4.35] filter() 함수

```
>>> X = list(range(-5, 5))
>>> X
[-5, -4, -3, -2, -1, 0, 1, 2, 3, 4]

# 설명 1
>>> list( filter( lambda x: x < 0, X) )
[-5, -4, -3, -2, -1]

# 설명 2
>>> list( filter( lambda x: x > 0, X) )
[1, 2, 3, 4]

# 설명 3
>>> list( filter( None, X ) )
[-5, -4, -3, -2, -1, 1, 2, 3, 4]
```

프로그램 설명

① 설명 1에서 filter(lambda x: x < 0, X)는 리스트 X의 각 항목을 람다 함수의 매개변수 x로 받아 x < 0이 True인 이터레이터를 반환한다. list()를 사용하여 리스트를 생성한다.

② 설명 2에서 filter(lambda x: x > 0, X)는 리스트 X의 각 항목을 람다 함수의 매개변수 x로 받아 x > 0이 True인 이터레이터를 반환한다. list()를 사용하여 리스트를 생성한다.

③ 설명 3에서 filter(None, X)는 X의 각 항목의 값이 True인 이터레이터를 반환한다. 0은 False이므로 제외된다.

[예제 4.36] zip() 함수

```
# 설명 1
>>> X = [1, 2, 3]
>>> Y = ['a', 'b', 'c']
>>> list(zip(X, Y))
[(1, 'a'), (2, 'b'), (3, 'c')]
>>> A, B = zip(*zip(X, Y))
>>> A
(1, 2, 3)
>>> B
('a', 'b', 'c')

# 설명 2
>>> Z = list(zip(X, Y))
>>> Z
[(1, 'a'), (2, 'b'), (3, 'c')]
>>> list(zip(*Z))
[(1, 2, 3), ('a', 'b', 'c')]
```

```
# 설명 3
>>> A = [1, 2, 3]
>>> B = [4, 5, 6]
>>> C = ['a', 'b', 'c']
>>> D = list(zip(A, B, C))
>>> D
[(1, 4, 'a'), (2, 5, 'b'), (3, 6, 'c')]
>>> U = list(zip(*D))
>>> U
[(1, 2, 3), (4, 5, 6), ('a', 'b', 'c')]
```

프로그램 설명

① 설명 1에서 list(zip(X, Y))는 zip(X, Y)로 리스트 X와 Y의 각 항목을 지퍼처럼 모아서 튜플로 반환하는 반복가능 객체를 반환하여, list()로 리스트 [(1, 'a'), (2, 'b'), (3, 'c')]를 구성한다. A, B = zip(*zip(X, Y))는 zip(X, Y)로 zip한 객체를 *에 의해 unzip하여 리스트의 첫 번째 항목을 A, 두 번째 항목을 B에 저장한다.

② 설명 2에서 Z = list(zip(X, Y))는 리스트 X와 Y를 zip한 후에, 리스트 Z를 생성한다. list(zip(*Z))는 리스트 Z를 upzip하여 리스트를 생성한다.

③ 설명 3에서 D=list(zip(A, B, C))는 리스트 A, B, C를 zip하여 리스트 D를 생성한다. U = list(zip(*D))는 리스트 D를 upzip하여 리스트 U를 생성한다.

[예제 4.37] functools.reduce() 함수

```
>>> from functools import reduce
>>> reduce(lambda x, y : x + y, [1, 2, 3, 4] )
10
>>> reduce(lambda x, y : x * y, [1, 2, 3, 4] )
24
```

프로그램 설명

① functools 모듈에서 reduce를 임포트한다.

② reduce(lambda x, y : x + y, [1, 2, 3, 4])는 (((1 + 2) + 3) + 4)와 같다.

③ reduce(lambda x, y : x * y, [1, 2, 3, 4])는 (((1 * 2) * 3) * 4)와 같다.

[예제 4.38] functools.partial() 함수

```
# 설명 1
>>> int('1001')
1001
>>> int('1001', base=10)
1001
```

```
# 설명 2
>>> from functools import partial
>>> base2 = partial(int, base=2)
>>> base2('1001')
9
```

프로그램 설명

① 설명 1에서 int('1001') 또는 int('1001', base = 10)는 문자열 '1001'을 10진수로 해석하여 정수 1001로 변환한다.

② 설명 2에서 functools 모듈에서 partial을 임포트한다. base2 = partial(int, base = 2)는 int() 함수에서 base를 2로 고정하여 base2 객체를 생성한다. base2('1001')를 호출하면 문자열 '1001'을 2진수로 해석하여 정수 9로 변환한다. base2('1001')는 int('1001', base=2)를 호출한 것이다.

4.3 재귀함수

함수가 직접 또는 간접적으로 함수 자신을 호출하는 것을 재귀(recursion)라고 한다. 많은 알고리즘과 수학식이 재귀로 정의된다. 예를 들면, 이진탐색(binary search), 퀵정렬(quick sort), 팩토리얼(factorial), 피보나치 수열 등이 있다.

재귀는 반드시 중지 조건이 있어야 무한루프에 빠지지 않는다. 내부적으로 재귀는 스택(stack) 자료구조를 이용하여 현재 상태의 지역변수와 반환 주소를 관리하므로 일반적으로 반복(iteration) 처리보다 속도가 느리다.

파이썬 인터프리터에는 허용 가능한 스택의 최대 깊이인 최대 재귀 한계가 설정되어 있으며, sys 모듈의 getrecursionlimit() 함수로 얻을 수 있고, setrecursionlimit() 함수로 설정을 변경할 수 있다. 설정된 한계 이상의 깊이로 재귀가 일어나면 RecursionError가 발생한다.

[예제 4.39] 파이썬 인터프리터 스택의 최대 깊이

```
>>> import sys
>>> sys.getrecursionlimit()
1000
>>> sys.setrecursionlimit(100)
>>> sys.getrecursionlimit()
100
```

프로그램 설명

① sys 모듈을 임포트하고, sys.getrecursionlimit() 함수로 파이썬 인터프리터 스택의 최대 깊이인 최대 재귀 한계값을 확인한다.

② sys.setrecursionlimit(100)에 의해 최대 재귀 한계를 100으로 설정한다.

[예제 4.40] n!(factorial)

```
>>> def fact(n):
        if n == 0:
                return 1
        return n*fact(n-1)
```

```
# 실행 결과
>>> fact(3)
6
>>> fact(10)
3628800
```

프로그램 설명

① 팩토리얼(factorial) 정의는 0!=1이고, n! = n*(n-1)!이다.

② else : return n * fact(n - 1)과 같이 else 절이 있어도 된다.

③ fact(3)로 호출하면, 3 * fact(2)를 반환하여, 다시 fact(2)가 호출되어 2 * fact(1)이 반환되고, 다시 fact(1)가 호출되어 1 * fact(0)이 반환되고, fatc(0)은 1을 반환한다. fatc(0) = 1 값을 이용하여 호출된 역순으로 fact(1) = 1 * 1, fact(2) = 2 * 1, fact(3) = 3 * 2 * 1의 계산이 이루어진다.

[예제 4.41] 피보나치 수열

```
>>> def fib(n):
        if n <= 1:
                return n
        return fib(n-1) + fib(n-2)
```

```
# 실행 결과
>>> for n in range(5):
        print(fib(n))
0
1
1
2
3
```

프로그램 설명

① 피보나치(Fibonacci) 수열은 0, 1, 1, 2, 3,.... 과 같이 0, 1로 시작하여 이전의 두 자연수를 덧셈하여 생성되는 수열이다.

② fib(0) = 0, fib(1) = 1, fib(3)= fib(2) + fib(1), fib(4)= fib(3) + fib(2) 등이다.

05 일급함수, 함수 클로저, 데코레이터

5.1 일급함수(first-class functions)

파이썬의 함수는 변수 이름에 바인딩할 수 있고, 매개변수에 함수를 전달할 수 있으며, 함수를 반환할 수 있다. 프로그래밍 언어에서는 이러한 함수를 일급함수(first-class functions)라 하며, 일급시민(first-classcitizens)으로 취급한다고 말한다.

[예제 4.42] 일급함수

```
# 설명 1 : 함수를 변수 이름 say에 바인딩한다.
>>> def greeting(name):
  return "Hi, " + name
>>> say = greeting          # 함수 greeting을 say에 바인딩
>>> say('kim')              # greeting('kim')
'Hi, kim'
>>> greeting
<function greeting at 0x025209C0>
>>> say
<function greeting at 0x025209C0>
>>> say is greeting
True

# 설명 2 : 매개변수에 함수를 전달할 수 있다.
>>> def testFunc(f, data):              # 매개변수 f는 함수를 받는다.
          return f(data)
>>> testFunc(min, [10, 2, 100, 1, 50])   # 내장함수 min을 매개변수 f로 전달
1
>>> testFunc(max, [10, 2, 100, 1, 50])   # 내장함수 max를 매개변수 f로 전달
100

# 설명 3 : 함수를 반환값으로 사용할 수 있다.
>>> def message(msg):
          def getMessage():
                  return "Hi," + msg
          return getMessage               # 함수 getMessage을 반환

>>> say = message("how are you?")         # say는 함수 클로저이다.
>>> say()
'Hi,how are you?'
>>> say.__closure__
(<cell at 0x022F9EB0: str object at 0x02526B10>,)
>>> len(say.__closure__)
1
>>> say.__closure__[0].cell_contents
'how are you?'
```

프로그램 설명

① 설명 1에서 say = greeting에 의해 함수 greeting을 say에 바인딩한다. greeting과 say는 같은 참조를 갖는다. say('kim')과 greeting('kim')은 같다.

② 설명 2에서 함수 testFunc()는 매개변수 f에 함수를 전달받고, 매개변수 data에는 리스트 데이터를 받아, f(data)를 반환한다. testFunc(min, [10, 2, 100, 1, 50])는 내장함수 min을 매개변수 f로 전달하여 리스트 [10, 2, 100, 1, 50]에서 최소값을 반환한다. testFunc(max, [10, 2, 100, 1, 50])는 내장함수 max을 매개변수 f로 전달하여 리스트 [10, 2, 100, 1, 50]에서 최대값을 반환한다.

③ 설명 3에서 파이썬은 중첩함수 정의가 가능하다. 이러한 중첩함수에서 함수를 반환할 수 있다. message() 함수는 getMessage 함수를 반환한다. say = message("how are you?")로 호출하면 say는 getMessage 함수로의 참조이다. 이때 say는 함수 클로저이다. say.__closure__ 속성에 getMessage() 함수의 비지역변수인 msg의 정보를 가지고 있다.

5.2 함수 클로저

파이썬은 중첩함수 정의가 가능하다. 프로그래밍 언어에서 클로저(closure)는 일급함수를 갖는 언어에서 함수와 실행 환경을 저장하는 자료구조이다. 파이썬의 함수 클로저는 중첩된 함수에서 함수를 반환할 때 생성되며, 함수 클로저의 __closure__ 속성에 전역변수가 아닌 비지역변수(자유변수: free variable)의 정보(참조, 값)가 튜플의 각 항목에 셀(cell)로 저장된다. 함수 클로저는 중첩된 내부함수(inner function)에서 둘러싸고 (enclosing) 있는 외부 영역을 접근할 수 있다.

[예제 4.43] 함수 클로저

```
>>> def f(x):
        y = 10
        print('in f(), hex(id(x))=', hex(id(x)))
        print('in f(), hex(id(y))=', hex(id(y)))
        def g(z):
                return x + y + z
        return g
```

```
# 설명 1
>>> f
<function f at 0x02EB3150>
>>> c = f(1)
in f(), hex(id(x))= 0x507c56f0
in f(), hex(id(y))= 0x507c5780
>>> c
<function f.<locals>.g at 0x02EB3390>
```

```
# 설명 2
>>> c.__closure__
(<cell at 0x02D6E730: int object at 0x507C56F0>, <cell at 0x02D6E870: int object at 0x507C5780>)
```

```
# 설명 3
>>> del f

# 설명 4
>>> c(4)
15

# 설명 5
>>> type(c.__closure__[0])
<class 'cell'>
>>> for x in a.__closure__:
            print('ref={0}, value={1}'.format(x, x.cell_contents))

ref=<cell at 0x02D6E7D0: int object at 0x507C56F0>, value=1      # x
ref=<cell at 0x02D6E8D0: int object at 0x507C5780>, value=10     # y
```

프로그램 설명

① **설명 1**에서 c = f(1)에 의해 함수 g()의 함수 클로저 c가 생성된다. 이때 함수 f() 내부에 있는 지역변수 x, y의 참조값(hex(id(x)) = 0x507c56f0, hex(id(y)) = 0x507c5780)을 id() 함수로 확인하여 hex() 함수를 이용하여 16진수로 출력하였다. 클로저 c에서 이 값에 대한 참조를 갖고 있음을 보이기 위해서이다.

② **설명 2**에서 c.__closure__ 속성은 튜플로 각 항목은 자유변수 즉 함수 g()의 비지역변수인 x, y의 참조값(int object at 0x507C56F0, int object at 0x507C5780)을 가지고 있음을 알 수 있다. 0x02D6E730은 c.__closure__[0]의 참조값이고, 0x02D6E870은 c.__closure__[0]의 참조값이다.

③ **설명 3**에서 del f로 함수 f를 전역 네임스페이스에서 삭제해도 함수 클로저 c를 통해 함수 f()의 지역변수를 참조할 수 있다. 함수 클로저 c의 c.__closure__ 속성에 참조값이 저장되어 있기 때문이다.

④ **설명 4**에서 c(4)는 x = 1, y = 10, z = 4에 의해 15이다.

⑤ **설명 5**에서 a.__closure__[0].cell_contents, a.__closure__[1].cell_contents에 의해 비지역변수의 값을 알 수 있다.

5.3 함수 데코레이터

데코레이터(decorator)는 다른 함수를 반환하는 함수로, 함수를 래핑(wrapping) 할 때 사용한다. 래핑 함수는 어떤 일을 시작하기 전후에 처리할 일을 수행한다. 예를 들면, 자원(resource)의 할당/회수 또는 조건 체크 등과 같은 일을 래핑 함수가 수행한다.

파이썬의 데코레이터는 함수 이름 앞에 @기호를 사용하여 지정한다. 데코레이터 함수는 미리 정의되어야 한다. 데코레이터의 기능은 일급함수와 함수 클로저를 이용한다.

[예제 4.44] 함수 데코레이터 1 : 일급함수와 함수 클로저 사용

```
>>> def entryExit(func):
        def wrapper():
            print("Entering", func.__name__) # 사전장식
            func()
            print("Exit", func.__name__)      # 사후장식
        return wrapper
>>> def testFunc():                           # 데코레이터가 적용될 함수
        print("inside testFunc()")

# 실행 결과
>>> testFunc = entryExit(testFunc)
>>> testFunc()
Entering testFunc
inside testFunc()
Exit testFunc
```

프로그램 설명

① entryExit() 함수는 매개변수 func에 함수를 전달받고, 내부에 정의된 함수 wrapper를 반환한다. 함수 wrapper()는 entryExit() 함수의 매개변수로 전달받은 함수 func()를 수행하기 전후에 print("Entering", func.__name__)와 print("Exited", func.__name__)를 수행한다. func.__name__는 함수의 이름이다. testFunc() 함수는 데코레이터가 적용될 함수로 단순히 print("inside testFunc()")만을 출력한다.

② 실행 결과에서 testFunc = entryExit(testFunc)에 의해 entryExit() 함수에 testFunc를 매개변수로 전달한 다음 다시 testFunc에 바인딩한다. testFunc는 함수 클로저이다. testFunc()를 호출하면, 원래의 testFunc() 함수의 실행 결과인 "inside testFunc()" 전후에 "Entering testFunc"와 "Exit testFunc" 문자열이 출력된 것을 확인할 수 있다.

[예제 4.45] 함수 데코레이터 2 : @기호 사용, 인수가 없는 함수

```
>>> def entryExit(func):
        def wrapper():
            print("Entering", func.__name__)   # 사전장식
            func()
            print("Exit", func.__name__)        # 사후장식
        return wrapper
>>> @entryExit
def testFunc():
        print("inside testFunc()")

# 실행 결과
>>> testFunc()
Entering testFunc
inside testFunc()
Exit testFunc
```

프로그램 설명

① entryExit() 함수는 [예제 4.44]와 같다.

② testFunc() 함수 정의 앞에 @entryExit로 데코레이터를 지정한다. 이것은 [예제 4.44]의 testFunc = entryExit(testFunc)와 같다.

③ 실행 결과에서 testFunc() 함수 호출의 결과는 [예제 4.44]와 같다.

[예제 4.46] 함수 데코레이터 3 : @기호 사용, 인수가 있는 함수

```
>>> import time
>>> def checkTime(func):
        def wrapper(n):              # 매개변수 n
            start = time.time()
            ret = func(n)            # 데코레이터가 적용될 함수
            end = time.time()
            print('Execution time : {0}'.format(end-start))
            return ret
        return wrapper
>>> @checkTime
def iFact(n):
        fa = 1
        for i in range(n, 0, -1):
                fa *= i
        return fa
>>> @checkTime
def iFib(n):
        a, b = 0, 1
        for i in range(n):
          a, b = b, a + b
        return a

# 설명 1
>>> a = iFact(2000)
Execution time : 0.0040001869201660016

# 설명 2
>>> b = iFib(2000)
Execution time : 0.0009999275207519531
```

프로그램 설명

① time 모듈을 사용하여 함수가 실행되는 시간을 체크하는 함수를 데코레이터를 사용하여 작성한다.

② checkTime() 함수의 내부에 정의된 wrapper() 함수에서 매개변수 n을 받아. 데코레이터가 적용될 함수에 func(n)과 같이 전달한다. func() 함수의 수행시간인 end - start를 print() 함수로 출력하고 ret를 반환한다.

③ @checkTime으로 반복문을 이용하여 계산한 iFact() 함수와 iFib() 함수를 데코레이트 한다.

④ **설명 1**과 **설명 2**에서 iFact(2000), iFib(2000)의 수행시간을 측정한다. 각 함수의 반한 값 a, b는 매우 큰 정수이다.

[예제 4.47] 함수 데코레이터 4 : @기호 사용, 가변인수가 있는 함수

```python
>>> import time
>>> def checkTime(func):
        def wrapper(*args, **kwargs):          # 가변 위치인수와 가변 키워드인수를 받음
                start = time.time()
                ret = func(*args, **kwargs)     # 데코레이터가 적용될 함수
                end = time.time()
                print('Execution time : {0}'.format(end-start))
                return ret
        return wrapper
>>> @checkTime
def iFact(n):
        fa = 1
        for i in range(n, 0, -1):
                fa *= i
        return fa
>>> @checkTime
def iFib(n):
        a, b = 0, 1
        for i in range(n):
                a, b = b, a + b
        return a

# 실행 결과
>>> a = iFact(2000)
Execution time : 0.0030002593994140625
>>> b = iFib(2000)
Execution time : 0.0009999275207519531
```

프로그램 설명

① checkTime() 함수의 내부정의 wrapper() 함수 정의에서 매개변수 *args, **kwargs에 의해 가변 위치 인수와 가변 키워드 인수를 받을 수 있도록 하고, 데코레이터가 적용될 함수에 func(*args, **kwargs)와 같이 전달한다.

② @checkTime로 반복문으로 계산한 iFact() 함수와 iFib() 함수를 데코레이트 한다.

③ 실행 결과에서 iFact(2000), iFib(2000)의 수행시간을 측정한다. 각 함수의 반한 값 a, b는 매우 큰 정수이다.

[예제 4.48] 함수 데코레이터 5 : @기호 사용, 재귀 함수 1

```python
>>> import time
>>> def checkTime(func):
        def wrapper(*args, **kwargs):      # 가변 위치인수와 가변 키워드인수를 받음
            start = time.time()
            ret = func(*args, **kwargs)     # 데코레이터가 적용될 함수
            end = time.time()
            print('Execution time : {0}'.format(end-start))
            return ret
        return wrapper

>>> @checkTime
def rFact(n):
        if n == 0:
            return 1
        return n*rFact(n-1)
>>> @checkTime
def rFib(n):
        if n <= 1:
            return n
        return rFib(n-1) + rFib(n-2)

# 설명 1
>>> rFact(3)
Execution time : 0.0
Execution time : 0.049002885818481445
Execution time : 0.05100297927856445
Execution time : 0.054003238677978516
6

# 설명 2
>>> rFib(3)
Execution time : 0.0
Execution time : 0.0
Execution time : 0.052002906799316406
Execution time : 0.0
Execution time : 0.05800342559814453
2
```

프로그램 설명

① 가변 인수를 받는 checkTime() 함수를 사용하여, 재귀함수 rFact()와 rFib()의 수행시간을 계산한다.

② 설명 1에서 rFact(3)를 수행하면, 실행시간이 출력하는 print() 함수가 4번 출력된다. rFact(0), rFact(1), rFact(2), rFact(3)의 각각의 실행시간이다. n = 3인데도, print() 함수 때문에 실행시간이 오래 걸린다.

③ 설명 2에서 rFib(3)를 수행하면, 실행시간이 출력하는 print() 함수가 5번 출력된다. rFib(0), rFib(1), rFib(2), rFib(1), rFib(3) 각각의 실행시간이다.

④ 중간 재귀 과정의 실행 시간은 출력하지 않고, rFact(3), rFib(3)의 실행 시간만을 출력하려면, 재
  귀함수 rFact()와 rFib() 앞에 데코레이터를 사용하지 않고, 실행할 때 fact = checkTime(rFact)
  와 같이 함수 이름 rFact와 다른 이름 fact에 바인딩하여, fact(3)로 호출하거나, [예제 4.48]과 같
  이 처음 호출할 때와 나머지 호출을 비지역변수를 사용하여 구분하여 처리하면 된다.

[예제 4.49] 함수 데코레이터 6 : @기호 사용, 재귀 함수 2(비지역 변수 사용)

```
>>> def checkTime(func):
        bRecursiveCall = False
        def wrapper(*args, **kwargs):          # 가변 위치 인수와 가변 키워드 인수를 받음
                nonlocal bRecursiveCall
                if bRecursiveCall:
                        return func(*args, **kwargs)
                # else
                bRecursiveCall = True
                start = time.time()
                ret = func(*args, **kwargs)
                end = time.time()
                bRecursiveCall = False
                print('Execution time : {0}'.format(end-start))
                return ret
        return wrapper
>>> @checkTime
def rFact(n):
        if n == 0:
                return 1
        return n*rFact(n-1)
>>> @checkTime
def rFib(n):
        if n <= 1:
                return n
        return rFib(n-1) + rFib(n-2)

# 실행 결과
>>> rFact(20)
Execution time : 0.0
2432902008176640000
>>> rFib(20)
Execution time : 0.011000633239746094
6765
>>> rFib(30)
Execution time : 1.6870942115783691
832040
```

프로그램 설명

① checkTime() 함수의 지역변수 bRecursiveCall을 내부함수인 wrapper() 함수가 참조하여, 처음
  호출과 중간의 재귀 호출을 구분한다.

② 데코레이터에 의해 rFact = entryExit(rFact)와 같이 바인딩되어, wrapper가 rFact가 되어 재귀된다. 처음 호출과 재귀 호출을 구분하기 위하여 checkTime() 함수의 지역변수 bRecursiveCall = False로 설정하고, rFact()의 처음 호출에 의해 wrapper() 함수가 호출되면 bRecursiveCall = True로 설정하고, rFact()의 시간을 계산하고, bRecursiveCall = False로 변경한다.

③ 실행 결과에서 rFact(20), rFib(20), rFib(30)을 호출하여 실행 시간을 측정한다. 재귀함수 rFact()와 rFib()의 실행시간이, 반복함수 iFact(), iFib() 보다 오래 걸린다. 특히 피보나치 재귀함수 rFib()는 내부에서 재귀함수 호출이 많기 때문에 실행 시간이 오래 걸린다.

[예제 4.50] 함수 데코레이터 7 : @기호 사용, 메모이제이션에 의한 피보나치 수열

```
>>> import time
>>> def checkTime(func):
        bRunning = False
        def wrapper(*args, **kwargs):     # 가변 위치 인수와 가변 키워드 인수를 받음
            nonlocal bRunning
            if bRunning:
                    return func(*args, **kwargs)
            # else
            bRunning = True
            start = time.time()
            ret = func(*args, **kwargs)
            end = time.time()
            bRunning = False
            print("Execution time : {0}".format(end-start))
            return ret
        return wrapper
>>> def memoize(func):
        memo = dict()
        def wrapper(n):
            if n not in memo:
                    memo[n] = func(n)
            # print(memo)
            return memo[n]
        return wrapper

>>> @checkTime
@memoize
def rFib(n):
        if n <= 1:
                return n
        return rFib(n-1) + rFib(n-2)

# 실행 결과
>>> rFib(30)
Execution time : 0.0
832040
>>> rFib(100)
Execution time : 0.0
354224848179261915075
```

프로그램 설명

① checkTime() 함수는 [예제 4.49]와 같다.

② 메모이제이션(memoization)은 함수 호출에서 중간 처리 결과를 저장하여 시간을 단축하는 최적화 기법이다. rFib()함수는 재귀에 의해 같은 함수값을 여러 번 반복하여 계산하기 때문에 실행시간이 오래 걸린다. 중간결과를 사전(dict)에 계산하여 놓고, 다시 나올 때 사용한다.

③ memoize 함수는 사전(dict) memo에 키(key)가 없을 때만, 키(key) n에 대한 함수값 func(n)을 사전에 추가하고 memo[n]을 반환한다. 사전 memo에 키(key) n이 있으면 함수 계산 없이 memo[n]을 반환한다.

④ 데코레이터 @checkTime, @memoize를 차례로 rFib() 함수 앞에 지정한다. rFib = checkTime(memoize(rFib))과 같다.

⑤ 실행 결과에서 rFib(30), rFib(100)의 수행시간이 0.0으로 이전 예제와 비교하여 향상된 것을 확인할 수 있다.

06 제너레이터 함수, 제너레이터 수식, 코루틴

제너레이터(generator)를 사용하면 연속적인 값을 차례로 생성할 수 있다. 제너레이터를 생성하는 방법은 제너레이터 함수와 제너레이터 수식이 있다.

컴퓨터 프로그램은 복잡한 작업(tasks)을 단위 모듈 프로그램으로 나누어 일을 처리한다. 이러한 단위 모듈을 서브루틴(subroutine)이라 하며, 메인 함수가 각 서브루틴을 호출하고, 서브루틴 사이를 조정하며 작업을 수행한다. 서브루틴은 진입점이 한 곳이고, return 문에 의해 종료하거나, 마지막 문장까지 실행하고 호출한 곳으로 되돌아온다.

코루틴(coroutine)은 진입점은 여러 곳일 수 있으며, 종료될 수도 있고, 멈추었다가 다시 시작할 수 있다. 코루틴은 값을 서로 주고받는 대화방식으로 작업을 수행한다. 파이썬의 일반함수는 서브루틴으로 동작한다. 코루틴은 제너레이터 함수 또는 async 함수로 구현할 수 있다.

6.1 제너레이터 함수

제너레이터 함수는 일반함수와 형태가 같지만, return 문 대신에 yield 문을 사용하여 이터레이터를 생성한다. 일반함수는 호출하면 함수 몸체를 실행하고 되돌아온다 (return). 일반함수는 호출될 때마다 함수의 시작부분부터 시작하며, 지역변수 값의 상태가 초기화된다.

반면, 제너레이터 함수를 호출하면 제너레이터 객체(generator object)를 반환한다. 제너레이터 객체를 내장함수 next() 또는 for 문을 사용하여 반복적으로 값을 생성할 수 있다.

제너레이터 함수는 yield value를 사용하여 value 값을 넘겨(양보)주고, 현재의 위치에서 대기(wait)한다. 대기상태에서 지역변수의 바인딩 값 등의 현재 상태를 유지한다. for 문 또는 next() 함수 등에 의해 제너레이터의 이터레이터가 다시 시작할 때, yield value를 만날 때까지 다시 실행을 재개(resume)한다. 제너레이터 함수는 yield from 문을 사용하면 부제너레이터(sub-generator)에게 연산의 일부분을 위임시킬 수 있다.

6.2 제너레이터 수식

제너레이터 수식(expression)은 이터레이터를 반환하는 수식으로 소괄호( ) 안에 for 문 형태이다. 수식은 리스트 이해(list comprehension)와 같으나, 대괄호 대신 소괄호를 사용하는 점이 다르다. 제너레이터 함수 또는 제너레이터 수식을 사용하면 데이터를 리스트 등에 미리 만들어 놓지 않아도 되므로 메모리를 절약하여 프로그램을 작성할 수 있다.

표 4.3 제너레이터 메서드

제너레이터 메서드	설명
generator.__next__()	제너레이터 함수를 시작(start)시키거나, yield에 의해 멈춘 지점에서 재개(resume)시킨다. 이 메서드는 for 문 또는 내장함수 next()의 내부에서 호출된다.
generator.send(value)	실행을 재개시키고, value를 제너레이터 함수의 지정문 오른쪽의 yield에 전달한다. send()는 제너레이터에 의해 yield된 값을 반환한다. 제너레이터 이터레이터가 중지된 경우 StopIteration을 일으킨다. next() 함수 대신, send(None)으로 제너레이터를 시작시킬 수 있다.
generator.throw(type[, value[, traceback]])	제너레이터가 type의 예외를 일으킨다.
generator.close()	제너레이터 함수를 중지시키고, GeneratorExit가 발생한다.

[예제 4.51] 제너레이터 함수 1 : yield

```
>>> def myRange(n):
        i = 0
        while i < n:
            yield i         # return i와 비교
            i += 1
```

```
# 설명 1
>>> myRange
<function myRange at 0x0228A348>
```

```
>>> myRange(5)
<generator object myRange at 0x024E9FC0>
>>> sum(myRange(5))
10

# 설명 2
>>> for i in myRange(5):
        print(i)
0
1
2
3
4

# 설명 3 : 이터레이터를 통한 값의 접근
>>> it = myRange(5)
>>> next(it)
0
>>> next(it)
1
>>> next(it)
2
>>> next(it)
3
>>> next(it)
4
>>> next(it)
Traceback (most recent call last):
 File "<pyshell#99>", line 1, in <module>
  next(it)
StopIteration
```

프로그램 설명

① 제너레이터 함수 myRange()는 range() 함수와 유사하게 동작한다.

② 설명 1에서 sum(myRange(5))은 내장함수 sum() 사용하여 0부터 4까지의 합계를 계산한다.

② 설명 2에서 for 문을 사용하여 0부터 4까지의 값을 차례로 출력한다.

③ 설명 3에서 it = myRange(5)는 제너레이터 함수 myRange()를 사용하여 반복 가능한 제너레이터 객체 it를 생성한다. next(it)에 의해 하나씩 차례로 접근할 수 있다. 더 이상 반복항목이 없으면 StopIteration 예외를 발생시킨다.

[예제 4.52] 제너레이터 함수 2 : yield

```
>>> def genFib():
        a, b = 0, 1
        while True:
            yield a
            a, b = b, a + b
```

```
# 실행 결과
>>> for i in genFib():
        print(i)
        if i >= 5:          # to exit the infinite loop
            break
0
1
1
2
3
5
```


① 제너레이터 함수 genFib()는 피보나치 수열을 차례로 무한히 발생시킨다.

② for 문에서 break 문을 사용하여 i가 5일 때 멈춘다.

[예제 4.53] 제너레이터 함수 3 : yield from

```
>>> def func(n):
        yield from range(n)
        yield from range(n, 0, -1)
```

```
# 실행 결과
>>> list(func(5))
[0, 1, 2, 3, 4, 5, 4, 3, 2, 1]
```


제너레이터 함수 func()는 range(n)으로부터 0부터 (n-1)까지의 값을 차례로 반복하고, range(n, 0, -1)로부터 n부터 1까지 값을 차례로 반복한다.

[예제 4.54] 제너레이터 수식

```
# 설명 1
>>> it = (x*x for x in range(5))
>>> it
<generator object <genexpr> at 0x02D5DAB0>
>>> list(it)
[0, 1, 4, 9, 16]
```

```
# 설명 2 : if 절을 이용하여 x가 짝수인 경우만
>>> it = (x*x for x in range(5) if x%2 == 0)
>>> it
<generator object <genexpr> at 0x02D67F60>
>>> list(it)
[0, 4, 16]
```

프로그램 설명

① **설명 1**에서 소괄호( ) 안에 for 문을 사용한 제너레이터 수식으로 0부터 4까지의 숫자의 제곱을 갖는 제너레이터 객체 it를 생성하고, list 생성자로 리스트를 생성한다.

② **설명 2**에서 소괄호( ) 안에 for 문과 if 절을 사용한 제너레이터 수식으로 0부터 4까지의 숫자 중에서 짝수의 제곱을 갖는 제너레이터 객체 it를 생성하고, list 생성자로 리스트를 생성한다.

6.3 제너레이터 기반 코루틴

제너레이터 함수를 사용하여 코루틴을 구현할 수 있다. 제너레이터 함수는 제한된 형태의 코루틴이다. 제너레이터 함수에서 yield value에 의해 value 값을 되돌려 주는 예제를 설명하였다. 여기서는 제너레이터 함수에서 지정문 오른쪽에 yield 문장을 사용하여 실행 도중에 외부에서 값을 전달받는 예제를 사용하여 코루틴을 설명한다. 외부에서 코루틴으로 값을 전달할 때는 [표 4.3]의 send() 메서드를 사용한다.

[예제 4.55] 제너레이터 기반 코루틴 1 : 외부로부터 입력받는 코루틴

```
>>> def echoMsg():
        print("Start echo message!")
        while True:
            value = (yield)      # value = yield
            print("msg:", value)
```

```
# 설명 1
>>> gen = echoMsg()
>>> gen
<generator object echoMsg at 0x02364840>
```

```
# 설명 2
>>> next(gen)        # 처음 yield를 만날 때까지 진행시킨다.
Start echo message!
```

```
# 설명 3
>>> gen.send("hello")
msg: hello
```

```
# 설명 4
>>> gen.send("hi")
msg: hi
```

```
# 설명 5
>>> gen.send(1)
msg: 1

# 설명 6
>>> gen.close()
>>> gen.send(2)
Traceback (most recent call last):
 File "<pyshell#15>", line 1, in <module>
  gen.send(2)
StopIteration
```

프로그램 설명

① echoMsg() 함수는 while 문에 의해 무한루프 안에서 value = (yield)로 외부에서 send() 메서드로 보내는 값을 전달받아 출력하는 제너레이터 함수이다.

② value = (yield)와 value = yield는 같다. yield가 지정문 오른쪽에 사용되면, send() 메서드에 의해 값이 전달될 때까지 대기한다.

③ 설명 1에서 gen = echoMsg()는 echoMsg() 함수에 의해 제너레이터 객체 gen을 생성한다.

④ 설명 2에서 next(gen)은 제너레이터 객체 gen을 처음 yield를 만날 때까지 진행시킨다.

⑤ 설명 3에서 gen.send("hello")는 "hello"를 yield에 전달하여, value에 저장하고, print() 함수에 의해 출력하고, yield 문에서 대기시킨다.

⑥ 설명 4에서 gen.send("hi")는 "hi"를 yield에 전달하여, value에 저장하고, print() 함수에 의해 출력하고, yield 문에서 대기시킨다.

⑦ 설명 5에서 gen.send(1)는 1을 yield에 전달하여, value에 저장하고, print() 함수에 의해 출력하고, yield 문에서 대기시킨다.

⑧ 설명 6에서 gen.close()는 제너레이터 객체 gen을 닫는다. 닫힌 제너레이터 객체 gen에 gen.send(2)로 값을 전달하면 StopIteration이 발생한다.

[예제 4.56] 제너레이터 기반 코루틴 2 : 예외 처리

```
>>> def echoMsg():
        print("Start echo message!")
        try:
            while True:
                try:
                    value = (yield)          # value = yield
                    print("msg:", value)
                except Exception as e:
                    print("Exception:", e)
        finally:
            print("=== Done ===")
```

```
# 설명 1
>>> gen = echoMsg()
>>> next(gen)
Start echo message!
>>> gen.send("hello")
msg: hello

# 설명 2
>>> gen.throw(TypeError, "spam")
Exception: spam

# 설명 3
>>> gen.send("hi")
msg: hi

# 설명 4
>>> gen.close()
=== Done ===
```

프로그램 설명

① echoMsg() 함수는 while 문에 의해 무한루프 안에서 value = (yield)로 외부에서 send() 메서드로 보내는 값을 전달받아 출력하는 제너레이터 함수이다. value = (yield)와 value = yield는 같다. yield가 지정문 오른쪽에 사용되면, send() 메서드에 의해 값이 전달될 때까지 대기한다. echoMsg() 함수에서 while 문 밖에서 try~finally에 의해 예외를 처리한다. finally는 [표 4.3]의 close() 메서드에 의해 제너레이터가 닫힐 때 실행한다. while 문 안에서 try~except에 의해 예외가 발생하면 예외를 출력한다.

② 설명 1에서 gen = echoMsg()는 echoMsg() 함수에 의해 제너레이터 객체 gen을 생성한다. next(gen)는 제너레이터 객체 gen을 처음 yield를 만날 때까지 진행시킨다. gen.send("hello")는 "hello"를 yield에 전달하여, value에 저장하고, print() 함수에 의해 출력하고, yield 문에서 대기시킨다.

③ 설명 2에서 gen.throw(TypeError, "spam")에 의해 TypeError 예외를 발생시킨다. "spam"은 e로 전달된다.

④ 설명 3에서 gen.send("hi")는 "hi"를 yield에 전달하여, value에 저장하고, print() 함수에 의해 출력하고, yield 문에서 대기시킨다.

⑤ 설명 4에서 gen.close()는 제너레이터 객체 gen을 닫는다. 제너레이터 객체가 닫히면 finally 부분이 실행된다.

[예제 4.57] 제너레이터 기반 코루틴 3 : 데코레이터 사용

```
>>> def coroutine(func):
        def wrapper(*args, **kwargs):
            gen = func(*args, **kwargs)
            next(gen)
            return gen
```

```
        return wrapper
>>> @coroutine
def echoMsg():
    print("Start echo message!")
    try:
            while True:
                try:
                        msg = yield
                        print("msg:", msg)
                except Exception as e:
                        print("Exception:", e)
    finally:
            print("=== Done ===")


# 설명 1
>>> gen = echoMsg()
Start echo message!


# 설명 2
>>> gen.send("hello")
msg: hello


# 설명 3
>>> gen.close()
=== Done ===
```

프로그램 설명

① coroutine() 함수는 wrapper를 반환하고, coroutine() 함수의 내부에 정의된 wrapper() 함수는 제너레이터 객체 gen을 생성하고, next(gen)로 제너레이터 객체 gen을 처음 yield를 만날 때까지 진행시키고, gen을 반환한다.

② 데코레이터 @coroutine로 echoMsg() 함수를 데코레이트하면, 제너레이터 객체를 생성하고, next() 함수로 처음 yield 문까지 진행시킨다.

③ 설명 1에서 gen = echoMsg()는 데코레이터 @coroutine에 의해, 제너레이터 객체를 생성하고, next() 함수로 처음 yield 문까지 진행시킨다.

④ 설명 2에서 gen.send('hello')는 "hello"를 yield에 전달하여, value에 저장하고, print() 함수에 의해 출력하고, yield 문에서 대기시킨다.

⑤ 설명 3에서 gen.close()는 제너레이터 객체 gen을 닫는다. 제너레이터 객체가 닫히면 finally 부분이 실행된다.

[예제 4.58] 제너레이터 기반 코루틴 4 : 외부로부터 전달받고, 넘겨주는 코루틴

```
>>> def coroutine(func):
        def wrapper(*args, **kwargs):
            gen = func(*args, **kwargs)
            next(gen)
            return gen
        return wrapper
>>> @coroutine
def Accumulator(acc=0):
    #ref : http://rosettacode.org/wiki/Accumulator_factory
        while True:
            acc += (yield acc) # yield acc


# 설명 1
>>> gen = Accumulator()        # Accumulator( 0 )
>>> gen.send(10)
10
>>> gen.send(20)
30
>>> gen.send(30)
60
>>> gen.close()


# 설명 2
>>> gen = Accumulator(100)
>>> gen.send(10)
110
>>> gen.send(20)
130
>>> gen.send(30)
160
```

프로그램 설명

① coroutine() 함수는 [예제 4.57]과 같다.

② 데코레이터 @coroutine로 Accumulator() 함수를 데코레이트하면, 제너레이터 객체를 생성하고, next() 함수로 처음 yield 문까지 진행시킨다.

③ Accumulator() 함수는 acc += (yield acc)에 의해 send() 메서드로부터 전달받은 값을 acc에 누적시키고, acc 값을 넘겨준다.

④ 설명 1에서 gen = Accumulator()는 Accumulator() 함수로 제너레이터 객체 gen을 생성하고, acc = 0으로 초기화된다. gen.send(10)의 결과는 acc = 10이다. gen.send(20)의 결과는 acc = 30이다. gen.send(30)의 결과는 acc = 60이다.

⑤ 설명 2에서 gen = Accumulator(100)는 Accumulator() 함수로 제너레이터 객체 gen을 생성하고, acc = 100으로 초기화된다. gen.send(10)의 결과는 acc = 110이다. gen.send(20)의 결과는 acc = 130이다. gen.send(30)의 결과는 acc = 160이다.

[예제 4.59] 제너레이터 기반 코루틴 5 : 파이프라인 처리 1

```
>>> def coroutine(func):
        def wrapper(*args, **kwargs):
            gen = func(*args, **kwargs)
            next(gen)
            return gen
        return wrapper
>>> @coroutine
def Accumulator(acc=0):
   #ref : http://rosettacode.org/wiki/Accumulator_factory
        while True:
            acc += (yield acc)      # yield acc
>>> import time
>>> import random
>>> def randProducer(target):
        while True:
            time.sleep(1)
            value = random.randint(1, 10)
            acc = target.send(value)
            print("rand value = {0} => acc ={1}".format(value, acc))

# 실행 결과
>>> randProducer(Accumulator())
rand value = 6 => acc =6
rand value = 6 => acc =12
rand value = 3 => acc =15
rand value = 3 => acc =18
rand value = 8 => acc =26
rand value = 3 => acc =29
.........
Traceback (most recent call last):
 File "<pyshell#87>", line 1, in <module>
  randProducer(accumulator())
 File "<pyshell#86>", line 3, in randProducer
  time.sleep(1)
KeyboardInterrupt
```

프로그램 설명

① coroutine(), Accumulator() 함수는 [예제 4.58]과 같다.

② 제너레이터 함수 randProducer()는 time.sleep(1)로 1초 동안 멈추고, value = random.randint(1, 10)로 1에서 10사이의 난수를 생성하여, acc = target.send(value)로 taget에 value를 보내고, 결과를 acc에 받는다.

③ 실행 결과에서 randProducer(Accumulator())는 [그림 4.3]과 같이 randProducer() 함수에서 생성한 난수를 send() 메서드로 Accumulator()에 전달하여 누적하여 출력한다.

④ 무한루프로 동작하기 때문에 Ctrl+C에 의한 KeyboardInterrupt에 의해 중단시킨다.

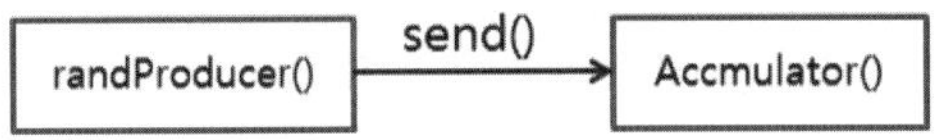

[그림 4.3] randProducer(Accumulator())에 의한 파이프라인

[예제 4.60] 제너레이터 기반 코루틴 5 : 파이프라인 처리 2

```python
>>> def coroutine(func):
        def wrapper(*args, **kwargs):
            gen = func(*args, **kwargs)
            next(gen)
            return gen
        return wrapper
>>> @coroutine
def Accumulator(target, acc=0):
        while True:
            acc += yield
            target.send(acc)
>>> @coroutine
def Printer():
        while True:
            value = (yield)        # value = yield
            print(value)
>>> import time
>>> import random
>>> def randProducer(target):
        try:
            while True:
                try:
                    time.sleep(1)
                    value = random.randint(1, 10)
                    print("rand value=", value, end=' => ')
                    target.send(value)
                except Exception as e:
                    print("Exception:", e)
        except KeyboardInterrupt:
            print("KeyboardInterrupt!")
        finally:
            print("=== Done ===")


# 실행 결과
>>> randProducer(Accumulator(Printer()))
rand value= 4 => 4
rand value= 2 => 6
rand value= 1 => 7
rand value= 6 => 13
rand value= 3 => 16
rand value= 6 => 22
KeyboardInterrupt!
=== Done ===
```

프로그램 설명

① coroutine() 함수는 [예제 4.59]와 같다.

② Accumulator() 함수에서 매개변수로 target을 추가하여, 누적된 값을 target.send(acc)에 의해 target 코루틴으로 전달하게 수정하였다.

③ 난수를 발생시키는 randProducer() 함수는 target.send(value)에 의해 난수 value를 target 코루틴으로 전달만 하도록 수정하고, KeyboardInterrupt 예외를 처리하였다.

④ Printer() 함수는 값을 전달받아 출력하는 일을 수행한다.

⑤ 실행 결과에서 randProducer(Accumulator(Printer()))는 [그림 4.4]와 같이 randProducer() 함수에서 생성한 난수를 send() 메서드로 Accumulator()에 전달하여 누적하고, Accumulator() 함수는 누적된 acc값을 Printer() 함수로 전달하여 출력한다.

⑥ Ctrl+C에 의한 KeyboardInterrupt 예외가 발생해도 정상적으로 종료한다.

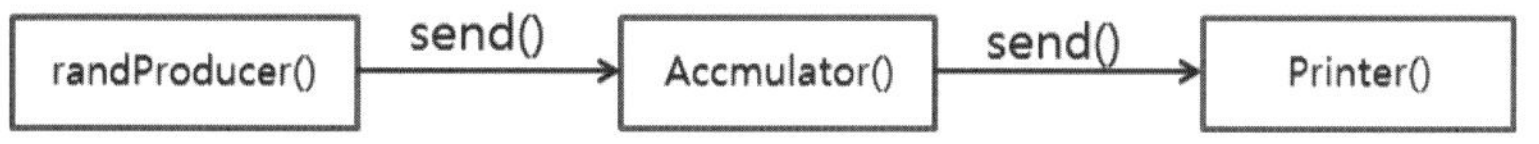

[그림 4.4] randProducer(Accumulator(Printer()))에 의한 파이프라인

[예제 4.61] 제너레이터 기반 코루틴 5 : 파이프라인 처리 3

```python
>>> def coroutine(func):
        def wrapper(*args, **kwargs):
            gen = func(*args, **kwargs)
            next(gen)
            return gen
        return wrapper
>>> @coroutine
def bufferQueue(target, size = 3):
        buffer = []
        while True:
            value = (yield)
            if len(buffer) >= size:
                    buffer.pop(0)         # remove the first item
            buffer.append(value)
            if len(buffer) == size:
                    target.send(buffer)
>>> @coroutine
def Printer():
        while True:
            value = (yield)              # value = yield
            print(value)
>>> import time
>>> import random
>>> def randProducer(target):
        try:
            while True:
```

```
            try:
                time.sleep(1)
                value = random.randint(1, 10)
                print("rand value=", value, end=' => ')
                target.send(value)
            except Exception as e:
                print("Exception:", e)
    except KeyboardInterrupt:
        print("KeyboardInterrupt!")
    finally:
        print("=== Done ===")
```

설명 1
```
>>> randProducer(bufferQueue(Printer()))
rand value= 8 => rand value= 1 => rand value= 9 => [8, 1, 9]
rand value= 5 => [1, 9, 5]
rand value= 2 => [9, 5, 2]
rand value= 2 => [5, 2, 2]
rand value= 3 => [2, 2, 3]
rand value= 4 => [2, 3, 4]
rand value= 5 => [3, 4, 5]
rand value= 4 => [4, 5, 4]
rand value= 8 => [5, 4, 8]
KeyboardInterrupt!
=== Done ===
```

설명 2
```
>>> randProducer(bufferQueue(Printer(), 5))
rand value= 8 => rand value= 7 => rand value= 4 => rand value= 1 => rand value= 8 => [8,
7, 4, 1, 8]
rand value= 4 => [7, 4, 1, 8, 4]
rand value= 1 => [4, 1, 8, 4, 1]
rand value= 6 => [1, 8, 4, 1, 6]
rand value= 5 => [8, 4, 1, 6, 5]
rand value= 2 => [4, 1, 6, 5, 2]
KeyboardInterrupt!
=== Done ===
```

프로그램 설명

① coroutine(), Printer(), randProducer() 함수는 [예제 4.60]과 같다.

② bufferQueue() 함수는 매개변수 size 크기의 최근 발생 데이터를 유지하는 큐(queue) 버퍼이다. 외부로 부터 전달받은 값은 value에 저장하고, 버퍼의 크기가 len(buffer) >= size이면 buffer.pop(0)으로 가장 먼저 받은 첫 번째 항목을 삭제한다. buffer.append(value)에 의해 버퍼의 마지막에 value를 추가하고, len(buffer) == size일 때, 즉 버퍼가 채워져 있을 때만 target.send(buffer)에 의해 target 코루틴으로 버퍼를 전달한다.

③ 설명 1에서 randProducer(bufferQueue(Printer()))는 [그림 4.5]와 같이 randProducer() 함수에서 생성한 난수를 send() 메서드로 bufferQueue()에 전달하여 최근의 size = 3개의 난수 데이터를 버퍼에 유지하며, 버퍼가 채워지면 Printer() 함수로 전달하여 출력한다.

④ 설명 2에서 randProducer(bufferQueue(Printer(), 5))는 randProducer() 함수가 발생하는 최근 size = 5개의 난수 데이터를 버퍼에 유지하며, 버퍼가 채워지면 Printer() 함수로 전달하여 출력한다.

⑤ Ctrl+C에 의한 KeyboardInterrupt 예외가 발생해도 정상적으로 종료한다.

[그림 4.5] ucer(bufferQueue(Printer()))에 의한 파이프라인

6.4 async def에 의한 코루틴

PEP(Python Enhancement Proposal) 0492에 의해 Python 3.5부터 코루틴은 async def로 정의된 함수로 정의할 수 있다.

함수의 몸체인 〈문장묶음〉에 await, async for, async with 키워드가 사용된다. async def에 의한 코루틴 함수에서 yield를 사용하면 SyntaxError가 발생한다. async def로 정의된 코루틴 함수를 호출하면 코루틴 객체(coroutine object)를 반환한다.

코루틴 객체는 [표 4.1]의 제너레이터 메서드와 유사한 coroutine.send(), coroutine.throw(), coroutine.close()의 메서드를 사용할 수 있다. 그러나 코루틴은 반복을 직접 다룰 수는 없다. 즉, 내장함수 next()는 사용할 수 없다. 따라서 coroutine.send(None)로 이터레이터를 진행시킨다. async def에 의해 정의된 코루틴은 단일스레드(single thread)에서 비동기식 병행처리(concurrent processing)를 위해 Python 3.4부터 포함된 asyncio 모듈과 함께 사용된다.

형식 **코루틴 함수와 await() 함수**

① 코루틴 함수 정의
async def 〈함수이름〉 (〈매개변수_리스트〉) :
　　〈문장묶음〉

② await 〈대기가능_객체〉
await 문은 코루틴 내부에서 사용되며, 〈대기가능_객체〉의 결과가 완료될 때까지 코루틴의 실행을 일시 중지하고 유예(suspend)한다. 〈대기가능_객체〉로는 async def에 의한 코루틴의 객체, @types.coroutine으로 데코레이트된 기존 제너레이터 기반 객체, 이터레이터를 반환하는 __await__ 메서드를 갖는 객체이다. await 문은 yield from과 유사하다.

[예제 4.62] 제너레이터 기반 객체 await 1

```
>>> import types
>>> @types.coroutine
def myRange(n):
        i = 0
        while i < n:
            yield i      # return i와 비교
            i += 1
>>> async def coro1(n=1):
        print("coro1....")
        await myRange(n)


# 설명 1
>>> c1 = coro1(3)
>>> c1
<coroutine object coro1 at 0x00000000034AC620>


# 설명 2
>>> c1.send(None)
coro1....
0
>>> c1.send(None)
1
>>> c1.send(None)
2
>>> c1.send(None)
Traceback (most recent call last):
 File "<pyshell#29>", line 1, in <module>
  c1.send(None)
StopIteration
```

프로그램 설명

① async def에 의해 정의된 코루틴 coro1()에서 제너레이터 함수 myRange()를 await하기 위하여, types 모듈을 임포트하고, @types.coroutine로 데코레이트 한다.

② 설명 1에서 c1 = coro1(3)은 코루틴 coro1()의 매개변수를 n = 3으로 하여 코루틴 객체 c1을 생성한다.

③ 설명 2에서 c1.send(None)를 연속적으로 사용하여 코루틴 객체 c1의 이터레이터를 진행시켜 제너레이터 함수 myRange()이 yield하는 값 0, 1, 2를 차례로 받을 수 있다. c1.send(None)가 이터레이터를 더 이상 진행할 수 없으면 StopIteration이 발생한다.

[예제 4.63] 제너레이터 기반 객체 await 2

```
>>> import types
>>> @types.coroutine
def myRange(n):
        i = 0
        while i < n:
                yield i          # return i와 비교
                i += 1
>>> async def coro1(n=1):
        print("coro1....")
        await myRange(n)
>>> def run(coro):
        while True:
                try:
                        ret = coro.send(None)
                        print(ret)
                except StopIteration:
                        coro.close()
                        break

# 실행 결과
>>> run(coro1(3))
coro1....
0
1
2
```

프로그램 설명

① 함수 run()의 매개변수 coro에 코루틴 객체를 전달하여, while 문에서 coro.send(None)을 사용하여 코루틴 이터레이터를 진행시키고, StopIteration 예외를 처리한다.

② 실행 결과에서 run(coro1(3))은 코루틴 객체 coro1(3)의 이터레이터를 진행시켜 제너레이터 함수 myRange()이 yield하는 값 0, 1, 2를 차례로 출력하고, StopIteration 예외가 발생하면, 코루틴을 닫는다.

[예제 4.64] 제너레이터 기반 객체 await 3

```
>>> import types
>>> def Printer():
    while True:
        value = (yield)          # value = yield
        print(value)
>>> @types.coroutine
def Accumulator(target, acc=0):
    target.send(None)            # for advancing the iterator
    while True:
        acc += yield
        target.send(acc)
```

```
>>> async def coro2(target, n=0):
        print("coro2....")
        await Accumulator(target, n)

>>> import time
>>> import random
>>> def randProducer(target):
        target.send(None)        # for advancing the iterator
        try:
                while True:
                        try:
                                time.sleep(1)
                                value = random.randint(1, 10)
                                print("rand value=", value, end=' => ')
                                target.send(value)
                        except Exception as e:
                                print("Exception:", e)
        except KeyboardInterrupt:
                print("KeyboardInterrupt!")
        finally:
                print("=== Done ===")

# 실행 결과
>>> randProducer(coro2(Printer()))
coro2....
rand value= 1 => 1
rand value= 4 => 5
rand value= 10 => 15
rand value= 4 => 19
rand value= 7 => 26
KeyboardInterrupt!
=== Done ===
```

프로그램 설명

① [예제 4.60]을 @types.coroutine 데코레이터와 async def에 의한 코루틴 coro2()를 사용하여 다시 작성한다.

② 제너레이터 함수 Printer()는 전달받은 값을 출력한다.

③ @types.coroutine로 Accumulator() 함수를 데코레이트하고, target.send(None)를 추가하여 이터레이터를 이동시킨다. Accumulator() 함수가 while 문에서 target.send(acc)를 사용하기 때문이다.

④ 난수를 발생시키는 randProducer() 함수는 target.send(None)를 추가하여 이터레이터를 이동시킨다. randProducer() 함수가 while 문에서 target.send(value)를 사용하기 때문이다.

⑤ async def에 의한 코루틴 coro2()은 await Accumulator(target, n)에 의해 Accumulator() 함수의 결과를 await한다. 코루틴 coro2()는 Accumulator()를 호출하는 역할을 한다.

⑥ **실행 결과**에서 randProducer(coro2(Printer()))는 randProducer()에 의해 생성되는 난수를 코루틴 coro2()를 통하여 Accumulator()를 호출하여 누적하고, Printer()로 출력한다.

⑦ randProducer(Accumulator(Printer()))는 같은 결과를 출력한다. [예제 4.52]와의 차이점은 @types.coroutine으로 Accumulator()를 데코레이트했고, Accumulator()와 randProducer() 함수에서 이터레이터를 진행시키기 위하여 target.send(None)를 추가한다.

⑧ Ctrl+C에 의한 KeyboardInterrupt 예외가 발생해도 정상적으로 종료한다.

6.5 asyncio 모듈과 코루틴

코루틴은 단일스레드(single thread)에서 비동기식 병행처리(concurrent processing)를 위해 asyncio 모듈과 함께 사용하며, 여기서는 코루틴과 연결하여 간단히 설명한다.

(1) import asyncio와 @asyncio.coroutine

asyncio 모듈을 사용하기 위해 임포트한다. @asyncio.coroutine는 제너레이터 함수가 코루틴임을 나타내는 데코레이터이다.

(2) asyncio.Future와 asyncio.Task

Future는 아직 가능하지 않은 결과를 표현하기 위한 클래스이다. Task는 Future의 서브클래스로 코루틴을 래핑(wrapping)한다. Future.set_result(result) 메서드는 result를 결과로 설정하고, Future.result()메서드는 설정된 결과를 반환한다. Future.add_done_callback(fn) 메서드는 퓨처가 종료될 때, 실행될 함수 fn을 콜백에 추가한다. fn은 퓨처 객체 하나의 매개변수를 갖는다.

(3) yield from coro_or_future 또는 await coro_or_future

yield from은 코루틴 또는 퓨처가 완료될 때까지 대기한다. Python 3.5는 await를 사용한다.

(4) asyncio.sleep(delay, result=None, *, loop=None)

delay초 이후에 종료하는 코루틴을 생성한다.

(5) asyncio.ensure_future(coro_or_future, *, loop=None)

코루틴 객체 coro_or_future의 실행을 스케줄하여, 실행대기(pending)한 Task 객체를 반환한다.

(6) asyncio.get_event_loop()와 asyncio.new_event_loop()

get_event_loop()는 현재 실행환경에 대한 이벤트 루프를 BaseEventLoop 클래스 객체로 반환한다. 인터프리터 모드에서 프롬프트())))에서 BaseEventLoop.close()로 이벤트 루프를 닫으면, Restart Shell(Ctrl +F6)을 실행하기 전에는 계속 닫힌 상태임에 주의한다. new_event_loop()는 새로운 이벤트 루프를 BaseEventLoop 클래스 객체로 생성하여 반환한다.

(7) asyncio.wait(futures)

퓨처 또는 코루틴 시퀀스 객체 futures가 완료되기를 기다린다.

(8) BaseEventLoop의 상태

BaseEventLoop.is_running()은 이벤트 루프의 실행 상태를 반환한다. BaseEventLoop.close()는 이벤트 루프를 닫는다. BaseEventLoop.is_closed()는 이벤트 루프가 닫혔는지를 반환한다.

(9) BaseEventLoop.run_until_complete(future)

future가 완료할 때까지 이벤트 루프를 실행한다. 매개변수가 코루틴 객체이면 ensure_future()에 의해 래핑(wrapping)하여 퓨쳐 객체를 생성한다. run_until_complete() 메서드 내부에서 Future.add_done_callback() 메서드를 사용한다.

(10) BaseEventLoop.run_forever()

loop.stop()이 호출될 때까지 실행한다.

[예제 4.65] asyncio 모듈 사용 1 : @asyncio.coroutine, yield from

```
>>> import asyncio
>>> @asyncio.coroutine
def compute(x, y):
  print("Compute %s + %s ..." % (x, y))
  return x + y


# 설명 1
>>> a = compute(1, 2)
>>> a
<generator object compute at 0x000000000388D3B8>
>>> a.send(None)
Compute 1 + 2 ...
Traceback (most recent call last):
 File "<pyshell#103>", line 1, in <module>
  a.send(None)
StopIteration: 3


# 설명 2
>>> loop = asyncio.get_event_loop()
>>> loop.is_closed()
False
>>> c1 = compute(1, 2)
>>> loop.run_until_complete(c1)
Compute 1 + 2 ...
3
>>> loop.close()
```

프로그램 설명

① asyncio 모듈은 단일스레드(single thread)에서 비동기식 병행처리(concurrent processing)를 지원한다.

② @asyncio.coroutine으로 데코레이트하여 제너레이터(코루틴) 함수 compute()를 정의한다. compute()는 매개변수 x, y를 갖고, print() 함수로 출력하고, x + y를 반환한다.

③ 설명 1에서 a = compute(1, 2)는 compute() 함수로 제너레이터 객체를 a에 생성한다. a.send(None)로 이터레이터를 진행시키면, 실행하고 StopIteration을 발생시킨다.

④ 설명 2에서 loop = asyncio.get_event_loop()는 현재 실행환경에 대한 이벤트 루프를 loop에 저장한다. loop.is_closed()가 False이면 이벤트 루프를 사용할 수 있다. loop.run_until_complete(c1)에 의해 제너레이터 객체 c1을 실행한다. loop.close()는 이벤트 루프를 닫는다.

⑤ loop.run_until_complete(c1)는 future = asyncio.ensure_future(c1)로 퓨처 객체 future를 생성하고, loop.run_until_complete(future)로 실행한 결과와 같다.

[예제 4.66] asyncio 모듈 사용 2 : async def

```
>>> import asyncio
>>> async def compute(x, y):
        print("Compute %s + %s ..." % (x, y))
        return x + y

# 실행 결과
>>> c1 = compute(1, 2)
>>> c1
<coroutine object compute at 0x00000000037F95C8>
>>> loop = asyncio.get_event_loop()
>>> loop.run_until_complete(c1)
Compute 1 + 2 ...
3
>>> loop.close()
```

프로그램 설명

① Python 3.5에서 가능한 async def에 의해 코루틴 compute()를 정의한다.

② 실행 결과에서 a = compute(1, 2)는 compute() 함수로 코루틴 객체를 c1에 생성한다. loop = asyncio.get_event_loop()는 현재 실행환경에 대한 이벤트 루프를 loop에 저장한다. loop.run_until_complete(c1)에 의해 c1을 실행한다. loop.close()는 이벤트 루프를 닫는다.

③ loop.run_until_complete(c1)는 future = asyncio.ensure_future(c1)로 퓨처 객체 future를 생성하고, loop.run_until_complete(future)로 실행한 결과와 같다.

[예제 4.67] asyncio 모듈 사용 3 : 코루틴 체인

```
>>> import asyncio
>>> async def compute(x, y):
  print("Compute %s + %s ..." % (x, y))
  await asyncio.sleep(2)         # waiting 2 sec
  return x + y
>>> async def print_sum(x, y):
  result = await compute(x, y)
  print("%s + %s = %s" % (x, y, result))
```

```
# 실행 결과
>>> loop = asyncio.get_event_loop()
>>> loop.run_until_complete(print_sum(1, 2))
Compute 1 + 2...
1 + 2 = 3
>>> loop.close()
```

프로그램 설명

① 코루틴 compute()는 매개변수 x, y를 갖고, print() 함수로 출력하고, await asyncio.sleep(2)에 의해 2초 동안 대기하고, x + y를 반환한다.

② 코루틴 print_sum()은 매개변수 x, y를 갖고, result = await compute(x, y)에 의해 코루틴 compute(x, y)의 실행 완료를 대기하고, 결과를 result에 저장하고, print() 함수로 출력한다.

③ 실행 결과에서 loop = asyncio.get_event_loop()는 현재 실행환경에 대한 이벤트 루프를 loop에 저장한다. loop.run_until_complete(print_sum(1, 2))는 이벤트 루프 loop를 시작시키고, 코루틴 print_sum(1, 2)을 asyncio.ensure_future()로 래핑하여 Task 객체를 생성하여 완료될 때까지 수행한다. 실행 과정은 [그림 4.6]과 같다.

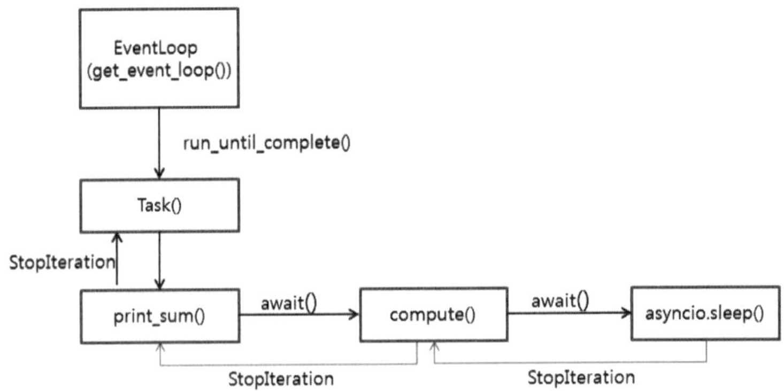

[그림 4.6] 이벤트 루프와 코루틴의 실행

[예제 4.68] asyncio 모듈 사용 4 : async def, Future()

```
>>> import asyncio
>>> async def slow_operation(future):
        await asyncio.sleep(1)          # waiting 1 sec
        future.set_result('Future is done!')
```

```
# 설명 1
>>> loop = asyncio.get_event_loop()
>>> future = asyncio.Future()
>>> task = asyncio.ensure_future(slow_operation(future))
>>> task.done()
False
>>> loop.run_until_complete(task)
>>> task.done()
```

```
True
>>> future.result()
'Future is done!'
>>> future.done()
True


# 설명 2
>>> future = asyncio.Future()
>>> asyncio.ensure_future(slow_operation(future))
<Task pending coro=<slow_operation() running at <pyshell#5>:1>>
>>> loop.run_until_complete(future)
'Future is done!'
>>> print(future.result())
Future is done!
>>> future.done()
True
>>> loop.close()
```

프로그램 설명

① Python 3.5에서 가능한 async def에 의해 코루틴 slow_operation()을 정의한다. await asyncio. sleep(1)에 의해 1초 동안 대기한다. 매개변수 future를 받아 future.set_result('Future is done!')로 future의 결과를 문자열 'Future is done!'를 설정한다.

② 설명 1에서 loop = asyncio.get_event_loop()는 현재 실행환경에 대한 이벤트 루프를 loop에 저장한다. future = asyncio.Future()는 퓨쳐 객체를 future에 생성한다. asyncio.ensure_future(slow_operation(future))는 slow_operation(future)의 코루틴 객체의 실행을 스케줄하여, 실행대기(pending)한 Task 객체를 task에 저장한다. task.done()은 False로 아직 완료되지 않은 상태이고, loop.run_until_complete(task)로 task를 실행시키면, task.done()은 True로 완료된 상태이며, 코루틴 slow_operation()에서 future.set_result()로 설정한 결과는 future.result()로 확인할 수 있다. future.done()은 True로 완료된 상태이다.

③ 설명 2에서 asyncio.ensure_future(slow_operation(future))로 반환 Task 객체를 저장하지 않고, loop.run_until_complete(future)에 의해 퓨쳐 객체로 실행해도 future.result()에 같은 결과를 갖는다.

[예제 4.69] asyncio 모듈 사용 5 : 2개의 Task의 비동기 실행

```
>>> import asyncio
>>> async def Fact(name, n):
        fa = 1
        for i in range(n, 0, -1):
                print("Task %s: Compute Fact(%s)..." % (name, i))
                await asyncio.sleep(1)
                fa *= i
        print("Task %s: Fact(%s) = %s" % (name, n, fa))
    return fa
```

```
# 설명 1
>>> loop = asyncio.get_event_loop()
>>> tasks = [
  asyncio.ensure_future(Fact("A", 3)),
  asyncio.ensure_future(Fact("B", 5))]

# 설명 2
>>> loop.run_until_complete(asyncio.wait(tasks))
Task A: Compute Fact(3)...
Task B: Compute Fact(5)...
Task A: Compute Fact(2)...
Task B: Compute Fact(4)...
Task A: Compute Fact(1)...
Task B: Compute Fact(3)...
Task A: Fact(3) = 6
Task B: Compute Fact(2)...
Task B: Compute Fact(1)...
Task B: Fact(5) = 120
({<Task finished coro=<Fact() done, defined at <pyshell#11>:1> result=6>, <Task finished
coro=<Fact() done, defined at <pyshell#11>:1> result=120>}, set())
>>> loop.close()
```

프로그램 설명

① Python 3.5에서 가능한 async def에 의해 반복문을 사용하여 n!을 계산하는 코루틴 Fact()를 정의한다. for 문에서 print() 함수로 (name, i)를 출력하고, await asyncio.sleep(1)에 의해 1초 동안 대기한다. for 문이 종료된 후에 print() 함수로 (name, n, fa)를 출력한다.

② 설명 1에서 tasks 리스트에 asyncio.ensure_future(Fact("A", 3))와 asyncio.ensure_future(Fact("B", 5)) 두 개의 태스크를 생성한다.

③ 설명 2에서 loop.run_until_complete()로 asyncio.wait(tasks)를 실행시킨다. Task A와 Task B가 병렬로 실행되는 것을 확인할 수 있다.

클래스

5장

파이썬은 객체지향 프로그래밍언어(OOP : object-oriented programming language)이다. 파이썬의 거의 전부가 클래스로 구현되어 있다고 할 수 있다. [그림 5.1]은 객체(object), 클래스(class), 인스턴스(instance)의 관계이다. 객체(object)는 실세계에 존재하는 처리 대상이며, 이러한 객체를 추상화(abstraction)하여 클래스(class)로 정의한다.

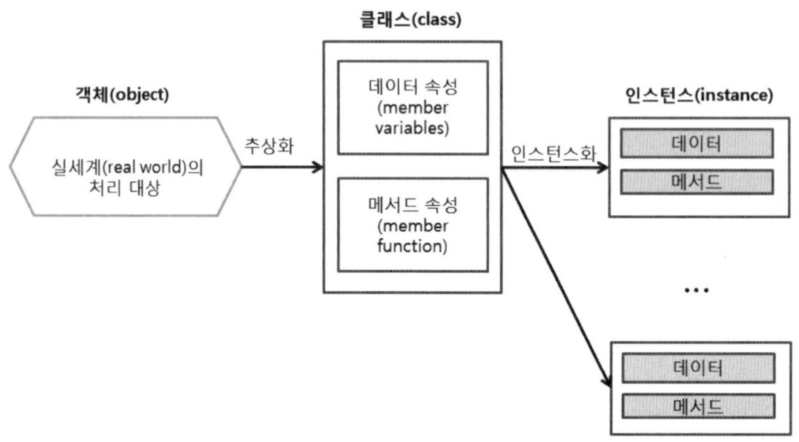

[그림 5.1] 객체, 클래스, 인스턴스의 관계

정의된 클래스로 생성된 객체가 인스턴스(instance)이다. 인스턴스화(instantiation)는 인스턴스를 생성하는 것을 의미한다. 간단히 말하면, 클래스는 객체를 정의하는 수단이며, 하나의 자료형이다. 클래스의 속성(attribute)에는 데이터 속성(data attribute)과 메서드(method)가 있다. 이들 속성은 보통 점(dot)에 의해 접근한다. 인스턴스를 인스턴스 객체(instance object) 또는 객체(object)라고도 한다.

파이썬은 클래스 속성(class attribute)과 인스턴스 속성(instance attribute)을 구분한다. 클래스 속성은 클래스로부터 생성된 모든 인스턴스에 의해 공유되며, 인스턴스 속성은 해당 인스턴스에서만 사용된다. 또한, 파이썬은 실행 시간에 동적(dynamic)으로 속성을 추가 또는 삭제할 수 있다. 클래스의 데이터 속성을 클래스 변수(class variable)라고도 하고, 인스턴스 데이터 속성을 인스턴스 변수(instance variable)라고도 한다.

메서드(method)는 클래스 내부에 정의된 함수이다. 파이썬은 기본적으로 모든 속성을 클래스 외부에서 접근할 수 있다.

클래스를 계층적으로 구성하여, 상위 클래스(super class, base class, parent class)의 속성을 하위 클래스(sub class, derived class, child class)에서 상속(inheritance)받아 사용할 수 있다. 하위 클래스는 필요한 속성을 추가하여 사용하거나, 상위 클래스의 메서드를 재정의(overriding)하여 사용할 수 있다. 또한, 클래스에서 연산자 중복(operator overloading)을 사용하여 기존 연산자를 클래스 객체에 대하여 사용할 수 있다.

01 클래스 정의 및 객체 생성

여기서는 클래스의 정의, 데이터 속성, 메서드, 인스턴스 객체 생성 등에 대하여 설명한다. 앞서 설명했듯이 클래스의 속성(attribute)에는 데이터 속성(data attribute)과 메서드(method)가 있으며, 점(dot)에 의해 접근한다.

속성은 클래스 속성(class attribute)과 인스턴스 속성(instance attribute)을 구분한다. 클래스 속성은 클래스로부터 생성된 모든 인스턴스에 의해 공유되며, 인스턴스 속성은 해당 인스턴스 객체에서만 사용된다. 메서드(method)는 클래스 내부에 정의된 함수이다. 파이썬은 기본적으로 모든 속성을 클래스 외부에서 접근할 수 있다.

1.1 클래스 정의

class 키워드로 클래스를 정의하며, 클래스는 하나의 자료형이다. 클래스의 속성은 데이터 속성과 메서드가 있다. 클래스를 계층적으로 구성하여, 상위 클래스(super class, base class, parent class)의 속성을 하위 클래스(sub class, derived class, child class)에서 상속(inheritance)받아 사용할 수 있다. 파이썬의 최상위 클래스는 object 클래스이다. 파이썬의 모든 자료형과 클래스는 기본적으로 object 클래스로부터 상속받는다.

> **형식**
>
> class <클래스 이름> [(<기반클래스_리스트>)] : # 클래스 정의
>   <문장묶음>

1. <클래스 이름>은 명칭(identifier)이다. 변수의 이름 생성 규칙과 같다.
2. <문장묶음>은 클래스의 속성(데이터, 메서드)을 정의한다. 속성이 없으면 pass를 사용한다.
3. <기반클래스_리스트>는 콤마로 구분된 상위 클래스 이름이다. ((<기반클래스_리스트>)가 생략되면 object 클래스로부터 상속받는 것과 같다. object는 파이썬의 최상위 클래스이다.
4. 파이썬 클래스의 데이터 및 메서드 속성은 기본적으로 외부에서 접근 가능하다.
5. 파이썬 문서 또는 튜토리얼을 보면, 속성 이름과 메서드 이름은 주로 소문자를 사용하는 단어를 밑줄(underscores)을 이용해 연결하여 사용한다. 예를 들어 메서드 이름으로 fromString 보다는 from_string을 사용한다. 그러나 이것은 반드시 지켜야 하는 것은 아니다.
6. 클래스의 속성 이름 앞에 2개 이상의 밑줄(underscores)을 사용하면, '_클래스이름'을 추가하여 이름을 변환한다. 이런 기능을 private 이름 맹글링(name mangling)이라고 한다. __doc__, __init__()와 같이 앞뒤로 밑줄이 2개 이상 있는 경우는 대부분 object 클래스의 기본 속성으로 사용되며, 클래스의 이름 맹글링이 적용되지 않는다.
7. issubclass() 함수를 사용하면 상속 관계를 확인할 수 있다.

1.2 인스턴스 객체 생성

클래스 이름 뒤에 소괄호 문자 '()'를 붙여 함수처럼 호출하여 클래스의 인스턴스 객체를
생성한다.

예를 들어, 클래스 이름이 A일 때, A()로 클래스 A의 인스턴스 객체를 생성한다. 실제로
는 최상위 클래스인 object 클래스의 정적 메서드(static method)인 __new__() 메서드
에 의해 객체가 생성되는 것이다.

[예제 5.1] 클래스 정의 및 인스턴스 생성 1

```
# 클래스 정의
>>> class A:              # class A(object)
        '''test class'''      # __doc__ 속성에 설정된다.

# 설명 1
>>> A.__doc__             # 클래스의 문서
'test class'
>>> issubclass(A, object)  # 상속관계 확인
True

# 설명 2
>>> a = A()               # 인스턴스 a 생성
>>> a.__doc__             # 인스턴스 a의 문서
'test class'
>>> a
<__main__.A object at 0x01D83210>
>>> hex(id(a))
'0x1d83210'

# 설명 3
>>> a = A()               # 인스턴스 a 생성
>>> a
<__main__.A object at 0x01F7EDB0>
>>> hex(id(a))
'0x1f7edb0'

# 설명 4
>>> dir()
['A', '__builtins__', '__doc__', '__loader__', '__name__', '__package__', '__spec__', 'a']
>>> globals()
{'__name__': '__main__', 'a': <__main__.A object at 0x0238C970>, 'A': <class '__main__.
A'>, ....}
```

프로그램 설명

① 클래스 A를 정의한다. '''test class''' 문자열은 A.__doc__ 속성에 설정된다. 클래스 A는 데이터
　속성도 메서드도 없는 클래스이다.

② **설명 1**에서 A.__doc__의 속성을 확인하고, issubclass(A, object)로 클래스 A가 object 클래스로부터 상속되었음을 확인한다. class A(object)로 정의한 것과 같다.

③ **설명 2**에서 a = A()는 클래스 A로 인스턴스 객체를 생성하여 a에 바인딩한다. 앞으로는 "A 클래스의 인스턴스 객체 a를 생성한다" 또는 "A 클래스의 인스턴스 a를 생성한다"고 한다. a.__doc__는 A.__doc__ 속성과 같다. <__main__.A object at 0x01D83210>는 최상위(top-level) 스크립트 환경인 __main__ 모듈의 클래스 A의 인스턴스 객체가 주소 0x01D83210에 생성되었음을 의미이다. hex(id(a))는 인스턴스 a의 고유번호는 16진수 '0x1d83210'으로 위의 객체 주소,   <__main__.A object at 0x01D83210>와 같은 것을 확인할 수 있다.

④ **설명 3**에서 a = A()로 클래스 A로 인스턴스를 a에 다시 생성하여, 인스턴스 객체가 주소를 확인하면 0x01F7EDB0로 변경된 것을 알 수 있다. __new__() 메서드가 새로운 인스턴스를 생성하기 때문이다. **설명 2**에서 a에 생성된 인스턴스는 자동으로 파괴된다.

⑤ **설명 4**에서 dir() 또는 globals() 함수로 A 클래스와 인스턴스 객체 a를 확인할 수 있다.

[예제 5.2] 클래스 정의 및 인스턴스 생성 2

```
# 클래스 정의
>>> class A:
            value = 10          # 데이터 속성

# 설명 1
>>> A.value                     # 클래스 데이터 속성
10

# 설명 2
>>> a = A()                     # 인스턴스 a 생성
>>> a.value
10

# 설명 3
>>> b = A()                     # 인스턴스 b 생성
>>> b.value
10

# 설명 4
>>> A.__dict__
mappingproxy({'__module__': '__main__', '__weakref__': <attribute '__weakref__' of 'A'
objects>, 'value': 10, '__dict__': <attribute '__dict__' of 'A' objects>, '__doc__': None})

# 설명 5
>>> a.__dict__                  # vars(a)
{}
>>> b = A()
>>> b.__dict__                  # vars(b)
{}
```

프로그램 설명

① 클래스 A는 value = 10인 클래스 속성을 갖는다.

② 설명 1에서 클래스의 속성을 A.value로 접근할 수 있다.

③ 설명 2에서 a = A()는 인스턴스 객체 a를 생성하고, 인스턴스 객체 a에서 a.value로 클래스의 속성 A.value를 사용할 수 있다.

④ 설명 3에서 b = A()는 인스턴스 객체 b를 생성하고, 인스턴스 객체 b에서 b.value로 클래스의 속성 A.value를 사용할 수 있다. [그림 5.2]는 클래스 A와 인스턴스 a와 b의 관계를 보여준다.

⑤ 설명 4에서 A.__dict__는 클래스 A의 네임스페이스이다. A.value 속성이 10으로 초기화된 것을 볼 수 있다.

⑥ 설명 5에서 a.__dict__는 인스턴스 객체 a의 네임스페이스이다. 내장함수 vars(a)와 같은 결과이다. b.__dict__는 인스턴스 객체 b의 네임스페이스이다. 내장함수 vars(b)와 같은 결과이다. 인스턴스 객체 a와 b의 네임스페이스에는 아무 속성도 없는 것을 알 수 있다.

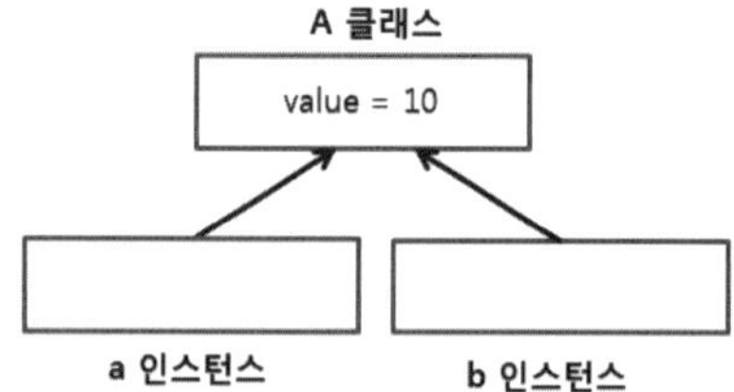

[그림 5.2] 클래스 A와 인스턴스 a, b

[예제 5.3] 데이터 속성과 메서드

```
>>> class A:
        value = 10          # 데이터 속성
        def get(self):      # 인스턴스 메서드
              return self.value

# 설명 1
>>> a = A()                 # 인스턴스 a 생성
>>> a.get()
10

# 설명 2
>>> A.value = 20            # 클래스 데이터 속성값 변경
>>> a.get()
20

# 설명 3
>>> A.get(a)
20
```

프로그램 설명

① 클래스 A는 데이터 속성 value와 get() 메서드가 있다.

② 클래스의 인스턴스 메서드는 첫 번째 매개변수로 self를 갖는다. self 매개변수에 인스턴스가 전달된다. 즉, 인스턴스를 전달받을 수 있는 위치 매개변수가 첫 번째 매개변수로 있어야 한다. 다른 이름이어도 가능하지만, self가 가장 일반적으로 사용된다. get() 메서드는 이름이 self인 매개변수 하나를 갖고 있으며, 인스턴스의 value 속성 self.value를 반환한다.

③ **설명 1**에서 a = A()는 object.__new__() 메서드에 의해 A 클래스 인스턴스 객체가 생성되고, object.__init__() 메서드가 호출된 후에, 생성된 인스턴스를 이름 a에 바인딩한다. 지금부터는 간단히 클래스 A의 인스턴스 a를 생성한다고 할 것이다. a.get()는 인스턴스 객체 a를 사용하여 메서드 get()를 호출한다. 이때, 인수는 사용하지 않고, 자동으로 클래스 A의 메서드 get()의 매개변수 self에 인스턴스 객체 a가 전달되어, a.value 값 10을 반환한다.

④ **설명 2**에서 A.value = 20은 클래스 A의 데이터 속성 value를 20으로 변경하며, a.get()는 a.value에 의해 클래스 속성 A.value의 값 20을 반환한다.

⑤ **설명 3**에서 A.get(a)는 클래스 이름 A를 사용하여 메서드를 호출한다. 클래스 이름을 사용하여 메서드를 호출할 때는 인수로 인스턴스 객체를 매개변수에 전달한다. A.get(a)는 a.value에 의해 클래스 속성 A.value의 값 20을 반환한다.

[예제 5.4] 클래스 속성과 인스턴스 속성

```
>>> class A:
        value = 10                      # 데이터 속성
        def get(self):                  # 인스턴스 메서드
                return self.value
        def set(self, value):           # 인스턴스 메서드
                self.value = value

# 설명 1
>>> a = A()          # 인스턴스 a 생성
>>> a.set(20)
>>> a.get()
20
>>> a.__dict__       # vars(a)
{'value': 20}


# 설명 2
>>> b = A()          # 인스턴스 b 생성
>>> b.set(30)
>>> b.get()
30
>>> b.__dict__       # vars(b)
{'value': 30}


# 설명 3
>>> A.value
10
```

```
>>> A.__dict__          # vars(A)
mappingproxy({'__module__': '__main__', 'set': <function A.set at 0x01F9E930>, '__dict__':
<attribute '__dict__' of 'A' objects>, 'value': 10, 'get': <function A.get at 0x01F9E6F0>, '__
weakref__': <attribute '__weakref__' of 'A' objects>, '__doc__': None})
```

프로그램 설명

① 클래스 A는 데이터 속성 value와 get()와 set() 메서드가 있다.

② 메서드 get()는 인스턴스의 속성 self.value를 반환한다. 메서드 set()는 인스턴스의 속성 self.value를 value로 설정한다.

③ 설명 1에서 a = A()는 클래스 A의 인스턴스 a를 생성한다. a.set(20)는 인스턴스 객체 a의 속성 a.value를 20으로 설정한다. a.get()은 20을 반환한다. a.__dict__는 인스턴스 객체 a의 네임스페이스로 {'value': 20}이다.

④ 설명 2에서 b = A()는 클래스 A의 인스턴스 b를 생성한다. b.set(30)은 인스턴스 객체 b의 속성 b.value를 30으로 설정한다. b.get()은 30을 반환한다. b.__dict__는 인스턴스 객체 b의 네임스페이스로 {'value': 30}이다.

⑤ 설명 3에서 A.value 속성값은 변경되지 않고 여전히 A.value = 10이다. 즉, 파이썬은 클래스 속성과 인스턴스 속성을 구분한다. A.__dict__는 클래스 A의 네임스페이스이다.

⑥ [그림 5.3]은 클래스 A와 인스턴스 a, b의 value 속성을 보여준다. 속성을 찾을 때, 인스턴스 속성을 먼저 찾아 인스턴스 속성이 있으면, 인스턴스 속성을 사용하고, 없으면 클래스 속성을 찾아 사용한다. 클래스 속성에 없으면, 상위 클래스의 속성을 찾아 상위 클래스에도 없으면 AttributeError가 발생한다.

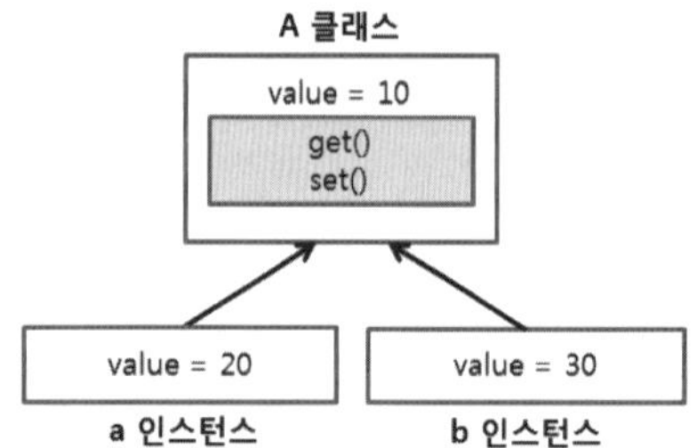

[그림 5.3] 클래스 A와 인스턴스 a, b의 value 속성

[예제 5.5] 같은 이름을 갖는 메서드

```
>>> class A:
        def set(self, value):           # 인스턴스 메서드, 접근 불가능
                self.value = value
        def set(self, value, name):      # 인스턴스 메서드, 접근 가능
                self.value = value
                self.name = name
```

```
# 설명 1
>>> a = A()
>>> a.set(10, 'A')
>>> print("a: %s, %s" % (a.value, a.name))
a: 10, A

# 설명 2
>>> a.set(10)
Traceback (most recent All last):
 File "<pyshell#65>", line 1, in <module>
  a.set(10)
TypeError: set() missing 1 required positional argument: 'name'
```

프로그램 설명

① 클래스 A는 같은 이름을 갖는 인스턴스 메서드 set()이 2개 정의되어 있다. C++과 JAVA에서는 메서드 오버로딩(overloading)이 허용되어, 자료형이 다르거나 또는 매개변수의 개수가 다르면 같은 이름의 메서드를 사용할 수 있다. 그러나 파이썬은 메서드 이름이 같다고 오류가 발생하지는 않지만, 마지막에 정의된 메서드에만 접근할 수 있다. 즉, set(self, value, name) 메서드만 사용할 수 있다.

② 설명 1에서 a = A()는 클래스 A의 인스턴스 a를 생성한다. a.set(10, 'A')은 클래스 A의 정의에서 set(self, value, name) 메서드를 호출하여, 인스턴스 a의 속성을 설정한다.

③ 설명 2에서 a.set(10)는 TypeError가 발생한다. 클래스 A의 정의에서 set(self, value)는 다음에 정의된 set(self, value, name) 메서드에 의해 set 이름이 다시 정의되었기 때문에, 접근할 수 없다. 즉, 같은 이름의 메서드는 마지막에 정의된 메서드만 사용할 수 있다. 파이썬은 메서드 오버로딩은 허용하지 않고, 연산자 오버로딩(operator overloading)은 가능하다.

1.3 __init__(), __del__(), __new__() 메서드 재정의

최상위 클래스인 object 클래스의 메서드인 __init__(), __del__(), __new__()를 재정의(overriding)하여 사용할 수 있다. 이때 정적 메서드(static method)인 __new__()에 의해 객체가 생성되고, __init__() 메서드가 호출되어 객체를 초기화한다. 인스턴스에 대한 참조가 더 이상 없을 때, 객체는 파괴되기 바로 직전에 __del__() 메서드가 호출된다. 대부분 인스턴스 객체를 초기화하는 __init__() 메서드만을 재정의하여 사용한다.

최상위 클래스인 object 클래스의 __new__()에 의해 객체가 생성되고, 파이썬은 가비지 컬렉션(garbage collection)을 자동으로 수행하기 때문에 __del__() 메서드를 정의할 필요가 없다.

> **형식**　object.__new__(cls[, ...]) / object.__init__(self[, ...]) / object.__del__(self)

1. __new__() 메서드는 정적 메서드이고, 새로운 객체 인스턴스를 반환한다. 첫 번째 매개변수인 cls에는 클래스 객체가 전달된다. __new__() 메서드는 형태로 보면 뒤에서 설명할 클래스 메서드와 같지만, 모든 파이썬의 문서, 튜토리얼, 인터넷상의 자료를 보면 모두 정적 메서드라고 언급되어 있는 것이 특이하다.

2. __init__() 메서드의 첫 번째 매개변수인 self는 __new__() 메서드에 의해 생성된 인스턴스 객체이다. 나머지 인수는 __new__() 메서드의 인수와 같다.

3. __del__() 메서드의 매개변수인 self는 인스턴스 객체이다.

[예제 5.6] __init__()와 __del__() 메서드 재정의 1

```
>>> class A:
        def __init__(self):          # 재정의 메서드
            self.value = 0
        def __del__(self):           # 재정의 메서드
            print("desctuctor is called!")
        def get(self):               # 인스턴스 메서드
            return self.value
        def set(self, value):        # 인스턴스 메서드
            self.value = value


# 설명 1
>>> a = A()                          # __init__() 메서드 호출
>>> a.get()
0
>>> b = A()                          # __init__() 메서드 호출
>>> b.get()
0


# 설명 2
>>> del a                            # __del__() 메서드 호출
desctuctor is called!
>>> del b                            # __del__() 메서드 호출
desctuctor is called!


# 설명 3
>>> a = A()
>>> b = a
>>> del b
>>> del a                            # __del__() 메서드 호출
desctuctor is called!


# 설명 4
>>> a = A()
>>> id(a)
30945808
```

```
>>> a = A()
desctuctor is called!
>>> id(a)
33132240
```

프로그램 설명

① 클래스 A는 get(), set() 메서드와 인스턴스가 생성될 때 자동으로 호출되는 __init__() 메서드, 인스턴스가 파괴될 때 자동으로 호출되는 __del__() 메서드를 재정의(overriding)한다. __init__()와 __del__() 메서드의 첫 번째 매개변수 self는 인스턴스 메서드와 마찬가지로 객체를 전달받는다.

② 설명 1에서 a = A()는 __init__() 메서드가 자동으로 생성되어 호출 a.value = 0으로 초기화한다. b = A()는 __init__() 메서드가 자동으로 생성되어 호출 b.value = 0으로 초기화한다.

③ 설명 2에서 del a와 del b는 각각 인스턴스 a, b가 파괴되면서 __del__() 메서드가 자동으로 호출된다.

④ 설명 3에서 a = A(), b = a 이후에 del b는 __del__() 메서드를 호출하지 않는다. 생성된 객체를 a가 아직 참조하고 있기 때문이다. del a를 수행하면 참조하는 인스턴스가 더 이상 없기 때문에 __del__() 메서드가 자동으로 호출된다.

⑤ 설명 4에서 a = A()로 인스턴스를 a에 생성하고 id(a)로 확인한 고유번호는 30945808이고, 다시 a = A()로 인스턴스를 a에 생성하고, id(a)로 고유번호를 확인하면 33132240으로 변경된 것을 알 수 있다. 이때, id(a)=30945808인 인스턴스 a가 파괴되면서 __del__() 메서드가 자동으로 호출된다.

__init__() 메서드는 인스턴스 객체의 데이터 속성을 초기화하기 위하여 자주 사용되지만, 파이썬은 가비지 컬렉션(garbage collection)을 자동으로 수행하기 때문에 __del__() 메서드는 자주 사용되지 않는다.

[예제 5.7] __init__()와 __del__() 메서드 재정의 2

```
>>> class A:
        def __init__(self, value = 0):   # 재정의 메서드
            self.value = value
        def __del__(self):               # 재정의 메서드
            print("desctuctor is called!")
        def get(self):                   # 인스턴스 메서드
            return self.value
        def set(self, value):            # 인스턴스 메서드
            self.value = value

# 설명 1
>>> a = A()          # __init__() 메서드 호출
>>> a.get()
0

# 설명 2
>>> b = A(10)
>>> b.get()
10
```

프로그램 설명

① 클래스 A는 __init__() 메서드를 재정의(overriding)하여 디폴트 인수인 value를 사용하여 self.value = value로 초기화한다.

② 설명 1에서 a = A()는 __init__() 메서드에서 value = 0으로 전달되어 a.value = 0으로 초기화한다.

③ 설명 2에서 b = A(10)는 value = 10으로 전달되어 b.value = 10으로 초기화한다.

[예제 5.8] __new__() 재정의 1

```
>>> class A:
        def __new__(cls, *args, **kwargs):        # 재정의 메서드
            print("cls = {0}, args={1}, kwargs={2}".format(cls, args, kwargs))
            instance = object.__new__(cls)
            return instance

# 설명 1
>>> a = A()
cls = <class '__main__.A'>, args=(), kwargs={}

# 설명 2
>>> b = A(10)
cls = <class '__main__.A'>, args=(10,), kwargs={}

# 설명 3
>>> c = A(10, value = 100, name = 'A')
cls = <class '__main__.A'>, args=(10,), kwargs={'name': 'A', 'value': 100}
```

프로그램 설명

① 클래스 A는 __new__() 메서드를 재정의(overriding)한다. __new__() 메서드는 A 클래스의 인스턴스를 생성할 때 호출된다. __new__() 메서드는 첫 번째 매개변수 cls는 클래스 객체를 받으며, 가변 위치 매개변수 args와 가변 키워드 매개변수 kwargs를 갖는다. object.__new__(cls)로 인스턴스 instance를 생성하고 반환한다.

② 설명 1에서 a = A()는 A.__new__() 메서드를 호출하여 인스턴스를 생성하고 반환한다. 매개변수는 cls = <class '__main__.A'>, args = (), kwargs = {}가 전달된다.

③ 설명 2에서 b = A(10)는 A.__new__() 메서드를 호출하여 인스턴스를 생성하고 반환한다. 매개변수는 cls = <class '__main__.A'>, args = (10,), kwargs = {}가 전달된다.

④ 설명 3에서 c = A(10, value = 100, name = 'A')는 A.__new__() 메서드를 호출하여 인스턴스를 생성하고 반환한다. 매개변수는 cls = <class '__main__.A'>, args = (10,), kwargs = {'name': 'A', 'value': 100}이 전달된다.

[예제 5.9] __new__() 재정의 2 : sigleton 패턴

```
>>> class A:
        __instance = None  # private 이름 맹글링
        def __new__(cls, value=0):          # 재정의 메서드
            if cls.__instance is None:      # 인스턴스가 없을 때만 객체 생성
                    cls.__instance = object.__new__(cls)
            cls.__instance.value = value    # 인스턴스 속성 설정
            return cls.__instance

# 설명 1
>>> a = A()
>>> a.value
0
>>> id(a)
36408656

# 설명 2
>>> b = A(10)
>>> b.value
10
>>> id(b)
36408656
>>> a is b
True
```

프로그램 설명

① 클래스 A는 __new__() 메서드를 재정의(overriding)하여, 클래스의 인스턴스 객체를 하나만 유지하는 singleton 클래스 디자인 패턴을 구현한다. 클래스 A의 __instance는 private 이름 맹글링(mangling)한 클래스 속성으로, 유일하게 생성된 인스턴스를 저장할 클래스 속성이다.

② __new__() 메서드는 첫 번째 매개변수 cls는 클래스 객체를 받으며, cls.__instance = None이면, object.__new__(cls)로 인스턴스를 생성하여 cls.__instance에 설정하고, cls.__instance.value = value로 매개변수 value로 인스턴스 속성을 설정하고, cls.__instance를 반환한다. 즉, cls.__instance = None인 경우는 cls.__instance에 인스턴스가 생성되고, 인스턴스 속성인 cls.__instance.value가 동적으로 생성된다. cls.__instance가 None이 아니면, 즉 cls.__instance에 인스턴스가 이미 생성되어 있으면, 인스턴스 속성만 설정하고, cls.__instance를 반환한다.

③ 설명 1에서 a = A()는 A.__new__() 메서드를 호출하여, object.__new__(cls)로 인스턴스를 생성하고, 생성된 인스턴스를 A.__instance에 설정하고, 생성된 인스턴스의 value 속성을 value = 0으로 설정하고, 생성된 인스턴스를 반환한다. a.value = 0이고, 생성된 인스턴스의 고유번호를 확인하면 id(a) = 36408656이다.

④ 설명 2에서 b = A(10)는 A.__new__() 메서드를 호출하면, A.__instance가 None이 아니기 때문에 인스턴스를 생성하지 않고, A.__instance에 저장된 인스턴스, 즉 인스턴스 a의 value 속성인 a.value =10으로 설정하고, 인스턴스 a를 반환하여 b에 바인딩한다. b.value = 10이고, b의 고유번호를 확인하면 id(b) = 36408656로 a의 고유번호와 같고 a is b는 True이다. 즉 a와 b는 같은 객체를 참조한다.

[예제 5.10] __new__(), __init__() 재정의 1

```
>>> class A:
        def __new__(cls, *args, **kwargs):        # 재정의 메서드
            print("cls = {0}, args={1}, kwargs={2}".format(cls, args, kwargs))
            instance = object.__new__(cls)
            return instance
        def __init__(self, *args, **kwargs):        # 재정의 메서드
            print("self = {0}, args={1}, kwargs={2}".format(self, args, kwargs))

# 설명 1
>>> a = A()
cls = <class '__main__.A'>, args=(), kwargs={}
self = <__main__.A object at 0x022D6FF0>, args=(), kwargs={}

# 설명 2
>>> b = A(10)
cls = <class '__main__.A'>, args=(10,), kwargs={}
self = <__main__.A object at 0x022D6AF0>, args=(10,), kwargs={}

# 설명 3
>>> c = A(10, value = 100, name = 'A')
cls = <class '__main__.A'>, args=(10,), kwargs={'name': 'A', 'value': 100}
self = <__main__.A object at 0x022D6BB0>, args=(10,), kwargs={'name': 'A', 'value': 100}
>>>
```

프로그램 설명

① 클래스 A는 __new__()와 __init__() 메서드를 재정의(overriding)한다.

② __new__() 메서드는 A 클래스의 인스턴스를 생성할 때 호출된다. __new__() 메서드는 첫 번째 매개변수 cls는 클래스 객체를 받으며, 위치 매개변수 args와 키워드 매개변수 kwargs를 갖는다. object.__new__(cls)로 인스턴스 instance를 생성하고 반환한다.

③ __init__() 메서드는 __new__() 메서드가 인스턴스를 생성한 다음 인스턴스를 초기화하기 위해 호출된다. __init__() 메서드의 self 매개변수에는 인스턴스 객체가 전달된다. 여기서는 단순히 매개변수를 print() 함수로 출력한다.

④ 설명 1에서 a = A()는 A.__new__() 메서드를 호출하여 인스턴스를 생성하고, __init__() 메서드를 호출한다. 가변 위치 매개변수에 args = () 튜플이 전달된다.

⑤ 설명 2에서 b = A(10)는 A.__new__() 메서드를 호출하여 인스턴스를 생성하고, __init__() 메서드를 호출한다. 가변 위치 매개변수에 args = (10,) 튜플이 전달된다.

⑥ 설명 3에서 c = A(10, value = 100, name = 'A')는 A.__new__() 메서드를 호출하여 인스턴스를 생성하고, __init__() 메서드를 호출한다. 가변 위치 매개변수에 args = (10,) 튜플이 전달되고, 가변 키워드 매개변수에 kwargs = {'name': 'A', 'value': 100} 사전이 전달된다.

[예제 5.11] __new__(), __init__() 재정의 2

```
>>> class A:
        def __new__(cls, value=0):        # 재정의 메서드
            print("cls = {0}, value={1}".format(cls, value))
            instance = object.__new__(cls)
            return instance
        def __init__(self, value = 0):        # 재정의 메서드
            self.value = value

# 설명 1
>>> a = A()
cls = <class '__main__.A'>, value=0
>>> a.value
0

# 설명 2
>>> b = A(10)
cls = <class '__main__.A'>, value=10
>>> b.value
10
```

프로그램 설명

① 클래스 A는 __new__()와 __init__() 메서드를 재정의한다.

② __new__() 메서드는 A 클래스의 인스턴스를 생성할 때 호출된다. __new__() 메서드는 첫 번째 매개변수 cls는 클래스 객체를 받으며, 디폴트 매개변수 value = 0을 갖는다.

③ __init__() 메서드는 __new__() 메서드가 인스턴스를 생성한 다음 인스턴스를 초기화하기 위해 호출된다. __init__() 메서드의 self 매개변수에는 인스턴스 객체가 전달된다. 디폴트 매개변수 value = 0을 가지고 self.value = value로 인스턴스 속성을 초기화한다.

④ 설명 1에서 a = A()는 A.__new__() 메서드를 호출하여 인스턴스를 생성하고, __init__() 메서드를 호출하여 a.value = 0으로 초기화한다.

⑤ 설명 2에서 b = A(10)는 A.__new__() 메서드를 호출하여 인스턴스를 생성하고, __init__() 메서드를 호출하여 b.value = 10으로 초기화한다.

1.4 __call__() 메서드 재정의

최상위 클래스인 object 클래스의 메서드인 __call__()을 재정의(overriding)하여 사용할 수 있다. 인스턴스 객체가 호출될 때마다 __call__() 메서드가 호출된다.

[예제 5.12] __call__() 재정의 1

```
>>> class A:
        def __call__(self, *args, **kwargs):
            print('called : ', args, kwargs)
```

```
# 설명 1
>>> a = A()
>>> a(1, 2, 3)
called : (1, 2, 3) {}

# 설명 2
>>> a(1, 2, 3, x= 4, y = 5)
called : (1, 2, 3) {'y': 5, 'x': 4}
```

프로그램 설명

① 클래스 A의 __call__() 메서드는 가변 위치 인수 args와 가변 키워드 인수 kwargs를 갖고, print() 함수로 전달되는 인수를 출력한다.

② 설명 1에서 a = A()는 클래스 A의 인스턴스 a를 생성하고, a(1, 2, 3)는 __call__() 메서드를 호출하고, 가변 위치 인수 args에 (1, 2, 3)이 전달된다.

③ 설명 2에서 a(1, 2, 3, x = 4, y = 5)는 __call__() 메서드를 호출하고, 가변 위치 인수 args에 (1, 2, 3), 가변 키워드 인수 kwargs에 {'y': 5, 'x': 4}가 전달된다.

[예제 5.13] __call__() 재정의 2

```
>>> class A:
        def __init__(self, x, y):
            print('init: ', x, y)
            self.x, self.y = x, y
        def __call__(self, x, y):
            print('call : ', x, y)
            self.x, self.y = x, y

# 설명 1
>>> a = A(10, 20)
init: 10 20
>>> a.x, a.y
(10, 20)

# 설명 2
>>> a(100, 200)
call : 100 200
>>> a.x, a.y
(100, 200)
```

프로그램 설명

① 클래스 A는 __init__()와 __call__() 메서드를 갖는다. 두 함수 모두 x, y 인수를 갖고, self.x = x, self.y = y로 설정한다.

② 설명 1에서 a = A(10, 20)는 클래스 A의 인스턴스 a를 생성하고, __init__() 메서드에 의해 a.x = 10, a.y = 20으로 설정한다.

③ 설명 2에서 a(100, 200)는 __call__() 메서드에 의해 a.x = 100, a.y = 200으로 설정한다.

02 클래스 속성과 인스턴스 속성

파이썬은 클래스 속성(class attribute)과 인스턴스 속성(instance attribute)을 구분한다. 클래스 속성은 클래스로부터 생성된 모든 인스턴스에 의해 공유되며, 인스턴스 속성은 해당 인스턴스에서만 사용된다.

또한, 파이썬은 실행시간에 동적(dynamic)으로 속성을 추가 또는 삭제할 수 있다. 클래스 데이터 속성을 클래스 변수(class variable), 인스턴스 데이터 속성을 인스턴스 변수(instance variable)라 한다.

2.1 속성 데이터 접근

속성은 클래스 이름 또는 인스턴스 객체와 점(dot)에 의해 접근(access : get/read, set/write)한다. 이때 접근은 두 가지 사용 목적이 있다. 하나는 이미 존재하는 속성 이름에 바인딩된 값을 얻어(get)와 사용하는 경우와 다른 하나는 속성에 새로운 값을 설정(set)하는 경우이다.

이 두 가지 접근은 사용에 따라 주의가 필요하다. 먼저, 속성값을 얻을(get) 때는 속성의 이름이 존재해야 한다. 인스턴스 객체를 사용하여 속성값을 알고자 할 때 속성 이름(name)은 [그림 5.4]와 같이 먼저 인스턴스 속성에서 이름을 찾고, 없는 경우에 클래스 속성에서 찾는다. 상위 클래스에도 이름이 없으면 AttributeError가 발생한다.

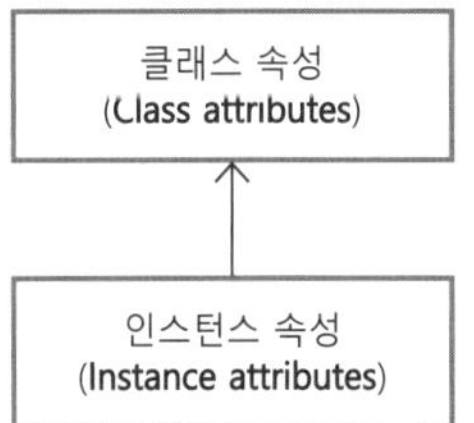

[그림 5.4] 클래스와 인스턴스 속성

지정문에 의해 속성값을 설정할 때(set)는 속성 이름이 있으면, 클래스 또는 인스턴스의 속성을 변경한다. 만약 클래스 또는 인스턴스에 속성 이름이 없으면, 동적으로 속성을 생성한다.

[예제 5.14] 클래스 속성과 인스턴스 속성

```
>>> class A:
        pass


# 설명 1
>>> A.value = 10     # 클래스 속성 value 생성


# 설명 2
>>> a = A()          # 인스턴스 a 생성
>>> a.value          # 클래스 속성 value 참조
10
>>> a.name
Traceback (most recent call last):
 File "<pyshell#5>", line 1, in <module>
   a.name
AttributeError: 'A' object has no attribute 'name'


# 설명 3
>>> a.name = 'A'     # 인스턴스 a의 속성 name 생성
>>> a.value = 20     # 인스턴스 a의 속성 value 생성
>>> print("a.value=%s, a.name=%s"%(a.value, a.name))
a.value=20, a.name=A


# 설명 4
>>> b = A()          # 인스턴스 b 생성
>>> b.name = 'B'     # 인스턴스 속성 name 생성
>>> print("b.value=%s, b.name=%s"%(b.value, b.name))
b.value=10, b.name=B


# 설명 5
>>> del b.name       # 인스턴스 b의 속성 name 삭제
>>> b.__dict__
{}
>>> del b.value
Traceback (most recent call last):
 File "<pyshell#205>", line 1, in <module>
   del b.value
AttributeError: value


# 설명 6
>>> del A.value      # 클래스 A의 속성 value 삭제
```

프로그램 설명

① 클래스 A는 클래스 속성이 없다.

② **설명 1**에서 A.value = 10에 의해 클래스 A에 클래스 속성 value를 추가한다. 파이썬은 이처럼 이미 만들어진 클래스에 실행 시간에 동적으로 속성을 추가할 수 있다.

③ 설명 2에서 a = A()는 클래스 A의 인스턴스 a를 생성한다. a.value는 클래스 속성 value 참조하여 10을 반환한다. a.name은 인스턴스 a, 클래스 A, 상위 클래스 object에 name 속성이 없기 때문에 AttributeError가 발생한다. 인스턴스 a는 자신의 속성이 없으며, 클래스 A의 속성 value의 값은 사용할 수 있다. [그림 5.5]는 설명 2의 클래스와 인스턴스 속성의 상태를 보여준다.

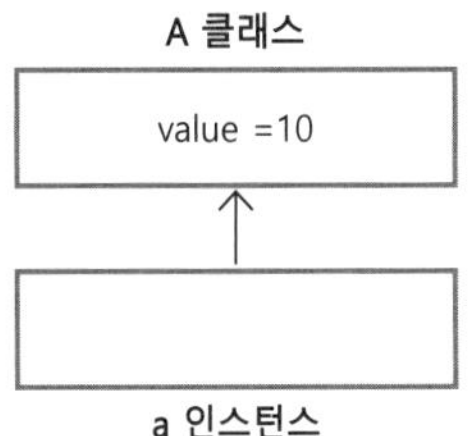

[그림 5.5] 설명 2의 클래스와 인스턴스 속성의 상태

④ 설명 3은 인스턴스 속성을 동적으로 추가하는 것을 보여준다. a.name = 'A'는 인스턴스 a의 속성 name을 생성하고 문자 'A'를 설정한다. 이때, 클래스 A의 속성 value를 변경하는 것이 아님에 주의한다. a.value = 20은 인스턴스 a의 속성 value 생성하고 20을 설정한다. A.value와 a.value는 다른 값을 갖는다. 인스턴스 a는 value와 name 속성을 갖는다. [그림 5.6]은 설명 3의 클래스와 인스턴스 속성의 상태를 보여준다.

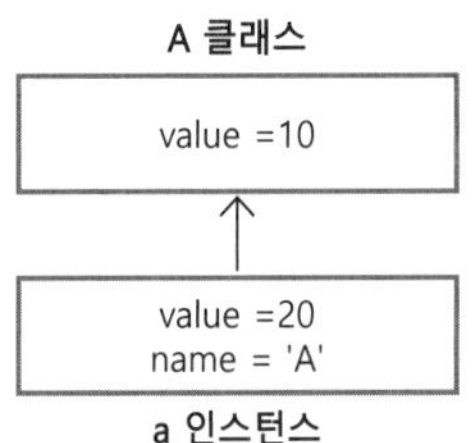

[그림 5.6] 설명 3의 클래스와 인스턴스 속성의 상태

⑤ 설명 4에서 b = A()는 클래스 A의 인스턴스 b를 생성한다. b.name = 'B'는 인스턴스 b의 속성으로 name을 생성하고 문자 'B'를 설정한다. print() 함수의 출력에서 b.value는 인스턴스 b의 속성에 value가 없기 때문에 클래스 A의 value 속성이 사용되어 b.value = 10이 출력된다. b.name은 인스턴스 b의 속성이 사용되어 b.name = 'B'가 출력된다. [그림 5.7]은 설명 4의 클래스와 인스턴스 속성의 상태를 보여준다.

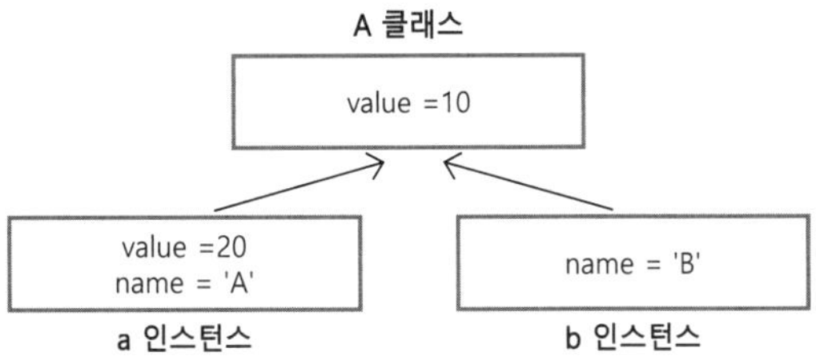

[그림 5.7] 설명 4의 클래스와 인스턴스 속성의 상태

⑥ 설명 5에서 del b.name은 인스턴스 b의 name 속성을 삭제한다. b.__dict__ 속성은 공백 사전이다. __dict__ 속성은 object 클래스의 속성이다. del b.value는 value가 인스턴스 b의 속성이 아니기 때문에 AttributeError가 발생한다. [그림 5.8]은 설명 5의 클래스와 인스턴스 속성의 상태를 보여준다.

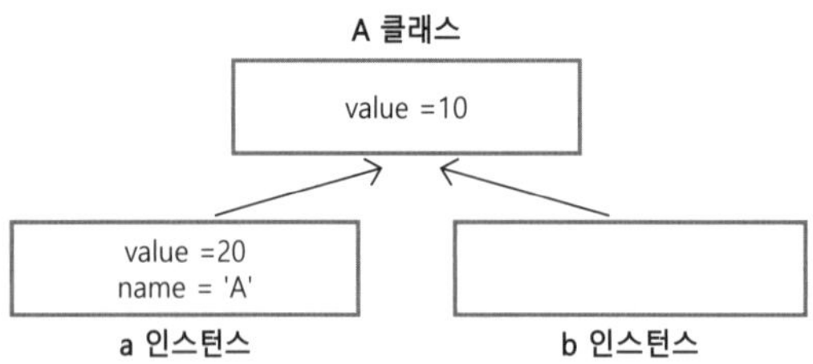

[그림 5.8] 설명 5의 클래스와 인스턴스 속성의 상태

⑦ 설명 6에서 del A.value는 클래스 A의 속성 value를 삭제한다. [그림 5.9]는 설명 6의 클래스와 인스턴스 속성의 상태를 보여준다.

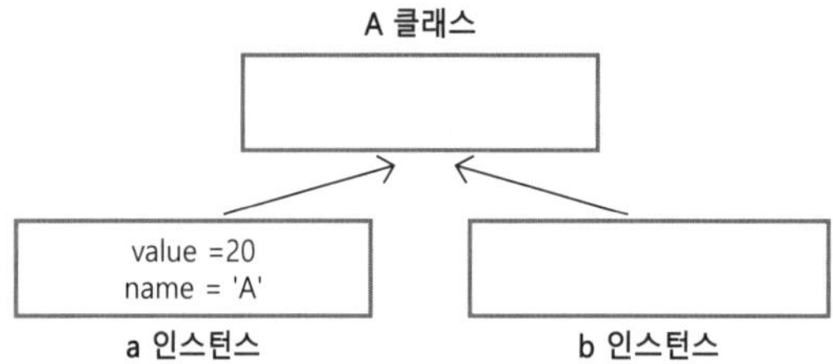

[그림 5.9] 설명 6의 클래스와 인스턴스 속성의 상태

2.2 속성 접근 내장함수

객체의 속성은 보통 점(dot)에 의해 접근한다. 또한 [표 5.1]의 getattr(), setattr(), delattr(), hasattr() 내장함수 등에 의해 접근할 수 있다.

표 5.1 속성 접근 내장함수

내장함수	설 명
getattr(obj, name[, default])	obj 객체의 name 속성의 값을 반환한다. name은 문자열이다. obj.name과 같다. name 속성이 없는 경우, default가 반환된다. default가 없으면 AttributeError가 발생한다.
setattr(obj, name, value)	obj 객체의 name 속성의 값을 value로 설정한다.
delattr(obj, name)	obj 객체의 name 속성을 삭제한다. del obj.name과 같다.
hasattr(obj, name)	obj 객체의 name 속성이 있으면 True를 반환한다. 그렇지 않으면 False를 반환한다.

[예제 5.15] 속성 접근 내장함수

```
>>> class A:
        value = 10

# 설명 1
>>> getattr(A, 'value')          # A.value
10
>>> a = A()
>>> getattr(a, 'value')          # a.value
10

# 설명 2
>>> setattr(a, 'value', 20)      # a.value = 20
>>> a.value
20
>>> setattr(a, 'name', 'A')      # a.name = 'A'
>>> a.name
'A'

# 설명 3
>>> hasattr(a, 'value')
True
>>> delattr(a, 'value')          # del a.value
>>> hasattr(a, 'value')
False
```

프로그램 설명

① 클래스 A는 value = 10인 클래스 속성을 갖는다.

② 설명 1에서 getattr(A, 'value')는 A.value의 값을 얻는 것과 같다. getattr(a, 'value')는 a.value 의 값을 얻는 것과 같나.

③ 설명 2에서 setattr(a, 'value', 20)은 a.value = 20로 속성을 설정한 것과 같다. setattr(a, 'name', 'A')은 a.name = 'A'로 속성을 설정한 것과 같다.

④ 설명 3에서 hasattr(a, 'value')는 인스턴스 객체 a에 value 속성이 있으므로 True이다. delattr(a, 'value')은 del a.value로 속성을 삭제한 것과 같다. 인스턴스 객체 a에서 value 속성을 삭제한 후 에 hasattr(a, 'value')는 False를 반환한다.

[예제 5.16] 동적으로 인스턴스 메서드 추가 및 삭제

```
>>> class A:
        def __init__(self, value = 0):      # 재정의 메서드
            self.value = value
>>> def get(self):
        return self.value
```

```
# 설명 1
>>> a = A()
>>> setattr(A, 'get', get)
>>> a.get()
0


# 설명 2
>>> del A.get
>>> a.get()
Traceback (most recent call last):
 File "<pyshell#10>", line 1, in <module>
  a.get()
AttributeError: 'A' object has no attribute 'get'
```

프로그램 설명

① 클래스 A는 __init__() 메서드를 재정의(overriding)하여 디폴트 인수인 value를 사용하여 self.value = value로 초기화한다.

② 클래스 A에 추가할 함수 get()을 정의한다. get() 함수는 클래스 A에 인스턴스 메서드로 추가될 함수로, 인스턴스를 전달받을 매개변수 self가 있어야 한다.

③ 설명 1에서 a = A()는 인스턴스 a를 생성하고, a.value = 0으로 초기화한다. setattr(A, 'get', get)는 클래스 A에 get() 함수를 속성으로 추가한다. a.get()으로 인스턴스를 사용하여 get() 메서드를 호출할 수 있다.

④ 설명 2에서 del A.get은 클래스 A에서 get() 메서드를 삭제하며, a.get()은 AttributeError가 발생한다.

[예제 5.17] 클래스의 __slots__ 속성

```
>>> class A:
        __slots__ = ['value', 'name']


# 설명 1
>>> a = A()
>>> a.value = 10
>>> a.name = 'A'


# 설명 2
>>> a.id = 101
Traceback (most recent call last):
 File "<pyshell#101>", line 1, in <module>
  a.id = 101
AttributeError: 'A' object has no attribute 'id'
```

프로그램 설명

① 클래스에서 __slots__ 속성을 리스트로 설정하면, 클래스의 인스턴스의 속성 이름이 __slots__에 설정된 이름으로 제한된다. __slots__ 속성을 사용하면 동적으로 생성되는 인스턴스 속성을 제한할 수 있어, 메모리를 절약할 수 있다. 인스턴스의 이름 공간을 갖는 __dict__ 속성은 제거되어 사용할 수 없다.

② 클래스 A는 클래스 속성 __slots__를 ['value', 'name'] 리스트로 초기화한다. 클래스 A의 인스턴스는 'value', 'name' 속성만을 생성할 수 있다.

③ 설명 1에서 a = A()는 인스턴스 a를 생성하고, 인스턴스 a의 value 속성을 생성하여 a.value = 10으로 설정하고, 인스턴스 a의 name 속성을 생성하여 a.name = 'A'로 설정한다.

④ 설명 2에서 a.id = 101은 AttributeError가 발생한다. id 속성이 __slots__ 속성의 문자열에 없기 때문이다.

03　정적 메서드와 클래스 메서드

3.1 정적 메서드

정적 메서드(static method)는 메서드 정의 앞에 데코레이터인 @staticmethod를 추가하여 지정한다. 정적 메서드는 첫 번째 매개변수에 인스턴스 객체를 전달하지 않는다. 즉, 인스턴스 메서드의 정의에서 첫 번째 매개변수에 있는 self가 없다. 정적 메서드는 클래스 이름 또는 인스턴스 객체를 통해 호출할 수 있다.

[예제 5.18] 정적 메서드 1

```
>>> class A:
        value = 0
        @staticmethod
        def incr(value = 1):      # 정적 메서드
            A.value += value
            return A.value

# 설명 1
>>> A.incr()
1
>>> A.value
1
>>> A.incr(10)
11
>>> A.value
11
```

```
# 설명 2
>>> a = A()
>>> a.incr(100)
111
>>> a.value
111
>>> A.value
111
```

프로그램 설명

① 클래스 A는 value = 0인 클래스 데이터 속성과 정적 메서드 incr()을 갖는다.

② 정적 메서드 incr()은 매개변수 value만큼 클래스 속성 A.value를 증가시키고 반환한다.

③ 설명 1에서 A.incr()는 디폴트 매개변수 value = 1로 설정되어, A.value = 1로 설정하고 반환한다.
A.incr(10)은 A.value의 현재 값 1에 value = 10을 덧셈한 A.value = 11로 설정하고 반환한다.

④ 설명 2에서 a = A()는 클래스 A의 인스턴스 객체 a를 생성하고, a.incr(100)은 A.value의 현재 값
11에 value = 100을 덧셈한 A.value = 111로 설정하고 반환한다.

[예제 5.19] 동적으로 정적 메서드 추가

```
>>> def incr(value = 1):
        A.value += value
        return A.value

>>> class A:
        value = 0

# 설명 1
>>> setattr(A, 'incr', staticmethod(incr))

# 설명 2
>>> A.incr()
1
>>> A.value
1
>>> a = A()
>>> a.incr(10)
11
>>> a.value
11
>>> A.value
11
```

프로그램 설명

① 클래스 A에 추가할 함수 get()을 정의한다. get() 함수의 첫 번째 매개변수에 self가 필요 없다.

② 클래스 A는 value = 0인 속성을 갖는다.

③ 설명 1에서 setattr(A, 'incr', staticmethod(incr))는 클래스 A에 incr() 함수를 정적 메서드 속성으로 추가한다. staticmethod() 함수 대신 incr 함수 앞에 @staticmethod 데코레이터를 사용할 수 있다.

④ 설명 2에서 A.incr()는 클래스 A를 이용하여 정적 메서드 incr()를 호출한다. del A.incr로 메서드를 동적으로 삭제할 수 있다.

[예제 5.20] 정적 메서드 2

```
>>> class Date:
        def __init__(self, year = 0, month = 0, day = 0):
            self.year = year
            self.month = month
            self.day  = day
        @staticmethod
        def is_date_valid(str_date):
            year, month, day = map(int, str_date.split('-'))
            return 2000 <= year and 1<= month <= 12 and 1 <= day <= 31
```

```
# 실행 결과
>>> Date.is_date_valid('2015-12-31')
True
>>> Date.is_date_valid('2015-13-31')
False
```

프로그램 설명

① 클래스 Date는 __init__() 메서드와 정적 메서드 is_date_valid()를 갖는다.

② 정적 메서드 is_date_valid()는 문자열 매개변수 str_date가 유효한 날짜인지를 반환한다. str_date.split('-')로 문자열을 분리하고, map() 함수로 각 분리된 문자열에 int()를 적용해 정수로 변환하여 year, month, day에 각각 저장한다. year는 2000년 이후인지를 확인하고, month는 1에서 12월까지, day는 1에서 31까지의 정수인지를 확인하여 True 또는 False를 반환한다.

③ 실행 결과에서 Date.is_date_valid('2015-12-31')는 유효한 날짜이므로 True를 반환한다. Date.is_date_valid('2015-13-31')는 13월이 없어 유효하지 않으므로 False를 반환한다.

3.2 클래스 메서드(class method)

클래스 메서드는 메서드 정의 앞에 @classmethod 데코레이터를 추가하여 지정한다. 클래스 메서드는 첫 번째 매개변수로 클래스 객체가 전달된다. 클래스 메서드는 다양한 클래스 생성자를 생성하는데 유용하다.

[예제 5.21] 클래스 메서드 1

```
>>> class A:
        value = 0
        @classmethod
        def incr(cls, value = 1):
            print("cls = %s"%cls)
            cls.value += value
            return cls.value

# 설명 1
>>> A.incr()
cls = <class '__main__.A'>
1

# 설명 2
>>> A.incr(10)
cls = <class '__main__.A'>
11
>>> A.value
11

# 설명 3
>>> a = A()
>>> a.incr(100)
cls = <class '__main__.A'>
111
```

프로그램 설명

① 클래스 A는 value = 0인 클래스 데이터 속성과 클래스 메서드 incr()을 갖는다.

② 클래스 메서드 incr()은 매개변수 cls에 클래스 A가 전달된다. value만큼 클래스 속성 A.value를 증가시키고 반환한다.

③ 설명 1에서 A.incr()은 인수가 없으므로, 디폴트 값 value = 1로 설정되어, A.value = 1이다. A.incr(10)은 A.value의 현재 값 1에 value=10을 덧셈한 A.value = 11이다.

④ 설명 2에서 a = A()는 클래스 A의 인스턴스 객체 a를 생성하고, a.incr(100)은 A.value의 현재 값 11에 value = 100을 덧셈한 A.value = 111이다.

[예제 5.22] 동적으로 클래스 메서드 추가

```
>>> def incr(cls, value = 1):
        print("cls = %s"%cls)
        cls.value += value
        return cls.value
>>> class A:
        value = 0
```

```
# 설명 1
>>> setattr(A, 'incr', classmethod(incr))

# 설명 2
>>> A.incr()
cls = <class '__main__.A'>
1
```

프로그램 설명

① 클래스 A에 클래스 메서드로 추가할 함수 incr()을 정의한다. incr() 함수의 첫 번째 매개변수인 cls는 클래스 객체를 받을 매개변수이다.

② 클래스 A는 value = 0인 속성을 갖는다.

③ 설명 1에서 setattr(A, 'incr', classmethod(incr))는 클래스 A에 incr() 함수를 클래스 메서드 속성으로 추가한다. classmethod() 함수 대신 incr 함수 앞에 @classmethod 데코레이터를 사용할 수 있다.

④ 설명 2에서 A.incr()는 클래스 A의 클래스 메서드 incr()를 호출한다. del A.incr로 메서드를 동적으로 삭제할 수 있다.

[예제 5.23] 클래스 메서드 2 : 클래스의 다양한 생성자로 사용

```
>>> class Date:
        def __init__(self, year = 0, month = 0, day = 0):
            self.year = year
            self.month = month
            self.day  = day
        @classmethod
        def from_string(cls, str_date):
            year, month, day = map(int, str_date.split('-'))
            date = cls(year, month, day)    # __init__()가 호출된다.
            return date

# 설명 1
>>> date1 = Date.from_string('2015-12-31')
>>> date1.year
2015
>>> date1.month
12
>>> date1.day
31

# 설명 2
>>> date2 = Date(2015, 12, 31)
>>> date2.year
2015
```

```
>>> date2.month
12
>>> date2.day
31
```

프로그램 설명

① 클래스 Date는 __init__() 메서드와 클래스 메서드 from_string()을 갖는다.

② 클래스 메서드 from_string()은 매개변수 cls로 클래스 객체를 받고, 문자열 매개변수 str_date를 전달받아서 Date 클래스의 year, month, day 속성을 갖는 인스턴스 객체를 생성하여 반환한다. str_date.split('-')로 문자열을 분리하고, map() 함수로 각 분리된 문자열에 int()를 적용하여 정수로 변환하여 year, month, day에 각각 저장하고, date = cls(year, month, day)로 Date 클래스의 인스턴스 객체 date를 생성하고, __init__() 메서드를 호출하여 초기화를 수행하고 return date로 반환한다.

③ 설명 1에서 date1 = Date.from_string('2015-12-31')은 문자열 날짜 형식으로 Date 클래스의 인스턴스 date1을 생성한다.

④ 설명 2에서 date2 = Date(2015, 12, 31)는 Date 클래스 인스턴스 객체를 생성하고, __init__() 메서드를 호출하여 년도(year), 월(month), 일(day)을 초기화한다.

⑤ 파이썬은 같은 클래스 내에서 메서드 이름은 같고, 자료형이 다른 메서드 오버로딩을 허용하지 않기 때문에 __init__() 메서드를 2개 정의하여 해결할 수는 없다.

04　연산자 오버로딩

클래스에서 앞뒤로 2개의 밑줄(__)을 갖는 특별한 이름의 메서드(special methods)를 구현하면서 내장함수(built-in functions) 또는 연산자(operator)의 기능을 모방(emulate)하여 클래스의 인스턴스 객체에서 사용자의 의도대로 커스터마이징(customizing) 할 수 있다. 이러한 특별 메서드 중에서 __new__(), __init__(), _del__(), __slots__() 메서드에 대해서는 이미 설명하였다.

여기서는 연산자 오버로딩(operator overloading)을 위한 특별 메서드에 대하여 설명하고, 기타 내장함수를 모방하는 특별 메서드에 대하여 설명한다. 파이썬은 모든 연산자를 오버로딩하여 클래스 객체의 연산에 사용할 수 있으며, 연산자 오버로딩이 정의되어 있지 않은 객체에서 연산자를 사용하면 TypeError가 발생한다.

4.1 operator 모듈

연산자 오버로딩을 설명하기 전에, 파이썬의 operator 모듈에 대해 간단히 언급한다. operator 모듈은 파이썬의 기본 연산자들에 대한 함수 집합을 갖고 있다. [표 5.2]는 연산자에 대응하는 operator 모듈 함수 중 일부이다. operator 모듈의 함수는 대부분 앞뒤로 밑줄 2개(__)를 포함한 함수와 밑줄이 없는 함수가 쌍으로 제공된다. 예를 들어, 덧셈 연산자 함수는 operator.add(a, b)와 operator.__add__(a, b)가 제공되며, 뺄셈 연산자 함수는 operator.sub(a, b)와 operator.__sub__(a, b)가 있다. map(), sorted(), itertools() 함수 등에서 인수로 연산자 함수가 필요할 때 유용하다.

표 5.2 주요 operator 모듈 함수

연산(operation)	연산자 표현	operator 모듈 함수
Addition	a + b	operator.add(a, b)
Subtraction	a − b	operator.sub(a, b)
Multiplication	a * b	operator.mul(a, b)
Division	a / b	operator.truediv(a, b)
Division	a // b	operator.floordiv(a, b)
Concatenation	seq1 + seq2	operator.concat(seq1, seq2)
Containment Test	obj in seq	operator.contains(seq, obj)
Identity	a is b	operator.is_(a, b)
Identity	a is not b	operator.is_not(a, b)
Indexing	obj[k]	operator.getitem(obj, k)
Negation(Arithmetic)	−a	operator.neg(a)
Negation(Logical)	not a	operator.not_(a)
Positive	+ a	operator.pos(a)
Slicing	seq[i:j]	operator.getitem(seq, slice(i, j))
String Formatting	s % obj	operator.mod(s, obj)
Truth Test	obj	operator.truth(obj)
Equality	a == b	operator.eq(a, b)
Difference	a != b	operator.ne(a, b)
Ordering	a < b	operator.lt(a, b)
Ordering	a <= b	operator.le(a, b)
Ordering	a >= b	operator.ge(a, b)
Ordering	a > b	operator.gt(a, b)

[예제 5.24] operator 모듈 사용

```
>>> import operator

# 설명 1
>>> operator.abs(-1)        # operator.__abs__(-1), abs(-1)
1
>>> operator.add(1, 2)      # operator.__add__(1, 2), 1 + 2
3
>>> operator.sub(1, 2)      # operator.__sub__(1, 2), 1 - 2
-1

# 설명 2
>>> a = list (map(operator.abs, [ -1, -2, -3] ))
>>> a
[1, 2, 3]

# 설명 3
>>> operator.index(1)       # operator.__index__(1)
1
>>> operator.index(1+1)
2
>>> operator.index('a')
Traceback (most recent call last):
 File "<pyshell#33>", line 1, in <module>
  operator.index('a')
TypeError: 'str' object cannot be interpreted as an integer
```

프로그램 설명

① operator 모듈을 사용하기 위하여 임포트한다.

② 설명 1에서 operator.abs(-1)는 절대값 1을 반환하며, operator.__abs__(-1), abs(-1)와 같다. operator.add(1, 2)는 덧셈한 결과 3을 반환하며, operator.__add__(1, 2) 또는 (1 + 2)와 같다. operator.sub(1, 2)는 뺄셈 결과 -1을 반환하며, operator.__sub__(1, 2) 또는 (1 - 2)와 같다.

③ 설명 2에서 a = list (map(operator.abs, [-1, -2, -3]))는 map() 함수를 사용하여, operator.abs 함수를 리스트 [-1, -2, -3]의 각 항목에 적용한 후에, list() 함수로 리스트를 생성하면 [1, 2, 3]이다. 이와 같이 연산자 대신에, 함수가 필요할 때 operator 모듈의 함수를 사용한다.

④ 설명 3에서 operator.index(1)는 정수 1을 반환하며, operator.__index__(1)과 같다. operator. index()는 인수가 정수로 변환될 수 있을 때만 정수를 반환하고, 정수 자료형이 아닌 str, float 등은 TypeError가 발생하며, 시퀀스 객체의 인덱싱, 슬라이싱 또는 bin(), hex() 그리고 oct() 같은 내장함수에서 수치 객체를 정수 객체로 변경할 때 호출된다.

4.2 이항 산술연산자 오버로딩

[표 5.3]은 모두 두 개의 피연산자를 갖는 이항 산술연산자(binary arithmetic operator)에 대한 메서드이다. 이항 연산자의 왼쪽 피연산자(operand) 인스턴스에 의해 호출된다. 즉, 매개변수 self에는 연산자의 왼쪽에 위치한 인스턴스 객체가 전달되고, other에는 연산자의 오른쪽에 위치한 피연산자가 전달된다.

표 5.3 이항 산술연산자 메서드

메서드	연산자
__add__(self, other)	+
__sub__(self, other)	−
__mul__(self, other)	*
__matmul__(self, other)	@
__truediv__(self, other)	/
__floordiv__(self, other)	//
__mod__(self, other)	%
__divmod__(self, other)	divmod()
__pow__(self, other[, modulo])	**, pow()
__lshift__(self, other)	⟨⟨
__rshift__(self, other)	⟩⟩
__and__(self, other)	&
__xor__(self, other)	^
__or__(self, other)	|

[예제 5.25] 이항 산술연산자 오버로딩

```
>>> class Vec2:
        def __init__(self, x = 0, y = 0):
            self.x = x
            self.y = y
        def __add__(self, other):    # + 연산자 오버로딩
            x = self.x + other.x
            y = self.y + other.y
            return Vec2(x, y)
        def __sub__(self, other):    # − 연산자 오버로딩
            x = self.x − other.x
            y = self.y − other.y
            return Vec2(x, y)

# 설명 1
>>> v1 = Vec2(1, 2)
>>> v2 = Vec2(3, 4)
```

```
# 설명 2
>>> v3 = v1 + v2
>>> print("v3: %s, %s" % (v3.x, v3.y))
v3: 4, 6

# 설명 3
>>> v4 = v1 - v2
>>> print("v4: %s, %s" % (v4.x, v4.y))
v4: -2, -2
```

프로그램 설명

① 클래스 Vec2는 2차원 벡터 클래스로 __init__() 메서드와 연산자 메서드 __add__(), __sub__()를 갖는다.

② **설명 1**에서 v1 = Vec2(1, 2)와 v2 = Vec2(3, 4)는 클래스 Vec2의 인스턴스 v1, v2를 생성하고, __init__() 메서드에 의해 인스턴스 v1의 속성을 v1.x=1, v1.y=2로 초기화하고, 인스턴스 v2의 속성을 v1.x = 3, v1.y = 4를 초기화한다.

③ **설명 2**에서 v3 = v1 + v2는 v3 = v1.__add__(v2)와 같다. 클래스 Vec2의 __add__() 메서드의 self에 v1, other에 v2가 전달되어 인스턴스 v1과 v2의 x, y 속성을 각각 덧셈한 다음, 인스턴스 Vec2(x, y)를 반환하여 v3에 설정한다. v3.x = v1.x + v2.x = 4, v3.y = v1.y + v2.y = 6이다.

④ **설명 3**에서 v4 = v1 - v2는 v4 = v1.__sub__(v2)와 같다. 클래스 Vec2의 __sub__() 메서드의 self에 v1, other에 v2가 전달되어 인스턴스 v1과 v2의 x, y 속성을 각각 뺄셈한 다음, 인스턴스 Vec2(x, y)을 반환하여 v4에 설정한다. v4.x = v1.x - v2.x = -2, v4.y = v1.y - v2.y = -2이다.

4.3 반사된(reflected) 이항 산술연산자 오버로딩

[표 5.4]는 두 개의 피연산자를 갖는 이항 산술연산자에 대한 메서드로, 이항 연산자의 오른쪽 피연산자(operand) 인스턴스에 의해 호출된다. 즉, 매개변수 self에는 연산자의 오른쪽에 위치한 인스턴스 객체가 전달되고, other에는 연산자의 왼쪽에 위치한 피연산자가 전달된다. 오른쪽 객체 이항 연산자는 두 피연산자(operand)의 자료형이 같지 않아야 된다. 그리고 같은 연산자에 대한 [표 5.2]의 이항 산술연산자가 있으면, 반사된 이항 산술연산자 메서드보다 이항 피연산자가 먼저 호출된다.

표 5.4 반사된 이항 산술연산자 메서드

메서드	연산자
__radd__(self, other)	+
__rsub__(self, other)	-
__rmul__(self, other)	*
__rmatmul__(self, other)	@
__rtruediv__(self, other)	/
__rfloordiv__(self, other)	//

__rmod__(self, other)	%
__rdivmod__(self, other)	divmod()
__rpow__(self, other[, modulo])	**, pow()
__rlshift__(self, other)	<<
__rrshift__(self, other)	>>
__rand__(self, other)	&
__rxor__(self, other)	^
__ror__(self, other)	|

[예제 5.26] 반사된 이항 산술연산자 오버로딩 1

```
>>> class Vec2:
        def __init__(self, x = 0, y = 0):
            self.x = x
            self.y = y
        def __radd__(self, other):
            x = self.x + other
            y = self.y + other
            return Vec2(x, y)

# 설명 1
>>> v1 = Vec2(1, 2)

# 설명 2
>>> v2 = 1 + v1
>>> print("v2: %s, %s" % (v2.x, v2.y))
v2: 2, 3
```

프로그램 설명

① 클래스 Vec2는 2차원 벡터 클래스로 __init__() 메서드와 __add__() 연산자 메서드를 갖는다.

② 설명 1에서 v1 = Vec2(1, 2)는 클래스 Vec2의 인스턴스 v1을 생성하고, __init__() 메서드에 의해 인스턴스 v1의 속성 v1.x = 1, v1.y = 2로 초기화한다.

③ 설명 2에서 v2 = 1 + v1는 v2 = v1.__radd__(1)과 같다. v2.x = v1.x + 1 = 2, v2.y = v1.y + 1 = 3 이다.

④ v1 + v2는 v1과 v2가 클래스 Vec2로 같은 자료형이어서 __radd__()를 호출하지 않는다.

[예제 5.27] 반사된 이항 산술연산자 오버로딩 2

```
>>> class Vec2:
        def __init__(self, x = 0, y = 0):
            self.x = x
            self.y = y
        def __add__(self, other):
```

```
            print(' __add__() called')
        def __radd__(self, other):
            print(' __radd__() called')


# 설명 1
>>> v1 = Vec2(1, 2)
>>> v1 + v1
 __add__() called


# 설명 2
>>> v1+1
 __add__() called
>>> 1 + v1
 __radd__() called
```

프로그램 설명

① 클래스 Vec2는 __init__() 메서드와 __add__(), __radd__() 연산자 메서드를 갖는다.

② 설명 1에서 v1 = Vec2(1, 2)는 클래스 Vec2의 인스턴스 v1을 생성하고, __init__() 메서드에 의해 인스턴스 속성 x, y를 초기화한다. v1 + v1는 __add__() 메서드가 호출된다.

③ 설명 2에서 v1+1은 __add__() 메서드가 호출되고, 1 + v1은 __radd__() 메서드가 호출된다.

4.4 확장 산술 지정문 연산자

[표 5.5]는 확장 산술 지정문(augmented arithmetic assignment) 연산자에 대한 메서드이다. 만약 확장 산술 지정문 연산자가 오버로딩되어 있지 않고, 대응하는 [표 5.3] 또는 [표 5.4]의 이항 산술연산자가 오버로딩 되어 있으면, 대응되는 이항 산술연산자를 호출한다.

표 5.5 확장 산술 지정문 연산자 메서드

메서드	연산자
__iadd__(self, other)	+=
__isub__(self, other)	−=
__imul__(self, other)	*=
__imatmul__(self, other)	@=
__itruediv__(self, other)	/=
__ifloordiv__(self, other)	//=
__imod__(self, other)	%=
__ipow__(self, other[, modulo])	**=
__ilshift__(self, other)	<<=
__irshift__(self, other)	>>=

__iand__(self, other)	&=
__ixor__(self, other)	^=
__ior__(self, other)	|=

[예제 5.28] 확장 산술 지정문 연산자 메서드

```
>>> class Vec2:
        def __init__(self, x = 0, y = 0):
            self.x = x
            self.y = y
        def __add__(self, other):        # + 연산자 오버로딩
            print(' __add__() called')
            x = self.x + other.x
            y = self.y + other.y
            return Vec2(x, y)
        def __sub__(self, other):        # - 연산자 오버로딩
            print(' __sub__() called')
            x = self.x - other.x
            y = self.y - other.y
            return Vec2(x, y)
        def __iadd__(self, other):        # += 연산자 오버로딩
            print(' __iadd__() called')
            x = self.x + other.x
            y = self.y + other.y
            return Vec2(x, y)


# 설명 1
>>> v1 = Vec2(1, 2)
>>> v2 = Vec2(3, 4)


# 설명 2
>>> v3 = v1 + v2
 __add__() called
>>> print("v3(%s, %s)" % (v3.x, v3.y))
v3(4, 6)


# 설명 3
>>> v1 += v2
 __iadd__() called
>>> print("v1(%s, %s)" % (v1.x, v1.y))
v1(4, 6)


# 설명 4
>>> v1 = v1 - v2
 __sub__() called
>>> print("v1(%s, %s)" % (v1.x, v1.y))
v1(1, 2)
```

```
# 설명 5
>>> v1 -= v2
 __sub__() called
>>> print("v1(%s, %s)" % (v1.x, v1.y))
v1(-2, -2)
```

프로그램 설명

① 클래스 Vec2는 __init__() 메서드와 __add__(), __sub__(), __iadd__() 연산자 메서드를 갖는다.

② 설명 1에서 v1 = Vec2(1, 2)와 v2 = Vec2(3, 4)는 클래스 Vec2의 인스턴스 v1, v2를 생성하고, __init__() 메서드에 의해 인스턴스 v1의 속성을 v1.x = 1, v1.y = 2로 초기화하고, 인스턴스 v2의 속성을 v1.x = 3, v1.y = 4를 초기화한다.

③ 설명 2에서 v3 = v1 + v2는 v3 = v1.__add__(v2)와 같다. v3.x = 4, v3.y = 6이다.

④ 설명 3에서 v1 += v2는 v1.__iadd__(v2)와 같다. v1.x = 4, v1.y = 6이다.

⑤ 설명 4에서 v1 = v1 - v2는 v1 = v1.__sub__(v2)와 같다. v1.x = 1, v1.y = 2이다.

⑥ 설명 5에서 v1 -= v2는 __isub__() 메서드가 없기 때문에, __sub__() 메서드가 호출된다. v1 = v1.__sub__(v2)와 같다. v1.x = -2, v1.y = -2이다.

4.5 단항 산술연산자 및 자료형 변환 내장함수 오버로딩

[표 5.6]은 단항 산술(unary arithmetic) 연산자에 대한 메서드이다. [표 5.7]은 내장함수 complex(), int(), float(), round()와 operator.index()에 대한 메서드이다.

표 5.6 단항 산술연산자 메서드

메서드	연산자
__neg__(self)	-
__pos__(self)	+
__abs__(self)	abs()
__invert__(self)	~

표 5.7 자료형 변환 메서드

메서드	내장함수
__complex__(self)	complex()
__int__(self)	int()
__float__(self)	float()
__round__(self[, n])	round()
__index__(self)	operator.index()

[예제 5.29] 단항 산술연산자 메서드

```
>>> class Vec2:
        def __init__(self, x = 0, y = 0):
            self.x = x
            self.y = y
        def __neg__(self):      # 단항 연산자 -
            x = -self.x
            y = -self.y
            return Vec2(x, y)


# 실행 결과
>>> v1 = Vec2(1, 2)
>>> v2 = -v1                        # v2 = v1.__neg__()
>>> print("v1(%s, %s)" % (v1.x, v1.y))
v1(1, 2)
>>> print("v2(%s, %s)" % (v2.x, v2.y))
v2(-1, -2)
```

프로그램 설명

① 클래스 Vec2는 __init__() 메서드와 __neg__()인 단항 - 연산자 메서드를 갖는다.

② 실행 결과에서 v1 = Vec2(1, 2)는 클래스 Vec2의 인스턴스 v1을 생성하고, __init__() 메서드에 의해 인스턴스 v1의 속성을 v1.x = 1, v1.y = 2로 초기화한다. v2 = - v1은 v2 = v1.__neg__()와 같다. v2.x = -1, v2.y = -2이다.

[예제 5.30] __index__() 메서드

```
>>> class A:
        def __init__(self, value = 0):
            self.value = value
        def __index__(self):
            print('__index__ called')
            return self.value


# 설명 1
>>> a = A(5)
>>> L = list(range(10, 20))
>>> L
[10, 11, 12, 13, 14, 15, 16, 17, 18, 19]


# 설명 2
>>> L[a]
__index__ called
15
```

```
# 설명 3
>>> L[a:]
__index__ called
[15, 16, 17, 18, 19]
>>> L[1:a]
__index__ called
[11, 12, 13, 14]

# 설명 4
>>> bin(a)
__index__ called
'0b101'
>>> oct(a)
__index__ called
'0o5'
>>> hex(a)
__index__ called
'0x5'
```

프로그램 설명

① 클래스 A는 __init__() 메서드와 __index__() 메서드를 갖는다. __index__() 메서드는 operator. index()를 구현한다. operator.index()는 인수가 정수로 변환될 수 있을 때만 정수를 반환하고, 정수 자료형이 아닌 str, float 등은 TypeError가 발생하며, 시퀀스 객체의 인덱싱, 슬라이싱 또는 bin(), hex() 그리고 oct() 같은 내장함수에서 수치 객체를 정수 객체로 변경할 때 호출된다.

② 설명 1에서 a = A(5)는 A 클래스의 객체 a를 생성하고 a.value = 5로 초기화한다. L = list(range(10))는 L = [10, 11, 12, 13, 14, 15, 16, 17, 18, 19] 리스트를 생성한다.

③ 설명 2에서 L[a]는 A 클래스 인스턴스 a에 의해 __index__() 메서드가 호출되고, a.value = 5를 반환하여, L[5] = 15이다.

④ 설명 3에서 L[a:]는 A 클래스 인스턴스 a에 의해 __index__() 메서드가 호출되고, a.value = 5를 반환하여, L[5:] = [15, 16, 17, 18, 19]이다. L[1:a]는 L[1:5] = [11, 12, 13, 14]이다.

⑤ 설명 4에서 bin(), oct(), hex() 내장함수는 각각 __index__() 메서드가 호출되고, a.value = 5의 이진수, 8진수, 16진수 변환 문자열을 반환한다.

4.6 비교 연산자 오버로딩

[표 5.8]은 두 객체 인스턴스를 비교하여 True 또는 False를 반환하는 비교 연산자 메서드이다. __lt__()는 정의되어 있으면, < 연산자에 대해 호출한다. 이때 만약 __gt__() 메서드가 없으면 > 연산자에 대해서도 __lt__() 메서드가 대신 호출되며, 이 경우 결과는 반전된다. __eq__()와 __ne__() 메서드, __le__()와 __ge__() 메서드 사이도 같은 일이 발생한다.

표 5.8 비교 연산자 메서드

메서드	연산자
__lt__(self, other)	<
__le__(self, other)	<=
__eq__(self, other)	==
__ne__(self, other)	!=
__gt__(self, other)	>
__ge__(self, other)	>=

[예제 5.31] 비교 연산자 메서드

```python
>>> class Vec:
        def __init__(self, *args):      # args: 가변 위치 인수
            data = []
            for item in args:
                if type(item) == list:
                    for x in item:
                        data.append(x)
                else:
                        data.append(item)
            self.data = data

        def list_to_num(self):
            mul = 1
            num = 0
            for i in range(len(self.data)-1, -1, -1):
                num += self.data[i]*mul
                mul *= 10
            return num

        def __lt__(self, other):
            print("__lt__ called")
            return self.list_to_num() < other.list_to_num()
        def __le__(self, other):
            print("__le__ called")
            return self.list_to_num() <= other.list_to_num()
        def __eq__(self, other):
            print("__eq__ called")
            return self.list_to_num() == other.list_to_num()

# 설명 1
>>> Vec(1, 2, 3) < Vec(1, 2, 4)
__lt__ called
True
>>> Vec(1, 2, 3) <= Vec(1, 2, 4)
__le__ called
```

```
True
>>> Vec(1, 2, 3) == Vec(1, 2, 4)
__eq__ called
False

# 설명 2
>>> Vec(1, 2, 3) > Vec(1, 2, 4)
__lt__ called
False
>>> Vec(1, 2, 3) >= Vec(1, 2, 4)
__le__ called
False
>>> Vec(1, 2, 3) != Vec(1, 2, 4)
__eq__ called
True
```

프로그램 설명

① 클래스 Vec의 __init__() 메서드는 args에 가변 위치 인수를 받아 인스턴스 속성 self.data 리스트에 초기화한다. args의 항목이 list 자료형인 경우도 허용한다. 예를 들어 Vec(1, 2, 3)과 Vec([1, 2, 3])은 같은 인스턴스 객체를 생성한다.

② list_to_num() 메서드는 클래스 Vec의 인스턴스 객체의 데이터 속성 self.data의 리스트를 정수로 변환한다. 예를 들어 Vec(1, 2, 3)은 123으로 반환한다.

③ 비교 연산자 메서드 __lt__(), __le__(), __eq__()를 정의한다. list_to_num() 메서드를 사용하여 정수로 변환하여 비교하였다.

④ 설명 1에서 Vec(1, 2, 3) < Vec(1, 2, 4)은 __lt__() 메서드가 호출되고, 123 < 124에 의해 True를 반환한다. Vec(1, 2, 3) <= Vec(1, 2, 4)는 __le__() 메서드가 호출되고, 123 <= 124에 의해 True를 반환한다. Vec(1, 2, 3) == Vec(1, 2, 4)는 __eq__() 메서드가 호출되고, 123 == 124에 의해 False를 반환한다.

⑤ 설명 2에서 클래스 Vec에 연산자 >, >=, !=에 대응하는 연산자 메서드 __gt__(), __ge__(), __ne__()가 없기 때문에 __lt__(), __le__(), __eq__() 메서드가 호출되고 결과가 반전된다. 실행 결과 2에서 Vec(1, 2, 3) > Vec(1, 2, 4)은 __lt__() 메서드가 호출되고, not(123 < 124)에 의해 False를 반환한다. Vec(1, 2, 3) >= Vec(1, 2, 4)는 __le__() 메서드가 호출되고, not(123 <= 124)에 의해 False를 반환한다. Vec(1, 2, 3) != Vec(1, 2, 4)는 __eq__() 메서드가 호출되고, not(123 == 124)에 의해 True를 반환한다.

4.7 컨테이너 자료형(container types) 연산자 오버로딩

[표 5.9]는 시퀀스(list, tuple) 또는 매핑(dict) 등의 컨테이너에서 사용되는 연산자에 대한 주요 메서드이다.

표 5.9 주요 시퀀스 자료형 연산자 메서드

메서드	연산자
__len__(self)	len()
__getitem__(self, key)	self[key]
__setitem__(self, key, value)	self[key] = value
__delitem__(self, key)	del self[key]
__contains__(self, item)	item in self
__iter__(self)	iter()

[예제 5.32] 시퀀스 자료형 연산자 메서드 1

```
>>> class RGB:
        def __init__(self, r=0, g=0, b=0):
            self.colors = {'red': r, 'green': g, 'blue': b}
        def __getitem__(self, name):
            print("__getitem__ called")
            return self.colors[name]
        def setitem__(self, name, value):
            print("__setitem__ called")
            self.colors[name] = value
```

```
# 설명 1
>>> color1 = RGB(255, 128, 0)
```

```
# 설명 2
>>> color1['red']
__getitem__ called
255
>>> color1['green']
__getItem__ called
128
>>> color1['blue']
__getitem__ called
0
```

```
# 설명 3
>>> color1['blue'] = 255
__setitem__ called
>>> color1.colors
{'blue': 255, 'green': 128, 'red': 255}
```

프로그램 설명

① 클래스 RGB의__init__() 메서드는 r, g, b 값을 받아서, 인스턴스의 사전(dict) 속성colors를 self.
   colors = {'red': r, 'green': g, 'blue': b}로 초기화한다.

② __getitem__(), __setitem__()의 시퀀스 자료형 연산자 메서드를 구현한다. 각 메서드에서 연산자에 의해 호출되는 것을 확인하기 위하여 print() 함수로 메서드 이름을 출력한다.

③ 설명 1에서 color1 = RGB(255, 128, 0)는 RGB 클래스 인스턴스 color1을 생성하고, color1.colors = {'red': 255, 'green': 128, 'blue': 0}으로 초기화한다.

④ 설명 2에서 color1['red'], color1['green'], color1['blue']는 각각 __getitem__()를 호출하고, 255, 128, 0을 반환한다.

⑤ 설명 3에서 color1['blue'] = 255는 __setitem__() 메서드를 호출하고, color1.colors = {'blue': 255, 'green': 128, 'red': 255}로 변경한다.

[예제 5.33] 시퀀스 자료형 연산자 메서드 2

```
>>> class Vec:
        def __init__(self, *args):       # args : 가변 위치 인수
            data = []
            for item in args:
                    if type(item) == list:
                        for x in item:
                                data.append(x)
                    else:
                                data.append(item)
            self.data = data
        def __add__(self, other):
            assert len(self.data) == len(other.data), "not the same size Vec"

            data = []
            for i in range(len(self.data)):
                    data.append(self.data[i] + other.data[i])
            return Vec(data)
        def __len__(self):               # len()
            print("__len__ called")
            return len(self.data)
        def __getitem__(self, key):
            print("__getitem__ called")
            return self.data[key]
        def __setitem__(self, key, value):
            print("__setitem__ called")
            self.data[key] = value
        def __delitem__(self, key):
            print("__delitem__ called")
            del self.data[key]
        def __contains__(self, item):
            print("__contains__ called")
            return item in self.data
        def __iter__(self):
            print("__iter__ called")
            return iter(self.data)
```

```
# 설명 1
>>> a = Vec(1, 2, 3, 4, 5, 6)
>>> len(a)
__len__ called
6

# 설명 2
>>> a[1]
__getitem__ called
2
>>> a[1:]
__getitem__ called
[2, 3, 4, 5, 6]
>>> a[1:4]
__getitem__ called
[2, 3, 4]

# 설명 3
>>> a[1] = 20
__setitem__ called
>>> a.data
[1, 20, 3, 4, 5, 6]

# 설명 4
>>> del a[1]
__delitem__ called
>>> a.data
[1, 3, 4, 5, 6]

# 설명 5
>>> 3 in a
__contains__ called
True
>>> 2 in a
__contains__ called
False

# 설명 6
>>> for x in a:
        print(x)
__iter__ called
1
3
4
5
6
```

```
# 설명 7
>>> b = a + a
>>> b.data
[2, 4, 6, 8, 10, 12]

>>> c = a + Vec(1, 2, 3)
Traceback (most recent call last):
 File "<pyshell#184>", line 1, in <module>
  c = a + Vec(1, 2, 3)
 File "<pyshell#177>", line 12, in __add__
   assert len(self.data) == len(other.data), "not the same size Vec"
AssertionError: not the same size Vec
```

프로그램 설명

① 클래스 Vec의 __init__() 메서드는 args에 가변 위치 인수를 받아 인스턴스 속성 self.data 리스트에 초기화한다. args의 항목이 list 자료형인 경우도 허용한다. 예를 들어 Vec(1, 2, 3)과 Vec([1, 2, 3])은 같은 인스턴스 객체를 생성한다.

② __add__() 메서드에서 assert 문으로 len(self.data) == len(other.data)이 False이면 예외를 발생시키고 "not the same size Vec" 메시지를 출력한다. 두 벡터의 길이가 같으면 벡터 덧셈을 수행하고 결과를 Vec 클래스 객체로 반환한다.

③ __len__( ), __getitem__(), __setitem__(), __delitem__(), __contains__(), __iter__() 등의 시퀀스 자료형 연산자 메서드를 정의한다. 각 메서드에서 연산자에 의해 호출되는 것을 확인하기 위하여 print() 함수로 메서드 이름을 출력한다. 주의할 것은 연산자 메서드 정의에서 인스터스 객체의 속성이 아니라 인스턴스 객체 자체로 대응하는 연산자 또는 내장함수를 반환하면 재귀(recursion)가 반복적으로 일어난다. 예를 들어, __len__() 메서드 정의에서 return len(self)로 하면 재귀가 계속 발생하다. 최대 재귀 깊이를 초과하여 RecursionErrorr가 발생한다.

④ 설명 1에서 a = Vec(1, 2, 3, 4, 5, 6)은 클래스 Vec의 객체 인스턴스 a를 생성하고, a.data = [1, 2, 3, 4, 5, 6]으로 초기화한다. len(a)은 __len__( ) 메서드가 호출되어 a.data 리스트의 항목 개수 6을 반환한다.

⑤ 설명 2에서 a[1]은 __getitem__() 메서드를 호출하여 a.data[2]인 2를 반환한다. 슬라이싱 a[1:]은 [2, 3, 4, 5, 6]을 반환한다. a[1:4]은 [2, 3, 4]를 반환한다.

⑥ 설명 3에서 a[1] = 20은 __setitem__() 메서드를 호출하여 a.data[2] = 20으로 변경한다. a.data = [1, 20, 3, 4, 5, 6]이다.

⑦ 설명 4에서 del a[1]은 __delitem__() 메서드를 호출하여 a.data[2]를 삭제하고, a.data = [1, 3, 4, 5, 6]이다.

⑧ 설명 5에서 3 in a는 __contains__() 메서드를 호출하여 항목 3이 객체 a에 있으므로 True를 반환한다. 2 in a는 False를 반환한다.

⑨ 설명 6에서 for x in a는 __iter__() 메서드를 호출하여 반복가능 객체를 반환하여 a.data의 각 항목을 print() 함수로 출력한다.

⑩ 설명 7에서 b = a + a는 __add__() 메서드를 호출하여 벡터 덧셈을 수행하여 b.data = [2, 4, 6, 8, 10, 12]이다. c = a + Vec(1, 2, 3)은 두 벡터의 길이가 다르므로 AssertionError가 발생한다.

4.8 문자열 변환, 해시, 불리안 내장함수를 모방하는 특별한 메서드

[표 5.10]은 문자열 변환, 해시, 불리안에 대한 내장함수(built-in functions)를 모방하는 특별한 메서드이다.

표 5.10 문자열 변환, 해시, 불리안에 대한 메서드

메서드	내장함수
__repr__(self)	repr()
__str__(self)	str(), print()
__bytes__(self)	bytes()
__format__(self, format_spec)	format(), str.format()
__hash__(self)	hash()
__bool__(self)	bool()

__repr__() 메서드는 객체의 공식적인(official) 문자열 표현을 계산하는 repr()에 의해 호출되며 문자열을 반환한다. __str__() 메서드는 비공식적으로 읽을 수 있는 형태의 문자열을 위한 str(), format(), print() 함수 등에 의해 호출된다. 클래스에 __repr__() 은 정의되고, __str__() 메서드가 없으면, 인스턴스의 문자열이 필요할 때 __repr__() 메서드가 호출된다. __bytes__() 메서드는 bytes() 함수에 의해 호출되며, bytes 객체를 반환한다.

__hash__() 메서드는 내장함수 hash()에 의해 호출되며, 집합(set, frozenset)과 사전 (dict)에서 항목을 접근할 때 정수 해시값(hash value)를 계산한다. 사용자 정의 클래스는 디폴트로 __hash__() 메서드를 갖고 있다. 그러나 사용자 정의 클래스에서 __eq__() 메서드는 재정의(override)하고, __hash__() 메서드를 재정의하지 않으면, 객체에 대해 hash() 함수를 호출할 때 TypeError가 발생한다. 다시 말하면, __hash__(), __eq__() 메서드 모두 재정의되지 않은 클래스의 객체에 대해 hash() 함수를 호출하면, 디폴트 __hash__() 메서드가 호출되어 적당한 해시값이 반환한다.

__bool__() 메서드는 내장함수 bool()에 의해 호출되며 True 또는 False를 반환한다. __bool__() 메서드가 정의되어 있지 않으면 __len__() 메서드가 호출되며, __len__() 메서드도 없으면 True로 간주한다.

[예제 5.34] 문자열 변환, 해시, 불리안에 대한 메서드

```
>>> class Vec2:
        def __init__(self, x = 0, y = 0):
            self.x = x
            self.y = y
        def __repr__(self):
            print('__repr__ called')
```

```python
            return "Vec2({}, {})".format(self.x, self.y)
        def __bytes__(self):
            tmp = "{:02x}{:02x}".format(self.x, self.y)
            return bytes.fromhex(tmp)
        def __bool__(self):
            return self.x != 0 or self.y != 0
        def __eq__(self, other):
            print('__eq__ called')
            return (self.x, self.y) == (other.x, other.y)
        def __hash__(self):
            print('__hash__ called')
            return hash( (self.x, self.y) )
        def __format__(self, format_spec):
            if (format_spec == 'b'):
                return "Vec2(x={:b}, y={:b})".format(self.x,self.y)
            elif(format_spec == 'x'):
                return "Vec2(x={:x}, y={:x})".format(self.x,self.y)
            else:
                return "Vec2(x={:d}, y={:d})".format(self.x,self.y)
```

설명 1
```python
>>> a = Vec2(128, 255)
```

설명 2
```python
>>> repr(a)
__repr__ called
'Vec2(128, 255)'
>>> str(a)
__repr__ called
'Vec2(128, 255)'
>>> bytes(a)
b'\x80\xff'
```

설명 3
```python
>>> bool(a)
True
>>> bool(Vec2())
False
```

설명 4
```python
>>> hash(a)
__hash__ called
260083990
>>> b = Vec2()
>>> c = {a: 'test1', b:'test2'}
__hash__ called
__hash__ called
>>> c[a]
__hash__ called
```

```
'test1'
>>> c[b]
__hash__ called
'test2'

# 설명 5
>>> a = Vec2()
>>> d = dict()
>>> d[a] = 1
__hash__ called
>>> d
__repr__ called
{Vec(0, 0): 1}
>>> d[Vec2()] = 2
__hash__ called
__eq__ called
>>> d
__repr__ called
{Vec(0, 0): 10}

# 설명 6
>>> "{:b}".format(a)
'Vec2(x=10000000, y=11111111)'
>>> "{:x}".format(a)
'Vec2(x=80, y=ff)'
>>> "{:d}".format(a)
'Vec2(x=128, y=255)'
>>> "{:}".format(a)
'Vec2(x=128, y=255)'
```


① 클래스 Vec2는 2차원 벡터 클래스로 __init__() 메서드와 문자열 변환, 해시, 불리안에 대한 메서드를 갖는다.

② 설명 1에서 a = Vec2(128, 255)는 클래스 Vec2의 인스턴스 객체 a를 생성하고, __init__() 메서드에 의해 인스턴스 a의 속성을 a.x = 128, a.y = 255로 초기화한다.

③ 설명 2에서 repr(a)는 __repr__() 메서드가 호출되고 'Vec(128, 255)'를 반환한다. str(a)는 __str__() 메서드가 없기 때문에 __repr__() 메서드를 호출한다. bytes(a)는 __bytes__() 메서드가 호출되고, b'\x80\xff'를 반환한다.

④ 설명 3에서 bool(a)는 __bool__() 메서드가 호출되어 True를 반환하고 bool(Vec2())는 False를 반환한다.

⑤ 설명 4에서 hash(a)는 __hash__() 메서드가 호출되고 해시값 260083990을 반환한다. b = Vec2()로 인스턴스 b를 생성하고, c = {a: 'test1', b:'test2'}는 __hash__() 메서드가 2번 key인 객체 a, b에 의해 호출된다. c[a]는 키값인 객체 a에 의해 __hash__() 메서드가 호출되고, 'test1'이 반환된다. c[b]는 키값인 객체 b에 의해 __hash__() 메서드가 호출되고, 'test2'가 반환된다.

⑥ **설명 5**에서 a = Vec2()는 클래스 Vec2의 인스턴스 객체 a를 생성하고, d = dict()는 사전 객체 d를 생성한다. d[a] = 1은 객체 a에 의해 __hash__() 메서드가 호출되고, 사전 d는 d = {Vec(0, 0): 1}로 설정된다. d[Vec2()] = 2는 Vec2()에 의한 인스턴스 객체에 의해 __hash__(), __eq__() 메서드가 호출되어, Vec2()의 해시값과 객체 a의 해시값이 같기 때문에, 사전 d는 d = {Vec(0, 0): 2}로 변경된다. 만약 클래스 Vec2에 __eq__() 메서드가 정의되어 있지 않으면, hash(a)와 hash(Vec2())가 같은 값 일 지라도 d = {Vec(0, 0): 1, Vec(0, 0): 2}로 변경된다.

4.9 속성 접근을 위한 특별한 메서드

[표 5.11]은 클래스의 속성에 접근하기 위한 특별한 메서드이다. __getattr__()와 __getattribute__() 메서드는 인스턴스의 속성 접근 메서드이고, __setattr__() 메서드는 인스턴스의 속성값을 변경할 때, __delattr__() 메서드는 인스턴스의 속성을 삭제할 때 호출된다. __dir__() 메서드는 인스턴스의 속성의 이름을 리스트로 보여준다.

표 5.11 속성 접근(attributes access) 메서드

메서드	설명
__getattr__(self, name)	내장함수 getattr()에 의해 호출된다. self 인스턴스의 name 속성이 없을 때, name 속성에 접근하면 호출된다. name 속성이 있으면 호출되지 않는다.
__getattribute__(self, name)	내장함수 getattr()에 의해 호출된다. self 인스턴스의 name 속성이 있으나 없으나 항상 name 속성에 접근할 때 호출된다. 그러나 __getattr__()이 구현되어 있으면 호출되지 않는다.
__setattr__(self, name, value)	내장함수 setattr()에 의해 호출된다. self 인스턴스의 name 속성값을 변경할 때 호출된다. 즉, self.name = value일 때 호출된다.
__delattr__(self, name)	del self.name에 의해 호출된다. 즉, self 인스턴스의 name 속성을 삭제할 때 호출된다.
__dir__(self)	dir(self)에 의해 호출된다.

[예제 5.35] 속성 접근(attributes access) 메서드1

```
>>> class Vec2:
        def __init__(self, x = 0, y = 0):
            self.x = x
            self.y = y
        def __getattr__(self, name):
            print('__getattr__ called')
            if name == 'X':
                    return self.x
            elif name == 'Y':
                    return self.y
            else:
```

```
                        raise AttributeError
            def __setattr__(self, name, value):
                print('__setattr__ called')
                if name == 'X':
                        name = 'x'
                elif name == 'Y':
                        name = 'y'
                self.__dict__[name] = value
            def __delattr__(self, name):
                print('__delattr__ called')
                del self.__dict__[name]
```

설명 1
```
>>> a = Vec2()
__setattr__ called
__setattr__ called
```

설명 2
```
>>> a.x
0
>>> a.y
0
>>> a.X
__getattr__ called
0
>>> a.Y
__getattr__ called
0
```

설명 3
```
>>> a.x
0
>>> a.y
0
>>> a.X
__getattr__ called
0
>>> a.Y
__getattr__ called
0
>>> a.X = 10
__setattr__ called
>>> a.x = 10
__setattr__ called
>>> a.X = 20
__setattr__ called
>>> a.x
20
```

```
# 설명 4
>>> del a.x
__delattr__ called
>>> a.x
__getattr__ called
Traceback (most recent call last):
 File "<pyshell#51>", line 1, in <module>
  a.x
 File "<pyshell#39>", line 12, in __getattr__
   raise AttributeError
AttributeError
```

프로그램 설명

① __getattribute__() 메서드는 name 속성이 인스턴스 객체에 있으나 없으나 항상 호출된다. name 속성이 'X'이면 self.x를 반환하고, 'Y'이면 self.y를 반환한다. 그 외의 속성은 AttributeError 예외가 발생한다.

② __setattr__()메서드는 속성을 변경할 때 호출된다. name 속성이 'X'이면 'x'로 변경하고, 'Y'이면 'y'로 변경하고 self.__dict__[name] = value에 의해 속성의 값을 value로 변경한다.

③ __delattr__() 메서드는 del 문장에 의해 속성이 삭제될 때 호출된다. del self.__dict__[name]에 의해 속성을 삭제한다.

④ 설명 1에서 a = Vec2()는 __init__() 메서드의 self.x = x, self.y = y에 의해 __setattr__() 메서드를 2번 호출한다.

⑤ 설명 2에서 a.x와 a.y는 인스턴스 객체 a에 있는 속성 x, y에 접근하기 때문에 __getattr__()를 호출하지 않고, a.X와 a.Y는 인스턴스 객체 a에 없는 속성 X, Y에 접근하기 때문에 __getattr__()를 호출하여, a.x, a.y를 반환한다. 즉, 인스턴스 속성 x, y를 속성을 대문자로 접근할 수 있다.

⑥ 설명 3에서 a.x = 10과 a.X = 20은 모두 __setattr__() 메서드를 호출하고 a.x 값을 변경하여 a.x = 20이다.

⑦ 설명 4에서 del a.x은 __delattr__() 메서드를 호출하고 인스턴스 객체 a의 x 속성을 삭제한다. a.x 에 접근하면 __getattr__() 메서드를 호출하고, AttributeError 예외가 발생한다.

[예제 5.36] 속성 접근(attributes access) 메서드 2

```
>>> class Vec2:
        def __init__(self, x = 0, y = 0):
            self.x = x
            self.y = y
        def __getattribute__(self, name):
            print('__getattribute__ called')
            if name == 'X':
                    return object.__getattribute__(self, 'x')
            elif name == 'Y':
                    return object.__getattribute__(self, 'y')
```

```python
        else:
                return object.__getattribute__(self, name)
    def __setattr__(self, name, value):
        print('__setattr__ called')
        if name == 'X':
                name = 'x'
        elif name == 'Y':
                name = 'y'
        self.__dict__[name] = value
    def __delattr__(self, name):
        print('__delattr__ called')
        del self.__dict__[name]
```

설명 1
```
>>> a = Vec2()
__setattr__ called
__getattribute__ called
__setattr__ called
__getattribute__ called
```

설명 2
```
>>> a.x
__getattribute__ called
0
>>> a.X
__getattribute__ called
0
>>> a.y
__getattribute__ called
0
>>> a.Y
__getattribute__ called
0
```

프로그램 설명

① 클래스 Vec2는 __init__() 메서드와 __getattr__(), __setattr__(), __delattr__() 등의 속성에 접근하는 메서드를 갖는다. [예제 5.35]의 클래스 Vec2에서 __getattribute__() 메서드만 다르다.

② __getattr__() 메서드는 name 속성이 있으나 없으나 항상 name 속성에 접근할 때 호출된다. name 속성이 'X'이면 object.__getattribute__(self, 'x')를 반환하고, 'Y'이면 object.__getattribute__(self, 'y')를 반환한다. 그 외의 속성은 return object.__getattribute__(self, name)을 반환한다. 이때 최상위 클래스 object 대신 self를 사용하면 재귀적으로 호출이 일어난다. 즉 self.__getattribute__(self, 'x')와 같이 사용할 수 없다.

③ 설명 1에서 a = Vec2()는 __init__() 메서드의 self.x = x, self.y = y에 의해 __setattr__(), __getattribute__() 메서드를 각각 호출한다.

④ 설명 2에서 a.x와 a.X는 인스턴스 객체 a의 속성 x에 접근하기 때문에 __getattribute__() 메서드를 호출하여 속성값 0을 반환하고, a.y와 a.Y는 인스턴스 객체 a의 속성 y에 접근하기 때문에 __getattribute__() 메서드를 호출하여 속성값 0을 반환한다.

4.10 디스크립터(descriptors) 속성 접근 메서드

[표 5.12]는 디스크립터(descriptors) 클래스의 속성에 접근하는 메서드이다. 디스크립터 클래스는 __get__(), __set__(), __delete__() 메서드를 갖는 클래스로 다른 클래스(소유자)에 추가되었을 때, 디스크립터에 할당된 속성에 접근하면 대응되는 디스크립터 속성 메서드가 호출된다. 디스크립터를 사용하면 속성의 변경, 참조 등을 사전에 관리할 수 있다.

표 5.12 디스크립터(descriptors) 속성 접근 메서드

메서드	설명
__get__(self, instance, owner)	소유자 클래스의 속성 또는 소유자 클래스 인스턴스의 속성에 접근할 때 호출된다. owner를 통해 속성에 접근하면 owner = None이다. 속성값을 반환한다.
__set__(self, instance, value)	소유자 클래스의 속성 또는 소유자 클래스 인스턴스의 속성을 value로 설정할 때 호출된다. 반환값은 없다.
__delete__(self, instance)	소유자 클래스의 인스턴스 속성을 삭제할 때 호출된다. 반환값은 없다.

[예제 5.37] 디스크립터(descriptors) 속성 접근 메서드

```
>>> class MyDescriptor:
        def __init__(self):
            self._name = None
        def __get__(self, instance, owner):
            print("__get__ called : %s" % self._name)
            return self._name
        def __set__(self, instance, name):
            print("__set__ called: %s" % name)
            self._name = name
        def __delete__(self, instance):
            print("__delete__ called: %s" % self._name)
            del self._name

>>> class Person:          #owner class
        name = MyDescriptor()

# 설명 1
>>> user = Person()
>>> user.name
__get__ called :
```

```
# 설명 2
>>> user.name = 'KDK'
__set__ called: KDK

# 설명 3
>>> del user.name
__delete__ called: KDK
```

프로그램 설명

① MyDescriptor 클래스는 __init__() 메서드와 __get__(), __set__(), __delete__() 등의 속성에 접근하는 메서드를 갖는 디스크립터 클래스이다.

② Person 클래스는 MyDescriptor 클래스 객체에 의해 초기화된 name 속성을 갖는다. Person 클래스는 MyDescriptor 클래스 객체의 소유자(owner) 클래스이다.

③ 설명 1에서 user = Person()은 Person 클래스의 인스턴스 user를 생성한다. user.name은 MyDescriptor.__get__() 메서드를 호출한다. 이때 self는 Person의 클래스 속성 name에 설정된 MyDescriptor 클래스 인스턴스 객체이고, instance는 user, owner는 Person 클래스이다.

④ 설명 2에서 user.name = 'KDK'은 MyDescriptor.__set__() 메서드를 호출하여 name에 연결된 문자열을 'KDK'로 변경한다.

⑤ 설명 3에서 del user.name은 MyDescriptor.__delete__() 메서드를 호출하여 user 인스턴스 객체의 name 속성을 삭제한다.

4.11 property 내장 클래스

property 내장 클래스를 사용하여 속성을 접근 할 수 있다. property 내장 클래스는 property 속성을 반환한다. fget은 속성값을 얻을 때 호출될 함수, fset은 속성값을 설정할 때 호출될 함수, fdel은 속성값을 삭제할 때 호출될 함수, doc은 속성의 문서 문자열이다.

형식 class property(fget = None, fset = None, fdel = None, doc=None)

[예제 5.38] property 내장 클래스

```
>>> class MyProperty:
        def __init__(self):
            self._name = None
        def get_name(self):
            print("get_name called")
            return self._name
        def set_name(self, name):
            print("set_name called")
            self._name = name
        def del_name(self):
            print("del_name called")
```

```
                    del self._name
        name = property(get_name, set_name, del_name, "'name' property.")

# 설명 1
>>> p = MyProperty()
>>> p.name
get_name called

# 설명 2
>>> p.name = 'KDK'
set_name called

# 설명 3
>>> del p.name
del_name called

# 설명 4
>>> MyProperty.name.__doc__
"'name' property."
```

프로그램 설명

① MyProperty 클래스는 __init__() 메서드와 get_name(), set_name(), del_name() 등의 메서드를 가진다. name = property(get_name, set_name, del_name, "'name' property.")은 property 클래스에 의해 name 속성에 접근할 함수를 설정한다.

② 설명 1에서 p = MyProperty()는 MyProperty 클래스 인스턴스 객체 p를 생성하고, p.name은 get_name() 메서드를 호출한다.

③ 설명 2에서 p.name = 'KDK'은 set_name() 메서드를 호출하여 문자열을 'KDK'로 변경한다.

④ 설명 3에서 del p.name은 del_name() 메서드를 호출하여 속성을 삭제한다.

⑤ 설명 4에서 MyProperty.name.__doc__에 저장된 문자열은 "'name' property."이다.

05 클래스 상속

클래스의 상속(inheritance)은 객체지향 프로그래밍의 중요한 특징이다. 클래스를 계층적으로 구성하여, 상위 클래스(super class, base class, parent class)의 속성을 하위 클래스(sub class, derived class, child class)에서 상속받아 그대로 사용하거나 수정하여 사용할 수 있다. 그러므로 라이브러리를 클래스로 작성하면 재사용성(re-usability)이 크게 향상된다.

파이썬의 클래스 계층에서 최상위 클래스는 object 클래스이다. 파이썬의 모든 자료형과 클래스는 기본적으로 object 클래스로부터 상속받는다. 클래스 정의에서 〈기반클래스_리스트〉를 생략하면 object가 생략된 것이다. 클래스 상속은 하위 클래스 IS-A("이다") 상위 클래스의 관계를 갖는다. 예들 들어 학생은 사람이다. 원은 모양이다.

클래스 상속에 의한 하위 클래스의 인스턴스에서 속성(attribute) 이름을 찾는 순서는 [그림 5.10]과 같다. 인스턴스에서 속성 이름을 찾고, 하위 클래스에서 상위 클래스로 클래스 계층을 따라 위로 올라가면서 클래스 속성 이름을 찾는다. 최상위 클래스(object)까지 속성 이름이 없으면 AttributeError가 발생한다.

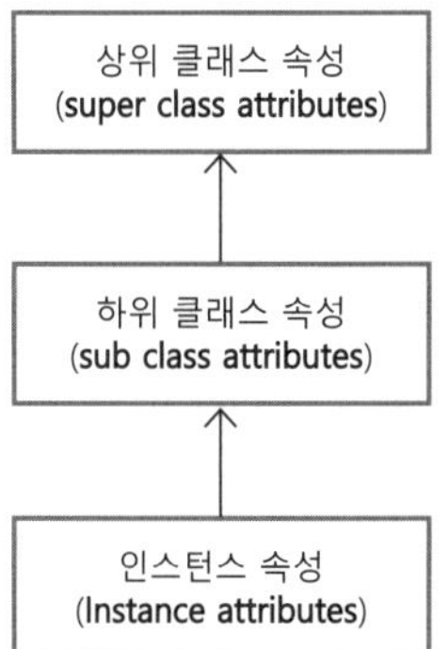

[그림 5.10] 클래스와 인스턴스 속성

5.1 IS-A 관계

[그림 5.11]의 객체지향 언어에서의 상속은 [그림 5.12]의 생물학적인 상속(biological inheritance)과는 다르다. 객체지향 언어에서의 상속은 구체화(specialization)를 의미한다. 하위 클래스(sub class)는 상위 클래스(super class)의 구체화된 클래스로 하위 클래스는 상위 클래스와 IS-A 관계를 갖는다.

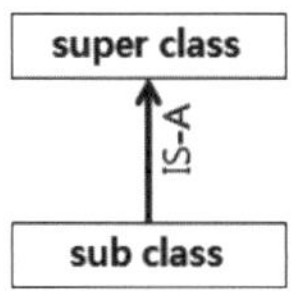

[그림 5.11] 객체지향 언어에서 하위 클래스 IS-A 상위 클래스 관계

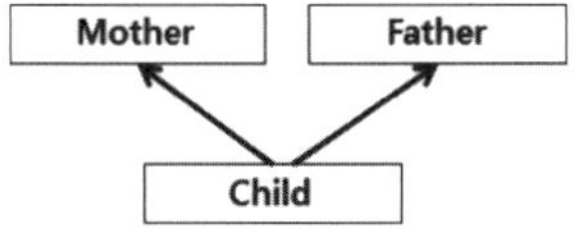

[그림 5.12] 생물학적인 상속 예

[그림 5.13], [그림 5.14], [그림 5.15]는 객체지향 언어에서 자주 소개되는 상속의 예이다. [그림 5.13]에서 Employee IS-A Person, Student IS-A Person의 관계를 갖는

다. 즉, 고용인(Employee)은 사람(Person)이고, 학생(Student)은 사람(Person)이다. [그림 5.14]에서 원(Circle), 삼각형(Triangle), 사각형(Rectangle)은 모양(Shape)이다. [그림 5.15]에서 자동차(Car)와 버스(Bus)는 차량(Vehicle)이다. 그러나 생물학적 상속관계인 [그림 5.12]에서 Child IS-A Mother, Child IS-A Father의 관계는 성립하지 않는다.

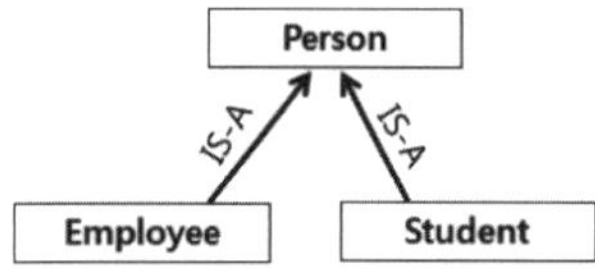

[그림 5.13] Person, Employee, Student 클래스의 3 상속

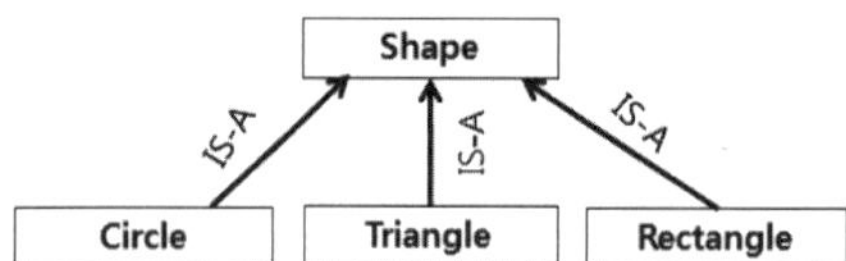

[그림 5.14] Shape, Circle, Triangle, Rectangle 클래스의 상속

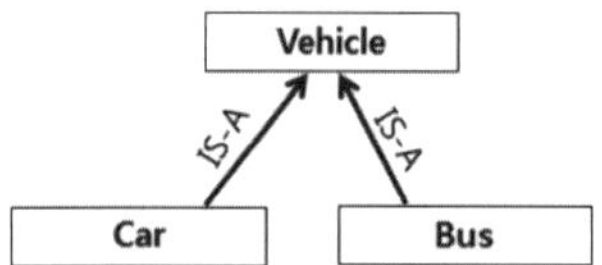

[그림 5.15] Vehicle, Car, Bus 클래스의 상속

[예제 5.39] Person, Employee, Student 클래스의 상속1

```
>>> class Person:
        def __init__(self, name, age):
            self.name = name
            self.age = age
        def __str__(self):
            return "Person(name={}, age={})".format(self.name, self.age)


>>> class Employee(Person):
        def __init__(self, name, age, company, salary=100):
            Person.__init__(self, name, age)
            self.company = company
            self.salary = salary
        def __str__(self):
            return "Employee({}, {}, {}, {})".format(
                self.name, self.age, self.company, self.salary)


>>> class Student(Person):
        def __init__(self, name, age, school):
            Person.__init__(self, name, age)
            self.school = school
        def __str__(self):
            return "Student({}, {}, {})".format(
```

```
                    self.name, self.age, self.school)
```

```
# 설명 1
>>> Person.__subclasses__()
[<class '__main__.Employee'>, <class '__main__.Student'>]
```

```
# 설명 2
>>> p1 = Person('Kim', 20)
>>> print(p1)
Person(name=Kim, age=20)
```

```
# 설명 3
>>> p2 = Employee('Lee', 25, 'Google', 1000)
>>> print(p2)
Employee(Lee, 25, Google, 1000)
```

```
# 설명 4
>>> p3 = Student('Park', 20, 'Hankook Univ.')
>>> print(p3)
Student(Park, 20, Hankook Univ.)
```

프로그램 설명

① [그림 5.13]의 Person, Employee, Student 클래스의 상속관계를 단순한 데이터 속성을 __init__ () 메서드에서 초기화하고, 문자열 출력을 위해 __str__() 메서드를 재정의한다.

② Person 클래스는 object 클래스로부터 상속받으며 Employee, Student 클래스의 상위 클래스이다. Person.__init__() 메서드에서 인스턴스 속성 name과 age를 초기화한다. __str__() 메서드를 재정의하여 출력을 위한 문자열을 반환한다.

③ Employee 클래스는 Person 클래스로부터 상속을 받고, Employee.__init__() 메서드에서 인스턴스 속성 company, salary를 초기화하고, 상위 클래스인 Person.__init__() 메서드를 호출하여 인스턴스 속성 name과 age를 초기화한다. __str__() 메서드를 재정의하여 Employee 클래스의 인스턴스 출력을 위한 문자열을 반환한다.

④ Student 클래스는 Person 클래스로부터 상속을 받고, Student.__init__() 메서드에서 인스턴스 속성 school을 초기화하고, 상위 클래스인 Person 클래스의 Person.__init__() 메서드를 호출하여 인스턴스 속성 name과 age를 초기화한다. __str__() 메서드를 재정의하여 생성하여 Student 클래스의 인스턴스 출력을 위한 문자열을 반환한다.

⑤ 설명 1에서 Person.__subclasses__()는 Person 클래스의 하위 클래스를 리스트로 반환한다. 즉, Person 클래스는 [<class '__main__.Employee'>, <class '__main__.Student'>]의 하위 클래스를 갖는다.

⑥ 설명 2에서 p1 = Person('Kim', 20)은 Person 클래스의 인스턴스 객체 p1을 생성하고 초기화한다. print(p1)는 Person.__str__() 메서드에 의해 Person(name = Kim, age = 20)을 출력한다.

⑦ 설명 3에서 p2 = Employee('Kim', 25, 'Google', 1000)는 Employee 클래스의 인스턴스 객체 p2를 생성하고 초기화한다. print(p2)는 Employee.__str__() 메서드에 의해 Employee(Kim, 25, Google, 1000)를 출력한다.

⑧ 설명 4에서 p3 = Student('Park', 20, 'Hankook Univ.')는 Student 클래스의 인스턴스 객체 p3 을 생성하고, 초기화한다. print(p3)는 Student.__str__() 메서드에 의해 Student('Park', 20, 'Hankook Univ.')와 같이 출력한다.

[예제 5.40] Shape, Circle, Rectangle, Triangle 클래스의 상속 1

```
>>> class Shape:
        def __init__(self, stype, color):
            self.stype = stype
            self.color = color


>>> class Circle(Shape):
        def __init__(self, x, y, radius, color='black'):
            Shape.__init__(self, "Circle", color)
            self.x = x
            self.y = y
            self.radius = radius
        def __str__(self):
            return "a {} circle : [center=({},{}), radius = {}]".format(
                    self.color, self.x, self.y, self.radius)


>>> class Rectangle(Shape):
        def __init__(self, x, y, width, height, color='black'):
            Shape.__init__(self, "Rectangle", color)
            self.x = x
            self.y = y
            self.width = width
            self.height = height
        def __str__(self):
            return "a {} rectangle: [({},{}) - ({},{})]".format(
                    self.color, self.x, self.y,
                    self.x + self.width, self.y+self.height)
>>> class Triangle(Shape):
        def __init__(self, x1, y1, x2, y2, x3, y3, color='black'):
            Shape.__init__(self, "Triangle", color)
            self.x1 = x1
            self.y1 = y1
            self.x2 = x2
            self.y2 = y2
            self.x3 = x3
            self.y3 = y3
        def __str__(self):
            return "a {} triangle : [({},{}), ({},{}), ({},{})]".format(
                    self.color, self.x1, self.y1,
                    self.x2, self.y2, self.x3, self.y3)


# 설명 1
>>> s1 = Circle(0, 0, 100)
>>> print(s1)
```

a black circle : [center=(0,0), radius = 100]

# 설명 2
>>> s2 = Rectangle(0, 0, 100, 100)
>>> print(s2)
a black rectangle: [(0,0) - (100,100)]

# 설명 3
>>> s3 = Triangle(0,0, 100, 0, 100, 100)
>>> print(s3)
a black triangle : [(0,0), (100,0), (100,100)]

① [그림 5.14]의 Shape, Circle, Triangle, Rectangle 클래스의 상속관계에서 단순히 데이터 속성을 __init__() 메서드에서 초기화하고, 문자열 출력을 위해 __str__() 메서드를 재정의한다.

② Shape 클래스는 Circle, Triangle, Rectangle 클래스의 상위 클래스이며, Shape.__init__() 메서드에서 인스턴스 속성 stype, color를 초기화한다.

③ Circle 클래스는 Shape 클래스로부터 상속을 받고, Circle.__init__() 메서드에서 인스턴스 속성인 원의 중심 좌표 x, y와 반지름 radius를 초기화하고, 상위 클래스인 Shape 클래스의 __init__() 메서드를 호출하여 인스턴스 속성 stype, color를 초기화한다. __str__() 메서드는 Circle 클래스의 인스턴스 출력을 위해서 원의 색상, 중심 좌표와 반지름을 포함한 문자열을 반환한다.

④ Rectangle 클래스는 Shape 클래스로부터 상속을 받고, Rectangle.__init__() 메서드에서 인스턴스 속성인 사각형의 왼쪽 상단 모서리 좌표인 x, y와 가로, 세로 크기인 width, height를 초기화하고, 상위 클래스인 Shape 클래스의 __init__() 메서드를 호출하여 인스턴스 속성 stype, color를 초기화한다. __str__() 메서드는 Rectangle 클래스의 인스턴스 출력을 위해, 사각형의 색상, 왼쪽 상단 좌표, 오른쪽 하단 좌표를 포함하는 문자열을 반환한다.

⑤ Triangle 클래스는 Shape 클래스로부터 상속을 받고, Triangle.__init__() 메서드에서 인스턴스 속성인 삼각형의 꼭지점 좌표 x1, y1, x2, y2, x3, y3을 초기화하고, 상위 클래스인 Shape 클래스의 __init__() 메서드를 호출하여 인스턴스 속성 stype, color를 초기화한다. __str__() 메서드는 Triangle 클래스의 인스턴스 출력을 위해, 삼각형의 색상, 꼭지점 좌표를 포함하는 문자열을 반환한다.

⑥ 설명 1에서 s1 = Circle(0, 0, 100)은 Circle 클래스의 인스턴스 객체 s1을 생성하고 초기화한다. print(s1)는 Circle.__str__() 메서드에 의해 a black circle : [center=(0,0), radius = 100]을 출력한다.

⑦ 설명 2에서 s2 = Rectangle(0, 0, 100, 100)는 Rectangle 클래스의 인스턴스 객체 s2를 생성하고 초기화한다. print(s2)는 Rectangle.__str__() 메서드에 의해 a black rectangle: [(0,0) - (100,100)]을 출력한다.

⑧ 설명 3에서 s3 = Triangle(0,0, 100, 0, 100, 100)는 Triangle 클래스의 인스턴스 객체 s3을 생성하고 초기화한다. print(s3)는 Triangle.__str__() 메서드에 의해 a black triangle : [(0,0), (100,0), (100,100)]을 출력한다.

[예제 5.41] Vehicle, Car, Bus 클래스의 상속 1

```python
>>> class Vehicle:
        def __init__(self, color, seats, vtype=None):
            self.color = color
            self.seats = seats
            self.vtype = vtype
        def __str__(self):
            if self.vtype is 'Car':
                    return "a {} {}: [seats = {}]".format(
                        self.color, self.vtype, self.seats)
            elif self.vtype is 'Bus':
                    return "a {} {}: [seats = {}, max_passengers={}]".format(
                        self.color, self.vtype,self.seats, self.max_passengers)
            else:
                    return "a {} vehicle: [seats = {}]".format(
                        self.color, self.seats)

>>> class Car(Vehicle):
        def __init__(self, color, seats=5):
            Vehicle.__init__(self, 'Car', color, seats)
>>> class Bus(Vehicle):
        def __init__(self, color, seats=45, max_passengers=60):
            Vehicle.__init__(self, 'Bus', color, seats)
            self.max_passengers = max_passengers

# 설명 1
>>> c1 = Car('red')
>>> print(c1)
a red Car: [seats = 5]

# 설명 2
>>> c2 = Bus('blue')
>>> print(c2)
a blue Bus: [seats = 45, max_passengers=60]

# 설명 3
>>> c3 = Vehicle('red', 4, 5)
>>> print(c3)
a red vehicle: [seats = 5]
```

프로그램 설명

① [그림 5.15]의 Vehicle, Car, Bus 클래스의 상속관계에서 단순히 데이터 속성을 __init__() 메서드에서 초기화하고, 이전 상속 예제들과 달리 상위 클래스인 Vehicle 클래스에서 문자열 출력을 위해 __str__() 메서드를 재정의한다.

② Vehicle 클래스는 Car, Bus 클래스의 상위 클래스이며, Vehicle.__init__() 메서드에서 인스턴스 속성 vtype, color, seats를 초기화한다. Vehicle.__str__() 메서드는 인스턴스 속성 vtype의 값 'Car'와 'Bus'에 따라 출력 문자열을 반환한다.

③ Car 클래스는 Vehicle 클래스로부터 상속을 받고, Car.__init__() 메서드에서 Vehicle.__init__ (self, color, seats, 'Car')를 호출하여 인스턴스 속성인 차종류 vtype, 색상 color, 좌석수 seats 를 초기화한다.

④ Bus 클래스는 Vehicle 클래스로부터 상속을 받고, Bus.__init__() 메서드에서 인스턴스 속성인 최대승객수 max_passengers를 초기화하고, Vehicle.__init__(self, color, seats, 'Bus')를 호출하여 인스턴스 속성인 차종류 vtype, 색상 color, 좌석수 seats를 초기화한다.

⑤ 설명 1에서 c1 = Car('red')는 Car 클래스의 인스턴스 객체 c1을 생성하고 초기화한다. print(c1) 는 Vehicle.__str__() 메서드에 의해 c1.vtype이 'Car'이기 때문에, a red Car: [seats = 5]로 출력 한다.

⑥ 설명 2에서 c2 = Bus('blue')는 Bus 클래스의 인스턴스 객체 c2를 생성하고 초기화한다. print(c2) 는 Vehicle.__str__() 메서드에 의해, c2.vtype이 'Bus'이기 때문에, a blue Bus: [seats = 45, max_passengers=60]로 출력한다.

⑦ 설명 3에서 c3 = Vehicle('red', 4, 5)는 Vehicle 클래스의 인스턴스 객체 c3를 생성하고 초기화한 다. print(c3)는 Vehicle.__str__() 메서드에 의해, c2.vtype이 None이기 때문에 a red vehicle: [seats = 5]로 출력한다.

5.2 super() 내장함수

super() 내장함수는 속성 해결순서(method resolution order)인 __mro__ 속성의 상위 클래스의 대행객체(proxy object)를 반환한다. super()는 주로 두 가지 경우에 유용하게 사용된다. 하나는 단일 상속에서 상위 클래스를 참조하기 위해 사용하고, 다른 하나는 다이아몬드 구조 같은 다중 상속에서 상위 클래스의 메서드를 중복하여 호출되지 않게 할 때 유용하다.

[예제 5.42] super() 예제 1

```
>>> class B:
        def __init__(self):
            print('B called')
>>> class D(B):
        def __init__(self):
            super().__init__()      # super(D, self).__init__()

# 설명 1
>>> D.__mro__          # D.mro()
(<class '__main__.D'>, <class '__main__.B'>, <class 'object'>)

# 설명 2
>>> d = D()
B called
```

프로그램 설명

① 클래스 B는 __init__() 메서드에서 'B called'를 출력한다. 클래스 D는 클래스 B로부터 상속받고 __init__() 메서드에서 super().__init__()로 상위 클래스의 __init__() 메서드를 호출한다. super().__init__()와 super(D, self).__init__()는 같은 의미이다. 클래스 이름을 사용한 B.__init__(self)와 같다. [그림 5.16]은 클래스 B, D의 상속관계이다.

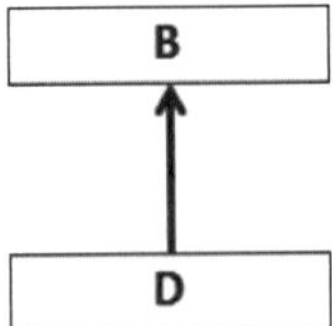

[그림 5.16] 클래스 B, D의 상속관계

② **설명 1**에서 D.__mro__ 속성은 (<class '__main__.D'>, <class '__main__.B'>, <class 'object'>)이다. 그러므로 D 클래스의 메서드에서 super()는 B 클래스이다.

③ **설명 2**에서 d = D()는 D.__init__() 메서드에서 super().__init__() 호출에 의해 B.__init__() 메서드가 호출되어 B called가 출력된다.

[예제 5.43] super() 예제 2

```
>>> class B:
        def __init__(self):
            print('B called')
>>> class C:
        def __init__(self):
            print('C called')
>>> class D(B, C):
        def __init__(self):
            super().__init__()      # super(D, self).__init__()

# 설명 1
>>> D.__mro__
(<class '__main__.D'>, <class '__main__.B'>, <class '__main__.C'>, <class 'object'>)

# 설명 2
>>> d = D()
B called
```

프로그램 설명

① 클래스 B는 __init__() 메서드에서 'B called'를 출력한다. 클래스 C는 __init__() 메서드에서 'C called'를 출력한다. 클래스 D는 클래스 B, C로부터 상속받고 __init__() 메서드에서 super().__init__()로 상위 클래스의 __init__() 메서드를 호출한다. super().__init__()와 super(D, self).__init__()는 같은 의미이다. [그림 5.17]은 클래스 B, C, D의 상속관계이다.

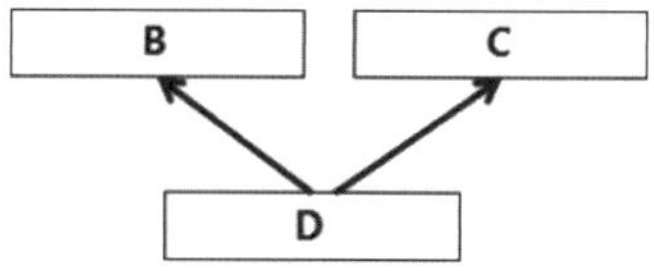

[그림 5.17] 클래스 B, C, D의 상속관계

② 설명 1에서 D.__mro__ 속성은 (<class '__main__.D'>, <class '__main__.B'>, <class '__main__.C'>, <class 'object'>)이다. 그러므로 D 클래스의 메서드에서 super()는 B 클래스이다.

③ 설명 2에서 d = D()는 D.__init__() 메서드에서 super().__init__() 호출에 의해 B.__init__() 메서드가 호출되어 B called가 출력된다.

④ 만약 B 클래스의 __init__() 메서드에서 super().__init__()를 호출하면 __mro__ 속성에 의해 super()는 C 클래스이다.

[예제 5.44] 다이아몬드 구조 다중 상속 1

```
>>> class A:
        def __init__(self):
            print('A called')
>>> class B(A):
        def __init__(self):
            print('B called')
            A.__init__(self)
>>> class C(A):
        def __init__(self):
            print('C called')
            A.__init__(self)
>>> class D(B, C):
        def __init__(self):
            print('D called')
            B.__init__(self)
            C.__init__(self)

# 설명 1
>>> D.__mro__
(<class '__main__.D'>, <class '__main__.B'>, <class '__main__.C'>, <class '__main__.A'>,
<class 'object'>)

# 설명 2
>>> d = D()
D called
B called
A called
C called
A called
```

프로그램 설명

① 클래스 A는 `__init__()` 메서드에서 'A called'를 출력한다. 클래스 B는 클래스 A로부터 상속받고 `__init__()` 메서드에서 'B called'를 출력하고, `A.__init__(self)`로 상위 클래스 A의 `__init__()` 메서드를 호출한다. 클래스 C는 클래스 A로부터 상속받고 `__init__()` 메서드에서 'C called'를 출력하고, `A.__init__(self)`로 상위 클래스 A의 `__init__()` 메서드를 호출한다. 클래스 D는 클래스 B, C로부터 상속받고 `__init__()` 메서드에서 'D called'를 출력하고, `B.__init__(self)`, `C.__init__(self)`에 의해 상위 클래스의 `__init__()` 메서드를 호출한다. [그림 5.18]은 클래스 A, B, C, D의 상속관계이다.

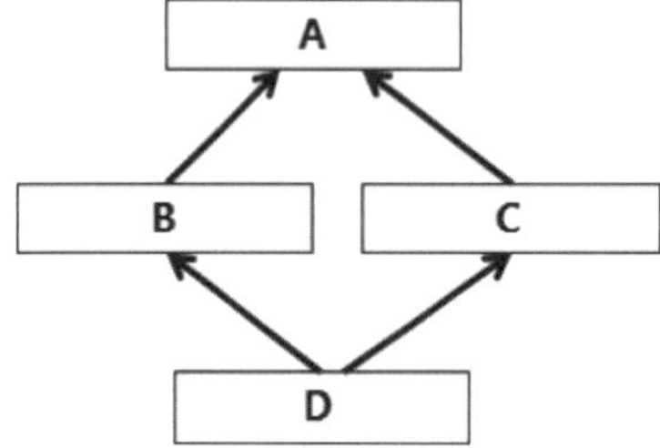

[그림 5.18] 클래스 A, B, C, D의 상속관계

② 설명 1에서 `D.__mro__` 속성은 (<class '__main__.D'>, <class '__main__.B'>, <class '__main__.C'>, <class '__main__.A'>, <class 'object'>)이다.

③ 설명 2에서 d = D()는 `D.__init__()` 메서드에서 `B.__init__(self)` 호출에 의해 `A.__init__(self)`가 호출되고, `C.__init__(self)` 호출에 의해 `A.__init__(self)`가 호출된다. 즉, 클래스 A의 `__init__()` 메서드가 2번 호출되어 'A called'가 2번 출력된다. 이런 문제는 `super()` 함수를 사용하면 해결된다.

[예제 5.45] 다이아몬드 구조 다중 상속 2

```python
>>> class A:
        def __init__(self):
            print('A called')
>>> class B(A):
        def __init__(self):
            print('B called')
            super().__init__()
>>> class C(A):
        def __init__(self):
            print('C called')
            super().__init__()
>>> class D(B, C):
        def __init__(self):
            print('D called')
            super().__init__()

# 설명 1
>>> D.__mro__
(<class '__main__.D'>, <class '__main__.B'>, <class '__main__.C'>, <class '__main__.A'>,
<class 'object'>)
```

```
# 설명 2
>>> d = D()
D called
B called
C called
A called
```

프로그램 설명

① [예제 5.44]의 다이아몬드 구조 다중 상속 1에서 상위 클래스의 __init__() 메서드를 호출할 때, 상위 클래스 이름 대신, super() 내장함수를 사용하여 super().__init__()로 호출한다. 클래스 A, B, C, D의 상속관계는 [그림 5.18]과 같다.

② 설명 1에서 >>> D.__mro__는 (<class '__main__.D'>, <class '__main__.B'>, <class '__main__.C'>, <class '__main__.A'>, <class 'object'>)이다.

③ 설명 2에서 d = D()는 D.__mro__ 속성 순서에 따라, D.__init__(), B.__init__(), C.__init__(), A.__init__() 메서드를 차례로 호출한다. 즉, 클래스 A의 __init__() 메서드가 한 번만 호출된다.

[예제 5.46] Person, Employee, Student 클래스의 상속 2

```
>>> class Person:
        def __init__(self, name, age, job=None):
            self.name = name
            self.age = age
            self.job = job
        def __str__(self):
            if self.job is 'Employee':
                return "{}({}, {}, {}, {})".format(self.job,
                self.name, self.age, self.company, self.salary)
            elif self.job is 'Student':
                return "{}({}, {}, {})".format(self.job,
                self.name, self.age, self.school)
            else:
                return "Person(name={}, age={})".format(self.name, self.age)
>>> class Employee(Person):
        def __init__(self, name, age, company, salary=100):
            super().__init__(name, age, 'Employee')
            self.company = company
            self.salary = salary
>>> class Student(Person):
        def __init__(self, name, age, school):
            super().__init__(name, age, 'Student')
            self.school = school


# 설명 1
>>> p1 = Person('Kim', 20)
>>> print(p1)
```

```
Person(name=Kim, age=20)

# 설명 2
>>> p2 = Employee('Lee', 25, 'Google', 1000)
>>> print(p2)
Employee(Lee, 25, Google, 1000)

# 설명 3
>>> p3 = Student('Park', 20, 'Hankook Univ.')
>>> print(p3)
Student(Park, 20, Hankook Univ.)
```

프로그램 설명

① [예제 5.39]의 Person, Employee, Student 클래스의 상속 예제를 약간 변경한다. Person 클래스의 인스턴스에 job 속성을 추가하고, __str__() 메서드에서 job 속성의 값에 따라 출력 문자열을 반환한다. 물론 [예제 5.39]와 같이 __str__() 메서드를 Employee, Student 클래스에 구현할 수 있다.

Employee, Student 클래스의 __init__() 메서드에서 super() 함수를 사용하여 상위 클래스인 Person 클래스의 __init__() 메서드를 호출하여 인스턴스 속성 name, age, job을 초기화한다.

② Employee.__init__() 메서드에서 super().__init__(name, age, 'Employee')는 Person.__init__() 메서드를 호출하여 인스턴스 속성 name, age, job을 초기화한다.

③ Student.__init__() 메서드에서 super().__init__(name, age, 'Student')는 Person.__init__() 메서드를 호출하여 인스턴스 속성 name, age, job을 초기화한다.

④ 설명 1에서 p1 = Person('Kim', 20)은 Person 클래스의 인스턴스 p1을 생성하고, 초기화한다. print(p1)는 Person.__str__() 메서드에서 p1.job의 값이 None이기 때문에 Person(name = Kim, age = 20)을 출력한다.

⑤ 설명 2에서 p2 = Employee('Lee', 25, 'Google', 1000)는 Employee 클래스의 인스턴스 p2를 생성하고, 초기화한다. print(p2)는 Person.__str__() 메서드에서 p2.job의 값이 'Employee'이기 때문에 Employee(Lee, 25, Google, 1000)를 출력한다.

⑥ 설명 3에서 p3 = Student('Park', 20, 'Hankook Univ.')는 Student 클래스의 인스턴스 객체 p3을 생성하고, 초기화한다. print(p3)는 Person.__str__() 메서드에서 p3.job의 값이 Student'이기 때문에 Student(Park, 20, Hankook Univ.)를 출력한다.

[예제 5.47] Shape, Circle, Rectangle, Triangle 클래스의 상속 2

```
>>> class Shape:
        def __init__(self, stype, color):
            self.stype = stype
            self.color = color


>>> import math          # math.pi
>>> class Circle(Shape):
        def __init__(self, x, y, radius, color='black'):
```

```python
        super().__init__("circle", color)
        self.x = x
        self.y = y
        self.radius = radius
    def __str__(self):
        return "a {} circle : [center=({},{}), radius = {}]".format(
                self.color, self.x, self.y, self.radius)
    def perimeter(self):
        return 2.0*math.pi* self.radius
    def area(self):
        return math.pi* self.radius**2


>>> class Rectangle(Shape):
        def __init__(self, x, y, width, height, color='black'):
            super().__init__("rectangle", color)
            self.x = x
            self.y = y
            self.width = width
            self.height = height
        def __str__(self):
            return "a {} rectangle: [({},{}) - ({},{})]".format(
                    self.color, self.x, self.y,
                    self.x + self.width, self.y+self.height)
        def perimeter(self):
            return self.width*2 + self.height*2
        def area(self):
            return self.width * self.height


>>> class Triangle(Shape):
        def __init__(self, x1, y1, x2, y2, x3, y3, color='black'):
            super().__init__("triangle", color)
            self.x1 = x1
            self.y1 = y1
            self.x2 = x2
            self.y2 = y2
            self.x3 = x3
            self.y3 = y3
            # calculate the side length
            self.side1 = ((self.x2 - self.x1)**2 + (self.y2 - self.y1)**2)**0.5
            self.side2 = ((self.x3 - self.x2)**2 + (self.y3 - self.y2)**2)**0.5
            self.side3 = ((self.x1 - self.x3)**2 + (self.y1 - self.y3)**2)**0.5
        def __str__(self):
            return "a {} triangle : [({},{}), ({},{}), ({},{})]".format(
                    self.color, self.x1, self.y1,
                    self.x2, self.y2, self.x3, self.y3)
        def perimeter(self):
            return self.side1 + self.side2 + self.side3
        def area(self):
            p = self.perimeter()/2
```

```
            a = self.side1
            b = self.side2
            c = self.side3
            return (p*(p-a)*(p-b)*(p-c))**0.5


# 설명 1
>>> s1 = Circle(0, 0, 100)
>>> print(s1)
a black circle : [center=(0,0), radius = 100]
>>> s1.perimeter()
628.3185307179587
>>> s1.area()
31415.926535897932


# 설명 2
>>> s2 = Rectangle(0, 0, 100, 100)
>>> print(s2)
a black rectangle: [(0,0) - (100,100)]
>>> s2.perimeter()
400
>>> s2.area()
10000


# 설명 3
>>> s3= Triangle(0,0, 100, 0, 100, 100)
>>> print(s3)
a black triangle : [(0,0), (100,0), (100,100)]
>>> s3.perimeter()
341.4213562373095
>>> s3.area()
5000.0
```

프로그램 설명

① [그림 5.40]의 Shape, Circle, Rectangle, Triangle 클래스의 상속 예제에서 일부를 변경한다.
__init__() 메서드에서 super() 내장함수를 사용하였으며, 둘레 길이를 위한 perimeter() 메서
드와 면적을 위한 area() 메서드를 추가한다. Circle 클래스에서 math.pi를 사용하기 위하여
import math를 임포트한다.

② 설명 1, 설명 2, 설명 3에서 Circle, Rectangle,Triangle 클래스의 인스턴스 s1, s2, s3을 각각 생
성하고, print() 함수로 출력하고, perimeter()와 area() 메서드를 사용하여 둘레길이와 면적을 계
산한다.

[예제 5.48] Vehicle, Car, Bus 클래스의 상속 2

```
>>> class Vehicle:
        def __init__(self, color, seats, vtype=None):
            self.color = color
```

```python
        self.seats = seats
        self.vtype = vtype
    def __str__(self):
        return "a {} vehicle: [seats = {}]".format(
            self.color, self.seats)
>>> class Car(Vehicle):
    def __init__(self, color, seats=5):
        super().__init__(color, seats, 'Car')
    def __str__(self):
        return "a {} {}: [seats = {}]".format(
            self.color, self.vtype, self.seats)
>>> class Bus(Vehicle):
    def __init__(self, color, seats=45, max_passengers=60):
        super().__init__(color, seats, 'Bus')
        self.max_passengers = max_passengers
    def __str__(self):
        return "a {} {}: [seats = {},\
            max_passengers={}]".format(self.color, self.vtype,
            self.seats, self.max_passengers)
```

```python
# 설명 1
>>> c1 = Car('red')
>>> print(c1)
a red Car: [seats = 5]
```

```python
# 설명 2
>>> c2 = Bus('blue')
>>> print(c2)
a blue Bus: [seats = 45, max_passengers=60]
```

프로그램 설명

① [그림 5.41]의 Vehicle, Car, Bus 클래스의 상속 예제에서 일부를 변경한다. Car, Bus 클래스의 __init__() 메서드에서 super() 내장함수를 사용한다.

② __str__(self) 메서드를 각 클래스에서 구현한다.

5.3 HAS-A 관계

객체지향 용어에서 IS-A 관계와 HAS-A 관계 중에서 IS-A 관계는 앞서 설명한 클래스 상속(inheritance)에서 사용된다. 또 다른 관계로 HAS-A("가진다") 관계가 있다. HAS-A 관계는 크게 구성(composition)관계와 집합(aggregation)관계가 있다. 구성(composition)관계는 한 부분으로의 강력한 결합관계를 갖는 경우이다. 집합관계는 느슨한 연관관계를 갖는다. 구성관계의 예로는 [그림 5.19]에서 차량(Vehicle)은 엔진(Engine)을 부속품으로 갖는다. 또 다른 예로 집(House)은 방(Room)을 갖는다. 집합관계의 예로는 차량은 운전자를 갖는다. 차량은 승객(passenger)을 갖는다.

클래스를 디자인하는 문제는 이 책의 범위를 벗어나므로 여기까지 설명한다. 일반적으로 클래스 도표(class diagram) 또는 ER(Entity-Relation) 도표를 사용하여 객체들 사이의 관계를 효율적으로 도표로 나타낼 수 있다.

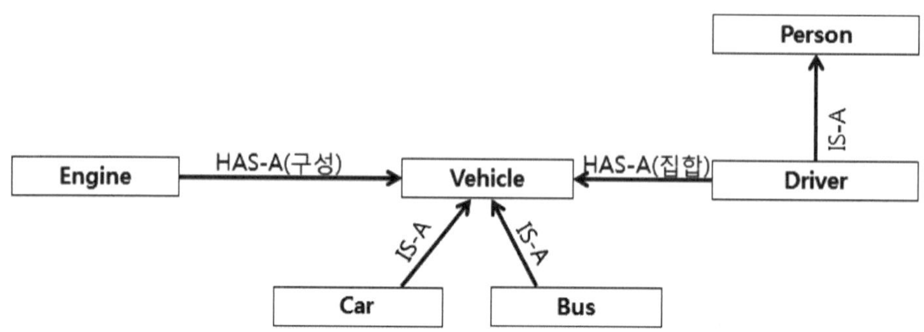

[그림 5.19] IS-A와 HAS-A 관계

[예제 5.49] IS-A와 HAS-A 관계

```
>>> class Person:
        def __init__(self, name, age, job=None):
            self.name = name
            self.age = age
            self.job = job
>>> class Driver(Person):
        def __init__(self, name, age, license_id):
            super().__init__(name, age, 'Driver')
            self.license_id = license_id
        def __str__(self):
            return "{}({}, {}, {})".format(self.job,
                    self.name, self.age, self.license_id)

>>> class Engine:
        def __init__(self, etype, cc=1600):
            self.etype = etype
            self.cc = cc
        def __str__(self):
            return "Engine(etype={}, cc = {})".format(
                    self.etype, self.cc)

>>> class Vehicle:
        def __init__(self, color, seats, vtype, engine, driver):
            self.color = color
            self.seats = seats
            self.vtype = vtype
            self.engine = engine
            self.driver = driver
        def __str__(self):
            return "a {} vehicle: [vtype = {}, seats={}, {}, {}]".format(
```

```
                    self.color, self.vtype, self.seats,
                    str(self.engine), str(self.driver))
>>> class Car(Vehicle):
        def __init__(self, color, engine = None, driver=None, seats=5):
            super().__init__(color, seats, 'Car', engine, driver)
>>> class Bus(Vehicle):
        def __init__(self, color, engine=None, driver=None,
            seats=45, max_passengers=60):
                super().__init__(color, seats, 'Bus', engine, driver)
                self.max_passengers = max_passengers
```

설명 1
```
>>> driver = Driver('Kim', 20, '11-01')
>>> c1 = Car('red', Engine('Gasoline', 2000), driver)
>>> print(c1)
a red vehicle: [vtype = Car, seats=5, Engine(etype=Gasoline, cc = 2000), Driver(Kim, 20,
11-01)]
```

설명 2
```
>>> c2 = Bus('blue', Engine('Diesel', 10000), driver)
>>> print(c2)
a blue vehicle: [vtype = Bus, seats=45, Engine(etype=Diesel, cc = 10000), Driver(Kim, 20,
11-01)]
```

프로그램 설명

① [그림 5.19] IS-A, HAS-A 관계의 예를 구현한다.

② 설명 1에서 driver = Driver('Kim', 20, '11-01')는 Driver 클래스의 인스턴스 driver를 생성하고 초기화한다. c1 = Car('red', Engine('Gasoline', 2000), driver)는 Car 클래스의 인스턴스 c1을 생성하고 초기화한다. print(c1)은 인스턴스 c1의 정보를 문자열로 출력한다.

③ 설명 2에서 c2 = Bus('blue', Engine('Diesel', 10000), driver)는 Bus 클래스의 인스턴스 c2를 생성하고, 초기화한다. print(c2)는 인스턴스 c2의 정보를 문자열로 출력한다.

06 메타 클래스와 추상 클래스

일반 클래스의 인스턴스는 객체 인스턴스이고, 메타 클래스(meta class)의 인스턴스는 클래스이다. 즉 메타 클래스는 클래스를 생성할 수 있다. [그림 5.20]은 인스턴스, 클래스, 메타 클래스의 관계를 보여준다. 추상 클래스(abstract base class)는 추상 메서드(abstract method)를 하나 이상 가진 클래스로, 추상 클래스는 인스턴스를 생성할 수 없다.

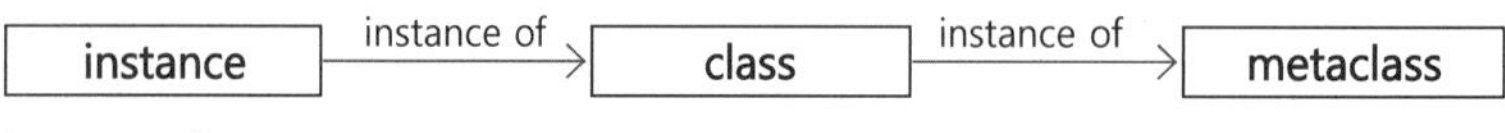

[그림 5.20] 인스턴스, 클래스, 메타 클래스

6.1 메타 클래스

type 클래스는 클래스를 생성하는 메타 클래스이고, type으로부터 상속받은 클래스 역시 메타 클래스이다. 앞에서 사용한 type() 내장함수는 실제 type 클래스의 객체 인스턴스를 생성한 것이다. 1개의 인수를 갖는 type(object)은 객체 object의 자료형을 반환한다. 3개의 인수를 갖는 type(name, bases, dict)은 새로운 클래스를 반환한다. class 문장을 생성하는 것과 같이 클래스를 생성할 수 있다.

> **형식** class type(name, bases, dict)
>
> 1. name은 클래스의 이름이다.
> 2. base는 상위 클래스를 지정하는 튜플(tuple)이다.
> 3. dict는 클래스 몸체의 속성을 정의하는 사전이다.

[예제 5.50] type()으로 클래스 생성 1

```
# 설명 1
>>> class A:
        x = 10
>>> a = A()
>>> a.x
10
```

```
# 설명 2
>>> A = type('A', (), dict(x=10))         # A = type('A', (object,), {'x':10})
>>> a = A()
>>> a.x
10
```

프로그램 설명

① 설명 1에서 class 문장에 의해 속성 x를 갖는 클래스 A를 선언하고 인스턴스 a를 생성한다.

② 설명 2에서 type 클래스의 객체 인스턴스 A를 생성한다. A = type('A', (), dict(x=1)) 와 A = type('A', (object,), {'x':1})는 동일한 결과를 갖는다.

[예제 5.51] type()으로 클래스 생성 2

```
# 설명 1
>>> class A:
        x = 10
>>> class B(A):
        def get_x(self):
                return self.x
>>> b = B()
>>> b.get_x()
10


# 설명 2
>>> A = type('A', (object,), {'x':10})
>>> B = type('B', (A,), {'get_x': lambda self : self.x })
>>> b = B()
>>> b.get_x()
10


# 설명 3
>>> def get_x(self):
        return self.x

>>> B = type('B', (A,), {'get_x': get_x})
>>> b = B()
>>> b.gct_x()
10
```

프로그램 설명

① 설명 1, 설명 2, 설명 3은 모두 동일한 클래스 A, B를 생성하고, 인스턴스 b를 생성하고, b.get_x() 메서드에 의해 10을 반환한다.

② 설명 1에서 class 문장으로 클래스 A, B를 정의한다.

③ 설명 2에서 type 클래스의 객체 인스턴스로 클래스 A, B를 생성한다. 클래스 B의 메서드 get_x() 를 람다 함수로 정의한다.

④ 설명 3에서 클래스 B의 메서드 get_x()를 일반함수로 정의한다.

[예제 5.52] type 클래스로부터 상속 1

```
>>> class MyType(type):
        def __call__(cls, *args, **kwargs):
            print("cls = {}, args={}, kwargs={}".format(cls, args, kwargs))

# 설명 1
>>> A = MyType('A', (), {})
>>> a = A()
cls = <class '__main__.A'>, args=(), kwargs={}

# 설명 2
>>> b= A(1, 2, 3)
cls = <class '__main__.A'>, args=(1, 2, 3), kwargs={}

# 설명 3
>>> c = A(1, 2, 3, x=4, y = 5)
cls = <class '__main__.A'>, args=(1, 2, 3), kwargs={'x': 4, 'y': 5}
```

프로그램 설명

① 메타 클래스인 type 클래스에서 상속받은 MyType 역시 메타 클래스이다. __call__ 메서드를 재정의하여 호출될 때, 클래스 객체 cls, 가변 위치 인수 args, 키워드 위치 인수 kwargs를 출력한다.

② 설명 1에서 A = MyType('A', (), {})는 메타 클래스 MyType를 사용하여 클래스 A를 생성한다. a = A()는 클래스 A의 인스턴스 a를 생성한다. 이때 __call__ 메서드에 의해 cls = <class '__main__.A'>, args=(), kwargs={}로 출력한다.

③ 설명 2에서 b= A(1, 2, 3)는 클래스 A의 인스턴스 b를 생성한다. 이때 __call__ 메서드에 의해 cls = <class '__main__.A'>, args=(1, 2, 3), kwargs={}로 출력한다.

④ 설명 3에서 c = A(1, 2, 3, x=4, y = 5)는 클래스 A의 인스턴스 c를 생성한다. 이때 __call__ 메서드에 의해 cls = <class '__main__.A'>, args=(1, 2, 3), kwargs={'x': 4, 'y': 5}로 출력한다.

[예제 5.53] type 클래스로부터 상속 2 : metaclass 키워드 사용

```
>>> class MyType(type):
        def __call__(cls, *args, **kwargs):
            print("cls = {}, args={}, kwargs={}".format(cls, args, kwargs))

>>> class A(metaclass = MyType):
        pass

# 설명 1
>>> a = A()
cls = <class '__main__.A'>, args=(), kwargs={}

# 설명 2
>>> b= A(1, 2, 3)
cls = <class '__main__.A'>, args=(1, 2, 3), kwargs={}
```

```
# 설명 3
>>> c = A(1, 2, 3, x=4, y = 5)
cls = <class '__main__.A'>, args=(1, 2, 3), kwargs={'x': 4, 'y': 5}
```

프로그램 설명

① 클래스 A를 생성할 때, metaclass 키워드 사용하여 메타 클래스를 설정한다. [예제 5.53]에서 A = MyType('A', (), {})에 의해 클래스 A를 생성한 것과 같다. MyType 클래스 정의는 [예제 5.53]과 같다.

② 설명 1, 설명 2, 설명 3은 [예제 5.52]과 같다.

[예제 5.54] type 클래스로부터 상속 3 : metaclass 키워드 사용, 싱글톤

```
>>> class Singleton(type):
        __instance = None          # private 이름 맹글링
        def __call__(cls, *args, **kwargs):
            if not cls.__instance:
                    cls.__instance = super().__call__(*args, **kwargs)
            return cls.__instance

>>> class A(metaclass=Singleton):
        def __init__(self, value=0):
            print("init : ", value)
            self.value = value

# 실행 결과
>>> a = A()
init : 0
>>> a.value
0
>>> b = A(10)
>>> b.value
0
>>> b.value = 10
>>> a.value
10
>>> a is b
True
```

프로그램 설명

① [예제 5.9]에서 __new__ 메서드를 재정의하여 클래스의 인스턴스가 하나만 생성되는 싱글톤 예제를 참조하여 메타 클래스로 다시 작성한다.

② 메타 클래스인 type 클래스에서 상속받은 Singleton 역시 메타 클래스이다. 속성 __instance는 private 이름 맹글링으로 생성된 인스턴스를 내부적으로 가지고 있는 속성이다.

③ 클래스 A를 생성할 때, metaclass 키워드 사용하여 Singleton 메타 클래스를 설정한다. __init__() 메서드에서 인스턴스 속성 value를 초기화한다. 메타 클래스 Singleton 때문에 __init__() 메서드

는 클래스 A의 인스턴스를 생성할 때, 처음 한 번만 호출된다.

④ 실행 결과에서 a = A()는 메타 클래스 Singleton에서 클래스 A의 인스턴스가 한 번도 생성되지 않았기 때문에 인스턴스 a를 생성하고 A.__init__() 메서드에 의해 a.value = 0으로 초기화한다. b = A(10)는 클래스 A의 인스턴스는 생성하지 않고 이미 생성된 인스턴스 a를 b에 바인딩시킨다. 따라서 A.__init__() 메서드가 호출되지 않는다. b.value = 10으로 변경하면 a.value도 10이된다. a is b로 확인하면 a와 b는 같은 객체 인스턴스임을 알 수 있다.

6.2 추상 클래스

추상 클래스(abstract base class)는 추상 메서드(abstract method)를 하나 이상 가진 클래스를 말한다. 추상 클래스는 인스턴스를 생성할 수 없다. 하위 클래스에서 추상 메서드를 구현하여 사용한다. 추상 클래스는 팀 단위로 작업하거나, 복잡한 클래스 구조를 갖는 대형 과제를 할 때 클래스의 메서드 등을 모두 구현하지 않고도 작업을 진행할 수 있도록 한다.

파이썬의 추상 클래스는 abc 모듈에서 제공한다. abc.ABCMeta 클래스는 추상 클래스를 생성하기 위한 메타 클래스이다. @abstractmethod와 @abstractproperty 데코레이터는 추상 메서드와 추상 속성 지정에 사용한다. 파이썬의 추상 메서드는 메서드 몸체의 구현을 가질 수 있다. @abstractproperty 데코레이터로 지정된 추상 속성은 하위 클래스에서 @property로 구현하며, 읽기전용 속성으로 설정된다.

[예제 5.55] 추상 클래스 1 : @abstractmethod

```
>>> from abc import ABCMeta, abstractmethod
>>> class A(metaclass= ABCMeta):
        @abstractmethod
        def display(self):
            pass
>>> class B(A):
        def display(self):
            return "B: display"


# 설명 1
>>> a = A()
Traceback (most recent call last):
 File "<pyshell#23>", line 1, in <module>
   a = A()
TypeError: Can't instantiate abstract class A with abstract methods display


# 설명 2
>>> b = B()
>>> b.display()
'B: display'
```

프로그램 설명

① 추상 클래스를 위한 abc 모듈에서 메타 클래스 ABCMeta와 데코레이터 abstractmethod를 임포트한다.

② 클래스 A를 생성할 때, metaclass 키워드 사용하여 ABCMeta 메타 클래스를 설정한다. 데코레이터 @abstractmethod로 display() 메서드를 추상 메서드로 설정한다. 추상 클래스 A로부터 상속받아 클래스 B를 정의한다. 상위 클래스인 A에서 추상 메서드인 display() 메서드를 하위 클래스인 B에서 구현한다.

③ 설명 1에서 a = A()는 클래스 A가 추상 클래스이기 때문에 인스턴스를 생성하지 못하고 TypeError가 발생한다.

④ 설명 2에서 b = B()는 클래스 B의 인스턴스 b를 생성하고, b.display()로 호출할 수 있다.

[예제 5.56] 추상 클래스 2 : @abc.abstractmethod

```
>>> import abc
>>> class A(metaclass= abc.ABCMeta):
        @abc.abstractmethod
        def display(self):
                return "A: display"
>>> class B(A):
        def display(self):
                return "B: display"


# 설명 1
>>> a = A()
Traceback (most recent call last):
 File "<pyshell#27>", line 1, in <module>
  a = A()
TypeError: Can't instantiate abstract class A with abstract methods display


# 설명 2
>>> b = B()
>>> b.display()
'B: display'
```

프로그램 설명

① [예제 5.55]를 약간 변경한 예제이다. 추상 클래스를 위한 모듈 abc 모듈을 임포트하고, abc.ABCMeta, abc.abstractmethod로 지정한다. 추상 메서드 A.display()의 몸체를 구현하고, 클래스 B는 [예제 5.55]와 같다.

② 클래스 A에서 metaclass 키워드 사용하여 abc.ABCMeta 메타 클래스를 설정한다. 데코레이터 @abc.abstractmethod로 display() 메서드를 추상 메서드로 설정한다. 추상 메서드인 display() 메서드의 몸체를 구현하여 문자열 "A: display" 반환한다. 추상 클래스 A로부터 상속받아 클래스 B를 정의하고, 상위 클래스인 A에서 추상 메서드인 display() 메서드를 하위 클래스인 B에서 구현한다.

③ 설명 1, 설명 2는 [예제 5.55]와 같다.

[예제 5.57] 추상 클래스 3 : super() 사용

```
>>> import abc
>>> class A(metaclass= abc.ABCMeta):
        @abc.abstractmethod
        def display(self):
                return "A: display"
>>> class B(A):
        def display(self):
                a = super().display()
                return "{} - {}".format(a, "B: display")


# 실행 결과
>>> b = B()
>>> b.display()
'A: display - B: display'
```

프로그램 설명

① [예제 5.56]에서 클래스 B의 display() 메서드를 변경하여 super().display()로 상위 클래스의 메서드 A.display()를 호출한다.

② 실행 결과에서 b = B()는 클래스 B의 인스턴스 b를 생성하고, b.display()에서 a = super().display()를 실행하여 a에 'A: display' 문자열이 저장되고, 'A: display - B: display'를 반환한다.

[예제 5.58] 추상 클래스 4 : @abstractproperty, @property 읽기 속성

```
>>> import abc
>>> class A(metaclass= abc.ABCMeta):
        @abc.abstractproperty
        def value(self):
                    pass
>>> class B(A):
        def __init__(self, value=0):
            self._value = value
        @property
        def value(self):
            return self._value


# 설명 1
>>> b1 = B()
>>> b1.value
0
>>> b1.value = 10
Traceback (most recent call last):
  File "<pyshell#9>", line 1, in <module>
    b1.value = 10
AttributeError: can't set attribute
```

```
# 설명 2
>>> b2 = B(10)
>>> b2.value
10
>>> b2.value = 0
Traceback (most recent call last):
 File "<pyshell#15>", line 1, in <module>
  b2.value = 0
AttributeError: can't set attribute
```

프로그램 설명

① 추상 클래스를 위한 모듈 abc 모듈을 임포트하고, abc.ABCMeta, abc.abstractmethod로 지정한다.

② 클래스 A에서 metaclass 키워드 사용하여 abc.ABCMeta 메타 클래스를 설정한다. 데코레이터 @abc.abstractproperty로 value를 추상 속성으로 지정한다.

③ 추상 클래스 A로부터 상속받아 클래스 B를 정의한다. __init__() 메서드에서 인스턴스 속성 _value를 초기화한다. 데코레이터 @property로 value() 메서드를 설정한다. value() 메서드는 클래스 B의 인스턴스로 접근할 때 메서드로 접근되지 않고 데이터 속성으로 접근한다. 즉, 클래스 A의 추상 속성 value를 구현한 데이터 속성이다. value() 메서드는 self._value를 반환한다. 만약 self.value를 반환하면 재귀(recursion)가 무한히 발생하다, 최대 재귀횟수(maximum recursion depth)에 의해 RecursionError가 발생하여 중단된다. 이러한 이유로 __init__() 메서드에서 인스턴스 속성 _value를 사용한 것이다.

③ 설명 1에서 b1 = B()는 클래스 B의 인스턴스 b1을 생성하고, b1.value = 0으로 초기화한다. b1.value = 10은 추상속성에 의해 읽기전용으로 설정되어, AttributeError가 발생한다.

④ 설명 2에서 b2 = B(10)는 클래스 B의 인스턴스 b2을 생성하고, b2.value = 10으로 초기화한다. b2.value = 0은 추상 속성에 의해 읽기전용으로 설정되어 AttributeError가 발생한다.

[예제 5.59] 추상 클래스 5 : abstractproperty, property, 읽기 쓰기 속성

```
>>> import abc
>>> class A(metaclass= abc.ABCMeta):
        def get_value(self):
                return self._value
        def set_value(self, value):
                self._value = value
        value = abc.abstractproperty(set_value, set_value)

>>> class B(A):
        def __init__(self, value=0):
                self.value = value
        value = property(A.get_value, A.set_value)

# 설명 1
>>> b1 = B()
```

```
>>> b1.value
0
>>> b1.value = 10
>>> b1.value
10

# 설명 2
>>> b2 = B(10)
>>> b2.value
10
>>> b2.value = 0
>>> b2.value
0
```

프로그램 설명

① 추상 클래스를 위한 모듈 abc 모듈을 임포트하고, abc.ABCMeta, abc.abstractmethod로 지정한다.

② 클래스 A에서 metaclass 키워드 사용하여 abc.ABCMeta 메타 클래스를 설정한다. 데코레이터 @abc.abstractproperty로 value를 추상 속성으로 지정한다.

③ 추상 클래스 A로부터 상속받아 클래스 B를 정의한다. __init__() 메서드에서 인스턴스 속성 _value를 초기화한다. 데코레이터 @property로 value() 메서드를 설정한다. value() 메서드는 클래스 B의 인스턴스로 접근할 때 메서드로 접근되지 않고 데이터 속성으로 접근한다. 즉, 클래스 A의 추상 속성 value를 구현한 데이터 속성이다. value() 메서드는 self._value를 반환한다. 만약 self.value를 반환하면 재귀(recursion)가 무한히 발생하다, 최대 재귀횟수(maximum recursion depth)에 의해 RecursionError가 발생하여 중단된다. 이러한 이유로 __init__() 메서드에서 인스턴스 속성 _value를 사용한 것이다.

③ 설명 1에서 b1 = B()는 클래스 B의 인스턴스 b1을 생성하고, b1.value = 0으로 초기화한다. b1.value = 10은 추상속성에 의해 읽기전용으로 설정되어, AttributeError가 발생한다.

④ 설명 2에서 b2 = B(10)는 클래스 B의 인스턴스 b2을 생성하고, b2.value = 10으로 초기화한다. b2.value = 0은 추상속성에 의해 읽기전용으로 설정되어, AttributeError가 발생한다.

07 자료구조 클래스 : 스택, 큐, 유리수

대표적인 자료구조인 스택(stack)과 큐(queue)와 유리수(rational number)에 대해 설명한다. 파이썬은 list를 사용하여 간단히 스택과 큐를 사용할 수 있다. 여기서는 list를 사용한 스택, 큐와 fractions 모듈을 사용한 유리수 예제를 설명하고, 스택, 큐, 유리수를 클래스로 구현하여 설명한다.

7.1 스택(stack)

스택은 LIFO(last-in first-out) 자료구조이다. 기본적인 스택은 list의 list.append() 메서드와 list.pop() 메서드를 사용한다. 다른 방법은 list를 활용하여 Stack 클래스를 정의할 수 있다.

[예제 5.60] 스택 1 : list 사용

```
# 설명 1
>>> stack = []
>>> stack.append(1)
>>> stack.append(2)
>>> stack.append(3)
>>> stack
[1, 2, 3]

# 설명 2
>>> stack.pop()
3
>>> stack
[1, 2]
>>> stack.pop()
2
>>> stack
[1]
>>> stack.pop()
1
>>> stack
[]
>>> stack.pop()
Traceback (most recent call last):
  File "<pyshell#11>", line 1, in <module>
    stack.pop()
IndexError: pop from empty list
```

프로그램 설명

① list의 list.append() 메서드와 list.pop() 메서드를 직접 사용하여 스택으로 사용한다.

② 설명 1은 스택 stack을 생성하고, list.append() 메서드에 의해 데이터를 넣는 연산(push)을 수행한다. stack = []에 의해 공백 리스트로 stack을 생성한다. stack.append(1), stack.append(2), stack.append(3)에 의해 stack에 1, 2, 3을 차례로 추가한다. stack은 [그림 5.21]과 같다.

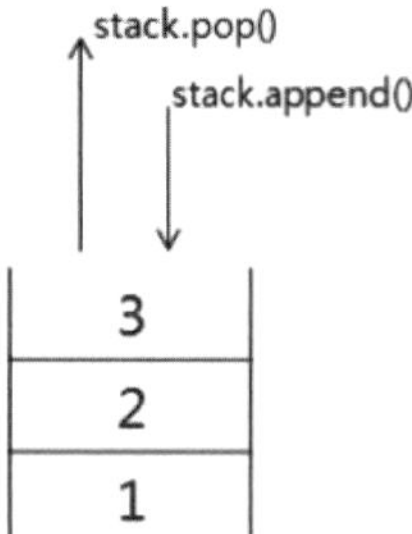

[그림 5.21] stack

② 설명 2는 스택 stack에서 list.pop() 메서드에 의해 데이터를 꺼내는 연산(pop)을 수행한다. stack.pop()은 마지막에 넣은 3이 반환되고, stack은 [1, 2]가 된다. 계속해서 stack.pop()은 2를 반환하고, stack.pop()은 1을 반환하고 stack은 공백 리스트가 된다. 스택이 공백 리스트일 때, stack.pop()을 수행하면 IndexError가 발생한다.

[예제 5.61] 스택 2 : Stack 클래스

```
>>> class Stack:
        def __init__(self):
            self.items = [ ]
        def is_empty(self):
            return self.items == [ ]
        def push(self,item):
            self.items.append(item)
        def pop(self):
            return self.items.pop()
        def size(self):
            return len(self.items)
        def __repr__(self):
            return str(self.items)


# 설명 1
>>> stack = Stack()
>>> stack.push(1)
>>> stack.push(2)
>>> stack.push(3)
>>> stack  # __repr__
[1, 2, 3]


# 설명 2
>>> stack.pop()
3
>>> stack.pop()
2
>>> stack.pop()
1
>>> stack.is_empty()
True
```

```
>>> stack.pop()
Traceback (most recent call last):
  File "<pyshell#16>", line 1, in <module>
    stack.pop()
  File "<pyshell#1>", line 9, in pop
    return self.items.pop()
IndexError: pop from empty list
```

프로그램 설명

① 내부적으로 list를 사용하는 Stack 클래스를 정의하다. __init__() 메서드는 스택을 추가하고, is_empty() 메서드는 스택이 공백인지를 확인하고, push() 메서드는 항목을 스택에 넣고, pop() 메서드는 스택에서 항목 하나를 꺼내고, size() 메서드는 스택의 항목 개수를 반환한다. __repr__() 메서드는 출력할 문자열 반환한다. __str__() 메서드를 재정의하면 print 함수로 문자열이 출력되지만, 인스턴스 이름만 입력하고 엔터키를 누르면 문자열이 출력되지 않는다.

② 설명 1에서 stack = Stack()은 Stack 클래스의 인스턴스 stack을 생성하고, 항목 데이터를 저장하기 위한 stack.items를 공백 리스트로 초기화한다. stack.push(1), stack.push(2), stack.push(3)은 stack에 1, 2, 3을 넣는다. stack 출력은 __repr__() 메서드에 의해 [1, 2, 3]으로 출력된다.

③ 설명 2에서 stack.pop(), stack.pop(), stack.pop()은 스택에 넣은 역순인 3, 2, 1을 차례로 반환하고, 스택은 공백이 되어 stack.is_empty()는 True이다. 이때 stack.pop()을 수행하면 IndexError가 발생한다.

7.2 큐(queue)

큐는 FIFO(first-in first-out) 자료구조이다. list를 사용한 기본적인 큐는 효율적이지 못하다. list.append() 메서드와 list.pop() 메서드를 사용하면 된다.

스택은 LIFO(last-in first-out) 자료구조이다. 기본적인 큐는 list의 list.append() 메서드와 list.pop(0) 메서드를 사용한다. 다른 방법은 collections.deque를 사용한 방법도 있으며, list를 활용하여 Queue 클래스를 정의할 수 있다.

[예제 5.62] 큐 1 : list 사용

```
# 설명 1
>>> queue = []
>>> queue.append(1)
>>> queue.append(2)
>>> queue.append(3)
>>> queue
[1, 2, 3]

# 설명 2
>>> queue.pop(0)
1
```

```
>>> queue
[2, 3]
>>> queue.pop(0)
2
>>> queue
[3]
>>> queue.pop(0)
3
>>> queue
[]
>>> queue.pop(0)
Traceback (most recent call last):
 File "<pyshell#16>", line 1, in <module>
  queue.pop(0)
IndexError: pop from empty list
```

프로그램 설명

① list의 list.append() 메서드와 list.pop(0) 메서드를 직접 사용하여 큐로 사용한 예제이다. list.pop(0)은 리스트의 인덱스 0 위치의 항목을 제거하고 반환한다. 즉 제일 먼저 넣은 항목을 반환한다.

② 설명 1은 큐 queue를 생성하고, list.append() 메서드에 의해 데이터를 넣는 연산(add)을 수행한다. queue = []에 의해 공백 리스트로 queue를 생성한다. queue.append(1), queue.append(2), queue.append(3)에 의해 queue에 1, 2, 3을 차례로 추가한다. queue는 [그림 5.22]와 같다.

```
queue.popleft()◄─────┌───────┬───────┬───────┐◄────── queue.append()
                     │   1   │   2   │   3   │
                     └───────┴───────┴───────┘
```

[그림 5.22] queue

② 설명 2는 큐 queue에서 queue.pop(0)에 의해 큐에 저장된 항목에서 제일 먼저 넣은 항목을 제거하여 반환한다. queue.pop(0)은 1이 반환되고, queue는 [2, 3]이다. 계속해서, queue.pop(0)은 2를 반환하고, queue.pop(0)은 3을 반환하고 queue는 공백 리스트가 된다. 큐가 공백 리스트일 때, queue.pop(0)을 수행하면 IndexError가 발생한다.

[예제 5.63] 큐 2 : collections.deque 사용

설명 1
```
>>> from collections import deque
>>> queue = deque([1, 2, 3])
>>> queue
deque([1, 2, 3])
>>> queue.append(4)
>>> queue.append(5)
>>> queue
deque([1, 2, 3, 4, 5])
```

```
# 설명 2
>>> queue.popleft()
1
>>> queue
deque([2, 3, 4, 5])
>>> queue.popleft()
2
>>> queue.popleft()
3
>>> queue.popleft()
4
>>> queue.popleft()
5
>>> queue
deque([])
>>> queue.popleft()
Traceback (most recent call last):
  File "<pyshell#29>", line 1, in <module>
    queue.popleft()
IndexError: pop from an empty deque
```

프로그램 설명

① from collections import deque로 collections 모듈의 deque를 임포트한다. deque 클래스는 양방향 큐(double-ended queue)로 스택과 큐로 모두 사용할 수 있고, list와 유사한 메서드를 제공하지만, list보다 항목 추가, 삭제 속도가 빠르게 구현되어 있다.

deque([iterable[, maxlen]])에 의해 양방향 큐를 생성한다. iterable은 반복 가능 객체이고, maxlen은 큐의 최대크기이다. 생략되어 큐의 크기가 제한되지 않으면 maxlen은 None이다. deque.append(x)는 항목 x를 큐의 오른쪽에 추가한다. deque.appendleft(x)는 항목 x를 큐의 왼쪽에 추가한다. deque.pop()은 큐의 오른쪽에서 항목을 제거하고 반환한다. deque.popleft()은 큐의 왼쪽에서 항목을 세거하고 반환한다. deque.pop()와 deque.popleft()는 제거할 항목이 없으면 IndexError가 발생한다. deque.extend(iterable)와 deque.extendleft(iterable)는 반복가능 객체의 각 항목을 큐의 오른쪽 또는 왼쪽에 추가한다.

② 설명 1에서 collections 모듈에서 deque를 임포트하고, queue = deque([1, 2, 3])는 리스트의 항목 1, 2, 3을 큐에 추가하면 큐 queue는 [그림 5.23](a)와 같다. queue.append(4), queue.append(5)를 수행하면 큐는 [그림 5.23][b]와 같다.

③ 설명 2에서 queue.popleft()를 수행하면 큐의 왼쪽에서 항목 1을 삭제하고 반환하면 큐는 [그림 5.23](c)와 같다. queue.popleft(), queue.popleft(), queue.popleft(), queue.popleft()를 수행하면 queue의 왼쪽에서 2, 3, 4, 5를 차례로 삭제하고 반환하여 큐는 공백이 된다. 공백 큐에서 queue.popleft()를 수행하면, IndexError가 발생한다.

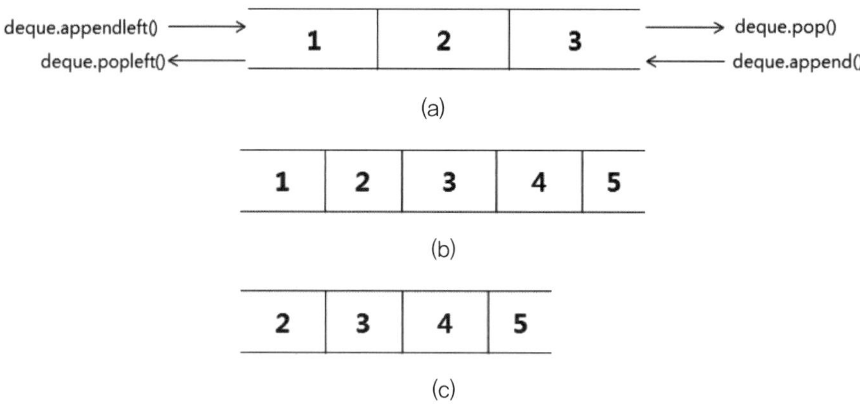

[그림 5.23] deque에 의한 큐

[예제 5.64] 큐 3 : Queue 클래스

```python
>>> class Queue:
        def __init__(self, *args):
            self.items = []
            for item in args:
                self.items.append(item)
        def is_empty(self):
            return self.items == []
        def add(self,item):
            self.items.append(item)
        def delete(self):
            return self.items.pop(0)
        def size(self):
            return len(self.items)
        def __repr__(self):
            return str(self.items)
```

```python
# 설명 1
>>> queue = Queue(1, 2, 3)
>>> queue # __repr__
[1, 2, 3]
>>> queue.add(4)
>>> queue.add(5)
>>> queue
[1, 2, 3, 4, 5]
```

```python
# 설명 2
>>> queue.delete()
1
>>> queue
[2, 3, 4, 5]
>>> queue.delete()
2
```

```
>>> queue.delete()
3
>>> queue.delete()
4
>>> queue.delete()
5
>>> queue.is_empty()
True
>>> queue.delete()
Traceback (most recent call last):
 File "<pyshell#27>", line 1, in <module>
  queue.delete()
 File "<pyshell#15>", line 11, in delete
  return self.items.pop(0)
IndexError: pop from empty list
>>> print(queue)
[]
```

프로그램 설명

① 내부적으로 list를 사용하는 Queue 클래스를 정의하다. __init__() 메서드는 추가하고, is_empty() 메서드는 공백 큐인지를 확인하고, add() 메서드는 항목을 큐에 넣고, delete() 메서드는 큐에서 항목 하나를 꺼내고, size() 메서드는 큐의 항목 개수를 반환한다. __repr__() 메서드는 출력할 문자열 반환한다.

② **설명 1**에서 queue = Queue(1, 2, 3)는 1, 2, 3을 큐에 추가하며, 큐 queue는 [그림 5.23](a)와 같다. queue.add(4), queue.add(5)를 수행하면 [그림 5.23](b)와 같다.

③ **설명 2**에서 queue.delete()를 수행하면 큐에서 항목 1을 삭제하고 반환하며, 큐는 [그림 5.23](c)와 같다. queue.delete(), queue.delete(), queue.delete(), queue.delete()를 수행하면 queue에서 2, 3, 4, 5를 차례로 삭제하고 반환하여 큐는 공백이 되어 queue.is_empty()는 True이다. 공백 큐에서 queue.popleft()를 수행하면, IndexError가 발생한다.

7.3 유리수(rational number)

유리수는 정수/정수의 분수이다. 파이썬은 fractions 모듈이 유리수를 제공한다. 여기서는 fractions 모듈과 Rational 클래스를 정의하여 유리수의 사칙연산 예제를 설명한다.

[예제 5.65] 유리수 1 : fractions 모듈

```
>>> import fractions

# 설명 1
>>> fractions.gcd(2, 4)
2
>>> fractions.Fraction(2, 4)
Fraction(1, 2)
```

```
>>> fractions.Fraction(0, 1)
Fraction(0, 1)
>>> fractions.Fraction(0, 2)
Fraction(0, 1)
>>> fractions.Fraction(0, 4)
Fraction(0, 1)
>>> fractions.Fraction(1, 0)
Traceback (most recent call last):
 File "<pyshell#25>", line 1, in <module>
  fractions.Fraction(1, 0)
 ......
  raise ZeroDivisionError('Fraction(%s, 0)' % numerator)
ZeroDivisionError: Fraction(1, 0)

# 설명 2
>>> a = fractions.Fraction(1, 2)
>>> a.numerator
1
>>> a.denominator
2
>>> b = fractions.Fraction(1, 3)
>>> a + b
Fraction(5, 6)
>>> a - b
Fraction(1, 6)
>>> a * b
Fraction(1, 6)
>>> a / b
Fraction(3, 2)
```

프로그램 설명

① import fractions로 fractions 모듈을 임포트한다. fractions.gcd() 메서드는 최대공약수를 계산하고, fractions.Fraction 클래스는 유리수 클래스이다. 유리수의 시칙연산 계산결과는 약분하여 저장한다.

② 설명 1에서 fractions.gcd(2, 4)는 2와 4의 최대공약수 2를 반환한다. fractions.Fraction(2, 4)은 유리수 1/2의 표현인 Fraction(1, 2)을 반환한다.

fractions.Fraction(0, 1), fractions.Fraction(0, 2), fractions.Fraction(0, 3)은 모두 Fraction(0, 1)을 반환한다. 즉, 0/1, 0/2, 0/3의 대푯값 0/1로 표현된다. fractions.Fraction(1, 0)은 ZeroDivisionError가 발생한다.

③ 설명 2에서 a = fractions.Fraction(1, 2)은 a.numerator = 1, a.denominator = 2인 유리수 1/2 Fraction 클래스의 인스턴스 a에 생성한다. b = fractions.Fraction(1, 3)은 유리수 1/3인 Fraction 클래스의 인스턴스 b를 생성한다. a + b는 5/6인 Fraction(5, 6), a - b는 1/6인 Fraction(1, 6), a * b는 1/6인 Fraction(1, 6), a / b는 3/2인 Fraction(3, 2)을 반환한다.

[예제 5.66] 유리수 2 : Rational 클래스

```
>>> class Rational:
        def __init__(self,n,d):
            if d==0:
                raise ZeroDivisionError('The denominator is ZERO,\
                can not proceed')
            g = Rational.gcd(n,d)
            self.numerator  = n//g
            self.denominator = d//g
        @staticmethod
        def gcd(x, y):
            x = abs(x)
            y = abs(y)
            while y != 0:
                (x, y) = (y, x % y)
            return x
        def __add__(self, other):       # +
            n=self.numerator*other.denominator + \
            self.denominator*other.numerator
            d=self.denominator*other.denominator
            g = Rational.gcd(n,d)
            return Rational(n//g, d//g)
        def __sub__(self, other):       # -
            n=self.numerator*other.denominator - \
            self.denominator*other.numerator
            d=self.denominator*other.denominator
            g = Rational.gcd(n,d)
            return Rational(n//g, d//g)

        def __mul__(self, other):       # *
            n=self.numerator*other.numerator
            d=self.denominator*other.denominator
            g = Rational.gcd(n,d)
            return Rational(n//g, d//g)

        def __truediv__(self, other):   # /
            n=self.numerator*other.denominator
            d=self.denominator*other.numerator
            g = Rational.gcd(n,d)
            return Rational(n//g, d//g)
        def __repr__(self):
            return str(self.numerator) + "/" + str(self.denominator)


# 설명 1
>>> Rational.gcd(2, 4)
2
>>> Rational(2, 4)
1/2
```

```
>>> Rational(0, 1)
0/1
>>> Rational(0, 2)
0/1
>>> Rational(0, 3)
0/1
>>> Rational(1, 0)
Traceback (most recent call last):
 File "<pyshell#9>", line 1, in <module>
  Rational(1, 0)
 File "<pyshell#4>", line 5, in __init__
  can not proceed')
ZeroDivisionError: The denominator is ZERO, can not proceed


# 설명 2
>>> a = Rational(1, 2)
>>> a.numerator
1
>>> a.denominator
2
>>> b = Rational(1, 3)
>>> a + b
5/6
>>> a - b
1/6
>>> a * b
1/6
>>> a / b
3/2
```

프로그램 설명

① 유리수를 위한 클래스 Rational을 정의한다. __init__() 메서드에서 분자 n과 분모 d에 의해 Rational 클래스 객체 인스턴스를 초기화한다. 분모 d가 0이면 ZeroDivisionError 예외를 발생시키고, 그렇지 않으면 Rational.gcd(n, d)에 의해 최대공약수 g를 계산하여, 인스턴스의 분자 속성 numerator를 n//g, 분모 속성 denominator를 d//g로 초기화한다. 정적 메서드 gcd()는 최대공약수를 계산한다. 사칙연산을 위한 연산자 오버로드 메서드 __add__(), __sub__(), __mul__(), __truediv__()를 재정의하고, 문자 출력을 위한 __repr__() 메서드를 재정의한다.

② 설명 1에서 Rational.gcd(2, 4)는 2와 4의 최대공약수 2를 반환한다. Rational(2, 4)은 유리수 1/2을 표현하고, Rational(0, 1), Rational(0, 2), Rational(0, 3)은 모두 0/1으로 표현된다. Rational(1, 0)은 ZeroDivisionError가 발생한다.

③ 설명 2에서 a = Rational(1, 2)은 a.numerator = 1, a.denominator = 2인 유리수 1/2을 Rational 클래스의 인스턴스 a에 생성한다. b = fractions.Fraction(1, 3)은 유리수 1/3을 Fraction 클래스의 인스턴스 b에 생성한다. a + b는 5/6, a - b는 1/6, a * b는 1/6, a / b는 3/2인 Rational 클래스의 인스턴스를 반환한다.

파일 입출력

6장

파일은 텍스트(text) 파일과 바이너리(binary) 파일로 구분된다. 파이썬의 텍스트 파일은
str 객체를 이용하여 입출력하며 인코딩이 필요하다.

메모장 또는 이클립스(eclipse), 비주얼 스튜디오(visual studio)와 같은 편집기(editor)를
이용하여 작성하거나, 읽을 수 있는 파일은 모두 텍스트 파일이다.

바이너리 파일은 bytes, bytearray, memoryview, array.array와 같은 바이트 객체를
이용하여 입출력한다. BMP, JPG, PNG 등의 그림 파일이나 AVI, MPEG, MP4 등의
멀티미디어 파일, 실행 파일 등은 모두 바이너리 파일이다.

01   파일 입출력 클래스

파이썬의 io 모듈은 파일 입출력을 담당한다. 파일 입출력은 크게 텍스트 파일 입출력,
바이너리 파일 입출력 그리고 raw 입출력 등 3가지 형태의 입출력이 있다.

[그림 6.1]은 io 모듈의 클래스 계층구조이다. 입출력을 위한 최상위 추상 기반 클래
스(ABC; abstract base class)는 IOBase 클래스이고, IOBase 클래스로부터 상속받은
TextIOBase, BufferedIOBase, RawIOBase 추상 기반 클래스가 있다.

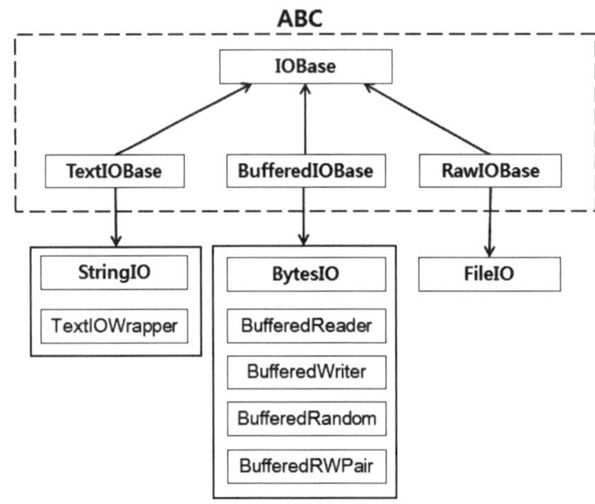

[그림 6.1] io 모듈의 클래스 구조

텍스트 파일 입출력은 TextIOBase로부터 상속받은 StringIO와 TextIOWrapper 클
래스를 사용한다. 바이너리 파일 입출력은 BufferedIOBase로부터 상속받은 BytesIO,

BufferedReader, BufferedWriter, BufferedRandom 등의 클래스를 사용한다. RawIOBase로부터 상속받은 FileIO 클래스는 시스템 수준에서 바이트를 처리한다. 텍스트 파일과 바이너리 파일을 다루는 클래스의 내부에서 사용한다.

O2 파일 객체 열기 및 닫기

파일 객체(file object)는 파일에 의한 입출력을 다루는 객체로 다양한 종류의 저장장치 또는 통신장치로 접근할 수 있는 객체로 주로 내장함수 open()에 의해 생성한다. 파일 입출력을 위해서는 open() 함수로 파일을 생성하여 개방하여야 한다. [표 6.1]과 같이 모드(mode)와 버퍼링(buffering)에 따라, TextIOWrapper, BufferedReader, BufferedWriter, BufferedRandom, FileIO 등의 다양한 파일 객체를 반환한다. 파일 입출력을 마친 다음에는 파일 객체의 close() 메서드를 이용하여 파일을 닫는다.

> **형식** open(file, mode='r', buffering=-1, encoding=None, errors=None,
> newline=None, closefd=True, opener=None)

1. file을 개방하여 파일 객체를 반환한다. file은 개방할 파일로 문자열 또는 정수인 파일 디스크립터이다.

2. mode는 모드로, 디폴트는 텍스트 파일, 읽기 모드이다. mode = 'r'은 file에 대한 읽기(read) 모드이다. mode = 'w'는 file에 대한 쓰기(write) 모드이다. 파일이 없으면 새로 생성하고, 파일이 있으면, 삭제한 뒤에 새로 생성한다. mode = 'x'는 file이 없을 때만 파일을 생성하고, 파일이 있으면 오류가 발생한다. mode = 'a'는 file에 내용을 추가하는 추가(append) 모드이다. mode = 'b'는 바이너리(binary) 모드이다. mode = 't'는 텍스트(text) 모드이다. mode = '+'는 'r+', 'w+', 'x+', 'a+' 등으로 사용된다. 'w+b'는 바이너리 파일의 읽기쓰기 모드이고, 기존 파일의 내용을 지운다. 'r+b'는 바이너리 파일의 읽기쓰기 모드이고, 파일이 있어야 하며, 내용을 유지한다. 디폴트 모드의 'r'은 'rt'를 의미하며 텍스트 파일에 대한 읽기 모드이다.

3. buffering은 버퍼링 정책을 설정한다. buffering = 0은 버퍼링을 하지 않으며 (unbuffered), 바이너리 모드에서만 사용된다. buffering = 1은 라인 버퍼링으로 텍스트 모드에서만 사용된다. buffering > 1이면 버퍼의 크기를 의미한다. buffering = -1은 텍스트와 바이너리 모드에 따라 디폴트 버퍼링을 사용한다. io.DEFAULT_BUFFER_SIZE는 디폴트 버퍼 크기이다.

4. encoding은 텍스트 모드에서 파일을 인코드 또는 디코드하기 위한 인코딩 이름이다. 디폴트 인코딩은 플랫폼에 의존하며 locale.getpreferredencoding()으로 알 수 있다. 지원하는 인코딩은 codecs 모듈을 참조한다.

5. errors는 텍스트 모드에서 인코딩 에러를 처리하는 방법을 명시한다. 'strict', 'ignore' 등
   이 있다.

6. newline은 텍스트 모드에서 행을 처리하는 방법을 명시한다. 읽기 모드에서 newline =
   None이면, '\n', '\r', '\r\n'을 '\n'으로 변경하여 전달한다. 쓰기 모드에서 newline = None
   이면, '\n'이 os.linesep에 설정된 문자로 변경되어 저장된다. 플랫폼에 따라 윈도우즈는
   '\r\n', 유닉스는 '\n', 메킨토시는 '\r'을 사용한다.

7. closefd, opener는 문서를 참조한다.

표 6.1 모드, 버퍼링, 파일 객체

모드(mode)	버퍼링(buffering)	파일 객체(file object)
any text file	None Zero	TextIOWrapper
'rb'	None Zero	BufferedReader
'wb', 'ab'	None Zero	BufferedWriter
'rb+', 'wb+', 'ab+'	None Zero	BufferedRandom
any binary file	0	FileIO

대부분의 open() 함수 예제는 파일 이름과 모드 인수를 갖는 함수 open(file, mode)에
의해 파일 객체를 생성한다. [예제 6.1]에서 [예제 6.5]까지 다양한 파일 객체를 생성하
는 방법을 설명하고, [예제 6.6]과 [예제 6.7]은 io 모듈의 클래스 관계를 설명한다. 실제
파일 입출력 예제는 다음 절에서 예제로 설명한다.

[예제 6.1] 텍스트 파일 열기 및 닫기 : mode = 'w', 'r'

```
# 설명 1
>>> f1 = open('a.txt', 'w')
>>> f1
<_io.TextIOWrapper name='a.txt' mode='w' encoding='cp949'>
>>> f1.closed
False
>>> f1.close()
>>> f1.closed
True


# 설명 2
>>> f2 = open('a.txt', 'r')
>>> f2
<_io.TextIOWrapper name='a.txt' mode='r' encoding='cp949'>
>>> f2.closed
False
>>> f2.close()
>>> f2.closed
True
```

프로그램 설명

① **설명 1**에서 f1 = open('a.txt', 'w')은 mode = 'w'에 의해 텍스트 파일 'a.txt'를 쓰기 모드로 파일 객체 f1을 생성한다. open() 함수를 실행하자마자 파일이 현재 폴더에 생성된다. 현재 폴더는 os 모듈의 함수 os.getcwd()로 확인할 수 있다. 생성된 파일 객체 f1은 TextIOWrapper 클래스의 객체이고, 인코딩은 encoding = 'cp949'이다. f1.close()로 파일 객체를 닫는다. f1.closed는 open() 함수에 의해 파일이 열린 상태이면 False를 반환하고, close() 함수에 의해 닫히면 True를 반환한다.

② **설명 2**에서 f2 = open('a.txt', 'r')은 mode = 'r'에 의해 텍스트 파일 'a.txt'를 읽기 모드로 파일 객체 f2를 생성한다. 읽기 모드에서는 파일이 없는 경우 FileNotFoundError가 발생한다. 예제에서는 실행 결과 1에서 'a.txt' 파일을 생성하였기 때문에 오류가 발생하지 않는다. 함수 f2.close()로 파일 객체를 닫는다. f2.closed는 open() 함수에 의해 파일이 열린 상태이면 False를 반환하고, f2.close() 함수에 의해 닫히면 True를 반환한다.

③ mode = 'r', mode = 'w'는 각각 텍스트 파일의 읽기 모드와 쓰기 모드로 mode = 'rt', mode = 'wt'와 같다.

[예제 6.2] 텍스트 파일 열기 및 닫기 : 경로(path)를 포함하는 파일 이름

```
# 설명 1
>>> f1 = open('C:\\temp\\a.txt', 'w')
>>> f1
<_io.TextIOWrapper name='C:\\temp\\a2.txt' mode='w' encoding='cp949'>
>>> f1.close()


# 설명 2
>>> f2 = open('C:/temp/a.txt', 'r')
>>> f2
<_io.TextIOWrapper name='C:/temp/a.txt' mode='w' encoding='cp949'>
>>> f2.close()
```

프로그램 설명

① **설명 1**에서 f1 = open('C:\\temp\\a.txt', 'w')은 mode = 'w'에 의해 텍스트 파일 'a.txt'를 'C:\\temp' 폴더에 쓰기 모드로 파일 객체 f1을 생성한다. open() 함수를 실행하자마자 파일이 현재 폴더에 생성된다. 'C:\\temp' 폴더가 없으면 FileNotFoundError가 발생한다.

② **설명 2**에서 f2 = open('C:/temp/a.txt', 'r')은 mode = 'r'에 의해 'C:\\temp' 폴더에 있는 텍스트 파일 'a.txt'를 읽기 모드로 파일 객체 f2를 생성한다. 해당 폴더에 파일이 없으면 FileNotFoundError가 발생한다.

③ 경로를 포함한 파일 이름을 사용할 때는, 역슬래시 문자(\\)는 두 개씩 사용하고, 슬래시 문자(/)는 한 개를 사용한다.

[예제 6.3] 바이너리 파일 열기 및 닫기 1 : mode='wb', 'rb'

```
# 설명 1
>>> f1 = open('sample.jpg', 'wb')
>>> f1
<_io.BufferedWriter name='sample.jpg'>
>>> f1.close()


# 설명 2
>>> f2 = open('sample.jpg', 'rb')
>>> f2
<_io.BufferedReader name='sample.jpg'>
>>> f2.close()
```

프로그램 설명

① 설명 1에서 f1 = open('sample.jpg', 'wb')은 mode = 'wb'에 의해 바이너리 파일 'sample.jpg'를 쓰기 모드로 파일 객체 f1을 생성한다. open() 함수를 실행하자마자 파일이 현재 폴더에 생성된다. 생성된 파일 객체 f1은 BufferedWriter 클래스의 객체이다. f1.close() 함수로 파일 객체를 닫는다.

② 설명 2에서 f2 = open('sample.jpg', 'rb')은 mode = 'rb'에 의해 바이너리 파일 'sample.jpg'를 읽기 모드로 파일 객체 f2를 생성한다. 읽기 모드이므로 'sample.jpg' 파일이 현재 폴더에 있어야 한다. f2는 BufferedReader 클래스의 객체이다. f2.close() 함수로 파일 객체를 닫는다.

[예제 6.4] 바이너리 파일 열기 및 닫기 2 : mode = 'wb+', 'rb+'

```
# 설명 1
>>> f1 = open('sample.jpg', 'wb+')
>>> f1
<_io.BufferedRandom name='sample.jpg'>
>>> f1.close()


# 설명 2
>>> f2 = open('sample.jpg', 'rb+')
>>> f2
<_io.BufferedRandom name='sample.jpg'>
>>> f2.close()
```

프로그램 설명

① 설명 1에서 mode = 'wb+'는 바이너리 파일 'sample.jpg'을 읽기쓰기 모드로 파일 객체 f1을 생성한다. open() 함수를 실행하자마자 파일이 현재 폴더에 생성된다. 생성된 파일 객체 f1은 BufferedRandom 클래스의 객체이다. f1.close() 함수로 파일 객체를 닫는다.

② 설명 2에서 mode = 'rb+'는 바이너리 파일 'sample.jpg'을 읽기쓰기 모드로 파일 객체 f2를 생성한다. 파일이 존재하고 있어야 하며, 파일이 없는 경우 FileNotFoundError가 발생한다. 생성된 파일 객체 f2는 BufferedRandom 클래스의 객체이다. f2.close() 함수로 파일 객체를 닫는다.

[예제 6.5] 바이너리 파일 열기 및 닫기 3 : mode='wb', 'rb' , buffering = 0

```
# 설명 1
>>> f1 = open('sample.jpg', 'wb', buffering = 0)
>>> f1
<_io.FileIO name='sample.jpg' mode='wb' closefd=True>
>>> f1.close()
```

```
# 설명 2
>>> f2 = open('sample.jpg', 'rb', buffering = 0)
>>> f2
<_io.FileIO name='sample.jpg' mode='rb' closefd=True>
>>> f2.close()
```

프로그램 설명

① 설명 1에서 f1 = open('sample.jpg', 'wb', buffering = 0)은 mode = 'wb'에 의해 바이너리 파일 'sample.jpg'를 쓰기 모드로 설정하고, buffering = 0으로 버퍼링을 하지 않는 파일 객체 f1을 생성한다. open() 함수를 실행하자마자 파일이 현재 폴더에 생성된다. 생성된 파일 객체 f1은 버퍼링하지 않는 FileIO 클래스의 객체이다. f1.close() 함수로 파일 객체를 닫는다.

② 설명 2에서 f2 = open('sample.jpg', 'rb', buffering = 0)은 mode = 'rb'에 의해 바이너리 파일 'sample.jpg'을 읽기 모드로 설정하고, buffering = 0으로 버퍼링을 하지 않는 파일 객체 f2를 생성한다. 생성된 파일 객체 f2는 버퍼링하지 않는 FileIO 클래스의 객체이다. f2.close() 함수로 파일 객체를 닫는다.

[예제 6.6] open() 함수를 사용한 파일 객체 생성

```
# 설명 1
>>> f1 = open('a.txt', 'w')
>>> f1.buffer
<_io.BufferedWriter name='a.txt'>
>>> f1.buffer.raw
<_io.FileIO name='a.txt' mode='wb' closefd=True>
>>> f1.close()
```

```
# 설명 2
>>> f2 = open('a.txt')   # open('a.txt', 'r')
>>> f2.buffer
<_io.BufferedReader name='a.txt'>
>>> f2.buffer.raw
<_io.FileIO name='a.txt' mode='rb' closefd=True>
>>> f2.close()
```

프로그램 설명

① 설명 1에서 f1 = open('a.txt', 'w')은 mode = 'w'에 의해 텍스트 파일 'a.txt'를 쓰기 모드로 파일 객체 f1을 생성한다. [그림 6.2](a)와 같이 f1.buffer를 통해 BufferedWriter로 연결되고, f1.buffer.raw를 통해 FileIO 클래스로 연결된다.

② 설명 2에서 f2 = open('a.txt', 'r')은 mode = 'r'에 의해 텍스트 파일 'a.txt'를 읽기 모드로 파일 객체 f2를 생성한다. [그림 6.2](b)와 같이 f2.buffer를 통해 BufferedReader로 연결되고 f2.buffer.raw를 통해 FileIO 클래스로 연결된다.

③ mode = 'r', mode = 'w'는 각각 텍스트 파일의 읽기, 쓰기 모드로 mode = 'rt', mode = 'wt'와 같다.

④ [예제 6.1]에서 [예제 6.6]까지의 예제와 같이 open() 함수를 사용하면, 간단하게 텍스트 파일과 바이너리 파일의 파일 객체를 생성한다.

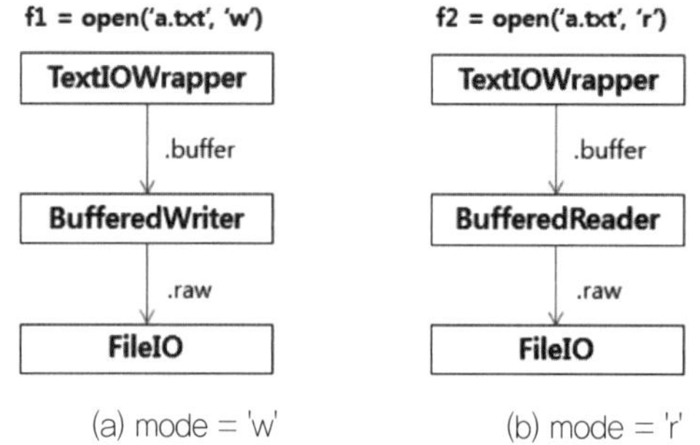

[그림 6.2] TextIOWrapper, BufferedWriter, BufferedReader, FileIO

[예제 6.7] TextIOWrapper, BufferedWriter, BufferedReader, FileIO를 사용한 파일 객체 생성

```
# 설명 1
>>> import io
>>> a = io.FileIO('a.txt', 'w')
>>> b = io.BufferedWriter(a)
>>> f1 = io.TextIOWrapper(b)        # io.TextIOWrapper(b, 'cp949')
>>> f1.buffer
<_io.BufferedWriter name='a.txt'>
>>> f1.buffer.raw
<_io.FileIO name='a.txt' mode='wb' closefd=True>
>>> f1.close()


# 설명 2
>>> a = io.FileIO('a.txt', 'r')
>>> b = io.BufferedReader(a)
>>> f2 = io.TextIOWrapper(b)
>>> f2.buffer
<_io.BufferedReader name='a.txt'>
>>> f2.buffer.raw
<_io.FileIO name='a.txt' mode='rb' closefd=True>
>>> f2.close()
```

프로그램 설명

① [예제 6.6]의 open() 함수로 생성한 파일 객체를, TextIOWrapper, BufferedWriter, BufferedReader, FileIO를 사용하여 파일 객체를 생성한다.

② 설명 1에서 a = io.FileIO('a.txt', 'w')는 mode = 'w'로 텍스트 파일 'a.txt'를 쓰기 모드로 FileIO 클래스 파일 객체 a를 생성한다. b = io.BufferedWriter(a)에 의해 a와 연결된 BufferedWriter 클래스 객체 b를 생성한다. f1 = io.TextIOWrapper(b)에 의해 b와 연결된 TextIOWrapper 파일 객체 f1을 생성한다. f1.buffer, f1.buffer.raw를 확인하면 [예제 6.6]과 [그림 6.2](a)와 같은 것을 알 수 있다.

③ 설명 2에서 a = io.FileIO('a.txt', 'r')는 mode = 'r'로 텍스트 파일 'a.txt'를 읽기 모드로 FileIO 클래스 파일 객체 a를 생성한다. b = io.BufferedReader(a)에 의해 a와 연결된 BufferedReader 클래스 객체 b를 생성한다. f2 = io.TextIOWrapper(b)에 의해 b와 연결된 TextIOWrapper 파일 객체 f2를 생성한다. f2.buffer, f2.buffer.raw를 확인하면 [예제 6.6]과 [그림 6.2](b)와 같은 것을 알 수 있다.

④ 바이너리 파일에서도, BufferedWriter, BufferedReader, FileIO를 사용하여 open() 함수와 같이 파일 객체를 생성할 수 있다. 그러므로 대부분의 일반 사용자는 open() 함수를 사용하여 간단히 파일 객체를 생성한다.

03 파일 입출력

이전 절에서 open() 함수로 다양한 파일 객체를 생성하는 방법에 대하여 설명하였다. 여기서는 파일 객체 메서드인 write(), read(), readline(), readlines() 등을 사용하여 입출력을 수행하는 방법을 예제로 설명하며, seek()와 tell() 메서드에 대하여도 설명한다.

3.1 write() 메서드

생성된 파일 객체가 f일 때, f.write(string)는 string의 내용을 파일에 출력하고, 출력한 바이트 수를 반환한다. 텍스트 파일에서 출력할 string은 str() 객체이다. 바이너리 파일에서 출력할 string은 bytes, bytearray, memoryview, array.array 등의 바이트 객체이다.

3.2 read() 메서드

생성된 파일 객체가 f일 때, f.read(size)는 파일의 내용을 최대 size 바이트만큼 읽어 반환한다. size가 생략되면 파일 전체를 읽는다. 파일의 끝에 도달하여 더 이상 읽을 수 없으면 공백 문자열("")을 반환한다.

3.3 readline(), readlines() 메서드

텍스트 파일에서 생성된 파일 객체가 f일 때, f.readline()은 파일로부터 한 줄을 읽는다. 문자열의 끝에 '\n'이 추가된다. 파일의 마지막 행에는 '\n'이 없을 수 있다. 파일의 끝에 도달하여 더 이상 읽을 수 없으면 공백 문자열('')을 반환한다. f.readlines()는 파일로부터 행 단위로 읽어 리스트로 반환한다.

3.4 writelines(lines) 메서드

텍스트 파일에서 생성된 파일 객체가 f일 때, f.writelines(lines)는 행들의 리스트인 lines를 파일에 출력한다. 행 구분자가 자동으로 추가되지 않는다. 필요하면 각 행의 끝에 '\n'을 추가해야 한다.

3.5 tell(), seek() 메서드

f.tell()은 파일의 시작 위치로부터 현재 파일 객체의 바이트 위치를 반환한다. f.seek(offset, from_what)는 파일 객체의 위치를 from_what에 의한 기준 위치로부터의 offset 바이트 위치로 이동시킨다. from_what = 0(SEEK_SET)은 기준 위치가 파일의 시작이고, from_what = 1(SEEK_CUR)은 현재 위치이며, from_what = 2(SEEK_END)는 파일의 끝이 기준 위치이다. from_what = 0이 디폴트값이다. 텍스트 파일은 from_what = 0만 가능하다.

3.6 flush() 메서드

생성된 파일 객체가 f일 때, f.close()에 의해 파일 객체가 닫히면 파일 객체 내부의 버퍼 내용을 밀어 내보낸다. 만약 그 파일 객체가 닫히기 전에 버퍼의 내용을 밀어내고 싶으면 f.flush() 메서드를 사용한다. f.flush() 메서드는 읽기 전용이며 비블럭킹(non-blocking) 파일에서는 아무 일도 일어나지 않는다.

[예제 6.8] 텍스트 파일 입출력 1 : read(), write()

```
# 설명 1
>>> f1 = open('data.txt', 'w')
>>> f1
<_io.TextIOWrapper name='data.txt' mode='w' encoding='cp949'>
>>> f1.write('lee  80  90  95\n')
16
>>> f1.write('kim  85  70  75\n')
16
>>> f1.write('park 70  80  90\n')
16
>>> f1.close()
```

```
# 설명 2
>>> f2 = open('data.txt', 'r')
>>> f2.read()
'lee  80  90  95\nkim  85  70  75\npark 70  80  90\n'
>>> f2.read()
''


# 설명 3
>>> f2.seek(0)
0
>>> f2.read(3)
'lee'
>>> f2.read(4)
'  80'
>>> f2.read(4)
'  90'
>>> f2.read(4)
'  95'
>>> f2.read(1)
'\n'
>>> f2.close()
```

프로그램 설명

① 설명 1에서 f1 = open('data.txt', 'w')은 mode = 'w'로 텍스트 파일 'data.txt'를 쓰기 모드로 파일 객체 f1을 생성한다. f1.encoding = 'cp949'이다. f1.write('lee 80 90 95\n'), f1.write('kim 85 70 75\n'), f1.write('park 70 80 90\n')는 f1 파일 객체에 연결된 'data.txt' 파일에 각각 16바이트의 문자열을 출력한다. f1.close() 함수는 파일을 닫는다. [그림 6.3]은 생성된 파일을 메모장으로 연 결과이다.

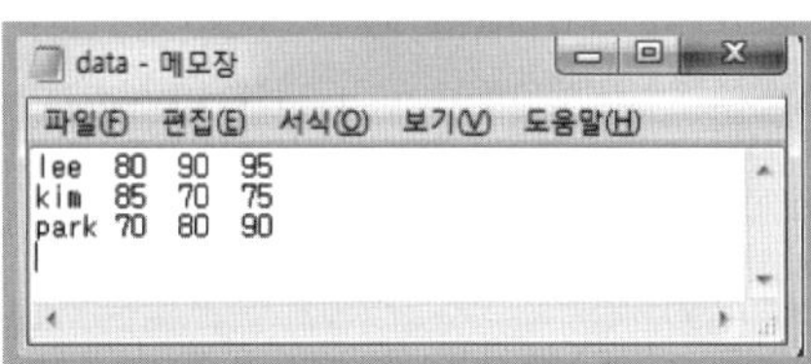

[그림 6.3] data.txt 파일

② 설명 2에서 f2=open('data.txt', 'r')은 mode = 'r'로 텍스트 파일 'data.txt'를 읽기 모드로 파일 객체 f2를 생성한다. f2.encoding = 'cp949'이다. f2.read()는 파일 전체를 문자열로 읽어 'lee 80 90 95\nkim 85 70 75\npark 70 80 90\n'를 반환한다. f2.read()는 직전에 파일의 마지막까지 읽었기 때문에 공백 문자열('')을 반환한다.

③ 설명 3에서 f2.seek(0)는 파일 객체 f2에서 읽기 위치를 파일의 시작 위치로 변경한다. f2.read(3)는 파일의 시작 위치에서 3바이트인 'lee'를 읽어 반환한다. f2.read(4)는 다음 4바이트인 ' 80'을 읽어 반환한다. f2.read(4)는 다음 4바이트인 ' 90'을 읽어 반환한다. f2.read(4)는 다음 4바이트인 ' 95'를 읽어 반환한다. f2.read(1)는 다음 1바이트인 '\n'을 읽어 반환한다. f2.close() 함수는 파일 객체 f2를 닫는다.

[예제 6.9] 텍스트 파일 입출력 2 : with 문에서 파일 객체 사용

```
# 설명 1
>>> with open('data.txt', 'w') as f1:
        f1.write('lee  80  90  95\n')
        f1.write('kim  85  70  75\n')
        f1.write('park 70  80  90\n')
16
16
16
>>> f1.closed
True


# 설명 2
>>> with open('data.txt', 'r') as f2:
        read_data = f2.read()
        print(read_data)

        f2.seek(0)
        print(f2.read(3))
        print(f2.read(4))
        print(f2.read(4))
        print(f2.read(4))
        print(f2.read(1))

lee  80  90  95
kim  85  70  75
park 70  80  90

0
lee
 80
 90
 95
>>> f2.closed
True
```

프로그램 설명

① **설명 1**에서 with open('data.txt', 'w') as f1과 같이 with 문으로 파일 객체 f1을 생성하면, with 문을 벗어나면 자동으로 파일 객체가 닫혀서 f1.closed = True이다.

② **설명 2**에서 with open('data.txt', 'r') as f2와 같이 with 문으로 파일 객체 f2를 생성하면, with 문을 벗어나면 자동으로 파일 객체가 닫혀서 f2.closed = True이다.

[예제 6.10] 텍스트 파일 입출력 3 : readline(), readlines()

```
# 설명 1
>>> f2 = open('data.txt', 'r')
>>> f2.readline()
'lee  80  90  95\n'
>>> f2.readline()
'kim  85  70  75\n'
>>> f2.readline()
'park 70  80  90\n'
>>> f2.readline()
''

# 설명 2
>>> f2.seek(0)          # f2.seek(0, SEEK_SET)
0
>>> f2.readlines()
['lee  80  90  95\n', 'kim  85  70  75\n', 'park 70  80  90\n']
>>> f2.close()
```

프로그램 설명

① 설명 1에서 f2 = open('data.txt', 'r')은 mode = 'r'로 텍스트 파일 'data.txt'를 읽기 모드로 파일 객체 f2를 생성한다. f2.readline(), f2.readline(), f2.readline()은 각각 한 행씩 읽는다. 파일의 끝에 도달하면 f2.readline()은 공백 문자열('')을 반환한다.

② 설명 2에서 f2.seek(0)는 파일 객체 f2에서 읽기 위치를 파일의 시작위치로 변경하고, f2.readlines()는 파일의 각 행을 리스트에 읽어 반환한다.

[예제 6.11] 텍스트 파일 입출력 4 : readlines()

```
# 설명 1
>>> f2 = open('data.txt', 'r')
>>> for line in f2:            # for line in f2.readlines():
        print(line, end='')

lee  80  90  95
kim  85  70  75
park 70  80  90

# 설명 2
>>> f2.seek(0)                 # f2.seek(0, SEEK_SET)
0
>>> std_name = [ ]
>>> std_kor = [ ]
>>> std_eng = [ ]
>>> std_math = [ ]
>>> for line in f2.readlines():
        name, kor, eng, math = line.split()
        std_name.append(name)
```

```
            std_kor.append(int(kor))
            std_eng.append(int(eng))
            std_math.append(int(math))
>>> f2.close()
>>> std_name
['lee', 'kim', 'park']
>>> std_kor
[80, 85, 70]
>>> std_eng
[90, 70, 80]
>>> std_math
[95, 75, 90]
```

프로그램 설명

① 설명 1에서 f2 = open('data.txt', 'r')은 mode = 'r'로 텍스트 파일 'data.txt'를 읽기 모드로 파일 객체 f2를 생성한다. for line in f2 또는 for line in f2.readlines()는 파일 객체 f2에서 한 행씩 line 에 읽는다.

② 설명 2에서 학생의 이름, 국어, 영어, 수학 성적을 읽어 저장할 리스트 std_name, std_kor, std_ eng, std_math를 공백 리스트로 초기화한다. for line in f2.readlines()로 각 학생의 정보를 읽어 서, line.split()로 공백을 기준으로 분리한 다음, append() 메서드로 name은 문자열로 리스트에 추가하고, kor, eng, math는 int() 함수로 변환하여 추가한다. std_name은 학생의 이름만 있는 리스트이고, std_kor는 국어 성적, std_eng는 영어 성적, std_math은 수학 성적이 저장된다.

[예제 6.12] 텍스트 파일 입출력 5 : 파일의 데이터에서 총점 및 평균 계산

```
>>> def read_data(file_name):
        data_list = []
        f = open(file_name, 'r')
        for line in f:                # f2.readlines()
            name, kor, eng, math = line.split()
            tmp = [ name, int(kor), int(eng), int(math)]
            data_list.append(tmp)
        f.close()
        return data_list

>>> def write_data(file_name, data_list):
        f = open(file_name, 'w')
        f.write(' name,  kor,  eng, math,  sum,   avg\n')
        f.write('------------------------------------------------------------\n')
        for data in data_list:
            s = "{0:>8},".format(data[0])
            s += "{0:>8},".format(data[1])
            s += "{0:>8},".format(data[2])
            s += "{0:>8},".format(data[3])
            s += "{0:>8},".format(data[4])
            s += "{0:8.2f}".format(data[5])
```

```
            s += '\n'
            f.write(s)
        f.close()

>>> def calculateAvg(data_list):
        i = 0
        for name, kor, eng, math in data_list:
            sumScore = kor + eng + math
            data_list[i].append(sumScore)
            data_list[i].append(sumScore/3.0)
            i = i + 1
```

설명 1
```
>>> std_list = read_data('data.txt')
>>> std_list
[['lee', 80, 90, 95], ['kim', 85, 70, 75], ['park', 70, 80, 90]]
```

설명 2
```
>>> calculateAvg(std_list)
>>> std_list
[['lee', 80, 90, 95, 265, 88.33333333333333], ['kim', 85, 70, 75, 230,
76.66666666666667], ['park', 70, 80, 90, 240, 80.0]]
```

설명 3
```
>>> write_data('result.txt', std_list)
```

프로그램 설명

① read_data() 함수는 파일 이름을 file_name에 인수로 받아, 파일로부터 data_list 리스트에 각 학생의 이름은 문자열, 국어, 영어, 수학 점수는 정수로 변환하여 tmp 리스트로 생성하고, data_list 리스트에 추가한 다음에 반환한다. data_list 리스트의 각 항목은 각 학생의 데이터로 이루어진 리스트이다.

② calculateAvg() 함수는 data_list 리스트에 저장된 학생 데이터를 이용하여, 각 학생의 총점과 평균을 계산하여, 리스트에 추가한다.

③ write_data() 함수는 file_name의 파일에 data_list 리스트의 데이터를 출력한다. s = "{0:>8},". format(data[0])는 data[0]에 저장된 학생 이름을 8자리에 오른쪽 정렬하여 문자열 s를 생성하고, 콤마 문자를 추가한다. s += "{0:>8},".format(data[1])는 data[1]의 국어 점수를 8자리에 오른쪽 정렬하여 현재의 문자열 s에 추가하고, 콤마 문자를 추가한다. s += "{0:>8},".format(data[2])는 data[2]의 영어 점수를 8자리에 오른쪽 정렬하여 현재의 문자열 s에 추가하고, 콤마 문자를 추가한다. s += "{0:>8},".format(data[3])는 data[3]의 수학 점수를 8자리에 오른쪽 정렬하여 현재의 문자열 s에 추가하고, 콤마 문자를 추가한다. s += "{0:>8},".format(data[4])는 data[4]의 총점을 8자리에 오른쪽 정렬하여 현재의 문자열 s에 추가하고, 콤마 문자를 추가한다. s += "{0:8.2f}". format(data[5])는 data[5]의 평균을 전체 8자리, 소수점 이하 2자리로 오른쪽 정렬하여 현재의 문자열 s에 추가하고, 콤마 문자를 추가한다. s += '\n'는 문자열 s에 행 바꿈을 위해 '\n'를 추가한다.

④ 설명 1에서 std_list = read_data('data.txt')는 read_data() 함수를 호출하여, 'data.txt' 파일에서 학생 데이터를 읽어 리스트를 반환하여 std_list에 저장한다. std_list는 [['lee', 80, 90, 95], ['kim', 85, 70, 75], ['park', 70, 80, 90]]과 같다.

⑤ 설명 2에서 calculateAvg(std_list)는 리스트 std_list에 저장된 각 학생의 성적의 총점과 평균을 계산하여 std_list 리스트에 추가한다. std_list[0][4], std_list[0][5]에 첫 번째 학생의 총점과 평균이 있고, std_list[1][4], std_list[1][5]에 두 번째 학생의 총점과 평균, std_list[2][4], std_list[2][5]에 세 번째 학생의 총점과 평균이 있다.

⑥ 설명 3에서 write_data() 함수로 'result.txt' 파일에 std_list 리스트의 내용을 출력한다. [그림 6.4]는 출력 결과인 result.txt 파일의 내용이다.

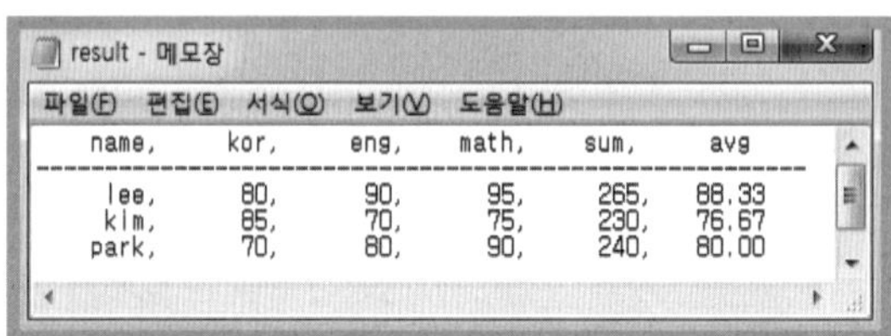

[그림 6.4] result.txt 파일

[예제 6.13] 텍스트 파일 입출력 6 : io.StringIO 클래스

```
# 설명 1
>>> import io
>>> f1 = io.StringIO('0123456789\nabcdefghij')
>>> f1.read()
'0123456789\nabcdefghij'
>>> f1.seek(0)                    # f1.seek(0, SEEK_SET)
0
>>> f1.readlines()
['0123456789\n', 'abcdefghij']
>>> f1.read()
''
>>> f1.getvalue()
'0123456789\nabcdefghij'
>>> f1.close()

# 설명 2
>>> f2 = io.StringIO()
>>> print('Hello', file=f2, end='')
>>> print(f2.getvalue())
Hello
>>> f2.close()
```

프로그램 설명

① io.StringIO 클래스는 문자열을 메모리 버퍼에 입출력할 수 있다. io.StringIO 클래스에 의한 메모리 버퍼는 문자열 연산으로 문자열을 유지하는 것보다 속도가 빠르다.

② 설명 1에서 io 모듈을 임포트하고, f1 = io.StringIO('0123456789\nabcdefghij')는 주어진 문자열로 메모리 버퍼를 초기화한 StringIO 클래스 객체 f1을 생성한다. f1.read()는 메모리 버퍼의 내용을 모두 읽어 반환한다. f1.seek(0)는 메모리 버퍼의 시작 위치로 이동한다. f1.readlines()은 라인 단위로 읽어 리스트로 반환한다. f1.read()는 메모리 버퍼의 마지막에 도달하였기 때문에 공백문자열 ''을 반환한다. f1.getvalue()는 메모리 버퍼의 내용을 반환한다. f1.close()는 메모리 버퍼 f1을 삭제한다.

③ 설명 2에서 f2 = io.StringIO()는 비어 있는 메모리 버퍼를 StringIO 클래스 객체 f2에 생성한다. print('Hello', file=f2, end='')는 문자열 'Hello'를 메모리 버퍼 f2에 출력한다. print(f2.getvalue())는 메모리 버퍼 f1의 내용을 출력한다.

[예제 6.14] 텍스트 파일 입출력 7 : encoding = 'cp949', 'utf-8'

```
# 설명 1
>>> f1 = open('향수.txt', 'r')              # encoding = 'cp949'
>>> f2 = open('향수utf8.txt', 'w', encoding='utf-8')        #'utf-16','utf-16be', 'utf-16le'
>>> f2.write(f1.read())
476
>>> f1.close(); f2.close()
```

```
# 설명 2
>>> f1 = open('향수utf8.txt', 'r', encoding = 'utf-8')
>>> f2 = open('향수2.txt', 'w', encoding='cp949')         # 'utf-16', 'utf-16be', 'utf-16le'
>>> f2.write(f1.read())
476
>>> f1.close(); f2.close()
```

프로그램 설명

① 설명 1에서 먼저 메모장으로 정지용 시인의 시 '향수'를 '향수.txt' 파일에 입력하고 인코딩을 ANSI로 하여 작성한다. f1 = open('향수.txt', 'r')은 텍스트 파일 '향수.txt'를 읽기 모드, encoding = 'cp949'로 파일 객체 f1을 생성한다. 윈도우즈의 메모장에서 저장한 ANSI 형식은 encoding이 'cp949' 형식이다. f2 = open('향수utf8.txt', 'w', encoding = 'utf-8')은 텍스트 파일 '향수utf8.txt'를 쓰기 모드로 하고 encoding = 'utf-8'로 하여 파일 객체 f2를 생성한다. f2.write(f1.read())는 파일 객체 f1 전체를 읽어서 파일 객체 f2에 출력하여 복사한다. 이때 f2는 'utf-8'로 인코딩되어 저장된다. f1.close(), f2.close()로 입출력 파일을 닫는다. 바이너리 편집기를 사용하여 바이너리로 읽어 보면, '향수.txt'와 '향수utf8.txt'의 바이트가 다른 것을 확인할 수 있다. 모두 메모장과 같은 편집기로 읽을 수 있다.

② 설명 2에서 f1 = open('향수utf8.txt', 'r', encoding = 'utf-8')은 텍스트 파일 '향수utf8.txt'를 읽기 모드, encoding = 'utf-8'로 하여 파일 객체 f1을 생성한다. f2 = open('향수2.txt', 'w', encoding='cp949')은 텍스트 파일 '향수2.txt'를 쓰기 모드, encoding = 'cp949'로 하여 파일 객체 f2를 생성한다. f2.write(f1.read())는 파일 객체 f1 전체를 읽어서, 파일 객체 f2에 출력하여 복사한다. f1.close(), f2.close()로 입출력 파일을 닫는다. 복사된 '향수2.txt'는 '향수.txt'와 바이트가 정확히 같다.

③ open() 함수에서 인코딩을 설정하면, 인코딩이 자동으로 변환되어 출력된 것을 알 수 있다. 'utf-16', 'utf-16be', 'utf-16le' 등의 인코딩에 대해서도 확인해보기 바란다.

[예제 6.15] 바이너리 파일 입출력 1

```
# 설명 1
>>> f = open('test.bin', 'wb+')
>>> f.write(b'0123456789abcdefghij')
20
>>> f.seek(10)          # f.seek(10, SEEK_SET)   # SEEK_SET = 0
10
>>> f.read(1)
b'a'
>>> f.tell()
11


# 설명 2
>>> f.seek(-1, SEEK_CUR)      # SEEK_CUR = 1
10
>>> f.read(1)
b'a'
>> f.tell()
11
>>> f.seek(2, SEEK_CUR)
13
>>> f.read(1)
b'd'
>> f.tell()
14


# 설명 3
>>> f.seek(-5, SEEK_END )
15
>>> f.read(1)
b'f'
>> f.tell()
16
>>> f.close()
```

프로그램 설명

① 설명 1에서 f = open('test.bin', 'wb+')은 'test.bin' 파일의 읽기쓰기가 가능한 바이너리 파일 객체 f를 생성한다. mode = 'wb+'이면, 파일이 없을 때 새로 생성한다. f.write(b'0123456789abcdefghij')는 20바이트의 문자열을 파일에 출력한다. 바이너리 파일은 바이트 문자열(bytes, bytearray, memoryview)을 출력해야 한다. f.seek(10)은 from_what=SEEK_SET으로 하여 파일의 읽기 시작 위치로부터 offset = 10 위치로 파일 객체의 읽기 위치를 이동한다. f.read(1)는 현재 위치에서 1바이트를 읽어 b'a'를 반환한다. 파일 객체의 위치는 1바이트 전진하여 b'b' 위치에 있기 때문에, f.tell()은 현재의 바이트 위치인 11을 반환한다.

② 설명 2에서 f.seek(-1, SEEK_CUR)는 from_what=SEEK_CUR로 하여 현재 위치로부터 offset = -1 위치로 파일 객체의 위치를 1바이트 뒤로 이동하여, 다시 b'a'의 위치인 10번째 바이트에 위치하여 f.read(1)는 b'a'를 반환한다. 파일 객체의 위치는 1바이트 전진하여 b'b' 위치에 있기 때문에, f.tell()은 현재의 바이트 위치인 11을 반환한다. f.seek(2, SEEK_CUR)은 from_what=SEEK_CUR로 하여 현재의 위치로부터 offset = 2 위치로 파일 객체의 읽기 위치를 2바이트 앞으로 이동하여 현재의 위치가 13이 되어, f.read(1)는 b'd'를 반환하고, 파일 객체의 위치는 1바이트 전진하여 f.tell()은 14를 반환한다.

③ 설명 3에서 f.seek(-5, SEEK_END)는 from_what=SEEK_END로 하여 파일의 끝으로부터 offset = -5 위치로 이동하여, f.read(1)은 b'f'를 반환하고, 1바이트 전진하여 f.tell()은 16을 반환한다.

[예제 6.16] 바이너리 파일 입출력 2 : io.ByteIO 클래스

```
# 설명 1
>>> import io
>>> f = io.BytesIO(b"abcdefghij")
>>> f
<_io.BytesIO object at 0x022B06F0>
>>> f.getvalue()
b'abcdefghij'
```

```
# 설명 2
>>> buffer = f.getbuffer()
>>> buffer[2:4] = b'34'
>>> f.getvalue()
b'ab34efghij'
>>> f.close()
```

프로그램 설명

① io.ByteIO 클래스는 바이트 메모리 버퍼에 읽기 쓰기를 할 수 있다. 설명 1에서 io 모듈을 임포트하고, f = io.BytesIO(b"abcdefghij")는 바이트 문자열로 바이트 메모리 버퍼를 초기화하고 BytesIO 클래스 객체 f를 생성한다. f.getvalue()는 바이트 메모리 버퍼의 내용을 bytes로 반환한다.

② 설명 2에서 buffer = f.getbuffer()는 바이트 메모리 버퍼를 복사하지 않고, 버퍼의 내용을 읽고 쓸 수 있는 버퍼를 buffer에 저장한다. buffer[2:4] = b'34'는 buffer[2:4]에 저장된 b'cd'를 b'34'로 변경한다. f.getvalue()를 확인하면 버퍼의 값이 변경된 것을 알 수 있다. f.close()는 바이트 메모리 버퍼를 삭제한다.

[예제 6.17] 바이너리 파일 입출력 3 : 그림 파일 및 비디오 파일 복사

```
# 설명 1
>>> f1 = open('C:/Users/Public/Pictures/Sample Pictures/Lighthouse.jpg', 'rb')
>>> f2 = open('Lighthouse.jpg', 'wb')
>>> f2.write(f1.read())
561276
>>> f1.close(); f2.close()
```

```
# 설명 2
>>> f1 = open('C:/Users/Public/Videos/Sample Videos/Wildlife.wmv', 'rb')
>>> f2 = open('Wildlife.wmv', 'wb')
>>> f2.write(f1.read())
26246026
>>> f1.close(); f2.close()
```

프로그램 설명

① 설명 1에서 윈도우즈의 샘플 사진 폴더에 있는 'Lighthouse.jpg' 파일을 mode = 'rb' 모드로 파일 객체 f1을 생성하고, f2 = open('Lighthouse.jpg', 'wb')은 현재 폴더에 'Lighthouse.jpg' 파일을 mode = 'wb' 모드로 파일 객체 f2를 생성한다. f2.write(f1.read())은 파일 객체 f1에서 읽어, 전체 561,276바이트를 f2에 출력한다. f1.close(), f2.close()로 입출력을 위한 파일 객체를 닫으면 샘플 사진 폴더의 'Lighthouse.jpg' 파일이 현재 폴더에 복사된다.

② 설명 2에서 윈도우즈의 비디오 샘플 폴더에 있는 'Wildlife.wmv' 파일을 mode = 'rb' 모드로 파일 객체 f1을 생성하고, f2 = open('Wildlife.wmv', 'wb')은 현재 폴더에 'Wildlife.wmv' 파일을 mode = 'wb' 모드로 파일 객체 f2를 생성한다. f2.write(f1.read())은 파일 객체 f1에서 읽어, 전체 26,246,026바이트를 f2에 출력한다. f1.close(), f2.close()로 입출력을 위한 파일 객체를 닫으면 비디오 샘플 폴더의 'Wildlife.wmv' 파일이 현재 폴더에 복사된다.

[예제 6.18] flush() 메서드

```
>>> f1 = open('foo.txt', 'w')
>>> f1.write('abcd')
4
>>> f2 = open('foo.txt', 'r')
>>> f2.read()
''
>>> f1.flush()
>>> f2.read()
'abcd'
>>> f1.close(); f2.close()
```

프로그램 설명

① f1 = open('foo.txt', 'w')은 'foo.txt' 파일에 쓰기 가능한 텍스트 파일 객체 f1을 생성한다. f1.write('abcd')는 f1에 문자열 'abcd'를 출력한다.

② f2 = open('foo.txt', 'r')은 'foo.txt' 파일에서 읽기 가능한 텍스트 파일 객체 f2를 생성한다. 그러나 f2.read()는 ''을 반환한다. f1.flush()는 내부 버퍼에 있는 문자열 'abcd'를 파일로 내보낸다. f1.flush() 메서드를 수행하고 난 다음에 f2.read()는 'abcd'를 반환한다.

[예제 6.19] writelines() 메서드

```
# 설명 1
>>> f1 = open('foo.txt', 'w+')
>>> lines = ['0123456789', 'abcdefg']
>>> f1.writelines(lines)
>>> f1.flush()
>>> f1.seek(0)
0
>>> f1.readlines()
['0123456789abcdefg']
>>> f1.close()


# 설명 2
>>> f2 = open('foo.txt', 'w+')
>>> lines = ['0123456789\n', 'abcdefg']
>>> f2.writelines(lines)
>>> f2.flush()
>>> f2.seek(0)
0
>>> f2.readlines()
['0123456789\n', 'abcdefg']
>>> f2.close()
```

프로그램 설명

① 설명 1에서 f1 = open('foo.txt', 'w+')은 'foo.txt' 파일에 읽기 쓰기 가능한 텍스트 파일 객체 f1을 생성한다. lines = ['0123456789', 'abcdefg']은 파일에 출력할 문자열을 갖는 리스트이다. f1.writelines(lines)는 리스트 lines의 문자열을 파일 객체 f1에 연결된 파일에 출력한다. f1.flush()은 파일 객체 내부 버퍼의 내용을 파일로 내보낸다. f1.seek(0)은 파일 객체의 위치를 시작 위치로 이동시킨다. f1.readlines()는 ['0123456789abcdefg']로 f1.writelines(lines)의 출력이 하나의 행에 출력된 것을 확인할 수 있다.

② 설명 2에서는 읽기 쓰기가 가능한 파일 객체 f2를 생성하고, 출력할 문자열을 갖는 리스트 lines = ['0123456789\n', 'abcdefg']를 f2.writelines(lines)로 출력한다. 리스트 항목에서 '0123456789\n'의 '\n'에 의해 행이 변경된다.

[예제 6.20] BufferedRWPair 클래스 객체에 의한 입출력

```
>>> reader = io.FileIO('a.txt', 'r')
>>> writer = io.FileIO('a.txt', 'w')
>>> bio = io.BufferedRWPair(reader, writer)
>>> f1 = io.TextIOWrapper(bio)
>>> f1.write('aaaa')
4
>>> f1.flush()
>>> f1.read()
'aaaa'
>>> f1.write('bbbb')
```

```
4
>>> f1.flush()
>>> f1.read()
'bbbb'
>>> f1.close()
```

프로그램 설명

① io.BufferedRWPair(reader, writer, buffer_size = DEFAULT_BUFFER_SIZE) 클래스는 reader, writer에 입력과 출력을 위한 2개의 단방향 RawIOBase 객체를 결합하여 하나의 양방향 버퍼링 입출력 객체를 지원한다. BufferedRWPair 클래스 객체는 raw 스트림에서 동기화 접근을 지원하지 않는다. BufferedRWPair 클래스는 소켓, 시리얼 통신에 주로 사용된다.

② reader = io.FileIO('a.txt', 'r')는 텍스트 파일 'a.txt'을 mode = 'r'로 설정하여 RawIOBase로부터 상속받은 FileIO 객체 reader를 생성한다. writer = io.FileIO('a.txt', 'w')는 텍스트 파일 'a.txt'를 mode = 'w'로 설정하여 FileIO 객체 writer를 생성한다. bio = io.BufferedRWPair(reader, writer)는 reader와 writer를 인수로 전달하여 BufferedRWPair 클래스 객체 bio를 생성한다. f1 = io.TextIOWrapper(bio)는 bio를 인수로 전달하여 TextIOWrapper 클래스 객체 f1을 생성한다. f1.write('aaaa')는 문자열 'aaaa'를 writer 객체를 통하여 'a.txt' 파일에 출력한다. f1.flush()는 파일로 내부 버퍼를 파일로 내보낸다. f1.read()는 reader를 통해 'a.txt' 파일로부터 읽어 'aaaa'를 반환한다. f1.write('bbbb')는 문자열 'bbbb'를 writer 객체를 통하여 'a.txt' 파일에 출력한다. f1.flush()는 파일로 내부 버퍼를 파일로 내보낸다. f1.read()는 reader를 통해 'a.txt' 파일로부터 읽어 'bbbb'를 반환한다.

③ 주의할 것은, 'a.txt' 파일에는 문자열 'aaaabbbb'가 있다. f1.seek() 메서드는 사용할 수 없다. f1.close()로 파일 객체 f1을 닫으면, reader, writer, bio 객체가 모두 닫힌다.

[예제 6.21] os 모듈을 사용한 파일 입출력

```
# 설명 1
>>> import os
>>> fd = os.open( 'foo.txt', os.O_RDWR|os.O_CREAT )
>>> fd
3
>>> os.write(fd, b'0123456789')
10
>>> os.lseek(fd, os.SEEK_SET, 0)
0
>>> os.read(fd, 1024)
b'0123456789'
>>> os.close(fd)


# 설명 2
>>> f = os.fdopen(os.open('foo.txt', os.O_RDONLY))       # f = open('foo.txt', 'r')
>>> f
<_io.TextIOWrapper name=3 mode='r' encoding='cp949'>
>> f.close()
```

프로그램 설명

① 설명 1에서 os 모듈을 임포트한다. fd = os.open('foo.txt', os.O_RDWR|os.O_CREAT)은 'foo.txt' 파일을 읽기쓰기 모드(os.O_RDWR)로 파일을 생성(os.O_CREAT)하고 파일 디스크립터를 반환하여 fd에 저장한다. 파일 디스크립터 fd는 정수이다. os.write(fd, b'0123456789')는 바이너리 문자열을 fd에 연결된 파일에 출력한다. os.lseek(fd, os.SEEK_SET, 0)는 파일 디스크립터 fd의 위치를 시작위치로 설정한다. os.read(fd, 1024)는 파일 디스크립터 fd에 연결된 파일로부터 최대 1,024바이트를 읽어 바이트 문자열로 반환한다. os.close(fd)는 파일 디스크립터 fd를 닫는다. os.open() 함수에서 사용할 수 있는 플래그 상수는 os.O_RDONLY, os.O_WRONLY, os.O_RDWR, os.O_APPEND, os.O_CREAT, os.O_TEXT, os.O_BINARY, os.O_RANDOM, os.O_SEQUENTIAL 등이 있다. os.lseek() 함수에서 사용 가능한 상수는 os.SEEK_SET, os.SEEK_CUR, os.SEEK_END 등이 있다.

② 설명 2에서 f = os.fdopen(os.open('foo.txt', os.O_RDONLY))는 f = open('foo.txt', 'r')과 같이 TextIOWrapper 클래스 객체 f를 생성한다.

04 json과 pickle에 의한 파일 입출력

4.1 json 모듈

json(JavaScript Object Notation) 모듈은 텍스트 직렬화(text serialization)를 통하여 객체를 덤프하여 저장하고 가져온다. json은 파이썬의 내장 자료형 객체만을 처리할 수 있다. 즉, 사용자 정의 클래스 객체는 저장할 수 없다. json.dump() 메서드는 파이썬 자료형 객체를 문자열 표현으로 변환하여 파일에 저장하고, json.load() 메서드는 파일에 저장된 문자열을 자료형으로 가져온다.

[예제 6.22] json 모듈을 사용한 파일 입출력

```
# 설명 1
>>> import json
>>> f1 = open('json.txt', 'w')
>>> x = [1, 'simple', 'list']
>>> json.dump(x, f1)
>>> f1.close()

# 설명 2
>>> f2 = open('json.txt', 'r')
>>> y = json.load(f2)
>>> y
[1, 'simple', 'list']
>>> f2.close()
```

프로그램 설명

① 설명 1에서 json 모듈을 임포트한다. f1 = open('json.txt', 'w')은 'json.txt' 텍스트 파일을 쓰기 모드로 파일 객체 f1에 생성한다. json.dump(x, f1)은 리스트 x를 f1에 출력하고, 파일 객체 f1을 닫는다. 'json.txt' 텍스트 파일은 메모장으로 볼 수 있다.

② 설명 2에서 f2 = open('json.txt', 'r')은 'json.txt' 텍스트 파일을 읽기 모드로 파일 객체 f2에 생성한다. y = json.load(f2)는 파일 객체 f2로부터 읽어 y에 저장한다. y는 [1, 'simple', 'list']로 객체 x의 내용이다.

4.2 pickle 모듈

pickle 모듈은 바이너리 직렬화(binary serialization)를 통하여 객체를 덤프하여 저장하고 가져온다. pickle은 파이썬의 내장 자료형과 사용자 정의 클래스 객체를 저장할 수 있다. pickle은 파이썬에서만 사용 가능한 포맷을 사용한다. pickle.dump() 메서드는 파이썬 자료형 객체를 바이너리 포맷으로 변환하여 파일에 저장하고, pickle.load() 메서드는 파일에 저장된 바이너리 포맷을 파이썬 자료형으로 가져온다.

[예제 6.23] pickle 모듈을 사용한 파일 입출력

```
# 설명 1
>>> class A:
  value = 10

>>> x = A()
>>> x
<__main__.A object at 0x0229CC70>
>>> x.value
10


# 설명 2
>>> import pickle
>>> f1 = open('pickle.bin', 'wb')
>>> pickle.dump(x, f1)
>>> f1.close()


# 설명 3
>>> f2 = open('pickle.bin', 'rb')
>>> y = pickle.load(f2)
>>> y
<__main__.A object at 0x01EDC190>
>>> y.value
10
>>> f2.close()
```

프로그램 설명

① **설명 1**에서 클래스 A를 정의하고, 클래스 A의 객체 x를 생성한다.

② **설명 2**에서 pickle 모듈을 임포트한다. f1 = open('pickle.bin', 'wb')은 'pickle.bin' 바이너리 파일을 쓰기 모드로 파일 객체 f1에 생성한다. pickle.dump(x, f1)는 클래스 A의 객체 x를 f1에 출력하고, 파일 객체 f1을 닫는다. 'pickle.bin' 파일은 메모장으로 볼 수 없다.

③ **설명 3**에서 f2 = open('pickle.bin', 'rb')은 'pickle.bin' 바이너리 파일을 읽기 모드로 파일 객체 f2에 생성한다. y = pickle.load(f2)는 파일 객체 f2로부터 읽어 y에 저장한다. y는 클래스 A의 객체이다.

④ 클래스 A의 객체 x는 json 모듈로 덤프하고 로드할 수 없다.

모듈과 패키지

7장

모듈(module)은 파이썬을 구조화하는 단위이며 변수, 함수, 클래스 등을 갖는 파이썬 프로그램 파일(*.py), 컴파일된 바이트 코드(*.pyc), 최적화된 바이트 코드(*.pyo), 파이썬 C 확장 DLL 파일(*.pyd) 등일 수 있다.

패키지(package)는 모듈과 서브 패키지의 모임으로 계층구조를 갖는다. 파이썬 표준 라이브러리(Python standard library)는 C 언어로 구현된 내장모듈(built-in modules)과 문제 해결을 위한 다양한 모듈 및 패키지로 구성되어 있다.

사용자가 모듈과 패키지를 구성할 수도 있다. import 문은 모듈 및 패키지를 메모리에 로드하여 사용하게 하며, 한 번 임포트된 모듈을 다시 임포트하려면 imp 모듈의 imp.reload() 함수를 사용한다. 메모리에 로드된 모듈을 삭제하려면 del 문을 사용한다.

각 모듈과 패키지는 자신의 네임스페이스를 가지고 있다. 모듈 내의 이름을 명시하기 위해서 점(.)을 사용한다. 파이썬 프로그램이 독립적으로 실행되면 __name__ 속성은 '__main__'이고, 임포트되어 사용되면 모듈의 __name__ 속성은 파이썬 프로그램 이름과 같다.

```
import <모듈이름_리스트>
import <모듈이름> as <새이름>
from <모듈이름> import <이름_리스트>
from <모듈이름> import *
```

```
1. import <모듈이름_리스트>

>>> import math, sys
>>> math.pi
3.141592653589793

2. import <모듈이름> as <새이름>

>>> import math as m
>>> m.pi
3.141592653589793

3. from math import pi, sin

>>> pi
3.141592653589793
>>> sin(radians(90))
1.0

4. from <모듈이름> import *

>>> pi
3.141592653589793
>>> radians(90)
1.5707963267948966
```

01　사용자 정의 모듈

파이썬의 모듈(module)은 간단히 파이썬 프로그램(*.py) 파일로 정의하고, import 문
으로 프로그램에서 사용한다. 파이썬의 모듈은 sys 모듈의 sys.path에 설정된 경
로에 있어야 한다. 모듈 또는 패키지는 대부분 파이썬 설치 폴더 아래의 'lib/site-
packages' 폴더 아래에 두고 사용한다. 다른 폴더를 사용할 경우는 시스템의 환경 변수
에 PYTHONPATH를 추가하고 경로를 설정하거나 sys.path.append() 메서드로 경로
를 추가하여 사용한다.

파이썬 프로그램(*.py)은 처음 로드될 때, __pycache__ 폴더에 컴파일된 바이트 코드
(*.pyc)를 생성하여 다음 로드 때는 이 바이트 코드를 사용하여 빠른 속도로 로드한다.

[예제 7.1] 사용자 정의 모듈 1

```
01    # Factorial module: 파이썬 설치 폴더의 lib/site-packages/fact.py
02    def fact_r(n):
03        if n == 0:
04            return 1
05        return n*fact_r(n-1)
06
07    def fact_i(n):
08        nFact = 1
09        for i in range(n, 0, -1):
10            nFact *= i
11        return nFact
```

```
# 설명 1
>>> import fact
>>> fact.__name__
'fact'
>>> dir()
['__builtins__', '__doc__', '__loader__', '__name__', '__package__', '__spec__', 'fact']
>>> dir(fact)
['__builtins__', '__cached__', '__doc__', '__file__', '__loader__', '__name__', '__
package__', '__spec__', 'fact_i', 'fact_r']

>>> fact.fact_i(3)
6
>>> fact.fact_r(3)
6
```

```
# 설명 2
>>> del fact
>>> import fact as fa
```

```
>>> fa.__name__
'fact'
>>> fa.fact_i(3)
6
>>> fa.fact_r(3)
6


# 설명 3
>>> del fa
>>> from fact import fact_i
>>> fact_i(3)
6
>>> fact_r(3)
Traceback (most recent call last):
 File "<pyshell#25>", line 1, in <module>
   fact_r(3)
NameError: name 'fact_r' is not defined

# 설명 4
>>> del fact_i, fact_r
>>> from fact import *
>>> fact_i(3)
6
>>> fact_r(3)
6
>>> fact_r.__module__      # 모듈 이름
'fact'
```

프로그램 설명

① 파이썬 설치 폴더의 'lib/site-packages' 폴더에 fact_r(), fact_i() 함수가 정의된 파이썬 프로그램 파일 fact.py를 저장한다.

② **설명 1**에서 import fact는 파이썬 프로그램 파일 fact.py를 모듈로 임포트한다. fact.__name__은 모듈의 이름 'fact'를 반환한다. dir()은 현재 사용할 수 있는 이름을 보여준다. dir(fact)은 fact 모듈에서 사용할 수 있는 이름을 보여준다. fact.fact_i(3)과 fact.fact_r(3)은 각각 fact_i(), fact_r() 함수를 호출하여 6을 반환한다.

③ **설명 2**에서 del fact은 fact 모듈을 삭제하고, import fact as fa은 fact 모듈을 fa 이름으로 임포트한다. fa.__name__는 모듈의 이름 'fact'를 반환한다. fa.fact_i(3)과 fa.fact_r(3)은 각각 fact_i(), fact_r() 함수를 호출하여 6을 반환한다.

④ **설명 3**에서 del fa는 모듈 fa를 삭제하고, from fact import fact_i은 fact 모듈에서 fact_i 함수를 임포트한다. from 구문을 사용하면 모듈 이름 없이 fact_i() 함수를 사용할 수 있다. fact_r()은 임포트를 하지 않았기 때문에 NameError가 발생한다.

⑤ **설명 4**에서 del fact_i, fact_r은 fact_i, fact_r을 삭제하고, from fact import *은 fact 모듈의 모든 이름을 임포트한다. fact 모듈에 정의된 fact_i(), fact_r() 함수를 모듈 이름 없이 사용할 수 있다. fact_r.__module__은 모듈 이름 'fact'를 반환한다.

⑥ 파이썬 설치 폴더의 'lib/site-packages/__pycache__' 폴더에 컴파일된 바이트 코드 파일 fact. cpython-35.pyc를 생성한다. 다음 임포트에 의해 로드될 때, 바이트 코드를 사용하여 빠른 속도를 향상시킨다. 바이트 코드가 만들어져도 파이썬 프로그램 파일 fact.py 파일이 있어야 임포트 된다.

[예제 7.2] 사용자 정의 모듈 2 (fact.py)

```
01    # Factorial module: C:/tmp/fact.py
02    def fact_r(n):
03        if n == 0:
04            return 1
05        return n*fact_r(n-1)
06
07    def fact_i(n):
08        nFact = 1
09        for i in range(n, 0, -1):
10            nFact *= i
11        return nFact
12    if __name__ == '__main__':
13        print('Factorial module!')
```

설명 1
```
>>> import sys
>>> sys.path.append('C:/tmp')
>>> sys.path
['', 'C:\\Users\\kims\\AppData\\Local\\Programs\\Python\\Python35-32\\Lib\\idlelib',
'C:\\Users\\kims\\AppData\\Local\\Programs\\Python\\Python35-32\\python35.zip',
'C:\\Users\\kims\\AppData\\Local\\Programs\\Python\\Python35-32\\DLLs', 'C:\\Users\\
kims\\AppData\\Local\\Programs\\Python\\Python35-32\\lib', 'C:\\Users\\kims\\AppData\\
Local\\Programs\\Python\\Python35-32', 'C:\\Users\\kims\\AppData\\Local\\Programs\\
Python\\Python35-32\\lib\\site-packages', 'C:/tmp']
```

설명 2
```
>>> import fact
>>> fact.fact_i(3)
6
>>> fact.fact_r(3)
6
```

프로그램 설명

① C:/tmp 폴더에 fact.py 파일을 저장한다. [예제 7.1]의 프로그램에 if 문으로 __name__ 속성이 '__main__'인지를 확인하여 True인 경우에 print('Factorial module!')를 실행하는 문장을 추가하였다. fact.py 파일을 IDLE의 편집기에서 Run Module(F5)을 사용하여 직접 실행하면 [그림 7.1]과 같이 'Factorial module!'이 출력되고 import 문으로 임포트한 경우는 출력되지 않는다.

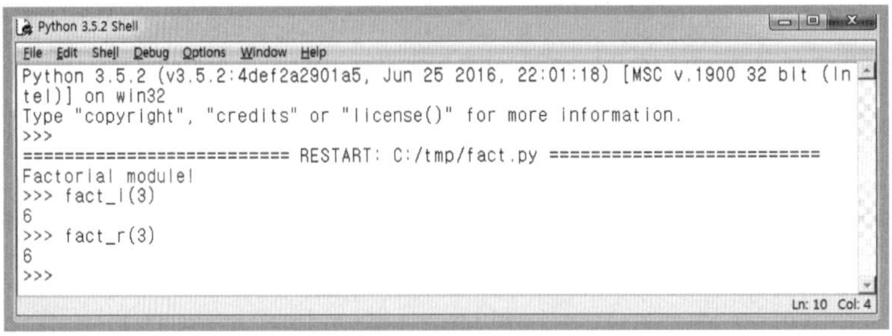

[그림 7.1] IDLE의 편집기에서 fact.py를 실행

② **설명 1**에서 import sys는 sys 모듈을 임포트하고, sys.path.append('C:/tmp')는 fact.py 파일이 있는 폴더를 경로에 추가한다. sys.path는 경로를 확인한다.

③ **설명 2**에서 import fact는 fact 모듈을 임포트하고, __name__ 속성이 '__main__'이 아니기 때문에 print('Factorial module!')를 실행하지 않는다.

④ 파이썬 프로그램(fact.py)이 임포트될 때, 'C:/tmp/__pycache__' 폴더에 컴파일된 바이트 코드 파일 fact.cpython-35.pyc를 생성한다.

[예제 7.3] 사용자 정의 모듈 3   (fact.py)

```
01    # Factorial module: C:/tmp/fact.py
02    def fact1(n):
03       if n == 0:
04          return 1
05       return n*fact1(n-1)
06
07    def fact2(n):
08       nFact = 1
09       for i in range(n, 0, -1):
10          nFact *= i
11       return nFact
12
13    if __name__ == '__main__':
14       print('Factorial module!')
```

```
# 설명 1
>>> import fact
>>> fact.fact1(3)
Traceback (most recent call last):
 File "<pyshell#6>", line 1, in <module>
  fact.fact1(3)
AttributeError: module 'fact' has no attribute 'fact1'
```

```
# 설명 2
>>> import imp
>>> imp.reload(fact)
<module 'fact' from 'C:/tmp\\fact.py'>
>>> fact.fact_i(3)
```

```
>>> fact.fact1(3)
6
>>> fact.fact2(3)
6
>>> fact.fact_r(3)
6
```

프로그램 설명

① [예제 7.2]의 **설명 1**, **설명 2**를 실행한 다음, 'C:/tmp/fact.py' 파일의 함수 이름을 fact1(), fact2()로 변경하여 저장한다. sys 모듈에 의해 C:/tmp'가 경로에 추가되어 있다고 가정한다.

② **설명 1**에서 import fact은 fact 모듈을 임포트하지 않는다. 이유는 [예제 7.2]에 연속하여 실행한다고 가정하였기 때문에 [예제 7.2]에서 임포트한 fact 모듈이 계속 사용된다. 그러므로 함수 이름을 fact1(), fact2()로 변경하였지만, 반영되지 못하여 fact.fact1(3)은 AttributeError가 발생한다.

③ **설명 2**에서 import imp는 imp 모듈을 임포트하고, imp.reload(fact)는 fact 모듈을 다시 적재한다. 이때 이전에 로드된 fact_r()과 fact_i()가 삭제되지는 않고 fact1()과 fact2() 함수가 추가된다.

O2 표준모듈

파이썬의 표준모듈은 파이썬 인터프리터에 포함된 내장모듈, 파이썬 설치 폴더에 있는 'Lib' 폴더의 파이썬 파일(*.py), 'DLLs' 폴더의 파이썬 C 확장 DLL 파일(*.pyd)로 주어진 모듈이 있다. 파이썬의 표준모듈은 매우 방대하다. 여기서는 표준모듈에 대해 간단히 알아본다.

2.1 import 문이 필요 없는 내장모듈

파이썬 인터프리터에 포함되어 인터프리터가 시작되면 바로 사용할 수 있는 __builtins__ 속성에 정의되어 있는 abs(), all(), len(), sum() 등의 대부분 내장함수는 builtins 모듈에 포함된 함수들로 builtins 모듈을 임포트하지 않아도 사용할 수 있다.

[예제 7.4] import 문이 필요 없는 내장모듈

```
# 설명 1
>>> abs.__module__
'builtins'
>>> sum.__module__
'builtins'
```

```
# 설명 2
>>> sum
<built-in function sum>
>>> sum([1, 2, 3])
6
>>> import builtins
>>> builtins.sum
<built-in function sum>
>>> builtins.sum([1, 2, 3])
6
>>> builtins.sum is sum
True
```

프로그램 설명

① 설명 1에서 abs.__module__, sum.__module__은 abs(), sum() 함수의 모듈 이름 'builtins'를 반환한다.

② 설명 2에서 파이썬 인터프리터가 시작할 때 포함한 내장함수 sum()과 import builtins로 builtins 모듈을 임포트한 후의 builtins.sum() 함수가 같은 것을 보인다. builtins 모듈을 import 문으로 임포트하여 사용할 일은 거의 없다.

2.2 import 문이 필요한 내장모듈

array, cmath, math, sys, time 모듈 등은 파이썬 인터프리터가 시작할 때 포함하지 않은 내장모듈로 사용하려면 import 문으로 임포트해야 한다. 이러한 모듈은 sys.builtin_module_names로 확인할 수 있다.

[예제 7.5] sys 모듈

```
>>> import sys
```

```
# 설명 1
>>> sys.builtin_module_names
('_ast', '_bisect', '_codecs',.... 생략,
'array', 'atexit', 'audioop', 'binascii', 'builtins', 'cmath', 'errno', 'faulthandler', 'gc', 'itertools',
'marshal', 'math', 'mmap', 'msvcrt', 'nt', 'parser', 'sys', 'time', 'winreg', 'xxsubtype',
'zipimport', 'zlib')
```

```
# 설명 2
>>> sys.platform
'win32'
>>> sys.version
'3.5.2 (v3.5.2:4def2a2901a5, Jun 25 2016, 22:01:18) [MSC v.1900 32 bit (Intel)]'
>>> sys.prefix
'C:\\Users\\user\\AppData\\Local\\Programs\\Python\\Python35-32'
>>> sys.exec_prefix
'C:\\Users\\user\\AppData\\Local\\Programs\\Python\\Python35-32'
```

```
>>> sys.executable
'C:\\Users\\user\\AppData\\Local\\Programs\\Python\\Python35-32\\pythonw.exe'

>>> sys.path
['', 생략...,
'C:\\Users\\user\\AppData\\Local\\Programs\\Python\\Python35-32\\lib\\site-packages']

# 설명 3
>>> ret = sys.stdout.write('hello')
hello
>>> ret
5
>>> ret = sys.stdin.readline()[:-1]
10
>>> ret
'10'
>>> sys.exit(0)
>>> sys.argv
['']

# 설명 4
>>> sys.float_info
sys.float_info(max=1.7976931348623157e+308, max_exp=1024, max_10_exp=308,
min=2.2250738585072014e-308, min_exp=-1021, min_10_exp=-307, dig=15, mant_
dig=53, epsilon=2.220446049250313e-16, radix=2, rounds=1)
>>> sys.float_info.epsilon
2.220446049250313e-16
>>> sys.float_info.dig
15
```

프로그램 설명

① 파이썬 인터프리터에 대한 정보를 제공하는 sys 모듈을 임포트한다.

② 설명 1에서 sys.builtin_module_names는 파이썬 인터프리터에 컴파일된 모든 모듈의 이름을 문자열을 튜플로 반환한다.

③ 설명 2에서 sys.platform은 파이썬 인터프리터가 설치된 운영체제를 반환하고, sys.version은 설치된 파이썬 인터프리터 버전 정보를 반환하고, sys.prefix와 sys.exec_prefix는 파이썬이 설치된 폴더, sys.executable은 파이썬 인터프리터의 절대경로, sys.path는 파이썬 모듈을 탐색하기 위한 경로를 반환한다.

④ 설명 3에서 sys.stdout, sys.stdin은 표준 입출력을 위해 파이썬 인터프리터가 사용하는 파일 객체이다. input() 함수는 sys.stdin을 사용하고, print() 함수는 sys.stdout을 사용한다. ret = sys.stdout.write('hello')는 'hello'를 출력하고, ret에 출력한 문자수를 저장한다. ret = sys.stdin.readline()[:-1]는 키보드에서 문자열을 읽어온다. sys.exit(0)는 프로세스를 정상적으로 중단한다. sys.argv는 파이썬 프로그램으로 전달되는 명령 행 인수의 리스트로, sys.argv[0]은 프로그램 이름이다.

⑤ 설명 4에서 sys.float_info는 float 자료형의 정보를 반환한다. sys.float_info.epsilon은 실수 간격, sys.float_info.dig는 십진수로 표현할 수 있는 최대 자리수 등이 있다.

[예제 7.6] math 모듈

```
>>> import math        # math module

# 설명 1 : 상수
>>> math.pi
3.141592653589793
>>> math.e
2.718281828459045
>>> math.inf
inf
>>> math.nan
nan

# 설명 2 : 숫자 관련함수
>>> math.trunc(3.1)
3
>>> math.ceil(3.1)
4
>>> math.floor(3.1)
3
>>> math.fabs(-3.14)
3.14
>>> math.factorial(3.0)
6
>>> math.fsum([.1, .1, .1, .1, .1, .1, .1, .1, .1, .1])
1.0
>>> sum([.1, .1, .1, .1, .1, .1, .1, .1, .1, .1])
0.9999999999999999
>>> math.gcd(4, 10)
2
>>> math.isclose(0.999999999999999, 1.0)
True

# 설명 3 : 거듭제곱 및 지수 관련함수
>>> math.exp(0)
1.0
>>> math.log(100, 10)      # math.log10(100)
2.0
>>> math.log(1024, 2)      # math.log2(1024)
10.0
>>> math.pow(2.0, 3.0)     # 2.0 ** 3.0
8.0
>>> math.sqrt(2)           # 2 ** 0.5
1.4142135623730951
```

```
# 설명 4 : 각도변환 및 삼각함수
>>> math.degrees(math.pi)
180.0
>>> math.radians(180.0)
3.141592653589793

# sin, cos, tan, acos, asin, atan, atan2, hypot
>>> a = math.cos(math.radians(180))
>>> a
-1.0
>>> b = math.acos(a)
>>> b
3.141592653589793
>>> math.degrees(b)
180.0
>>> math.hypot(1.0, 1.0)          # Euclidean norm, math.sqrt(1 * 1 + 1 * 1)
1.4142135623730951

# 설명 5 : 쌍곡선 함수(hyperbolic functions)
# sinh, cosh, tanh, acosh, asinh, atanh
>>> a = math.sinh(1)
>>> a
1.1752011936438014
>>> math.asinh(a)
1.0
```

프로그램 설명

① C 언어의 math 라이브러리에 해당하는 수학 관련 함수를 제공하는 math 모듈을 임포트한다. 복소수에 대한 수학 관련 모듈은 cmath 모듈을 사용한다.

② 설명 1에서 math 모듈에 정의된 math.pi, math.e, math.inf, math.nan 등의 상수를 사용한다.

③ 설명 2에서 math.trunc(3.1)는 정수부분 3, math.ceil(3.1)는 3.1과 같거나 큰 가장 작은 정수 4, math.floor(3.1)는 3.1과 같거나 작은 가장 큰 정수 3, math.fabs(-3.14)는 절대값 3.14, math.factorial(3.0)은 3.0의 계승(factorial)인 6을 반환한다. math.fsum([.1, .1, .1, .1, .1, .1, .1, .1, .1, .1])은 반환값으로 리스트에 주어진 값의 합계 1.0을 반환하는 반면, 내장함수 sum()은 약간의 오차를 가지고 반환한다. math.gcd(4, 10)는 최대공약수 2를 반환하고, math.isclose(0.9999999999999999, 1.0)는 두 숫자가 허용 임계값 내에서 충분히 가깝기 때문에 True를 반환한다.

④ 설명 3에서 math.exp(), math.log(), math.log2(), math.log10(), math.pow(), math.sqrt() 등의 거듭제곱 및 지수 관련 함수를 사용한다.

⑤ 설명 4에서 math.degrees() 함수는 라디안을 각도로 변환하여 반환하고, math.radians()는 각도를 라디안으로 변환하여 반환한다. a = math.cos(math.radians(180))는 180도의 코사인을 a에 계산하고, b = math.acos(a)는 코사인 값 a의 역함수인 아크 코사인값을 b에 저장한다. math.degrees(b)는 라디안 b를 각도로 반환한 180을 반환한다. math.hypot(1.0, 1.0) 함수

는 벡터(1, 1)의 유클리디안 거리로 math.sqrt(1*1 + 1*1)와 같다. sin, tan, asin, atan, atan2 등의 삼각함수 등이 정의되어 있다.

⑥ 설명 5에서 쌍곡선 함수 math.sinh(), math.asinh()를 사용한다.

[예제 7.7] array 모듈

```
>>> from array import *

# 설명 1
>>> a1 = array('i')
>>> type(a1)
<class 'array.array'>
>>> a1.typecode
'i'
>>> a1.itemsize
4
>>> a1.append(1)
>>> a1
array('i', [1])
>>> a1.extend([2, 3, 4, 5])
>>> a1
array('i', [1, 2, 3, 4, 5])

# 설명 2
>>> for i in a1:
        print(i)
1
2
3
4
5
>>> a1[0] = 10
>>> a1
array('i', [10, 2, 3, 4, 5])
>>> a1
>>> a1[1:]
array('i', [2, 3, 4, 5])
>>> a1[1:4]
array('i', [2, 3, 4])
>>> a1 + a1
array('i', [10, 2, 3, 4, 5, 10, 2, 3, 4, 5])
>>> a1 * 2
array('i', [10, 2, 3, 4, 5, 10, 2, 3, 4, 5])
>>> a1.pop()
5
>>> a1
array('i', [10, 2, 3, 4])
```

```
# 설명 3
>>> a2 = array('d', [1.0, 2.0, 3.14])
>>> a2
array('d', [1.0, 2.0, 3.14])

# 설명 4
>>> a3 = array('b', b'1234')          # a3 = array('b'); a3.fromstring('1234')
>>> a3
array('b', [49, 50, 51, 52])
>>> a3.tobytes()                       # a3.tostring()
b'1234'

>>> a4 = array('i', b'1234')          # a4 = array('i'); a4.fromstring('1234')
>>> a4
array('i', [875770417])                # int(0x34333231)
>>> a4.tobytes()
b'1234'
>>> a4.tolist()
[875770417]

>>> a5 = array('u', 'hello \uc548\ub155')
>>> a5
array('u', 'hello 안녕')
>>> a5.tounicode()
'hello 안녕'
```

프로그램 설명

① from array import *는 array 모듈의 이름 전부 임포트한다. array 모듈은 동일한 자료형을 저장할 수 있는 시퀀스 자료구조를 제공한다. array는 list와 비슷하게 자료 항목을 추가, 삭제 등을 할 수 있는 시퀀스 구조이지만, list는 항목의 자료형에 아무 제한이 없는 반면, array는 저장될 항목의 자료형을 array.typecode에 명시하여 동일한 자료형만 저장되도록 제한하여 효과적으로 자료를 유지한다. [표 7.1]은 array.typecode의 자료형 문자에 대응하는 C 언어 자료형, 파이썬 자료형, 항목의 바이트 길이 array.itemsize를 나타낸다.

표 7.1 array.typecode

array.typecode	C 언어 자료형	파이썬 자료형	array.itemsize
'b'	signed char	int	1
'B'	unsigned char	int	1
'u'	wchar_t	Unicode character	2
'h'	signed short	int	2
'H'	unsigned short	int	2
'i'	signed int	int	4
'I'	unsigned int	int	4

'l'	signed long	int	4
'L'	unsigned long	int	4
'q'	signed long long	int	8
'Q'	unsigned long long	int	8
'f'	float	float	4
'd'	double	float	8

② array 모듈은 array.array(typecode[, initializer]) 클래스에 의해 typecode 자료형의 항목을 갖는 새로운 array 클래스 객체를 생성한다. initializer는 초기화할 항목의 옵션으로 리스트, 바이트 객체, 반복 가능 객체일 수 있다. array 클래스 객체는 인덱싱, 슬라이싱, 연결(concatenation), 곱셈 등의 일반 시퀀스 자료형의 연산을 모두 지원하며, [표 7.2]는 array 클래스의 메서드이다.

표 7.2 array 클래스 메서드

array 클래스 메서드	의미
array.append(x)	x를 마지막 항목으로 추가
array.byteswap()	바이트 순서를 변경
array.count(x)	x의 출현 횟수
array.extend(iterable)	iterable의 각 항목을 추가
array.frombytes(s)	바이트 문자열 s의 바이트를 항목에 추가
array.fromfile(f, n)	파일 객체 f로부터 n개의 항목을 읽어 추가
array.fromlist(list)	list로부터 항목 추가, for x in list: a.append(x)
array.fromstring(s)	문자열 s의 바이트를 항목에 추가
array.fromunicode(s)	주어진 유니코드 문자열 s의 각 문자를 항목에 추가
array.index(x)	처음 x 항목이 있는 위치의 인덱스
array.insert(i, x)	인덱스 i 위치에 x를 추가
array.pop([i])	array.pop()은 마지막 항목을 삭제하고 반환 array.pop(i)은 i번째 항목을 삭제하고 반환
array.remove(x)	처음 x 항목을 삭제
array.reverse()	항목 순서 뒤집기
array.tobytes()	바이트 표현으로 반환
array.tofile(f)	파일 객체 f에 바이트형태로 저장
array.tolist()	리스트 형태로 반환
array.tounicode()	array.typecode ='u'인 경우에, 유니코드 문자열로 반환

③ **설명 1**에서 a1 = array('i')는 a1.typecode = 'i'로 하여 2바이트 부호있는 정수 항목을 저장할 수 있는 array 클래스의 객체 a1을 생성한다. a1.typecode = 'i', a1.itemsize = 4이다. a1.append(1)는 1을 a1에 추가한다. a1.extend([2, 3, 4, 5])는 리스트의 각 항목 2, 3, 4, 5를 a1에 추가하여 a1은 array('i', [1, 2, 3, 4, 5])이다.

④ 설명 2에서 for i in a1: print(i)는 a1의 각 항목을 print() 함수로 출력한다. a1[0] = 10은 인덱싱 예제로 a1[0]의 값을 10으로 변경한다. a1[1:]와 a1[1:4]는 슬라이싱 예제이다. a1 + a1는 연결 연산, a1 * 2는 곱셈에 의한 반복 연산의 예제이다. a1.pop()은 a1에서 마지막 항목 5를 삭제하고 반환하여 a1은 array('i', [10, 2, 3, 4])이다.

⑤ 설명 3에서 a2 = array('d', [1.0, 2.0, 3.14])은 8바이트 배정도 실수 항목을 저장할 수 있는 array 클래스의 객체 a2를 생성하고, 리스트 [1.0, 2.0, 3.14]의 각 항목 값으로 초기화한다. a2.tolist()는 a2를 [1.0, 2.0, 3.14] 리스트로 반환한다.

⑥ 설명 4에서 a3 = array.array('b', b'1234')는 1바이트 문자 바이트 항목을 저장할 수 있는 array 클래스의 객체 a3을 생성하고, b'1234'의 ord('1'), ord('2'), ord('3'), ord('4')의 값이 초기화된다. a3 = array.array('b'); a3.fromstring('1234')과 같은 결과이다. a3.tobytes(), a3.tostring()은 바이트 문자열 b'1234'를 반환한다. a4 = array('i', b'1234')는 2바이트 부호가 있는 정수 항목을 저장할 수 있는 array 클래스의 객체 a1을 생성하고, b'1234'의 정수표현 int(0x34333231)로 초기화한다. a4.tobytes()는 b'1234'이고, a4.tolist()는 [875770417]이다. a5 = array.array('u', 'hello \uc548\ub155')는 유니코드 항목을 저장할 수 있는 array 클래스의 객체 a5를 생성하고, 'hello \uc548\ub155'로 초기화된다. '\uc548'은 '안'이고, '\ub155'은 '녕'의 유니코드이다. a5.tounicode()는 a5를 유니코드 문자열 'hello 안녕'으로 반환한다.

[예제 7.8] time 모듈

```
>>> import time

# 설명 1
>>> time.clock()
2.2451714380836242e-06
>>> time.time()
1457154494.4000056


# 설명 2
>>> time.gmtime(0)
time.struct_time(tm_year=1970, tm_mon=1, tm_mday=1, tm_hour=0, tm_min=0, tm_sec=0,
tm_wday=3, tm_yday=1, tm_isdst=0)
>>> time.gmtime()                      # time.gmtime(time.time())
time.struct_time(tm_year=2016, tm_mon=3, tm_mday=5, tm_hour=5, tm_min=8, tm_
sec=28, tm_wday=5, tm_yday=65, tm_isdst=0)


# 설명 3
>>> t = time.localtime()               # time.localtime(time.time())
>>> t
time.struct_time(tm_year=2016, tm_mon=3, tm_mday=5, tm_hour=14, tm_min=10, tm_
sec=39, tm_wday=5, tm_yday=65, tm_isdst=0)
>>> t[0]
2016
>>> t.tm_year
2016
```

```
# 설명 4
>>> time.asctime()                    # time.asctime(time.localtime())
'Sat Mar 5 14:09:02 2016'
>>> time.mktime(time.localtime())
1457154602.0
```

프로그램 설명

① 다양한 시간 관련 함수를 제공하는 time 모듈을 임포트한다. 시간 관련 모듈로 datetime 모듈 (Lib/datetime.py)과 calendar 모듈(Lib/calendar.py)이 있다. UTC(Universal Time Coordinated)는 협정 세계시라 하고 1972년 1월 1일부터 시행된 과학적 시간의 표준으로, 우리나라는 UTC+9이다. [표 7.3]은 gmtime(), localtime() 함수의 반환 객체인 time.struct_time 클래스 속성으로 인덱스 또는 속성으로 접근 가능하다. [표 7.4]는 time 모듈의 주요 함수이다.

② 설명 1에서 time.clock()은 Python IDLE를 구동시킨 이후의 경과 시간이다. time.time()는 시간 기준점(epoch)인 1970년 1월 1일 0시 이후의 경과 시간으로 실수 단위 초(seconds)이다.

③ 설명 2에서 time.gmtime(0)은 시간 기준점(epoch)을 time.struct_time 클래스 객체로 반환한다. time.gmtime()는 현재시간의 UTC 시간을 time.struct_time 클래스 객체로 반환한다. 한국의 표준시간은 tm_hour=5에 9를 더한 14시이다.

④ 설명 3에서 t = time.localtime()는 현재 지역의 시간을 time.struct_time 클래스 객체 t에 저장한다. 연도는 t[0] 또는 t.tm_year로 접근할 수 있다.

⑤ 설명 4에서 time.asctime()은 time.localtime()에 의한 현재 지역의 시간을 문자열 형으로 반환한다. time.mktime(time.localtime())은 time.localtime()에 의한 time.struct_time 클래스 객체를 시간 기준점으로 부터의 경과된 초로 변환한다.

표 7.3 time.struct_time 클래스 속성

index	속성(attributes)	값의 의미
0	tm_year	년도
1	tm_mon	월 , [1, 12]
2	tm_mday	일, [1, 31]
3	tm_hour	시간, [0, 23]
4	tm_min	분, [0, 59]
5	tm_sec	초, [0, 61]
6	tm_wday	요일, 0: 월, 1: 화,...
7	tm_yday	경과일, [1, 366]
8	tm_isdst	0, 1, -1, 서머타임(daylight saving)

표 7.4 time 모듈의 주요함수

time 모듈 함수	의미
time.time()	시간 기준점(1970년 1월 1일 0시) 이후의 경과시간, 실수단위 초
time.clock()	윈도우즈에서 프로세스가 시작된 이후의 초 단위 실수 시간
time.asctime([t])	gmtime(), localtime() 함수가 반환하는 struct_time 객체를 인수를 받아 문자열 형태 시간으로 변환
time.ctime([secs])	시간 기준점 이후의 sec초를 문자열 형태의 시간으로 변환, time.ctime()은 time.asctime(time.localtime())와 같으며, 현재 시간을 문자열로 반환
time.gmtime([secs])	시간 기준점 이후의 sec초를 UTC로 struct_time 객체 반환, 인수 없이 time.gmtime()는 time()에 의해 반환되는 현재시간, 우리나라 시간으로 변경하려면 tm_hour + 3시간이다.
time.localtime([secs])	시간 기준점 이후의 sec초를 UTC로 struct_time 객체 반환, gmtime()과 같지만, 지역시간임
time.mktime(t)	localtime() 함수의 역함수
time.sleep(secs)	주어진 secs초 동안 호출한 프로세스의 실행을 멈춤

2.3 파이썬 설치 폴더의 'Lib', 'Dlls' 폴더의 모듈

파이썬 설치 폴더의 'Lib' 폴더에는 bisect, copy, calender, fractions(6장), functools(4장), imp(7장), io(6장), os(6장), pickle(6장), random, queue, re 등 많은 표준모듈이 파이썬 파일(*.py)로 제공되고 있다. 'DLLs' 폴더에는 select.pyd, winsound.pyd 등의 C 확장 DLL 파일(*.pyd)로 주어진 모듈이 있다. 여기서는 일부 모듈에 대해 간단히 예제를 가지고 설명한다.

[예제 7.9] bisect 모듈(Lib/bisect.py)

```
>>> Import bisect
```

```
# 설명 1
>>> a = [1, 2, 4, 5]
>>> bisect.bisect_left(a, 3)
2
>>> a.insert(2, 3)
>>> a
[1, 2, 3, 4, 5]
```

```
# 설명 2
>>> a = [1, 2, 4, 5]
>>> bisect.insort_left(a, 3)
>>> a
[1, 2, 3, 4, 5]
```

```python
# 설명 3
>>> bisect.bisect_left(a, 3)
2
>>> bisect.bisect_right(a, 3)
3

# 설명 4
>>> def grade(score, breakpoints=[60, 70, 80, 90], grades='FDCBA'):
        i = bisect.bisect(breakpoints, score)
        return grades[i]
>>> [grade(score) for score in [55, 80, 75, 88, 90, 100]]
['F', 'B', 'C', 'B', 'A', 'A']

# 설명 5
>>> def binsearch(a, value):
        i = bisect.bisect_left(a, value)
        if i == len(a) or a[i] != value:
                return False
        return i
>>> binsearch([55, 80, 75, 88, 90, 100], 80)
1
>>> binsearch([55, 80, 75, 88, 90, 100], 60)
False
```

프로그램 설명

① bisect 모듈은 리스트가 이미 정렬되어 있다고 가정하고, 입력에 대하여 정렬을 유지하는 위치를 찾거나, 삽입 정렬하는 모듈이다.

② 설명 1에서 bisect.bisect_left(a, 3)는 리스트 a = [1, 2, 4, 5]에서 3이 들어갈 인덱스 위치 2를 반환한다. 이때 리스트 a에 3이 없기 때문에 bisect.bisect_right(a, 3) 또한 2를 반환한다. a.insert(2, 3)는 인덱스 2의 위치에 3을 삽입하여 정렬된 리스트 a는 [1, 2, 3, 4, 5]이다.

③ 설명 2에서 bisect.insort_left(a, 3)는 a.insert(bisect.bisect_left(a, 3))와 결과가 같다.

④ 설명 3에서 리스트 a = [1, 2, 3, 4, 5]에 이미 3이 있기 때문에, bisect.bisect_left(a, 3)는 인덱스 2를 반환하고, bisect.bisect_right(a, 3)는 인덱스 3을 반환한다.

⑤ 설명 4에서 grade() 함수는 파이썬 문서에 나오는 예제로 bisect.bisect() 함수를 사용하여 입력 score 점수의 위치를 i로 계산하여 grades[i]를 반환하여 학점을 계산한다.

⑥ 설명 5에서 binsearch(a, value) 함수는 리스트 a에서 value를 이진 탐색하여, value가 리스트 a에 있으면 인덱스를 반환하고, 없으면 False를 반환한다.

[예제 7.10] copy 모듈(Lib/copy.py)

```
>>> import copy

# 설명 1
>>> a = [1, 2]
>>> b = [3, 4]
>>> x = [a, b]
>>> y = copy.copy(x)
>>> id(a), id(b), id(x), id(y)
(36160856, 36160456, 36131184, 36576672)
>>> y
[[1, 2], [3, 4]]

>>> y[0], id(y[0])
([1, 2], 36160856)
>>> a == y[0]
True
>>> a is y[0]                # id(a) == id(y[0])
True

>>> y[1], id(y[1])
([3, 4], 36160456)
>>> b == y[1]
True
>>> b is y[1]                # id(b) == id(y[1])
True

# 설명 2
>>> z = copy.deepcopy(x)
>>> z
[[1, 2], [3, 4]]
>>> x -- z
True
>>> id(a), id(b), id(x), id(z)
(36160856, 36160456, 36131184, 36131904)

>>> z[0], id(z[0])
([1, 2], 36160656)
>>> a == z[0]
True
>>> a is z[0]                # id(a) == id(z[0])
False

>>> z[1], id(z[1])
([3, 4], 36164552)
>>> b == z[1]
True
>>> id(b) is id(z[1])
False
```

프로그램 설명

① 파이썬의 지정문은 객체를 복사하지 않고, 객체를 타킷에 바인딩한다. copy 모듈은 얕은 (shallow) 복사와 깊은(deep) 복사를 지원한다. copy.copy(x)는 x의 얕은 복사를 반환한다. copy. deepcopy(x)는 x의 깊은 복사를 반환한다. 얕은 복사와 깊은 복사의 차이는 리스트나 클래스 인스턴스 객체와 같이 다른 객체를 포함하는 복합(compound) 객체에서 차이가 있다. 얕은 복사는 새로운 객체를 생성하고, 내부 항목에 대해서는 참조를 사용한다. 깊은 복사는 새로운 객체를 생성하고, 내부 항목에 대해서도 재귀적으로 새로운 객체를 생성한다.

② 설명 1에서 리스트 a = [1, 2], b = [3, 4]를 항목으로 갖는 리스트 x = [a, b]를 y = copy.copy(x)로 x를 얕은 복사하여 객체 y를 생성한다. id(a), id(b), id(x), id(y)는 a, b, x, y의 객체 번호는 모두 다른 것을 확인한다. y는 [[1, 2], [3, 4]]로 x == y는 True이다. 얕은 복사에 의해 y[0]은 a == y[0]은 True이고, id(a) is id(y[0])는 True이다. 얕은 복사에 의해 y[1]은 b == y[1]은 True이고, id(b) is id(y[1])는 True이다. 즉, 복사된 객체 y의 각 항목은 a, b로의 참조이다.

③ 설명 2에서 z = copy.deepcopy(x)는 x를 깊은 복사하여 객체 z를 생성한다. x == z는 True이고, a == z[0]은 True이지만, a is z[0]은 False이고, b == z[1]은 True이지만, b is z[1]은 False이다. 즉, 복사된 객체 z의 각 항목은 a, b 객체와 내용은 같으면서 새로 생성된 객체이다.

[예제 7.11] calendar 모듈(Lib/calendar.py)

```
>>> import calendar

# 설명 1
>>> calendar.isleap(2012)
True
>>> calendar.isleap(2016)
True
>>> calendar.leapdays(2010, 2017)
2
>>> calendar.weekday(2017, 1, 1)
6

# 설명 2
>>> calendar.prmonth(2016, 3)          # print(calendar.month(2016, 3))
      March 2016
Mo Tu We Th  Fr Sa Su
    1  2  3  4  5  6
 7  8  9 10 11 12 13
14 15 16 17 18  9 20
21 22 23 24 25 26 27
28 29 30 31
```

```
>>> calendar.prcal(2016)          # print(calendar.calendar(2016))
                                  2016

            January                 February                 March
     Mo TuWe Th  Fr Sa Su   Mo TuWe Th  Fr Sa Su   Mo TuWe Th  Fr Sa Su
                  1  2  3    1  2  3  4  5  6  7        1  2  3  4  5  6
      4  5  6  7  8  9 10    8  9 10 11 12 13 14    7  8  9 10 11 12 13
     11 12 13 14 15 16 17   15 16 17 18 19 20 21   14 15 16 17 18 19 20
     18 19 20 21 22 23 24   22 23 24 25 26 27 28   21 22 23 24 25 26 27
     25 26 27 28 29 30 31   29                     28 29 30 31

     생략.............
```

프로그램 설명

① calendar 모듈은 달력을 지원한다.

② 설명 1에서 calendar.isleap(2012)과 calendar.isleap(2016)는 2012년과 2016년이 윤년이기 때문에 True를 반환한다. calendar.leapdays(2010, 2017)는 2010년부터 2016년까지 윤년의 수를 계산하여 2를 반환한다. calendar.weekday(2017, 1, 1)는 2017년 1월 1일의 요일 6(일요일)을 반환한다. 참고로 파이썬은 월요일이면 0이다.

③ 설명 2에서 calendar.prmonth(2016, 3)는 2016년 3월 달력을 출력한다. calendar.prcal(2016)은 2016년 달력을 출력한다.

[예제 7.12] os 모듈(Lib/os.py)

```
>>> import os

# 설명 1
>>> os.name
'nt'
>>> os.environ
environ({'HOME': 'C:\\Users\\kims', 생략..., 'OS': 'Windows_NT'})

# 설명 2
>>> os.getcwd()
'C:\\Users\\kims\\AppData\\Local\\Programs\\Python\\Python35-32'
>>> os.mkdir('C:/tmp')
>>> os.listdir('C:/')
['$Recycle.Bin', 'autoexec.bat', 'BigGateTR.log', 'config.sys', 'Documents and Settings',
'Download', ... 생략, 'Program Files', 'ProgramData', 'Temp', 'tmp', 'Users', 'Windows']

# 설명 3
>>> os.rename('LICENSE.txt', 'C:/tmp/LICENSE.txt')
>>> os.chdir('C:/tmp')
>>> os.listdir()
['LICENSE.txt']
```

```
>>> os.getcwd()
'C:\\tmp'
>>> os.remove('LICENSE.txt')

# 설명 4
>>> os.startfile('README.txt')
>>> os.system('mspaint')
0
>>> os.system('calc')
0
```

프로그램 설명

① os 모듈은 운영체제 관련 기능을 지원한다. os 모듈을 사용한 파일 입출력에서 os.open(), os.write(), os.read(), os.fdopen(), os.lseek(), os.close() 등의 함수를 사용하였다. [표 7.5]는 os 모듈의 파일, 디렉토리, 시스템 관련 주요 함수이다.

② 설명 1에서 os.name은 운영체제 이름 'nt'를 반환하고, os.environ은 환경변수를 사전으로 반환한다.

③ 설명 2에서 os.getcwd()는 현재 작업 폴더로 파이썬 설치 폴더를 반환하고, os.mkdir('C:/tmp')는 'C:/tmp' 폴더를 생성한다. os.listdir('C:/')는 'C:/'의 폴더 및 파일을 문자열 리스트로 반환한다.

④ 설명 3에서 os.rename('LICENSE.txt', 'C:/tmp/LICENSE.txt')는 현재 폴더의 'LICENSE.txt'를 'C:/tmp/LICENSE.txt'로 이동한다. os.chdir('C:/tmp')는 현재 작업 폴더를 'C:/tmp' 폴더로 변경한다. os.listdir()는 현재 폴더의 파일 및 폴더 이름을 리스트로 보여준다. os.remove('LICENSE.txt')는 'LICENSE.txt' 파일을 삭제한다.

⑤ 설명 4에서 os.startfile('README.txt')는 윈도우즈에서 메모장(notepad.exe)이 실행되고 'README.txt' 파일을 불러온다. os.system('mspaint')는 그림판이 실행되고, os.system('calc')는 계산기가 실행된다.

표 7.5 os 모듈의 파일, 디렉토리, 시스템 관련 주요 함수

os 모듈 함수	의미
os.access(path, mode)	path의 파일, 폴더로의 mode 접근 가능 여부 mode는 os.F_OK, os.R_OK, os.W_OK, os.X_OK
os.chdir(path)	path로 작업 폴더 변경
os.getcwd()	현재 작업 폴더 반환
os.listdir(path='.')	path 폴더의 폴더 또는 파일 이름을 리스트로 반환
os.mkdir(path)	path 폴더 생성
os.remove(path)	path 파일 제거
os.rename(src, dst)	파일 또는 폴더인 src를 dst로 이름을 변경 또는 이동
os.rmdir(path)	path 폴더 삭제

os.walk(top, topdown=True)	top에 주어진 폴더의 내용을 topdown 또는 bottomup으로 조사하여 (dirpath, dirnames, filenames)의 튜플로 반환
os.startfile(path [, operation])	path에 주어진 파일에 operation을 수행. operation이 없으면 'open'이고, 'print', 'edit' 등이 가능
os.system(command)	command를 실행

[예제 7.13] random 모듈(Lib/random.py)

```
>>> import random

# 설명 1
>>> random.random()
0.9893026690268784
>>> random.random()
0.8824972061623924
>>> random.randrange(10)
8

# 설명 2
>>> random.uniform(1, 10)
9.963757661650131
>>> random.uniform(1, 10)
7.919495532966426
>>> random.gauss(0, 1)
0.8228666891774785
>>> random.gauss(0, 1)
-1.59734348003611

# 설명 3
>>> random.choice('abcdefg')
'g'
>>> random.choice('abcdefg')
'c'
>>> items = [1, 2, 3, 4, 5]
>>> random.shuffle(items)
>>> items
[5, 2, 3, 1, 4]
>>> random.sample('abcdefg', 3)
['d', 'e', 'g']
>>> random.sample('abcdefg', 3)
['e', 'a', 'd']
>>> random.sample([1, 2, 3, 4, 5], 3)
[1, 4, 5]
>>> random.sample([1, 2, 3, 4, 4, 5], 3)
[4, 5, 3]
```

```
# 설명 4
>>> r1 =[random.randint(1, 10) for x in range(5)]
>>> r1
[3, 5, 2, 6, 9]
>>> r2 =[random.gauss(0, 1) for x in range(5)]
>>> r2
[0.9648439706761432, -0.40719676966359186, 0.7179566567448998,
-1.30526482510996446, -0.43798300196982975]
```

프로그램 설명

① random 모듈은 균등(uniform)분포, 정규(normal, Gaussian)분포 등 다양한 분포를 따르는 난수(random number) 생성을 지원한다. [표 7.6]은 random 모듈의 주요 함수이다.

② 설명 1에서 random.random()은 [0, 1) 사이의 랜덤 실수를 반환한다. random.randrange(10)는 0에서 9까지의 랜덤 정수를 반환한다.

③ 설명 2에서 random.uniform(1, 10)은 [1, 10] 사이의 랜덤 실수, random.gauss(0, 1)는 평균 0, 표준편차 1인 가우스 분포 랜덤 실수를 반환한다.

④ 설명 3에서 random.choice('abcdefg')는 문자열 'abcdefg'에서 임의 문자를 반환한다. random.shuffle(items)는 정수 리스트 items를 임의로 섞는다. random.sample('abcdefg', 3)은 문자열 'abcdefg'에서 임의로 3개의 문자를 샘플링한다. random.sample([1, 2, 3, 4, 5], 3)는 정수 리스트 [1, 2, 3, 4, 5]에서 임의로 3개의 문자를 샘플링한다.

⑤ 설명 4는 리스트 이해를 사용하여 r1, r2에 랜덤 항목을 갖는 리스트를 생성한다.

표 7.6 random 모듈의 주요 함수

random 모듈 함수	의미
random.seed(a=None, version=2)	난수 생성 초기화. a=None이면, 현재의 시스템 시간을 사용
random.randrange(stop) random.randrange(start, stop[, step])	range(start, stop, step) 범위에서 랜덤 정수
random.randint(a, b)	randrange(a, b+1)의 랜덤 정수
random.choice(seq)	시퀀스 seq에서 임의로 선택
random.shuffle(x[, random])	시퀀스 x를 임의로 섞는다. random은 [0.0, 1.0] 범위의 난수 발생 함수로, 디폴트는 random() 함수
random.sample(population, k)	시퀀스 population에서 길이 k인 리스트로 샘플링
random.random()	[0.0, 1.0)범위의 균등분포 랜덤 실수
random.uniform(a, b)	[a, b] 또는 [b, a] 사이의 균등분포 랜덤 실수
random.gauss(mu, sigma) random.normalvariate(mu, sigma)	평균 mu, 표준편차 sigma인 정규분포 랜덤 실수
random.lognormvariate(mu, sigma)	정규분포에 자연로그를 취한 랜덤 실수

[예제 7.14] queue 모듈(Lib/queue.py)

```
>>> import queue

# 설명 1
>>> q1 = queue.Queue(3)
>>> q1.put('a')
>>> q1.put('b')
>>> q1.put('c')
>>> q1.full()
True
>>> q1.put('d', False)
Traceback (most recent call last):
 File "<pyshell#6>", line 1, in <module>
  q1.put('d', False)
queue.Full
>>> q1.get()
'a'
>>> q1.get()
'b'
>>> q1.get()
'c'
>>> q1.empty()
True
>>> q1.get(False)
Traceback (most recent call last):
 File "<pyshell#11>", line 1, in <module>
  q1.get(False)
queue.Empty

# 설명 2
>>> q2 = queue.LifoQueue(3)
>>> q2.put('a')
>>> q2.put('b')
>>> q2.put('c')
>>> q2.put('d', False)
Traceback (most recent call last):
 File "<pyshell#16>", line 1, in <module>
  q2.put('d', False)
queue.Full
>>> q2.get()
'c'
>>> q2.get()
'b'
>>> q2.get()
'a'
>>> q2.get(False)
Traceback (most recent call last):
 File "<pyshell#20>", line 1, in <module>
```

```
  q2.get(False)
queue.Empty
```

```
# 설명 3
>>> q3 = queue.PriorityQueue(3)
>>> q3.put((30, 'a'))
>>> q3.put((10, 'b'))
>>> q3.put((20, 'c'))
>>> q3.get()
(10, 'b')
>>> q3.get()
(20, 'c')
>>> q3.get()
(30, 'a')
>>> q3.get(False)
Traceback (most recent call last):
 File "<pyshell#28>", line 1, in <module>
  q3.get(False)
queue.Empty
```

프로그램 설명

① queue 모듈은 Queue, LifoQueueQueue, PriorityQueue의 큐를 지원한다. Queue는 FIFO 자료 구조이고, LifoQueueQueue는 LIFO인 스택 자료구조, PriorityQueue는 우선순위 큐이다. [표 7.7]은 queue 모듈의 클래스 및 예외이며, [표 7.8]은 큐 객체의 주요 메서드이다. 큐는 threading 모듈과 함께 자주 사용된다.

표 7.7 queue 모듈의 클래스 및 예외

queue 모듈의 클래스 및 예외	의미
class queue.Queue(maxsize = 0)	FIFO 큐 클래스 생성자 maxsize = 0이면 항목 개수 제한 없음
class queue.LifoQueue(maxsize = 0)	LIFO 큐(Stack) 클래스 생성자 maxsize = 0이면 항목 개수 제한 없음
class queue.PriorityQueue(maxsize = 0)	우선순위 큐 클래스 생성자 maxsize = 0이면 항목 개수 제한 없음 (우선순위, item)의 튜플로 큐에 넣고 꺼냄 우선순위는 숫자가 낮을수록 높음
exception queue.Empty	큐가 공백일 때 get(), get_nowait() 호출될 때 예외 발생
exception queue.Full	큐가 찰을 때 put(), put_nowait() 호출될 때 예외 발생

표 7.8 큐(Queue, LifoQueue, PriorityQueue) 객체의 주요 메서드

큐 메서드	의미
Queue.qsize()	큐의 크기
Queue.empty()	큐가 공백이면 True, 그렇지 않으면 False
Queue.full()	큐가 찾으면 True, 그렇지 않으면 False
Queue.put(item, block=True, timeout=None)	큐에 item을 삽입 ① block = True, timeout = None이면 빈공간이 있을 때까지 대기 ② block = True, timeout 〉 0이면 timeout 초까지만 빈공간이 있을 때까지 대기, 그렇지 않으면 Full 예외발생 ③ block = False면 즉시 빈공간이 없으면 Full 예외 발생
Queue.put_nowait(item)	Queue.put(item, False).
Queue.get(block=True, timeout=None)	큐에서 item을 제거하고 반환, ① block = True, timeout = None이면 항목이 있을 때까지 대기 ② block = True, timeout 〉 0이면 timeout 초까지만, 항목이 있을 때까지 대기하고 그렇지 않으면 Empty 예외발생 ③ block = False면 즉시 항목이 없으면 Empty 예외 발생
Queue.get_nowait()	Queue.get(False)
Queue.task_done()	이전에 큐에 넣어진 태스크가 완료되었음을 통보 get() 메서드로 가져온 각각의 태스크를 수행한 후에 task_done()을 호출하여 큐에 알려줌
Queue.join()	큐의 모든 항목이 가져와서 처리될 때까지 대기

② **설명 1**에서 q1 = queue.Queue(3)는 최대 크기가 3인 FIFO 큐 객체 q1을 생성한다. q1.put('a'), q1.put('b'), q1.put('c')를 실행하면 큐가 채워져, q1.full()이 True이다. 이때, q1.put('d', False)은 queue.Full 예외가 발생한다 만약 q1.put('d')를 수행하면 무한정 대기 상태에 들어간다. q1.get(), q1.get(), q1.get()은 q1.put() 함수로 넣은 순서대로 'a', 'b', 'c'가 차례로 반환된다. q1.empty()는 True이고, q1.get(False)는 queue.Empty 예외가 발생한다. 이때 만약 q1.get()을 수행하면 큐에 항목이 들어올 때까지 무한대기 상태에 들어간다.

③ **설명 2**에서 q2 = queue.LifoQueue(3)는 최대 크기가 3인 LIFO 큐(스택) 객체 q2를 생성한다. q2.put('a'), q2.put('b'), q2.put('c')를 실행하면 큐가 채워져, q2.put('d', False)은 queue.Full 예외가 발생한다. q2.get(), q2.get(), q2.get()은 q2.put() 함수로 넣은 역순서로 'c', 'b', 'a'가 차례로 반환된다. q2.get(False)는 queue.Empty 예외가 발생한다.

④ **설명 3**에서 q3 = queue.PriorityQueue(3)는 최대 크기가 3인 우선순위 큐 객체 q3을 생성한다. q3.put((30, 'a'))는 우선순위가 30인 항목 'a'를 큐에 넣고, q3.put((10, 'b'))는 우선순위가 10인 항목 'b'를 큐에 넣고, q3.put((20, 'c'))는 우선순위가 20인 항목 'c'를 큐에 넣는다. q3.get(), q3.get(), q3.get()은 우선순위가 높은 순서(숫자가 낮은 순서)인 (10, 'b'), (20, 'c'), (30, 'a')를 차례로 반환한다. q3.get(False)는 큐가 비었기 때문에 queue.Empty 예외가 발생한다.

[예제 7.15] winsound 모듈(Dlls/winsound.pyd)

```
>>> import winsound

# 설명 1
>>> winsound.Beep(600, 2000)
>>> winsound.PlaySound('SystemExit', winsound.SND_ALIAS)
>>> winsound.PlaySound('*', winsound.SND_ALIAS)      # 'SystemAsterisk'

# 설명 2
>>> winsound.PlaySound('C:/Windows/Media/notify.wav',
        winsound.SND_FILENAME)
>>> winsound.PlaySound('C:/Windows/Media/notify.wav',
    winsound.SND_FILENAME | winsound.SND_ASYNC)
>>> winsound.PlaySound('C:/Windows/Media/notify.wav',
    winsound.SND_FILENAME | winsound.SND_ASYNC | winsound.SND_LOOP )
>>> winsound.PlaySound(None, winsound.SND_FILENAME)
```

프로그램 설명

① winsound 모듈은 Dlls 폴더에 파이썬 DLL 파일 확장자를 갖는 winsound.pyd로 윈도우즈에서 사운드를 재생을 지원한다. [표 7.8]은 winsound 모듈의 주요 함수 및 상수이다.

표 7.9 winsound 모듈의 주요 함수 및 상수

winsound 함수	의미
winsound.Beep(frequency, duration)	PC 스피커에 삐소리(beep)를 [37, 32767] 사이의 정수인 frequency 주파수(hertz)로 duration 밀리 초(milliseconds)동안 소리
winsound.PlaySound(sound, flags)	윈도우즈 API인 PlaySound() 함수를 호출하여, sound를 flags에 따라 재생. sound = None이면 현재 재생하는 사운드 중지
winsound.MessageBeep(type = MB_OK)	윈도우즈 API인 MessageBeep() 함수 호출 type은 -1, MB_ICONASTERISK, MB_ICONEXCLAMATION, MB_ICONHAND, MB_ICONQUESTION, MB_OK
winsound.SND_FILENAME	WAV 파일 이름
winsound.SND_ALIAS	'SystemAsterisk', 'SystemExclamation', 'SystemExit', 'SystemHand', 'SystemQuestion'
winsound.SND_LOOP	사운드를 반복 재생
winsound.SND_ASYNC	사운드를 비동기 재생하고 즉시 리턴
winsound.MB_OK	SystemDefault 사운드 재생

② **설명 1**에서 winsound.Beep(600, 2000)는 삐소리를 600Hertz로 2초 동안 소리를 낸다. winsound.PlaySound() 함수를 사용하여 flags = winsound.SND_ALIAS로 'SystemExit', 'SystemAsterisk' 사운드 소리를 재생한다.

③ **설명 2**에서 winsound.PlaySound() 함수를 사용하여 flags = winsound.SND_FILENAME으로 'C:/Windows/Media/notify.wav' 파일의 사운드 소리를 재생한다. winsound.PlaySound(None, winsound.SND_FILENAME)는 재생중인 소리를 멈춘다.

2.4 정규식(regular expression) 모듈

파이썬의 re 모듈은 정규식(RE, regular expression)은 문자열에서 패턴매칭 연산을 지원한다. [표 7.10]는 정규식을 표현하기 위한 메타문자이고, [표 7.11]은 정규식에서 사용되는 제어문자이다. [표 7.12]는 re 모듈의 주요 함수이고, [표 7.13]은 flags 상수이다. [표 7.14]은 re.compile() 함수에 의해 반환된 정규식 객체(regular expression object)의 주요 메서드 및 속성이다. [표 7.15]는 re.search(), re.match(), re.fullmatch(), regex.search(), regex.match(), regex.fullmatch()에 의해 반환되는 매치 객체(Match object)의 주요 메서드 및 속성이다. 정규식에서 '\'를 사용하는 경우 접두어 r을 사용하는 raw 문자열로 사용하는 것이 안전하다. 예를 들어 정규식에서 문자열 '\b'는 백스페이스인 반면, r'\b'는 [표 7.11]의 정규식 제어 문자로, '\\b'와 같다.

표 7.10 정규식에서 사용되는 메타문자

메타문자	의미
. (Dot)	새 줄(newline)을 제외한 아무 문자와 매칭 re.DOTALL과 함께 쓰면 새 줄 포함
^ (Caret)	문자열의 시작과 매칭. re.MULTILINE에서는 새 줄 바로 뒤와 매칭
$	문자열의 끝 또는 문자열의 끝에 있는 새 줄 바로 앞(just before the newline)과 매칭. re.MULTILINE에서는 새 줄 바로 앞과 매칭
*	0번 이상 반복
+	1번 이상 반복
?	0 또는 1 반복. *?, +?, ??, {m, n}?는 최소길이 문자열 매칭
{m}	m 길이 매칭
{m, n}	m부터 n 회까지 최대 길이매칭, {m, n}?는 최소 길이로 매칭
[ ]	문자집합 매칭, 예를 들어, [abc]는 'a', 'b', 'c'와 매칭 ① '-'은 범위지정, [a-z], [0-9] ② 집합 내에서 특수문자는 의미 없음, [(+*)]는 '(', '+', '*', ')' 와 매칭 ③ '^'는 속하지 않는 문자, [^5]는 '5' 이외의 문자, [^^]는 '^'이외의 문자, ④ [()\]{}] 또는 []()[{}]는 모두 괄호와 매칭
|	A|B는 'A', 'B'와 매칭
\	문자의 특별함 금지. 예) \., \$, \\, \@

(...)	괄호 안의 정규식과 매칭하고, 그룹을 생성, /number로 그룹을 불러와 매칭 (?...)의 확장 표현은 자신의 그룹을 생성하지 않음 (?P⟨name⟩re)은 그룹 생성
(?aiLmsux)	각 문자는 정규식에서 re.A, re.I, re.L, re.M, re.S, re.U, re.X 등의 [표 7.13]의 flags를 의미로 사용
(?:...)	괄호 안의 정규식과 매칭하지만, 자신의 그룹을 만들지 않음
(?P⟨name⟩...)	그룹에 의해 매칭되는 부분 문자열을 name 그룹 이름으로 정의
(?P=name)	name 그룹 이름을 역참조하여 매칭
(?#...)	주석(comment)으로 괄호의 내용을 무시
(?=...)	abc(?=def)는 현재 위치에서 'def'가 앞(ahead)에 있을 때만 'abc'와 매칭 여기서 앞(ahead)은 다음(next)의 의미로 전방 긍정 확인(positive lookahead assertion)
(?!...)	abc(?!def)는 현재 위치에서 'def'가 앞에 없을 때만 'abc'와 매칭 전방 부정 확인(negative lookahead assertion). match보다는 search에서 대부분 사용
(?⟨=...)	(?⟨=abc)def는 현재 위치에서 뒤(behind)에 'abc'가 있을 때 'def'와 매칭 괄호 안의 정규식(abc)의 길이는 abc와 같이 고정길이 후방 긍정 확인(positive lookbehind assertion)
(?⟨!...)	(?⟨!abc)def는 현재 위치에서 뒤(behind)에 'abc'가 없을 때 'def'와 매칭 후방 부정 확인(negative lookbehind assertion)
(?(id/name) yes| no)	id 또는 name 그룹이 있으면 yes로 매칭, 없으면 no로 매칭 no은 생략 가능, (⟨)?(₩w+@₩w+(?:₩.₩w+)+)(?(1)⟩|$)는 '⟨user@host.com⟩', 'user@host.com'와 매칭

표7.11 정규식에서 사용되는 제어문자

제어문자	의미
\number	number는 매칭된 그룹번호
\A	전체 문자열의 처음과 매칭
\b	단어의 시작 또는 끝에서 공백 문자열(empty string) 매칭
\B	\b의 반대로 단어의 시작과 끝이 아닌 곳에서 공백 문자열(empty string) 매칭
\d	유니코드인 str은 유니코드 10진수 문자 매칭. [0-9]를 포함한 모든 숫자 ASCII와 8비트 문자열(bytes)에서 [0-9]와 같음
\D	\d의 반대 즉, 유니코드에서는 숫자 이외의 문자 ASCII에서 [^0-9]와 같음
\s	유니코드서는 [\t\n\r\f\v]를 포함한 모든 공백문자 ASCII에서는 [\t\n\r\f\v]와 같음
\S	\s의 반대로 유니코드에서는 모든 공백문자 이외의 문자
\w	유니코드에서 숫자, 밑줄 문자(_) 등의 모든 단어 문자 ASCII와 8비트 문자열(bytes)에서 [a-zA-Z0-9 _]와 같음

\W	\w의 반대. 유니코드에서는 모든 단어 문자 이외의 문자 ASCII에서 [^a-zA-Z0-9_]와 같음
\Z	전체 문자열의 끝과 매칭
기타	파이썬의 표준 제어문자(\a , \b, \f, \n, \r, \t, \u, \U, \v, \x, \\)들은 모두 사용 가능하다. 단, \b는 문자 클래스 내부에서만 백스페이스로 사용하고, \u, \U는 유니코드에서만 사용됨

표 7.12 re 모듈의 주요 함수

함수	의미
re.compile(pattern, flags=0)	정규식 pattern을 컴파일하여 정규식 객체(regular expression object)를 반환한다. 정규식 객체를 사용하여 match(), search() 등에서 사용한다. flags는 [표 7.13]과 같다. [표 7.14]의 정규식 객체의 주요 메서드 및 속성을 사용할 수 있다. p = re.compile(pattern); result = p.match(string)는 result = re.match(pattern, string)와 같다.
re.search(pattern, string, flags=0)	string에서 정규식 pattern과의 매칭위치를 찾아서 매치 객체(match object)를 반환하고, 매칭이 안 되면 None 반환, string에서 매칭되는 부분 문자열 검색
re.match(pattern, string, flags=0)	string의 시작부분에서 0개 이상의 문자들이 정규식 pattern과 매칭되면 매치 객체를 반환, 매칭이 안 되면 None 반환
re.fullmatch(pattern, string, flags=0)	string 전체가 정규식 pattern과 매칭되면 매치 객체를 반환
re.split(pattern, string, maxsplit=0, flags=0)	string을 정규식 pattern을 사용하여 분리 문자열 리스트 반환
re.findall(pattern, string, flags=0)	string에서 정규식 pattern과 매칭되는 중복되지 않는 모든 문자열을 문자열 리스트 반환
re.finditer(pattern, string, flags=0)	string에서 정규식 pattern과 매칭되는 중복되지 않는 매치 객체에 대한 이터레이터 반환
re.sub(pattern, repl, string, count=0, flags=0)	string에서 정규식 pattern과 매칭되는 문자열을 repl로 변경한 문자열을 반환
re.subn(pattern, repl, string, count=0, flags=0)	sub() 함수와 같이 동작, (새 문자열, 변경횟수)의 튜플로 반환
re.escape(string)	ASCII 문자, 숫자, 밑줄 문자(_) 이외의 문자에 대하여 역슬래시 처리

표 7.13 flags 상수

flags	의미
re.A, re.ASCII	ASCII로 매칭
re.I, re.IGNORECASE	대소문자 구별안함
re.L, re.LOCALE	\w, \W, \b, \B, \s, \S가 현재 locale(제어판−국가 및 언어 설정)에 의존
re.M, re.MULTILINE	다중 행(multi−line) 매칭. ^, $에 영향
re.S, re.DOTALL	메타문자 .(Dot)에 새줄(newline)도 포함
re.X, re.VERBOSE	정규식에서 공백과 # 이후 무시
re.U	유니코드

표 7.14 정규식 객체(regular expression object)의 주요 메서드 및 속성

함수	의미
regex.search(string[, pos[, endpos]])	string[pos:endpos]에서 정규식과의 매칭 위치를 찾아서 매치 객체(Match object)를 반환, 매칭이 안 되면 None 반환, string에서 매칭되는 부분 문자열을 에서 검색
regex.match(string[, pos[, endpos]])	string[pos:endpos]의 시작부분에서 0개 이상의 문자들이 정규식 pattern과 매칭되면 매치 객체를 반환, 매칭이 안 되면 None 반환
regex.fullmatch(string[, pos[, endpos]])	string[pos:endpos]의 전체가 정규식 pattern과 매칭되면 매치 객체를 반환
regex.split(string, maxsplit=0)	string[pos:endpos]을 정규식 pattern을 사용하여 분리 문자열 리스트 반환
regex.findall(string[, pos[, endpos]])	string[pos:endpos]에서 정규식 pattern과 매칭되는 중복되지 않는 모든 문자열을 문자열 리스트 반환
regex.finditer(string[, pos[, endpos]])	string[pos:endpos]에서 정규식 pattern과 매칭되는 중복되지 않는 매치 객체에 대한 이터레이터 반환
regex.sub(repl, string, count=0)	string[pos:endpos]에서 정규식 pattern과 매칭되는 문자열을 repl로 변경한 문자열을 반환
regex.subn(repl, string, count=0)	sub() 함수와 같이 동작, (새 문자열, 변경횟수)의 튜플로 반환
regex.flags	[표 7.13]의 flags
regex.groups	정규식의 그룹 개수
regex.pattern	정규식 문자열

표 7.15 매치 객체(Match object)의 주요 메서드 및 속성

함수	의미
match.group([group1, ...])	하나 이상의 매칭 결과인 부분 그룹 반환. 인수가 하나면 문자열 반환. 다중인수면 튜플 반환. group(), group(0)는 전체매칭 반환. group(1)부터 부분 그룹
match.groups(default=None)	매칭결과인 1번 부분 그룹부터 튜플반환
match.groupdict(default=None)	이름을 갖는 부분 그룹을 사전으로 반환
match.start([group]) match.end([group])	group 번호의 부분 그룹의 매칭 문자열의 인덱스의 시작과 끝. m.string[m.start(g):m.end(g)]
match.span([group])	(m.start(group), m.end(group)) 튜플반환
match.pos match.endpos	문자열에서의 매칭을 찾기 위해 search(), match() 함수에 전달되는 시작 및 종료 인덱스
match.lastindex	매치된 그룹 번호(1, 2, ...,)

[예제 7.16] re.match() 함수 1

```
>>> import re

# 설명 1
>>> re.match('[0-9]', '1234 abcd')
<_sre.SRE_Match object; span=(0, 1), match='1'>

>>> m = re.match('[0-9]', '1234 abcd')
>>> m.group()
'1'
>>> m = re.match('\d\d', '1234 abcd')          # [0-9][0-9]
>>> m.group()
'12'
>>> m = re.match('\d\d', 'abcd 1234')          # 시작부분이 숫자가 아님
>>> m == None
True

# 설명 2
>>> re.match('\s*\d+', '  1234 abcd')
<_sre.SRE_Match object; span=(0, 7), match='  1234'>

>>> re.match('\s*\d+', '  abcd 1234')          # None 반환
>>>

# 설명 3
>>> m1 = re.match('\s*\d+', '  1234 abcd')
>>> m1.group()                                  # m1.group(0)
'  1234'
```

```
>>> m1.groups()
()

 >>> m2 = re.match('\s*(\d+)', '  1234 abcd')
>>> m2.group()                              # m2.group(0)
'  1234'
>>> m2.group(1)
'1234'
>>> m2.groups()
('1234',)
```

프로그램 설명

① 설명 1에서 re.match('[0-9]', '1234 abcd')는 문자열 '1234 abcd'에서 정규식 '[0-9]'에 의해, 문자열의 시작부분의 숫자 한자리 문자열 '1'을 매칭하여 매치(Match) 객체를 반환한다. 매치 객체를 m에 저장하여, m.group()으로 매칭된 문자열을 알 수 있다. 정규식 [0-9]는 \d와 같다. 정규식 \d\d는 '1234 abcd' 문자열의 시작부분의 2자리 숫자의 문자열 '12'를 매칭한다. 그러나 re.match() 함수는 문자열의 시작 부분에서부터 매칭하기 때문에 'abcd 1234' 문자열에서는 매칭결과가 None이다.

② 설명 2에서 re.match('\s*\d+', ' 1234 abcd')는 정규식 \s*\d+의 \s*로 시작부분의 공백을 포함하는 숫자 문자열 ' 1234'를 매칭한다.

③ 설명 3에서 m1 = re.match('\s*\d+', ' 1234 abcd')의 m1.group()은 ' 1234'이다. 매치 객체 m1이 부분 그룹이 생성하지 않기 때문에 m1.groups()는 공백 튜플이다. m2 = re.match('\s*(\d+)', ' 1234 abcd')는 정규식에서 소괄호를 사용하여 부분 그룹을 생성한다. m2.group()은 전체 매칭 문자열 ' 1234'이고, m2.group(1)는 소괄호에 의해 매칭되는 부분 그룹 문자열 '1234'이며, m2.groups()는 부분 그룹 문자열의 튜플 ('1234',)이다.

[예제 7.17] re.match() 함수 2 : raw 문자열 사용

```
>>> import re
```

```
# 설명 1
>>> m1 = re.match('(\d+)\b', '1234 ')
>>> m1 == None
True
```

```
# 설명 2
>>> m2 = re.match(r'(\d+)\b', '1234 ')
>>> m2.group()
'1234'
>>> m2.group(1)
'1234'
```

```
# 설명 3
>>> m3 = re.search('\\\\(\d+)', '1234\\5678 ')
>>> m3.group()
'\\5678'
```

```
>>> m4 = re.search('\\\\(\d+)', r'1234\5678 ')
>>> m4.group()
'\\5678'

>>> m5 = re.search(r'\\(\d+)', r'1234\5678 ')
>>> m5.group()
'\\5678'
```

프로그램 설명

① 설명 1에서 정규식 '(\d+)\b'의 \b는 백스페이스(\x08)이다. 그러므로 m1 = None이다.

② 설명 2에서 정규식 '(\d+)\b'의 \b는 raw 문자열에 의해 [표 7.10]의 단어 앞 또는 뒤의 공백에 대한 제어문자이다. 그러므로 m2.group()은 '1234'이다. 공백 제어문자 \b에 의해 매칭되는 문자열은 결과에 포함되지 않는다.

③ 설명 3에서 m3.group(), m4.group(), m5.group()은 모두 '\\5678'이다. 정규식 '\\\\(\d+)'와 r'\\(\d+)'는 같은 문자열이며, 문자열 '1234\\5678 '와 r'1234\5678 '는 같은 문자열이다.

[예제 7.18] re.match() 함수 3 : *?, +?, ??, {m, n}?의 최소길이 매칭

```
>>> import re
```

```
# 설명 1
>>> m1 = re.match('\d+', '1234')
>>> m1.group()
'1234'
>>> m2 = re.match('\d+?', '1234')
>>> m2.group()
'1'
```

```
# 설명 2
>>> m3 = re.match('\d*', '1234')
>>> m3.group()
'1234'
>>> m4 = re.match('\d*?', '1234')
>>> m4.group()
''
```

```
# 설명 3
>>> m5 = re.match('\d{2,4}', '1234')
>>> m5.group()
'1234'
>>> m6 = re.match('\d{2,4}?', '1234')
>>> m6.group()
'12'
```

```
# 설명 4
>>> m7 = re.match('1?', '1234')
>>> m7.group()
'1'
>>> m8 = re.match('1??', '1234')
>>> m8.group()
''
```

프로그램 설명

① 설명 1에서 m1.group()는 '1234'이고, m2.group()은 '1'이다. 정규식 '\d+'은 숫자를 최대 길이로 검출하고, '\d+?'는 ?에 의해 최소 길이 1인 문자열을 검출한다.

② 설명 2에서 m3.group()는 '1234'이고, m4.group()은 ''이다. 정규식 '\d*'은 숫자를 최대길이로 검출하고, '\d*?'는 ?에 의해 최소 길이 0인 문자열을 검출한다.

③ 설명 3에서 m5.group()는 '1234'이고, m6.group()은 '12'이다. 정규식 '\d{2,4}'는 숫자를 최대길이 4인 문자열을 검출하고, '\d{2,4}?'는 ?에 의해 최소 길이 2인 문자열을 검출한다.

④ 설명 4에서 m7.group()는 '1'이고, m8.group()은 ''이다. 정규식 '1?'은 숫자를 최대길이 1인 문자열을 검출하고, '1??'은 ?에 의해 최소 길이 0인 문자열을 검출한다.

[예제 7.19] re.search() 함수 1 : 부분 문자열 검색

```
>>> import re

# 설명 1
>>> m1 = re.search('\d+', '  abcd 1234')
>>> m1.group() # m.group(0)
'1234'

# 설명 2
>>> m2 = re.search('(\d+)\.(\d*)', '  abcd 1234.5678')
>>> m2.group() # m2.group(0)
'1234.5678'
>>> m2.group(1)
'1234'
>>> m2.group(2)
'5678'
```

프로그램 설명

① 설명 1에서 m2.group()은 '1234'이다. re.search() 함수는 시작위치에서 찾지 않고, 임의 위치에서 정규식 '\d+'과 매칭되는 첫 번째 문자열을 찾는다.

② 설명 2에서 정규식 '(\d+)\.(\d*)'는 점(dot)을 포함한 숫자를 문자열로 찾는다. m2.group()은 매칭되는 전체 문자열 '1234.5678'이고, m2.group(1)는 첫 번째 소괄호와 매칭되는 문자열 '1234', m.group(2)는 두 번째 소괄호와 매칭되는 문자열 '5678'이다.

[예제 7.20] re.search() 함수 2 : 이메일 주소 찾기

```
>>> import re

# 설명 1
>>> m1 = re.search('([\w.-]+)@([\w.-]+)', '<user@host.com>')
>>> m1.group()
'user@host.com'
>>> m1.group(1)
'user'
>>> m1.group(2)
'host.com'

# 설명 2
>>> m2 = re.search('(<)?([\w.-]+)@([\w.-]+)(>)?', '<user-a@host-A.com>')
>>> m2.group()
'<user-a@host-A.com>'
>>> m2.groups()
('<', 'user-a', 'host-A.com', '>')
```

프로그램 설명

① 설명 1에서 정규식 '([\w.-]+)@([\w.-]+)'는 하이픈(-)을 포함하는 이메일 주소를 찾는다. m1.group()은 'user@host.com', m1.group(1)은 'user', m1.group(2)은 'host.com'이다.

② 설명 2에서 정규식 '(<)?([\w.-]+)@([\w.-]+)(>)?'는 '<'와 '>'가 있을 수 있는 이메일 주소를 찾는다. m2.group()은 '<user-a@host-A.com>'이고, m2.groups()는 ('<', 'user-a', 'host-A.com', '>')이다. m2.group(2)는 'user-a'이고, m2.group(3)는 'host-A.com'이다.

[예제 7.21] 정규식 확장 1 : 그룹 생성 밎 (?:...)

```
>>> import re

# 설명 1
>>> m1 = re.match('(ab)|(cd)|(ef)', 'ab')
>>> m1.groups()
('ab', None, None)
>>> m1.group(1)
'ab'
>>> m1.lastindex
1

# 설명 2
>>> m2 = re.match('((ab)|(cd)|(ef))', 'ab')
>>> m2.groups()
('ab', 'ab', None, None)
>>> m2.group(1)
'ab'
>>> m2.group(2)
```

```
'ab'
>>> m2.group(3)
>>> m2.group(4)
>>> m2.lastindex
1
>>> m3 = re.match('((ab)|(cd)|(ef))', 'cd')
>>> m3.groups()
('cd', None, 'cd', None)
>>> m3.lastindex
1


# 설명 3
>>> m4 = re.match('(?:(ab)|(cd)|(ef))', 'ab')
>>> m4.groups()
('ab', None, None)
>>> m4.group(1)                 # m4.group()
'ab'
>>> m4.lastindex
1
>>> m5 = re.match('(?:(ab)|(cd)|(ef))', 'cd')
>>> m5.groups()
(None, 'cd', None)
>>> m5.group(2)                 # m5.group()
'cd'
>>> m5.lastindex
2
```

프로그램 설명

① 설명 1에서 정규식 '(ab)|(cd)|(ef)'는 각 괄호에 대해 그룹을 생성하여 3개의 그룹을 생성한다. 문자열 'ab'에 대해 m1.groups()는 ('ab', None, None)이다. m1.group(1)은 'ab'이고, m1.lastindex은 매칭되는 그룹번호 1이다.

② 설명 2에서 정규식 '((ab)|(cd)|(ef))'는 4개의 그룹을 생성한다. 문자열 'ab'에 대해 m2.groups()는 ('ab', 'ab', None, None)이다. 그룹 1은 밖의 괄호, 그룹 1은 ( ), 그룹 2는 (ab), 그룹 3은 (cd), 그룹 4는 (ef)에 의해 생성된다. 문자열 'ab'에 대해 매칭되는 그룹은 m2.lastindex=1이다. 문자열 'cd'에 대해 m3.groups()는 ('cd', None, 'cd', None)이고, 매칭되는 그룹은 m3.lastindex=1이다.

③ 설명 3에서 정규식 '(?:(ab)|(cd)|(ef))'는 (?:)는 그룹을 생성하지 않고, 그룹 1은 (ab), 그룹 2는 (cd), 그룹 3은 (ef)에 의해 생성되어, m4.groups()는 문자열 'ab'에 대해 ('ab', None, None)이고, m4.lastindex=1이다. 문자열 'cd'에 대해 m5.groups()는 (None, 'cd', None)이고, 매칭되는 그룹은 m5.lastindex = 2이다.

[예제 7.22] 정규식 확장 2, (?...)

```
>>> import re

# 설명 1
>>> m1 = re.search("(?i)ABC", " abc")
>>> m1.group()
'abc'

# 설명 2
>>> m2 = re.search("abc(?=hello)", "abchello")      # 전방 긍정 확인
>>> m2.group()
'abc'
>>> m3 = re.search("abc(?!hello)", "abckkk")        # 전방 부정 확인
>>> m3.group()
'abc'

# 설명 3
>>> m4 = re.search('(?<=abc)def', 'abcdef')         # 후방 긍정 확인
>>> m4.group()
'def'
>>> m5 = re.search('(?<!abc)def', '123def')         # 후방 부정 확인
>>> m5.group()
'def'

# 설명 4
>>> m6 = re.search('(<)?(\w+@\w+(?:\.\w+)+)(?(1)>|$)', '<user@host.com>')
>>> m6.group()
'<user@host.com>'
>>> m7 = re.search('(<)?(\w+@\w+(?:\.\w+)+)(?(1)>|$)', 'user@host.com')
>>> m7.group()
'user@host.com'

# 설명 5
>>> m8 = re.search('(<)?(?P<name>\w+)@(?P<host>\w+(?:\.\w+))+(?(1)>|$)', '<user@host.com>')
>>> m8.group()
'<user@host.com>'
>>> m8.group('name')        # m8.group(2)
'user'
>>> m8.group('host')        # m8.group(3)
'host.com'
```

프로그램 설명

① 설명 1에서 정규식 "(?i)ABC"의 (?i)는 re.I 플래그와 같으며, 대소문자를 구별하지 않도록 설정한다. m1.group()은 'abc'이다.

② 설명 2에서 정규식 "abc(?=hello)"는 전방에 hello가 있는 abc와 매칭을 한다. m2.group()은

'abc'이다. 정규식 "abc(?!hello)"는 전방에 hello가 없는 abc와 매칭을 한다. m3.group()은 'abc'
이다.

③ 설명 3에서 정규식 (?<=abc)def'는 후방에 abc가 있는 def와 매칭을 한다. m4.group()은 'def'이
다. 정규식 '(?<!abc)def'는 후방에 abc가 없는 def와 매칭을 한다. m5.group()은 'def'이다.

④ 설명 4에서 정규식 '(<)?(\w+@\w+(?:\.\w+)+)(?(1)>|$)'의 (?(1)>|$)는 1번 그룹이 있으면, 즉 (<)
이 있으면, >이 있어야 하고, 없으면 $로 문자열의 끝과 매칭한다. m6.group()는 '<user@host.
com>'이고, m7.group()은 'user@host.com'이다.

⑤ 설명 5에서 정규식 '(<)?(?P<name>\w+)@(?P<host>\w+(?:\.\w+))+(?(1)>|$)'의
(?P<name>\w+)는 name 이름으로 그룹을 생성한다. (?P<host>\w+(?:\.\w+))는 host 이름으로
그룹을 생성한다. m8.group('name')은 m8.group(2)와 같고, 'user'이다. m8.group('host')는
m8.group(3)과 같고, 'host.com'이다.

[예제 7.23] re.compile() 함수

```
>>> import re

# 설명 1
# p = re.compile(r"\d+\.\d*")
>>> p = re.compile(r'''\d+ # 정수
        \. # dot
        \d* # 소숫점 이하''', re.X)
>>> m1 = p.search('123.456')
>>> m1.group()
'123.456'
>>> m2 = p.search('  123.456  ')
>>> m2.group()
'123.456'
>>> m3 = p.search('  123.  ')
>>> m3.group()
'123.'

# 설명 2
>>> s = '123.456 3.14'
>>> m4 = p.search(s)
>>> m4.group()
'123.456'
>>> m5 = p.search(s, m4.end())
>>> m5.group()
'3.14'

# 설명 3
>>> m = p.search(s, pos)
>>> while m:
        print(m.start(), repr(m.group()))
        m = p.search(s, m.end())

0 '123.456'
9 '3.14'
```

프로그램 설명

① 설명 1에서 re.compile() 함수로 3줄에 걸쳐 작성한 정규식을 re.X 플래그를 설정하여 공백을 무시하고 컴파일하여 정규식 객체를 p를 생성한다. '#' 기호는 주석이다. 컴파일된 정규식 객체 p를 이용하여 다양한 문자열에서 매칭을 수행할 수 있다.

② 설명 2에서 정규식 객체 p를 이용하여 문자열 s = '123.456 3.14'에서 매칭을 수행한다. m4.group()은 처음 실수 문자열 '123.456'을 찾고, m5 = p.search(s, m4.end())에 의해 m5.group()은 다음 실수 문자열 '3.14'를 찾는다.

③ 설명 3에서 while 문을 사용하여 컴파일된 정규식 객체 p에 매칭되는 문자열을 연속적으로 검색한다.

[예제 7.24] fullmatch(), findall(), finditer()

```
>>> import re

# 설명 1
>>> p = re.compile('\d+')
>>> m = p.fullmatch('1234')
>>> m.group()
'1234'

# 설명 2
>>> p.findall('123 abc 456 def 123')
['123', '456', '123']

# 설명 3
>>> it = p.finditer('123 abc 456 def 123')
>>> for m in it:
        print(m.span(), ':', m.group())

(0, 3) : 123
(8, 11) : 456
(16, 19) : 123
```

프로그램 설명

① fullmatch(), findall(), finditer()는 re 모듈 함수 또는 정규식 객체 메서드이다.

② 설명 1에서 re.compile() 함수로 정규식 '\d+'를 컴파일한 정규식 객체를 p를 생성한다. m = p.fullmatch('1234')는 문자열 '1234' 전체가 정규식과 매칭되어, m.group()은 '1234'이다.

③ 설명 2에서 p.findall('123 abc 456 def 123')은 문자열에서 정규식과 매칭되는 모든 부분 문자열을 리스트로 반환한다.

④ 설명 3에서 it = p.finditer('123 abc 456 def 123')는 정규식과 매칭되는 이터레이터 it를 생성하고, for 문으로 매칭되는 부분 문자열을 매치 객체를 이용하여 출력한다.

[예제 7.25] findall()에 의한 간단한 수식 어휘 분석

```python
>>> import re

# 설명 1
>>> expr = 'b1 = a1*2 + 10'
>>> re.findall('\s*(\d+|\w+|.)', expr)
['b1', '=', 'a1', '*', '2', '+', '10']

# 설명 2
>>> re.findall('\s*(?:(\d+)|(\w+)|(.))', expr)
[('', 'b1', ''), ('', '', '='), ('', 'a1', ''), ('', '', '*'), ('2', '', ''), ('', '', '+'), ('10', '', '')]

# 설명 3
>>> for item in re.findall('\s*(?:(\d+)|(\w+)|(.))', expr):
        #print(item)
        if item[0]:
                print( 'intger:', repr(item[0]))
        elif item[1]:
                print( 'symbol:', repr(item[1]))
        else:
                print( 'operator:', repr(item[2]))


symbol: 'b1'
operator: '='
symbol: 'a1'
operator: '*'
intger: '2'
operator: '+'
intger: '10'

# 설명 4
>>> pos = 0
>>> p = re.compile('\s*(?:(\d+)|(\w+)|(.))')
>>> while True:
        m = p.match(expr, pos)
        if m is None:
                break
        print(m.lastindex, repr(m.group(m.lastindex)))
        pos = m.end()


2 'b1'
3 '='
2 'a1'
3 '*'
1 '2'
3 '+'
1 '10'
```

프로그램 설명

① 설명 1에서 re.findall() 함수로 정규식 '\s*(\d+|\w+|.)'를 사용하여 수식 문자열 expr = 'b1 = a1 * 2 + 10'에서 ['b1', '=', 'a1', '*', '2', '+', '10']로 분리한다.

② 설명 2에서 정규식 '\s*(?:(\d+)|(\w+)|(.))'를 사용하면, re.findall() 함수는 (정수, 심벌, 연산자)의 튜플 리스트를 반환한다. 매칭이 없는 항목은 ''이다.

③ 설명 3에서 for 문을 사용하여 re.findall() 함수의 반환 리스트의 튜플 항목의 위치에 따라 정수, 심벌, 연산자를 구분한다.

④ 설명 4에서 m = p.match(expr, pos)에 의해 위치 pos를 이동해 가며, 매칭하고, m.lastindex = 1 이면 정수, m.lastindex = 2이면 심벌, m.lastindex = 3이면 연산자이다.

[예제 7.26] split(), sub(), subn()

```
>>> import re

# 설명 1
>>> p1 = re.compile(r'\W+')
>>> p1.split('In python, this is a test.')
['In', 'python', 'this', 'is', 'a', 'test', '']
>>> p2 = re.compile(r'(\W+)')
>>> p2.split('In python, this is a test.')
['In', ' ', 'python', ', ', 'this', ' ', 'is', ' ', 'a', ' ', 'test', '.', '']

# 설명 2
>>> p = re.compile( '\d+')
>>> p.sub('x', 'aaa 123 bbb 4567')
'aaa x bbb x'
>>> p.sub('x'*3, 'aaa 123 bbb 4567')
'aaa xxx bbb xxx'

# 설명 3
>>> def func(m):
        return 'x'*len(m.group())
>>> p.sub(func, 'aaa 123 bbb 4567')
'aaa xxx bbb xxxx'

# 설명 4
>>> p.subn('x', 'aaa 123 bbb 4567')
('aaa x bbb x', 2)
>>> p.subn(func, 'aaa 123 bbb 4567')
('aaa xxx bbb xxxx', 2)
```

프로그램 설명

① split(), sub(), subn()는 re 모듈 함수 또는 정규식 객체 메서드이다.

② **설명 1**에서 re.compile() 함수로 모든 단어문자(alphanumeric) 이외의 문자를 표현한 정규식 r'\W+'을 컴파일한 객체 p1을 생성한다. p1.split('In python, this is a test.')는 p1을 구분자 (delimiter)로 하여 단어를 분리한 문자열 리스트를 반환한다. 괄호를 사용한 정규식 r'(\W+)'의 컴파일한 객체 p2로 단어를 분리하면 정규식에 의해 표현된 구분자도 포함하여 문자열 리스트에 반환한다.

③ **설명 2**에서 숫자를 나타내는 정규식 '\d+'를 컴파일한 객체 p를 생성한다. p.sub('x', 'aaa 123 bbb 4567')은 숫자를 찾아 'x'로 대치하여 'aaa x bbb x'를 반환한다. p.sub('x' * 3, 'aaa 123 bbb 4567')은 숫자를 'x' * 3으로 대치하여 'aaa xxx bbb xxx'를 반환한다.

④ **설명 3**에서 func(m) 함수는 매치 객체를 전달받아, 'x' * len(m.group())를 반환한다. p.sub(func, 'aaa 123 bbb 4567')은 숫자를 찾고, func 함수를 호출하여 찾은 숫자 길이의 'x' 문자열을 반환하여 대치한다.

⑤ **설명 4**에서 p.subn('x', 'aaa 123 bbb 4567')는 숫자를 찾아 'x'로 대치하고, 대치된 횟수를 포함하여 튜플을 반환한다. p.subn(func, 'aaa 123 bbb 4567')은 ('aaa xxx bbb xxxx', 2)를 반환한다.

03 　패키지

파이썬에서 패키지(package)는 모듈 또는 서브 패키지의 모임으로 디렉토리에 의한 계층 구조를 가진 모듈이다. 모든 패키지는 모듈이다. 그러나 모든 모듈이 패키지는 아니다. 패키지는 __path__ 속성을 갖는다. 패키지는 정식 패키지(regular package)와 네임스페이스 패키지(namespace package)가 있다. "파이썬 설치폴더/Lib" 폴더에 있는 ctypes, distutils, email 등 대부분 폴더는 패키지이다. 패키지도 모듈이기 때문에 import 문으로 가져와 사용한다.

정식 패키지는 각 디렉토리에 __init__.py를 갖는다. import 문으로 패키지 또는 서브 패키지를 임포트할 때 해당 __init__.py가 수행된다. 예를 들어 email 패키지는 /LIB/email/ 폴더에 있고, /LIB/email/__init__.py이 있으며, /LIB/email/mime 폴더에 mime 서브 패키지가 있고, /LIB/email/mime/__init__.py 파일이 있다.

네임스페이스 패키지는 하나의 패키지를 디스크의 여러 폴더에 분리하여 저장하는 것을 가능하게 하는 구조를 지원한다.

3.1 사용자 정의 패키지

여기서는 간단히 사용자 정의 패키지 myPackage를 C:/tmp/myPackage 폴더에 만든다. 폴더 myPackage는 폴더 A, 폴더 B, __init__.py 파일이 있다. 폴더 A는 testA.py, __init__.py 파일이 있다. 폴더 B는 testB.py, __init__.py 파일이 있다.

[예제 7.27] myPackage

```
01   # myPackage 폴더
02   # C:/tmp/myPackage/__init__.py
03   # __init__.py
04   __all__ = ['A', 'B']
05   from . import A, B
06
07   # myPackage/A 폴더
08   # C:/tmp/myPackage/A/__init__.py
09   # __init__.py
10   __all__ = ['testA']
11   from . import testA
12
13   # C:/tmp/myPackage/A/testA.py
14   # testA.py
15   def sumn(n=0):
16       s = 0
17       for i in range(n+1):
18           s += i
19       return s
20
21   # myPackage/B 폴더
22   # C:/tmp/myPackage/B/__init__.py
23   __all__ = ['testB']
24   from . import testB
25
26   # C:/tmp/myPackage/B/testB.py
27   # testB.py
28   def fact(n):
29       if n <= 1:
30           return n
31       return n*fact(n-1)
```

```
# 설명 1
>>> import sys
>>> sys.path.append('C:/tmp')
>>> import myPackage
>>> dir(myPackage)
['A', 'B', '__all__', '__builtins__', '__cached__', '__doc__', '__file__', '__loader__', '__name__', '__package__', '__path__', '__spec__']
```

```
>>> myPackage.A.testA.sumn(10)
55
>>> myPackage.B.testB.fact(3)
6

# 설명 2
>>> from myPackage import *
>>> dir()
['A', 'B', '__builtins__', '__doc__', '__loader__', '__name__', '__package__', '__spec__']
>>> A.testA.sumn(10)
55
>>> B.testB.fact(3)
6
```

프로그램 설명

① C:/tmp/myPackage 폴더를 생성하고, __init__.py 파일을 작성한다. __all__ = ['A', 'B']는 myPackage를 임포트할 때 가져올 패키지를 지정한다. from . import A, B로 A, B 서브 패키지를 임포트한다.

② C:/tmp/myPackage/A 폴더를 생성하고, __init__.py 파일을 작성한다. __all__ = ['testA']는 myPackage.A를 임포트할 때 가져올 모듈을 지정한다. from . import testA로 현재 폴더의 testA 모듈을 임포트한다.

③ C:/tmp/myPackage/A/testA.py 파일에 n까지의 합계를 계산하는 sumn() 함수를 정의한다.

④ C:/tmp/myPackage/B 폴더를 생성하고, __init__.py 파일을 작성한다. __all__ = ['testB']는 myPackage.B를 임포트할 때 가져올 모듈을 지정한다. from . import testB로 현재 폴더의 testB 모듈을 임포트한다.

⑤ C:/tmp/myPackage/B/testB.py 파일에 n!을 계산하는 fact() 함수를 정의한다.

⑥ **설명 1**에서 환경변수에 경로를 추가하지 않고 myPackage를 임포트하기 위하여 sys 모듈을 임포트하고, sys.path.append('C:/tmp')에 의해 sys.path 문자열 리스트에 'C:/tmp' 폴더를 추가한다. import myPackage는 myPackage를 임포트하며 myPackage/__init__.py 파일을 실행하고, myPackage, A, B 폴더에 각각 __pycache__ 폴더가 생성되고 컴파일된 바이트 코드를 생성한다. dir(myPackage)를 수행하면 A, B 패키지가 네임스페이스에 들어온 것을 확인할 수 있다. myPackage.A.testA.sumn(10)는 55, myPackage.B.testB.fact(3)는 6이다.

⑦ **설명 2**에서 from myPackage import *는 myPackage의 __all__ 속성에 있는 서브패키지를 임포트하여, dir()을 수행하면, A, B 패키지가 네임스페이스에 들어온 것을 확인할 수 있다. A.testA.sumn(10)은 55, B.testB.fact(3)은 6이다.

3.2 email 패키지(smtplib, poplib 모듈 사용)

smtplib 모듈은 SMTP(Simple Mail Transfer Protocol)로 메일을 전송하는 프로토콜을 지원한다. poplib 모듈은 POP3(Post Office Protocol version 3)로 메일을 가져오는 프로토콜을 지원한다. email 패키지는 SMTP로 보내고 POP3로 받은 표준 메시지 형식인 MIME(Multipurpose Internet Mail Extensions) 메시지 생성하고 파싱하여 관리한다.

[예제 7.28] 메일 보내기(smtplib, email)

```
01    # sendMail.py
02    import smtplib
03    from email.mime.text import MIMEText
04    from email.header import Header
05
06    FROM = 'user_python@naver.com'
07    TO = 'user_python@naver.com'
08
09    # 설명 1
10    #text = 'Hello, good morning!'.encode('ascii')
11    #msg = MIMEText(text, _charset= 'us-ascii')        # _subtype = 'plain'
12
13    #msg['Subject'] = Header('Test')
14    #msg['From'] = FROM
15    #msg['To'] = TO
16
17    # 설명 2
18    text = '안녕, 좋은아침'
19    msg = MIMEText(text, _charset= 'utf8')
20    msg['Subject'] = Header('테스트','utf8')
21    msg['From'] = FROM
22    msg['To'] = TO
23    print(msg.as_string())        # MIME 메시지 확인
24
25    # 설명 3
26    server = smtplib.SMTP_SSL("smtp.naver.com")        # deport = 465
27    server.login("user_python", "python1234")
28    server.sendmail(FROM, TO, msg.as_string())
29    server.quit()
```

프로그램 설명

① sendMail.py는 email 패키지로 메일 내용인 msg를 생성하고, smtplib 모듈로 메일을 보낸다. "text/plain"의 내용만 메일로 보내며, html, 첨부 파일, 이미지 등은 다루지 않는다. smtplib, email.mime.text.MIMEText, email.header.Header를 임포트한다. FROM과 TO는 메일을 보내고 받을 이메일 주소의 문자열이다. 여기서는 모두 'user_python@naver.com'를 사용한다.

② **설명 1**에서 주석 처리 부분은 영문('ascii') 메시지를 생성하는 부분이다. text를 'ascii'로 인코딩하고, MIMEText 클래스에서 _charset = 'us-ascii', _subtype = 'plain'로 설정하여 영문 아스키 코드(ASCII Code) 메시지를 생성한다. msg['Subject'] = Header('Test')는 Header 클래스 객체로 메일 제목을 'Test'로 생성한다. msg['From'] = FROM은 메일 보낼 주소를 FROM 문자열로 설정한다. msg['To'] = TO는 메일을 받을 주소를 TO 문자열로 설정한다. [그림 7.2]는 메일 메시지 msg를 msg.as_string()로 문자열로 변환하여 출력한 결과이다. 바이너리 데이터를 ASCII 텍스트 형식으로 변환하는 방법에 대한 헤더가 Content-Transfer-Encoding: 7bit로 설정되어 있다. 7bit 설정은 [1, 127]의 아스키 코드로 이루어진 행으로 데이터를 표현하며, 각 줄은 CR(0x0d), LF(0x0a)로 끝나고, 한 행의 최대 길이는 998자이다.

```
Content-Type: text/plain; charset="us-ascii"
MIME-Version: 1.0
Content-Transfer-Encoding: 7bit
Subject: Test
From: user_python@naver.com
To: user_python@naver.com

Hello, good morning!
```

[그림 7.2] # 실행 결과 1의 _charset = 'us-ascii'로 생성한 msg

③ **설명 2**는 한글을 포함한 'utf8' 인코딩으로 메시지 msg를 생성한다. MIMEText 클래스에서 _charset= 'utf8', _subtype='plain'로 설정하여 유니코드 메시지를 생성한다. [그림 7.3]은 메일 메시지 msg를 msg.as_string()로 문자열로 변환하여 출력한 결과이다. 바이너리 데이터를 ASCII 텍스트 형식으로 변환하는 방법에 대한 헤더가 Content-Transfer-Encoding: base64로 설정되어 있다. base64 설정은 바이너리 데이터를 출력 가능한 아스키 문자로 변환하며, 파이썬은 base64 모듈을 통해 인코딩과 디코딩을 지원한다.

```
Content-Type: text/plain; charset="utf8"
MIME-Version: 1.0
Content-Transfer-Encoding: base64
Subject: =?utf8?b?7YWM7Iqk7Yq4?=
From: user_python@naver.com
To: user_python@naver.com

7JWI64WVLCDsoovsnYDslYTsuag=
```

[그림 7.3] # 실행 결과 2의 _charset = 'utf8'로 생성한 msg

④ **설명 3**에서 smtplib.SMTP_SSL("smtp.naver.com")로 네이버 SMTP 서버로의 연결을 위한 smtplib 클래스 인스턴스 객체 server를 생성한다. 네이버의 메일 환경설정에서 POP3/SMPT 설정을 사용함으로 한다. 네이버는 메일 프로그램 환경설정 안내에서 "SMTP 포트 : 465, 보안 연결(SSL) 필요"로 되어 있으므로 smtplib.SMTP_SSL 클래스를 사용한다. 보안 연결이 필요 없으면 smtplib.SMTP 클래스를 사용한다. server.login("user_python", "python1234")은 메일을 보낼 사람의 아이디 "user_python"와 패스워드 "python1234"로 로그인한다. server.sendmail(FROM, TO, msg.as_string())는 FROM 주소에서 TO 주소로 메시지 msg.as_string()를 보낸다. server.quit()는 메일 서버로의 연결을 종료한다.

[예제 7.29] base64 모듈(바이너리 데이터를 아스키 문자로 인코딩, 디코딩)

```
>>> import base64

# 설명 1
>>> text = '테스트'.encode('utf8')
>>> text
b'\xed\x85\x8c\xec\x8a\xa4\xed\x8a\xb8'
>>> msg = base64.encodebytes(text)
>>> msg
b'7YWM7Iqk7Yq4\n'

# 설명 2
>>> text2 = base64.decodebytes(msg)
>>> text2
b'\xed\x85\x8c\xec\x8a\xa4\xed\x8a\xb8'
>>> text2.decode('utf8')
'테스트'

# 설명 3
>>> text = '안녕, 좋은아침'.encode('utf8')
>>> text
b'\xec\x95\x88\xeb\x85\x95, \xec\xa2\x8b\xec\x9d\x80\xec\x95\x84\xec\xb9\xa8'
>>> msg = base64.encodebytes(text)
>>> msg
b'7JWI64WVLCDsoovsnYDslYTsuag=\n'

# 설명 4
>>> text2 = base64.decodebytes(msg)
>>> text2
b'\xec\x95\x88\xeb\x85\x95, \xec\xa2\x8b\xec\x9d\x80\xec\x95\x84\xec\xb9\xa8'
>>> text2.decode('utf8')
'안녕, 좋은아침'
```

프로그램 설명

① base64 모듈은 바이너리 데이터를 출력 가능한 아스키 문자로 인코딩하고 디코딩한다.

② 설명 1에서 text = '테스트'.encode('utf8')는 문자열 '테스트'를 'utf8'로 인코딩한 바이너리 문자열을 text에 반환한다. msg = base64.encodebytes(text)는 바이너리 문자열 text를 base64 모듈을 사용하여 출력 가능한 아스키 문자로 msg에 인코딩한다. [표 7.3]의 Subject: =?utf8?b?7YWM7Iqk7Yq4?=의 아스키 문자열의 일부와 같은 것을 알 수 있다.

③ 설명 2에서 text2 = base64.decodebytes(msg)는 base64 모듈로 출력 가능한 아스키 문자로 인코딩한 문자열 msg를 text2에 디코딩한다. text2는 text와 같다. text2.decode('utf8')은 문자열 '테스트'와 같다.

④ 설명 3에서 text = '안녕, 좋은아침'.encode('utf8')은 문자열 '안녕, 좋은아침'을 'utf8'로 text
   에 인코딩한다. msg = base64.encodebytes(text)는 바이너리 문자열 text를 base64 모
   듈을 사용하여 출력 가능한 아스키 문자로 msg에 인코딩한다. [표 7.3]의 아스키 문자열
   7JWI64WVLCDsoovsnYDslYTsuag= 과 같은 것을 알 수 있다.

⑤ 설명 4에서 text2 = base64.decodebytes(msg)는 base64 모듈로 출력 가능한 아스키 문자로 인
   코딩한 문자열 msg를 text2에 디코딩한다. text2는 text는 같다. text2.decode('utf8')는 문자열 '
   안녕, 좋은아침'과 같다.

[예제 7.30] 메일 읽기(poplib, email)

```python
01   # getMail.py
02   import poplib
03   import email
04   import base64
05
06   # 헤더 디코딩
07   def decode_header(header):
08       msg = email.header.decode_header(header)
09   #  print("msg = ", msg)
10       msg2 = msg[0]
11       if msg2[1] is None:
12           return msg2[0]
13       return msg2[0].decode(msg2[1])
14
15   # POP3 서버 연결
16   server = poplib.POP3_SSL('pop.naver.com')
17   server.user("user_python")
18   server.pass_("python1234")
19   message_count, mailbox_size = server.stat()
20   print('message_count = ', message_count)
21   #numMessages = len(server.list()[1])
22   #print('numMessages = ', numMessages)
23
24   # 메일 처리
25   for i in range(message_count):
26   # 메일 처리 1
27       print("message :", i)
28       (server_msg, body, octets) = server.retr(i+1)
29   #     message_body = '\n'.join(body) # error for euc-kr encode
30   #     msg = email.message_from_string(message_body)
31
32       message_body = b'\n'.join(body)
33       msg = email.message_from_bytes(message_body)
34
35   # 메일 처리 2
36       print('From:', decode_header(msg['From']))
37       print('To:', decode_header(msg['To']))
38       print('Subject:', decode_header(msg['Subject']))
```

```
39   #    print('msg.keys():', msg.keys())
40   #    print('msg:', msg)
41
42   # 메일 처리 3
43      for part in msg.walk():
44          if part.is_multipart():
45              continue
46          charset = part.get_content_charset()
47   #          print('charset = ', charset)
48          if part.get_content_type() == "text/plain":
49              mycontent = part.get_payload(decode=True)
50              print('Content:', mycontent.decode(charset).strip())
```

프로그램 설명

① getMail.py는 poplib 모듈로 네이버 POP3 서버를 사용하여 메일을 가져와 간단히 보여준다. poplib, email을 임포트 한다. 메일 메시지에서 "text/plain" 내용만 읽으며, html, 첨부 파일, 이미지 등은 다루지 않는다.

② 헤더 디코딩에서 decode_header() 함수는 메일 헤더를 디코딩하여 문자열을 반환한다. email.header.decode_header()는 (decoded_string, charset) 튜플을 갖는 리스트를 반환한다. msg2 = msg[0]은 msg2에 튜플을 저장한다. msg2[1] is None이면 디코딩 필요 없이 msg2[0]를 반환하고, 그렇지 않으면 msg2[0].decode(msg2[1])로 디코딩한 문자열을 반환한다.

③ POP3 서버 연결에서 server = poplib.POP3_SSL('pop.naver.com')는 네이버의 POP3 서버로의 연결 객체 server를 생성한다. 네이버는 메일 프로그램 환경설정 안내에서 "POP 포트 : 995, 보안 연결(SSL) 필요"로 되어 있으므로 poplib.POP3_SSL 클래스를 사용한다. 보안 연결이 필요 없으면 poplib.POP3 클래스를 사용한다. server.user("user_python"), server.pass_("python1234")는 메일을 보낼 사람의 메일 주소로 로그인한다. message_count, mailbox_size = server.stat()는 메일 개수(message_count), 메일 바이트 용량(mailbox_size)을 반환한다.

④ 메일 처리 1에서 for 문의 (server_msg, body, octets) = server.retr(i+1)로 각각의 메일의 서버 메시지(server_msg), 메시지 몸체(body), 바이트수(octets)를 가져온다. body는 바이트 문자열의 리스트이다. message_body = b'\n'.join(body)는 하나의 바이트 문자열을 생성한다. msg = email.message_from_bytes(message_body)는 바이트 문자열 message_body로부터 email.message.Message 클래스 객체 msg를 생성한다. message_body = '\n'.join(body)는 euc-kr 인코딩이 사용된 메일일 때 에러가 발생한다.

⑤ 메일 처리 2에서 decode_header(msg['From']), decode_header(msg['To'], decode_header(msg['Subject']는 decode_header() 함수로 msg의 헤더를 디코딩하여 'From', 'To', 'Subject'에 대한 문자열로 반환한다.

⑥ 메일 처리 3에서 msg.walk()는 메일 객체 트리를 깊이 우선순서로 방문하여 각 파트(part)를 반환한다. part.is_multipart()가 True이면 건너뛰고, charset = part.get_content_charset()로 인코딩을 charset에 저장하고, part.get_content_type() == "text/plain"이면 mycontent = part.get_payload(decode=True)로 전송된 메일 본문 데이터(payload)를 mycontent에 저장한다.

part.is_multipart()=False이면, 데이터는 문자열이고, part.is_multipart() = True이면 email.message.Message 클래스 객체의 리스트이다. decode = True이면 Content-Transfer-Encoding 헤더의 값에 따라 디코딩되어 바이트 문자열이 된다. mycontent.decode(charset).strip()은 바이트 문자열을 charset으로 디코드하고, 앞뒤의 공백을 제거한다. [그림 7.4]는 user_python@naver.com 메일 박스에 있는 3개의 메일을 가져와 출력한 결과이다.

```
>>>
 RESTART: C:\Users\kims\AppData\Local\Programs\Python\Python35-32\getMail.py
message_count = 3
message : 0
From: user_python@naver.com
To: user_python@naver.com
Subject: Test
Content: Hello, good morning!
message : 1
From: user_python@naver.com
To: user_python@naver.com
Subject: 테스트
Content: 안녕, 좋은아침
message : 2
From: 김동근
To: user_python@naver.com
Subject: 안녕, 다시
Content: 오늘은 비가온다.
```

[그림 7.4] getMail.py 실행 결과

3.3 site-package

파이썬에서 외부 패키지를 설치하면 파이썬 설치 폴더의 "/Lib/site-packages" 폴더에 설치된다. numPy, sciPy, matplotlib 등 유용한 패키지가 많이 있다. 실행 파일을 생성하기 위한 PyInstaller 패키지도 site-packages 폴더에 설치된다. 최근 파이썬 버전을 설치하면 setuptools, pip 등의 패키지가 이미 설치되어 있다.

O4 실행 파일 생성 및 설치하기

distutils 모듈을 사용하여 간단한 파이썬 모듈 및 패키지를 배포(distribution)하는 방법과 파이썬 스크립트 프로그램을 실행 파일(*.exe)로 생성하는 방법에 대하여 설명한다.

4.1 distutils 모듈

간단한 파이썬 파일은 파일을 복사하여 배포해도 되지만, distutils 모듈을 사용하면 효율적으로 파이썬 모듈 또는 패키지를 배포할 수 있다. setup.py 파일을 작성하고, os 모듈 또는 명령 창에서 python.exe를 실행시켜 배포 파일을 생성한다.

[예제 7.31] distutils 모듈을 사용한 myFact.py 파일 배포

```
01    # C:/tmp/myFact.py
02    def fact(n):
03        if n <= 1:
04            return n
05        return n*fact(n-1)
06
07    # C:/tmp/setup.py
08    from distutils.core import setup
09    setup(name='fact',
10        version='1.0',
11        description=' Python Distribution Utilities',
12        author='KDK',
13        author_email='user_python@naver.com',
14        url='https://www.python.org/',
15        py_modules=['myFact'],
16        )
```

```
# 실행 결과
>>> import os
>>> os.chdir('C:/tmp')
>>> os.system('python setup.py sdist')
0
>>> os.system('python setup.py install')
0
>>> os.system('python setup.py bdist')
0
>>> os.system('python setup.py bdist_wininst')
0
```

프로그램 설명

① C:/tmp/ 폴더에 배포할 myFact.py 파일을 생성한다.

② C:/tmp/setup.py 파일을 작성한다. setup() 함수에서 name은 패키지 이름이고, version은 패키지 버전번호, description은 설명, author는 저자, author_email는 저자의 이메일, url은 패키지 사이트, py_modules은 모듈 이름을 갖는 리스트이다.

③ 실행 결과에서 os 모듈을 임포트하고, os.chdir('C:/tmp') 함수로 폴더를 변경한다. os.system() 함수로 setup.py를 실행한다. 소스 배포 옵션인 sdist 옵션을 사용하면 dist 폴더에 fact-1.0.zip 파일이 생성된다. 사용자는 압축을 푼 다음 python setup.py install을 수행하면 ./build/lib/myFact.py 파일이 생성되고, "파이썬 설치 폴더(sys.prefix)/Lib/site-packages/" 폴더에 복사되어 설치된다. 바이너리 배포 옵션인 bdist는 __pycache__ 폴더에 컴파일된 바이트 코드 파일이 포함된 fact-1.0.win32.zip 파일을 생성한다. os.system('python setup.py bdist_wininst')는 dist 폴더에 fact-1.0.win32.exe 설치 파일을 생성한다.

[예제 7.32] distutils 모듈을 사용한 myPackage 배포

```
01   # C:/tmp/myPackage 배포: C:/tmp/setup.py
02   from distutils.core import setup
03   setup(name='myPackage',
04       version='1.0',
05       description=' Python Distribution Utilities',
06       author='KDK',
07       author_email='user_python@naver.com',
08       url='https://www.python.org/',
09       packages=['myPackage', 'myPackage.A', 'myPackage.B']
10       )
```

```
# 실행 결과
>>> import os
>>> os.chdir('C:/tmp')
>>> os.system('python setup.py sdist')
0
>>> os.system('python setup.py install')
0
>>> os.system('python setup.py bdist')
0
>>> os.system('python setup.py bdist_wininst')
0
```

프로그램 설명

① [예제 7.27]에서 C:/tmp/myPackage 폴더의 myPackage 패키지를 배포한다.

② C:/tmp/setup.py 파일을 작성한다. setup() 함수에서 name은 패키지 이름이고, version은 패키지 버전번호, description은 설명, author는 저자, author_email는 저자의 이메일, url은 패키지 사이트, packages = ['myPackage', 'myPackage.A', 'myPackage.B']는 배포할 패키지 이름을 갖는 리스트이다.

③ **실행 결과**에서 os 모듈을 임포트하고, os.chdir('C:/tmp')로 폴더를 변경한다. os.system('python setup.py sdist')는 dist 폴더에 소스 배포 파일 fact-1.0.zip이 생성된다. os.system('python setup.py install')은 ./build/lib/myPackage 폴더가 생성되고, "파이썬 설치 폴더(sys.prefix)/Lib/site-packages/" 폴더에 복사되어 설치된다. 바이너리 배포 옵션인 bdist는 컴파일된 바이트 코드 파일이 포함된 myPackage-1.0.win32 파일을 생성한다. os.system('python setup.py bdist_wininst')는 dist 폴더에 myPackage-1.0.win32 설치 파일을 생성한다.

4.2 실행 파일 만들기

파이썬 프로그램, 모듈, 패키지를 실행 파일로 생성하려면 cx_Freeze, py2exe, PyInstaller 등의 외부 패키지를 사용해야 한다. cx_Freeze는 2016년 6월 현재 파이썬 2.7과 3.4 버전까지만 지원하며, py2exe는 파이썬 2.7 버전만을 지원한다.

다양한 비공식 윈도우 확장 패키지를 제공하는 http://www.lfd.uci.edu/~gohlke/pythonlibs/ 사이트에서 파이썬 3.5를 위한 cx_Freeze를 찾아 사용할 수도 있다.

여기서는 PyInstaller를 사용하여 실행 파일을 생성한다. 윈도우즈 명령 창(cmd)에서 "pip install pyinstaller" 명령은 최신 PyInstaller 3.2를 자동으로 설치한다. 그러나 현재의 PyInstaller 3.2 버전에서는 [그림 7.5]와 같이 설치 중에 unicodeDecodeError가 발생하여, PyInstaller 3.3 개발자 버전(https://github.com/pyinstaller/pyinstaller/archive/develop.zip)을 설치한다.

PyInstaller는 파이썬 설치 폴더의 "/site-packages/PyInstaller" 폴더에 설치되고, 실행 파일은 파이썬 설치 폴더의 "/Scripts" 폴더에 설치된다. "pyinstaller -v" 명령은 설치된 pyinstaller의 버전을 확인한다. pyinstaller의 "-F" 옵션은 하나의 실행 파일을 생성힌다.

```
관리자: 명령 프롬프트

C:\Users\kims>pip install pyinstaller
Collecting pyinstaller
  Using cached PyInstaller-3.2.tar.gz
Requirement already satisfied (use --upgrade to upgrade): setuptools in c:\users
\kims\appdata\local\programs\python\python35-32\lib\site-packages (from pyinstal
ler)
Collecting pefile (from pyinstaller)
  Using cached pefile-2016.3.28.tar.gz
    Complete output from command python setup.py egg_info:
    Traceback (most recent call last):
      File "<string>", line 1, in <module>
      File "C:\Users\kims\AppData\Local\Temp\pip-build-2esi_hyg\pefile\setup.py"
, line 57, in <module>
        pefile_version = _read_attr('__version__')
      File "C:\Users\kims\AppData\Local\Temp\pip-build-2esi_hyg\pefile\setup.py"
, line 39, in _read_attr
        match = re.search(regex, f.read())
      UnicodeDecodeError: 'cp949' codec can't decode byte 0xe2 in position 208687:
 illegal multibyte sequence


    ----------------------------------------
Command "python setup.py egg_info" failed with error code 1 in C:\Users\kims\App
Data\Local\Temp\pip-build-2esi_hyg\pefile\

C:\Users\kims>pip install https://github.com/pyinstaller/pyinstaller/archive/dev
elop.zip
Collecting https://github.com/pyinstaller/pyinstaller/archive/develop.zip
  Downloading https://github.com/pyinstaller/pyinstaller/archive/develop.zip (3.
2MB)
    100% |################################| 3.2MB 333kB/s
Requirement already satisfied (use --upgrade to upgrade): setuptools in c:\users
\kims\appdata\local\programs\python\python35-32\lib\site-packages (from PyInstal
ler==3.3.dev0+a909f1a)
Requirement already satisfied (use --upgrade to upgrade): future in c:\users\kim
s\appdata\local\programs\python\python35-32\lib\site-packages (from PyInstaller=
=3.3.dev0+a909f1a)
Installing collected packages: PyInstaller
  Running setup.py install for PyInstaller ... done
Successfully installed PyInstaller-3.3.dev0+a909f1a

C:\Users\kims>pyinstaller -v
3.3.dev0+a909f1a
```

[그림 7.5] pip로 pyinstaller 설치

[예제 7.33] pyinstaller를 사용한 실행 파일 생성

```python
01    # C:/tmp/testFact.py
02    def fact(n):
03        if n <= 1:
04            return n
05        return n*fact(n-1)
06
07    n = int(input('input n:'))
08    n2 = fact(n)
09    print(n2)
```

```python
>>> import os
>>> os.chdir('C:/tmp')
>>> os.system('pyinstaller -F testFact.py')
```

프로그램 설명

① pyinstaller를 사용하여 testFact.py의 실행 파일 testFact.exe를 생성한다.

② 명령 창(cmd)창에서 'pyinstaller -F testFact.py' 명령으로 실행 파일을 만들거나, os 모듈의
os.system() 함수로 명령을 실행할 수 있다. -F 옵션은 하나의 파이썬 파일을 실행 파일로 생성
한다. C:/tmp/build/ 폴더에 로그 파일과 작업 파일을 생성한다. C:/tmp/dist 폴더에 testFact.
exe 파일이 생성된다. [그림 7.6]은 testFact.exe를 실행하여 5!의 결과를 출력한다.

```
관리자: C:\Windows\system32\cmd.exe

C:\tmp\dist 디렉터리

2016-03-14   오전 12:53    <DIR>          .
2016-03-14   오전 12:53    <DIR>          ..
2016-03-13   오전 12:18         129,668 fact-1.0.win32.exe
2016-03-12   오후 11:50             634 fact-1.0.zip
2016-03-13   오후 10:54         131,379 myPackage-1.0.win32.exe
2016-03-13   오후 10:51           6,067 myPackage-1.0.win32.zip
2016-03-13   오후 10:47           2,042 myPackage-1.0.zip
2016-03-14   오전 12:53       5,271,259 testFact.exe
               6개 파일       5,541,049 바이트
               2개 디렉터리  31,702,945,792 바이트 남음

C:\tmp\dist>testFact
input n:5
120
```

[그림 7.6] testFact.exe 실행

O5 ctypes 모듈

ctypes 모듈은 C 언어 호환 자료형과 함수 및 등의 라이브러리를 호출하는 방법을 제공
하여, 파이썬에서 C/C++ 언어를 래핑(wrapping)하여 사용할 수 있다.

5.1 기본 자료형

[표 7.15]는 주요 ctypes 자료형과 대응하는 C 언어와 파이썬의 자료형이다. ctypes
자료형은 자료형에 대한 생성자를 호출하여 생성한다. ctypes 자료형은 변경 가능
(mutable) 자료형이며, c_char_p, c_wchar_p, c_void_p는 포인터 자료형이다.

표7.15 주요 ctypes 자료형

ctypes 자료형	C 언어 자료형	파이썬 자료형
c_bool	_Bool	bool
c_char	char	1-character bytes object

c_wchar	wchar_t	1-character string
c_ubyte	unsigned char	int
c_short	short	int
c_ushort	unsigned short	int
c_int	int	int
c_uint	unsigned int	int
c_long	long	int
c_size_t	size_t	int
c_float	float	float
c_double	double	float
c_char_p	char * (NUL terminated)	bytes object or None
c_wchar_p	wchar_t * (NUL terminated)	string or None
c_void_p	void *	int or None

[예제 7.34] c_int, c_wchar_p

```
>>> from ctypes import *

# 설명 1
>>> n = c_int(10)
>>> print(n)
c_long(10)
>>> hex(id(n))
'0x2d84990'
>>> n.value = 20
>>> print(n)
c_long(20)
>>> hex(id(n))
'0x2d84990'

# 설명 2
>>> s = "Hello, World"
>>> p = c_wchar_p(s)
>>> hex(id(p))
'0x2d8e760'
>>> print(p)
c_wchar_p(8412256)
>>> p.value
'Hello, World'
>>> p.value = 'Hi, there'
>>> hex(id(p))
'0x2d8e760'
>>> p
c_wchar_p(8231704)
```

프로그램 설명

① 설명 1에서 n = c_int(10)는 정수 10에 대한 c_int 자료형 객체 n을 생성한다. n.value = 20에 의해 객체 n의 값을 20으로 변경한다. 이러한 변경에 의해 hex(id(n))는 변경되지 않는다. 즉, c_int는 변경 가능(mutable) 자료형이다.

② 설명 2에서 p = c_wchar_p(s)는 유니코드 문자열 s = "Hello, World"에 대한 포인터 객체 p를 생성한다. p.value = 'Hi, there'로 변경해도, hex(id(p1))는 변경되지 않으므로, c_wchar_p는 변경 가능 자료형이다. 그러나 type(p.value)은 변경 불가능 자료형인 str이므로, hex(id(p.value))는 변경된다.

[예제 7.35] create_string_buffer()에 의한 c_char의 변경 가능 버퍼 배열

```
>>> from ctypes import *

# 설명 1
>>> p1 = create_string_buffer(3)
>>> print(sizeof(p1), repr(p1.raw))
3 b'\x00\x00\x00'
>>> p1.value
b''

# 설명 2
>>> p2 = create_string_buffer(b"abcd")
>>> print(sizeof(p2), repr(p2.raw))
5 b'abcd\x00'
>>> p2.value
b'abcd'

# 설명 3
>>> p3 = create_string_buffer(b"abcd", 10)
>>> hex(id(p3.value))
'0x4d33f0'
>>> print(sizeof(p3), repr(p3.raw))
10 b'abcd\x00\x00\x00\x00\x00\x00'
>>> p3.value
b'abcd'

>>> p3.value = b'12'        # 내용 변경

>>> hex(id(p3.value))
'0x4d33f8'
>>> print(sizeof(p3), repr(p3.raw))
10 b'12\x00d\x00\x00\x00\x00\x00\x00'
>>> p3.value
b'12'
```

프로그램 설명

① 설명 1에서 p1 = create_string_buffer(3)는 3바이트 버퍼 p1을 생성한다. sizeof(p1)는 p1에 할당된 바이트 수 3을 반환한다. repr(p1.raw)는 p1의 바이트 문자열 b'\x00\x00\x00'이다.

② 설명 2에서 p2 = create_string_buffer(b"abcd")는 b"abcd"로 초기화된 5바이트 버퍼 p2를 생성한다. repr(p2.raw)는 p2의 바이트 문자열 b'abcd\x00'이다.

③ 설명 3에서 p3 = create_string_buffer(b"abcd", 10)는 바이트 버퍼 p3에 10바이트를 할당하고, b"abcd"로 초기화한다. repr(p3.raw)는 p3의 바이트 문자열 b'abcd\x00\x00\x00\x00\x00\x00'이다. p3.value = b'12'에 의해 변경하면, hex(id(p3.value))는 변경되지 않고, repr(p3.raw)는 b'12\x00d\x00\x00\x00\x00\x00\x00'와 같이 변경된다.

④ 유니코드 문자열의 메모리 버퍼가 필요하면, ctypes.create_unicode_buffer() 함수를 사용한다.

5.2 함수 호출

ctypes.cdll은 표준 cdecl 호출 규약을 사용한 함수를 익스포트(export)하는 라이브러리를 로드한다. ctypes.windll은 stdcall 호출 규약을 사용한 함수들에 대한 라이브러리를 로드한다. 윈도우즈 32비트에서 kernel32.dll, user32.dll 등에서 ANSI 함수들은 함수 끝에 A를 붙이고, 유니코드 함수는 W가 붙는다.

여기서는, 윈도우즈의 C 언어 실행시간 라이브러리(Runtime Library)인 msvcrt.dll의 printf(), scanf(), strlen(), strchr(), qsort 등의 함수를 호출하는 방법을 설명한다. 함수의 argtypes 속성은 인수의 자료형을 명시하는 함수 원형을 지정한다. 함수는 디폴트로 int를 반환하는 것으로 가정한다. restype 속성은 반환 자료형(return type)을 명시한다. byref() 함수는 인수에 주소를 전달한다.

[예제 7.36] printf() 함수 호출

```
관리자: 명령 프롬프트 - python  -i

Microsoft Windows [Version 6.1.7601]
Copyright (c) 2009 Microsoft Corporation. All rights reserved.

C:\Users\kims>python  -i
Python 3.5.2 (v3.5.2:4def2a2901a5, Jun 25 2016, 22:01:18) [MSC v.1900 32 bit (In
tel)] on win32
Type "help", "copyright", "credits" or "license" for more information.
>>>
>>> from ctypes import *
>>> printf = cdll.msvcrt.printf
>>> printf(b" ch = %c\n", 0x41)
 ch = A
8
>>> printf(b" str = %s\n", b"hello")
 str = hello
13
>>> printf(B" year = %d\n", 2016)
 year = 2016
13
>>> printf(b" pi = %f\n", c_double(3.14))
 pi = 3.140000
15
>>>
```

프로그램 설명

① printf() 함수는 명령 창에 출력하기 때문에, 명령 창에서 python -i로 대화형 파이썬 인터프리터
를 실행한다.

② printf = cdll.msvcrt.printf는 C 언어 실행시간 라이브러리에서 printf() 함수를 참조하는 객체
printf를 생성한다.

③ printf(b" ch = %c\n", 0x41)는 C 언어 함수 printf() 함수를 호출하여, ch = A를 출력한다. 8은
printf() 함수의 반환 값으로 출력 바이트 수이다. 출력 양식 문자열을 b" ch = %c\n"과 같이 바이
트 문자열을 사용한다.

④ printf(b" str = %s\n", b"hello")는 str = Hello를 출력한다. printf() 함수의 반환 값은 13바이트이다.

⑤ printf(b" year = %d\n", 2016)는 year = 2016을 출력한다. printf() 함수의 반환 값은 13바이트이다.

⑥ printf(b" pi = %f\n", c_double(3.14))는 pi = 3.140000을 출력한다. printf() 함수의 반환 값은 15
바이트이다. 실수는 c_double(3.14)와 같이 자료형을 ctypes 자료형으로 변환해야 한다. 3.14로
사용하면 ArgumentError가 발생한다.

[예제 7.37] argtypes 속성을 이용한 함수 원형(function prototype) 명시

```
관리자: 명령 프롬프트 - python -i

Microsoft Windows [Version 6.1.7601]
Copyright (c) 2009 Microsoft Corporation. All rights reserved.

C:\Users\kims>python -i
Python 3.5.2 (v3.5.2:4def2a2901a5, Jun 25 2016, 22:01:18) [MSC v.1900 32 bit (In
tel)] on win32
Type "help", "copyright", "credits" or "license" for more information.
>>> from ctypes import *
>>> printf = cdll.msvcrt.printf
>>> printf.argtypes = [c_char_p, c_int, c_double]
>>> printf(b" a = %d, pi = %f\n", 10, 3.14)
 a = 10, pi = 3.140000
23
>>> printf(b"a = %d, b = %f\n", 10, 20)
a = 10, b = 20.000000
22
>>> printf(b"a = %d, b = %f\n", 10, b"Hello")
Traceback (most recent call last):
  File "<stdin>", line 1, in <module>
ctypes.ArgumentError: argument 3: <class 'TypeError'>: wrong type
>>> printf(b"a = %d, b = %s\n", 10, b"Hello")
Traceback (most recent call last):
  File "<stdin>", line 1, in <module>
ctypes.ArgumentError: argument 3: <class 'TypeError'>: wrong type
>>> printf(b"a = %d, b = %s\n", 10, 3.14)
Traceback (most recent call last):
  File "<stdin>", line 1, in <module>
OSError: exception: access violation reading 0x51EB851F
>>>
```

프로그램 설명

① printf() 함수는 명령 창에 출력하기 때문에, 명령 창에서 python -i로 대화형 파이썬 인터프리터
를 실행한다.

② printf = cdll.msvcrt.printf는 C 실행시간 라이브러리에서 printf() 함수로의 참조 printf에 저장
한다.

③ printf.argtypes = [c_char_p, c_int, c_double]은 다음의 printf() 함수에서 사용하는 인수의 자료형을 차례로 명시한다.

④ printf(b" a = %d, pi = %f\n", 10, 3.14)는 C 언어 함수 printf() 함수를 호출하여, a = 10, pi = 3.140000으로 출력한다. 23은 printf() 함수의 반환 값으로 출력 바이트 수이다. b" a = %d, pi = %f\n"는 c_char-p, 10은 c_int, 3.14는 c_double 자료형이므로 printf.argtypes에 명시한 자료형과 일치한다.

⑤ printf(b" a = %d, b = %f\n", 10, 20)는 20이 c_double로 자료형 변환되어 출력한다.

⑥ printf(b" a = %d, b = %f\n", 10, b"Hello")와 printf(b" a = %d, b = %f\n", 10, b"Hello")는 printf.argtypes와 인수의 자료형이 일치하지 않기 때문에 ctypes.ArgumentError가 발생한다.

⑦ printf(b" a = %d, b = %s\n", 10, 3.14)는 printf.argtypes와 인수의 자료형과는 일치하지만 3.14를 %s로 출력하려고 할 때 OSError 예외가 발생한다.

[예제 7.38] restype 속성을 이용한 반환 자료형(return type) 명시

```
>>> from ctypes import *

# 설명 1
>>> libc = cdll.msvcrt
>>> strchr = libc.strchr
>>> strchr(b"abcdef", ord("c"))
36385898

# 설명 2
>>> strchr.restype = c_char_p
>>> strchr(b"abcdef", ord("c"))
b'cdef'
>>> strchr(b"abcdef", ord("d"))
b'def'
>>> print(strchr(b"abcdef", ord("x")))
None
```

프로그램 설명

① C언어 표준함수 char * strchr(const char *_Str, int _Val)는 문자열 _Str에서 문자 _Val을 찾아 시작 주소를 반환한다. _Val 문자가 없으면 NULL을 반환한다.

② 설명 1에서 libc = cdll.msvcrt와 strchr = libc.strchr에 의해, C 언어 함수 cdll.msvcrt.strchr로의 참조 객체 strchr을 생성한다. strchr(b"abcdef", ord("c"))는 ord("c")의 위치를 정수로 반환한다.

③ 설명 2에서 strchr.restype = c_char_p는 strchr() 함수의 반환 자료형을 문자형 포인터 c_char_p로 지정하면, strchr(b"abcdef", ord("c"))는 b'cdef'를 반환한다. 문자 ord("c")의 위치에 대한 포인터를 반환하여, 주소 이후의 문자열을 표시한다. strchr(b"abcdef", ord("d"))는 b'def'를 반환한다. strchr(b"abcdef", ord("x"))는 ord("x")이 문자열에 없으므로 None를 반환한다.

[예제 7.39] byref() 함수로 인수에 주소를 전달

```
관리자: 명령 프롬프트 - python -i

Microsoft Windows [Version 6.1.7601]
Copyright (c) 2009 Microsoft Corporation. All rights reserved.

C:\Users\kims>python -i
Python 3.5.2 (v3.5.2:4def2a2901a5, Jun 25 2016, 22:01:18) [MSC v.1900 32 bit (In
tel)] on win32
Type "help", "copyright", "credits" or "license" for more information.
>>> from ctypes import *
>>> n = c_int()
>>> a = c_float()
>>> s = create_string_buffer(10)
>>> scanf = cdll.msvcrt.scanf
>>> scanf(b"%d %f %s", byref(n), byref(a), s)
10  3.14  Hello
3
>>> n.value
10
>>> a.value
3.1400001049041175
>>> s.value
b'Hello'
>>> _
```

프로그램 설명

① scanf() 함수는 명령 창에서 키보드 입력을 받기 때문에, 명령 창에서 python -i로 대화형 파이썬 인터프리터를 실행한다.

② n = c_int()는 정수 객체 n을 생성하고, a = c_float()는 실수 객체 a를 생성하고, s = create_string_buffer(10)는 바이트 문자열 버퍼 s를 생성한다.

③ scanf = cdll.msvcrt.scanf는 C 언어 실행시간 라이브러리에서 scanf() 함수로의 참조 객체 scanf를 생성한다.

④ scanf(b"%d %f %s", byref(n), byref(a), s)를 실행하고, 키보드에서 10 3.14 Hello를 입력하고 엔터를 누르면 n.value = 10, a.value= 3.14, s.value = b"Hello"가 입력된다. byref() 함수 대신 pointer() 함수를 사용하여 scanf(b"%d %f %s", pointer(n), pointer(a), s)로 호출할 수 있다.

5.3 구조체와 공용체

구조체는 ctypes.Structure, 공용체는 ctypes.Union에서 상속받은 클래스로 표현한다. _fields_ 속성에 (field name, field type)의 tuple 리스트로 멤버 데이터를 정의한다.

[예제 7.40] 구조체(Structure)

```
>>> from ctypes import *

# 설명 1
>>> class POINT(Structure):
        _fields_ = [("x", c_int),
                    ("y", c_int)]
>>> sizeof(POINT)
```

```
>>> POINT.x
<Field type=c_long, ofs=0, size=4>
>>> POINT.y
<Field type=c_long, ofs=4, size=4>
>>> pt = POINT(10, 20)
>>> pt.x, pt.y
(10, 20)

# 설명 2
>>> class RECT(Structure):
        _fields_ = [("a", POINT),
                    ("b", POINT)]
>>> sizeof(RECT)
16
>>> RECT.a
<Field type=POINT, ofs=0, size=8>
>>> RECT.b
<Field type=POINT, ofs=8, size=8>
>>> rt = RECT(POINT(1, 2), POINT(3, 4))    # RECT((1, 2), (3, 4))
>>> rt.a.x, rt.a.y
(1, 2)
>>> rt.b.x, rt.b.y
(3, 4)
```

프로그램 설명

① **설명 1**에서 ctypes.Structure를 상속받아 POINT 클래스를 정의한다. 구조체 멤버는 _fields_ = [("x", c_int), ("y", c_int)]로 c_int 자료형을 갖는 멤버 "x", "y"를 정의한다. sizeof(POINT) = 8바이트이다. POINT.x는 Field type=c_long이고, 옵셋이 ofs = 0, 바이트 크기가 size = 4이다. POINT.y는 Field type=c_long이고, 옵셋이 ofs = 4, 바이트 크기가 size = 4이다. pt = POINT(10, 20)는 구조체 POINT의 객체 pt를 생성한다. pt.x = 10, pt.y = 20이다.

② **설명 2**에서 ctypes.Structure을 상속받아 RECT 클래스를 정의한다. _fields_ = [("a", POINT), ("b", POINT)]에 의해 POINT 자료형을 갖는 구조체 멤버 "a", "b"를 정의한다. sizeof(RECT) = 16 바이트이다. RECT.a는 Field type = POINT, 옵셋이 ofs = 0, 바이트 크기가 size = 8이다. RECT.b는 Field type=POINT, 옵셋이 ofs = 8, 바이트 크기가 size = 8이다. rt = RECT(POINT(1, 2), POINT(3, 4))는 구조체 RECT의 객체 rt를 생성한다. rt.a= POINT(1, 2), rt.b= POINT(3, 4)이다.

[예제 7.41] 공용체(Union)

```
>>> from ctypes import *

# 설명 1
>>> class BYTEWORD(Union):
        _fields_ = [("byte", c_char),
                    ("word", c_short)]
>>> sizeof(BYTEWORD)
2
```

```
>>> BYTEWORD.byte
<Field type=c_char, ofs=0, size=1>
>>> BYTEWORD.word
<Field type=c_short, ofs=0, size=2>
```

```
# 설명 2
>>> u = BYTEWORD()
>>> u.word = 0x0141
>>> u.byte
b'A'
>>> hex(u.word)
'0x141'
```

```
# 설명 3
>>> u.byte = ord('B')
>>> hex(u.word)
'0x142'
>>> u.byte
b'B'
```

프로그램 설명

① 설명 1에서 ctypes.Union을 상속받아 BYTEWORD 클래스를 정의한다. 공용체의 멤버는 _fields_ = [("byte", c_char), ("word", c_short)]로 정의한다. sizeof(BYTEWORD) = 2바이트이다. sizeof(c_short) 바이트를 할당하여 메모리를 공유한다. BYTEWORD.byte는 Field type = c_char, 옵셋은 ofs = 0, 바이트 크기는 size = 1이고, BYTEWORD.word는 Field type = c_short, 옵셋 ofs = 0, 바이트 크기 size = 2이다.

② 설명 2에서 u = BYTEWORD()로 객체 u를 생성하고, u.word = 0x0141를 지정하면, u.byte = b'A'이고, hex(u.word) = '0x141'이다. ord(b'A')이 0x41이다.

③ 설명 3에서 u.byte = ord('B')로 변경하면, hex(u.word) = '0x142', u.byte = b'B'로 변경된다.

[예제 7.42] 비트 필드

```
>>> from ctypes import *
```

```
# 설명 1
>>> class ST(Structure):
        _fields_ = [("mantissa", c_uint, 23),
                    ("exponent", c_uint, 8),
                    ("sign", c_uint, 1)]
>>> class FLOAT(Union):
        _fields_ = [("fValue", c_float),
                    ("ST", ST)]
```

```
# 설명 2
>>> FLOAT.fValue
<Field type=c_float, ofs=0, size=4>
```

```
>>> FLOAT.ST
<Field type=ST, ofs=0, size=4>

# 설명 3
>>> a = FLOAT()
>>> a.fValue = -0.75
>>> a.ST.sign
1
>>> hex(a.ST.exponent)
'0x7e'
>>> hex(a.ST.mantissa)
'0x400000'
```

프로그램 설명

① 실수의 국제표준 IEEE 754의 표현법에 따른 단정도 실수(c_float)의 비트 값을 확인한다.

② 설명 1에서 멤버가 _fields_ = [("mantissa", c_uint, 23), ("exponent", c_uint, 8), ("sign", c_uint, 1)]인 비트 필드를 갖는 구조체 ST를 정의한다. ("mantissa", c_uint, 23)의 "mantissa"는 필드 이름, c_uint는 필드 자료형, 23은 비트 필드이다. ("exponent", c_uint, 8)의 "exponent" 필드의 자료형은 c_uint, 비트수는 8비트이고, ("sign", c_uint, 1)는 "sign" 필드의 자료형은 c_uint, 비트수는 1비트이다. 공용체 FLOAT의 멤버는 _fields_ = [("fValue", c_float), ("ST", ST)]이다. c_float 자료형은 "fValue" 멤버와 구조체 ST 자료형인 "ST" 멤버가 메모리를 공유한다.

③ 설명 3에서 a = FLOAT()는 공용체 FLOAT의 객체 a를 생성한다. a.fValue = -0.75는 지정하면, 공용체에 의해 부호 비트 a.ST.sign = 1, 지수 부분 a.ST.exponent = 0x7e, 가수 부분 a.ST.mantissa = 0x400000이다. 즉, -0.75의 이진 32비트 표현은 1 0111 1110 100 0000 0000 0000 0000 0000이고, 16진수는 0xBF400000이다.

5.4 배열과 포인터

배열은 같은 자료형을 갖는 시퀀스이다. c_char*10, c_int*10, c_float *10 등과 같이 자료형을 반복연산자(*)를 사용하여 반복횟수를 지정하여 배열 자료형을 생성한다. pointer() 함수는 객체에 대한 포인터를 생성한다.

[예제 7.43] 배열

```
>>> from ctypes import *

# 설명 1
>>> char4 = c_char * 4
>>> char4
<class '__main__.c_char_Array_4'>
>>> arr1 = char4(ord(b'A'), ord(b'B'), ord(b'C'), ord(b'D'))
>>> arr1.value
b'ABCD'
```

```
>>> arr1[0]
b'A'
>>> arr1[0] = ord(b'1')
>>> arr1.value
b'1BCD'
```

```
# 설명 2
>>> Int5 = c_int * 5
>>> Int5
<class '__main__.c_long_Array_5'>
>>> arr2 = Int5(0, 1, 2, 3, 4)
>>>> arr2[0] = 100
>>> arr2[:]          # 슬라이싱
[100, 1, 2, 3, 4]
```

프로그램 설명

① 설명 1에서 char4 = c_char * 4는 크기 4의 문자(c_char) 배열 자료형 char4를 생성한다. arr1 = char4(ord(b'A'), ord(b'B'), ord(b'C'), ord(b'D'))는 char4 자료형의 배열 arr1을 초기화하면, arr1.value = b'ABCD'이고, arr1[0] = b'A'이다. arr1[0] = ord(b'1')로 변경하면 arr1.value = b'1BCD'로 변경된다.

② 설명 2에서 Int5 = c_int * 5는 크기 5의 정수(c_int) 배열 자료형 int5를 생성한다. arr2 = Int5(0, 1, 2, 3, 4)는 배열 arr2를 초기화한다. arr2[0] = 100로 변경하고, arr2[:]로 슬라이싱하면 [100, 1, 2, 3, 4]이다.

[예제 7.44] 포인터

```
>>> from ctypes import *
```

```
# 설명 1
>>> i = c_int(10)
>>> p1 = pointer(i)
>>> p1[0]              # p1.contents.value
10
>>> p1[0] = 20         # i의 값이 변경
>>> p1.contents
c_long(20)
>>> i
c_long(20)
>>> p1.contents == i
False
>>> p1.contents is i
False
>>> p1.contents is p1.contents
False
>>>
```

```python
# 설명 2
>>> PI = POINTER(c_int)
>>> p2 = PI(i)
>>> p2[0]
20
>>> p2[0] = 30
>>> p1.contents
c_long(30)
>>> i
c_long(30)

# 설명 3
>>> p3 = POINTER(c_int)()        # NULL 포인터
>>> print(bool(p3))
False
>>> p3[0]
Traceback (most recent call last):
 File "<pyshell#62>", line 1, in <module>
  p3[0]
ValueError: NULL pointer access

# 설명 4
>>> Int5 = c_int * 5
>>> arr2 = Int10(0, 1, 2, 3, 4)
>>> p3 = arr2
>>> p3[0] = 100
>>> arr2[:]        # p3[:]
[100, 1, 2, 3, 4]
```

프로그램 설명

① 설명 1에서 p1 = pointer(i)는 i로의 포인터 객체 p1을 생성한다. p1[0] = 10이다. p1[0] = 20으로 변경하면, p1.contents와 i는 c_long(20)으로 변경된다. 포인터 객체의 contents는 포인터가 가리키는 객체를 반환하는데, 접근할 때마다, 새로운 동일 객체를 생성하여 반환하기 때문에 p1.contents == i, p1.contents is i, p1.contents is p1.contents는 모두 False이다. p1.contents.value == i.value는 True이다.

② 설명 2에서 PI = POINTER(c_int), p2 = PI(i)로 포인터 객체 p2를 생성한다. p2[0] = 30으로 변경하면 p1.contents와 i는 c_long(30)으로 변경된다.

③ 설명 3에서 p3 = POINTER(c_int)()는 NULL 포인터 객체 p3를 생성한다. bool(p3)은 False이고, p3[0]은 NULL 포인터를 접근하기 때문에 ValueError가 발생한다.

④ 설명 4에서 p3 = arr2는 포인터 p3가 배열 arr2를 가리킨다. p3[0] = 100으로 변경하고, arr2[:]로 슬라이싱하면 [100, 1, 2, 3, 4]이다.

[예제 7.45] 연결 리스트

```
>>> from ctypes import *

# 설명 1
>>> class node(Structure):
        pass
>>> node._fields_ = [("name", c_char_p),
                     ("next", POINTER(node))]
# 설명 2
>>> a = node()
>>> a.name = b"orange"
>>> a.next = None
>>> b = node()
>>> b.name = b"banana"
>>> b.next = pointer(a)
>>> c = node()
>>> c.name = b"apple"
>>> c.next = pointer(b)


# 설명 3
>>> p = c
>>> while p:
        print(p.name)
        if not p.next:          # None, NULL포인터
                break
        p = p.next[0]


b'apple'
b'banana'
b'orange'


# 설명 4
>>> p = pointer(c)
>>> while p[0]:
        print(p[0].name)
        if not p[0].next:       # None, NULL포인터
                break
        p = p[0].next


b'apple'
b'banana'
b'orange'
```

프로그램 설명

① **설명 1**은 C 언어에서 자기참조 구조체(self-referential struct)에 의한 단방향 연결리스트(single linked list)를 구현한다. 구조체 node를 멤버 없이 구현하고, 멤버를 외부에서 나중에 node._fields_ = [("name", c_char_p), ("next", POINTER(node))]로 설정한다. node 클래스 내부에 _fields_를 내부에 정의하면, POINTER(node) 때문에 AttributeError가 발생한다.

② **설명 2**에서 a = node()는 node 구조체 객체 a를 생성하고, a.name = b"orange", a.next = None로 지정한다. b = node()는 node 구조체 객체 b를 생성하고, b.name = b"banana", b.next = pointer(a)로 지정한다. c = node()는 구조체 객체 c를 생성하고, c.name = b"apple", c.next = pointer(b)로 지정한다.

③ **설명 3**에서 p = c에 의해 p는 c와 같은 객체이다. while 문으로 노드를 이동하면서, p.name을 출력한다. while 문의 if 문에서 not p.next 조건이 True이면 마지막 노드에 도착한 것이다. p.next[0]는 p.next.contents와 같다. if 문에 의한 break 문이 없으면 NULL 포인터를 접근하게 되어 ValueError가 발생한다.

④ **설명 4**에서 p = pointer(c)에 의해 c로의 포인터 객체를 생성하여, 각 노드를 방문하여 문자열을 출력한다. p[0]은 p.contents이고, p[0].name은 p.contents.name이며, p[0].next는 p.contents.next이다.

5.5 자료형 변환

ctypes.cast(obj, type) 함수는 C 언어의 형변환(cast) 연산자와 유사하다. obj와 같은 메모리 블록을 가리키는 type의 새로운 인스턴스를 반환한다. type은 포인터 자료형이고, obj는 포인터 객체이다.

[예제 7.46] 자료형 변환 cast() 함수

```
>>> from ctypes import *
>>> p1 = (c_char * 4)(0x00, 0x00, 0x40, 0xBF)
>>> p2 = cast(p1, POINTER(c_float))
>>> p2.contents.value
-0.75
```

프로그램 설명

① p1 = (c_char * 4)(0x00, 0x00, 0x40, 0xBF)은 크기 4인 c_char 배열 p1을 생성하고, 0x00, 0x00, 0x40, 0xBF로 초기화한다. -0.75의 16진수 0xBF400000을 낮은 바이트부터(little endian) 순서로 초기화한 것이다.

② p2 = cast(p1, POINTER(c_float))는 p1을 POINTER(c_float)로 자료형 변환하여 p2를 생성한다. p2.contents.value = -0.75이다.

5.6 외부함수 호출

외부함수(foreign function)는 함수 원형(function prototype)을 인스턴스화해서 래핑(wraping)하는 방법으로 호출한다.

---

① 팩토리 함수로 함수 원형을 생성한다.

```
prototype = CFUNCTYPE( restype, *argtypes,
            use_errno=False, use_last_error=False)
prototype = WINFUNCTYPE(restype, *argtypes,
            use_errno=False, use_last_error=False)
```

② 함수 원형을 인스턴스화 한다.

```
func = prototype(func_spec[, paramflags])
```

③ func() 함수를 호출한다.

함수 원형은 함수의 구현은 없고, 반환값과 인수의 자료형 그리고 호출 규약을 명시한다. 외부함수를 래핑하는 순서는 먼저, ① CFUNCTYPE(), WINFUNCTYPE() 등의 팩토리 함수(factory function)에 결과 자료형(restype), 인수 자료형(argtypes)을 등을 명시하여 함수 원형(prototype)을 생성한다.

C언어의 cdecl 호출 규약 함수는 CFUNCTYPE() 함수를 사용하고, stdcall 호출 규약 함수는 WINFUNCTYPE() 함수를 사용하여 함수 원형(prototype)을 생성한다. 다음 단계 ②는 생성된 함수 원형(prototype)을 인스턴스화한다. func_spec은 (name_of_exported_function, library)의 tuple이고, paramflags는 옵션으로 argtypes과 같은 길이의 tuple이다. (item1[, item2 [, item3]])의 tuple로 item1 = 1이면 입력(input), item1 = 2이면 출력(output)이다. item2는 옵션이고 str 문자열이며 매개변수 이름이다. item3은 옵션이고, 매개변수의 디폴트 값이다. 마지막으로, ③ 인스터스화 하여 생성한 func()로 함수에 적절한 인수와 함께 호출한다.

[예제 7.47] qsort() 함수로 정수 배열 정렬

```python
>>> from ctypes import *

# 설명 1
>>> Int5 = c_int * 5
>>> arr = Int5(4, 1, 3, 5, 2)
>>> qsort =cdll.msvcrt.qsort
>>> qsort.restype = None

# 설명 2
>>> def cmp_func(a, b):
        return a[0] > b[0]       # 오름차순 정렬. 내림차순은 a[0] < b[0]
>>> prototype = CFUNCTYPE(c_int, POINTER(c_int), POINTER(c_int))
```

```
# 설명 3
>>> qsort(arr, len(arr), sizeof(c_int), prototype(cmp_func))
>>> arr[:]
[1, 2, 3, 4, 5]
```

프로그램 설명

① **설명 1**에서 Int5 = c_int * 5는 정수 5개의 배열 자료형을 생성하고, arr = Int5(4, 1, 3, 5, 2)는 arr에 정수형 배열 arr을 생성하고, 초기화한다. qsort = cdll.msvcrt.qsort는 C 언어 함수 cdll. msvcrt.qsort로의 참조 객체 qsort를 생성한다. qsort.restype = None는 반환값이 없음을 의미한다.

② **설명 2**에서 파이썬 비교 함수 cmp_func(a, b)를 정의한다. a, b로 포인터가 전달되므로 값은 a[0], b[0]을 사용한다. 오름차순 정렬은 a[0] > b[0]을 반환하고, 내림차순 정렬은 a[0] < b[0]을 반환한다. prototype = CFUNCTYPE(c_int, POINTER(c_int), POINTER(c_int))는 반환형이 c_int, 매개변수가 POINTER(c_int), POINTER(c_int)인 함수의 함수 원형 객체 prototype를 생성한다.

③ **설명 3**에서 qsort(arr, len(arr), sizeof(c_int), prototype(cmp_func))는 배열 arr을 오름차순으로 퀵정렬하여 arr[:] = [1, 2, 3, 4, 5]이다.

[예제 7.48] 윈도우즈 API 함수 MessageBoxA() 호출 1

```
# 설명 1
>>> from ctypes import c_int, WINFUNCTYPE, windll
>>> from ctypes.wintypes import HWND, LPCSTR, UINT

# 설명 2
>>> prototype = WINFUNCTYPE(c_int, HWND, LPCSTR, LPCSTR, UINT)

# 설명 3
>>> paramflags = ((1, "hWnd", 0), (1, "lpText", b"Hi"),
                  (1, "lpCaption", b"Msg"),
                  (1, "uType", 0))

# 설명 4
>>> MessageBox = prototype(("MessageBoxA", windll.user32), paramflags)

# 설명 5
>>> MessageBox()
>>> MessageBox(lpText = b"Hello")
>>> MessageBox(lpText = b"Hello", lpCaption = b"Msg", uType = 1)
```

프로그램 설명

① 윈도우즈 API 함수 int MessageBoxA(HWND hWnd, LPCSTR lpText, LPCSTR lpCaption, UINT uType)를 래핑하여 실행하는 예제이다. MessageBoxA() 함수는 아스키, 멀티바이트 함수이다. MessageBoxA() 함수는 win32에서 user32.dll 라이브러리에 있다.

② **설명 1**에서 ctypes 모듈에서 c_int, WINFUNCTYPE, windll을 임포트하고, ctypes.wintypes로 부터 윈도우즈 API 관련 자료형 HWND, LPCSTR, UINT를 임포트한다. HWND는 c_void_p이고, LPCSTR은 c_char_p, UINT는 c_ulong 자료형이다.

③ **설명 2**에서 prototype = WINFUNCTYPE(c_int, HWND, LPCSTR, LPCSTR, UINT)는 MessageBoxA() 함수의 리턴 자료형(c_int), 매개변수 자료형(HWND, LPCSTR, LPCSTR, UINT)을 명시하여 함수 원형 객체 prototype를 생성한다.

④ **설명 3**에서 paramflags를 3개의 항목을 갖는 tuple로 생성한다. (1, "hWnd", 0)은 MessageBoxA() 함수의 매개변수 HWND hWnd에 대응한다. hWnd는 입력(1)이고, 초기값은 0이다. (1, "lpText", b"Hi")는 매개변수 LPCSTR lpText에 대응한다. lpText는 입력(1)이고, 초기값은 b"Hi"이다. 여기서, 유니코드 문자열 "Hi"로 초기화하면 LPCSTR과 맞지 않기 때문에 TypeError가 발생한다. (1, "lpCaption", b"Msg")는 매개변수 LPCSTR lpCaption에 대응한다. lpCaption는 입력(1)이고, 초기값은 b"Msg"이다. 여기서, 유니코드 문자열 "Msg"로 초기화하면 LPCSTR과 맞지 않기 때문에 TypeError가 발생한다. (1, "uType", 0)은 매개변수 UINT uType에 대응한다. uType는 입력(1)이고, 초기값은 0이다.

⑤ **설명 4**에서 함수 원형 객체 prototype을 사용하여 MessageBoxA() 함수를 인스턴스화 한다. ("MessageBoxA", windll.user32)는 함수이름과 함수가 속한 라이브러리를 명시하고 paramflags로 매개변수를 명시하여 MessageBox 객체를 생성한다.

⑥ **설명 5**에서 MessageBox()를 호출하면, 윈도우즈 API 함수 MessageBoxA()가 디폴트 값으로 paramflags 정보를 가지고 호출하여 [확인] 버튼을 갖는 메시지 박스가 화면에 표시된다. MessageBox(lpText = b"Hello")는 메시지 박스에 문자열 b"Hello"가 출력되고, [확인] 버튼을 갖는 메시지 박스가 화면에 표시된다. MessageBox(lpText = b"Hello", lpCaption = b"Msg", uType = 1)는 메시지 박스에 문자열 b"Hello"가 출력되고, 타이틀 바에는 b"Msg" 문자열이 출력되며, uType = 1에 의해 [확인]과 [취소] 버튼을 갖는 메시지 박스가 화면에 표시된다.

5.7 DLL 직접 로드하기

윈도우즈에서 라이브러리를 파이썬 프로세스에 로드하는 3가지 방법이 있다

1. ctypes.CDLL, ctypes.WinDLL, ctypes.PyDLL 클래스를 사용하여 라이브러리를 로드한다. ctypes.CDLL은 cdecl 호출 규약, ctypes.WinDLL은 stdcall 호출 규약을 사용하는 라이브러리의 인스턴스를 생성한다. ctypes.PyDLL은 ctypes.CDLL과 비슷하고, 파이썬으로 생성한 라이브러리를 로드한다.
2. ctypes.LibraryLoader(dlltype)에서 dlltype을 CDLL, PyDLL, WinDLL로 지정하여 인스턴스를 생성하고, LoadLibrary(name) 함수를 사용하여 라이브러리를 로드한다.
3. DLL 종류에 따라 미리 생성해 놓은 객체인 ctypes.cdll, ctypes.windll, ctypes.pydll 등을 사용하여 간단히 로드한다.

[예제 7.36], [예제 7.37], [예제 7.38], [예제 7.47]에서 cdll.msvcrt를 사용하여 prints, scanf, strchr, qsort 등의 C 언어 함수를 호출하였다. [예제 7.48]은 WINFUNCTYPE() 함수로 생성한 함수 원형 객체에서 라이브러리 인스턴스, windll.user32를 명시하는 방법으로 윈도우즈 API 함수 MessageBoxA()를 호출하는 방

법을 설명하였다. 여기서는 windll, LibraryLoader(), LoadLibrary()를 사용하여 MessageBoxA() 함수를 호출하는 간단한 방법을 설명한다.

[예제 7.49] 윈도우즈 API 함수 MessageBox() 호출 2

```
>>> import ctypes

# 설명 1
>>>> mydll = ctypes.WinDLL('user32.dll')
>>> mydll.MessageBoxA(0, b"Hello", b"Hello", 1)
1

# 설명 2
>>> dllObj = ctypes.LibraryLoader(ctypes.WinDLL)
>>> mydll3 = dllObj.LoadLibrary('user32.dll')
>>> mydll3.MessageBoxA(0, b"Hello", b"Hello", 1)
1

# 설명 3
>>> mydll2 = ctypes.windll.LoadLibrary('user32.dll')
>>> mydll2.MessageBoxA(0, b"Hello", b"Hello", 1)
1
```

프로그램 설명

① 설명 1에서 mydll = ctypes.WinDLL('user32.dll')은 'user32.dll' 라이브러리를 stdcall 호출 규약으로 로드한다. mydll.MessageBoxA(0, b"Hello", b"Hello", 1)는 메시지 박스를 화면에 표시한다.

② 설명 2에서 dllObj = ctypes.LibraryLoader(ctypes.WinDLL)는 WinDLL 타입으로 라이브러리 객체, dllObj를 생성한다. mydll2 = dllObj.LoadLibrary('user32.dll')는 dllObj 객체를 이용하여 'user32.dll' 라이브러리를 mydll2에 로드한다. mydll2.MessageBoxA(0, b"Hello", b"Hello", 1)는 메시지 박스를 화면에 표시한다.

③ 설명 3에서 mydll3 = ctypes.windll.LoadLibrary('user32.dll')는 ctypes.windll의 LoadLibrary() 함수로 'user32.dll'을 mydll3에 로드한다. mydll3.MessageBoxA(0, b"Hello", b"Hello", 1)는 메시지 박스를 화면에 표시한다.

그래픽 처리

8장

파이썬은 터틀(turtle) 그래픽, tkinter, matplotlib, WxPython 등의 다양한 그래픽 모듈 및 패키지를 지원한다. 여기서는 turtle 모듈을 사용한 간단한 그래픽과 tkinter 패키지에 의한 GUI 프로그래밍에 대하여 설명한다.

01 터틀(turtle) 그래픽

turtle 모듈은 매우 단순한 2D 그래픽을 지원한다. 내부적으로는 tkinter 패키지를 사용하여 구현되어 있다. 거북이(turtle)가 돌아다니며 흔적을 남기는 방식으로 2차원 그래픽을 생성한다.

[그림 8.1]은 turtle 모듈의 클래스 계층구조를 간략히 표시한다. [그림 8.1]에서 굵은 실선은 상속관계를 나타내고, 점선 화살표는 내부에서 호출하여 객체를 생성해서 사용하는 관계를 표시한다.

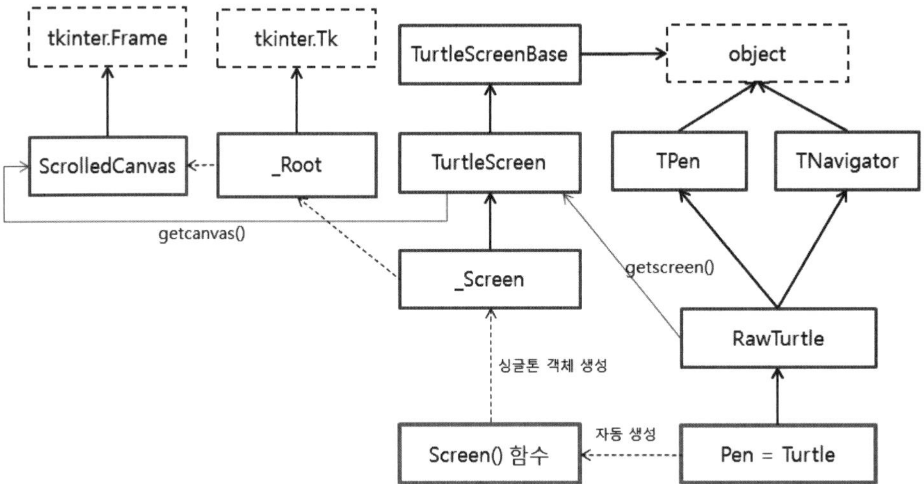

[그림 8.1] turtle 모듈의 클래스 계층구조

TPen 클래스는 그리기 속성을 구현하고, TNavigator 클래스는 터틀의 움직임 메서드를 구현한다. RawTurtle 클래스는 TPen과 TNavigator 클래스로부터 상속을 받아 터틀을 생성한다. RawTurtle.getscreen() 메서드에 의해 TurtleScreen 클래스 객체에 접근할 수 있다.

TurtleScreenBase 클래스는 기본 그래픽 기능을 제공하고, TurtleScreen 클래스는 윈도우 스크린의 배경색, 배경 이미지, 윈도우와 캔버스 크기 등과 같은 메서드를 제공한다. TurtleScreen.getcanvas() 메서드는 디폴트 캔버스인 ScrolledCanvas 클래스의 객체를 접근할 수 있다. ScrolledCanvas 클래스는 tkinter로부터 스크롤바를 갖는 캔버스를 생성한다.

대부분의 프로그래머는 Turtle 클래스 객체를 이용하여 터틀 그래픽을 생성한다. Turtle 클래스 객체를 생성하면, Screen() 함수가 자동으로 싱글톤 윈도우 스크린 객체를 생성한다. RawTurtle, Turtle, Screen 클래스 등의 주요 클래스 메서드는 같은 이름의 일반 함수로 호출할 수 있다.

1.1 윈도우 생성, 터틀 생성, 모드 설정, 특별 함수

Turtle() 클래스는 움직이는 거북이(turtle)를 생성한다. 이때, 터틀이 움직일 윈도우가 생성되어 있지 않으면, 내부에서 Screen() 함수를 호출하여 자동으로 윈도우를 생성한다.

Screen() 함수가 생성하는 _Screen 클래스 객체는 단 하나의 객체만 갖는 싱글톤(singleton) 객체이다. 이렇게 기본적으로 생성되는 윈도우는 [그림 8.2]와 같이 메인 윈도우인 TkTopLevel(856×825) 내부에 터틀이 움직이며 그래픽을 그릴 자식 윈도우인 TkChild(840×787)로 이루어져 있다. TkChild 자식 윈도우가 Screen 윈도우이며, 테두리(회색)를 가지고 있어, 사용자는 윈도우 크기보다 작은 영역을 사용할 수 있다. 좌표계는 윈도우의 중앙이 원점(0, 0)이고, 가로축이 X축, 세로축이 Y축이다.

Turtle 또는 Pen을 이용하여 터틀(또는 펜) 객체를 생성한다. 터틀(거북이)을 생성한다고 생각할 수도 있고, 글씨를 쓰는 펜을 생성한다고 생각할 수도 있다. 하나의 터틀은 turtle.Turtle에 의해 모듈 함수로 직접 컨트롤해도 되고, 여러 개의 터틀을 생성할 경우는 객체의 메서드로 터틀을 컨트롤한다. RawTurtle, Turtle, Screen 클래스의 다양한 메시드는 같은 이름의 일빈함수로 호출할 수 있디. [표 8.1]은 TurtleScreen과 Screen의 주요 함수와 메서드이다. [표 8.2]는 터틀의 모양, 크기에 대한 함수와 메서드이다. 대부분 함수에서 인수 없이 호출하면, 현재 설정된 내용을 반환한다.

표 8.1 TurtleScreen, Screen의 주요 메서드에 대한 함수/메서드

함수/메서드	설명
bgcolor(*args)	TurtleScreen의 배경 색상
bgpic(picname=None)	TurtleScreen의 배경 영상
clearscreen(), clear()	TurtleScreen의 그리기 및 터틀을 삭제하고 초기화
resetscreen(), reset()	Screen 위의 모든 터틀을 초기화
screensize(canvwidth=None, canvheight=None, bg=None)	스크롤바가 생기기 시작하는 캔버스 크기를 재조정 윈도우 크기는 변경되지 않음
setworldcoordinates(llx, lly, urx, ury)	사용자 좌표계 설정

delay(delay=None)	애니메이션 컨트롤을 위한, delay 밀리초 지연
tracer(n=None, delay=None)	tracer(False)는 애니메이션 off, tracer(True)는 애니메이션 on으로 설정. n이 양의 정수이면, n 번째 갱신(update)마다 스크린을 갱신. delay는 갱신 사이의 밀리 초 지연시간
update()	설정된 delay를 고려하여 스크린을 갱신
bye()	터틀 그래픽 윈도우를 파괴
exitonclick()	Screen을 마우스로 클릭하면 turtle.bye()
setup(width, height, startx, starty)	(startx, starty)는 메인 윈도우(TkTopLevel)의 모니터에서의 위치이고, (width, height)는 TkChild(840×787) 자식 윈도우의 크기를 변경
title(titlestring)	메인 윈도우(TkTopLevel)의 타이틀바 설정
mode(mode=None)	모드 설정. "standard", "logo", "world"
colormode(cmode=None)	cmode = 1.0 또는 255
getcanvas()	TurtleScreen의 캔버스 반환. tkinter로 직접 그리기
getshapes()	가능한 모든 터틀 모양의 이름 리스트
register_shape(name, shape = None)	터틀의 모양을 name으로 등록. name은 gif 파일로 등록하거나, 임의 문자열과 shape에 좌표쌍의 tuple로 등록
turtles()	스크린 위의 터틀 리스트
window_width() window_height()	TkChild(840×787) 자식 윈도우의 가로와 세로 크기

표 8.2 터틀의 모양, 크기 및 특별 함수/메서드

함수/메서드	설명
hideturtle(), ht()	터틀을 감춘다.
showturtle(), st()	터틀을 보인다.
isvisible()	터틀이 보이면 True
shape(name=None)	name에 주어진 모양으로 변경. 'arrow', 'turtle', 'circle', 'square', 'triangle', 'classic'
resizemode(rmode=None)	리사이즈 모드 설정. 'auto', 'user', 'noresize'
shapesize(stretch_wid=None, stretch_len=None, outline=None)	stretch_wid는 터틀의 수직 방향의 확대 축소 stretch_len는 터틀 방향의 확대 축소. outline은 테두리 두께 설정
shearfactor(shear=None)	밀림(shear) 설정
tilt(angle)	현재 위치를 기준으로 angle만큼 회전
tiltangle(angle=None)	angle에 명시된 방향을 보도록 회전 머리 방향은 안 바뀜
shapetransform(t11=None, t12=None, t21=None, t22=None)	현재의 터틀 모양의 변환을 설정 및 반환

get_shapepoly()	현재 터틀 모양의 다각형의 좌표를 tuple로 반환
clone()	터틀을 현재 위치에서 복제
getturtle(), getpen()	터틀 객체를 반환
getscreen()	터틀이 그리고 있는 TurtleScreen 객체 반환
setundobuffer(size)	undo() 함수에 의해 취소될 행동의 최대 크기

[예제 8.1] 윈도우 생성

```
# 설명 1
>>> import turtle
>>> t = turtle.Turtle()                    # turtle.Pen(), 터틀생성
>>> turtle.mode()
'standard'
>>> screen = turtle.getscreen()            # turtle.Screen(), t.getscreen(), t.screen
>>> t.getscreen() is turtle.getscreen()    # 스크린은 싱글톤
True
>>> t.screen is t.getscreen()
True
>>> turtle.window_width()        # screen.window_width()
840
>>> turtle.window_height()       # screen.window_height()
787
>>> turtle.screensize()          # screen.screensize()
(400, 300)
>>> screen.canvwidth, screen.canvheight
(400, 300)

# 설명 2
>>> turtle.setup(600, 400)        # screen.setup(600, 400)
>>> turtle.window_width(), turtle.window_height()
(600, 400)
>>> turtle.setup(600, 400, 0, 0)

# 설명 3
>>> turtle.title("first")         # screen.title('first')
>>> turtle.bgcolor("#ff0000")     # screen.bgcolor("#ff0000")
>>> turtle.bye()                  # screen.bye()
```

프로그램 설명

① 설명 1에서 t = turtle.Turtle()는 Turtle 클래스로 움직이는 거북이(turtle) 객체 t를 생성한다. t = turtle.Turtle()로 터틀 객체를 명시적으로 생성하지 않아도 터틀 관련 함수를 처음 사용할 때 자동으로 생성한다.

[그림 8.2]와 같이 디폴트 윈도우 스크린을 자동으로 생성하고, 터틀을 중앙에 위치시킨다. 메인 윈도우인 TkTopLevel(856×825) 내부에 터틀이 움직이며 그래픽을 표시할 자식 윈도우인 TkChild(840×787)로 이루어져 있다. TkChild 자식 윈도우가 Screen 윈도우이며 테두리(회색)를

가지고 있으므로, 사용자는 실제 윈도우 크기보다 작은 영역을 사용할 수 있다. 좌표계는 윈도우의 중앙이 원점(0, 0)이고, 가로축이 X축, 세로축이 Y축이다.

turtle.mode()는 "standard" 모드로, 터틀의 머리 방향이 오른쪽(right, east)을 바라보고 있으며, 양의 각도(positive angle)가 반시계 방향이다. turtle.Screen(), turtle.getscreen(), t.getscreen(), t.screen은 모두 같은 객체이다. 즉, 스크린 객체는 하나만 생성되는 싱글톤 객체이다. 디폴트로 생성된 윈도우 크기는 turtle.window_width() = 840, turtle.window_height() = 787이다. 터틀이 그림을 그릴 영역인, 캔버스의 크기는 turtle.screensize() = (400, 300)이다. 윈도우의 클라이언트 영역의 크기가 설정된 캔버스 크기보다 작으면 스크롤바가 나타난다. 윈도우의 크기를 변경하더라도, 스크린 캔버스의 크기는 자동으로 변경되지 않는다. turtle.screensize()로 스크린 캔버스 크기를 변경해야 한다.

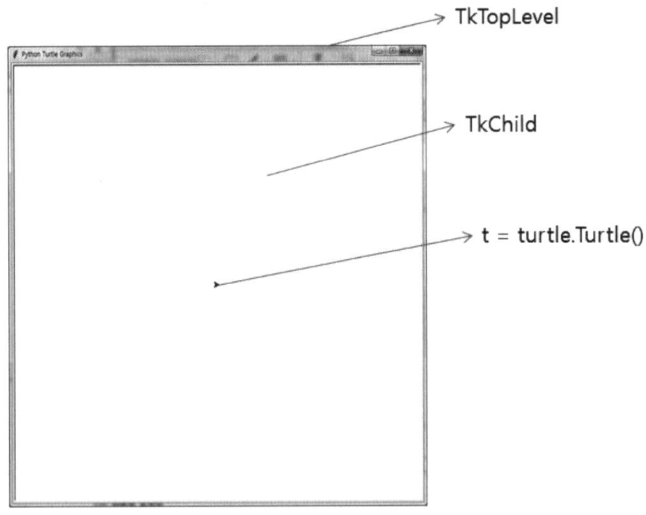

[그림 8.2] t = turtle.Turtle()

② **설명 2**에서 turtle.setup(600, 400)는 자식 윈도우인 TkChild 윈도우의 크기를 turtle.window_width() = 600, turtle.window_height() = 400로 변경한다. turtle.setup(600, 400, 0, 0)은 메인 윈도우가 나타날 위치를 모니터의 왼쪽 상단(0, 0)으로 설정한다.

③ **설명 3**에서 turtle.title("first")은 윈도우의 타이틀을 "first"로 지정한다. turtle.bgcolor("#ff0000")는 배경 색상을 "red"로 변경한다. turtle.bye()는 윈도우를 파괴한다.

[예제 8.2] 터틀의 모양, 크기 변경

```
>>> import turtle
```

```
# 설명 1
>>> t = turtle.Turtle()          # 터틀 생성, t = turtle.Pen()
>>> t.ht()                       # 터틀 감추기, t.hideturtle()
>>> t.isvisible()                # 터틀이 보이는가 여부
False
>>> t.st()                       # 터틀 보이기, t.showturtle()
>>> turtle.turtles()
[<turtle.Turtle object at 0x022B8090>]
```

```
# 설명 2
>>> turtle.register_shape("rect", ((-5,10), (-5,-10), (5,-10), (5, 10)))
>>> turtle.getshapes()
['arrow', 'blank', 'circle', 'classic', 'rect', 'square', 'triangle', 'turtle']
>>> t.shapesize(10, 10)        # t.shapesize(10, 10, 1)        # [그림 8.3](a)
>>> t.get_shapepoly()
((-50.0, 100.0), (-50.0, -100.0), (50.0, -100.0), (50.0, 100.0))

# 설명 3
>>> t.shape("turtle")          # [그림 8.3](b)
>>> t.tilt(45)
>>> t.tilt(45)                 # [그림 8.3](c)
>>> t.tiltangle()
90.0

# 설명 4
>> t.reset()                   # [그림 8.3](d)
>>> turtle.clearscreen()       # t.getscreen().clear()
>>> turtle.turtles()
[]
```

프로그램 설명

① 설명 1에서 t = turtle.Turtle()는 터틀 객체 t를 생성한다. t.ht()는 터틀 t를 보이지 않게 감춘다. t.isvisible()은 t.ht()에 의해 터틀 t가 화면에 보이지 않기 때문에 False이다. t.st()는 터틀 t를 화면에 보인다. turtle.turtles()는 현재 생성된 모든 터틀 객체를 리스트로 반환한다. turtle.ht(), turtle.st() 와 같이 모듈 이름(turtle)을 사용하면 또 다른 터틀 객체가 생성된다는 점에 주의한다.

② 설명 2에서 turtle.register_shape("rect", ((-5,10), (-5,-10), (5,-10), (5, 10)))는 4개의 좌표로 구성된 사각형을 문자열 "rect"로 등록한다. turtle.getshapes()는 현재 사용할 수 있는 터틀 모양의 이름 리스트를 반환한다. t.shape("rect")는 터틀 t의 모양을 등록된 문자열 "rect"로 설정한다. t.shapesize(10, 10)는 터틀 t의 모양을 [그림 8.3](a)와 같이 가로와 세로를 10배로 확대한다. t.shapesize(10, 10, 30)로 설정하면 모서리가 둥글게 된다. t.get_shapepoly()는 터틀 t의 모양의 모서리점을 튜플로 가져온다. x, y 좌표가 10배씩 확대된 것을 알 수 있다.

③ 설명 3에서 t.shape("turtle")는 터틀 객체 t의 모양이 [그림 8.3](b)와 같이 10배 확대된 크기의 거북이 모양으로 변경된다. t.tilt(45), t.tilt(45)에 의해 터틀 t를 현재의 위치에서 45도씩 2번 회전하여 [그림 8.3](c)와 같고, t.tiltangle()은 90.0을 반환한다.

④ 설명 4에서 t.reset()은 터틀 t를 원래의 크기 및 위치로 되돌린다. 터틀 t의 모양은 "turtle"을 유지한다. turtle.clearscreen()은 스크린 윈도우의 그래픽을 모두 지우고, 터틀을 전부 삭제하여 turtle. turtles()는 공백 리스트이다.

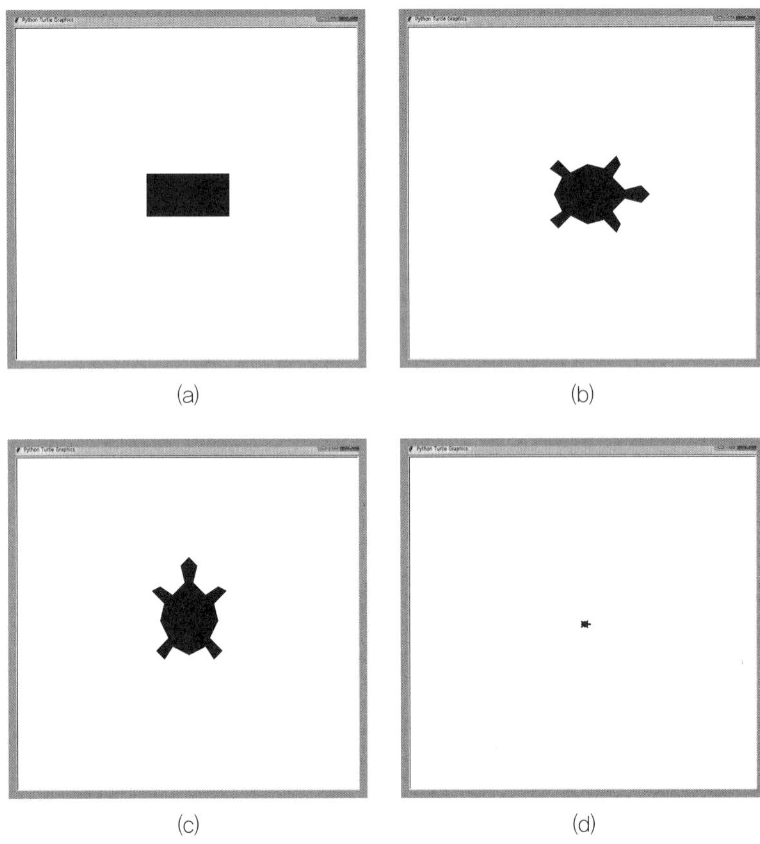

(a)　　　　　　(b)

(c)　　　　　　(d)

[그림 8.3] 터틀의 모양 및 크기 변경

1.2 터틀의 움직임과 그리기

[표 8.3]은 터틀의 움직임과 그리기 관련 주요 함수/메서드이다. forward(dist)는 터틀의 방향을 dist만큼 이동시킨다. dist 〉 0이면 앞으로 움직이고, dist 〈 0이면 뒤로 움직인다. [표 8.4]는 터틀의 상태 및 각도 관련 함수이다. pendown()에 의해 터틀의 펜(꼬리)을 내리고 움직이면, 캔버스에 이동 흔적이 선으로 그려진다. penup()에 의해 펜을 들고 움직이면, 선이 그려지지 않는다.

degrees(fullcircle = 360.0) 함수는 원의 한 바퀴를 360도로 설정한다. degrees(2 * math.pi)는 원의 한 바퀴를 2 * math.pi로 설정하는 것으로 radians()으로 설정한 것과 같다. turtle.clear() 함수는 터틀이 그린 내용을 지운다. 터틀의 위치와 머리 방향은 유지한다. 스크린을 삭제하는 turtle.getscreen().clear() 함수와는 다르다. turtle.reset() 함수는 터틀의 그리기를 지우고, 터틀을 스크린의 중심인 시작 위치로 초기화한다. 스크린을 초기화하는 turtle.getscreen().reset()과는 다르다.

표 8.3 터틀 움직임과 그리기 주요 함수/메서드

함수/메서드	설명
forward(dist)	dist만큼 앞으로 이동. fd()
backward(dist)	dist만큼 뒤로 이동. back(), bk()
right(angle)	현재를 기준으로 angle만큼 오른쪽으로 방향 변경 rt(), degrees(), radians(), mode()에 의존
left(angle)	현재를 기준으로 angle만큼 왼쪽으로 방향 변경 lt(), degrees(), radians(), mode()에 의존
setposition(x, y= None)	x, y 위치로 이동. setpos() goto()
setx(x)	x 위치 변경
sety(y)	y 위치 변경
setheading(to_angle)	터틀 방향을 절대각도 to_angle로 변경. seth() mode()에 의존, standard 모드는 0:동, 90:북, 180:서, 270:남
home()	터틀을 (0,0) 위치로 이동. 방향은 초기 상태
circle(radius)	반지름 radius를 갖는 원. radius > 0이면 반시계방향 원, radius < 0이면 시계방향으로 원
dot(size=None,*color)	size 크기. color의 점
stamp()	현재 터틀 모양을 복사하여 표시. 스탬프 번호(stamp_id)를 반환. clearstamp(stamp_id) 함수로 삭제
clearstamp(stampid)	stamp_id 번호의 스탬프 삭제
clearstamps(n=None)	n=None이면 모든 스탬프 삭제. n>0이면 처음 n개 스탬프 삭제 n<0이면 마지막 n개 스탬프 삭제
undo()	터틀의 마지막 행동 취소
speed(speed=None)	스피드를 0에서 10까지의 숫자 또는 문자열로 지정 "fastest": 0, "fast": 10, "normal": 6, "slow": 3, "slowest": 1

표 8.4 터틀의 상태 및 각도 관련 함수

메서드	설명
pendown()	펜 down. 디폴트. down()
penup()	펜 up. up()
pensize(width=None)	펜의 두께를 width로 설정. width()
pen(pen=None, **pendict)	pen은 펜 정보를 갖는 사전. pendict는 키워드 인수
isdown()	펜이 down이면 True
position()	터틀의 현재 위치. pos()
towards(x, y=None)	터틀의 현재 위치와 주어진 (x, y) 위치 사이의 각도
xcor()	터틀의 현재 x 위치
ycor()	터틀의 현재 y 위치
heading()	터틀 방향의 절대각도

distance(x, y=None)	터틀의 현재 위치에서 x, y까지의 거리 x에 터틀 객체 가능
degrees(fullcircle=360.0)	각도 단위를 설정, 디폴트값은 360
radians()	각도단위를 라디안으로 변경, degrees(2*math.pi)와 같음
clear()	그리기를 지우고, 터틀의 위치와 머리 방향은 유지
reset()	그리기를 지우고, 터틀을 스크린의 중심으로 초기화

write(arg, move=False,
  align="left",
  font=("Arial" , 8, "normal"))
	arg에 주어진 문자열 객체를 출력

[예제 8.3] 정사각형 그리기, forward(), left(), reset()

```
# 설명 1
>>> from turtle import *
>>> t = Turtle()
>>> t.fd(200)        # t.forward(200)
>>> t.lt(90)         # t.left(90)
>>> t.fd(200)
>>> t.lt(90)
>>> t.fd(200)
>>> t.lt(90)
>>> t.fd(200)

# 설명 2
>>> t.reset()
>>> for i in range(4):
        t.fd(200)
        t.lt(90)
```

프로그램 설명

① 설명 1에서 tutle 모듈 이름을 사용하지 않기 위해, from turtle import *로 임포트한다. t = Turtle()은 Turtle 클래스로 움직이는 터틀 객체 t를 생성한다. t.fd(200)은 터틀 객체 t를 200픽셀만큼 전진시키고, t.lt(90)는 90도 왼쪽으로 방향을 회전하는 것을 반복하여 [그림 8.4]처럼 한 변의 길이 200인 정사각형을 그린다.

② 설명 2에서 t.reset()은 터틀 t의 그리기를 지우고 초기화한다. for 문을 사용하여 정사각형을 그린다. 결과는 [그림 8.4]의 정사각형과 같지만, 터틀의 최종 방향이 다르다.

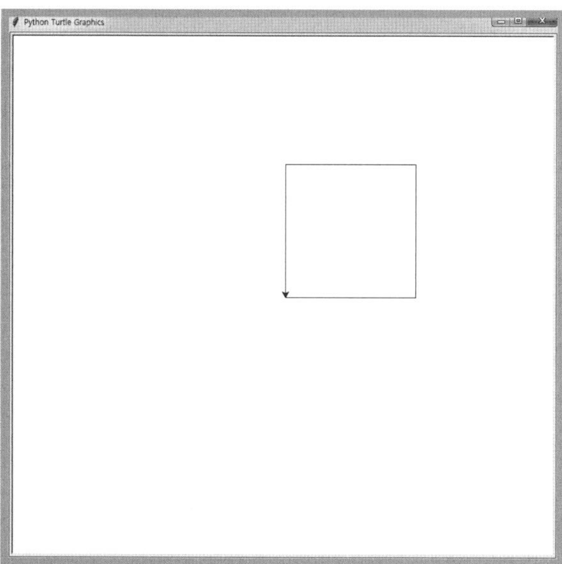

[그림 8.4] 정사각형 그리기

[예제 8.4] 좌표계 확인하기 (ex0804.py)

```python
01   # 설명 1
02   from turtle import *
03   def line(x1, y1, x2, y2):
04       # global g_pen  생략가능
05       g_pen.up();   g_pen.setpos(x1, y1)
06       g_pen.down(); g_pen.setpos(x2, y2)
07
08   # 설명 2
09   def main():
10       global g_pen
11       max_x = window_width()/2 -10
12       max_y = window_height()/2 - 10
13       min_x = -max_x
14       min_y = -max_y
15
16       g_pen = Turtle()
17       g_pen.write(repr(g_pen.position()))
18       line(min_x, 0, max_x, 0)      # X축
19       g_pen.write("X")
20       line(0, min_y, 0, max_y)      # Y축
21       g_pen.write("Y")
22
23   # 설명 3
24   if __name__ == "__main__":
25       main()
```

프로그램 설명

① 설명 1에서 line() 함수는 터틀 객체 g_pen을 이용하여 좌표 (x1, y1)에서 (x2, y2)까지 직선을 그린다. g_pen 객체를 참조하므로 global g_pen은 생략 가능하다.

② 설명 2에서 main() 함수는 X, Y 축을 선으로 표시하고, 텍스트를 출력한다. g_pen 객체를 전역변수로 선언하고, 스크린 윈도우의 가로와 세로 크기인 window_width(), window_height()를 이용하여 중앙이 원점(0,0)인 좌표계에서 X축의 최소값 min_x, 최대값 max_x, Y축의 최소값 min_y, 최대값 max_y를 테두리 및 여백 10을 고려하여 계산한다. g_pen = Turtle()는 터틀 객체 g_pen을 생성하고, 현재의 위치 t.position()을 문자열로 생성하여 _pen.write() 함수로 출력한다. line(min_x, 0, max_x, 0)으로 X축을 그리고, t.write("X")로 문자열 "X"를 출력하고, line(0, min_y, 0, max_y)로 Y축을 그리고, t.write("Y")로 문자열 "Y"를 출력하며 결과는 [그림 8.5]와 같다.

④ 설명 3에서 main() 함수를 호출하여 실행한다. if 문의 __name__ == "__main__" 조건에 의해 다른 모듈에 임포트될 때는 main() 함수가 호출되지 않는다.

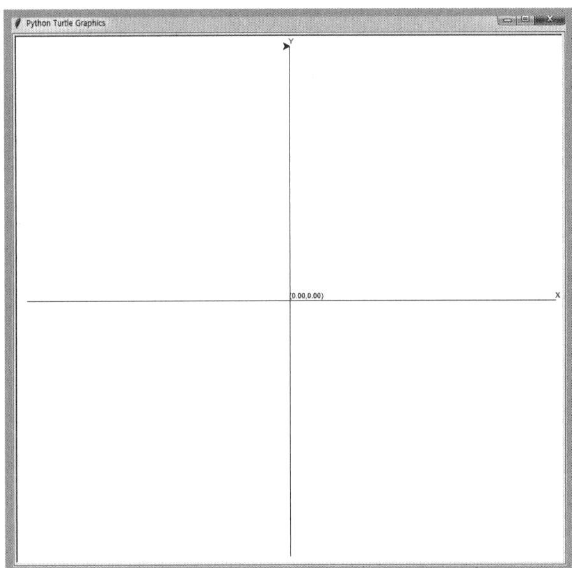

[그림 8.5] 좌표계 확인하기

[예제 8.5] square() 함수로 정사각형 그리기   (ex0805.py)

```python
01    # 설명 1
02    from turtle import *
03    def square(length):
04        # global g_pen
05        for i in range(4):
06            g_pen.fd(length)
07            g_pen.lt(90)
08
09    # 설명 2
10    def main():
11        global g_pen
```

```
12        g_pen = Turtle()
13        square(50)
14        square(100)
15        square(200)
16        g_pen.seth(90)          # g_pen.setheading(90)
17        square(200)
18        g_pen.seth(180)         # g_pen.setheading(180)
19        square(200)
20
21    # 설명 3
22    if __name__ == "__main__":
23        main()
```

프로그램 설명

① **설명 1**에서 square() 함수는 전역변수 터틀 객체 g_pen의 현재 방향에서 왼쪽으로 돌며 length 길이의 정사각형을 그린다.

② **설명 2**의 main() 함수는 터틀 객체 g_pen을 전역변수로 선언하고, g_pen = Turtle()은 g_pen 을 생성한다. square(50)는 length = 50의 정사각형, square(100)는 length = 100의 정사각형, square(200)는 length = 200의 정사각형을 1사분면에 그린다. g_pen.set(90)은 g_pen의 머리 방향을 북쪽(절대각도 90도)으로 향하게 한다. square(200)는 length = 200의 정사각형을 2사분면에 그린다. t.seth(180)은 g_pen의 머리 방향을 서쪽(절대각도 180도)으로 향하게 한다. square(200)는 length = 200의 정사각형을 3사분면에 그린다.

③ [그림 8.6]은 **설명 3**에서 main() 함수를 호출하여 실행한 결과이다.

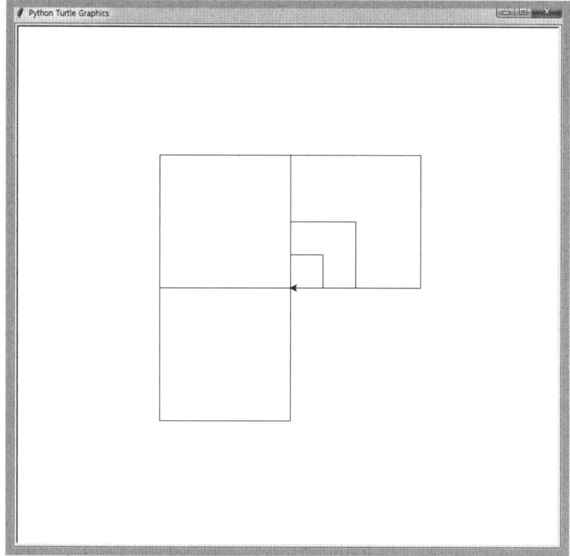

[그림 8.6] square() 함수로 사각형 그리기

[예제 8.6] draw_rect() 함수로 사각형 그리기　　　　　　　　　　　　　　　(ex0806.py)

```python
01  # 설명 1
02  from turtle import *
03  def draw_rect(pen, x, y, w, h, psize=4):
04      pen.pensize(psize)
05      pen.seth(0)
06      pen.up()                # pen.penup()
07      pen.setpos(x, y)        #  pen.goto(x, y)
08      pen.down()              # pen.pendown()
09
10      pen.setpos(x+w, y)
11      pen.setpos(x+w, y+h)
12      pen.setpos(x,   y+h)
13      pen.setpos(x,   y)
14
15  # 설명 2
16  def main():
17      t = Turtle()
18      draw_rect(t, -300, -300, 600, 600, 10)
19      for i in range(50, 201, 50):
20          draw_rect(t, -i, -i, i*2, i*2)
21
22  # 설명 3
23  if __name__ == "__main__":
24      main()
```

프로그램 설명

① 설명 1에서 draw_rect() 함수는 터틀 객체 매개변수 pen을 이용하여 사각형의 왼쪽 위(left-top) 좌표 (x, y)를 기준으로 가로 크기 w, 세로 크기 h인 사각형을 선 두께 psize로 그린다.

② 설명 2의 main() 함수에서 t = Turtle()은 터틀 객체 t를 생성한다. draw_rect(t, -300, -300, 600, 600, 10)는 t를 이용하여 사각형의 왼쪽 상단 좌표(-300, -300)를 기준으로 가로 크기 600, 세로 크기 600인 사각형을 선의 두께 10으로 그린다. for 문으로 draw_rect(t, -i, -i, i * 2, i * 2)를 호출해서 한 변의 길이가 100, 200, 300, 400인 정사각형을 그린다. 전역변수를 사용하지 않고 t를 draw_rect() 함수의 매개변수 pen에 전달한다.

③ [그림 8.7]은 설명 3에서 main() 함수를 호출하여 실행한 결과이다.

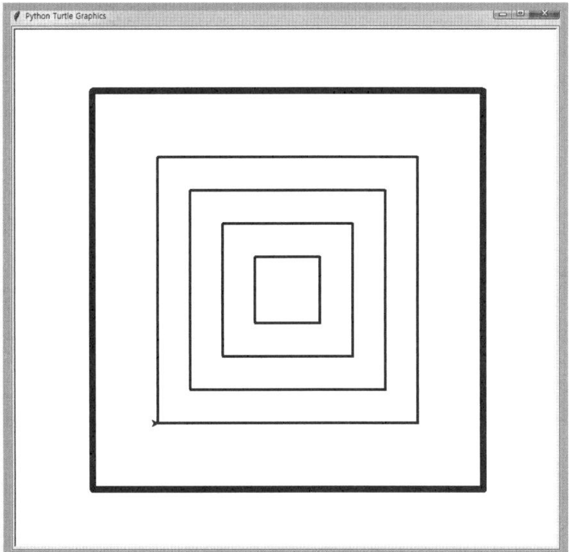

[그림 8.7] draw_rect() 함수로 사각형 그리기

[예제 8.7] setworldcoordinates() 함수로 사용자 정의 좌표계 설정

```
# 설명 1
>>> from turtle import *
>>> t = Turtle()
>>> screensize()              # t.screen.screensize()
(400, 300)

# 설명 2
>>> setworldcoordinates(-2.0, -2.0, 2.0, 2.0)        # t.screen.setworldcoordinates()
>>> screensize()
(820, 767)

# 설명 3
>>> t.up()                    # t.penup()
>>> t.setpos(-1, -1)          # t.setposition(-1, -1), t.goto(-1, -1)
>>> t.down()                  # t.pendown()
>>> for i in range(4):
        t.fd(2)               # t.forward(2)
        t.lt(90)              # t.left(90)

# 설명 4
>>> setworldcoordinates(-1.2, -1.2, 1.2, 1.2)
>>> setworldcoordinates(-10, -10, 10, 10)
```

프로그램 설명

① 설명 1에서 t = Turtle()은 터틀 객체 t를 생성한다. screensize()는 t.screen.screensize()와 같고, (400, 300)을 반환한다. 디폴트로 스크롤 윈도우를 생성하고, 캔버스 스크린 크기는 (400, 300)으로 설정된다.

② **설명 2**에서 setworldcoordinates(-2.0, -2.0, 2.0, 2.0)는 현재 보이는 윈도우 화면의 스크린 크기 전체를 세계 좌표 (-2.0, -2.0, 2.0, 2.0)로 매핑한다. screensize()는 현재 보이는 캔버스 스크린의 크기를 변경하여 (820, 767)를 반환한다.

③ **설명 3**에서 (-1.0, -1.0, 1.0, 1.0)로 정의되는 사각형을 그린다. (-1.0, -1.0)는 사각형의 왼쪽 아래(lower-left) 좌표이고, (1.0, 1.0)는 오른쪽 위(upper-right)의 좌표이다. [그림 8.8](a)은 setworldcoordinates(-2.0, -2.0, 2.0, 2.0) 좌표계에서 사각형을 표시한 결과이다.

④ **설명 4**에서 setworldcoordinates(-1.2, -1.2, 1.2, 1.2)로 세계 좌표 영역을 줄이면, 사각형을 다시 그리지 않아도 [그림 8.8](b)와 같이 줌인(zoom-in)하여 더 크게 표시한다. setworldcoordinates(-10, -10, 10, 10)로 세계 좌표 영역을 크게 변경하면, [그림 8.8](c)와 같이 줌 아웃(zoom-out)되어 더 작게 표시한다.

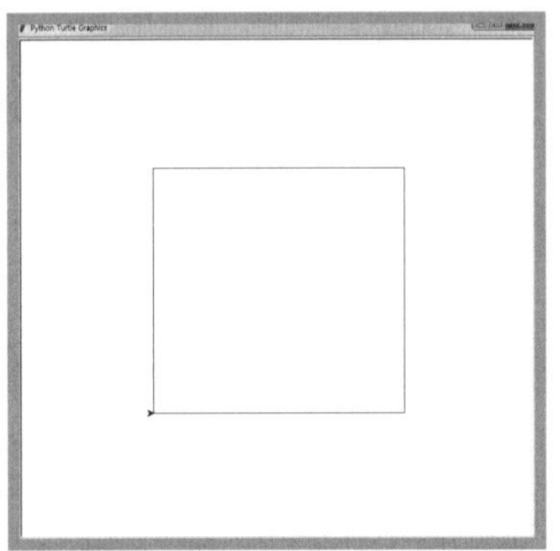

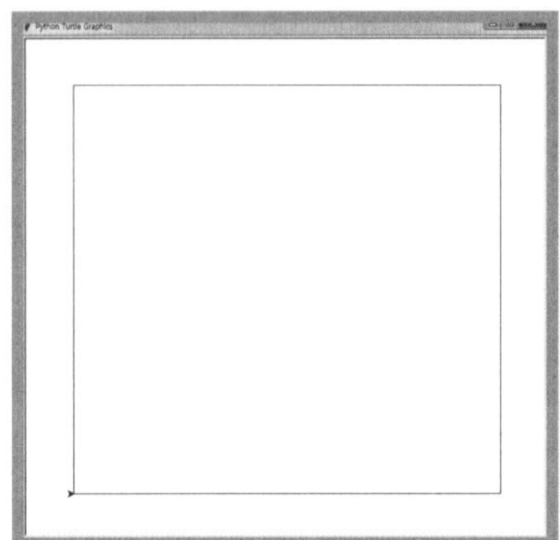

(a) setworldcoordinates(-2.0, -2.0, 2.0, 2.0)   (b) setworldcoordinates(-1.2, -1.2, 1.2, 1.2)

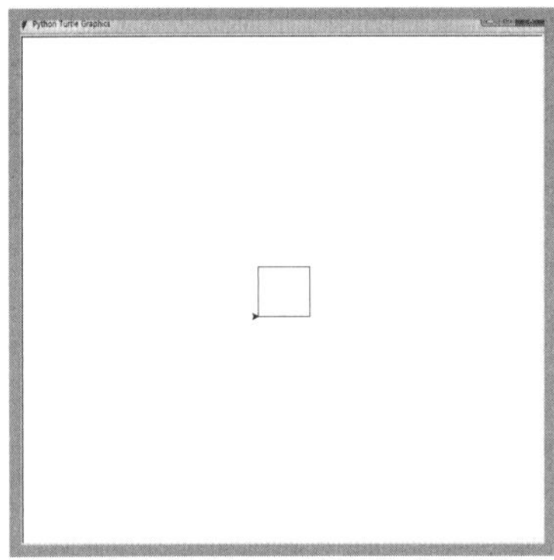

(c) setworldcoordinates(-10, -10, 10, 10)

[그림 8.8] 사용자 정의 좌표계 설정

[예제 8.8] sin(), cos() 함수 그리기   (ex0808.py)

```
01   # 설명 1
02   from turtle import *
03   from math import sin, cos
04   def line(x1, y1, x2, y2):
05       #global g_pen
06       g_pen.up();   g_pen.setpos(x1, y1)
07       g_pen.down(); g_pen.setpos(x2, y2)
```

```python
08    # 설명 2
09    def plot(f, min_x = -6, max_x = 6, dx = 0.1):
10        #global g_pen
11        x = min_x
12        g_pen.up(); g_pen.setpos(x, f(x));g_pen.down()
13        while x <= max_x:
14            x += dx
15            g_pen.setpos(x, f(x))
16
17    # 설명 3
18    def main():
19        global g_pen
20        g_pen = Turtle()
21        setworldcoordinates(-6,-2, 6, 2)
22        line(-6, 0,  6, 0)     # X-축
23        line(0, -2, 0, 2)       # Y-축
24        plot(sin)
25        plot(cos)
26
27    # 설명 4
28    if __name__ == "__main__":
29        main()
```

프로그램 설명

① 설명 1에서 turtle 모듈의 모든 함수 및 클래스를 임포트하고, math 모듈에서 sin, cos 함수를 임포트한다. line() 함수는 전역변수인 터틀 객체 g_pen을 이용하여 좌표 (x1, y1)에서 (x2, y2)까지 직선을 그린다.

② 설명 2에서 plot() 함수는 전역변수 g_pen을 이용하여 x 축의 최소값 min_x에서 최대값 max_x 까지의 구간에서 간격 dx = 0.1로 증가하면서 함수 f(x)를 계산하여 그래프를 그린다.

③ 설명 3의 main() 함수에서 setworldcoordinates(-6,-2, 6, 2)는 스크린을 세계 좌표 (-6, -2, 6, 2) 로 매핑한다. line(-6, 0, 6, 0)는 X-축을 직선으로 표시하고, line(0, -2, 0, 2)는 Y-축을 직선을 표시한다. plot(sin)은 f(x) = sin(x)의 그래프를 그리고, plot(cos)는 f(x) = cos(x)의 그래프를 그린다.

④ [그림 8.9]는 설명 4에서 main() 함수를 호출하여 실행한 결과이다.

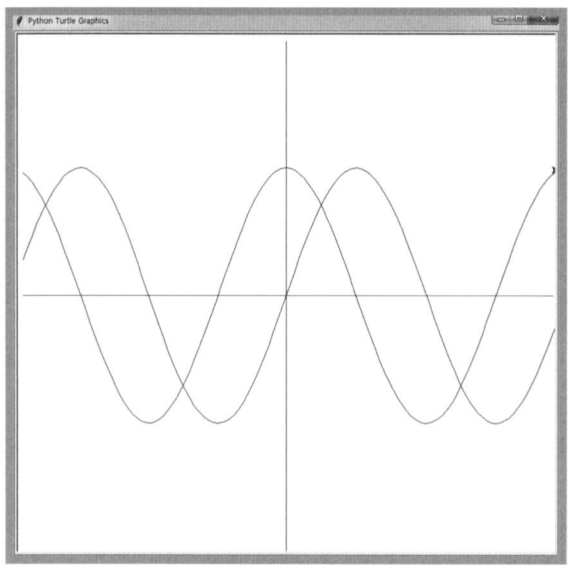

[그림 8.9] sin(), cos() 함수 그리기

1.3 펜 색과 모양 채우기

[표 8.5]는 색(color)과 채우기 관련 함수와 메서드이다. pencolor() 함수는 터틀의 펜 색을 설정한다. 인수 없이 pencolor()로 호출하면 현재 설정된 펜 색을 반환한다. pencolor(colorstring)는 colorstring 문자열에 주어진 색으로 펜 색을 설정하며, colorstring은 "red", "green", "blue", "#ff0000" 등이 있다. pencolor((r, g, b)), pencolor(r, g, b)는 r, g, b 값으로 색을 설정한다. colormode() = 1이면, r, g, b는 0에서 1의 실수이고, colormode() = 255이면, 0에서 255의 정수를 사용한다.

fillcolor() 함수는 begin_fill()과 end_fill() 사이에 그려지는 닫힌 도형의 채우기 색을 설정한다. color() 함수는 펜 색과 채우기 색을 모두 설정할 수 있다. 인수 없이 color()로 호출하면 pencolor(), fillcolor() 함수에 의해 선 색과 채우기 색을 튜플로 반환한다. color(colorstring), color((r,g,b)), color(r,g,b)와 같이 인수에 하나의 색만 사용하면 펜색과 채우기 색을 모두 같은 색으로 설정한다. color(colorstring1, colorstring2), color((r1,g1,b1), (r2,g2,b2))는 pencolor(colorstring1), fillcolor(colorstring2)와 같다.

표 8.5 색, 채우기 관련 함수와 메서드

함수/메서드	설명
pencolor(*args)	펜 색을 설정. 문자열 "red", "#ff0000" 또는 colormode()에 따라 0에서 1 또는 0에서 255의 R, G, B
fillcolor(*args)	도형 내부를 채울 색 설정
color(*args)	펜 색상 및 채우기 색 설정
filling()	채우기 상태면 True, 그렇지 않으면 False

begin_fill()	채우기 시작
end_fill()	채우기 끝

[예제 8.9] 펜색 설정

```
# 설명 1
>>> from turtle import *
>>> t = Turtle()
>>> t.pensize(5)
>>> t.pencolor()
'black'
>>> colormode()
1.0
>>> t.pencolor("red")
>>> t.fd(300)
>>> t.lt(90)
>>> t.pencolor("#0000ff")
>>> t.fd(300)
>>> t.lt(90)
>>> t.pencolor(0, 1, 0)
>>> t.fd(300)

# 설명 2
>>> colormode(255)
>>> t.pencolor()
(0.0, 255.0, 0.0)
>>> t.lt(90)
>>> t.pencolor((0, 0, 0))
>>> t.fd(300)
```

프로그램 설명

① 설명 1에서 t.pensize(5)은 펜의 두께를 width = 5로 설정한다. t.pencolor()는 현재 설정된 색 'black'을 반환하고, colormode()는 1을 반환한다. r, g, b값을 0에서 1.0의 실수로 사용한다. t.pencolor("red")는 터틀 t의 펜을 빨간색("red")으로 설정한다. t.pencolor("#0000ff")는 펜을 파란색으로 설정하는 t.pencolor('blue')와 같다. t.pencolor(0, 1, 0)는 펜을 녹색으로 설정하는 t.pencolor("green")와 같다.

② 설명 2에서 colormode(255)는 캔버스의 컬러 모드를 255로 설정한다. t.pencolor()는 (0.0, 255.0, 0.0)을 반환한다. t.pencolor((0, 0, 0))는 펜을 검은색으로 설정한다. [그림 8.10]은 실행 결과로 한 변의 길이가 300인 정사각형의 각 변의 선 색을 빨강, 파랑, 녹색, 검은색으로 그린다.

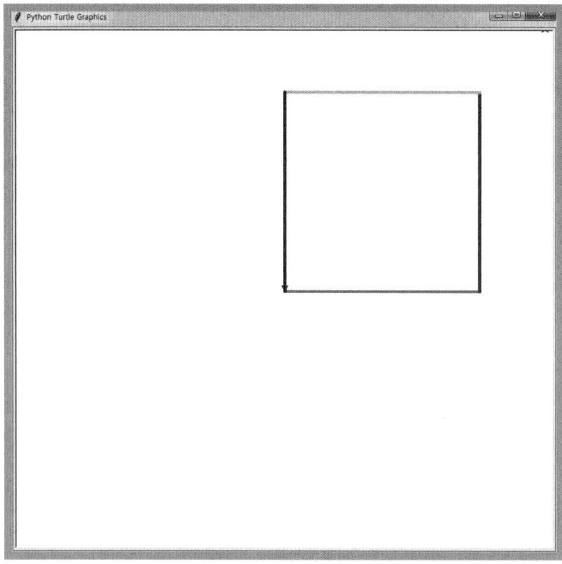

[그림 8.10] 펜의 색상 변경

[예제 8.10] **[예제 8.10]** 원의 내부 색상 채우기

```
# 설명 1
>>> from turtle import *
>>> t = Turtle()
>>> t.pensize(10)
>>> t.fillcolor("blue")
>>> t.begin_fill()
>>> t.filling()
True
>>> t.circle(100)
>>> t.end_fill()


# 설명 2
>>> t.color("blue", "red")
>>> t.begin_fill()
>>> t.circle(-50)
>>> t.end_fill()
```

프로그램 설명

① **설명 1**에서 t.pensize(10)은 펜 두께를 width = 10으로 설정한다. t.fillcolor("blue")는 채우기 색을 파란색("blue")으로 설정한다. t.begin_fill()은 채우기 시작을 설정하고, t.filling()은 True이다. t.circle(100)는 반지름 100인 원을 검은색의 펜 색과 펜 두께 10으로 반시계방향으로 그린다. t.end_fill()은 채우기 설정을 끝내고, 원의 내부를 파란색("blue")으로 채운다.

② **설명 2**에서 t.color("blue", "red")는 펜 색을 파란색("blue"), 채우기 색을 빨간색("red")으로 설정한다. t.begin_fill()로 채우기 시작을 설정하고, t.circle(-50)는 반지름 50인 원을 펜 색 파란색, 펜 두께 10으로 시계방향으로 그린다. t.end_fill()은 채우기 설정을 끝내고, 원의 내부를 빨간색("red")으로 채운다. [그림 8.11]은 실행 결과이다.

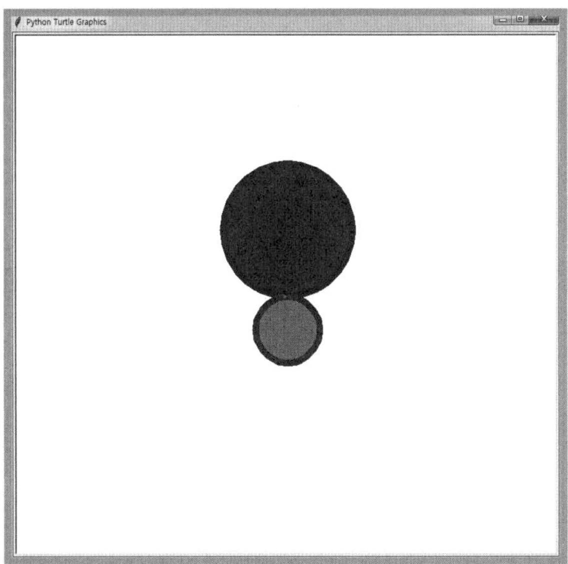

[그림 8.11] 원의 내부 색상 채우기

[예제 8.11] 사각형 그리기 및 색상 채우기 (ex0811.py)

```
01    # 설명 1
02    from turtle import *
03    def draw_rect2(pen, x, y, w, h, fill_color= "white", pen_color="black", psize=4):
04        pen.pensize(psize)
05        pen.color(pen_color, fill_color)
06        pen.setheading(0)
07        pen.up()
08        pen.setpos(x, y)
09        pen.down()
10
11        pen.begin_fill()
12        pen.setpos(x+w, y)
13        pen.setpos(x+w,y+h)
14        pen.setpos(x,y+h)
15        pen.setpos(x,y)
16        pen.end_fill()
17
18    # 설명 2
19    def main():
20        t = Turtle()
21        draw_rect2(t, -300, -300, 600, 600)
22        draw_rect2(t, -200, -200, 400, 400, "red", "blue")
23        draw_rect2(t, -100, -100, 200, 200, "yellow", "green")
24        draw_rect2(t, -50, -50, 100, 100, "pink", "purple", 10)
25
26    # 설명 3
27    if __name__ == "__main__":
28        main()
```

프로그램 설명

① 설명 1에서 draw_rect2() 함수는 터틀 객체 매개변수 pen을 이용하여, 사각형의 왼쪽 위(left-top) 좌표 (x, y)를 기준으로 가로크기 w, 세로크기 h인 사각형을 채우기 색 fill_color, 테두리 선 색 pen_color, 펜 두께 psiz로 그린다.

② 설명 2의 main() 함수에서 t = Turtle()는 터틀 객체 t를 생성하고, draw_rect2(t, -300, -300, 600, 600)는 [그림 8.11]에서 왼쪽 상단 좌표가 (-300, -300)이고, 가로와 세로 크기가 600인 정사각형을 흰색 배경, 검은색 선, 선의 두께 4로 그린다. draw_rect2(t, -200, -200, 400, 400, "red", "blue")는 왼쪽 상단 좌표가 (-200, -200)이고, 가로와 세로 크기가 400인 정사각형을 빨간색 배경, 파란색 선, 선의 두께 4로 그린다. draw_rect2(t, -100, -100, 200, 200, "yellow", "green")는 왼쪽 상단 좌표가 (-100, -100)이고, 가로와 세로 크기가 200인 정사각형을 노란색 배경, 초록색 선, 선의 두께 4로 그린다. draw_rect2(t, -50, -50, 100, 100, "pink", "purple", 10)는 왼쪽 상단 좌표가 (-5, -5)이고, 가로와 세로 크기가 100인 정사각형을 핑크색 배경, 자주색 선, 선의 두께 10으로 그린다.

③ [그림 8.12]는 main() 함수를 호출하여 테두리 선 색과 채우기 색을 갖는 사각형을 그린 결과이다.

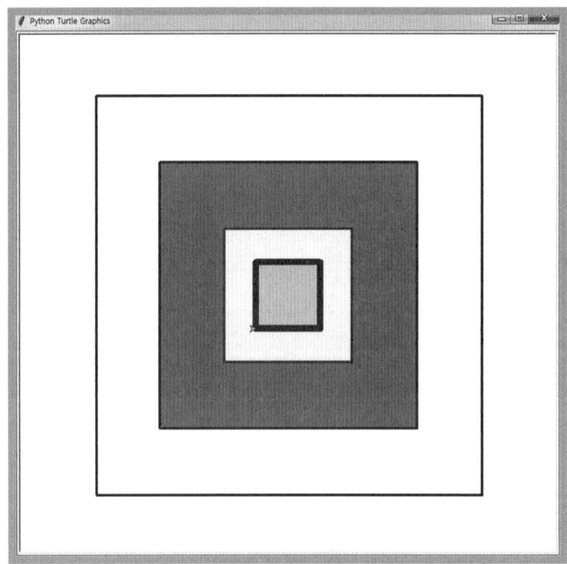

[그림 8.12] 테두리 선 색과 채우기 색을 갖는 사각형

[예제 8.12] 다각형 그리기 및 색상 채우기　　　　　　　　　　　　　　(ex0812.py)

```python
01  # 설명 1
02  from turtle import *
03  def draw_polygon(pen, n, length, fill_color= "white", pen_color="black"):
04      pen.pensize(4)
05      pen.color(pen_color, fill_color)
06      angle = 360/n
07      pen.begin_fill()
08      for i in range(n):
09          pen.fd(length)
10          pen.lt(angle)
```

```
11      pen.end_fill()
12
13  # 설명 2
14  def main():
15      t = Turtle()
16      draw_polygon(t, 5, 250, "green", "red" )
17      draw_polygon(t, 4, 250, "blue")
18      draw_polygon(t, 3, 250, "yellow")
19
20  # 설명 3
21  if __name__ == "__main__":
22      main()
```

프로그램 설명

① 설명 1에서 draw_polygon() 함수는 터틀 객체 pen를 이용하여, 현재의 위치, 현재의 방향을 기준으로 n개의 꼭지점, 한 변의 길이가 length인 다각형을 채우기 색 fill_color, 테두리 색 pen_color로 그린다.

② 설명 2의 main() 함수에서 t = Turtle()는 터틀 객체 t를 생성하고, draw_polygon(t, 5, 250, "green", "red")은 t를 이용하여, 한 변의 길이가 250인 오각형을 녹색("green")으로 채우고, 테두리 선 색은 빨간색("red")으로 그린다. draw_polygon(t, 4, 250, "Blue")은 t를 이용하여, 한 변의 길이가 250인 사각형을 파란색("blue")으로 채우고, 테두리 선 색은 검은색("black")으로 그린다. draw_polygon(t, 3, 250, "yellow")은 t를 이용하여, 한 변의 길이가 250인 삼각형을 노란색("yellow")으로 채우고, 테두리 선 색은 검은색("black")으로 그린다.

③ [그림 8.13]은 main() 함수를 호출하여 다각형 그리기 및 색상 채우기 결과이다.

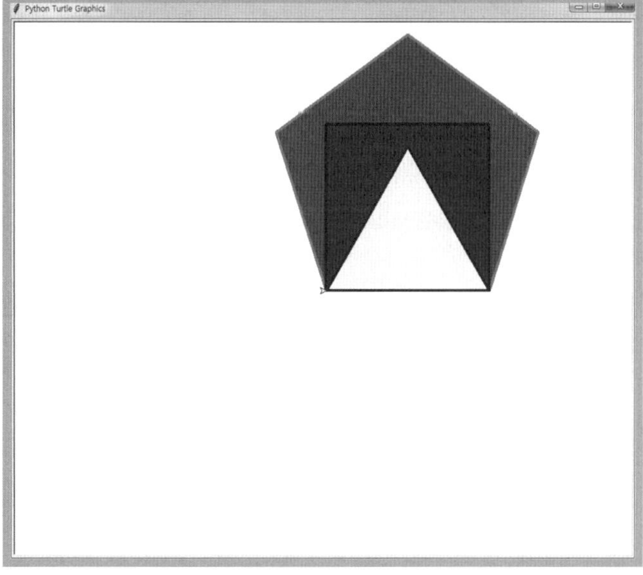

[그림 8.13] 다각형 그리기 및 색상 채우기

[예제 8.13] stamp() 함수를 이용한 그리기

```
# 설명 1
>>> from turtle import *
>>> t = Turtle()
>>> t.color("blue", "red")
>>> t.shape('circle')
>>> t.shapesize(7, 1, 4)
>>> for i in range(72):
        t.fd(12)
        t.lt(5)
        tmp = t.stamp()


# 설명 2
>>> t.stampItems
[5, 6, 7, 8, 9, 10, 11, 12, 13, 14, 15, 16, 17, 18, 19, 20, 21, 22, 23, 24, 25, 26, 27, 28, 29,
30, 31, 32, 33, 34, 35, 36, 37, 38, 39, 40, 41, 42, 43, 44, 45, 47, 48, 49, 50, 51, 52, 53,
54, 55, 56, 57, 58, 59, 60, 61, 62, 63, 64, 65, 66, 67, 68, 69, 70, 71, 72, 73, 74, 75, 76,
77]


# 설명 3
>>> for i in t.stampItems:
        if i%5 == 0:
            t.clearstamp(i)
```

프로그램 설명

① **설명 1**에서 t = Turtle()는 터틀 객체 t를 생성하고, t.color("blue", "red")는 테두리 색은 "blue", 채우기 색은 "red"로 설정한다. t.shape('circle')는 t의 모양을 테두리 색이 "blue", 채우기 색이 "red"인 원으로 변경한다. t.shapesize(7, 1, 4)는 t의 수직 방향(90도)으로 7배, t의 방향(0도)으로 1배, 선 두께 4로 크기를 변경한다.

② **설명 2**에서 for 문을 72번 반복하고, t.fd(12)는 t를 현재 위치에서 12 전진시키고, t.lt(5)는 왼쪽으로 5도 회전시킨다. 5도씩 72번 회전하면 360도 회전한다. tmp = t.stamp()는 현재의 위치를 스탬프로 복사하여 흔적을 남긴다. t.stamp()가 반환한 스탬프 번호를 tmp에 저장한다. 실행 결과는 [그림 8.14](a)이다.

③ **설명 3**에서 t.stampItems는 생성된 스탬프 번호를 갖는 리스트이다. i%5 == 0 조건으로 5의 배수가 되는 스탬프를 삭제한다. t.clearstamp(i)는 i번 스탬프를 삭제한다. 실행 결과는 [그림 8.14](b)이다.

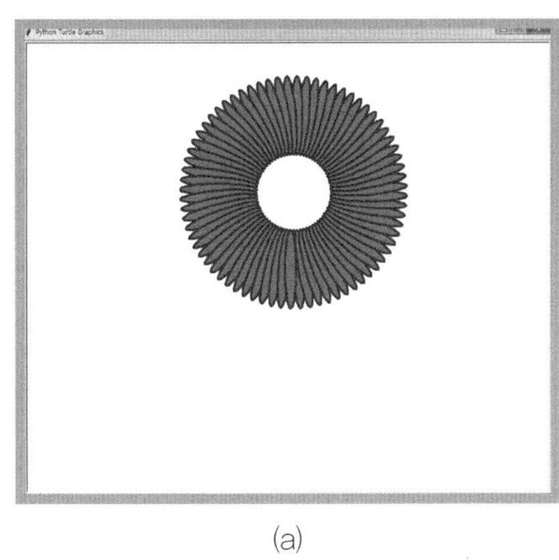 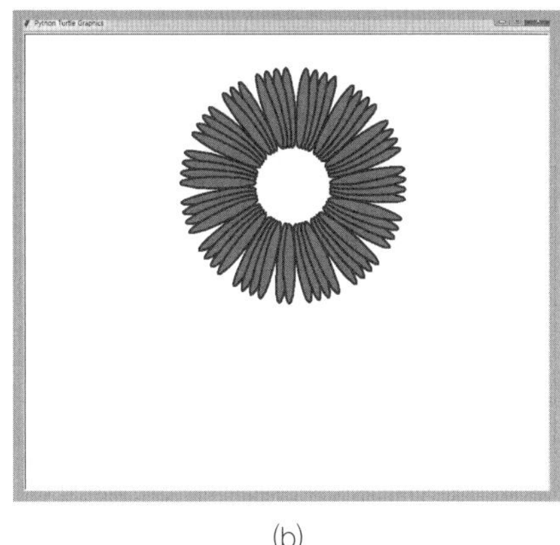

(a)　　　　　　　　　　　　　　(b)

[그림 8.14] 스탬프를 이용한 그리기

1.4 사용자 정의 모양 만들기

[표 8.6]은 사용자 정의 모양 만들기 관련 함수와 메서드이다. begin_poly()와 end_poly() 함수 사이의 터틀의 이동 위치를 다각형의 꼭지점으로 기록한다. get_poly() 함수는 기록된 꼭지점을 튜플로 읽어 반환한다. Shape 클래스로 복합모양(compound shape)을 생성하고, register_shape() 함수로 등록하여 shape() 함수로 터틀의 모양을 변경한다.

표 8.6 사용자 정의 모양 만들기 관련 함수와 메서드

메서드	설명
begin_poly()	다각형의 꼭지점 기록 시작, 터틀의 현재 위치가 시작점
end_poly()	다각형의 꼭지점 기록 중지, 터틀의 현재 위치가 마지막점
get_poly()	마지막으로 기록한 다각형을 반환 register_shape() 함수, shape() 함수, Shape() 클래스 능에서 사용한다.
Shape.addcomponent()	서로 다른 색상의 여러 개의 다각형으로 이루어진 복합 모양(compound shape)은 Shape 클래스로 생성한다. ① Shape("compound")로 객체를 생성 ② addcomponent() 메서드로 객체의 구성 요소를 추가 ③ register_shape() 함수로 등록 ④ shape() 함수로 사용

[예제 8.14] 사용자 정의 모양 만들기

```
>>> from turtle import *
>>> def make_arrow_shape(name, length, tside):
        # 설명 1
        pen = Turtle()
        if pen.screen.mode() == "standard":
                pen.lt(90)          # heading 일치
        pen.begin_poly()
```

```
        pen.fd(length)
        pen.lt(90)
        pen.fd(tside/2)
        pen.rt(120)           # 꼭지점의 내각 120도
        pen.fd(tside)         # 한 변의 길이
        pen.rt(120)
        pen.fd(tside)
        pen.rt(120)
        pen.fd(tside/2)
        pen.end_poly()

    # 설명 2
        p = pen.get_poly()
        register_shape(name, p)
        pen.reset()
        #pen.ht()
        pen.shape(name)       # pen의 모양을 등록된 모양으로 변경
        return pen            # 펜을 반환

# 설명 3
>>> arrow1 = make_arrow_shape("my_arrow", 100, 20)      # [그림 8.15](a)
>>> arrow1.screen.mode("logo")                          # [그림 8.15](b)

# 설명 4
>>> arrow2 = Turtle("my_arrow")
>>> arrow2.rt(90)

# 설명 5
>>> arrow3 = Turtle("my_arrow")
>>> arrow3.seth(135)

# 설명 6
>>> turtles()
[<turtle.Turtle object at 0x022BF250>, <turtle.Turtle object at 0x0233C250>, <turtle.Turtle
object at 0x0233C1B0>]
```

프로그램 설명

① make_arrow_shape() 함수는 터틀 객체를 생성하고, 화살표 모양을 등록하고, 터틀의 모양을 변환한 객체를 반환한다.

② 설명 1에서 터틀 객체 pen을 선 길이 length, 변 길이 tside인 정삼각형(꼭지점의 내각 120도)의 화살표 모양을 그리고, begin_poly(), end_poly() 함수로 좌표를 기록하고, 기록된 좌표를 p = get_poly() 함수로 p에 저장하며, register_shape(name, p)로 p를 name으로 등록한다. pen.screen.mode() == "standard"이면 왼쪽으로 90도 회전시켜 좌표를 기록하면, 화살표 방향과 pen의 방향(heading)이 일치한다. "logo" 모드이면, 왼쪽으로 90도 회전이 필요 없다.

③ 설명 2에서 pen.reset()은 화살표 모양을 등록하기 위해 그린 내용을 삭제하고, 중앙에 위치시킨

다. pen이 더 이상 필요 없으면 pen.ht()로 감출 수도 있다. 그러나 여기서는 재사용을 위해 반환한다.

④ **설명 3**에서 arrow1 = make_arrow_shape("my_arrow", 100, 20)는 선의 길이 100, 변의 길이 20인 정삼각형 화살표 모양을 "my_arrow" 이름으로 등록하고, 화살표 모양을 갖는 터틀 객체를 반환하여 arrow1에 저장한다. 디폴트 모드가 "standard"이므로, [그림 8.15](a)와 같이 arrow1의 화살표가 동쪽 방향을 바라본다. "standard" 모드는 동쪽이 0도이고, 북쪽이 90도, 서쪽이 180도, 남쪽이 270도이다. 즉, 반시계방향(counter clockwise)이 양의 각도(positive angle)이다. arrow1이 있는 스크린의 모드를 "logo" 모드로 변경하면 [그림 8.15](b)와 같이 화살표가 북쪽 방향을 바라본다. "logo" 모드는 북쪽이 0도이고, 동쪽이 90도, 남쪽이 180도, 서쪽이 270도이다. 즉, 시계방향(clockwise)이 양의 각도이다.

⑤ **설명 4**에서 arrow2 = Turtle("my_arrow")는 "my_arrow"으로 등록된 화살표 모양으로 터틀 객체 arrow2를 생성한다. arrow2.rt(90)는 [그림 8.15](c)와 같이 arrow2를 오른쪽으로 90도 회전한다.

⑥ **설명 5**에서 arrow3 = Turtle("my_arrow")는 "my_arrow"으로 등록된 화살표 모양으로 터틀 객체 arrow3를 생성한다. arrow3.seth(135)는 [그림 8.15](d)와 같이 arrow3을 135도 방향을 향하게 한다.

⑦ **설명 6**에서 turtles()는 생성된 3개의 터틀 객체를 리스트로 보인다.

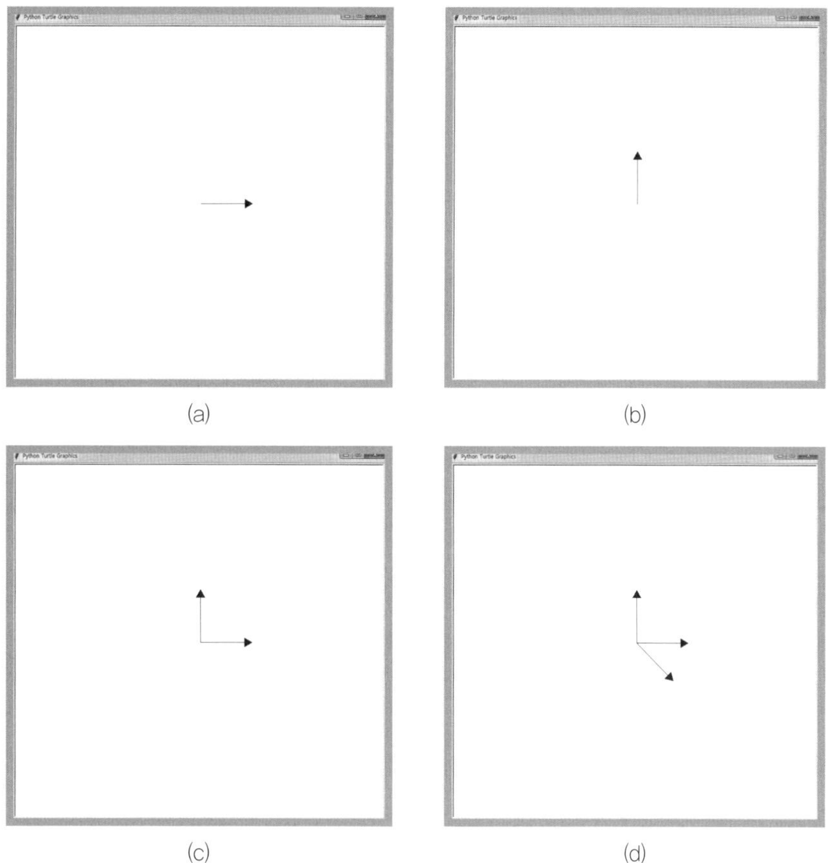

(a)   (b)

(c)   (d)

[그림 8.15] 사용자 정의 모양 만들기

[예제 8.15] 사용자 정의 복합 모양(compound shape) 만들기

```python
# 설명 1
>>> from turtle import *
>>> def make_arrow_poly(pen, length, tside):
        pen.reset()
            if pen.screen.mode() == "standard":
                    pen.lt(90)          # heading 일치
            pen.begin_poly()
            pen.fd(length)
            pen.lt(90)
            pen.fd(tside/2)
            pen.rt(120)
            pen.fd(tside)
            pen.rt(120)
            pen.fd(tside)
            pen.rt(120)
            pen.fd(tside/2)
            pen.end_poly()
            return pen.get_poly()


# 설명 2
>>> def make_circle_poly(pen, radius):
        pen.reset()
        pen.up()
        pen.setpos(0, -radius)
        pen.begin_poly()
        pen.down()
        pen.circle(radius)
        pen.end_poly()
        return pen.get_poly()


# 설명 3 : main()
>>> arrow1 = Turtle()
>>> p = make_arrow_poly(arrow1, 100, 20)
>>> my_shape = Shape("compound")
>>> my_shape.addcomponent(p, "red", "blue")


# 설명 4
>>> p2 = make_circle_poly(arrow1, 10)
>>> my_shape.addcomponent(p2, "green", "purple")
>>> register_shape( "my_arrow2", my_shape)


# 설명 5
>>> arrow1.reset()
>>> arrow1.shape( "my_arrow2")
>>> arrow1.shapesize(1, 1, 3)
>>> arrow1.seth(90)
```

```
# 설명 6
>>> arrow2 = Turtle("my_arrow2")
>>> arrow2.shapesize(1, 1, 3)
>>> arrow2.screen.mode("logo")
>>> #arrow2.seth(90)
```

프로그램 설명

① 설명 1에서 make_arrow_poly() 함수는 터틀 pen을 이용하여, 선의 길이 length, 변의 길이 tside인 정삼각형의 화살표 모양의 다각형 좌표를 기록한 튜플을 반환한다.

② 설명 2에서 make_circle_poly() 함수는 터틀 pen을 이용하여 중심이 원점이고, 반지름이 radius인 원의 다각형의 좌표를 기록한 튜플을 반환한다.

③ 설명 3에서 arrow1 = Turtle()은 터틀 객체 arrow1을 생성하고, p = make_arrow_poly(arrow1, 100, 20)는 arrow1을 이용하여 선의 길이 100, 변의 길이가 20인 정삼각형 화살표 모양의 좌표를 p에 생성한다. my_shape = Shape("compound")는 복합 모양("compound")의 Shape 클래스 객체 my_shape를 생성한다. my_shape.addcomponent(p, "red", "blue")는 p를 선 색 "red", 채우기 색 "blue"로 객체 my_shape에 추가한다.

④ 설명 4에서 p2 = make_circle_poly(arrow1, 10)는 arrow1으로, 반지름이 10인 원 위의 좌표를 p2에 생성한다. my_shape.addcomponent(p2, "green", "purple")는 튜플 p2를 선 색 "green", 채우기 색 "purple"로 my_shape에 추가한다. register_shape("my_arrow2", my_shape)는 my_shape를 "my_arrow2"로 등록한다.

⑤ 설명 5에서 arrow1.reset()는 arrow1을 초기화한다. arrow1.shape("my_arrow2")는 등록된 모양 "my_arrow2"로 arrow1의 모양을 변경한다. arrow1.shapesize(1, 1, 3)는 [그림 8.16](a)와 같이 arrow1의 선의 두께를 3으로 변경한다. arrow1.seth(90)는 [그림 8.16](b)와 같이 arrow1을 북쪽(90) 방향으로 변경한다.

⑥ 설명 6에서 arrow2 = Turtle("my_arrow2")는 등록된 모양 "my_arrow2"로 터틀 객체 arrow2을 생성한다. arrow2.shapesize(1, 1, 3)는 [그림 8.16](c)와 같이 동쪽(0도) 방향으로 arrow2의 선두께를 3으로 변경한다. arrow2.screen.mode("logo")는 [그림 8.16](d)와 같이 두 개의 터틀 객체 arrow1, arrow2 모두 같은 스크린 위에 있기 때문에 북쪽(0도)으로 변경하여, 겹쳐서 하나만 보인다. "logo" 모드는 북쪽이 0도이고, 시계방향이 양의 각도이다.

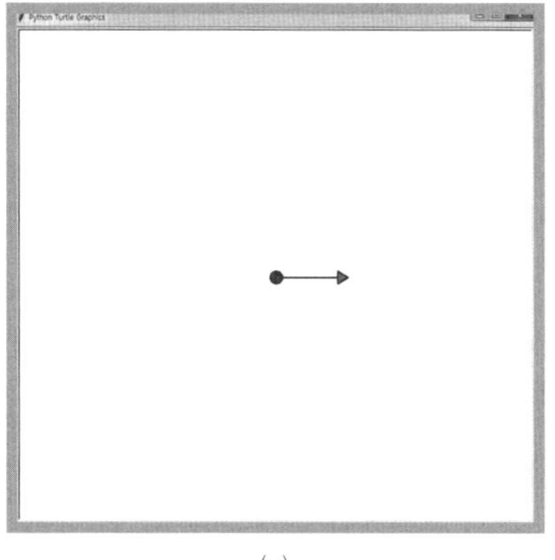

(a)

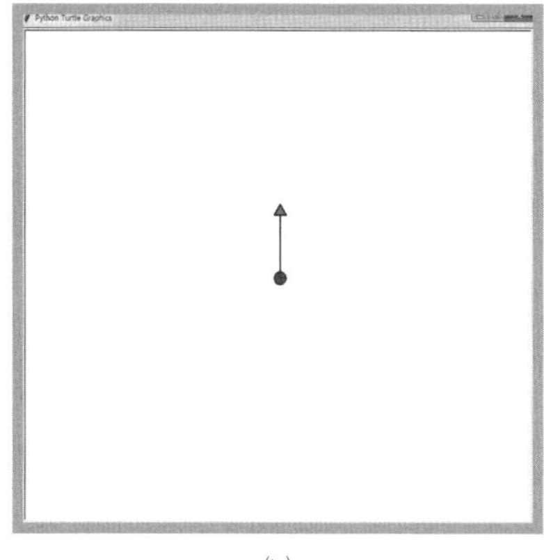

(b)

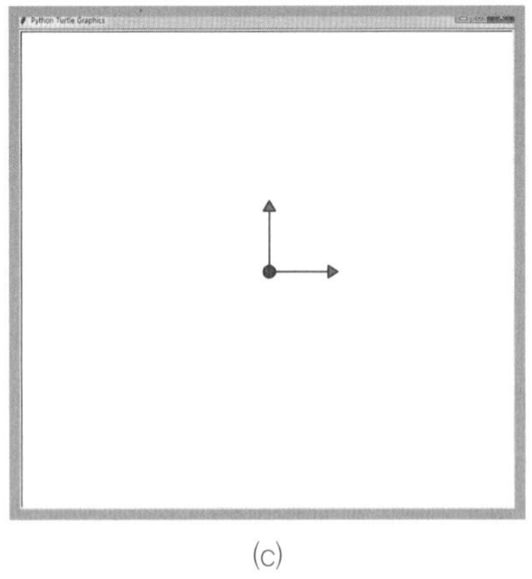

(c)

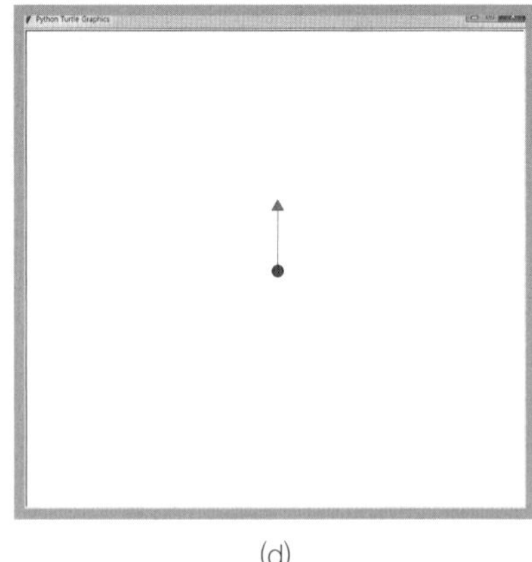

(d)

[그림 8.16] 사용자 정의 복합 모양 만들기

1.5 애니메이션

터틀은 보이는 상태에서 이동하면, 디폴트로 설정된 speed(3)에 의해 터틀의 움직임
이 보인다. speed() 함수는 0에서 10까지의 숫자 또는 문자열("fastest": 0, "fast": 10,
"normal": 6, "slow": 3, "slowest": 1)로 터틀의 이동 속도를 설정한다. speed() 함수의 속
도는 이동 거리가 짧을 때는 거의 확인할 수 없고, 이동 거리가 길 때는 터틀의 속도를
확인할 수 있다. time 모듈을 이용하여 time.sleep()으로 속도를 조절하거나, 터틀 그래
픽에서 많이 사용하는 delay(), tracer(), update() 등의 함수를 이용하여, 스크린을 갱
신(update)하는 방법으로 프레임 애니메이션을 구현할 수 있다.

[예제 8.16] speed() 함수를 이용한 애니메이션

```
# 설명 1
>>> from turtle import *
>>> max_y = 200
>>> min_y = -max_y
>>> ball = Turtle()
>>> ball.speed(1) # 1, 3, 5, 10, 0

# 설명 2
>>> ball.shape("circle")
>>> ball.color("blue", "red")
>>> ball.shapesize(3, 3, 4)
>>> ball.up()
>>> ball.setpos(0, min_y)
>>> ball.down()

# 설명 3
>>> while True:
        ball.setpos(0, max_y)
        ball.setpos(0, min_y)
```

프로그램 설명

① 설명 1에서 max_y = 200, min_y = -max_y로 설정한다. ball = Turtle()은 터틀 객체 ball을 생성하고, ball.speed(1)는 ball의 움직임 속도를 1로 가장 느리게 설정한다.

② 설명 2에서 ball.shape("circle")는 ball 객체의 모양을 "circle"로 설정하고, 선 색은 "blue", 채우기 색은 "red"로 설정하며, ball.shapesize(3, 3, 4)는 가로와 세로를 3배로 확대하고, 테두리 두께를 4로 한다. ball.up(), ball.setpos(0, min_y)는 [그림 8.17](a)와 같이 선을 그리지 않고 좌표 (0, min_y)로 이동하며, ball.down()는 선을 그리기 위하여 터틀의 펜을 내린다.

③ 설명 3에서 while 문은 ball.setpos(0, max_y), ball.setpos(0, min_y)는 두 좌표 (0, max_y)와 (0, min_y) 사이를 ball.speed() 함수에 설정된 스피드로 [그림 8.17](b)와 같이 선을 그리며 이동한다. 설명 1의 ball.speed() 함수에서 스피드를 높이면, 더 빨리 움직인다. ball.speed(10) 또는 ball.speed(0)는 속도가 빨리 두 좌표 위에서 깜빡이는 것처럼 보인다.

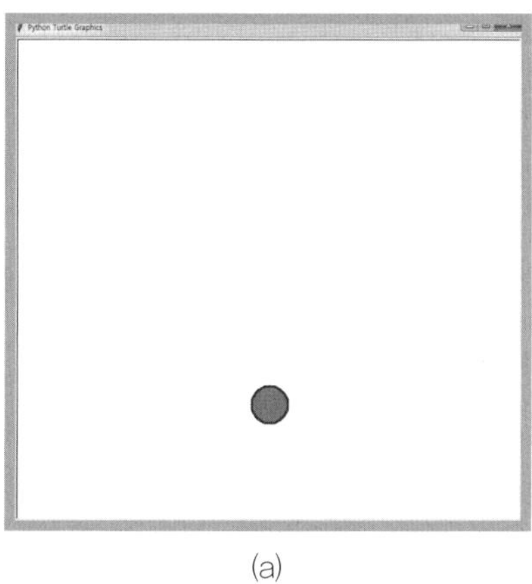
(a)

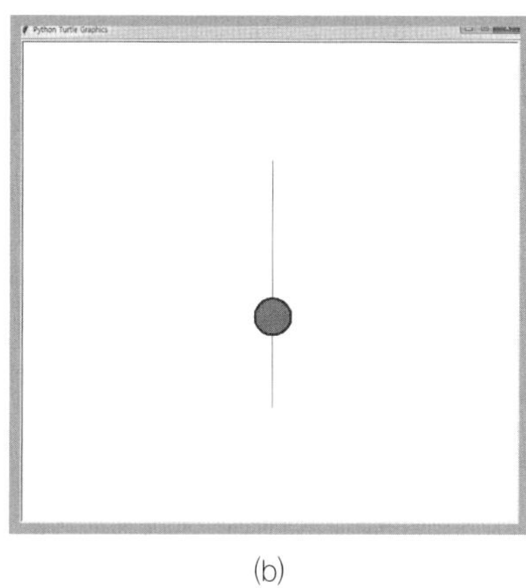
(b)

[그림 8.17] speed() 함수를 이용한 애니메이션

[예제 8.17] timer 모듈을 이용한 애니메이션

```
# 설명 1
>>> from turtle import *
>>> import  time
>>> max_y = 200; min_y = -max_y
>>> ball = Turtle()
>>> ball.shape("circle")
>>> ball.color("blue", "red")
>>> ball.shapesize(3, 3, 4)
>>> ball.up()
>>> ball.setpos(0, min_y)
>>> ball.down()

# 설명 2
>>> STEP = 4              # large number for speeding up
>>> tick = 50
>>> delay_time = tick / 1000
>>> print(" %{} sec".format(delay_time))
 %0.05 sec
```

설명 3

```
>>> while True:
        #start = time.clock()
        start = time.perf_counter()
        ball_x, ball_y = ball.position()
        ball_y += STEP
        if (ball_y < min_y)  or  (ball_y > max_y):  STEP *= -1
        ball.setpos(ball_x, ball_y)

        #elapsed = time.clock() - start
        elapsed = time.perf_counter() - start
        delay_time2  = max(0, delay_time - elapsed)
        time.sleep(delay_time2)
        print(" elapsed = {}sec, delay_time2={}sec".format(elapsed, delay_time2))
```

프로그램 설명

① 설명 1에서 max_y = 200, min_y = -max_y로 설정한다. ball = Turtle()은 터틀 객체 ball을 생성하고, ball.shape("circle")은 ball의 모양을 "circle"로 설정하고, 선 색은 "blue", 채우기 색은 "red"로 설정하며, ball.shapesize(3, 3, 4)는 가로와 세로를 3배로 확대하고, 테두리 두께를 4로 한다. ball.up(), ball.setpos(0, min_y)는 [그림 8.16](a)와 같이 선을 그리지 않고 좌표 (0, min_y)로 이동하며, ball.down()은 선을 그리기 위하여 펜을 내린다.

② 설명 2에서 STEP = 4는 한번 이동할 거리를 설정한다. STEP이 크면 물체는 더 빨리 움직인다. tick = 50, delay_time = tick / 1000은 지연시간을 설정한다. tick = 50이면, 0.05초의 지연시간 (delay_time)을 설정하여 1초에 20번 움직인다.

③ 설명 3에서 while 문은 ball을 움직인다. start = time.perf_counter()는 실수 초(sec) 시간을 start 에 저장한다. ball_x, ball_y = ball.position() 는 현재 ball의 위치를 ball_x, ball_y에 저장한다. ball_y += STEP은 ball_y 좌표를 STEP만큼 이동시키고, if(ball_y < min_y) or (ball_y > max_y): STEP *= -1은 Y-축의 최소값(min_y), 최대값(max_y)에 도달하면 STEP의 부호를 변경하여 ball의 방향을 전환한다. ball.setpos(ball_x, ball_y)는 좌표 (ball_x, ball_y)로 ball을 움직인다. elapsed = time.perf_counter() - start는 경과시간을 계산하고, delay_time2 = max(0, delay_time - elapsed)는 delay_time > elapsed이면, 즉 이동하는 데 걸린 시간이 지연시간(delay_time)보다 작으면, delay_time2=(delay_time - elapsed)를 계산하고, time.sleep(delay_time2)는 delay_time2 초만큼 더 지연시켜, delay_time만큼 지연시키게 한다. [그림 8.17]은 경과시간 (elapsed)과 지연시간(delay_time2)을 출력한 결과이다. 만약 elapsed < delay_time이면, delay_time2 = delay_time - elapsed이며, elapsed >= delay_time이면, delay_time2 =0이다.

④ 실행 결과는 [그림 8.17]과 같다. 속도를 높이려면 tick을 줄이거나 STEP을 크게 설정한다. [그림 8.18]은 ball 객체의 이동 경과시간(elapsed)과 지연시간(delay_time2)을 출력한다. elapsed + delay_time2는 delay_time이다.

```
Python 3.5.1 Shell
File   Edit   Shell   Debug   Options   Window   Help

elapsed = 0.011455075193275327sec, delay_time2=0.0385449248067246745ec
elapsed = 0.011783508540549971sec, delay_time2=0.038216491459450035ec
elapsed = 0.01187042791272910sec, delay_time2=0.0381295720872709sec
elapsed = 0.011366231406952032sec, delay_time2=0.038633768593047975ec
elapsed = 0.011617367452768479sec, delay_time2=0.0383826325472315245ec
elapsed = 0.011610632003263788sec, delay_time2=0.038389367996736215sec
elapsed = 0.011679269441073226sec, delay_time2=0.038320730558926785ec
elapsed = 0.011652006907363788sec, delay_time2=0.038347993092636215sec
elapsed = 0.011860164370626758sec, delay_time2=0.03813983529373245sec
                                                    Ln: 59   Col: 19
```

[그림 8.18] 경과시간(elapsed)과 지연시간(delay_time2)

[예제 8.18] tracer() 함수를 이용한 애니메이션

설명 1
```python
>>> from turtle import *
>>> max_y = 200; min_y = -max_y
>>> ball = Turtle()
>>> ball.shape("circle")
>>> ball.color("blue", "red")
>>> ball.shapesize(3, 3, 4)
>>> ball.up()
>>> ball.setpos(0, min_y)
>>> ball.down()
>>> STEP = 4
>>> tracer(True)          # tracer(True, 10)
>>> print("delay = %d"% delay())
delay = 10
```

설명 2
```python
>>> while True:
        ball_x, ball_y = ball.position()
        ball_y += STEP
        if (ball_y < min_y) or (ball_y > max y): STEP *= -1
        ball.setpos(ball_x, ball_y)
        update()
```

프로그램 설명

① 설명 1에서 max_y = 200, min_y = -max_y로 설정한다. ball = Turtle()는 터틀 객체 ball을 생성하고, ball.shape("circle")는 ball의 모양을 "circle"로 설정하고, 선 색은 "blue", 채우기 색은 "red"로 설정하며, ball.shapesize(3, 3, 4)는 가로와 세로를 3배로 확대하고, 테두리 두께를 4로 한다. ball.up(), ball.setpos(0, min_y)는 [그림 8.16](a)와 같이 선을 그리지 않고 좌표 (0, min_y)로 이동하며, ball.down()은 선을 그리기 위하여 펜을 내린다. STEP = 4는 한 번 이동할 거리를 설정한다. STEP이 크면 물체는 더 빨리 움직인다. tracer(True)는 애니메이션을 설정하고, 지연(delay)시간을 10 밀리 초로 설정한다. delay() 함수의 값은 10이다.

② **설명 2**에서 while 문은 ball 객체를 움직인다. ball_x, ball_y = ball.position()은 현재 ball의 위치를 ball_x, ball_y에 저장한다. ball_y += STEP는 ball_y 좌표를 STEP만큼 이동시키고, if(ball_y < min_y) or (ball_y > max_y): STEP *= -1은 Y-축의 최소값(min_y), 최대값(max_y)에 도달하면 STEP의 부호를 변경하여 ball의 이동 방향을 전환한다. ball.setpos(ball_x, ball_y)는 좌표 (ball_x, ball_y)로 ball을 움직인다. update() 함수는 설정된 delay 시간을 고려하여 스크린을 갱신한다.

③ 실행 결과는 [그림 8.17]과 같다. 속도를 높이려면 tracer() 함수의 지연시간을 줄이거나, STEP을 크게 설정한다.

[예제 8.19] tracer() 함수와 터틀의 방향을 이용한 애니메이션

```
# 설명 1
>>> from turtle import *
>>> max_x = 400; min_x = -max_x
>>> ball = Turtle("arrow")
>>> ball.color("blue", "red")
>>> ball.shapesize(3, 3, 4)
>>> ball.up()
>>> STEP = 4
>>> # ball.seth(0)          # 동쪽, X-축으로 이동
>>> tracer(True)            # tracer(True, 10)


# 설명 2
>>> while True:
        ball.fd(STEP)       # 앞으로 전진
        ball_x, ball_y = ball.position()
        if (ball_x < min_x)  or  (ball_x > max_x):  ball.lt(180)      # 반대 방향으로 회전
        update()
```

프로그램 설명

① **설명 1**에서 max_x = 400, min_x = -max_x로 설정한다. ball =Turtle("arrow")는 터틀 객체 ball을 화살표("arrow") 모양으로 생성한다. 선 색은 "blue", 채우기 색은 "red"로 설정하며, ball. shapesize(3, 3, 4)는 ball을 가로와 세로를 3배로 확대하고, 테두리 두께를 4로 한다. ball.up()은 ball이 이동할 때 선을 그리지 않기 위해서이다. STEP = 4는 한 번 이동할 거리를 설정한다. STEP이 크면 물체는 더 빨리 움직인다. tracer(True)는 애니메이션을 설정하고, 지연(delay) 시간을 10 밀리 초로 설정한다.

② **설명 2**에서 while 문은 ball 객체를 움직인다. ball.fd(STEP)은 ball을 앞으로 STEP만큼 전진한다. ball_x, ball_y = ball.position()은 현재 ball의 위치 알아내고, 조건 (ball_x < min_x) or (ball_x > max_x)이 True이면 ball.lt(180)에 의해 방향을 180도 변경한다. 즉, X-축의 최소값(min_x), 최대값(max_x)에 도달하면 ball의 방향을 180도 회전시켜 이동 방향을 반대 방향으로 전환한다. update() 함수는 설정된 delay 시간을 고려하여 스크린을 갱신한다.

③ [그림 8.19]는 실행 결과이다. 속도를 높이려면 tracer() 함수의 지연시간을 줄이거나, STEP을 크게 설정한다.

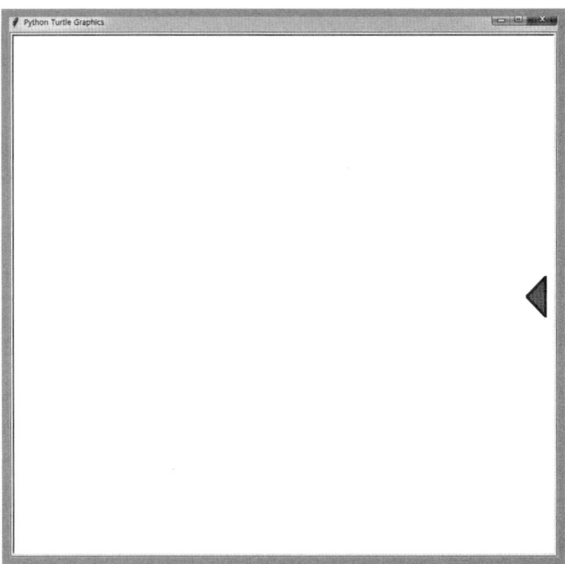

[그림 8.19] 터틀의 방향을 이용한 애니메이션

[예제 8.20] Ball 애니메이션 1(하나의 터틀 객체 이용)　　　　　　　　(ex0820.py)

```python
01    # 설명 1
02    from turtle import *
03    import random
04    def make_ball(size=30):
05        x = random.randint(min_x, max_x)
06        y = random.randint(min_y, max_y)
07        color = random.choice(["red", "green", "blue", "yellow", "pink", "purple"])
08        while True:
09            dx = random.randint(-4, 4)    # 이동 벡터
10            dy = random.randint(-4, 4)    # 이동 벡터
11            if dx != 0 or dy != 0:
12                break
13        return [x, y, size, color, dx, dy]
14
15    # 설명 2
16    def animate_ball(pen, ball_list):
17        tracer(False)
18        while True:
19            pen.clear()                        # 공을 지움
20            for i in range( len(ball_list) ):      # 모든 공을 움직임
21                ball_x, ball_y, size, color, dx, dy = ball_list[i]
22                ball_x += dx
23                ball_y += dy
24                ball_list[i][0] = ball_x
25                ball_list[i][1] = ball_y
26                if (ball_x<min_x) or (ball_x > max_x): ball_list[i][4] *= -1
27                if (ball_y<min_y) or (ball_y > max_y): ball_list[i][5] *= -1
```

```python
28              pen.setpos(ball_x, ball_y)
29              pen.dot(size, color)
30          update() # 스크린 갱신
31
32  # 설명 3
33  def main():
34      global min_x, max_x, min_y, max_y
35      max_x = 400; min_x= -max_x
36      max_y = 300; min_y = -max_y
37      setup(max_x*2, max_y*2)
38
39      my_pen = Turtle()
40      my_pen.up()
41      my_pen.ht()
42      ball_list = []
43      for i in range(50):
44          ball = make_ball(random.randint(30, 50))
45          ball_list.append(ball)
46      animate_ball(my_pen, ball_list)        # 애니메이션
47
48  # 설명 4
49  if __name__ == "__main__":
50      main()
```

프로그램 설명

① **설명 1**에서 make_ball() 함수는 랜덤 위치 (x, y)에서 랜덤 색 color, 이동 벡터 (dx, dy)를 갖는 하나의 움직이는 볼(ball)에 대한 정보 리스트 [x, y, size, color, dx, dy]를 반환한다. while 문을 사용하여 dx, dy가 모두 0인 경우는 발생하지 않는다.

② **설명 2**에서 animate_ball(pen, ball_list) 함수는 하나의 터틀 객체 pen을 사용하여, 리스트 ball_list에 저장된 각각의 볼을 이동벡터(dx, dy)의 방향으로 움직이며, 경계에 부딪히면 반대 방향으로 움직인다. tracer(False)는 터틀 객체의 이동 애니메이션을 없애서(off) 가능한 빠르게 표시한다. while True는 공을 계속 반복하여 움직인다. pen.clear()는 볼을 모두 지운다. 이것은 화면을 지운 효과를 갖는다. for i in range(len(ball_list))문에서 각각의 볼 정보인 ball_list[i]를 ball_x += dx, ball_y += dy로 이동시키고, ball_list[i][0] = ball_x, ball_list[i][1] = ball_y에 의해 ball_list[i]의 공의 위치를 변경한다. if 문에 의해 경계를 확인하여 부딪히면, ball_list[i][4] *= -1, ball_list[i][5] *= -1로 이동벡터의 방향을 반대 방향으로 변경한다. pen.setpos(ball_x, ball_y)에 의해 pen을 ball_list[i]의 위치좌표 (ball_x, ball_y)로 움직이고, pen.dot(size, color)로 지름크기 size, 색 color인 점(dot)으로 볼을 표시한다.

③ **설명 3**의 main() 함수에서 min_x, max_x, min_y, max_y를 전역변수로 선언하고, min_x = -400, max_x = 400, min_y = -300, max_y = 300으로 초기화한다. setup(max_x * 2, max_y * 2)는 스크린 크기를 800×600으로 설정하면, 스크린을 포함하도록 메인 윈도우의 크기를 변경한다. my_pen = Turtle()은 터틀 객체 my_pen을 생성한다. my_pen.up()는 터틀이 움직이는 선을 표시하지 않으며, my_pen.ht()는 터틀 객체를 my_pen.dot()로 표시하기 위하여 감춘다. for 문을 사용하여 리스트 ball_list에 50개의 볼 정보를 생성한다. ball = make_ball(random.

randint(30, 50)), ball_list.append(ball)은 30에서 50 사이의 크기를 갖는 볼을 생성하여 ball_list
에 추가한다. animate_ball(my_pen, ball_list)은 my_pan을 사용하여 ball_list 리스트에 저장된
볼을 움직인다.

④ [그림 8.20]은 main() 함수를 호출한 결과이다. 하나의 터틀 객체 이용하여 50개의 공이 자연스럽
게 움직이는 애니메이션이 실행된다.

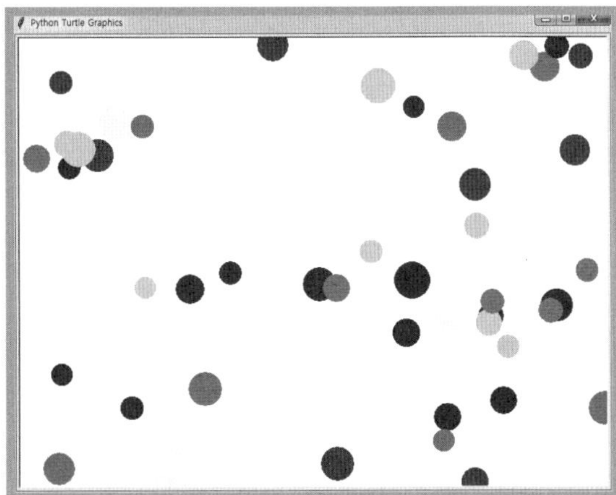

[그림 8.20] Ball 애니메이션

[예제 8.21] Ball 애니메이션 2(여러 개의 터틀 객체 이용)   (ex0821.py)

```
01    # 설명 1
02    from turtle import *
03    import random
04    def make_ball(size=2):
05        tracer(False)
06        ball = Turtle()
07        ball.up()
08        ball.shape("circle")
09        ball.shapesize(size, size)
10
11        x = random.randint(min_x, max_x)
12        y = random.randint(min_y, max_y)
13        ball.setpos(x, y)
14
15        color=random.choice(["red","green","blue","yellow","pink","purple"])
16        ball.color(color)
17
18        while True:
19            dx = random.randint(-4, 4)
20            dy = random.randint(-4, 4)
21            if dx != 0 or dy != 0:
22                break
23        return [ball, dx, dy]
```

```
24    # 설명 2
25    def animate_ball(ball_list):
26        tracer(False)
27        while True:
28           for i in range( len(ball_list) ):
29              ball, dx, dy = ball_list[i]
30              ball_x, ball_y = ball.position()
31              ball_x += dx
32              ball_y += dy
33              if (ball_x<min_x) or (ball_x>max_x): ball_list[i][1] *= -1
34              if (ball_y<min_y) or (ball_y>max_y): ball_list[i][2] *= -1
35              ball.setpos(ball_x, ball_y)
36           update()
37
38    # 설명 3
39    def main():
40        global min_x, max_x, min_y, max_y
41        max_x = 400; min_x= -max_x
42        max_y = 300; min_y = -max_y
43        setup(max_x*2, max_y*2)
44
45        ball_list = []
46        for i in range(50):
47           ball = make_ball()          # ball = make_ball(random.randint(1, 3))
48           ball_list.append(ball)
49
50        animate_ball(ball_list)
51
52    # 설명 4
53    if __name__ == "__main__":
54        main()
```

프로그램 설명

① **설명 1**에서 make_ball() 함수는 tracer(False)로 터틀 객체가 중심에서 랜덤 위치로 이동하는 애니메이션을 보이지 않게 한다. 터틀 객체 ball을 생성하고, 모양을 원(circle)으로 설정하고, size로 가로와 세로를 size배로 확대하며, 랜덤 위치 (x, y)로 이동시키고, 랜덤 색 color로 선 색 및 채우기 색을 설정하고, 이동 벡터 (dx, dy)를 각각 [-4, 4] 범위에서 dx, dy가 모두 0인 경우가 발생하지 않게 생성하여 리스트 [ball, dx, dy]를 반환한다.

② **설명 2**에서 animate_ball(ball_list) 함수는 리스트 ball_list에 저장된 각각의 터틀 객체를 이동벡터(dx, dy)의 방향으로 움직이고, 경계에 부딪히면 반대 방향으로 움직이게 한다. tracer(False)는 터틀 객체의 이동 애니메이션을 없애서(off) 가능한 빠르게 표시한다. while True는 터틀 객체인 볼을 계속 움직이게 한다. for 문으로 각각의 볼을 움직인다. ball, dx, dy = ball_list[i]는 ball_list[i]에 저장된 터틀 객체 ball, 이동벡터 (dx, dy)를 읽고, ball_x, ball_y = ball.position()은 볼의 위치를 ball_x, ball_y 위치에 저장한다. ball_x += dx, ball_y += dy로 볼을 이동 위치를 계산하고, if 문으로 경계를 확인하여 부딪치면, ball_list[i][1] *= -1, ball_list[i][2] *= -1에 의해 이동벡터

의 방향을 반대 방향으로 변경한다. ball.setpos(ball_x, ball_y)은 ball을 (ball_x, ball_y) 좌표로 움직인다. update() 함수는 스크린을 갱신한다.

③ **설명 3**의 main() 함수에서 min_x, max_x, min_y, max_y를 전역변수로 선언하고, min_x = -400, max_x = 400, min_y = -300, max_y = 300으로 초기화한다. setup(max_x * 2, max_y * 2)는 스크린 크기를 800×600으로 설정하면, 스크린을 포함하도록 메인 윈도우의 크기를 변경한다. for 문으로 리스트 ball_list에 50개의 공을 생성한다. ball = make_ball(2), ball_list.append(ball)는 ball을 생성하여 ball_list에 추가한다. animate_ball(ball_list)은 ball_list 리스트에 저장된 볼을 계속 움직인다.

④ main() 함수를 호출하여 실행시키면, [그림 8.20]과 유사하게 50개의 공이 자연스럽게 움직이는 Ball 애니메이션이 실행된다.

1.6 이벤트 및 입력 컨트롤

[표 8.7]은 터틀 객체에 대한 마우스 이벤트 처리 메서드/함수이다. [표 8.8]은 스크린 윈도우 이벤트 처리 함수/메서드이다. onclick() 함수는 [표 8.7]의 터틀 이벤트 처리 함수에도 있고, [표 8.8]의 스크린 윈도우 이벤트 처리 함수에도 있음에 주의하여 터틀 객체와 스크린 객체를 이용하여 구분하여 사용한다. onscreenclick() 함수는 스크린에서 마우스를 클릭할 때 호출할 함수를 바인딩한다.

표 8.7 터틀 이벤트 처리 함수/메서드

함수/메서드	설명
onclick(fun, btn=1, add=None)	터틀에서 마우스 클릭을 fun(x, y) 함수에 바인딩 btn = 1(마우스 왼쪽 버튼) btn = 3(마우스 오른쪽 버튼) add = True면 새로운 바인딩을 추가(add) add = False면 이전 바인딩을 대체(replace)
onrelease(fun, btn=1, add=Nonc)	터틀에서 마우스 해제를 fun(x, y) 함수에 바인딩
ondrag(fun, btn=1, add=None)	터틀에서 마우스 이동을 fun(x, y) 함수에 바인딩

표 8.8 스크린 이벤트 처리 함수/메서드

함수	설명
listen(xdummy=None, ydummy=None)	키보드(key) 이벤트를 받기 위해 대기 TurtleScreen에 포커스(focus)를 설정
onkey(fun, key) onkeyrelease(fun, key)	키(key)의 〈key-release〉 이벤트를 fun() 함수에 바인딩. key는 "a", "space", "Up", "Down", "Left", "Right" 등, Tk의 키 심벌과 같다.
onkeypress(fun, key=None)	key의 〈key-press event〉 이벤트를 fun() 함수에 바인딩. onkey()에 비해 많이 사용되지 않음
onclick(fun, btn=1, add=None) onscreenclick(fun, btn=1, add=None)	〈mouse-click events〉를 fun(x,y) 함수에 바인딩. [표 8.7] 설명 참조

ontimer(fun, t=0)	t 밀리 초 후에 fun() 함수를 호출하는 타이머 설정
mainloop() done()	이벤트 루프 시작, tkinter의 메인 루프 함수를 호출. 이벤트 처리를 하는 터틀 그래픽 프로그램의 마지막 문장으로 대화형 모드에서는 불필요
textinput(title, prompt)	대화 상자 윈도우로 문자열을 입력하여 반환
numinput(title, prompt, 　default=None, minval=None, 　maxval=None)	대화 상자 윈도우로 숫자를 입력하여 반환

[예제 8.22] 키보드 이벤트 처리 1 (ex0822.py)

```python
01  # 설명 1
02  from turtle import *
03  def key_left():
04      g_pen.lt(90)
05
06  def key_right():
07      g_pen.rt(90)
08
09  def key_up():
10      g_pen.fd(10)
11
12  def key_down():
13      g_pen.bk(10)
14
15  def key_home():
16      g_pen.up()
17      g_pen.home()
18
19  def key_space():
20      if g_pen.isdown():
21          g_pen.up()
22          g_pen.shape( "classic ")
23      else:
24          g_pen.down()
25          g_pen.shape("turtle")
26
27  def key_clear():
28      g_pen.clear()
29
30  # 설명 2
31  def main():
32      global g_pen
33      screen = Screen()
34      screen.title("Turtle Key Event processing")
```

```
35      g_pen = Turtle()
36      g_pen.up()              # "classic"에서는 이동
37      g_pen.pensize(5)
38      g_pen.shapesize(3, 3)
39
40      onkey(screen.bye, "Escape")
41      onkey(key_up,  "Up")
42      onkey(key_down, "Down")
43      onkey(key_left, "Left")
44      onkey(key_right, "Right")
45      onkey(key_home,  "Home")
46      onkey(key_space, "space")
47      onkey(key_clear, "c")
48      screen.listen()
49      #screen.mainloop()
50
51      # 설명 3
52      if __name__ == "__main__" :
53          main();
54          mainloop()
```

프로그램 설명

① 설명 1에서 키보드 키 입력에 지정할 함수를 정의한다. key_left() 함수는 왼쪽으로 90회전하고, key_right() 함수는 오른쪽으로 90도 회전한다. key_up() 함수는 앞으로 10만큼 이동하고, key_down() 함수는 뒤로 10만큼 이동한다. key_home()은 터틀의 꼬리를 들고, 중앙(home)으로 이동한다. key_space()는 g_pen.up()과 g_pen.down()을 교대로 수행한다. g_pen.up() 상태이면 터틀의 모양을 기본 모양("classic")으로 변경하고, g_pen.down() 상태이면 거북이 모양("turtle")으로 변경한다. 거북이 모양일 때만 선이 표시되고, 기본 모양일 때는 선이 표시되지 않는다. key_clear() 함수는 g_pen 객체가 그린 그림을 지운다.

② 설명 2의 main() 함수에서 g_pen을 전역변수로 선언하고, screen = Screen()은 스크린 객체 screen을 생성하고, screen.title("Turtle Key Event processing")은 메인 원도우의 타이틀을 주어진 문자열로 변경한다. g_pen = Turtle()은 터틀 객체 g_pen을 생성하고, 초기모양이 기본 모양("classic")이므로 g_pen.up()으로 설정하여 선이 그려지지 않게 한다. g_pen.pensize(5)는 펜 두께를 5로 설정하고, g_pen.shapesize(3, 3)는 터틀 객체 g_pen을 가로, 세고 3배 확대한다. onkey() 함수로 키를 뗄 때 호출될 함수 들을 바인딩한다. onkey(screen.bye, "Escape")는 Esc 키를 떼면 screen.bye() 함수가 호출되어 프로그램을 종료한다. "Up" 키는 key_up() 함수, "Down" 키는 key_down() 함수, "Left" 키는 key_left() 함수, "Right" 키는 key_right() 함수, "Home" 키는 key_home() 함수, 스페이스 바("space")는 key_space() 함수, "c" 키는 key_clear() 함수가 호출되도록 설정한다. screen.listen() 함수는 screen에서 키 이벤트를 받을 수 있도록 대기한다. screen.mainloop() 함수는 이벤트 루프를 시작시킨다. 대화형 모드에서는 사용하지 않아도 되지만, 프로그래밍 모드에서는 있어야 한다.

③ [그림 8.21]은 main() 함수를 실행시키고, 키보드 이벤트를 처리하여 그림을 그린 결과이다. 방향키는 터틀의 방향을 전환하고 움직이며, 스페이스 바는 터틀의 모양을 전환하고, c 는 그림을 지우고, Esc 는 프로그램을 종료시킨다.

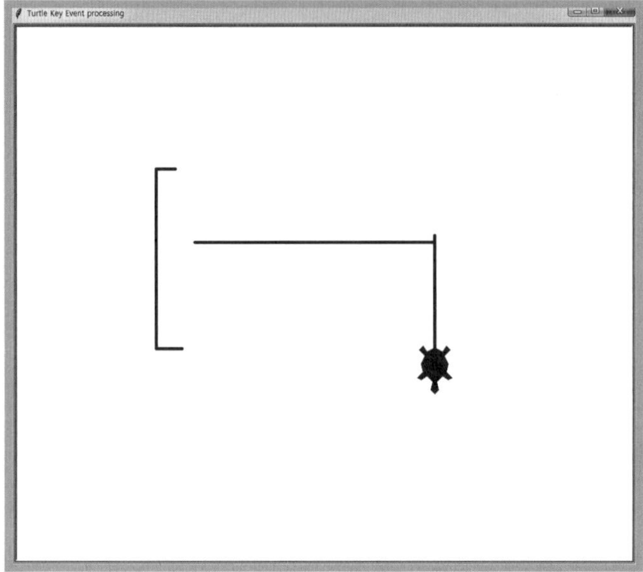

[그림 8.21] 키보드 이벤트 처리 1

[예제 8.23] 키보드 이벤트 처리 2   (ex0823.py)

```python
01   # 설명 1
02   from turtle import *
03   def key_left():
04      g_sprite.seth(180)
05   def key_right():
06      g_sprite.seth(0)
07   def key_up():
08      g_sprite.seth(90)
09
10   def key_down():
11      g_sprite.seth(270)
12   def key_space():
13      if g_sprite.isdown():
14         g_sprite.up()
15      else:
16         g_sprite.down()
17   def main():
18
19      # 설명 2
20      global g_sprite
21      onkey(key_right, "Right")
22      onkey(key_left, "Left")
23      onkey(key_up,  "Up")
24      onkey(key_down, "Down")
25      onkey(key_space, "space")
26      listen()
```

```
27      # 설명 3
28        g_sprite = Turtle("arrow")
29        g_sprite.speed(0)
30        g_sprite.color("blue", "red")
31        g_sprite.shapesize(3, 3, 4)
32        g_sprite.pensize(3)
33        g_sprite.up()
34
35        STEP = 4
36        #tracer(True)
37        max_x = window_width()/2 - 10
38        max_y = window_height()/2 - 10
39        min_x = -max_x
40        min_y = -max_y
41
42      # 설명 4
43        while True:
44            g_sprite.fd(STEP)
45            x, y = g_sprite.position()
46            if (x < min_x) or (x > max_x): g_sprite.lt(180)
47            if (y < min_y) or (y > max_y): g_sprite.lt(180)
48            #update()
49
50      # 설명 5
51      if __name__ == "__main__":
52          main()
```

프로그램 설명

① "standard" 모드는 동쪽 0도, 북쪽 90도, 서쪽 180도, 남쪽 270도이다. 설명 1에서 key_left() 함수는 서쪽, key_right() 함수는 동쪽, key_up() 함수는 북쪽, key_down() 함수는 남쪽으로 g_sprite의 방향을 전환한다. key_space() 함수는 g_sprite.up()과 g_sprite.down()을 번갈아 수행한다.

② 설명 2에서 g_sprite를 전역변수로 선언하고, onkey() 함수로 "Right", "Left", "Up", "Down", "space" 키를 누를 때마다 호출될 함수를 바인딩하고, listen() 함수로 이벤트 발생을 대기시킨다.

③ 설명 3에서 g_sprite를 "arrow" 모양으로 생성하고, 이동 속도를 가장 빠르게 설정하고, 선 색, 채우기 색을 설정하고, 크기를 설정하고, 펜 두께를 설정하고, 선이 그려지지 않도록 펜을 든다. STEP은 한 번 이동거리이며, max_x, min_x, max_y, min_y에 스크린 윈도우 크기를 설정한다. 10은 테두리를 고려한 것이다.

④ 설명 4에서 g_sprite.fd(STEP)에 의해 g_sprite를 머리가 향하는 방향으로 STEP만큼 이동한다. x, y = g_sprite.position()에 의한 스프라이트 위치 (x, y)가 스크린 경계에 부딪히면, g_sprite.lt(180)로 180도 회전하여 반대 방향으로 이동한다.

⑤ 설명 5에서 main() 함수를 실행시키고, "Right", "Left", "Up", "Down" 키로 방향을 전환하고, "space" 키는 펜을 들(up)거나, 내린다(down). [그림 8.22]는 실행 결과이다.

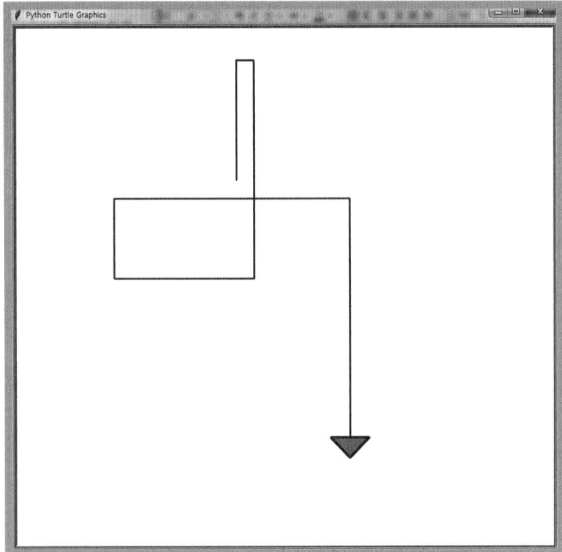

[그림 8.22] 키보드 이벤트 처리 2

[예제 8.24] 터틀 마우스 이벤트 처리1 : onclick()　　　　　　　　　　　　(ex0824.py)

```python
01   # 설명 1
02   from turtle import *
03   def onRed(x, y):
04       screen.bgcolor("red")
05   def onGreen(x, y):
06       screen.bgcolor("green")
07   def onBlue(x, y):
08       screen.bgcolor("blue")
09   def main():
10
11   # 설명 2
12       global screen
13       tracer(False)
14
15       screen = Screen()
16       red = Turtle("square")
17       red.color("black", "red")
18       red.shapesize(5, 5, 4)
19       red.up()
20       red.bk(200)
21
22   # 설명 3
23       green = Turtle("square")
24       green.color("black", "green")
25       green.shapesize(5, 5, 4)
26
27   # 설명 4
28       blue = Turtle("square")
```

```
29      blue.color("black", "blue")
30      blue.shapesize(5, 5, 4)
31      blue.up()
32      blue.fd(200)
33
34      # 설명 5
35      red.onclick(onRed)
36      green.onclick(onGreen)
37      blue.onclick(onBlue)
38      update()
39
40      # 설명 6
41   if __name__ == "__main__" :
42      main()
43      mainloop()
```

프로그램 설명

① 설명 1에서 마우스 클릭 이벤트에서 호출될 함수를 정의한다. onRed() 함수는 screen. bgcolor("red")에 의해 스크린의 배경색을 "red"로 설정한다. onGreen() 함수는 screen. bgcolor("green")에 의해 스크린의 배경색을 "green"으로 설정한다. onBlue() 함수는 screen. bgcolor("blue")에 의해 스크린의 배경색을 "blue"로 설정한다.

② 설명 2에서 tracer(False)는 터틀 객체가 생성되어 이동하는 것을 감추기 위해 설정한다. 터틀 객체는 설명 5의 update() 함수에 의해 한 번에 보인다. screen을 전역변수로 선언하고, screen = Screen()은 스크린 객체를 전역변수 screen에 생성하고, 윈도우를 화면에 표시한다. red = Turtle("square")은 "square" 모양의 터틀 객체 red를 생성한다. red.color("black", "red")는 red를 선 색 "black", 채우기 색 "red"로 설정한다. red.shapesize(5, 5, 4)는 red를 가로와 세로를 5배 확대하고, 테두리 선 두께를 4로 설정한다. red.up(), red.bk(200)은 red를 뒤로 200 이동시킨다.

③ 설명 3에서 터틀 객체 green을 선 색 "black", 채우기 색 "green", 가로와 세로를 5배 확대, 선 두께 4로 설정한나.

④ 설명 4에서 터틀 객체 blue를 선 색 "black", 채우기 색 "blue", 가로와 세로를 5배 확대, 선 두께 4로 설정하여, blue를 앞으로 200 이동시킨다.

⑤ 설명 5에서 red.onclick(onRed)는 red를 마우스로 클릭하면 onRed(x, y) 함수가 호출되도록 바인딩한다. (x, y)는 마우스를 클릭한 위치이다. green.onclick(onGreen)는 green을 마우스로 클릭하면 onGreen(x, y) 함수가 호출되도록 바인딩한다. blue.onclick(onBlue)는 blue를 마우스로 클릭하면 onBlue(x, y) 함수가 호출되도록 바인딩한다.

⑥ [그림 8.23]은 main() 함수를 호출하여 실행시키고, 터틀 객체 red를 마우스로 클릭하여 스크린의 배경색을 "red"로 변경한 결과이다.

[그림 8.23] 터틀 마우스 이벤트 처리 1

[예제 8.25] 터틀 마우스 이벤트 처리2 : ondrag()

```
# 설명 1
>>> from turtle import *
>>> screen = Screen()
>>> screen.delay(0)

# 설명 2
>>> pen = Turtle("circle")
>>> pen.color("blue", "red")
>>> pen.pensize(4)
>>> pen.speed(0)

# 설명 3
>>> pen.ondrag(pen.setpos)        # pen.ondrag(pen.goto)
>>> # mainloop()
```

프로그램 설명

① 설명 1에서 screen = Screen()은 스크린 객체 screen을 생성하고, 윈도우를 화면에 표시한다. screen.delay(0)은 스크린의 갱신 속도를 빠르게 한다. screen.delay(0)이 설정되지 않으면, 실행 중에 프로그램이 중지될 수 있다.

② 설명 2에서 pen = Turtle("circle")은 "circle" 모양의 터틀 객체 pen을 생성한다. pen.color("blue", "red")는 pen을 선 색 "blue", 채우기 색 "red"로 설정한다. pen.pensize(4)는 펜 두께를 4로 설정하고, pen.speed(0)은 pen의 이동 속도를 가장 빠르게 설정한다.

③ 설명 3에서 pen.ondrag(pen.setpos)은 마우스로 pen을 클릭하여 드래그하면 pen.setpos(x, y) 함수가 호출되어, [그림 8.24]와 같이 마우스를 드래그하여 자유곡선을 그린다.

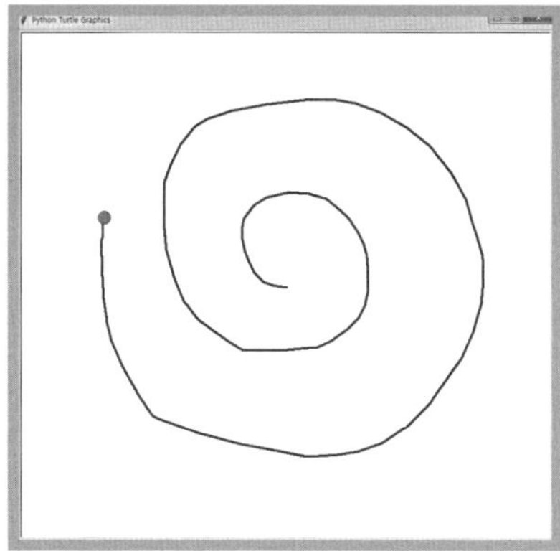

[그림 8.24] 터틀 마우스 이벤트 처리 2

[예제 8.26] 스크린 마우스 이벤트 처리 1 : screen.onclick(), onscreenclick()   (ex0826.py)

```python
01    # 설명 1
02    from turtle import *
03    def move_turtle(x, y):
04        g_pen.up()
05        g_pen.setpos(x, y)
06        g_pen.down()
07
08    def main():
09
10    # 설명 2
11        global g_pen
12
13        screen = Screen()
14        screen.delay(0)
15        g_pen = Turtle("circle")
16        g_pen.color("blue", "red")
17        g_pen.penslze(4)
18        g_pen.speed(0)
19
20        # 설명 3
21        g_pen.ondrag(g_pen.setpos)        # g_pen.ondrag(g_pen.goto)
22        onscreenclick(move_turtle)        # screen.onclick(move_turtle)
23
24    # 설명 4
25    if __name__ == "__main__" :
26        main()
27        mainloop()
```

프로그램 설명

① 설명 1에서 move_turtle(x, y) 함수는 g_pen을 (x, y) 위치로 선을 그리지 않고 이동시킨다.

② main() 함수의 **설명 2**에서 g_pen을 전역변수로 선언하고, 스크린 객체 screen을 생성하고, 윈도우를 화면에 표시한다. 스크린의 갱신 속도를 빠르게 설정하고, "circle" 모양의 터틀 객체를 전역변수 g_pen에 생성하고, g_pen의 선 색 "blue", 채우기 색 "red", 펜 두께 4, 이동 속도를 가장 빠르게 설정한다.

③ **설명 3**에서 g_pen.ondrag(g_pen.setpos)은 마우스로 g_pen 객체를 드래그하여 자유곡선을 그린다. onscreenclick(move_turtle)은 마우스로 스크린을 클릭하면move_turtle(x, y) 함수가 호출되어, 클릭한 위치 (x, y)로 선을 그리지 않고 g_pen이 이동한다. onscreenclick(move_turtle)은 screen.onclick(move_turtle)과 같다.

④ [그림 8.25]는 **설명 4**에서 main() 함수를 호출하여 실행시키고, g_pen을 드래그하여 자유곡선을 그리고, 스크린을 마우스로 클릭하여 g_pen을 클릭한 위치로 선을 그리지 않고 이동시킨 결과이다.

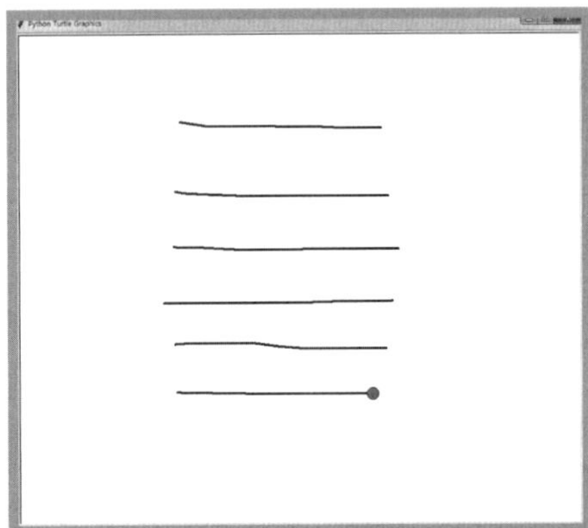

[그림 8.25] 스크린 마우스 이벤트 처리 1

[예제 8.27] 스크린 마우스 이벤트 처리 2 : 왼쪽/오른쪽 버튼 클릭　　　　　　　(ex0827.py)

```python
01    # 설명 1
02    from turtle import *
03    from random import choice
04
05    def change_color(x, y):
06        colors = ("red", "green", "blue", "purple", "orange")
07        g_pen.color(choice(colors))
08
09    def main():
10
11    # 설명 2
12        global g_pen
13        g_pen = Turtle("circle")
14        g_pen.color("blue")
15        g_pen.pensize(4)
16        g_pen.speed(0)
17
18    # 설명 3
19        onscreenclick(g_pen.setpos)         # btn = 1
20        onscreenclick(change_color, btn = 3)
21        #mainloop()
```

```
22    # 설명 4
23    if __name__ == "__main__" :
24        main()
25        mainloop()
```

프로그램 설명

① 설명 1에서 change_color(x, y) 함수는 마우스 오른쪽 버튼(btn = 3) 클릭을 처리하는 함수로 choice(colors)로 colors 튜플에서 랜덤하게 색을 선택하여 g_pen의 색을 설정한다.

② main() 함수의 설명 2에서 g_pen = Turtle("circle")은 전역변수 g_pen에 원("circle") 모양의 터틀 객체를 생성한다. g_pen.pensize(4)는 펜 두께를 4로 설정하고, g_pen.speed(0)는 g_pen의 이동 속도를 가장 빠르게 설정한다.

③ 설명 3에서 onscreenclick(g_pen.goto)은 스크린을 마우스 왼쪽 버튼(btn = 1)을 클릭하면 g_pen.setpos(x,y)에 의해 g_pen을 클릭 위치(x, y)로 이동하며 선을 그린다. onscreenclick(change_color, btn = 3)은 스크린을 마우스 오른쪽 버튼(btn = 3)을 클릭하면, change_color(x, y) 함수를 호출하여, g_pen의 선 색 및 채우기 색을 colors 튜플에서 랜덤하게 선택한다.

④ [그림 8.26]은 설명 4에서 main() 함수를 실행시키고, 스크린에서 마우스 오른쪽 버튼으로 색을 변경하고, 마우스 왼쪽 버튼으로 자유곡선을 그린 결과이다.

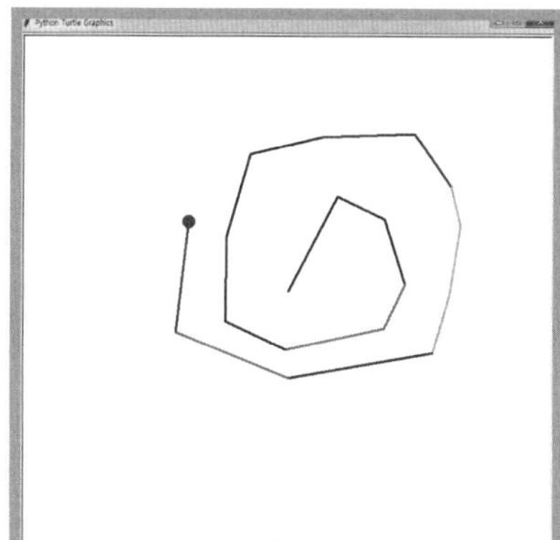

[그림 8.26] 스크린 마우스 이벤트 처리 2

[예제 8.28] 컬러 터틀에 의한 스크린 배경색 변경   (ex0828.py)

```
01    # 설명 1
02    from turtle import *
03    def move_red(x, y):
04        global R
05        red.sety(max(0,min(y,255)))
06        R = int(red.ycor())
07        screen.bgcolor(R, G, B)
08    def move_green(x, y):
09        global G
10        green.sety(max(0,min(y,255)))
```

```python
11      G = int(green.ycor())
12      screen.bgcolor(R, G, B)
13  def move_blue(x, y):
14      global B
15      blue.sety(max(0,min(y,255)))
16      B = int(blue.ycor())
17      screen.bgcolor(R, G, B)
18
19  # 설명 2
20  def make_turtle_and_bar(x, y, color):
21      t = Turtle("turtle")
22      t.lt(90)
23      t.color(color)
24      t.shapesize(3, 3, 5)
25      t.pensize(10)
26
27      t.up()
28      t.setpos(x, 0)
29      t.down()
30      t.sety(255)
31      t.up()
32      t.sety(y)
33      t.pencolor("black")
34      return t
35
36  # 설명 3
37  def main():
38      global screen, red, green, blue
39      global R, G, B
40      R = G = B = 255
41
42      screen = Screen()
43      screen.delay(0)
44      screen.setworldcoordinates(-50, -50, 250, 300)
45      screen.colormode(255)
46
47      red = make_turtle_and_bar(0, R, "red")
48      green = make_turtle_and_bar(100, G, "green")
49      blue = make_turtle_and_bar(200, B, "blue")
50
51      red.ondrag(move_red)
52      green.ondrag(move_green)
53      blue.ondrag(move_blue)
54  # 설명 4
55  if __name__ == "__main__" :
56      main()
57      mainloop()
```

프로그램 설명

① 설명 1에서 move_red(x, y), move_green(x, y), move_blue(x, y) 함수는 각각 터틀 객체 red, green, blue를 마우스로 드래그 할 때 호출될 함수이다. max(0,min(y,255))에 의해 y 좌표를 0에서 255의 값으로 제한한다. red.ycor(), green.ycor(), blue.ycor()는 각각 터틀 객체 red, green, blue의 y 좌표를 실수로 반환한다. screen.bgcolor(R, G, B)는 정수인 전역변수 R, G, B의 값을 이용하여 스크린의 배경색을 변경한다.

② 설명 2에서 make_turtle_and_bar(x, y, color) 함수는 x, y 위치에서 color 색의 터틀 객체 t를 생성하고, 펜 두께 10인 선을 0에서 255까지 그리고, t를 반환한다.

③ 설명 3에서 main() 함수는 스크린 변수 screen, 터틀 객체 red, green, blue, 색상 값 R, G, B를 전역 변수로 설정한다. screen = Screen()은 전역변수 screen에 스크린을 생성하고, screen.delay(0)는 스크린의 빠른 갱신을 허용하고, screen.setworldcoordinates(-50, -50, 250, 300)는 왼쪽 아래(lower-left) 좌표가 (-50, 50), 오른쪽 상단(upper-right) 좌표가 (250, 300)인 사용자 정의 세계 좌표계를 설정한다. screen.colormode(255)는 0에서 255의 정수값을 사용하는 컬러 모드로 설정한다. make_turtle_and_bar() 함수로 x = 0에 "red" 색상으로 red 객체를 생성하고, x = 100에 "green" 색상으로 green 객체를 생성하고, x = 200에 "blue" 색상으로 blue 객체를 생성한다. red.ondrag(move_red), green.ondrag(move_green), blue.ondrag(move_blue)는 터틀 객체 red, green, blue를 드래그할 때 호출될 함수를 move_red(), move_green(), move_blue()에 각각 바인딩한다.

④ [그림 8.27]은 설명 4에서 main() 함수를 호출하여 실행한 결과이다. 각각의 터틀 객체를 드래그하면 대응되는 색으로 스크린의 배경색이 변경된다.

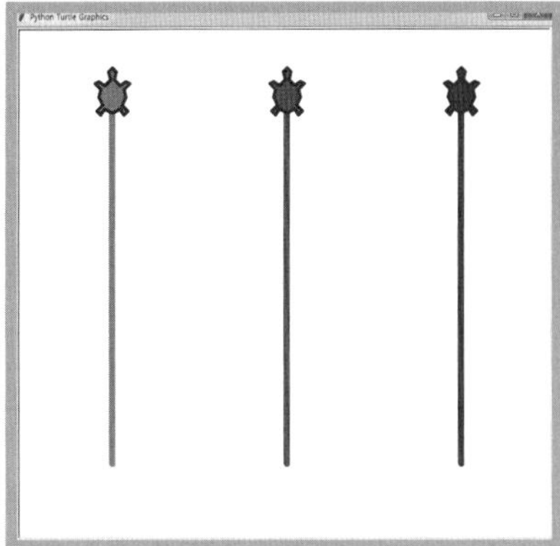

[그림 8.27] 컬러 터틀에 의한 스크린 배경색 변경

[예제 8.29] 타이머 이벤트 처리 1   (ex0829.py)

```
01    # 설명 1
02    from turtle import *
03    def animate():
04        global STEP
05        ball_x, ball_y = ball.position()
06        ball_y += STEP
07        if (ball_y < min_y) or (ball_y > max_y): STEP *= -1
08        ball.setpos(ball_x, ball_y)
```

```
09        update()
10        ontimer(animate, 10)
11
12   # 설명 2
13   def main():
14        global ball, min_y, max_y, STEP
15        max_y = 200; min_y = -max_y
16
17        tracer(False)
18        ball = Turtle()
19        ball.shape("circle")
20        ball.color("blue", "red")
21        ball.shapesize(3, 3, 4)
22        ball.up()
23        ball.setpos(0, min_y)
24        ball.down()
25
26        STEP = 4
27        tracer(True)          # tracer(True, 10)
28        animate()
29
30   # 설명 3
31   if __name__ == "__main__":
32        main()
33        mainloop()
```

프로그램 설명

① [예제 8.18]을 타이머 이벤트 처리를 사용하여 다시 구현한다.

② 설명 1에서 animate() 함수는 [예제 8.18]의 while 문의 ball 객체를 STEP만큼 움직이고, min_y, max_y의 경계를 벗어나면 방향을 전환하는 부분을 타이머를 사용하여 구현한다. STEP을 전역변수로 선언한다. ontimer(animate, 10)는 10/1000초 후에 animate() 함수를 호출한다. 재귀(recursion)로 호출한 것과는 다르다. ontimer() 함수는 지정된 시간 후에 1회만 호출하고 타이머 설정이 끝나기 때문에, 반복적으로 타이머로 함수(animate)를 호출하려면 함수에서 ontimer() 함수로 설정해야 한다. 만약 ontimer() 함수 대신, animate() 함수를 직접 호출하면, 즉 재귀(recursion)를 사용하면, 일정 횟수 반복하다 최대 재귀횟수 초과에 의한 RecursionError가 발생한다.

③ 설명 2에서 main() 함수는 ball, min_y, max_y, STEP를 전역변수로 설정하고, 터틀 객체 ball을 생성한다. tracer(False)는 볼이 생성되어 ball.setpos(0, min_y) 위치로 이동하는 것을 보이지 않게 한다. tracer(True)는 animate() 함수의 애니메이션을 보이게 한다.

④ main() 함수를 실행시키면 [예제 8.18]의 실행 결과인 [그림 8.17]과 유사하게 동작한다.

[예제 8.30] 타이머 이벤트 처리 2 : 시계   (ex0830.py)

```python
01  # 설명 1
02  from turtle import *
03  from datetime import datetime
04  def make_arrow_shape(name, length, tside):      # [예제 8.14]
05      pen = Turtle()
06      if pen.screen.mode() == "standard":
07          pen.lt(90)          # heading 일치
08      pen.begin_poly()
09      pen.fd(length)
10      pen.lt(90)
11      pen.fd(tside/2)
12      pen.rt(120)                     # 꼭지점의 내각 120도
13      pen.fd(tside)                   # 한 변의 길이
14      pen.rt(120)
15      pen.fd(tside)
16      pen.rt(120)
17      pen.fd(tside/2)
18      pen.end_poly()
19
20      p = pen.get_poly()
21      register_shape(name, p)
22      pen.reset()
23      #pen.ht()
24      pen.shape(name)             # pen의 모양을 등록된 모양으로 변경
25      return pen                  # 펜을 반환
26
27  # 설명 2
28  def jump(pen, dist):
29      pen.up(); pen.fd(dist); pen.down()
30
31  def clock_face(R):
32      pen = Turtle()
33      pen.pensize(7)
34      for i in range(60):
35          jump(pen, R)
36          if i % 5 == 0:
37              pen.fd(20)
38              jump(pen,-(R+20))
39          else:
40              pen.dot(5)
41              jump(pen,-R)
42          pen.rt(6)
43      pen.ht()
44
45  # 설명 3
46  def run_clock():
47      t = datetime.today()
```

```python
48      sec = t.second + t.microsecond*0.000001
49      minute = t.minute + sec/60.0
50      hour = t.hour + minute/60.0
51      screen.title(t.strftime("%Y-%m-%d, %I:%M%p"))
52      try:
53          tracer(False)
54          second_hand.seth(6*sec)
55          minute_hand.seth(6*minute)
56          hour_hand.seth(30*hour)
57          tracer(True) #update()
58          ontimer(run_clock, 50)
59      except Terminator:
60          pass                    # STOP
61
62  # 설명 4
63  def main():
64      global screen, second_hand, minute_hand, hour_hand
65      screen = Screen()
66      screen.mode("logo")
67      R = 200                 # clock radius
68
69      tracer(False)
70      second_hand = make_arrow_shape("clock_hand", R-30, 20)
71      second_hand.color("red")
72      second_hand.shapesize(1, 1, 3)
73
74      minute_hand = Turtle("clock_hand")
75      minute_hand.color("gray50")
76      minute_hand.shapesize(1, 0.9, 4)
77
78      hour_hand = Turtle("clock_hand")
79      hour_hand.color("gray20")
80      hour_hand.shapesize(1, 0.8, 5)
81      tracer(False)
82      clock_face(R)
83      run_clock()
84
85  # 설명 5
86  if __name__ == "__main__":
87      main()
88      mainloop()
```

프로그램 설명

① 파이썬의 Lib/turtledemo 폴더의 clock.py를 참고하여, datetime.today()로부터 읽은 현재시간을 [예제 8.14]의 화살표를 이용하여 시계의 시, 분, 초침으로 표시하여 구현한다.

② **설명 1**에서 datetime.today()로 현재시간을 시간을 읽기 위하여 datetime 모듈에서 datetime 클래스를 임포트한다. make_arrow_shape(name, length, tside) 함수는 [예제 8.14]에서 설명한 함수로 화살표 모양을 생성하여 name으로 등록하고, 등록된 모양의 터틀 객체를 반환한다.

③ **설명 2**에서 clock_face(R)은 반지름이 R인 원의 시계 눈금을 그린다. 60개의 점을 찍고, 5칸마다 크기 20의 직선을 그려 표시한다. jump(pen, R)은 pen을 현재의 방향에서 반지름 R인 원 위로 선을 그리지 않고 이동한다. i%5 == 0이면 pen.fd(20)으로 선을 그리고, jump(pen, -(R+20))에 의해 원의 중심 위치로 펜을 들고 되돌아온다. i가 5의 배수 위치가 아니면, pen.dot(5)로 지름이 5인 점을 찍고, jump(pen,-R)에 의해 원의 중심 위치로 펜을 들고 되돌아온다. pen.rt(6)에 의해 pen의 방향을 6도 회전시킨다. 6도씩 60번 회전하면 360도 회전하게 된다. 즉, 원의 중심에서 눈금한 칸의 각도가 6도이다. for 문으로 모든 눈금을 그리고, pen.ht()에 의해 pen을 감춘다.

④ **설명 3**에서 run_clock() 함수는 t = datetime.today()로 오늘 현재시간을 읽어서, ontimer(run_clock, 50)로 50/1000초마다 run_clock() 함수를 호출하여, 초침(second_hand), 분침(minute_hand), 시침(hour_hand)을 움직이는 함수이다. screen.title(t.strftime("%Y-%m-%d, %I:%M%p"))은 현재시간 t를 "2016-04-09, 11,50AM" 형식의 문자열을 생성하여 윈도우의 타이틀에 출력한다. tracer(False)로 설정하여, 초침, 분침, 시침의 애니메이션을 없애고, second_hand.seth(6 * sec)는 60초 단위인 sec를 6 * sec에 의해 360도의 각도로 변경하여 초침(second_hand)의 방향을 설정한다. minute_hand.seth(6 * minute)는 60분 단위인 minute를 6 * minute에 의해 각도로 변경하여 분침(minute_hand)의 방향을 설정한다. hour_hand.seth(30 * hour)은 24시간 단위인 hour를 30 * hour(시계는 원을 12시간으로 표시하므로, 12 * 30 = 360도)에 의해 각도로 변경하여 시침(minute_hand)의 방향을 설정한다. tracer(True)일 때, 초침, 분침, 시침이 그려진다. ontimer(run_clock, 50)에 의해 50 밀리 초 뒤에 다시 run_clock() 함수를 호출한다. 만약 ontimer() 함수 대신 run_clock() 함수를 호출하면, 즉 재귀(recursion)를 사용하면, 일정 횟수 반복하다 최대 재귀횟수 초과에 의한 RecursionError가 발생한다. try~ except Terminator를 사용하여, 사용자가 윈도우를 파괴하여, Turtle.Terminator 예외가 발생을 정상적으로 처리하여 프로그램을 종료시킨다.

⑤ **설명 4**에서 main() 함수는 스크린 모드를 "logo" 모드로 하여, 초침, 분침, 시침이 북쪽을 0도로 하여, 시계방향으로 돌도록 설정한다. R은 시계의 눈금을 표시할 원의 반지름이다. tracer(False)에 의해 make_arrow_shape() 함수에서 "clock_hand" 모양을 그리는 과정을 감춘다. 초침(second_hand)은 make_arrow_shape() 함수에서 "clock_hand" 모양을 등록하고, 반환하여 생성하고, 분침(minute_hand), 시침(hour_hand)은 minute_hand = Turtle("clock_hand"), hour_hand = Turtle("clock_hand")에 의해 생성한다. clock_face(R)은 원의 반지름이 R인 시계의 눈금을 표시한다. run_clock()은 내부에 타이머가 설정되어 반복적으로 datetime.today()로부터 읽은 현재시간을 시계의 시침, 분침, 초침으로 표시한다.

⑥ [그림 8.28]은 main() 함수를 호출하여 실행한 결과이다.

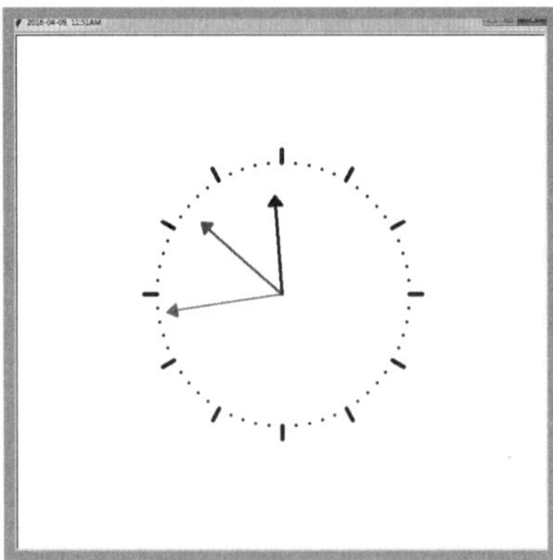

[그림 8.28] 시계

[예제 8.31] 문자열 및 숫자 입력 대화 상자

```
# 설명 1
>>> from turtle import *
>>> screen = Screen()
>>> name = screen.textinput("Input", "name:")
>>> name
'Kim'

# 설명 2
>>> age = screen.numinput("Input", "age:", 20, minval=20, maxval=100)
>>> age
20.0
```

프로그램 설명

① 설명 1에서 screen = Screen()는 스크린 객체 screen을 생성하고, 윈도우를 화면에 표시한다. name = screen.textinput("Input", "name:")는 [그림 8.29](a)의 문자열 입력 대화 상자를 팝업한다. 문자열을 입력하고, [OK] 버튼을 클릭하면 대화 상자는 사라지고, 입력 문자열을 반환하여 name에 저장한다.

② 설명 2에서 age = screen.numinput("Input", "age:", 20, minval = 20, maxval = 100)는 [그림 8.29](b)의 숫자 입력 대화 상자를 팝업한다. default = 20, 최소값 minval = 20, 최대값 maxval = 100 사이의 정수를 입력할 수 있다.

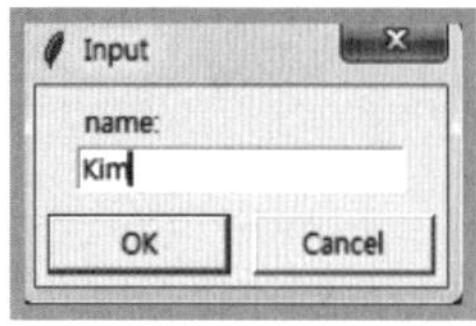

(a) textinput()

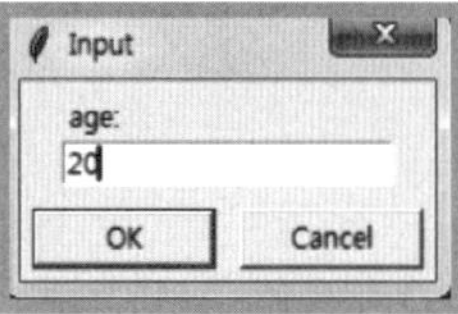

(b) numinput()

[그림 8.29] 문자열 및 숫자 입력 대화 상자

1.7 클래스 사용하기

Turtle 클래스로부터 상속받은 서브 클래스를 정의하여 객체지향 프로그래밍을 할 수 있다.

[예제 8.32] class MyTurtle(Turtle) (ex0832.py)

```python
from turtle import *
class MyTurtle(Turtle):

    # 설명 1
    def __init__(self, shape="classic", color1="black", color2="blue",
            animate=None):
        super().__init__(shape)        # self.shape(shape)
        self.color(color1, color2)
        self.shapesize(2, 2, 3)
        self._animate = animate

    # 설명 2
    def animated(self, flag=None):
        if not flag is None:
            self._animate = flag
        return self._animate

    # 설명 3
    def line(self, x1, y1, x2, y2):
        if not self.animated():
            tracer(False)
        self.up();  self.setpos(x1, y1)
        self.down(); self.setpos(x2, y2)
        #self.ht()
        if not self.animated():
            tracer(True)

    # 설명 4
    def rectangle(self, x1, y1, x2, y2, fill=None):
        if not self.animated():
            tracer(False)
        if fill:
            self.begin_fill()

        self.up()
        self.setpos(x1, y1)
        self.down()

        self.setpos(x2, y1)
        self.setpos(x2, y2)
        self.setpos(x1, y2)
        self.setpos(x1, y1)
```

```
43          if fill:
44              self.end_fill()
45              #self.ht()
46          if not self.animated():
47              tracer(True)
48    def main():
49
50      # 설명 5
51      pen1 = MyTurtle()
52      pen1.rectangle(-200, -200, 200, 200)
53
54      # 설명 6
55      pen1.animated(True)
56      pen1.rectangle(-200, -200, 150, 150, True)
57
58      # 설명 7
59      pen2 = MyTurtle("turtle", "red", "green", True)
60      pen2.line(-200, -200, 200, 200)
61
62      # 설명 8
63      pen2.animated(False)
64      pen2.pensize(4)
65      pen2.line(-200, 200, 200, -200)
66    if __name__ == "__main__" :
67      main()
68      mainloop()
```

프로그램 설명

① MyTurtle 클래스는 Turtle 클래스로부터 상속을 받고, __init__(), animated(), line(), rectangle() 메서드를 갖는다.

② 설명 1에서 __init__() 메서드는 객체를 생성할 때 호출되어 속성을 초기화한다. 매개변수들은 모두 디폴트 값을 갖는다. shape는 터틀의 모양, color1은 선 색, color2는 채우기 색, animate는 터틀의 애니메이션을 결정한다. animate=None이면, 애니메이션을 끄고, animate=True이면, 터틀의 움직임을 보여준다.

③ 설명 2에서 animated(self, flag=None)는 애니메이션 속성(self._animate)을 변경하거나, 설정된 값을 반환한다.

④ 설명 3에서 line(self, x1, y1, x2, y2) 함수는 (x1, y1)에서 (x2, y2)까지, 직선을 그린다. self. animated()가 False이면 애니메이션 없이 바로 직선을 그린다. self.ht()를 사용하면, 터틀은 보이지 않는다.

⑤ 설명 4에서 rectangle(self, x1, y1, x2, y2, fill=None) 함수는 두 모서리가 (x1, y1), (x2, y2)인 사각형을 그린다. fill = True이면, 터틀의 채우기 색(self.fillcolor())으로 사각형을 채운다. self. animated()가 False이면 애니메이션 없이 바로 사각형을 그린다.

⑥ 설명 5에서 pen1 = MyTurtle()는 디폴트 값으로 MyTurtle 클래스 객체 pen1을 생성한다. pen1. rectangle(-200, -200, 200, 200)은 두 개의 코너점이 (-200, -200), (200, 200)인 사각형을 pen1의 애니메이션 없이, 채우기 없이 바로 표시한다.

⑦ 설명 6에서 pen1.animated(True)는 pen1의 애니메이션 속성을 True로 설정한다. pen1. rectangle(-200, -200, 150, 150, True)는 두 개의 코너점이 (-200, -200), (150, 150)인 사각형을 애니메이션을 보이며 사각형 테두리를 그리고, self.fillcolor() = "blue"로 사각형을 채운다.

⑧ 설명 7에서 pen2 = MyTurtle("turtle", "red", "green", True)은 모양 "turtle", 선 색 "red", 채우기 색 "green", 애니메이션을 True로 설정하여 터틀 객체 pen2를 생성한다. pen2.line(-200, -200, 200, 200)은 (-200, -200)에서 (200, 200)까지 애니메이션을 보이며 직선을 그린다.

⑨ 설명 8에서 pen2.animated(False)는 pen2의 애니메이션을 끄고, pen2.pensize(4)는 펜의 두께를 4로 설정하고, pen2.line(-200, 200, 200, -200)은 (-200, 200)에서 (200, -200)까지 애니메이션 없이 바로 표시한다.

⑩ [그림 8.30]은 main() 함수를 실행시킨 결과이다.

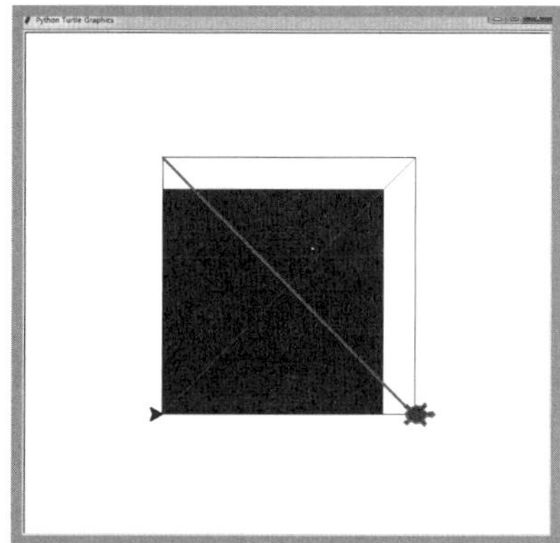

[그림 8.30] MyTurtle 클래스

[예제 8.33] class AnimateTurtle(Turtle) (ex0833.py)

```python
01    from turtle import *
02    import random
03    class AnimateTurtle(Turtle):
04
05      # 설명 1
06      _turtles = []
07      def __init__(self, shape="circle", xPos=0, yPos=0, heading = 0, size=2,
08          fillColor="black", step = 4):
09        super().__init__(shape, visible=False)
10        self.speed = 0
11        self.color(fillColor)
12        self.up()
13        self.setpos(xPos, yPos)
```

```python
14          self.seth(heading)
15          self.shapesize(size, size)
16          self._step = step
17          self.st()
18          AnimateTurtle._turtles.append(self)        # 클래스 속성 _turtles 에 인스턴스 저장
19          #self.animate_each()                        #터틀 수가 많아지면, 너무 느림
20
21      # 설명 2
22      def move(self):
23          self.fd(self._step)
24          if max_x <= abs(self.xcor()) or max_y <= abs(self.ycor()) :
25              self.left(180)
26
27      # 설명 3
28      @staticmethod
29      def animate_all():
30          try:
31              tracer(False)
32              for t in AnimateTurtle._turtles:
33                  t.move()
34              tracer(True)                # update()
35              ontimer(AnimateTurtle.animate_all, 1)
36          except Terminator:
37              pass                        # STOP
38
39      # 설명 4 : 터틀 수가 많아지면, 너무 느림
40      def animate_each(self):
41          try:
42              tracer(False)
43              self.move()
44              tracer(True)                # update()
45              ontimer(self.animate_each, 1)
46          except Terminator:
47              pass                        # STOP
48
49  # 설명 5
50  def main():
51      global max_x, max_y
52      screen = Screen()
53      max_x = screen.window_width()//2 - 10
54      max_y = screen.window_height()//2 - 10
55
56      tracer(False)
57      for i in range(100):
58          x = random.randint(-max_x, max_x)
59          y = random.randint(-max_y, max_y)
60          angle = random.randint(0, 365)
61          color = random.choice(["red", "green", "blue", "yellow", "pink", "purple"])
62          STEP = random.randint(1, 20)
```

```
63          if i% 2:
64              SHAPE = "circle"
65          else:
66              SHAPE = "turtle"
67          AnimateTurtle(shape = SHAPE, xPos = x, yPos = y, heading=angle,
68                  fillColor=color, step = STEP)
69      tracer(True)                    # update()
70      AnimateTurtle.animate_all()
71      return "Done"
72
73  # 설명 6
74  if __name__ == "__main__":
75      msg = main()
76      mainloop()
77      print(msg)
```

프로그램 설명

① AnimateTurtle 클래스는 Turtle 클래스로부터 상속을 받고, 클래스 속성 리스트 _turtles를 가지며, __init__(), move(), animate_each() 인스턴스 메서드와 정적 메서드 animate_all()을 갖는다. animate_each() 인스턴스 메서드를 사용하여 각 터틀에 대해 개별적으로 타이머를 설정하여 움직이면 터틀 수가 많아지면, 너무 느려지기 때문에, 여기서는 정적 메서드 animate_all()을 사용하여 한꺼번에 터틀을 애니메이션시킨다.

② 설명 1에서 __init__() 메서드는 터틀의 이동 속도는 가장 빠르게 설정하고, shape 모양, (xPos, yPos) 위치, heading 방향, size 크기, fillColor 채우기 색, step 이동거리로 설정하고, AnimateTurtle._turtles.append(self)에 의해 클래스 속성 리스트 _turtles에 인스턴스를 추가한다. self.animate_each()는 각 터틀에 대해 개별적으로 타이머를 설정하여 움직인다.

③ 설명 2에서 move() 메서드는 터틀을 현재 설정된 방향으로 설정된 거리(self._step)만큼 앞으로 움직인다. 경계에 부딪히면 self.left(180)에 의해 반대 방향으로 방향을 전환한다.

④ 설명 3에서 데코레이터 @staticmethod에 의해 animate_all() 정적 메서드를 설정하고, AnimateTurtle._turtles에 있는 각 터틀을 t.move() 메서드로 움직인다. ontimer(AnimateTurtle.animate_all, 1)로 타이머에 의해 반복적으로 움직임을 구현한다. tracer(False)로 전체 터틀을 다 움직일 때까지는 보이지 않고, tracer(True)에 의해 한꺼번에 터틀 객체를 보인다. Terminator 예외를 처리하여 정상적으로 종료하게 한다.

⑤ 설명 4에서 animate_each() 메서드를 사용하면 각 터틀에 대해 개별적으로 타이머를 설정하여 움직이면 터틀 수가 많아지면서 너무 느려지기 때문에 사용하지 않는다. 비교를 위해 추가해 놓았다.

⑥ 설명 5의 main() 함수에서 스크린의 절반 크기를 max_x, max_y에 계산하고, 전역변수로 선언한다. for 문을 사용하여 100개의 터틀 객체를 랜덤 위치 (x, y), 랜덤 angle 각도, 랜덤 색 color, 랜덤 이동거리 STEP을 사용하여, 홀수(i % 2 == 1)이면 SHAPE = "circle", 짝수이면 SHAPE = "turtle" 모양의 AnimateTurtle 클래스 객체를 생성한다. AnimateTurtle.animate_all()에 의해 생성된 터틀 객체를 애니메이션 시킨다.

⑦ main() 함수를 실행시키면, [그림 8.31]과 같이 50개의 원과 50개의 터틀이 움직인다.

[그림 8.31] AnimateTurtle 클래스

<table><tr><td>[예제 8.34] class CTurtle(Turtle)</td><td align="right">(ex0834.py)</td></tr></table>

```python
01    from turtle import *
02    class CTurtle(Turtle):
03
04      # 설명 1
05      _RGB = [255, 255, 255]
06      def __init__(self, shape="turtle", x=0, color="red"):
07          super().__init__(shape)
08          self.lt(90)
09          self.color(color)
10          self.shapesize(3, 3, 5)
11          self.pensize(10)
12          self.speed = 0
13          self.up()
14          self.setpos(x, 0)
15          self.down()
16          self.sety(255)
17          self.up()
18          # 초기에 _RGB의 위치와 일치
19          if color == "red":
20              y = CTurtle._RGB[0]
21          elif color == "green":
22              y = CTurtle._RGB[1]
23          else:                       # "blue"
24              y = CTurtle._RGB[2]
25          self.sety(y)
26          bgcolor(CTurtle._RGB)       # 초기 배경색 변경
27          self.pencolor("black")
28          self.ondrag(self.move)
29
30      # 설명 2
31      def move(self, x, y):
32          self.sety(max(0,min(y,255)))
33          color = self.fillcolor()
34          if color == "red":          # int(x) == 0
```

```python
35              CTurtle._RGB[0] = int(self.ycor())
36          elif color == "green":        # int(x) == 100
37              CTurtle._RGB[1] = int(self.ycor())
38          else:                         # "blue"
39              CTurtle._RGB[2] = int(self.ycor())
40          bgcolor(CTurtle._RGB)         # 배경색 변경
41
42  # 설명 3
43  def main():
44      screen = Screen()
45      screen.delay(0)
46      screen.setworldcoordinates(-50, -50, 250, 300)
47      screen.colormode(255)
48      red  = CTurtle(x=0)
49      green = CTurtle(x=100, color="green")
50      blue = CTurtle(x=200, color="blue")
51      return "Done"
52
53  # 설명 4
54  if __name__ == "__main__":
55      msg = main()
56      mainloop()
57      print(msg)
```

프로그램 설명

① [예제 8.28]을 CTurtle 클래스로 구현한다. 클래스 속성 리스트 _RGB, __init__(), move() 인스턴스 메서드를 갖는다. 컬러 바를 드래그 함에 따라 대응하는 _RGB의 값을 변경하고, _RGB으로 스크린의 배경색을 변경한다.

② 설명 1에서 클래스 속성 리스트를 _RGB = [255, 255, 255]로 설정하여 흰색으로 설정한다. __init__() 메서드에서 self.setpos(x, 0), self.down(), self.sety(255)에 의히 펜 두께 10으로 직신을 그리고, 초기의 _RGB 값에 따라, self.sety(y)로 터틀의 위치를 움직이고, bgcolor(CTurtle._RGB)로 초기 배경색을 변경한다. self.ondrag(self.move)에 의해 터틀을 드래그할 때 self.move() 함수를 호출하도록 설정한다.

③ 설명 2에서 move() 메서드는 self.sety(max(0,min(y,255)))에 의해 터틀의 y 좌표위치를 마우스의 y 위치에 따라 0에서 255 사이에서 움직이고, self.fillcolor()의 값에 따라 터틀을 구분하여 클래스 속성 CTurtle._RGB를 변경하고, bgcolor(CTurtle._RGB)로 스크린의 배경색을 변경한다.

④ 설명 3의 main() 함수에서 creen = Screen()은 스크린을 생성하고, screen.delay(0)는 스크린의 빠른 갱신을 허용하고, screen.setworldcoordinates(-50, -50, 250, 300)는 왼쪽 아래(lower-left) 좌표가 (-50, 50), 오른쪽 상단(upper-right) 좌표가 (250, 300)인 사용자 정의 세계좌표계를 설정한다. screen.colormode(255)로 컬러 모드로 설정한다. x = 0에 "red" 색으로 CTurtle 클래스 객체 red를 생성하고, x = 100에 "green" 색으로 CTurtle 클래스 객체 green을 생성하고, x = 200에 "blue" 색으로 CTurtle 클래스 객체 blue를 생성한다.

⑤ main() 함수를 호출하여 실행한 결과는 [그림 8.27]의 컬러 터틀에 의한 스크린 배경색 변경과 같다. 각 터틀 객체를 드래그하면 대응되는 색으로 스크린의 배경색이 변경된다.

1.8 tkinter의 캔버스 사용하기

TurtleScreen 클래스의 getcanvas() 메서드를 사용하면, tkinter의 그리기 영역인 캔버스(Canvas)의 메서드인 create_arc(), create_line(), create_rectangle(), create_text(), create_oval(), create_bitmap(), create_window() 등을 사용할 수 있다. 터틀 그래픽과 tkinter를 함께 사용할 수 있다. 스크린 윈도우의 중앙이 원점(0, 0)이다.

[예제 8.35] tkinter의 캔버스로 그리기 및 좌표계 확인

```
# 설명 1
>>> from turtle import *
>>> screen = Screen()
>>> screen.window_width(), screen.window_height()
(840, 787)
>>> screen.screensize()
(400, 300)
>>> max_x = screen.window_width()//2 - 10
>>> max_y = screen.window_height()//2 - 10

# 설명 2
>>> canvas = screen.getcanvas()
>>> canvas.canvwidth, canvas.canvheight
(400, 300)

# 설명 3
>>> canvas.create_line(-max_x, 0, max_x, 0)
2
>>> canvas.create_line(0, -max_y, 0, max_y, fill="blue", width=4)
3

# 설명 4
>>> canvas.create_rectangle(-300, -300, 300, 300)
4

# 설명 5
>>> canvas.create_rectangle(0, 0, 300, 300, fill="red")
5
>>> canvas.create_rectangle(0, 0, 300, -300, fill="green")
6
>>> canvas.create_rectangle(0, 0, -300, -300, fill="blue")
7
>>> canvas.create_rectangle(0, 0, -300, 300, fill="yellow")
8
```

프로그램 설명

① **설명 1**에서 screen = Screen()은 스크린 윈도우 객체 screen을 생성하고, 화면에 윈도우를 표시한다. 스크린은 윈도우의 흰색 부분이다. 스크린 윈도우의 중앙이 원점(0, 0)이다. screen.screensize()는 캔버스의 크기(canvas.canvwidth, canvas.canvheight)와 같다. screen.window_width() = 840, screen.window_height() = 784이다. max_x = screen.window_width() // 2 - 10, max_y = screen.window_height() // 2 - 10로 X, Y 축의 양수 최대값을 계산한다.

② **설명 2**에서 canvas = screen.getcanvas()는 스크린의 캔버스를 canvas 객체에 저장한다. canvas를 이용하여 tkinter의 캔버스 메서드를 사용할 수 있다. canvas.canvwidth = 400, canvas.canvheight = 300으로 설정되어 있다. 캔버스 크기 이하로 윈도우 크기를 변경하면 스크롤바가 생성된다. 캔버스의 크기는 screen.screensize() 메서드로 변경할 수 있다.

③ **설명 3**에서 canvas.create_line(-max_x, 0, max_x, 0)는 (-max_x, 0)에서 (max_x, 0)까지 직선을 검은색, 두께 1의 실선으로 그린다. 리턴값 2는 직선의 고유번호이다.

④ **설명 4**에서 canvas.create_line(0, -max_y, 0, max_y, fill = "blue", width = 4)는 (0, -max_y)에서 (0, max_y) 까지 fill="blue" 색으로 두께 width = 4인 직선을 그린다.

⑤ **설명 5**에서 canvas.create_rectangle(-300, -300, 300, 300)는 두 점 (-300, -300), (300, 300)에 의한 사각형을 그린다. canvas.create_rectangle(0, 0, 300, 300, fill = "red")는 두 점 (0, 0), (300, 300)의 사각형을 "red" 색으로 채운다. canvas.create_rectangle(0, 0, 300, -300, fill = "green")은 두 점 (0, 0), (300, -300)에 의한 사각형을 "green" 색으로 채운다. canvas.create_rectangle(0, 0, -300, -300, fill = "blue")는 두 점 (0, 0), (-300, -300)에 의한 사각형을 "blue" 색으로 채운다. canvas.create_rectangle(0, 0, -300, 300, fill = "yellow")는 두 점 (0, 0), (-300, 300)에 의한 사각형을 "yellow" 색으로 채운다. 실행 결과인 [그림 8.32]를 보면, 터틀 그래픽에서의 좌표와 X 축은 같고, Y 축의 부호가 반대 방향이다.

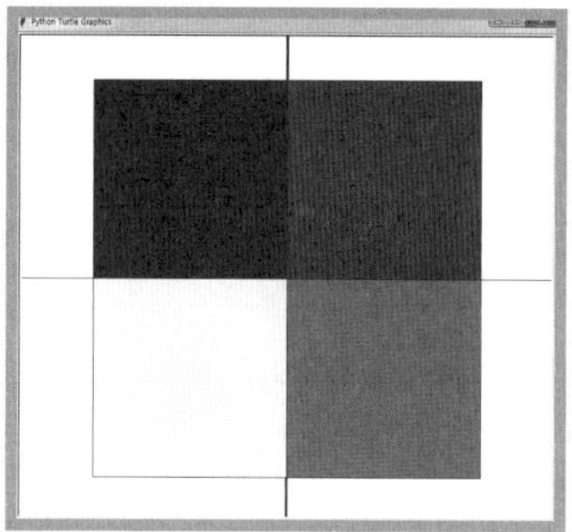

[그림 8.32] tkinter의 캔버스로 그리기

[예제 8.36] tkinter의 마우스 이벤트 처리 1　　　　　　　　　　　　　　　　(ex0836.py)

```
01   # 설명 1
02   from turtle import *
03   def onMouseLeftDown(event):
04       x = canvas.canvasx(event.x)
05       y = -canvas.canvasy(event.y)
06       #print('{}, {}'.format(x, y))
07       setpos(x, y)
08
09   # 설명 2
10   canvas = getcanvas()
11   canvas.bind("<Button-1>", onMouseLeftDown)
```

프로그램 설명

① **설명 1**에서 onMouseLeftDown 함수는 마우스 왼쪽 버튼을 클릭("<Button-1>") 하면 호출되는 함수이다. event.x, event.y는 스크린의 왼쪽 상단이 (0,0)인 윈도우 좌표이다. 윈도우의 중심을 원점(0,0)으로 이동한 좌표는 x = canvas.canvasx(event.x), 터틀 스크린의 좌표계는 Y축이 반대 방향이기 때문에 y = -canvas.canvasy(event.y)로 변환한다. setpos(x, y)는 터틀을 이동시킨다.

② **설명 2**에서 canvas = getcanvas()는 스크린을 생성하고, 캔버스로의 참조를 canvas 객체에 생성한다. canvas.bind("<Button-1>", onMouseLeftDown)는 캔버스에서 마우스 왼쪽 버큰 클릭("<Button-1>")을 onMouseLeftDown 함수에 바인딩한다. [그림 8.33]은 프로그램을 실행하고, 마우스 왼쪽 버튼을 클릭하여 터틀을 마우스 위치로 움직인 결과이다.

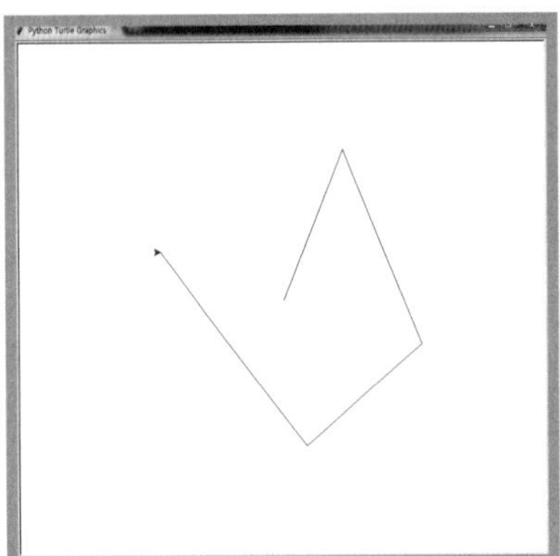

[그림 8.33] tkinter의 마우스 이벤트 처리

[예제 8.37] tkinter의 마우스 이벤트 처리 2 : 자유곡선 그리기　　　　　　　　(ex0837.py)

```
01   # 설명 1
02   import turtle as T
03   def onMouseLeftDown(event):
04       x = canvas.canvasx(event.x)
05       y = -canvas.canvasy(event.y)
06       T.penup()
07       T.setpos(x, y)
```

```
08        T.pendown()
09
10    # 설명 2
11    def onMouseMove(event):
12        x = canvas.canvasx(event.x)
13        y = -canvas.canvasy(event.y)
14        T.setpos(x, y)
15    def onMouseLeftUp(event):
16        T.penup()
17    def onClear(event):
18        T.clear()
19    def onExit(event):
20        T.bye()
21
22    # 설명 3
23    def main():
24        global canvas
25        screen = T.Screen()
26        screen.delay(0)
27        canvas = screen.getcanvas()
28        T.listen()
29
30        T.speed(0)
31        T.pensize(4)
32        T.ht()
33        canvas.bind("<Button-1>", onMouseLeftDown)
34        canvas.bind("<B1-Motion>", onMouseMove)
35        canvas.bind("<ButtonRelease-1>", onMouseLeftUp)
36        canvas.bind("<space>", onClear)
37        canvas.bind("<Escape>", onExit)
38
39    # 설명 4
40    if __name__ == '__main__':
41        main()
```

프로그램 설명

① 마우스 왼쪽 버튼을 누른 상태로 움직여 자유곡선을 그린다. import turtle as T로 임포트 한 이유는 터틀 객체를 따로 생성하지 않고, 터틀 함수를 사용하여, T를 사용하여 터틀 함수임을 구분하기 위해서이다.

② 설명 1에서 onMouseLeftDown(event) 함수는 마우스 왼쪽 버튼을 누르면("<Button-1>") 호출된다. event.x, event.y는 스크린의 왼쪽 상단이 (0,0)인 윈도우 좌표이다. 윈도우의 중심을 원점(0,0)으로 이동한 좌표는 x = canvas.canvasx(event.x), 터틀 스크린의 좌표계는 Y축이 반대 방향이기 때문에 y = -canvas.canvasy(event.y)로 변환한다. T.penup(), T.setpos(x, y), T.pendown()으로 (x,y) 위치로 이동한다.

② 설명 2에서 onMouseMove(event) 함수는 마우스 왼쪽 버튼을 누르고 움직이면("<B1-Motion>") 호

출된다. x = canvas.canvasx(event.x), y = -canvas.canvasy(event.y)로 마우스 위치를 계산하고, T.setpos(x, y)로 터틀을 움직인다. onMouseLeftUp(event) 함수는 마우스 왼쪽 버튼을 때면 ("<ButtonRelease-1>") 호출되어, T.penup()에 의해 펜을 올린다. onClear(event) 함수는 스페이스바("<space>") 키를 누르면 호출되어, T.clear()에 의해 그린 내용을 지운다. onExit(event) 함수는 Esc 키를 누르면 호출되어, T.bye() 함수로 터틀 윈도우를 파괴한다.

③ **설명 3**의 main() 함수에서 canvas를 전역변수로 선언하고, screen = T.Screen()로 스크린 객체를 생성하고, screen.delay(0)로 스크린의 갱신 속도를 빠르게 설정한다. canvas = screen.getcanvas()는 스크린의 캔버스를 참조를 canvas에 얻어오고, T.listen()은 키보드 이벤트를 대기한다. T.speed(0)는 기본 터틀 객체의 이동 속도를 가장 빠르게 설정하고, T.pensize(4)는 펜 두께를 4로 설정하고, 마우스 포인터만 보이기 위해 T.ht()로 터틀을 감춘다. canvas.bind("<Button-1>", onMouseLeftDown)는 캔버스에서 마우스 왼쪽 버튼 클릭 ("<Button-1>")을 onMouseLeftDown() 함수에 바인딩한다. [그림 8.33]은 프로그램을 실행하고, 마우스 왼쪽 버튼을 클릭하여 터틀을 마우스 위치로 움직인 결과이다. canvas.bind() 메서드로 "<Button-1>"은 onMouseLeftDown() 함수, "<B1-Motion>"은 onMouseMove() 함수, "<ButtonRelease-1>"은 onMouseLeftUp() 함수, "<space>"는 onClear() 함수, "<Escape>", onExit() 함수에 바인딩 시킨다.

④ [그림 8.34]는 main() 함수를 실행시키고, 마우스 왼쪽 버튼을 누른 상태로 마우스를 드래그하여 자유곡선을 그린 결과이다.

[그림 8.34] 마우스 이벤트 처리 2 : 자유곡선 그리기

[예제 8.38] tkinter를 이용한 2개의 스크린을 갖는 윈도우 (ex0838.py)

```
01    from turtle import *
02    import tkinter as TK
03    def main():
04
05      # 설명 1
06      root = TK.Tk()
07      cv1 = TK.Canvas(root, width=400, height=300)
08      cv2 = TK.Canvas(root, width=400, height=300)
09      cv1.pack()
10      cv2.pack()
11
12      # cv1.pack(side="right")
13      # cv2.pack(side="right")
```

```
14      # 설명 2
15      s1 = TurtleScreen(cv1)
16      s1.bgcolor("white")
17
18      s2 = TurtleScreen(cv2)
19      s2.colormode(255)
20      s2.bgcolor(128, 128, 128)
21
22      # 설명 3
23      t1 = RawTurtle(s1)
24      t2 = RawTurtle(s2)
25      # t3 = Turtle()      # 새로운 독립된 스크린을 생성한다.
26
27      t2.shape("turtle")
28      t2.pencolor("red")
29      t2.pensize(5)
30      for i in range(4):
31
32          t1.fd(50)
33          t1.lt(90)
34
35          t2.fd(50)
36          t2.lt(90)
37          #root.mainloop()
38
39      # 설명 4
40  if __name__ == '__main__':
41      main()
42      TK.mainloop()
```

프로그램 설명

① 파이썬의 Lib/turtledemo 폴더의 two_canvases.py를 참고하여, 두 개의 캔버스를 갖는 윈도우를 생성한다. import tkinter as TK는 tkinter 패키지를 TK 이름으로 임포트한다.

② 설명 1에서 root = TK.Tk()는 루트 윈도우 root를 생성한다. cv1 = TK.Canvas(root, width=400, height = 300)는 root 윈도우에 400×300 캔버스 객체 cv1을 생성한다. cv2 = TK.Canvas(root, width = 400, height = 300)는 root 윈도우에 400×300 캔버스 객체 cv2를 생성한다. cv1.pack(), cv2.pack()에 의해 캔버스 객체 cv1과 cv2를 부모 윈도우에 위치시킨다. side 인수는 "top"(디폴트), "bottom", "left", "right"가 있다. [그림 8.35](a)는 side = "top"으로 cv1.pack(), cv2.pack() 순서로 root 윈도우에 위치시킨 결과이고, [그림 8.35](b)는 cv2.pack(), cv1.pack() 순서로 root 윈도우에 위치시킨 결과이다. [그림 8.35](c)는 cv1.pack(side = "right"), cv2.pack(side = "right")로 위치시킨 결과이다.

③ 설명 2에서 s1 = TurtleScreen(cv1)는 캔버스 객체 cv1을 이용하여 TurtleScreen 객체 s1을 생성하고, s1.bgcolor("white")는 배경을 "white" 색으로 설정한다. s2 = TurtleScreen(cv2)은 캔버스 객체 cv2를 이용하여 TurtleScreen 객체 s2를 생성하고, s2.colormode(255)는 컬러 모드를 255로 설정하고, s2.bgcolor(128, 128, 128)는 배경을 (128, 128, 128) 색으로 설정한다.

④ 설명 3에서 t1 = RawTurtle(s1)는 스크린 s1에서 RawTurtle 객체 t1을 생성한다. t2 = RawTurtle(s2)는 스크린 s2에서 RawTurtle 객체 t2를 생성한다. 만약 Turtle() 클래스로 터틀 객체를 생성하면 새로운 독립된 스크린을 생성한다. t2.shape("turtle")는 t2의 모양을 "turtle"로 변경하고, t2.pencolor("red")는 t2의 선 색을 "red"로 변경하고, t2.pensize(5)는 펜의 두께를 5로 설정한다. for 문으로 한 변의 길이가 50인 정사각형을 t1, t2를 사용하여 각각의 스크린에 그린다.

⑤ 설명 4에서 main() 함수를 실행하면 2개의 스크린을 갖는 윈도우에 각각 사각형을 그린다. TK.mainloop()는 메인 이벤트 루프가 실행되어 이벤트 발생을 대기한다.

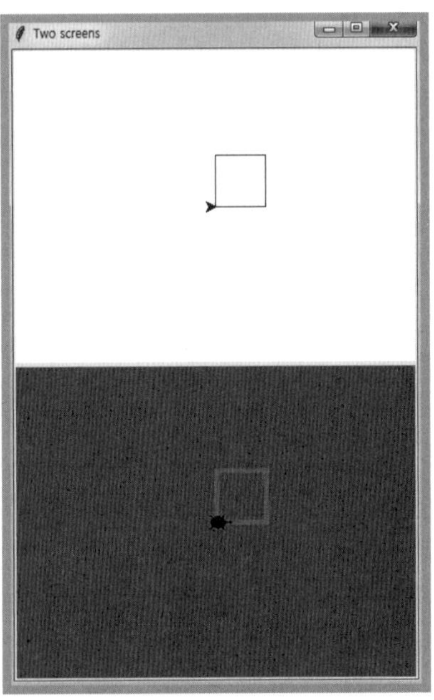

(a) cv1.pack(), cv2.pack()

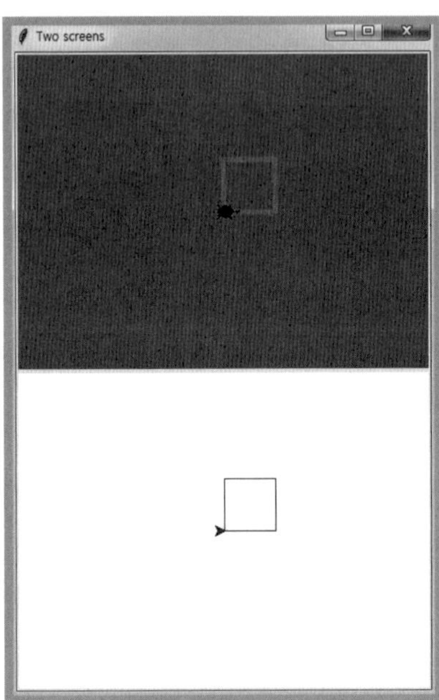

(b) cv2.pack(), cv1.pack()

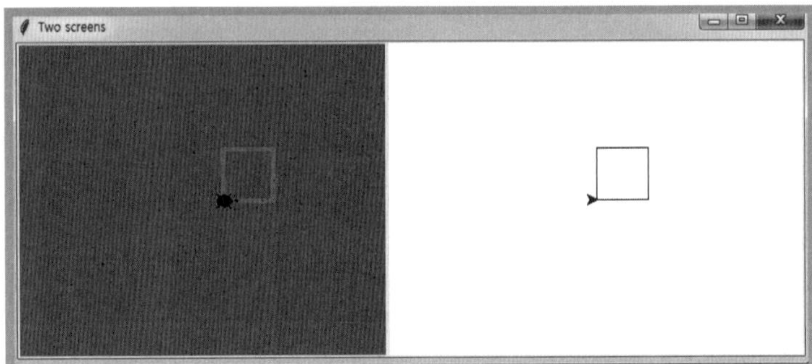

(c) cv1.pack(side = "right"), cv2.pack(side = "right")

[그림 8.35] 2개의 스크린을 갖는 윈도우

02   tkinter GUI 프로그래밍

터틀 그래픽에서 간단히 tkinter와 함께 사용하는 방법을 설명하였다. tkinter 패키지는 Tcl/Tk로의 파이썬 인터페이스(또는 wrapper)를 제공한다.

Tcl(Tool command language)은 범용 스크립트 언어이고, Tk는 기본적인 GUI 위젯 라이브러리를 제공하는 오픈소스, 크로스 플랫폼 GUI 툴킷(toolkit)으로, 많은 프로그래밍 언어에서 GUI 프로그래밍 인터페이스로 사용된다. Tcl/Tk는 Tcl과 Tk와 함께 통합되어 있다.

tkinter에 의해 Tcl 스크립트언어를 실행할 수도 있고, GUI 프로그래밍을 할 수 있다. 파이썬에서 주로 tkinter를 사용하는 이유는 Tk에 의한 GUI 프로그래밍을 위해 사용한다. Python IDLE(Lib/idlelib)의 사용자 인터페이스는 tkinter를 사용하여 구현되어 있다.

tkinter 패키지를 사용하기 위해서는 import tkinter, import tkinter as tk, from tkinter import * 등으로 임포트한다. tkinter.TclVersion으로 버전을 확인하면, python 3.5.2에는 8.6 버전이 설치되어 있다.

[그림 8.36]은 tkinter의 주요 클래스의 계층구조이다. Tk 클래스의 인스턴스 객체는 응용 프로그램의 메인 윈도우로 사용된다. 다른 클래스의 객체가 생성될 때, Tk 인스턴스 객체가 없으면 내부적으로 생성된다. Misc 클래스는 위젯 내부에서 공통으로 사용하는 메서드를 정의하는 기반 클래스이다. Wm 클래스는 윈도우 매니저와 통신을 위한 메서드를 제공한다. Toplevel 클래스는 대화 상자와 같이 독립직인 최상위 윈도우를 갖는 위젯을 생성한다.

BaseWidget 클래스는 레이아웃 기하 구조 매니저(Pack, Grid, Place)의해 배치될 수 있는 위젯(Button, Canvas, Checkbutton, Entry, Frame, Label, Listbox, Menu, Menubutton, Message, Scale, Scrollbar, Text, Radiobutton, Spinbox, LabelFrame, PanedWindow 등)의 기반 클래스이다.

응용 프로그램을 작성할 때는 주로 Tk, Toplevel, Widget의 서브 클래스 위젯 클래스와 pack(), grid(), place() 메서드로 3가지 레이아웃 기하구조 매니저로 위젯을 부모 윈도우에 배치한다. 여기서는 대부분 Canvas 위젯을 사용한 간단한 도형 객체 생성과 키보드, 마우스 이벤트 처리에 대하여 주로 설명한다.

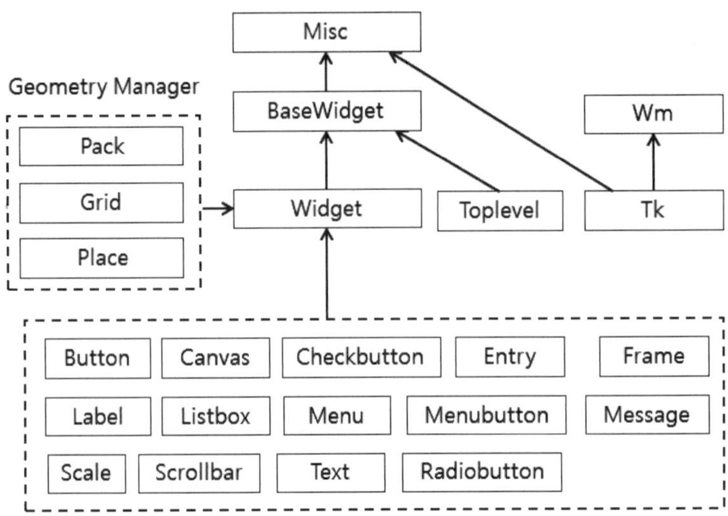

[그림 8.36] tkinter의 주요 클래스의 계층구조

2.1 Tcl 스크립트 프로그래밍

tkinter.Tcl() 함수는 최상위 위젯 생성 없이 Tcl 인터프리터 객체를 생성한다. Tcl() 객체는 loadtk() 메서드를 사용하여 최상위 윈도우를 생성할 수 있다. 여기서는 Tcl 인터프리터 객체를 생성하고, 간단한 Tcl 스크립트 프로그램을 작성에 대해 설명한다.

[예제 8.39] Tcl 인터프리터 1

```
# 설명 1
>>> import tkinter as tk
>>> tcl = tk.Tcl()          # Tcl 인터프리터 생성
>>> tcl.eval("set a 10")
'10'
>>> tcl.eval("return [expr $a + 20]")
'30'

# 설명 2 : if 문
>>> script1 = """
set x -10
if {$x >= 0} {
    set y $x
} else {
    set y [expr -$x]
}
return $y"""
>>> tcl.eval(script1)
'10'
>>> tcl.eval("return $x")
'-10'
```

```
# 설명 3 : while 문
>>> script2 = """
set s 0; set i 1
while {$i <= 10} {
    set s [expr $s + $i]
    incr i
}
return $s """
>>> tcl.eval(script2)
'55'
```

```
# 설명 4 : for 문
>>> script3 = """
set s 0
for {set i 1} {$i <= 10} {incr i} {
    set s [expr $s + $i]
}
return $s """
>>> tcl.eval(script3)
'55'
```

```
# 설명 5 : 함수 1
>>> tcl.eval("proc sum {a b} {set c [expr {$a + $b}]; return $c}")
''
>>> tcl.eval( "sum 2 3 ")
'5'
>>> tcl.eval("sum 20 30")
'50'
```

```
# 설명 6 : 함수 2(recursion)
>>> script4 = """
proc fact n {
    if {$n <= 1} {
        return 1
    }
    return [expr $n * [fact [expr $n-1]]]
} """
>>> tcl.eval(script4)
''
>>> tcl.eval('fact 5')
'120'
```

```
# 설명 7
>>> root = tcl.loadtk()        # Tk 윈도우 생성
```

프로그램 설명

① 설명 1에서 import tkinter as tk는 tkinter를 tk 이름으로 임포트한다. tcl = tk.Tcl()는 Tcl 인터 프리터를 tcl 객체에 생성한다. tcl.eval("set a 10")은 변수 a에 10을 설정한다. tcl.eval() 함수값은 변수 a의 값을 문자열 '10'을 반환한다. tcl.eval("return [expr $a + 20]")은 수식 a + 20을 계산하 여 문자열 '30'을 반환한다. 정수를 변환하려면 int() 함수를 사용한다.

② 설명 2에서 문자열 script1은 x = -10으로 설정하고, if 문에서 x>= 0이면 y = x, 음수이면 y = -x 로 설정하여 y 값을 반환하는 Tcl 스크립트이다. tcl.eval(script1)은 Tcl 스크립트 script1을 실행 하여 '10'을 반환한다. tcl.eval("return $x")는 변수 x의 값을 문자열 '-10'으로 반환한다.

③ 설명 3에서 script2는 while 문으로 1에서 10까지의 합을 변수 s에 계산하여 반환하는 스크립트 이다. 세미콜론으로 두 문장을 구분한다. incr i는 i를 1 증가한다. set i [expr $i + 1]과 같다. tcl. eval(script2)은 '55'를 반환한다.

④ 설명 4에서 script3은 for 문으로 1에서 10까지의 합을 변수 s에 계산하여 반환하는 스크립트이 다. tcl.eval(script3)은 '55'를 반환한다.

⑤ 설명 5에서 a, b를 전달받아 덧셈하는 프로시저 sum{a b}를 실행시킨다. tcl.eval("sum 2 3 ")는 sum{2 3} 프로시저를 실행하여 2, 3을 덧셈한 '5'를 반환한다. tcl.eval("sum 20 30")은 sum{20 30} 프로시저를 호출하여 덧셈한 '50'을 반환한다.

⑥ 설명 6에서 script4는 재귀(recursion)로 n!을 계산하는 프로시저 fact에 대한 스크립트이다. tcl. eval(script4)은 script4를 실행하여, 프로시저 fact를 호출 가능하게 한다. tcl.eval('fact 5')은 fact{5}를 호출하여 5!의 문자열 '120'을 반환한다.

⑦ 설명 7에서 root = tcl.loadtk()는 Tcl 인터프리터 객체 tcl과 관련된 Tk 윈도우를 생성한다. 화면 에 윈도우가 나타난다.

[예제 8.40] Tcl 인터프리터 2 : ex0840.tcl 파일을 실행

\# 설명 1

```
# ex0840.tcl
proc sum {a  b} {
  set s 0
  for {set i $a} {$i <= $b} {incr i} {
     set s [expr $s + $i]
  }
  return $s
}


proc fact {n} {
  if {$n <= 1} {
    return 1
  }
  return [expr $n * [fact [expr $n-1]]]
}
```

[그림 8.37] ex0840.tcl 스크립트 파일

\# 설명 2
```
>>> import tkinter as tk
>>> tcl = tk.Tcl()          # Tcl 인터프리터 생성
>>> tcl.eval("source {ex0840.tcl}")
```

```
>>> tcl.eval("sum 1 10")
'55'
>>> tcl.eval("fact 5")
'120'
```

프로그램 설명

① 설명 1에서 ex0840.tcl 스크립트 파일에 프로시저 sum{ a b}와 fact {n}을 작성한다.

② 설명 2에서 tcl = tk.Tcl()는 Tcl 인터프리터를 tcl 객체에 생성한다. tcl.eval("source {ex0840.tcl}")
은 source 파일 ex0840.tcl을 실행시킨다. tcl.eval("sum 1 10")은 sum 프로시저를 사용하여 1에
서 10까지 덧셈한 결과 '55'를 반환한다. tcl.eval('fact 5')은 fact{5}를 호출하여 5!의 문자열 '120'
을 반환한다.

[예제 8.41] Tcl 인터프리터 3 : 캔버스 생성, 그래픽 그리기

```
# 설명 1
>>> from tkinter import *
>>> root = Tk()
>>> root.tk.eval("canvas .myCanvas -bg gray40 -width 600 -height 400")
'.myCanvas'
>>> root.tk.eval("pack .myCanvas")
''


# 설명 2
>>> root.tk.eval(".myCanvas create rectangle 0 300 600 400 -fill red")
'1'


# 설명 3
>>> root.tk.eval(".myCanvas create rectangle 0 0 100 300 -fill blue")
'2'


# 설명 4
>>> root.tk.eval(".myCanvas create line 100 0 600 300 -fill green -width 10")
'3'
```

프로그램 설명

① 설명 1에서 root = Tk()는 Tk의 최상위 위젯으로 응용 프로그램의 메인 윈도우 root를 생성하고,
화면에 윈도우를 표시한다. root.tk.eval("canvas .myCanvas -bg gray40 -width 600 -height
400")은 root.tk.eval() 메서드를 사용하여 Tcl 스크립트를 실행시켜, 600×400의 캔버스 객체
myCanvas를 배경색 "gray40"으로 생성한다. 그러나 아직 root 윈도우에 나타나지는 않는다.
root.tk.eval("pack .myCanvas")은 pack 명령으로 생성된 myCanvas를 root 윈도우에 위치(디
폴트 side = "top")에 나타나게 한다. 즉, 캔버스 객체 myCanvas는 pack 명령을 적용해야 화면에
표시된다.

② **설명 2**에서 root.tk.eval(".myCanvas create rectangle 0 300 600 400 -fill red")은 myCanvas에 두 좌표 (0, 300), (600, 400)에 의한 사각형을 "red" 색으로 채워 그린다. 반환값 '1'은 사각형의 고유번호(id)의 문자열이다. 캔버스 좌표는 왼쪽 위(left-upper) 모서리 좌표가 원점 (0, 0)이고, 가로 방향이 X축, 세로 방향이 Y축이다.

③ **설명 3**에서 root.tk.eval(".myCanvas create rectangle 0 0 100 300 -fill blue")은 myCanvas에 두 좌표 (0,0), (100, 300)에 의한 사각형을 "blue" 색으로 채워 그린다.

④ **설명 4**에서 root.tk.eval(".myCanvas create line 100 0 600 300 -fill green -width 10")은 캔버스 객체 myCanvas에 두 좌표 (100,0), (600, 300) 사이에 직선을 "green" 색, 두께 10으로 그린다.

⑤ [그림 8.38]은 Tcl 인터프리터로 캔버스 생성하고, 사각형과 선을 그린 결과이다. [예제 8.43]에서는 tkinter의 Canvas 위젯과 메서드를 이용하여 다시 작성한다.

[그림 8.38] Tcl 인터프리터로 캔버스 생성 및 그래픽 그리기

2.2 Tk를 이용한 윈도우 생성 및 캔버스에 그리기

Tk의 응용 프로그램 메인 윈도우 객체는 인수 없이 tkinter.Tk()로 생성한다. tkinter.Tk()로 윈도우 객체가 생성되면 윈도우가 팝업된다. 대화 상자, 팝업 윈도우 등으로 사용할 최상위 윈도우 객체는 Toplevel(option)로 생성한다. [표 8.9]는 최상위 윈도우에서 사용 가능한 주요 메서드이다.

tkinter.Tk()로 생성한 메인 윈도우 객체가 없을 때, Canvas, Frame, Button 등의 위젯 클래스 객체를 생성하면 메인 윈도우 객체가 자동으로 생성된다. 위젯 객체가 w일 때, w.master에 위젯의 부모 윈도우가 생성된다.

캔버스(Canvas) 위젯은 그리기 객체를 지원한다. 캔버스는 tkinter.Canvas(parent, option=value, ...) 형식으로 객체를 생성한다. [표 8.10]은 캔버스(Canvas)의 주요 옵션(option)이다. 그리기 객체(drawing object)는 create_arc(), create_line(), create_rectangle(), create_polygon(), create_text(), create_oval(), create_bitmap(), create_image(), create_window() 등의 Canvas 클래스 메서드로 캔버스 위에 생성한다.

표 8.9 최상위 윈도우(Top-level) 주요 메서드

메서드	설명
iconify(), deiconify()	윈도우를 iconify 또는 expand
geometry(newGeometry = None)	윈도우의 가로와 세로 크기 및 스크린의 위치 설정
maxsize(width = None, height = None)	윈도우의 최대 크기 설정
minsize(width = None, height = None)	윈도우의 최소 크기 설정
overrideredirect(flag=None)	flag = True이면 윈도우 이동, 크기 변경, 아이콘화, 닫기 불가. flag = False이면 복구
resizable(width = None, height = None)	width = False이면 가로 크기 변경 불가 height = False이면 세로 크기 변경 불가
title(text = None)	윈도우 타이틀을 text로 설정
withdraw()	윈도우를 감춘다. iconify(), deiconify()로 보임

표 8.10 캔버스(Canvas)의 주요 옵션

옵션	설명
bd, borderwidth	테두리 두께. 디폴트는 2
bg, background	배경색. 디폴트는 light gray('#E4E4E4')
cursor	캔버스에서 마우스의 커서. 'arrow', 'man', 'plus', 'circle', 'dot', 'heart' 등
width, height	캔버스의 가로와 세로 크기

[예제 8.42] 메인 윈도우 생성

```
# 설명 1
>>> from tkinter import *
>>> root = Tk()

# 설명 2
>>> root.title("Create a window")

# 설명 3
>>> root.geometry("600x400+200+300")
>>> root.geometry()
'600x400+200+300'

# 설명 4
>>> root.resizable(0,0)
>>> root.wm_attributes("-topmost", 1)
```

프로그램 설명

① 설명 1에서 root = Tk()는 Tk() 클래스로 메인 윈도우 객체 root를 생성하고, 윈도우를 화면에 표시한다.

② 설명 2에서 root.title("Create a window")는 root 윈도우의 타이틀을 변경한다.

③ 설명 3에서 root.geometry("600x400+200+300")는 root 윈도우의 크기를 600×400으로 생성하고, 모니터 화면 왼쪽 위를 기준으로 (200, 300) 위치로 root 윈도우의 왼쪽 위 모서리를 위치시킨다. root.geometry()는 현재 윈도우의 크기 및 위치를 반환한다. 주의할 것은, 타이틀, 테두리를 제외한 윈도우(TkChild)의 크기가 600×400인 것에 주의한다. 타이틀, 테두리를 포함한 윈도우 전체 윈도우(TkTopLevel)의 크기는 좀 더 큰 616×438이다.

④ 설명 4에서 root.resizable(0,0)은 root 윈도우의 가로세로 크기를 변경하지 못하게 고정한다. root.resizable(0, 1)은 가로는 변경 불가능, 가로는 변경 가능을 의미한다. 여기서 0은 False, 1은 True의 의미이다. root.wm_attributes("-topmost", 1)는 root 윈도우를 항상 가장 위(topmost)에 나타나도록 설정한다.

[예제 8.43] 메인 윈도우 생성, 캔버스 생성, pack()

```
# 설명 1
>>> from tkinter import *
>>> root =Tk()
>>> myCanvas = Canvas(root, bg= "gray40", width=600, height= 400)
>>> myCanvas.pack() # myCanvas.pack(side="top")
>>> myCanvas.pack(side="bottom")          # 설명 2
>>> myCanvas.pack(side="left")            # 설명 3
>>> myCanvas.pack(side="right")           # 설명 4
>>> myCanvas.pack(expand=YES)             # 설명 5
>>> myCanvas.pack(expand=YES, fill= BOTH) # 설명 6
>>> myCanvas.master is root               # 설명 7
True

# 설명 8
>>> myCanvas2 = Canvas(bg= "white", width=300, height= 200)
>>> myCanvas2.pack()
>>> myCanvas2.master is root
True
>>> myCanvas2.master.title("Test")
```

프로그램 설명

① 설명 1에서 root = Tk()는 Tk() 클래스로 메인 윈도우 객체 root를 생성하고, 윈도우를 화면에 표시한다. Canvas 클래스로 600×400의 캔버스 객체 myCanvas를 배경색 "gray40"으로 생성한다. 그러나 아직 root 윈도우에 나타나지는 않는다. myCanvas.pack()은 myCanvas를 root 윈도우의 디폴트 side = "top" 위치에 붙어 화면에 표시되며, root 윈도우의 크기도 변경된다. 마우스로 윈도우 크기를 크게 변경하면 [그림 8.39](a)로 캔버스가 side = "top" 위치에 붙어 표시된다.

② 설명 2의 결과는 [그림 8.39](b)로 캔버스가 side = "bottom" 위치에 붙어 표시된다.

③ 설명 3의 결과는 [그림 8.39](c)로 캔버스가 side = "left" 위치에 붙어 표시된다.

④ 설명 4의 결과는 [그림 8.39](d)로 캔버스가 side = "right" 위치에 붙어 표시된다.

⑤ 설명 5의 결과는 [그림 8.39](e)로 캔버스가 expand = YES에 의해 윈도우를 확장하면 캔버스가 가운데로 위치에 표시된다. tkinter.YES는 정수형 상수 1이다.

⑥ 설명 6의 결과는 [그림 8.39](f)로 캔버스가 expand = YES에 의해 윈도우를 확장하고, fill = BOTH로 양방향으로 채우면, 윈도우의 크기에 따라 캔버스의 크기가 같이 조정된다. fill = X는 가로 방향으로 채우고, fill = Y는 세로 방향으로 채운다. tkinter.BOTH, tkinter.X, tkinter.Y는 각각 문자열 상수 'both', 'x', 'y'이다.

⑦ 설명 7에서 myCanvas.master is root는 True이다. 즉, 캔버스 객체 myCanvas의 부모 윈도우는 메인 윈도우 root이다.

⑧ 설명 8에서 Canvas 위젯에서 부모 윈도우를 지정하지 않고 myCanvas2 객체를 생성하였어도, myCanvas2.master is root는 True이다. root = Tk()로 메인 윈도우를 생성하지 않고도, myCanvas 객체를 생성할 수 있다. myCanvas2.master.title("Test")은 메인 윈도우 타이틀을 변경한다.

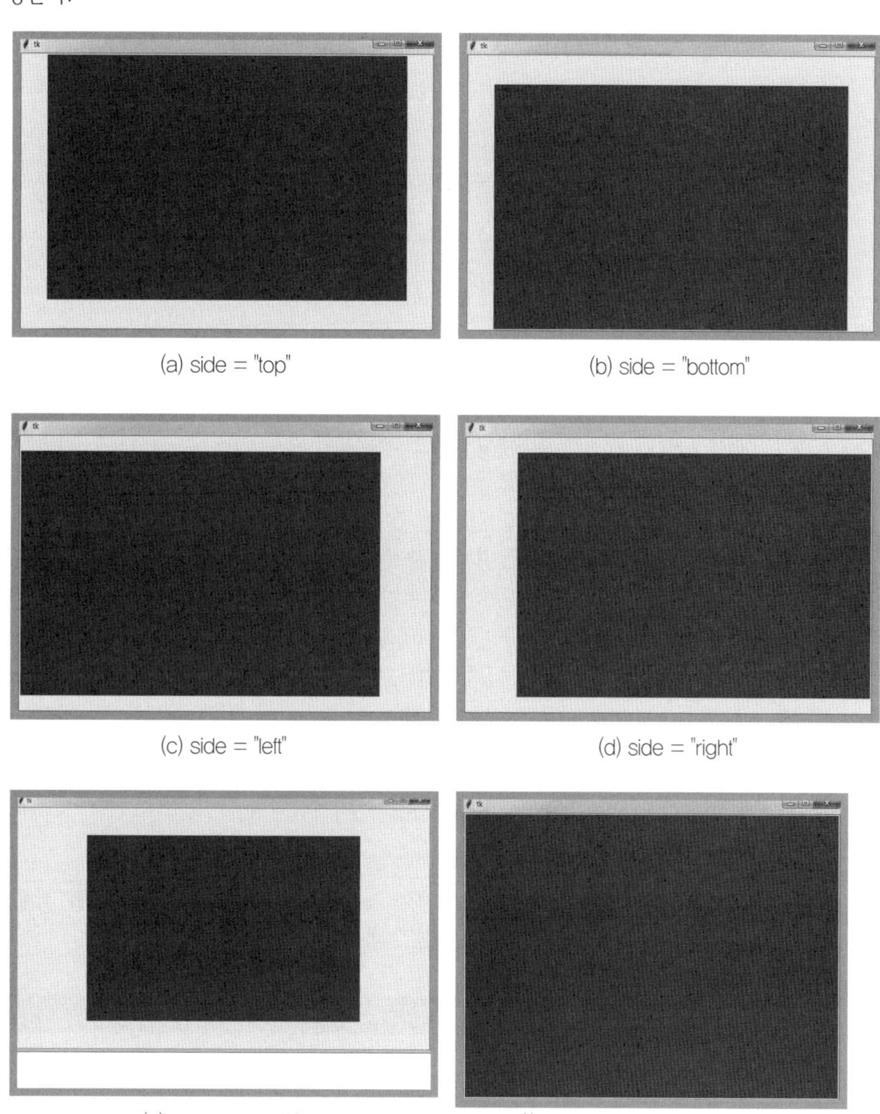

(a) side = "top"

(b) side = "bottom"

(c) side = "left"

(d) side = "right"

(e) expand = YES

(f) expand = YES, fill = BOTH

[그림 8.39] 메인 윈도우에 캔버스 붙이기

[예제 8.44] 캔버스에 직선과 사각형 그리기

```
# 설명 1
>>> from tkinter import *
>>> root =Tk()
>>> myCanvas = Canvas(root, bg= "gray40", width=600, height= 400)
>>> myCanvas.pack()        # myCanvas.pack(side = "top")

# 설명 2
>>> myCanvas.create_rectangle(0, 300, 600, 400, fill= "red")
1

# 설명 3
>>> myCanvas.create_rectangle(0, 0, 100, 300, fill= "blue")
2

# 설명 4
>>> myCanvas.create_line(100, 0, 600, 300, fill= "green", width = 10)
3
```

프로그램 설명

① [예제 8.41]을 tkinter의 Canvas 위젯 클래스와 create_rectangle(), create_line() 메서드로 다시 작성한다.

② 설명 1에서 root = Tk()는 응용 프로그램의 메인 윈도우 root를 생성하고, 화면에 윈도우를 표시한다. Canvas 클래스로 600×400의 캔버스 객체 myCanvas를 배경색 "gray40"으로 생성한다. 그러나 아직 root 윈도우에 나타나진 않는다. myCanvas.pack()은 myCanvas를 root 윈도우의 디폴트 side = "top"에 붙은 위치에 붙어 화면에 표시된다. 마우스로 root 윈도우 크기를 변경해도, myCanvas 캔버스는 root 윈도의 top에 붙어 있는 것을 알 수 있다. side는 "top", "bottom", "left", "right" 등이 있다.

② 설명 2에서 create_rectangle() 메서드로 캔버스 myCanvas에 (0, 300), (600, 400) 좌표로 사각형을 "red" 색으로 채워 그린다. 반환 값 1은 사각형의 고유번호(id)이다. 캔버스 좌표는 왼쪽 위 (left-upper) 모서리 좌표가 원점 (0, 0)이고, 가로 방향이 X축, 세로 방향이 Y축이다.

③ 설명 3에서 create_rectangle() 메서드로 캔버스 myCanvas에 (0,0), (100, 300) 좌표로 사각형을 "blue" 색으로 채워 그린다.

④ 설명 4에서 create_line() 메서드로 캔버스 myCanvas에 (100,0), (600, 300) 좌표 사이에 직선을 "green" 색, 두께 10으로 그린다. 실행 결과는 [그림 8.38]과 같다.

[예제 8.45] 캔버스에 다각형, 타원, 호 그리기

```
# 설명 1
>>> from tkinter import *
>>> root =Tk()
>>> myCanvas = Canvas(root, bg= "gray40", width=600, height= 400)
>>> myCanvas.pack()              # myCanvas.pack(side="top")
```

```
# 설명 2
>>> myCanvas.create_polygon(10, 10, 200, 10, 200, 100, fill="#ff0000", outline="#0000ff",
width = 5)
1

# 설명 3
>>> myCanvas.create_oval(10, 110, 200, 310, fill="", width= 3)
2

# 설명 4
>>> myCanvas.create_arc(300, 100, 500, 300, extent= 180, fill="pink", outline="red", width
= 5)          # style=CHORD)
3
>>> myCanvas.create_arc(300, 100, 500, 300, start = 45, fill="purple", extent= 90,
style=PIESLICE)
4
>>> myCanvas.create_arc(300, 100, 500, 300, start = 180, extent= 90, outline="yellow",
style=ARC, width=3)
5
```

프로그램 설명

① **설명 1**에서 응용 프로그램의 메인 윈도우 root를 생성하고, 화면에 윈도우를 표시한다. Canvas 클래스로 600×400의 캔버스 객체 myCanvas를 배경색 "gray40"으로 생성하고, root 윈도우의 "top" 위치에 붙여 화면에 표시된다.

② **설명 2**에서 create_polygon() 메서드로 (10, 10), (200, 10), (200, 100) 좌표로 삼각형을 채우기 색 fill = "#ff0000" 색, 테두리 선 색 outline = "#0000ff", 두께 width = 5로 그린다. 반환값 1은 사각형의 고유번호(id)이다.

③ **설명 3**에서 create_oval() 메서드로 (10, 110), (200, 310)의 좌표에 의한 사각형에 접한 타원 (oval)을 fill=""에 의해 채우기 색 없이 투명하게, 선 두께 width = 3으로 그린다.

④ **설명 4**에서 create_arc() 메서드로 (300, 100), (500, 300)의 좌표에 의한 사각형에서 0도에서 extent = 180도 만큼 style = CHORD(처음과 끝과 연결) 스타일로, 채우기 색 fill = "pink", 테두리 선 색 outline = "red", 선 두께 width = 5로 그린다.

⑤ **설명 5**에서 create_arc() 메서드로 (300, 100), (500, 300)의 좌표에 의한 사각형에서 start = 45도에서 extent = 90도 만큼(135도) style = PIESLICE(중심과 처음과 끝을 연결, 파이 차트) 스타일로, 채우기 색 fill = "purple"로 그린다.

⑥ **설명 6**에서 create_arc() 메서드로 (300, 100), (500, 300)의 좌표에 의한 사각형에서 start = 180 도에서 extent = 90도 만큼(270도), style = ARC(호) 스타일로, 테두리 선 색 outline = "yellow", 선 두께 width = 3으로 그린다. [그림 8.40]은 실행 결과이다.

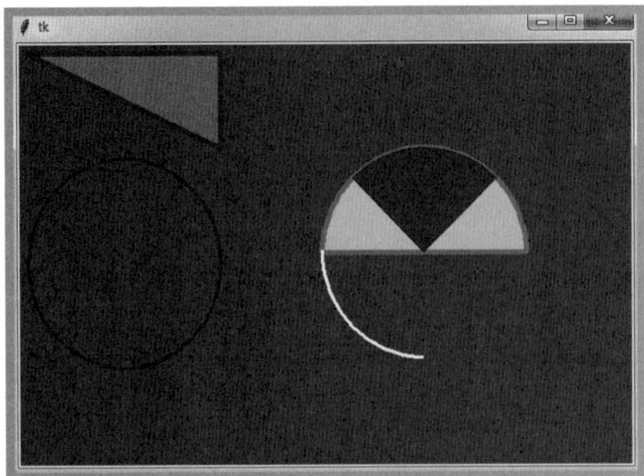

[그림 8.40] 캔버스에 다각형, 타원, 호 그리기

[예제 8.46] 캔버스에 텍스트 출력

\# 설명 1
```
>>> from tkinter import *
>>> root =Tk()
>>> myCanvas = Canvas(root, width=600, height= 400)
>>> myCanvas.pack()
```

\# 설명 2
```
>>> myCanvas.create_text(200, 100, text="Hello, world")
1
```

\# 설명 3
```
>>> myCanvas.create_text(200, 120, text="Hello world", fill="blue", font=("Times", 20))
2
```

\# 설명 4
```
>>> myCanvas.create_text(200, 160, text="안녕\n하세요", fill="blue", font=("굴림", 20)) #
justify = LEFT
3
```

\# 설명 5
```
>>> myCanvas.create_text(200, 250, text="안녕\n하세요", fill="blue", font=("굴림", 20),
justify = RIGHT)
4
```

\# 설명 6
```
>>> myCanvas.create_text(200, 300, text="안녕\n하세요", fill="blue", font=("굴림", 20),
justify = CENTER)
5
```

프로그램 설명

① 설명 1에서 응용 프로그램의 메인 윈도우 root를 생성하고, 화면에 윈도우를 표시한다. Canvas 클래스로 600×400의 캔버스 객체 myCanvas를 생성하고, root 윈도우의 "top" 위치에 붙여 화면에 표시한다.

② 설명 2에서 create_text() 메서드로 (200, 100) 좌표에 text = "Hello, world"를 출력한다.

③ 설명 3에서 create_text() 메서드로 (200, 120) 좌표에 text = "Hello, world"를 fill = "blue" 색과 font = ("Times", 20) 폰트로 출력한다.

④ 설명 4에서 create_text() 메서드로 (200, 160) 좌표에 text = "안녕\n하세요"를 fill = "blue" 색과 font = ("굴림", 20) 폰트로 2줄을 justify = LEFT(왼쪽 정렬)로 출력한다.

⑤ 설명 5에서 create_text() 메서드로 (200, 250) 좌표에 두 행의 문자열 text = "안녕\n하세요"를 justify = RIGHT(오른쪽 정렬)로 출력한다.

⑥ 설명 6에서 create_text() 메서드로 (200, 300) 좌표에 두 행의 문자열 text = "안녕\n하세요"를 justify = CENTER(중앙 정렬)로 출력한다. [그림 8.41]은 실행 결과이다.

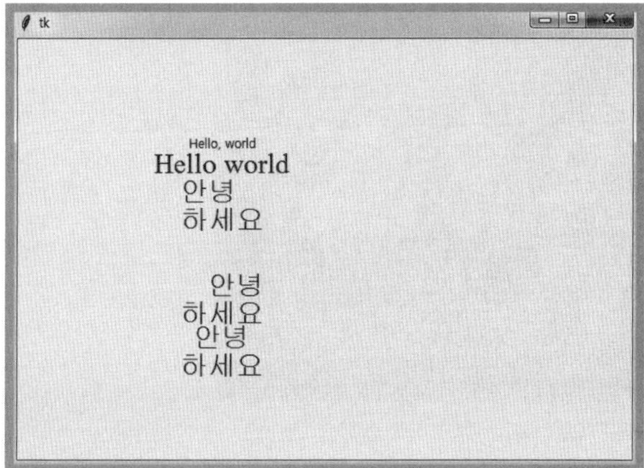

[그림 8.41] 캔버스에 텍스트 출력하기

[예제 8.47] 캔버스에 PhotoImage로 이미지 출력

```
# 설명 1
>>> from tkinter import *
>>> root =Tk()
>>> myImage = PhotoImage(file=
        "C:/Users/Public/Pictures/Sample Pictures/Tulips.png")


# 설명 2
>>> myCanvas = Canvas(root, width=myImage.width(), height= myImage.height())
>>> myCanvas.pack()


# 설명 3
>>> myCanvas.create_image(0, 0, anchor=NW, image=myImage)
1
```

프로그램 설명

① **설명 1**에서 응용 프로그램의 메인 윈도우 root를 생성하고, 화면에 윈도우를 표시한다. PhotoImage 클래스로 "C:/Users/Public/Pictures/Sample Pictures/Tulips.png" 파일을 읽어 myImage 객체를 생성한다. PhotoImage 클래스는 gif, pgm, ppm 파일 포맷의 컬러영상 객체를 생성할 수 있다. 윈도우즈의 샘플 사진 폴더("C:/Users/Public/Pictures/Sample Pictures/")에서 Tulips.jpeg 파일을 그림판을 이용하여 Tulips.png 파일로 저장한 후에 실행한다.

② **설명 2**에서 영상의 가로세로 크기인 myImage.width(), myImage.height()로 캔버스의 가로와 세로 크기를 설정하여 캔버스 객체 myCanvas를 생성한다. myCanvas.pack()은 root 윈도우의 "top" 위치에 붙여 화면에 표시한다.

③ **설명 3**에서 create_image() 메서드로 캔버스의 (0, 0) 위치와 영상의 anchor = NW 위치가 일치하도록 image = myImage를 표시한다. [그림 8.42]는 실행 결과이다. anchor는 NW, N, NE, W, CENTER, E, SW, S, SE 등이 있다.

[그림 8.42] 캔버스에 PhotoImage로 이미지 출력

[예제 8.48] 캔버스에 윈도우 생성 1

```
# 설명 1
>>> from tkinter import *
>>> root =Tk()
>>> myCanvas = Canvas(root, bg= "gray40", width=600, height= 400)
>>> myCanvas.pack(expand=YES, fill=BOTH)

# 설명 2
>>> cv1 = Canvas(myCanvas, bg= "red", width=250, height= 400)
>>> myCanvas.create_window(0,  0, window=cv1, anchor=NW)
1

# 설명 3
>>> cv2 = Canvas(myCanvas, bg= "blue", width=250, height= 400)
>>> myCanvas.create_window(300, 0, window=cv2, anchor=NW)
2
```

프로그램 설명

① **설명 1**에서 응용 프로그램의 메인 윈도우 root를 생성하고, 화면에 윈도우를 표시하고, Canvas 클래스로 600×400의 캔버스 객체 myCanvas를 생성하고, root 윈도우의 크기에 따라 함께 양방향으로 붙어 화면에 표시된다.

② **설명 2**에서 배경색이 bg= "red"인 250×400의 캔버스 객체 cv1을 myCanvas에 생성하고, myCanvas.create_window() 메서드로 myCanvas의 (0, 0) 위치에 window = cv1 윈도우의 anchor=NW를 위치시킨다.

③ **설명 3**에서 배경색이 bg= "blue"인 250×400의 캔버스 객체 cv2을 myCanvas에 생성하고, myCanvas.create_window() 메서드로 myCanvas의 (300, 0) 위치에 window = cv2 윈도우의 anchor = NW를 위치시킨다. [그림 8.43]은 실행 결과이다.

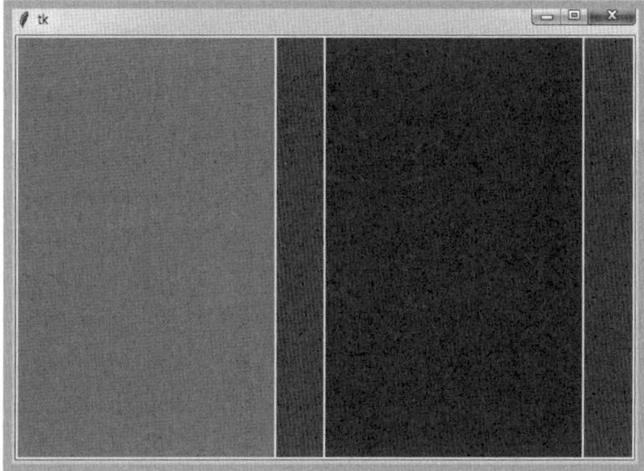

[그림 8.43] 메인 캔버스에 두 개의 캔버스를 생성

[예제 8.49] 캔버스에 윈도우 생성 2

```
# 설명 1
>>> from tkinter import *
>>> import sys
>>> def printMsg():
    print("Hello, world")
>>> def ExitWindow():
    root.destroy()
    sys.exit()

# 설명 2
>>> root =Tk()
>>> myCanvas = Canvas(width=300, height=300)
>>> myCanvas.pack()
>>> labelWidget = Label(myCanvas, text="Controls on Canvas", fg="blue")
>>> myCanvas.create_window(100, 100, window=labelWidget)
```

1

```
# 설명 3
>>> button1 = Button(myCanvas, text="Print",command=printMsg)
>>> myCanvas.create_window(100, 140, window=button1)
2
>>> button2 = Button(myCanvas, text="Exit", command=ExitWindow)
>>> myCanvas.create_window(100, 200, window=button2)
3
```

프로그램 설명

① **설명 1**에서 printMsg() 함수는 "Hello, world"를 출력하는 함수이다. ExitWindow() 함수는 root.destroy()로 root 윈도우를 파괴하고, sys.exit()로 프로그램을 중지시킨다.

② **설명 2**에서 응용 프로그램의 메인 윈도우 root를 생성하고, 화면에 윈도우를 표시하고, Canvas 클래스로 600×400의 캔버스 객체 myCanvas를 생성하고, root 윈도우의 "top"에 붙어 화면에 표시한다. Label 위젯으로 캔버스 myCanvas에 캡션 text = "Controls on Canvas", 글자 색 fg = "blue"로 labelWidget 객체를 생성한다. create_window() 메서드로 (100, 100) 위치에 윈도우 window = labelWidget을 표시한다.

③ **설명 3**에서 Button 위젯으로 캡션 text = "Print", 실행할 명령 command = printMsg로 설정하여 button1 객체를 생성한다. create_window() 메서드로 (100, 140) 위치에 윈도우 window = button1을 표시한다. button1을 누르면 printMsg() 함수가 호출되어 "Hello, world"를 출력한다.

④ **설명 3**에서 Button 위젯으로 캡션 text = "Exit", 실행할 명령 command = ExitWindow로 설정하여 button2 객체를 생성한다. create_window() 메서드로 (100, 200) 위치에 윈도우 window = button2를 표시한다. button2를 누르면 ExitWindow() 함수가 호출되어 윈도우를 파괴하고, 프로그램을 종료한다.

⑤ [그림 8.44]는 메인 캔버스에 Label, Button 생성한 결과이다. 보통은 캔버스는 그리기 영역으로 사용하고, 컨트롤은 메인 윈도우나 Frame 윈도우에 주로 생성한다.

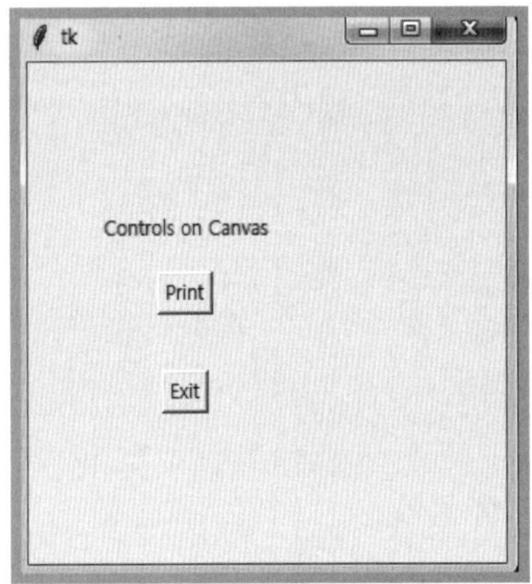

[그림 8.44] 메인 캔버스에 Label, Button 생성

2.3 캔버스(Canvas) 객체의 메서드

[표 8.11]은 모든 위젯 클래스(Frame, Canvas, Button, Label, Menu 등)의 객체에서 사용 가능한 주요 메서드이다. after() 메서드는 시간을 지연시키거나 일정 시간 함수를 호출하는 데 사용하며, bind_all() 메서드는 마우스와 키보드 등의 이벤트를 처리하고, destroy()는 위젯을 파괴하고, winfo_width()와 winfo_height()는 위젯의 크기를 반환한다. 위젯 클래스 객체 w의 부모 윈도우는 w.master이다.

표 8.11 모든 위젯 클래스 객체에서 사용 가능한 주요 메서드

메서드	설명
after(delay_ms, callback=None, *args)	delay_ms 밀리 초 후에 callback 함수 호출 callback=None이면 sleep(delay_ms)으로 대기
bind(sequence=None, func=None, add=None)	sequence 이벤트에 대한 핸들러 func 바인딩 add= "+"면 기존 핸들러에 추가
bind_all(sequence=None, func=None, add=None)	응용 프로그램의 모든 위젯에 이벤트 핸들러 바인딩
bind_class(className, sequence = None, func=None, add=None)	className 이름의 모든 위젯에 이벤트 핸들러 바인딩
config(option=value, ...) configure(option=value, ...)	옵션 속성 변경, w[option] = value
destroy()	위젯 w와 그 위의 객체들을 모두 파괴
mainloop()	메시지 루프를 시작
quit()	메시지 루프를 중지
update()	디스플레이를 갱신
update_idletasks()	다시 그리기(redrawing), 크기 변경(resizing) 등 디스플레이 갱신이 다음 갱신 전에 처리되도록 강제
winfo_geometry()	스크린 상의 위치 및 크기를 문자열로 반환 'wxh±x±y'
winfo_width(), w.winfo_height()	픽셀로 가로와 세로 크기
winfo_x(), w.winfo_y()	부모로부터 좌상단(left, top)의 상대 위치

[표 8.12]는 Canvas 클래스의 주요 메서드이다. canvasx(), canvasy()는 윈도우 좌표를 캔버스 좌표로 변환한다. tagOrId는 캔버스에서 객체를 구분하는 고유번호 또는 태그(tag)이다. 캔버스에서 생성되는 그리기 객체에 tkinter가 자동으로 정수 고유번호를 지정한다.

태그는 객체에 붙인 문자열 이름으로 하나 이상의 태그가 붙을 수 있다. gettags() 메서드는 특정 객체와 관련된 태그를 얻고, find_withtag() 메서드는 주어진 태그를 갖는 모든 항목을 찾는다. ALL은 "all" 태그이며, 캔버스의 모든 객체와 매칭하고, CURRENT

는 "current" 태그이며 마우스 아래에 있는 객체와 매칭하여 이벤트 핸들러 함수를 호출한 객체를 참조한다.

coords(tagOrId)는 객체의 좌표를 반환한다. 좌표를 명시하여, 객체의 좌표를 이동시킬 수 있다. delete(tagOrId)는 객체를 삭제한다. itemconfig(tagOrId)는 객체의 현재 설정을 사전을 반환하고, 옵션을 주어 설정을 변경한다. find_all() 메서드는 캔버스 위의 모든 객체 번호를 리스트로 반환한다. move(tagOrId, xAmount, yAmount)는 객체를 xAmount, yAmount 만큼 이동시킨다. tag_bind() 함수는 캔버스의 객체에 대해 이벤트 핸들러를 바인딩한다.

표 8.12 Canvas 주요 메서드

메서드	설명
canvasx(screenx, gridspacing=None) canvasy(screeny, gridspacing=None)	윈도우 좌표 (screenx, screeny)를 캔버스 좌표로 변환, gridspacing이 주어지면 가장 가까운 배수로 변환
coords(tagOrId, x0, y0, ..., xn, yn)	tagOrId 객체의 좌표를 반환하거나, 변경
delete(tagOrId)	tagOrId 객체를 삭제, delete(ALL)는 모두 삭제
find_all()	캔버스의 모든 객체 ID를 튜플로 반환
find_below(tagOrId)	tagOrId 객체의 아래의 객체 번호 반환
find_above(tagOrId)	tagOrId 객체의 위의 객체 번호 반환
find_closest(x, y, halo=None, start=None)	(x, y) 위치에 가장 가까운 객체 번호를 항목이 하나만 있는 싱글톤 튜플로 반환
find_enclosed(x1, y1, x2, y2)	(x1, y1), (x2, y2)의 사각 영역에 완전히 포함된 모든 객체 번호를 튜플로 반환
find_overlapping(x1, y1, x2, y2)	(x1, y1), (x2, y2)의 사각 영역에 한점이라도 포함된 모든 객체 번호를 튜플로 반환
find_withtag(tagOrId)	tagOrId 객체 또는 객체들의 객체 번호의 튜플 반환
gettags(tagOrId)	tagOrId가 객체 번호이면 객체와 관련된 태그를 모두 반환. agOrId가 태그이면 태그를 갖는 가장 낮은 객체의 모든 태그를 반환
itemconfig(tagOrId, option, ...) itemconfigure(tagOrId, option, ...)	tagOrId 객체의 옵션을 설정 또는 사전으로 반환
itemcget(tagOrId, option)	tagOrId 객체의 옵션을 반환
move(tagOrId, xAmount, yAmount)	tagOrId 객체를 xAmount, yAmount 만큼 이동
scale(tagOrId, xOffset, yOffset, xScale, yScale)	tagOrId 객체를 (xOffset, yOffset) 좌표로부터 각각의 거리를 xScale, yScale로 확대/축소
tag_bind(tagOrId, sequence=None, function=None, add=None)	캔버스 위의 tagOrId 객체에 sequence 이벤트에 대한 핸들러 function 바인딩

type(tagOrId)	tagOrId 객체의 타입을 문자열로 반환 'arc', 'bitmap', 'image', 'line', 'oval', 'polygon', 'rectangle', 'text', 'window'

[예제 8.50] 캔버스 메서드 1 : find_all(), find_overlapping(), coords(), itemconfig(), delete()

```
# 설명 1
>>> from tkinter import *
>>> root =Tk()
>>> myCanvas = Canvas(root, bg= "gray40", width=600, height= 400)
>>> myCanvas.pack()
>>> myCanvas.create_rectangle(0, 300, 600, 400, fill= "red")
1
>>> myCanvas.create_rectangle(0, 0, 100, 300, fill= "blue")
2
>>> myCanvas.create_line(100, 0, 600, 300, fill= "green", width = 10)
3
>>> myCanvas.create_oval(200, 200, 250, 250, fill= "yellow", tags = "myCircle")
4


# 설명 2
>>> myCanvas.find_all()          # myCanvas.find_withtag(ALL)
(1, 2, 3, 4)
>>> myCanvas.find_withtag("myCircle")
(4,)
>>> myCanvas.find_overlapping(50, 200, 200, 400)
(1, 2, 4)
>>> myCanvas.coords(1)
[0.0, 300.0, 600.0, 400.0]
>>> xy = (100, 200, 400, 300)
>>> myCanvas.coords(1, xy)       # myCanvas.coords(1, 100, 200, 400, 300)
[]


# 설명 3
>>> myCanvas.itemconfig(1, fill="green", outline="red", width=3)
>>> myCanvas.itemconfig("myCircle", fill="blue", outline="", width=3)


# 설명 4
>>> myCanvas.delete(3)
>>> myCanvas.delete("myCircle")
>>> myCanvas.itemconfig(ALL, outline="purple", width=5)
```

프로그램 설명

① 설명 1에서 캔버스 myCanvas를 갖는 root 윈도우를 생성하고, "red"로 채워진 사각형, "blue"로 채워진 사각형, "green" 직선, 태그가 "myCircle"인 "yellow"로 채워진 원을 생성한다. [그림 8.45] (a)는 실행 결과이다.

② **설명 2**에서 myCanvas.find_all()은 모든 객체의 번호를 갖는 튜플 (1, 2, 3, 4)로 myCanvas.find_withtag(ALL)와 같다. myCanvas.find_withtag("myCircle")는 "myCircle" 태그를 갖는 객체의 고유번호를 갖는 튜플 (4,)이다. myCanvas.find_overlapping(50, 200, 200, 400)은 사각 영역과 겹치는 객체의 튜플 (1, 2, 4)이다. myCanvas.coords(1)는 1번 사각형 객체의 좌표를 리스트로 반환한다. myCanvas.coords(1, xy)는 1번 객체의 좌표를 xy 튜플의 좌표로 변경하면 [그림 8.45] (b)와 같다.

③ **설명 3**에서 itemconfig() 메서드로 1번 객체의 채우기 색 fill="green", 테두리 선 색 outline = "red", 두께 width = 3으로 변경한다. "myCircle" 태그 객체를 fill = "blue", outline = "", width=3으로 변경하면 [그림 8.45](c)와 같다.

④ **설명 4**에서 delete() 메서드로 3번 직선 객체와 "myCircle" 태그 객체를 삭제한다. ALL 태그를 사용하여 캔버스 위의 모든 객체인 두 사각형 객체의 테두리를 outline = "purple" 색, 두께 width = 5로 변경하면 [그림 8.45](d)와 같다.

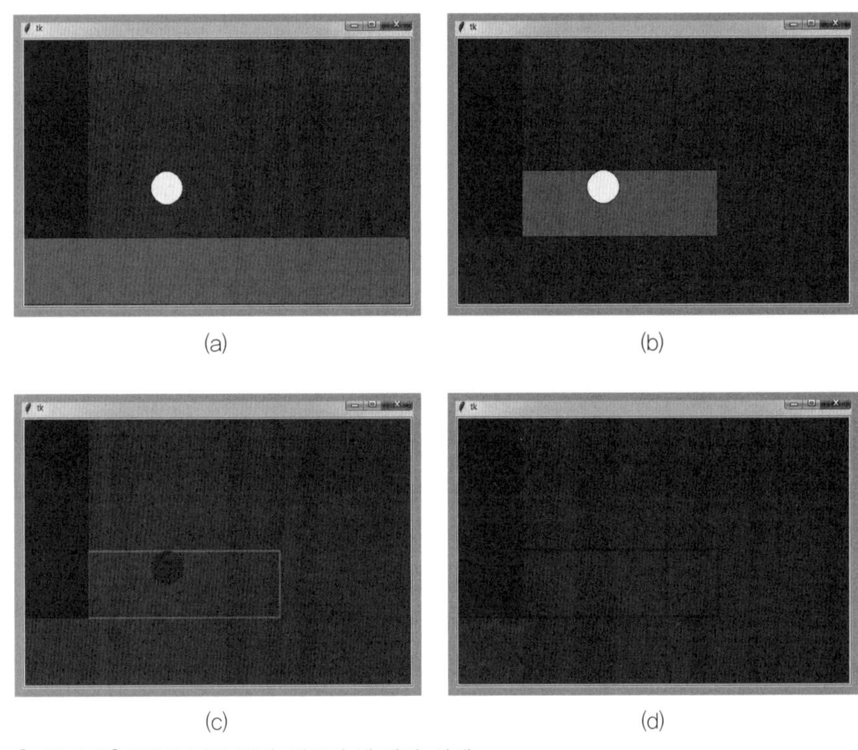

(a)　　　　　　　(b)

(c)　　　　　　　(d)

[그림 8.45] 객체의 좌표 변경, 채우기 색 변경, 삭제

[예제 8.51] 캔버스 객체 애니메이션 1 : move()　　　　　　　(ex0851.py)

```python
01   # 설명 1
02   from  tkinter import *
03   from  tkinter import messagebox
04   import threading          # for animate1()
05   def ask_quit():
06       result = messagebox.askquestion("Msg", "Quit")
07       if result == "yes":
08           root.destroy()
```

```
09          #sys.exit()            # import sys
10
11    # 설명 2
12    def init():
13        global root, canvas, DX
14        root =Tk()
15        canvas = Canvas(root, bg= "gray40", width=600, height= 400)
16        canvas.pack(expand=YES, fill=BOTH)
17        canvas.create_oval(300, 200, 350, 250, fill= "green", tags = "myBall")
18        DX = 5
19        root.protocol("WM_DELETE_WINDOW", ask_quit)
20
21    # 설명 3
22    def animate():
23        global DX
24        canvas.move("myBall", DX, 0)              # canvas.move(1, DX, 0)
25        pos = canvas.coords("myBall")             # canvas.coords(1)
26        if pos[0] < 0 or pos[2] > canvas.winfo_width():
27            DX *= -1
28        canvas.update_idletasks()
29        canvas.update()
30        canvas.after(10, animate)
31
32    # 설명 4
33    if __name__ == '__main__':
34        init()
35        animate()
36        mainloop()
```


① 설명 1에서 tkinter의 messagebox를 임포트하고, ask_quit() 함수는 messagebox.askquestion() 메서드의 메시지 박스에서 [Yes] 버튼을 누르면 root 윈도우를 파괴한다. sys 모듈의 sys.exit()로 응용 프로그램을 중지시킬 수도 있다.

② 설명 2에서 init() 함수는 root, canvas, dx를 전역변수로 선언하고, 메인 윈도우 root를 생성하고, 캔버스 canvas를 생성하고, pack() 메서드로 캔버스를 root 윈도우에 붙이고, create_oval()로 움직일 "myBall" 태그를 갖는 원을 생성한다. 한번 움직일 거리를 DX = 5로 설정한다. protocol("WM_DELETE_WINDOW", ask_quit)은 마우스로 윈도우를 파괴(X)시키면 ask_quit() 함수가 호출된다.

③ 설명 3에서 animate() 함수는 canvas.move("myBall", DX, 0)에 의해 "myBall" 객체를 X축 방향으로 DX 만큼 이동시킨다. pos = canvas.coords("myBall")에 의해 "myBall" 객체의 좌표를 pos에 읽고, pos[0] < 0 or pos[2] > canvas.winfo_width() 조건이 True이면 DX *= -1로 이동 방향을 변경한다. canvas.update_idletasks(), canvas.update()에 의해 캔버스를 갱신하고, canvas.after(10, animate)는 10/1000초 후에 animate() 함수를 다시 호출한다.

④ 설명 4에서 init()를 호출하여 캔버스 canvas를 갖는 root 윈도우를 생성하고, 원을 생성한다. animate()를 호출하여 원을 수평 방향으로 애니메이션한다. [그림 8.46]은 실행 결과이다.

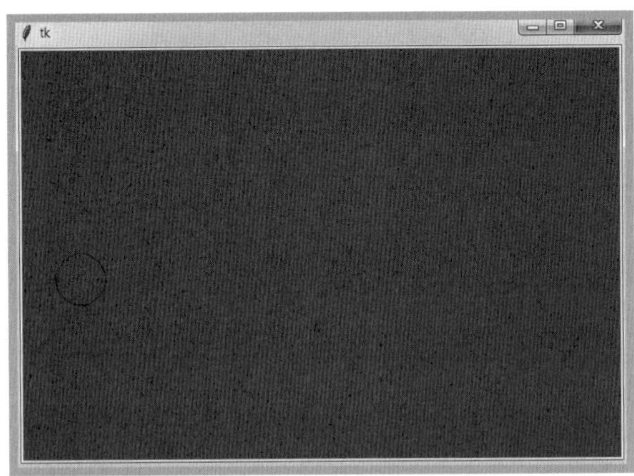

[그림 8.46] 캔버스 객체 애니메이션

2.4 키보드 및 마우스 이벤트 처리하기

bind(), bind_all() 메서드를 사용하여 키보드 및 마우스 이벤트를 처리할 수 있다. 이벤트는 "⟨[modifier-]... type [-detail]⟩"의 형식이다.

[표 8.13]은 주요 이벤트 종류이다. modifier는 Alt, Any, Control, Double, Lock, Shift 등이 있다. detail은 마우스 버튼의 경우 1(왼쪽 버튼), 2(가운데 버튼), 3(오른쪽 버튼)을 사용하고, 키보드 이벤트는 key문자를 사용한다.

표8.13 주요 이벤트 종류

이벤트 타입(event type)	설명
KeyPress, Key	키를 누름
KeyRelease	키를 뗌
Button	마우스 버튼을 누름(press)
ButtonRelease	마우스 버튼을 뗌(up)
Motion	마우스를 움직임
B1-Motion, B3-Motion	마우스 버튼1(left), 버튼3(right) 드래그
Enter	마우스 포인터가 위젯으로 들어감
Leave	마우스 포인터가 위젯으로 떠남
Configure	위젯의 크기가 변경됨
Destroy	위젯이 파괴되고 있음
Expose	위젯 또는 응용 프로그램의 일부가 다른 윈도우에 가렸다가 보임

[표 8.14]는 주요 키보드 문자이다. "⟨Any-KeyPress⟩", "⟨KeyPress-H⟩", "⟨Control-Shift-KeyPress-H⟩", "⟨Alt_L⟩", "⟨Alt-KeyPress-1⟩", "⟨Alt-

KeyPress-2⟩", "⟨Alt-KeyPress-H⟩", "⟨Button-1⟩", "⟨Button-3⟩", "⟨Double-1⟩", "⟨Motion⟩", "⟨B1-Motion⟩", "⟨space⟩", "⟨less⟩" 등은 사용 가능한 이벤트 예이다. "⟨Button-1⟩"을 줄여서 "⟨1⟩"로 가능하고, "⟨KeyPress-H⟩"를 줄여서 "⟨H⟩" 또는 "H"로 사용 가능하다. 이벤트 핸들러 함수는 def handlerName(event) 형식을 갖고, 이벤트 핸들러 메서드는 def handlerName(self, event) 형식을 갖는다.

표8.14 주요 키보드 문자

키보드 문자(keysym)	설명(Key)
Alt, Alt_L	좌 [Alt]
Control, Control_L	좌 [Ctrl]
Shift_L, Shift_R	좌, 우 [Shift]
Tab, Escape	[Tab], [Esc]
BackSpace	[backspace]
Cancel, Pause	[Break], [Pause]
Caps_Lock, Num_Lock	[Caps Lock], [Num Lock]
Insert, Delete, Home, End	[Ins], [Del], [Home], [End]
Execute, Print	[SysReq], [Print Screen]
Left, Right, Down, Up	[←], [→], [↓], [↑]
Next, Prior	[Page Down], [Page Up]
A, ...Z, a, ..., z, O, ..., 9	[A], ...[Z], [a], ..., [z], [O], ..., [9]
F1,..., F12	Function key
Return, space	[Enter], [Space]
KP_O, ..., KP_9	키패드 [O], ..., [9]
KP_Add, KP_Subtract, KP_Multiply, KP_Divide	키패드 [+], [-], [*], /
KP_Left, KP_Right, KP_Down, KP_Up	키패드 방향키([←], [→], [↓], [↑])
KP_Insert, KP_Delete, KP_Decimal	키패드 [Ins], [Del], [Decimal](.)
KP_Enter, KP_End, KP_Home, KP_Begin	키패드 [Enter], [End], [Home], [5]
KP_Next, KP_Prior	키패드 [Page Up], [Page Down]

[표 8.15]는 주요 event 객체의 속성을 나타낸다.

표8.15 주요 event 객체의 속성

event attribute	설명
char	KeyPress, KeyReleas 이벤트에서 ASCII 문자
keycode	KeyPress, KeyReleas 이벤트에서 숫자 코드값, 대소문자 구별 안함
keysym	특수키를 포함한 KeyPress, KeyReleas 이벤트에서 키의 문자열
width, height	Configure 이벤트에서 위젯의 가로와 세로 크기

num	마우스 버튼 메시지에서 버튼 번호
state	modifier 키의 상태. mask 비트 연산으로 체크 확인 0x0001(Shift), 0x0002(Caps Lock), 0x0004(Ctrl), 0x0008(Alt_L), 0x0010(Num Lock), 0x0100(Button 1), 0x0400(Button 3)
widget	이벤트가 발생한 위젯
x, y	마우스 이벤트에서 마우스의 위치(위젯의 upper-left가 원점)
x_root, y_root	마우스 이벤트에서 마우스의 위치(스크린의 upper-left가 원점)

[예제 8.52] 키보드 이벤트 처리 (ex0852.py)

```python
01  # 설명 1
02  from  tkinter import *
03  def onKeyDown(event):
04      #print("onKeyDown")
05      s = "char: {}, keysym:{}, keycode:{}".format(
06                  event.char,event.keysym, event.keycode)
07      labelWidget["text"] = s
08      root.title(event.keysym)
09
10      if event.state & 0x0001:      # Shift
11          cVar1.set(1)
12      else:
13          cVar1.set(0)
14
15      if event.state & 0x0004:      # Ctrl
16          cVar2.set(1)
17      else:
18          cVar2.set(0)
19
20  # 설명 2
21  def onKeyUp(event):
22      #print("onKeyUp")
23      labelWidget["text"] = ""
24      cVar1.set(0)
25      cVar2.set(0)
26
27  # 설명 3
28  if __name__ == '__main__':
29      root =Tk()
30      canvas = Canvas(root, bg= "gray40", width=300, height= 200)
31      canvas.pack(expand=YES, fill=BOTH)
32
33      labelWidget = Label(canvas, text="", width=30)
34      canvas.create_window(150, 100, window=labelWidget)
```

```
35    # 설명 4
36       cVar1 = IntVar()
37       cVar2 = IntVar()
38       C1 = Checkbutton(root, text = "Shift", variable = cVar1,
39              onvalue = 1, offvalue = 0, height=5, width = 20).pack()
40       C2 = Checkbutton(root, text = "Ctrl", variable = cVar2,
41              onvalue = 1, offvalue = 0, height=5, width = 20).pack()
42
43    # 설명 5
44       root.bind_all("<KeyPress>", onKeyDown)
45       root.bind_all("<KeyRelease>", onKeyUp)
46       root.mainloop()₩
```

프로그램 설명

① 설명 1에서 onKeyDown() 함수는 "<KeyPress>" 이벤트에 대한 핸들러 함수이다. event.char,event.keysym, event.keycode을 사용하여 문자열 s를 만들고, labelWidget["text"] = s로 labelWidget의 "text" 속성을 문자열 s로 변경한다. root.title(event.keysym)는 root 윈도우의 타이틀을 s로 변경한다. event.state & 0x0001로 (Shift)가 눌렸는지 확인하여, Checkbutton 위젯 C1과 연결된 변수 cVar1을 설정한다. 조건이 True이면 cVar1.set(1), False이면 cVar1.set(0)로 설정하여 체크 버튼의 상태를 변경한다. event.state & 0x0004로 (Ctrl)이 눌렸는지 확인하여, Checkbutton 위젯 C2와 연결된 변수 cVar2를 설정한다. 조건이 True이면 cVar2.set(1), False이면 cVar2.set(0)로 설정하여 체크 버튼의 상태를 변경한다.

② 설명 2에서 onKeyUp() 함수는 "<KeyRelease>" 이벤트에 대한 핸들러 함수이다. 여기서는 labelWidget["text"] = "", cVar1.set(0), cVar2.set(0)로 초기화하였다.

③ 설명 3에서 root 윈도우에 캔버스 canvas를 생성한다. Label 위젯을 Canvas 위에 생성한다.

④ 설명 4에서 Checkbutton 위젯으로 체크 버튼 C1, C2를 root 윈도우에 생성한다. 각각의 상태는 cVar1, cVar2의 값과 관련시킨다. 1이면 체크되고, 0이면 체크 해제된다.

⑤ 설명 5에서 root 윈도우에서 "<KeyPress>" 이벤트가 발생하면 onKeyDown()를 호출하고, "<KeyRelease>"이벤트가 발생하면 onKeyUp()를 호출하도록 바인딩한다. bind() 메서드를 사용해도 되고, canvas 객체를 사용해도 된다.

⑥ Button, Checkbutton, Entry, Label, Menubutton, Radiobutton 등의 위젯과 연결하여 사용할 수 있는 제어변수를 위한 StringVar, IntVar, DoubleVar, BooleanVar 등의 클래스가 있다. get() 메서드로 값을 가져오고, set() 메서드로 변경한다.

⑦ [그림 8.47]은 키보드 (Ctrl)+(Shift)+(A)를 눌렀을 때 이벤트 처리 실행 결과이다.

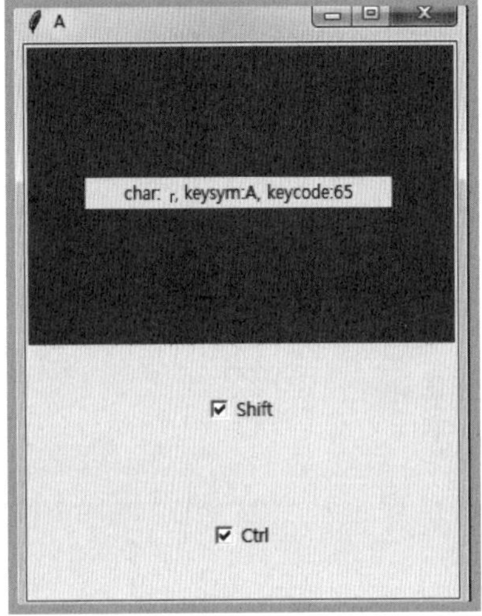

[그림 8.47] 키보드 이벤트 처리

[예제 8.53] 마우스 이벤트 처리   (ex0853.py)

```python
01   # 설명 1
02   from  tkinter import *
03   def showxy(event):
04       x = event.x
05       y = event.y
06       str1 = "mouse at x=%d y=%d" % (x, y)
07       root.title(str1)
08
09   # 설명 2
10   def onMouseLeftDown(event):
11       global last_x, last_y
12       x, y = event.x, event.y
13       if not event.widget.find_withtag(CURRENT):
14           circle = canvas.create_oval(x-20, y-20, x+20, y+20,
15                   fill= "green")          # tags = CURRENT
16           canvas.tag_bind(circle, "<Any-Enter>", onMouseEnter)
17           canvas.tag_bind(circle, "<Any-Leave>", onMouseLeave)
18       last_x, last_y = x, y
19
20   # 설명 3
21   def onMouseMove(event):
22       global last_x, last_y
23       dx = event.x - last_x
24       dy = event.y - last_y
25       canvas.move(CURRENT, dx, dy)
26       last_x, last_y = event.x, event.y
27
28   # 설명 4
29   def onMouseEnter(event):
30       canvas.itemconfig(CURRENT, fill="red", outline ="blue", width=4)
```

```
31    # 설명 5
32    def onMouseLeave(event):
33        canvas.itemconfig(CURRENT, fill="green", width=1)
34
35    # 설명 6
36    if __name__ == '__main__':
37        root =Tk()
38        canvas = Canvas(root, width=600, height= 400)
39        canvas.pack(expand=YES, fill=BOTH)
40        canvas.bind("<Motion>", showxy)
41        canvas.bind("<Button-1>", onMouseLeftDown)
42        canvas.bind("<B1-Motion>", onMouseMove)
43        root.mainloop()
```

프로그램 설명

① 설명 1에서 showxy() 함수는 "<Motion>" 이벤트에 대한 핸들러 함수이다. 마우스가 움직일 때 좌표를 문자열 str1으로 만들어 root 윈도우의 타이틀에 보인다.

② 설명 2에서 onMouseLeftDown() 함수는 "<Button-1>" 이벤트에 대한 핸들러 함수이다. event.widget.find_withtag(CURRENT)는 CURRENT 태그에 의해 클릭한 위치에 객체가 없으면 공백 튜플 (), 만약 마우스 클릭한 위치에 객체가 있으면 하나의 객체 번호를 갖는 튜플(예를 들어 (1,), (2,) 등)을 반환한다. 조건 not event.widget.find_withtag (CURRENT)이면, 즉 객체가 없으면 create_oval() 메서드로 새로 원을 생성한다. 이때, tags = CURRENT는 없어도 된다. tag_bind() 메서드로 생성된 원 circle 객체에서 "<Any-Enter>" 이벤트가 발생하면, onMouseEnter() 핸들러 함수를 호출하도록 바인딩하고, "<Any-Leave>" 이벤트가 발생하면, onMouseLeave() 핸들러 함수를 호출하도록 바인딩한다. 객체를 드래그하기 위한 전역변수 last_x, last_y에 현재의 위치 x, y를 저장한다.

③ 설명 3에서 onMouseMove() 함수는 왼쪽 버튼(B1)을 누르고 움직이는 이벤트(drag)인 "<B1-Motion>"에 대한 핸들러 함수이다. 이동할 거리인 (dx, dy)를 마우스의 이전 위치(last_x, last_y)와 현재 위치(event.x, event.y)의 차이로 계산하고, canvas.move(CURRENT, dx, dy)로 현재 객체(CURRENT)를 (dx, dy) 만큼 이동시키고, last_x, last_y = event.x, event.y로 현재 위치를 last_x, last_y에 저장한다.

④ 설명 4에서 onMouseEnter() 함수는 tag_bind() 메서드에서 "<Any-Enter>" 이벤트 핸들러로 마우스가 객체의 영역 안으로 들어올 때 호출되는 함수이다. itemconfig() 메서드로 CURRENT 객체를 채우기 색 fill="red", 테두리 선 색 outline = "blue", 선 두께 width = 4로 변경한다.

⑤ 설명 5에서 onMouseLeave() tag_bind() 메서드에서 "<Any-Leave>" 이벤트 핸들러로 마우스가 객체의 영역을 나갈 때 호출되는 함수이다. itemconfig() 메서드로 CURRENT 객체를 채우기 색 fill="green", 테두리 선 두께 width = 1로 변경한다.

⑥ 설명 6에서 캔버스 canvas를 갖는 메인 윈도우 root를 생성하고, bind() 메서드로 "<Motion>" 이벤트는 showxy() 함수에 바인딩하고, "<Button-1>" 이벤트는 onMouseLeftDown() 함수에 바인딩하고, "<B1-Motion>" 이벤트는 onMouseMove() 함수에 바인딩한다. [그림 8.48]은 마우스 이벤트 처리 실행 결과이다.

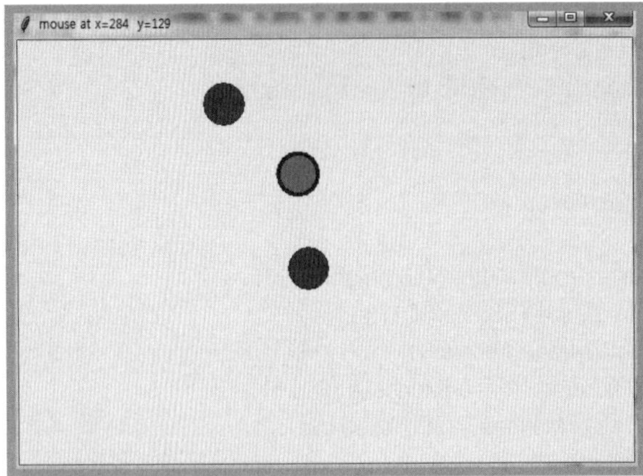

[그림 8.48] 마우스 이벤트 처리

[예제 8.54] 객체 애니메이션 2 : 하나의 움직이는 원   (ex0854.py)

```python
01   # 설명 1
02   from  tkinter import *
03   from  tkinter import messagebox
04   def ask_quit():
05      result = messagebox.askquestion("Msg", "Quit")
06      if result == "yes":
07         root.destroy()
08         #sys.exit()           # import sys
09
10   # 설명 2
11   def change_direction(event):
12      global DX, DY
13
14      if event.keysym == "Left":
15         DX = -STEP; DY = 0
16      elif event.keysym == "Right":
17         DX = STEP; DY = 0
18      elif event.keysym == "Up":
19         DX = 0; DY = -STEP
20      else:                    # "Down":
21         DX = 0; DY = STEP
22
23   # 설명 3
24   def init():
25      global root, canvas, DX, DY, STEP
26      root =Tk()
27      canvas = Canvas(root, bg= "gray40", width=600, height= 400)
28      canvas.pack(expand=YES, fill=BOTH)
29      canvas.create_oval(300, 200, 350, 250, fill= "green", tags = "myBall")
30      STEP = 5
31      DX = STEP
32      DY = 0
```

```
33      root.protocol("WM_DELETE_WINDOW", ask_quit)
34      root.bind("<KeyPress-Left>", change_direction)
35      root.bind("<KeyPress-Right>", change_direction)
36      root.bind("<KeyPress-Up>", change_direction)
37      root.bind("<KeyPress-Down>", change_direction)
38
39   # 설명 4
40   def animate():
41      global DX, DY
42      canvas.move("myBall", DX, DY)
43      pos = canvas.coords("myBall")
44      if pos[0] < 0 or pos[2] > canvas.winfo_width():
45          DX *= -1
46      if pos[1] < 0 or pos[3] > canvas.winfo_height():
47          DY *= -1
48      canvas.update_idletasks()
49      canvas.update()
50      canvas.after(10, animate)
51
52   # 설명 5
53   if __name__ == '__main__':
54      init()
55      animate()
56      mainloop()
```

프로그램 설명

① 설명 1에서 tkinter의 messagebox를 임포트하고, ask_quit() 함수는 messagebox.askquestion() 메서드의 메시지 박스에서 [Yes] 버튼을 누르면 root 윈도우를 파괴한다.

② 설명 2에서 change_direction() 함수는 키보드의 방향키 "Left", "Right", "Up", "Down"에 따라 전역 변수 DX, DY를 STEP을 이용하여 결정한다.

③ 설명 3에서 init() 함수는, root, canvas, DX, DY, STEP를 전역변수로 선언하고, 캔버스 canvas를 갖는 메인 윈도우 root를 생성하고, create_oval()로 "myBall" 태그를 갖는 움직일 원을 생성한다. STEP = 5, DX = STEP, DY = 0로 설정하여 오른쪽으로 움직이게 한다. protocol("WM_DELETE_WINDOW", ask_quit)은 마우스로 윈도우를 파괴(X)시키면 ask_quit() 함수를 호출한다. root.bind() 메서드를 사용하여 "<KeyPress-Left>", "<KeyPress-Right>", "<KeyPress-Up>", "<KeyPress-Down>" 이벤트에 대하여 change_direction() 함수를 바인딩한다.

④ 설명 4에서 animate() 함수는 canvas.move("myBall", DX, DY)로 "myBall" 객체를 DX, DY만큼 이동시킨다. pos = canvas.coords("myBall")는 "myBall" 객체의 좌표를 pos에 저장하고, pos[0] < 0 or pos[2] > canvas.winfo_width() 조건이 True이면 DX *= -1, pos[1] < 0 or pos[3] > canvas.winfo_height() 조건이 True이면 DY *= -1로 이동 방향을 변경한다. canvas.update_idletasks(), canvas.update()에 의해 캔버스를 갱신하고, canvas.after(10, animate)는 10/1000초 후에 animate() 함수를 다시 호출한다.

④ 설명 5에서 init() 함수는 윈도우를 생성하고 움직일 원을 생성하며, animate()는 원을 애니메이션시키고, 방향키에 의해 움직이는 방향을 변경한다.

2.5 프레임 위젯 사용하기

Frame 위젯은 다른 위젯을 그룹핑하여 배치하기 위해 사용하는 컨테이너 역할을 한다. 응용 프로그램의 루트 윈도우 역시 프레임 위젯이다. 각 프레임은 자신의 그리드 레이아웃을 갖는다. 프레임 객체는 Frame(parent, option, …)으로 생성한다. [표 8.16]은 Frame의 주요 옵션이다. 프레임 객체 w의 부모 윈도우는 w.master에 저장되어 있다.

표 8.16 Frame의 주요 옵션

옵션	설명
bd, borderwidth	테두리 두께, 디폴트는 0
bg, background	배경색, 디폴트는 light gray('#E4E4E4')
cursor	프레임에서 마우스의 커서, 'arrow', 'man', 'plus', 'circle', 'dot', 'heart' 등
width, height	프레임의 가로와 세로 크기 grid_propagate(0)를 호출할 때만 유효함
padx, pady	가로와 세로 패딩 화소 수
relief	보이는 스타일로, FLAT(디폴트), RAISED, SUNKEN, GROOVE, RIDGE
takefocus	takefocus=1이면, 키보드 입력 이벤트 가능

[예제 8.55] Tk, Frame, Canvas 객체를 갖는 윈도우1 (ex0855.py)

```python
01  # 설명 1
02  from tkinter import *
03  root = Tk()
04  frame = Frame(root, bg= "gray40", bd= 5, padx = 100, pady = 100,
05          relief= GROOVE)
06  frame.pack(expand=YES, fill=BOTH)
07  print(frame.master is root)      # True
08
09  # 설명 2
10  canvas = Canvas(frame, bg= "white", width=600, height=400)
11  canvas.pack(expand=YES, fill=BOTH, padx = 10, pady = 10)
12  root.update()
13  print(canvas.master is frame)   # True
14  print(root.geometry())
15  print("root size: {}x{}".format(root.winfo_width(), root.winfo_height()))
16  print("frame size: {}x{}".format(frame.winfo_width(), frame.winfo_height()))
17  print("canvas size: {}x{}".format(canvas.winfo_width(), canvas.winfo_height()))
18  root.mainloop()
```

프로그램 설명

① 설명 1에서 메인 윈도우 root를 생성하고, root 윈도우에 Frame 위젯 객체 frame을 bg = "gray40", bd = 5, padx = 100, pady = 100, relief = GROOVE 옵션으로 생성한다. frame.

pack(expand = YES, fill = BOTH)은 root 윈도우의 크기에 따라 frame의 크기도 같이 변경된
다. 캔버스 객체 canvas를 bg = "white", width = 600, height = 400 옵션으로 frame에 생성하
고, canvas.pack(expand = YES, fill = BOTH, padx = 10, pady = 10)는 프레임의 크기에 따라
캔버스의 크기도 같이 변경하고, 가로(padx), 세로(pady) 패딩 화소를 10으로 설정한다. frame.
master is root는 True이다. 즉 frame의 부모 윈도우는 메인 윈도우 root이다.

② **설명 2**에서 root.update()는 root 윈도우를 갱신한다. root.update()하지 않으면 geometry(),
winfo_width(), winfo_height() 메서드가 올바른 값을 반환하지 않는다. canvas.master is
frame는 True이다. 즉 canvas의 부모 윈도우는 메인 윈도우 frame이다. root.geometry()는
root 윈도우의 크기와 위치를 반환한다. root.winfo_width(), root.winfo_height()는 root 윈도우
의 크기 834x634를 반환한다. 834 = 600(캔버스 가로크기) + 2 * 100(프레임 padx) + 2 * 5(프레
임 테두리 두께) + 2 * 10(canvas.pack의 padx) + 2 * 2(캔버스 테두리 두께)이다. 634 = 400(캔
버스 세로크기) + 2 * 100(프레임 pady) + 2 * 5(프레임 bd) + 2 * 10(canvas.pack의 pady) + 2 *
2(캔버스 bd)이다. root 윈도우의 크기 834x634는 타이틀과 테두리를 제외한 크기이다. frame
의 크기는 root의 크기와 같은 834x634이고, canvas의 크기는 604x404이다. [그림 8.49]는 Tk,
Frame, Canvas를 갖는 윈도우의 결과이다.

[그림 8.49] Tk, Frame, Canvas 객체를 갖는 윈도우

[예제 8.56] Tk, Frame, Canvas 객체를 갖는 윈도우 2 : Configure 이벤트   (ex0856.py)

```
01   # 설명 1
02   from tkinter import *
03   def onSize(event):
04      if event.widget == frame:
05         print("frame size: {}x{}".format(event.width, event.height))
06
07   # 설명 2
08   if __name__ == '__main__':
09      root = Tk()
10      frame = Frame(root, bg= "gray40", bd= 5, padx = 100, pady = 100,
11            relief= GROOVE)
12      frame.pack(expand=YES, fill=BOTH)
13      canvas = Canvas(frame, bg= "white", width=600, height=400)
```

```
14     canvas.pack(expand=YES, fill=BOTH, padx = 10, pady = 10)
15
16   # 설명 3
17     root.bind_all("<Configure>", onSize)
18     root.mainloop()
```

프로그램 설명

① 설명 1에서 onSize() 함수는 "<Configure>" 이벤트에 대한 핸들러 함수이다. 즉, 윈도우 크기가 변경될 때마다, onSize() 함수가 호출되어, 위젯의 변경된 크기를 event.width, event.height로 출력한다. event.widget는 이벤트 핸들러를 호출한 위젯 객체이다.

② 설명 2는 [예제 8.55]와 같이 Tk, Frame, Canvas 객체를 갖는 윈도우를 생성한다.

③ 설명 3에서 root.bind_all("<Configure>", onSize)은 root 윈도우에서 "<Configure>" 이벤트에 대한 핸들러 onSize() 함수를 바인딩한다.

④ 프로그램을 실행시키면, root, frame, canvas 객체에 의해 3번 호출된다. 마우스로 윈도우를 크기를 변경해도 3번씩 호출되어 변경된 크기를 출력한다. frame.bind_all(), canvas.bind_all(), root.bind() 모두 root, frame, canvas 객체에 의해 3번 호출된다. 그러나 frame.bind(), canvas.bind()는 한 번씩만 호출된다.

[예제 8.57] Frame을 사용한 Label, Entry 객체 생성 : pack()으로 배치   (ex0857.py)

```
01   # 설명 1
02   from tkinter import *
03   def fetch(cells):
04     print("Input data!")
05     for i, entry in enumerate(cells):
06       print("{} : {}".format(fields[i], entry.get()))
07
08   # 설명 2
09   def make_form(fields):
10     cells = []
11     for field in fields:
12       row_frame = Frame(root)
13       label = Label(row_frame, width=10, text = field)
14       entry = Entry(row_frame)
15
16       row_frame.pack(side=TOP, fill=X)
17       label.pack(side=LEFT)
18       entry.pack(side=RIGHT, expand=YES, fill=X)
19       cells.append(entry)
20     return cells
21
22   # 설명 3
23   if __name__ == "__main__":
24     root = Tk()
25     root.title("Input Dialog")
```

```
26      fields = ("Name", "Age", "Address")
27      cells = make_form(fields)
28      root.bind("<Return>", (lambda event, e=cells: fetch(e)))
29      Button(root, text="Fetch",
30              command=(lambda e=cells: fetch(e))).pack(side=LEFT)
31      Button(root, text="Quit", command= quit).pack(side=RIGHT)
32      root.mainloop()
```

프로그램 설명

① 설명 1에서 fetch() 함수는 Entry 위젯 객체의 리스트 cells의 입력 내용을 entry.get()로 현재의 문자열을 읽어 출력한다. Entry 위젯은 한 줄의 수정 가능한 텍스트로 입력을 위해 사용한다. 여러 줄의 텍스트는 Text 위젯을 사용하고, 수정 불가능 텍스트는 Label 위젯을 사용한다.

② 설명 2에서 make_form(fields) 함수는 fields에 주어진 문자열 각각에 대하여 레이블을 만들고, 입력을 받을 수 있는 Entry 위젯 객체를 생성한다. Entry 위젯 디폴트 width = 20이다. for 문을 이용하여 각 행에 row_frame = Frame(root)로 프레임(row_frame)을 생성하고, label = Label(row_frame, width = 10, text = field), entry = Entry(row_frame)로 레이블 label과 Entry 객체 entry를 생성한다. row_frame.pack(side = TOP, fill = X)로 row_frame을 root의 TOP에 차례로 붙이고, fill=X는 가로 방향으로 채우고, label.pack(side = LEFT), entry.pack (side = RIGHT, expand = YES, fill = X)은 frame의 왼쪽에 label을 배치하고, 오른쪽에 entry를 배치하고, fill = X는 가로 방향으로 채우고, expand = YES는 윈도우 크기에 따라 변경되게 한다. 입력 문자열을 확인하기 위해 cells.append(entry)로 각 Entry 객체를 리스트에 저장하여 반환한다.

③ 설명 3에서 메인 윈도우 root를 생성하고, fields = ("Name", "Age", "Address")를 이용하여 cells = make_form(fields)로 레이블과 입력을 위한 Entry를 생성한다. cells는 생성된 Entry 객체를 갖는 리스트이다. root.bind("<Return>", (lambda event, e=cells: fetch(e)))는 "<Return>" 키보드 이벤트에 대한 핸들러를 (lambda event, e = cells: fetch(e))의 람다 함수를 이용하여 fetch()에 cells 인수를 전달한다. text="Fetch"인 Button 위젯 객체는 command = (lambda e = cells: fetch(e))로 버튼을 누르면 fetch()에 cells 인수를 전달하여 호출한다. text = "Quit"인 Button 위젯 객체는 command = quit로 종료시킨다. [그림 8.50]은 Frame을 사용한 Label, Entry 객체의 실행 결과이다.

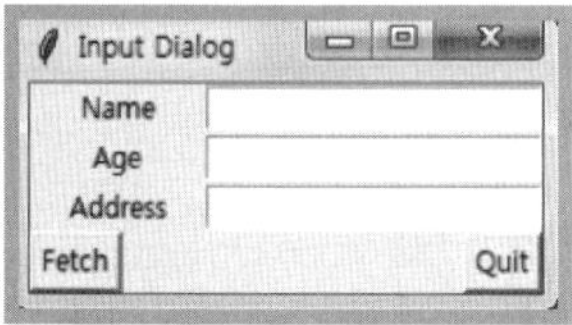

[그림 8.50] Frame을 사용한 Label, Entry 객체

2.6 grid() 메서드에 의한 레이아웃

grid() 메서드는 2차원 표(table)의 셀에 배치하는 방법으로 위젯을 배치할 수 있다. grid() 메서드는 모든 위젯에서 사용 가능하고, 옵션을 설정하여 grid(options)로 호출한다. 서로 다른 레이아웃 매니저를 같은 윈도우에서 사용하지 않는다.

[표 8.17]은 grid() 메서드의 주요 옵션이다. 부모 윈도우에서 grid_size() 메서드는 현재의 그리드 크기를 반환하고, grid_rowconfigure(index, options), grid_columnconfigure(index, options)는 index 행, 열의 옵션인 minsize(최소 크기), pad(패딩 공백), weight(크기가 변경될 때 공백의 가중치)를 변경한다. weight의 디폴트 값은 0으로 윈도우가 커질 때 행, 열의 크기가 변경되지 않는다.

표 8.17 grid() 메서드의 주요 옵션

옵션	설명
column	위젯을 삽입할 열(column). 0(디폴트)으로 시작
row	위젯을 삽입할 행(row). 0으로 시작. 디폴트는 비어 있는 첫 행
columnspan	위젯이 차지할 열의 개수. 디폴트는 1
rowspan	위젯이 차지할 행의 개수. 디폴트는 1
in	위젯이 놓일 위젯. 디폴트는 parent 위젯
padx, pady	셀 주위의 패딩 화소. 디폴트는 0
sticky	위젯을 셀에 어떻게 붙일(넣을) 것인지 결정 S, N, E, W를 조합하여 사용. NSEW는 위젯이 셀의 경계에 붙음, 디폴트는 중앙에 위치

[예제 8.58] grid()를 사용한 위젯 배치1   (ex0858.py)

```python
01  # 설명 1
02  from tkinter import *
03  def fetch(cells):
04      print("Input data!")
05      for i, e in enumerate(cells):
06          print("{0} : {1}".format(fields[i], e.get()))
07
08  # 설명 2
09  def make_form(fields):
10      cells = []
11      for r, field in enumerate(fields):
12          label = Label(root, width=10, text = field)
13          entry = Entry(root )          # width = 20
14          label.grid(row=r, column=0, sticky=NSEW)
15          entry.grid(row=r, column=1, sticky=NSEW)
16          cells.append(entry)
17      return cells
18
19  # 설명 3
20  if __name__ == '__main__':
21      root = Tk()
22      root.title("Input Dialog")
23      fields = ("Name", "Age", "Address")
24      cells = make_form(fields)
25      root.bind('<Return>', (lambda event, e=cells: fetch(e)))
```

```
26      Button(root, text='Fetch', bg = "green",
27             command=(lambda e=cells: fetch(e))).grid(row=3, column=0, sticky=NSEW)
28      Button(root, text='Quit', bg = "Red",
29             command= quit).grid(row=3, column=1, sticky=NSEW)
30      print("grid size : ", root.grid_size())
31      root.grid_columnconfigure(1, weight= 1)
32      root.grid_rowconfigure(0, weight= 1)
33      root.mainloop()
```

프로그램 설명

① Frame 객체 위에 Label, Entry 객체를 생성하고, pack() 메서드로 배치한 [예제 8.56]을 grid() 메서드를 사용하여 root 윈도우에 배치한다.

② 설명 1에서 fetch() 함수는 Entry 위젯 객체의 리스트 cells의 입력 내용을 entry.get()으로 현재의 문자열을 읽어 출력한다.

③ 설명 2에서 make_form(fields) 함수는 Label 객체 label과 Entry 객체 entry를 root 윈도우에 생성하고, label.grid(row = r, column = 0, sticky = NSEW)로 label 객체를 r행, 0열의 셀에 배치하고, entry.grid(row = r, column = 1, sticky = NSEW)로 entry 객체를 r행, 1열의 셀에 배치한다.

④ 설명 3에서 메인 윈도우 root를 생성하고, fields = ("Name", "Age", "Address")를 이용하여 cells = make_form(fields)로 레이블과 입력을 위한 Entry를 생성하고, 그리드 레이아웃으로 배치한다. "<Return>" 키보드 이벤트가 발생하면 fetch() 함수를 호출하여 입력 결과를 출력한다. text="Fetch"인 Button 위젯 객체는 grid(row = 3, column = 0)에 배치하고, text = "Quit"인 Button 위젯 객체는 grid(row = 3, column = 1)에 배치 배치한다. root.grid_size()는 그리드 크기 (2, 4)를 출력한다. 실행 결과는 [그림 8.51](a)와 같다. root.grid_columnconfigure(1, weight = 1)는 1열의 weight= 1로 설정하고, root.grid_rowconfigure(0, weight = 1)는 0행의 weight = 1로 설정하여 마우스로 윈도우의 크기를 변경할 때, 그리드의 셀 크기가 0행과 1열의 크기가 [그림 8.51](b)와 같이 더 크게 변경된다.

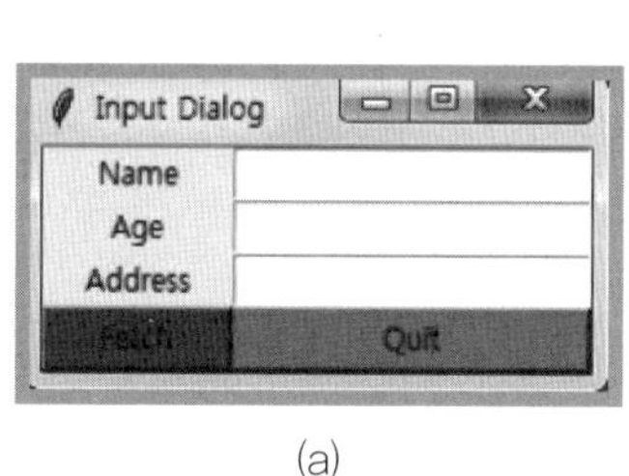

(a)

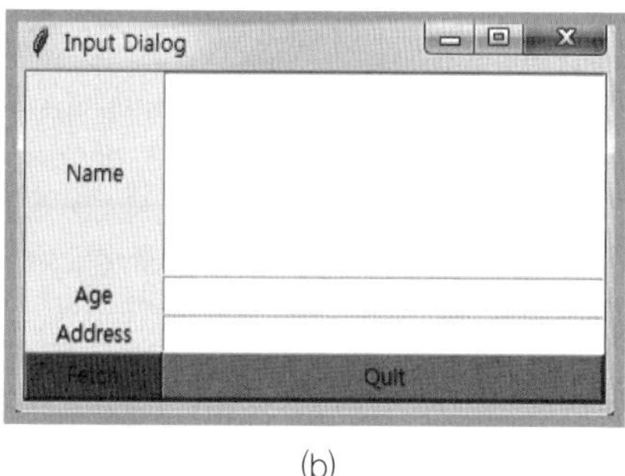

(b)

[그림 8.51] grid()를 사용한 객체 배치 1

[예제 8.59] grid()를 사용한 위젯 배치2 : Frame 사용 (ex0859.py)

```python
01  # 설명 1
02  from tkinter import *
03  root = Tk()
04  content = Frame(root)
05  frame = Frame(content, bg="gray40", borderwidth=3, relief="sunken",
06      width=200, height=100)
07  namelbl = Label(content, bg="green", text="Name")
08  name = Entry(content)
09
10  # 설명 2
11  onevar = BooleanVar()
12  twovar = BooleanVar()
13  threevar = BooleanVar()
14  onevar.set(True)
15  twovar.set(False)
16  threevar.set(True)
17
18  one = Checkbutton(content, text="One", variable=onevar, onvalue=True)
19  two = Checkbutton(content, text="Two", variable=twovar, onvalue=True)
20  three = Checkbutton(content, text="Three", variable=threevar, onvalue=True)
21  ok = Button(content, text="Okay")
22  cancel = Button(content, text="Cancel")
23
24  # 설명 3
25  content.grid(row=0, column=0,sticky=NSEW)        # root에 배치하는 경우 제거
26  frame.grid( row=0, column=0, columnspan=3, rowspan=2, sticky=NSEW)
27
28  namelbl.grid(row=0, column=3, columnspan=2, sticky=NSEW)
29  name.grid( row=1, column=3, columnspan=2, sticky=NSEW)
30
31  one.grid(row=3,  column=0, sticky=NSEW)
32  two.grid(row=3,  column=1, sticky=NSEW)
33  three.grid( row=3,column=2, sticky=NSEW)
34  ok.grid(  row=3,column=3, sticky=NSEW)
35  cancel.grid(row=3,column=4, sticky=NSEW)
36
37  # 설명 4
38  root.grid_rowconfigure(0, weight= 1)
39  root.grid_columnconfigure(0, weight= 1)
40  content.grid_rowconfigure(0, weight= 1)          # root에 배치하는 경우 제거
41  content.grid_columnconfigure(0, weight= 1)       # root에 배치하는 경우 제거
```

프로그램 설명

① 설명 1에서 root 윈도우에 content 프레임을 생성한다. content 프레임 위에 Frame, Label, Entry 위젯 객체 frame, namelbl, name을 생성한다.

② **설명 2**에서 Checkbutton 위젯 객체 one, two, three를 생성한다. 각각은 BooleanVar() 변수 onevar, twovar, threevar과 연결되어 있다. Button 위젯 객체 ok, cancel을 생성한다.

③ **설명 3**에서 [그림 8.52]와 같이 3x5의 그리드 구조에 grid() 메서드를 사용하여 위젯을 배치한다. 빨간색 선은 실제 선이 아니라 설명을 위해 추가한 것이다. 위젯을 여러 셀에 걸쳐 배치하는 하는 경우는 columnspan, rowspan을 사용한다. 모든 위젯을 셀의 각 변에 붙도록 sticky=NSEW로 붙인다.

content 프레임은 부모 윈도우인 root의 (row = 0, column = 0)에 위치시키고, frame은 content의 (row = 0, column = 0)에서 columnspan = 3, rowspan = 2로 셀의 범위를 확장한다. namelbl은 content의 (row = 0, column = 3)에서 columnspan = 2로 셀의 범위를 확장한다. name은 content의 (row = 1, column = 3)에서 columnspan = 2로 셀의 범위를 확장한다. one, two, three, ok, cancel은 content의 row=3행의 column = 0부터 column = 4까지 배치시킨다.

④ **설명 4**에서 윈도우의 크기를 변경할 때, root.grid_rowconfigure(0, weight = 1), root.grid_columnconfigure(0, weight = 1), content.grid_rowconfigure(0, weight = 1), content.grid_columnconfigure(0, weight = 1)로 설정하면 0행과 0열의 크기가 윈도우의 크기에 따라 변경한다. 즉, 윈도우 크기를 변경하면 0행에 있는 frame, namelbl과 1열에 있는 frame, one의 크기가 변경된다.

⑤ content 프레임을 사용하지 않고, root 윈도우에 frame, namelbl, name, one, two, three, ok, cancel 위젯 객체를 배치하려면, frame = Frame(root,...), namelbl = Label(root,....) 등과 같이 객체의 부모를 root로 지정하여 객체를 생성하고, 설명 3에서 content.grid(row = 0, column = 0, sticky = NSEW)와 content.grid_rowconfigure() 메서드 문장을 주석 처리 또는 삭제한다.

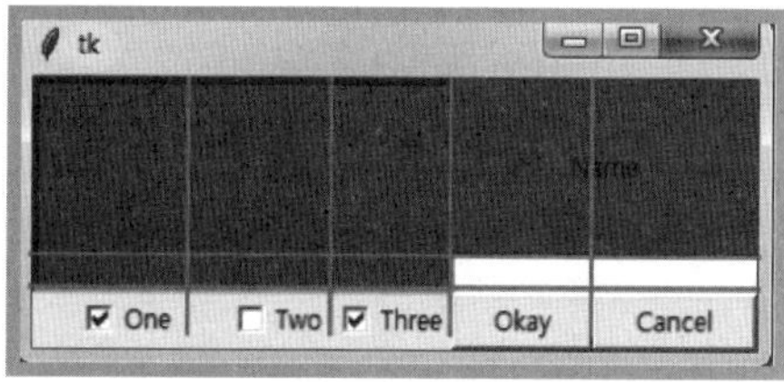

[그림 8.52] grid()를 사용한 위젯 배치 2

[예제 8.60] grid()를 사용한 위젯 배치 3 : 테이블 만들기 (ex0860.y)

```
01  # 설명 1
02  from tkinter import *
03  def fetch(cells):
04      m = len(cells)
05      n = len(cells[0])
06      for r in range(m):
07          for c in range(n):
08              value = cells[r][c].get()
09              print(value, end=",")
10          print()
11
12  # 설명 2
13  def make_table(m, n):
14      cells = [[ StringVar() for c in range(n)] for r in range(m)]
15
```

```
16        for r in range(m):
17          for c in range(n):
18            e = Entry(frame, width = 10, textvariable = cells[r][c],
19                 font="바탕 15", justify="center")
20            e.grid(row=r, column=c, sticky=NSEW)
21            frame.grid_columnconfigure(c, weight= 1)
22          frame.grid_rowconfigure(r, weight= 1)
23        return cells
24
25  if __name__ == '__main__':
26
27      # 설명 3
28      root = Tk()
29      root.title("Tables")
30
31      frame = Frame(root, bg= "gray40", bd= 5, padx = 20, pady = 20, relief= GROOVE)
32      frame.grid(row=0, column=0, sticky=NSEW)
33
34      root.grid_rowconfigure(0, weight= 1)
35      root.grid_columnconfigure(0, weight= 1)
36
37      # 설명 4
38      cells = make_table(3, 4)      # 3 rows x 4 columns
39      m = len(cells)
40      Button(frame, text="Fetch", font="명조 20 bold",
41           command=(lambda e=cells: fetch(e))).grid(row=m, column=0, sticky=NSEW)
42      Button(frame, text="Quit", font="명조 20 bold", fg="red",
43           command= quit).grid(row=m, column=1, sticky=NSEW)
44      root.mainloop()
```


프로그램 설명

① **설명 1**에서 fetch() 함수는 Entry 위젯 객체의 리스트 cells의 입력 내용을 읽어 출력한다.

② **설명 2**에서 make_table(m, n) 함수는 Entry 객체를 사용하여 m×n 테이블을 frame에 생성한다. cells를 StringVar()의 m×n 2차원 리스트로 생성하고, 각각의 Entry 객체의 변수 textvariable = cells[r][c]와 연결하여 반환한다. grid_columnconfigure(), grid_rowconfigure() 메서드로 frame의 크기에 따라 셀의 크기가 변경되게 한다.

③ **설명 3**에서 root 윈도우를 생성하고, frame을 root 윈도우에 붙이고, grid_columnconfigure(), grid_rowconfigure() 메서드로 root 윈도우의 크기에 따라 같이 변경되게 설정한다.

④ **설명 4**에서 cells = make_table(3, 4)은 3×4 테이블을 생성하고, 테이블의 셀과 관련 있는 StringVar() 리스트 cells을 반환한다. m = len(cells)는 행의 개수를 m에 계산하고, text = "Fetch" 버튼과 text = "Quit" 버튼을 생성한다. [그림 8.53]은 실행 결과이다. 마우스로 각 셀을 클릭하여 입력하고, [Fetch] 버튼을 클릭하면, fetch() 함수로 셀의 값을 읽어 출력한다.

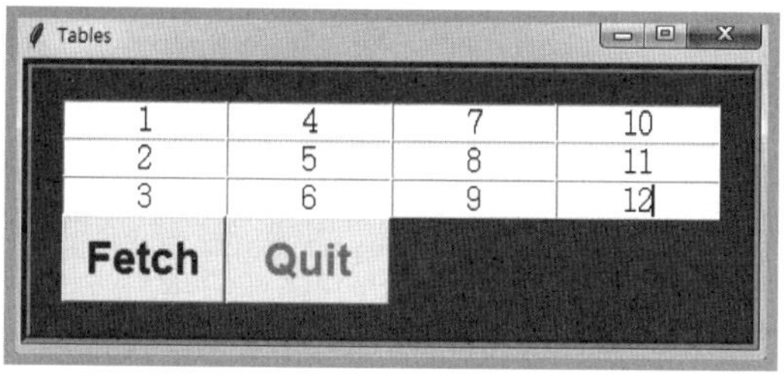

[그림 8.53] grid()를 사용한 위젯 배치 3

2.7 place() 메서드에 의한 레이아웃

place() 메서드는 위젯의 절대 위치(x, y) 및 크기(height, width) 또는 상대 위치(relx, rely)와 크기(relheight, relwidth)를 명시하여 배치한다. [표 8.18]은 place() 메서드의 주요 옵션이다.

표 8.18 place() 메서드의 주요 옵션

옵션	설명
anchor	위젯의 기준 위치, N, E, S, W, NW(디폴트), NE, SE, SW, CENTER
bordermode	INSIDE, OUTSIDE
x, y	위젯의 위치
height, width	위젯의 가로 세로 크기
relx, rely	부모 위젯의 상대 위치 0.0~1.0
relheight, relwidth	부모 위젯의 상대 크기 0.0~1.0

[예제 8.61] place()를 사용한 객체 배치 (ex0861.py)

```
01   # 설명 1
02   from tkinter import *
03   from tkinter import messagebox
04   def hello_CallBack():
05       messagebox.showinfo( "Msg", "Hello World")
06
07   if __name__ == '__main__':
08
09   # 설명 2
10       root = Tk()
11       B = Button(root, text ="Hello", bg="green", command = hello_CallBack)
12       B.pack()          # 설명 3
13       #B.grid()         # 설명 4 row=0, column=0,
14       #B.place(x=20, y= 40)          # 설명 5
15       #B.place(x=20, y= 40, height=100, width=100)          # 설명 6
16
17       #B.place(anchor=CENTER, relx= 0.5, rely=0.5)          # 설명 7
18       #B.place(anchor=CENTER, relx= 0.5, rely=0.5, relwidth=0.5, relheight = 0.5)          # 설명 8
19       root.mainloop()
```

프로그램 설명

① 설명 1에서 tkinter의 messagebox를 임포트하고, hello_CallBack() 함수는 버튼을 눌렀을 때 실행하는 함수이다. messagebox.showinfo("Msg", "Hello World")로 메시지 박스를 화면에 팝업한다.

② 설명 2에서 root 윈도우를 생성하고, Button 객체 B를 root 윈도우에 생성한다.

③ 설명 3에서 B.pack()은 [그림 8.54](a) 같이 root의 TOP에 붙여 배치한다.

④ 설명 4에서 B.grid()는 B.grid(row = 0, column = 0)와 같고, [그림 8.54](b) 같이 root의 왼쪽에 붙여 배치한다.

⑤ 설명 5에서 B.place(x = 20, y = 40)는 [그림 8.54](c) 같이 B의 anchor=NW를 root의 (x = 20, y = 40) 위치에 일치시켜 배치한다.

⑥ 설명 6에서 B.place(x = 20, y = 40, height = 100, width = 100)는 [그림 8.54](d) 같이 B의 크기를 height = 100, width = 100으로 변경하여, anchor=NW를 root의 (x=20, y= 40) 위치에 일치시켜 배치한다.

⑦ 설명 7에서 B.place(anchor = CENTER, relx = 0.5, rely = 0.5)는 [그림 8.54](e) 같이 B의 anchor=CENTER를 부모 위젯 root의 중심 위치에 일치시켜 배치한다.

⑧ 설명 8에서 B.place(anchor = CENTER, relx = 0.5, rely = 0.5, relwidth = 0.5, relheight = 0.5)는 [그림 8.54](f) 같이 B의 크기를 부모 위젯 root 크기의 0.5배 크기로 스케일링하여 B의 anchor = CENTER를 부모 위젯 root의 중심 위치에 일치시켜 배치한다.

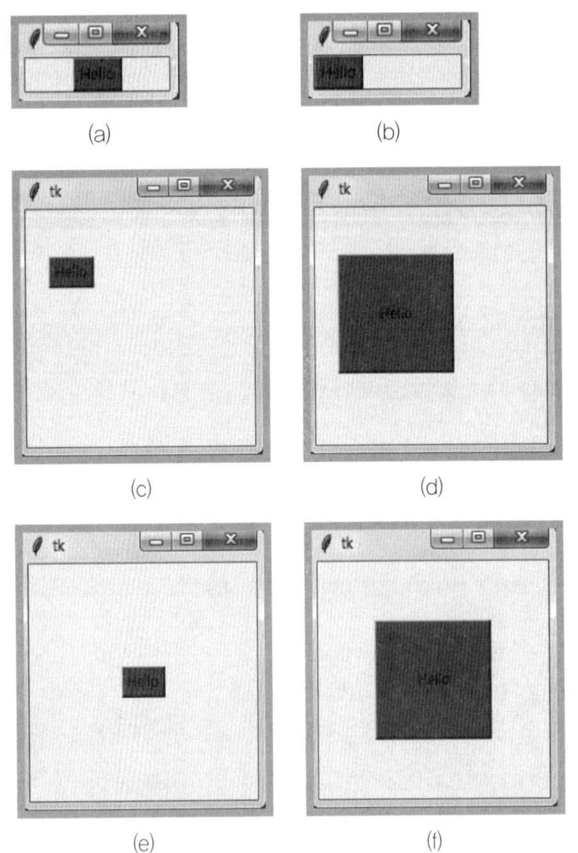

[그림 8.54] pack(), grid(), place()를 사용한 위젯 배치

2.8 메뉴 만들기

Menu 위젯을 사용하여 윈도우에 메뉴를 생성할 수 있다. 메뉴 객체는 menuBar = Menu(master, option)는 master 윈도우에 [표 8.19]의 옵션으로 menuBar 객체를 생성한다. [표 8.20]은 Menu 위젯의 주요 메서드이다. master.config(menu = menuBar)에 의해 matser 윈도우에 메뉴객체 menuBar를 붙인다.

표8.19 Menu 위젯의 주요 옵션

옵션	설명
bg	배경색
font	텍스트 폰트
fg	전경색
image	이미지
tearoff	tearoff = 1(디폴트)이면 메뉴 분리 항목 생성 tearoff = 0이면 분리 항목 없음

표8.20 Menu 위젯의 주요 메서드

메서드	설명
add_command(option)	메뉴 항목 추가
add_radiobutton(options)	라디오 버튼 메뉴 항목 추가
add_checkbutton(options)	체크버튼 메뉴 항목 추가
add_cascade(options)	부모 메뉴에 계층적으로 메뉴 생성
add_separator()	구분 선 추가
add(type, options)	type의 메뉴 항목 추가
delete(startindex [, endindex])	startindex에서 endindex 까지의 메뉴 항목 삭제
entryconfig(index, options)	index의 메뉴 항목 옵션 변경
index(item)	item 이름의 메뉴 항목 인덱스 반환
insert_separator (index)	index 위치에 구분 선 추가
invoke (index)	index 항목의 명령 함수 호출
type (index)	index 항목의 타입 반환. "cascade", "checkbutton", "command", "radiobutton", "separator", "tearoff"

[예제 8.62] 메뉴 생성 1   (ex0862.py)

```
01    # 설명 1
02    from tkinter import *
03    def onFileNew():
04        print("select New")
05    def onGraphic():
06        print("drawType = ", drawType.get())
```

```
07   # 설명 2
08   def makeMenu(master):
09      menuBar = Menu(master)
10      master.config(menu=menuBar)
11
12      filemenu = Menu(menuBar, title= "file")
13      filemenu.add_command(label='New...', command=onFileNew)
14      filemenu.add_command(label='Exit',  command= master.destroy)
15      menuBar.add_cascade(label='File',   menu=filemenu)
16
17      graphic = Menu(menuBar, tearoff=0)
18      graphic.add_radiobutton(label="Line",   variable=drawType, value=1,
19          command=onGraphic)
20      graphic.add_radiobutton(label="Rectangle", variable=drawType, value=2,
21          command=onGraphic)
22      graphic.add_radiobutton(label="Oval",   variable=drawType, value=3,
23          command=onGraphic)
24      menuBar.add_cascade(label="Graphic",   menu=graphic)
25
26   # 설명 3
27   if __name__ == '__main__':
28      root = Tk()
29      drawType = IntVar(); drawType.set(1)
30      makeMenu(root)
31
32      root.mainloop()
```

프로그램 설명

① 설명 1에서 onFileNew() 함수는 "New" 메뉴 항목을 선택하면 호출되는 함수이다. onGraphic() 함수는 "Graphic" 메뉴의 "Line", "Rectange", "Oval" 항목을 선택하면 호출되는 함수이다.

② 설명 2에서 makeMenu() 함수는 master 윈도우에 menuBar 메뉴 바를 생성하고, "File" 메뉴는 분리 가능하고, "Graphic" 메뉴는 tearoff = 0으로 분리가 되지 않게 생성한다. "File" 메뉴 아래 "New", "Exit" 메뉴 항목을 생성한다. "New" 메뉴 항목을 선택하면 onFileNew() 함수를 호출하고, "Exit" 메뉴 항목을 선택하면 master.destroy() 함수로 메인 윈도우를 파괴시켜 프로그램을 종료시킨다. 필요하면 함수를 정의하여, sys.exit() 함수를 추가할 수 있다. "Graphic" 메뉴 아래 "Line", "Rectange", "Oval" 메뉴 항목을 add_radiobutton() 메서드로 생성한다. drawType 변수와 관련시키고, 각 라디오 버튼을 구분하기 위한 값으로 1, 2, 3을 초기화하고, 메뉴 항목을 선택하면 onGraphic() 함수를 호출하여, drawType 변수에 설정된 값을 출력한다.

③ 설명 3에서 root 윈도우를 생성하고, drawType 변수를 IntVar()로 생성하고, drawType.set(1)로 설정한다. [그림 8.55]는 root 윈도우에 생성된 메뉴의 결과이다. [그림 8.55](a)의 "File" 메뉴에서 "----"은 tearoff 메뉴 항목이다. 마우스로 클릭하면 메뉴가 분리되어 생성된다.

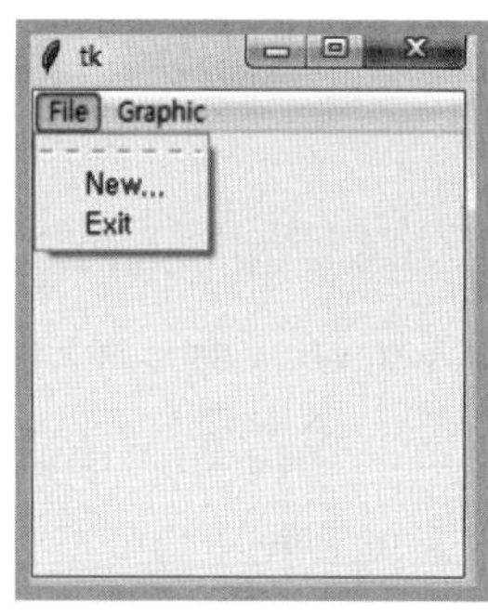
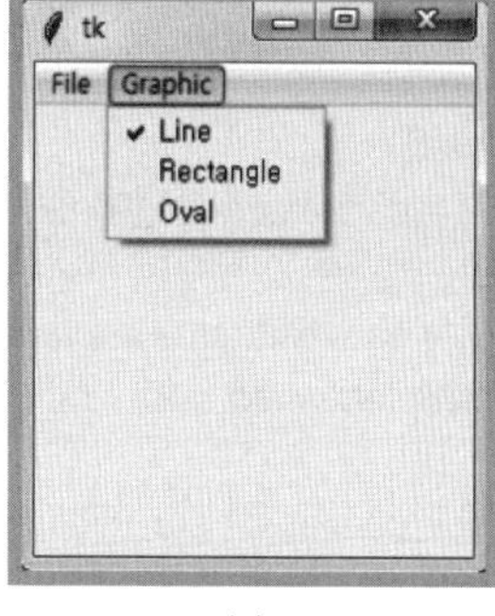

(a)   (b)

[그림 8.55] 메뉴 생성하기 1

[예제 8.63] 메뉴 생성 2 : 간단한 그래픽 그리기   (ex0863.py)

```python
01    # 설명 1
02    from tkinter import *
03    from tkinter.colorchooser import *
04
05    def onFileNew():
06        canvas.delete("all")
07
08    def onGraphicType():
09        if drawType.get() == 1:
10            submenu2.entryconfig(0, state=DISABLED)
11        else:
12            submenu2.entryconfig(0, state=NORMAL)
13
14    def setPenColor():
15        global penColor
16        c1 = colorVar[0].get()
17        if c1 == "None":
18            penColor = ""            # 선 색 없음
19        else:
20            penColor = c1
21
22    def setFillColor():
23        global fillColor
24        if colorVar[1].get() == "None":
25            fillColor = ""            # 채우기 색 없음
26        else:
27            fillColor = askcolor()[1]     # askcolor() returns a tuple, ((r, g, b), '#rrggbb')
28
29    # 설명 2
30    def onMouseLeftDown(event):
31        global last_x, last_y
32        global current_obj, selected
33        x, y = event.x, event.y
```

```python
34      if not event.widget.find_withtag(CURRENT) :
35
36        if drawType.get()  == 1:
37          current_obj = canvas.create_line(x, y, x, y, fill= penColor, width = 2)
38        elif drawType.get() == 2:
39          current_obj = canvas.create_rectangle(x, y, x, y, outline=penColor,
40              fill= fillColor, width = 2)
41        else:
42          current_obj = canvas.create_oval(x, y, x, y, outline=penColor,
43              fill= fillColor, width = 2)
44        selected = False
45        drawObjects[current_obj]=(penColor, fillColor)        # 도형의 색을 유지하기 위해
46        canvas.tag_bind(current_obj, "<Any-Enter>", onMouseEnter)
47        canvas.tag_bind(current_obj, "<Any-Leave>", onMouseLeave)
48      else:
49        selected = True
50
51      last_x, last_y = x, y
52
53  # 설명 3
54  def onMouseEnter(event):
55      canvas.itemconfig(CURRENT, fill="red", width=4)
56
57  def onMouseLeave(event):
58      objectType = canvas.type(CURRENT)
59      current_obj = event.widget.find_withtag(CURRENT)
60      ID = current_obj[0]                    # tuple's the first item
61      color1, color2 = drawObjects[ID]       # 현재 객체의 색 가져오기
62
63      if objectType == "line":
64          canvas.itemconfig(CURRENT, fill= color1, width = 2)
65      else:                                  # "rectangle", "oval"
66          canvas.itemconfig(CURRENT, outline=color1, fill= color2, width = 2)
67
68  # 설명 4
69  def onMouseMove(event):
70      global last_x, last_y
71      if selected:
72        dx = event.x - last_x
73        dy = event.y - last_y
74        canvas.move(CURRENT, dx, dy)
75        last_x, last_y = event.x, event.y
76      else:
77        canvas.coords(current_obj, last_x, last_y, event.x, event.y)
78
79  def makeMenu(master):
```

```python
80    # 설명 5
81    global drawType, submenu2
82    menuBar = Menu(master)
83    master.config(menu=menuBar)
84
85    filemenu = Menu(menuBar, tearoff=0)
86    filemenu.add_command(label="New...", command=onFileNew)
87    filemenu.add_command(label="Exit",  command= master.destroy)
88    menuBar.add_cascade(label="File",   menu=filemenu)
89
90    # 설명 6
91    graphic = Menu(menuBar, tearoff=0)
92    menuBar.add_cascade(label="Graphic",   menu=graphic)
93
94    submenu1 = Menu(graphic, tearoff=0)
95    submenu1.add_radiobutton(label="Line",   variable=drawType, value=1,
96        command=onGraphicType)
97    submenu1.add_radiobutton(label="Rectangle", variable=drawType, value=2,
98        command=onGraphicType)
99    submenu1.add_radiobutton(label="Oval",   variable=drawType, value=3,
100        command=onGraphicType)
101    graphic.add_cascade(label="Create ",   menu=submenu1)
102
103    graphic.add_separator()
104
105    # 설명 7
106    submenu2 = Menu(graphic, tearoff=0)
107    submenu2.add_radiobutton(label="None", variable=colorVar[0],value="None",
108        state=DISABLED, command=setPenColor)
109    submenu2.add_radiobutton(label="Black",variable=colorVar[0],
110        value="black",command=setPenColor, foreground="black")
111    submenu2.add_radiobutton(label="Red", variable=colorVar[0],
112        value="red", command=setPenColor, foreground="red")
113    submenu2.add_radiobutton(label="Green",variable=colorVar[0],
114        value="green", command=setPenColor, foreground="green")
115    submenu2.add_radiobutton(label="Blue", variable=colorVar[0],
116        value="blue", command=setPenColor, foreground="blue")
117    graphic.add_cascade(label="Pen Color", menu=submenu2)
118    graphic.add_separator()
119
120    # 설명 8
121    submenu3 = Menu(graphic, tearoff=0)
122    submenu3.add_radiobutton(label="None", variable=colorVar[1],
123        value="None", command=setFillColor)
124    submenu3.add_radiobutton(label="Color", variable=colorVar[1],
125        value="Color", command=setFillColor)
126    graphic.add_cascade(label="Fill Color",  menu=submenu3)
```

```
127  # 설명 9
128  if __name__ == '__main__':
129      root = Tk()
130      root.title("Simple Graphic")
131      drawType = IntVar(); drawType.set(1)
132
133      drawObjects = {}          # {id: penColor, fillColor}
134
135      colorVar = [StringVar(), StringVar()]
136      colorVar[0].set("black")
137      colorVar[1].set("None");
138      setPenColor(); setFillColor()
139
140      makeMenu(root)
141      canvas = Canvas(root, width=600, height=800)
142      canvas.pack(expand=YES, fill=BOTH)
143      canvas.bind("<Button-1>", onMouseLeftDown)
144      canvas.bind("<B1-Motion>", onMouseMove)
145      root.mainloop()
```

프로그램 설명

① **설명 1**에서 from tkinter.colorchooser import *는 askcolor()에 의한 색 선택 대화 상자를 사용하기 위해 임포트한다.

onFileNew() 함수는 "New" 항목을 선택하면 호출되는 함수로, canvas 위의 모든 그리기 객체를 삭제한다. onGraphicType() 함수는 "Create " 메뉴 항목에서 drawType.get() == 1이면, submenu2에 의해 "Pen Color" 메뉴 항목에서 0번째 항목 "None"을 state = DISABLED로 선택하지 못하게 한다. 다른 도형(rectangle, oval)이면 state=NORMAL로 선택 가능하게 한다. setPenColor() 함수는 "Pen Color" 메뉴 항목의 항목을 선택하면 colorVar[0]으로부터, 전역변수 penColor에 선 색("", "black", "red", "green", "blue")을 저장한다. 공백 문자열("")은 선 색 없음이다. setFillColor() 함수는 "Fill Color" 메뉴 항목의 항목을 선택하면 colorVar[1]로부터, 전역변수 fillColor에 채우기 없음("") 또는 askcolor()[1]의 색 선택 대화 상자로 채우기 색을 저장한다.

② **설명 2**에서 onMouseLeftDown() 함수는 "<Button-1>" 이벤트 핸들러로, not event.widget.find_withtag(CURRENT) 조건에 의해 왼쪽 버튼을 누른 위치에 도형이 없으면, drawType.get()에 의한 현재 메뉴의 도형 종류에 따라 캔버스에 선, 직선, 타원을 현재 위치에 생성하고, selected = False로 객체 생성을 위해 클릭한 것을 설정하고, 도형의 색을 유지하기 위해 drawObjects 사전에 고유번호 current_obj를 키(key)로 설정하여 (penColor, fillColor) 튜플을 저장한다. 도형의 종류, 고유번호는 CURRENT 태그를 이용하여 알 수 있기 때문에 저장하지 않았다. 생성된 객체 current_obj에 "<Any-Enter>", "<Any-Leave>" 이벤트 핸들러 onMouseEnter(), onMouseLeave() 함수를 바인딩한다. 마우스 왼쪽 버튼을 누른 위치에 객체가 있으면, selected = True로 이미 있는 객체가 선택된 것으로 설정한다. 현재의 클릭 위치(x, y)를 (last_x, last_y)에 저장한다. 선의 색은 채우기 색인 fillColor를 사용하지 않고, 선 색인 penColor를 사용한다.

③ **설명 3**에서 onMouseEnter() 함수는 마우스가 객체 영역으로 들어갈 때 호출된다. fill = "red", width = 4로 채우기 색과 선 두께를 변경하여 표시한다. onMouseLeave() 함수는 마우스가 객체

영역에서 떠날 때 호출된다. onMouseEnter() 함수에 의해 변경된 색을 drawObjects 사전을 이용하여 원래의 선 색, 채우기 색으로 복구한다. canvas.type(CURRENT)으로 현재 객체의 종류를 objectType에 저장하고, event.widget.find_withtag(CURRENT)로 고유번호의 튜플 current_obj에 저장한다. ID = current_obj[0]은 튜플의 첫 항목의 고유번호를 ID에 저장한다. color1, color2 = drawObjects[ID]로 현재 객체의 색의 color1, color2에 저장하여, 도형의 종류에 따라 선 색과 채우기 색을 변경한다.

④ **설명 4**에서 onMouseMove() 함수는 "<B1-Motion>" 이벤트의 핸들러이다. selected가 True이면 즉, 마우스 왼쪽 버튼 클릭으로 기존 객체가 선택되고 드래그하는 경우이면 canvas.move(CURRENT, dx, dy)로 이동을 시키고, selected가 False이면, 즉 객체를 생성하기 위해, 왼쪽버튼을 클릭하고 드래그하는 경우이면 canvas.coords(current_obj, last_x, last_y, event.x, event.y)로 객체의 좌표를 변경한다.

⑤ **설명 5**에서 makeMenu() 함수는 master 윈도우에 메뉴바를 생성하고, "File" 메뉴 아래 "New", "Exit" 메뉴 항목을 생성한다. "New" 메뉴 항목을 선택하면 onFileNew() 함수를 호출하여 캔버스의 모든 객체를 삭제하고, "Exit" 메뉴 항목을 선택하면 master.destroy() 함수로 메인 윈도우를 파괴시켜 프로그램을 종료시킨다. 필요하면 함수를 정의하여, sys.exit() 함수를 추가할 수 있다.

⑥ **설명 6**에서 "Graphic" 메뉴 아래 "Create " 메뉴 항목을 생성하고, 그 아래 "Line", "Rectangle", "Oval" 부메뉴 항목을 add_radiobutton() 메서드로 생성한다. drawType 변수로 현재 선택한 도형을 종류를 구분한다. onGraphicType() 함수를 호출하여 "Line" 항목을 선택한 경우 "Pen Color" 메뉴 항목에서 0번째 항목 "None"을 state = DISABLED로 선택하지 못하게 한다. graphic.add_separator()는 "Graphic" 메뉴 항목에 구분 선을 추가한다.

⑦ **설명 7**에서 "Graphic" 메뉴 아래 "Pen Color" 메뉴 항목을 생성하고, 그 아래 "None", "Black", "Red", "Green", "Blue" 부메뉴 항목을 생성한다. "None" 부항목은 state = DISABLED로 초기에 선택하지 못하게 한다. 각각의 부메뉴 항목을 선택하면 setPenColor() 함수를 호출하여 전역변수 penColor의 선 색을 변경한다.

⑧ **설명 8**에서 "Graphic" 메뉴 아래, "Fill Color" 메뉴 항목을 생성하고, 그 아래 "None", "Color" 부메뉴 항목을 생성한다. 각각의 부메뉴 항목을 선택하면 setFillColor() 함수를 호출하여 전역변수 fillColor의 채우기 색을 변경한다.

⑨ **설명 9**에서 root 윈도우를 생성하고, 도형의 종류 관련 라디오 버튼 메뉴 항목과 연결된 drawType 변수를 IntVar()로 생성하고, drawType.set(1)로 설정한다. 선 색, 채우기 색 라디오 버튼 메뉴 항목과 관련된 colorVar 리스트 변수를 [StringVar(), StringVar()]로 생성하고, colorVar[0].set("black"), colorVar[1].set("None")로 메뉴 항목을 초기화하고, setPenColor(), setFillColor()로 전역변수 penColor, fillColor에 선 색과 채우기 색을 초기화한다.

⑩ [그림 8.55]는 root 윈도우에 생성된 메뉴의 결과이다. [그림 8.56](a)는 "Graphic" 메뉴를 자세히 보이며, "Create ", "Pen Color" , "Fill Color" 메뉴 항목이 삼각형 단추에 의해 각각 부메뉴가 있는 것을 알 수 있다. [그림 8.56](b)는 간단한 도형을 생성한 결과이다. 캔버스의 빈 공간을 클릭하고 드래그하면, 도형이 생성되고, 이미 있는 도형을 선택하고 드래그하면 도형을 이동시킨다.

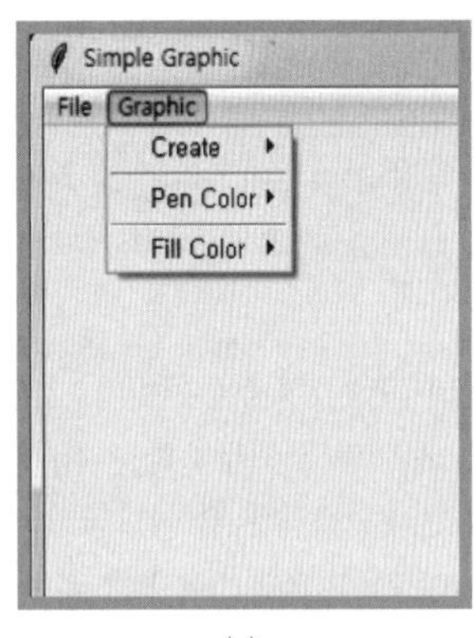

(a)   (b)

[그림 8.56] 간단한 그래픽 그리기

2.9 클래스 상속에 의한 객체지향 프로그래밍

Tk, Frame, Canvas 등의 클래스로부터 상속받거나, 사용자 정의 클래스 내부에서 위젯 클래스를 사용하여 응용 프로그램을 작성할 수 있다. [예제 8.64]는 Tk 클래스에서 상속받은 MyApp 클래스를 정의하고, [예제 8.65]는 Frame 클래스에서 상속받은 MyApp 클래스를 정의하고, [예제 8.66]은 클래스 상속을 받지 않은 MyApp 클래스를 정의하여 메인 윈도우를 생성하여 모니터 스크린의 중앙에 위치시킨다. 프레임 위젯 위에 캔버스를 생성하고, 마우스의 좌표를 메인 윈도우 타이틀에 출력하는 프로그램을 작성한다.

[예제 8.64] Tk 클래스로부터 상속 : 마우스 이벤트 핸들러를 갖는 윈도우　　　　　(ex0864.py)

```
01    import tkinter as tk
02    class MyApp(tk.Tk):
03
04      # 설명 1
05      def __init__(self, *args, **kwargs):
06          tk.Tk.__init__(self)
07          self.title("My Application")
08
09          self.frame = tk.Frame(self)
10          self.frame.pack(expand=tk.YES, fill=tk.BOTH )
11
12          self.canvas = tk.Canvas(self.frame, bg = kwargs['bg'],
13              width=kwargs['width'], height=kwargs['height'])
14          self.canvas.pack(expand=tk.YES, fill=tk.BOTH, padx = 10, pady = 10)
15          self.canvas.bind("<Motion>", self.showxy)
16
17          self.update()
18          self.centerWindow()
19
```

```
20     # 설명 2
21     def centerWindow(self):
22         sw = self.winfo_screenwidth()
23         sh = self.winfo_screenheight()
24         w = self.winfo_width()
25         h = self.winfo_height()
26         x = (sw − w)/2
27         y = (sh − h)/2
28         self.geometry('%dx%d+%d+%d' % (w, h, x, y))
29
30     # 설명 3
31     def showxy(self, event):
32         x = event.x
33         y = event.y
34         str1 = "mouse at x=%d y=%d" % (x, y)
35         self.title(str1)
36
37 # 설명 4
38 if __name__ == '__main__':
39     app = MyApp(bg="gray40", width = 600, height = 400)
40     #app.canvas.bind("<Motion>", app.showxy)
41     app.mainloop()
```

프로그램 설명

① import tkinter as tk로 임포트하면, tkinter의 상수, 클래스 등을 구분할 수 있는 장점이 있다. tk.Tk 클래스로부터 상속받아 MyApp 클래스를 정의하여, 프레임 위젯 위에 캔버스를 생성하고, 윈도우를 모니터 스크린의 중앙에 위치시킨다.

② 설명 1에서 __init__() 메서드에서 tk.Tk.__init__(self, *args, **kwargs)로 부모 클래스(tk.Tk)를 초기화시킨다. 대부분의 경우 tk.Tk.__init__(self)로 초기화해도 된다. self.title() 메서드로 윈노우의 타이틀을 변경하고, tk.Frame 클래스의 인스턴스 self.frame를 생성하고, self.frame.pack() 메서드로 부모 윈도우(self)에 배치한다. tk.Canvas 클래스의 인스턴스 self.canvas를 생성하고, self.canvas.pack() 메서드로 부모 윈도우(self.frame)에 배치한다. 캔버스에서 "<Motion>" 이벤트 핸들러를 self.showxy() 메서드를 설정한다. self.update()는 self.winfo_width(), self.winfo_height()로 윈도우 크기를 가져오기 위해 메인 윈도우를 갱신한다. self.centerWindow()는 윈도우를 모니터 스크린의 중앙에 위치시킨다.

③ 설명 2에서 centerWindow() 메서드는 sw, sh에 모니터 스크린 전체 크기를 계산하고, w, h에 생성된 윈도우의 크기를 계산하고 geometry() 메서드를 사용하여, 모니터 스크린의 중앙에 위치시킨다. self가 메인 윈도우이다.

④ 설명 3에서 캔버스에서 "<Motion>" 이벤트 핸들러로 마우스의 위치를 문자열 str1로 만들어 self.title(str1)로 윈도우의 타이틀을 변경한다.

④ MyApp 클래스 객체 app를 생성하여 프레임 위젯 위에 캔버스를 생성하고, 윈도우를 모니터 스크린의 중앙에 위치시킨다. app.mainloop()로 메시지 루프를 시작한다. [그림 8.57]은 실행 결과이다.

[그림 8.57] 마우스 이벤트 핸들러를 갖는 윈도우

[예제 8.65] Frame 클래스로부터 상속 : 마우스 이벤트 핸들러를 갖는 윈도우　　　　(ex0865.py)

```python
01  import tkinter as tk
02  class MyApp(tk.Frame):
03
04    # 설명 1
05    def __init__(self, master, *args, **kwargs):
06       tk.Frame.__init__(self)
07       self.master = master
08       self.master.title("My Application")
09       self.pack(expand=tk.YES, fill=tk.BOTH)
10
11       self.canvas = tk.Canvas(self, bg = kwargs['bg'],
12           width=kwargs['width'], height=kwargs['height'])
13       self.canvas.pack(expand=tk.YES, fill=tk.BOTH, padx = 10, pady = 10)
14       self.canvas.bind("<Motion>", self.showxy)
15
16       self.update()          # self.master.update()
17       self.centerWindow()
18
19    # 설명 2
20    def centerWindow(self):
21       sw = self.master.winfo_screenwidth()
22       sh = self.master.winfo_screenheight()
23       w = self.master.winfo_width()
24       h = self.master.winfo_height()
25       x = (sw - w)/2
26       y = (sh - h)/2
27       self.master.geometry('%dx%d+%d+%d' % (w, h, x, y))
28
29    # 설명 3
30    def showxy(self, event):
31       x = event.x
32       y = event.y
33       str1 = "mouse at x=%d y=%d" % (x, y)
34       self.master.title(str1)
```

```python
35    # 설명 4
36    if __name__ == '__main__':
37        root = tk.Tk()
38        app = MyApp(root, bg="gray40", width = 600, height = 400)
39        #app.canvas.bind("<Motion>", app.showxy)
40        root.mainloop()
```


① tk.Frame 클래스로부터 상속받아 MyApp 클래스를 정의하여, 프레임 위젯 위에 캔버스를 생성하고, 윈도우를 모니터 스크린의 중앙에 위치시킨다. master에 메인 윈도우 root를 전달한다.

② 설명 1에서 __init__() 메서드에서 tk.Frame.__init__(self) 로 부모 클래스(tk.Frame)를 초기화시킨다. 메인 윈도우 master를 self.master에 저장하고, self.master.title() 메서드로 윈도우의 타이틀을 변경하고, self.pack() 메서드로 부모 윈도우에 배치한다. tk.Canvas 클래스의 인스턴스 self.canvas를 생성하고, self.canvas.pack() 메서드로 부모 윈도우(self)에 배치한다. 캔버스에서 "<Motion>" 이벤트 핸들러를 self.showxy() 메서드로 설정한다. self.update()는 self.winfo_width(), self.winfo_height()로 윈도우 크기 정보를 가져오기 위해 프레임 윈도우를 갱신한다. self.centerWindow()는 윈도우를 모니터 스크린의 중앙에 위치시킨다.

③ 설명 2에서 centerWindow() 메서드는 sw, sh에 모니터 스크린 전체 크기를 계산하고, w, h에 생성된 윈도우의 크기를 계산하고 geometry() 메서드를 사용하여, 모니터 스크린의 중앙에 위치시킨다. self.master는 메인 윈도우이다.

④ 설명 3에서 showxy() 메서드는 캔버스에서 "<Motion>" 이벤트 핸들러로 마우스의 위치를 문자열 str1로 만들어 self.master.title(str1)로 윈도우의 타이틀을 변경한다.

④ 설명 4에서 root = tk.Tk()로 메인 윈도우 객체 root를 생성하고, MyApp 클래스에 root를 전달하여 프레임 객체 app를 생성하고, 캔버스를 생성하고, 윈도우를 모니터 스크린의 중앙에 위치시킨다. root.mainloop()로 메시지 루프를 시작한다. 마우스 "<Motion>" 이벤트에 대한 핸들러 app.showxy()를 app 객체를 사용하여 설정할 수 있다. 실행 결과는 [그림 8.57]과 같다.

[예제 8.66] 클래스 상속 없는 경우 : 마우스 이벤트 핸들러를 갖는 윈도우 (ex0866.py)

```python
01    import tkinter as tk
02    class MyApp:
03
04      # 설명 1
05      def __init__(self, master, *args, **kwargs):
06          self.master = master
07          self.master.title("My Application")
08
09          self.frame = tk.Frame(self.master)
10          self.frame.pack(expand=tk.YES, fill=tk.BOTH )
11
12          self.canvas = tk.Canvas(self.frame, bg = kwargs['bg'],
13              width=kwargs['width'], height=kwargs['height'])
14          self.canvas.pack(expand=tk.YES, fill=tk.BOTH, padx = 10, pady = 10)
15          self.canvas.bind("<Motion>", self.showxy)
16
```

```python
17          self.master.update()
18          self.centerWindow()
19
20      # 설명 2
21      def centerWindow(self):
22          sw = self.master.winfo_screenwidth()
23          sh = self.master.winfo_screenheight()
24          w = self.master.winfo_width()
25          h = self.master.winfo_height()
26          x = (sw - w)/2
27          y = (sh - h)/2
28          self.master.geometry('%dx%d+%d+%d' % (w, h, x, y))
29
30      # 설명 3
31      def showxy(self, event):
32          x = event.x
33          y = event.y
34          str1 = "mouse at x=%d y=%d" % (x, y)
35          self.master.title(str1)
36
37  # 설명 4
38  if __name__ == '__main__':
39      root = tk.Tk()
40      app = MyApp(root, bg="gray40", width = 600, height = 400)
41      #app.canvas.bind("<Motion>", app.showxy)
42      root.mainloop()
```

프로그램 설명

① 상속을 받지 않고 MyApp 클래스를 정의하여, 프레임 위젯 위에 캔버스를 생성하고 윈도우를 모니터 스크린의 중앙에 위치시킨다. master에 메인 윈도우 root를 전달한다.

② 설명 1의 __init__() 메서드에서 메인 윈도우 master를 self.master에 저장하고, self.master. title() 메서드로 윈도우의 타이틀을 변경하고, tk.Frame(self.master)로 프레임 위젯을 self. frame에 생성한다. self.frame.pack() 메서드로 부모 윈도우(self.master)에 배치한다. tk.Canvas 클래스의 인스턴스 self.canvas를 생성하고, self.canvas.pack() 메서드로 부모 윈도우(self.frame)에 배치한다. 캔버스에서 "<Motion>" 이벤트 핸들러를 self.showxy() 메서드로 설정한다. self.master.update()는 self.winfo_width(), self.winfo_height()로 윈도우 크기 정보를 가져오기 위해 메인 윈도우를 갱신한다. self.centerWindow()는 윈도우를 모니터 스크린의 중앙에 위치시킨다.

③ 설명 2에서 centerWindow() 메서드는 sw, sh에 모니터 스크린 전체 크기를 계산하여 w, h에 생성된 윈도우의 크기를 계산하고 geometry() 메서드를 사용하여 모니터 스크린의 중앙에 위치시킨다. self.master는 메인 윈도우이다.

④ 설명 3에서 showxy() 메서드는 캔버스에서 "<Motion>" 이벤트 핸들러로 마우스의 위치를 문자열 str1로 만들어 self.master.title(str1)로 윈도우의 타이틀을 변경한다.

⑤ **설명 4**에서 root = tk.Tk()로 메인 윈도우 객체 root를 생성하고, MyApp 클래스에 root를 전달하여 프레임 객체 app와 캔버스를 생성하고, 윈도우를 모니터 스크린의 중앙에 위치시킨다. root.mainloop()로 메시지 루프를 시작한다. 마우스 "<Motion>" 이벤트에 대한 핸들러 app.showxy()를 app 객체를 사용하여 설정할 수 있다. 실행 결과는 [그림 8.57]과 같다.

[예제 8.67] grid() 메서드로 배치   (ex0867.py)

```python
01  import tkinter as tk
02  class MyApp:
03
04      # 설명 1
05      def __init__(self, master, fields):
06          self.master = master
07          self.fields = fields
08          self.cells = []
09
10          self.master.title("Input Dialog")
11          self.master.grid_columnconfigure(1, weight= 1)
12          self.master.grid_rowconfigure(0,  weight= 1)
13
14          self.make_form()
15
16          tk.Button(self.master, text='Fetch', bg = "green",
17              command=(lambda e=self.cells: self.fetch(e))).grid(row=3, column=0,
18                  sticky=tk.NSEW)
19          tk.Button(self.master, text='Quit', bg = "Red",
20              command= quit).grid(row=3, column=1, sticky=tk.NSEW)
21
22          self.master.bind('<Return>', (lambda event, e=self.cells: self.fetch(e)))
23
24      # 설명 2
25      def make_form(self):
26          for r, field in enumerate(self.fields):
27              label = tk.Label(self.master, width=10, text = field)
28              entry = tk.Entry(self.master )        # width = 20
29              label.grid(row=r, column=0, sticky=tk.NSEW)
30              entry.grid(row=r, column=1, sticky=tk.NSEW)
31              self.cells.append(entry)
32
33      # 설명 3
34      def fetch(self, cells):
35          print("Input data!")
36          for i, e in enumerate(cells):
37              print("{0} : {1}".format(self.fields[i], e.get()))
38
39  # 설명 4
40  if __name__ == '__main__':
41      root = tk.Tk()
42      fields = ("Name", "Age", "Address")
43      app = MyApp(root, fields)
44      root.mainloop()
```

프로그램 설명

① [예제 8.58]의 grid()를 사용한 위젯 배치 예제를 MyApp 클래스로 다시 작성한다.

② 설명 1의 __init__() 메서드는 필요한 인스턴스 변수를 초기화하고, make_form() 메서드를 호출하여 Label, Entry 위젯을 메인 윈도우에 생성하고, grid() 메서드를 사용하여 배치한다. Button 위젯 객체를 생성하고, "<Return>" 키보드 이벤트 핸들러를 바인딩한다.

③ 설명 2에서 make_form() 메서드는 Label, Entry 위젯 객체 label, entry를 master 윈도우에 생성하고, grid() 메서드로 배치하고, cells 리스트에 추가한다.

④ 설명 3에서 fetch() 메서드는 리스트 cells을 이용하여 Entry 위젯의 입력 내용을 읽어 출력한다.

⑤ 설명 4에서 메인 윈도우 root를 생성하고, fields = ("Name", "Age", "Address")를 이용하여 app = MyApp(root, fields)로 app 객체를 생성한다. [예제 8.58]의 실행 결과인 [그림 8.51]과 같은 결과를 갖는다.

[예제 8.68] 간단한 계산기   (ex0868.py)

```python
01    import tkinter as tk
02    class Calculator(tk.Frame):
03
04      # 설명 1
05      def __init__(self):
06          tk.Frame.__init__(self)
07          self.option_add("*Font", "바탕 16 bold")
08          self.pack() # self.grid()
09          self.master.title('Simple Calculator')
10          self.master.resizable(0,0)
11          self.master.wm_attributes("-topmost", 1)
12
13          self.make_form()
14
15      # 설명 2
16      def update_expr(self, c):
17          self.strExpr.set(self.strExpr.get() + c)
18          self.entry.icursor(len(self.strExpr.get()))
19
20      # 설명 3
21      def calc(self):
22          try:
23              self.strExpr.set(eval(self.strExpr.get()))
24              self.entry.icursor(len(self.strExpr.get()))
25          except:
26              self.strExpr.set("ERROR")
27
28      # 설명 4
29      def make_form(self):
30          self.strExpr = tk.StringVar()
31          self.entry = tk.Entry(self, relief=tk.SUNKEN, textvariable=self.strExpr)
32          self.entry.grid(row=0, column=0, columnspan=5, sticky=tk.NSEW)
```

```python
33          self.entry.bind("<Return>", lambda event, s=self: s.calc())
34          self.entry.focus()
35
36          for r, item in enumerate(("789", "456", "123")):
37              for c, ch in enumerate(item):
38                  btn = tk.Button(self, text=ch,
39                      command=(lambda s=self, c=ch: s.update_expr(c)))
40                  btn.grid(row=r+1, column=c, padx=2, pady=2, sticky=tk.NSEW)
41
42          btn = tk.Button(self, text="0",
43              command=(lambda s=self, c='0': s.update_expr(c)))
44          btn.grid(row=4, column=0, columnspan=2, padx=2, pady=2,
45              sticky=tk.NSEW)
46
47          btn = tk.Button(self, text=".",
48              command=(lambda s=self, c='.': s.update_expr(c)))
49          btn.grid(row=4, column=2, padx=2, pady=2, sticky=tk.NSEW)
50
51          for r, ch in enumerate("/*-+"):
52              btn = tk.Button(self, text=ch,
53                  command=(lambda s=self, c=ch: s.update_expr(c)))
54              btn.grid(row=r+1, column=3, padx=2, pady=2, sticky=tk.NSEW)
55
56          btn = tk.Button(self, text="C",
57              command=(lambda s=self, w=self.strExpr: w.set("")))
58          btn.grid(row=1, column=4, rowspan=2, padx=2, pady=2,
59              sticky=tk.NSEW)
60
61          btn = tk.Button(self, text="=", command=(lambda s=self: s.calc()))
62          btn.grid(row=3, column=4, rowspan=2, padx=2, pady=2,
63              sticky=tk.NSEW)
64
65  # 설명 5
66  if __name__ == '__main__':
67      Calculator().mainloop()
```

프로그램 설명

① [그림 8.58]의 간단한 계산기를 Calculator 클래스로 작성한다. Entry 객체에 수식을 직접 입력하거나, 마우스로 버튼을 클릭하여 입력하고, Entry 객체에서 키보드 리턴 이벤트 "<Return>" 또는 text="인 버튼을 클릭하면 계산 결과를 Entry 객체에 표시한다.

② 설명 1의 __init__() 메서드는 tk.Frame.__init__(self)를 호출하여 상위 클래스 tk.Frame를 초기화시켜 프레임 위젯 객체를 생성한다. self.master 속성은 프레임 윈도우의 부모 윈도우인 메인 윈도우로 설정된다. self.option_add() 메서드로 폰트를 설정하고, self.pack()으로 프레임을 메인 윈도우에 배치시킨다. self.master.title() 메서드로 메인 윈도우의 타이틀을 설정하고, self.master.resizable(0,0)로 윈도우 크기를 변경할 수 없게 설정하며, self.master.wm_attributes("-topmost", 1)로 윈도우가 항상 최상위 레벨에 위치하도록 설정한다. self.make_form()를 호출하여 계산기를 위한 위젯을 생성한다.

③ 설명 2에서 update_expr(self, c) 메서드는 버튼을 클릭할 때마다 버튼의 문자 c를 이용하여, Entry 객체에 연결된 수식 문자열 self.strExpr을 갱신한다. self.entry.icursor() 메서드로 커서의 위치를 문자열 self.strExpr의 마지막으로 변경한다.

④ 설명 3에서 calc(self) 메서드는 eval(self.strExpr.get())로 self.strExpr 문자열의 수식을 계산하고, 계산 결과를 이용하여 self.strExpr 문자열을 변경한다. 예외가 발생하면, "ERROR"로 문자열을 변경한다. self.strExpr 문자열을 변경하면 Entry 객체에 표시되는 내용이 변경된다.

⑤ 설명 4에서 make_form(self) 메서드는 프레임 위젯(self) 위에, Entry, Button 위젯을 생성하여 grid() 메서드로 배치한다. 각 버튼은 클릭할 때 실행할 명령을 람다 함수에 의한 인수를 전달로 update_expr() 또는 calc() 메서드를 호출한다. self.entry 객체는 textvariable = self.strExpr에 의해 self.strExpr 문자열과 연결되어 있다. self.entry.bind() 메서드는 "<Return>" 이벤트에 대한 핸들러를 람다 함수에 의해 calc() 메서드를 호출하도록 바인딩한다. self.entry.focus()는 포커스를 갖게 하여 커서가 보이게 한다.

⑥ 설명 5에서 Calculator().mainloop()는 Calculator 클래스 객체를 생성하고, 이벤트 루프를 시작시킨다.

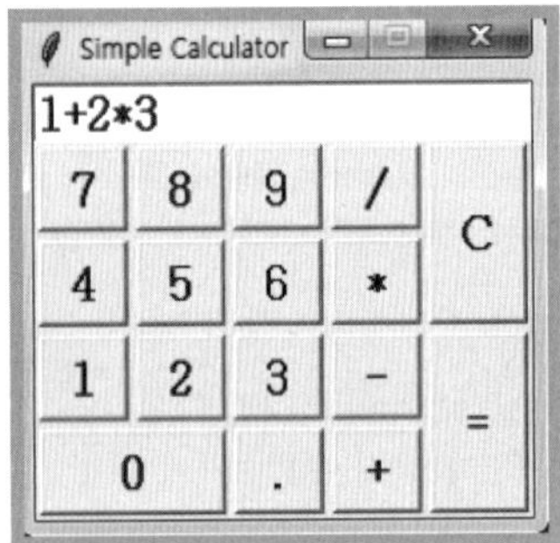

[그림 8.58] 간단한 계산기

[예제 8.69] 메뉴를 갖는 윈도우　　　　　　　　　　　　　　　　　　　　　　(ex0869.py)

```python
01   import tkinter as tk
02   class MyApp(tk.Frame):
03
04     # 설명 1
05     def __init__(self, master=None):
06         tk.Frame.__init__(self, master, relief=tk.SUNKEN, bd=2)
07         self.pack(expand = tk.YES, fill=tk.BOTH)
08         self.master.title("Menu Example")
09         self.makeMenu()
10
11         self.canvas = tk.Canvas(self, bg="gray40", width=400, height=400)
12         self.canvas.pack(expand = tk.YES, fill=tk.BOTH)
13
14     # 설명 2
15     def onFileNew(self):
16         print("select New")
17     def onGraphic(self):
18         print("drawType = ", self.drawType.get())
```

```python
19    # 설명 3
20    def makeMenu(self):
21        self.drawType = tk.IntVar();
22        self.drawType.set(1)
23
24        self.menuBar = tk.Menu(self.master)
25        self.master.config(menu=self.menuBar)
26
27        filemenu = tk.Menu(self.menuBar, title= "file")
28        filemenu.add_command(label='New...', command=self.onFileNew)
29        filemenu.add_command(label='Exit',  command= self.master.destroy)
30        self.menuBar.add_cascade(label='File',   menu=filemenu)
31
32        graphic = tk.Menu(self.menuBar, tearoff=0)
33        graphic.add_radiobutton(label="Line", variable=self.drawType, value=1,
34            command=self.onGraphic)
35        graphic.add_radiobutton(label="Rectangle",variable=self.drawType, value=2,
36            command=self.onGraphic)
37        graphic.add_radiobutton(label="Oval", variable=self.drawType, value=3,
38            command=self.onGraphic)
39        self.menuBar.add_cascade(label="Graphic", menu=graphic)
40
41  # 설명 4
42  if __name__ == '__main__':
43      app = MyApp()          # MyApp(tk.Tk())
44      app.mainloop()
```

프로그램 설명

① [예제 8.62]를 MyApp 클래스로 작성하여 윈도우에 메뉴를 붙이고, 프레임에 캔버스를 추가한다.

② 설명 1의 __init__(self, master=None) 메서드에서 master에 메인 윈도우를 전달받아도 되고, 인수 없이 master=None으로 받아도 된다. master=None인 경우, tk.Frame.__init__() 메서드에 의해 상위 클래스 tk.Frame를 초기화시켜 프레임 위젯 객체를 생성할 때, self.master 속성에 프레임 위젯의 부모 윈도우인 메인 윈도우를 생성하여 설정한다. self.pack() 메서드로 프레임 위젯을 메인 윈도우에 배치하고, self.master.title() 메서드로 타이틀을 변경하고, self.makeMenu() 메서드로 메뉴를 생성한다. tk.Canvas 객체를 생성하여 프레임 위젯에 배치시킨다.

③ 설명 2에서 onFileNew()는 "New" 메뉴 항목을 선택하면 호출되는 메서드이다. onGraphic() 은 "Graphic" 메뉴의 "Line", "Rectange", "Oval" 항목을 선택하면 호출되는 메서드로, self. drawType.get() 값으로 선택한 항목을 구분한다.

④ 설명 3에서 makeMenu() 메서드는 self.master 윈도우에 self.menuBar 메뉴 바를 생성하고, "File" 메뉴는 분리 가능하고, "Graphic" 메뉴는 tearoff=0으로 분리가 되지 않게 생성한다. "File" 메뉴 아래 "New"와 "Exit" 메뉴 항목을 생성한다. "New" 메뉴 항목을 선택하면 onFileNew() 메서드를 호출하고, "Exit" 메뉴 항목을 선택하면 self.master.destroy() 함수로 메인 윈도우를 파괴시켜 프로그램을 종료시킨다. "Graphic" 메뉴 아래 "Line", "Rectangle", "Oval" 메뉴 항목을 add_ radiobutton() 메서드로 생성한다. self.drawType 변수와 관련시키고, 각 라디오 버튼을 구분하

기 위한 값으로 1, 2, 3을 초기화하고, 메뉴 항목을 선택하면 self.onGraphic() 메서드를 호출하여, self.drawType 변수에 설정된 값을 출력한다.

⑤ 설명 4에서 app = MyApp()는 프레임 객체 app를 생성한다. 메인 윈도우는 app.master에 생성된다. MyApp(tk.Tk())로 메인 윈도우를 생성하여 전달할 수 있다. [그림 8.59]는 클래스로 작성한 메뉴를 갖는 윈도우의 결과이다.

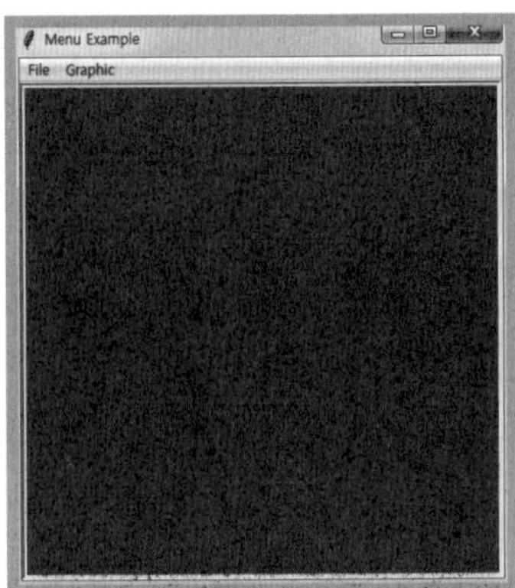

[그림 8.59] 클래스로 작성한 메뉴를 갖는 윈도우

2.10 Reversi(Othello) 게임 프로그램

[예제 8.70]은 Reversi(Othello) 게임 프로그램을 설명한다. GameApp, Reversi 두 개의 클래스를 사용하여 프로그램을 작성하였다. GameApp 클래스는 메인 윈도우와 메뉴를 생성하고, 실제 게임은 Reversi 클래스에서 작성한다.

게임 규칙은 상대의 돌(BLACK = 1, WHITE = 2)을 뒤집을 수 있는 위치에만 놓을 수 있고, 현재 놓은 돌에 의해 상, 하, 좌, 우, 대각선으로 포위되는 상대의 돌을 뒤집는 방식이다. 현재 플레이어는 돌을 놓을 장소가 없지만, 상대는 돌을 놓을 장소가 있는 경우 상대에게 차례를 넘긴다. 두 플레이어가 모두 더 이상 놓을 자리가 없으면 게임은 종료하고 돌의 수가 많은 사람이 승리하게 된다. 백돌이 먼저 선공한다.

[예제 8.70] Reversi (Othello)　　　　　　　　　　　　　　　　　　　　　　(ex0870.py)

```python
01    import tkinter as tk
02    import winsound
03
04    # 설명 1
05    class GameApp(tk.Frame):
06        def __init__(self, master=None, N=8):
07            tk.Frame.__init__(self, master, relief=tk.SUNKEN, bd=2)
08            self.pack(expand = tk.YES, fill=tk.BOTH)
09            self.master.title("Reversi(Othello)")
10            self.master.resizable(0,0)
11            self.master.wm_attributes("-topmost", 1)
12            self.makeMenu()
13            self.game = Reversi(N)
```

```python
14      def onFileNew(self):
15        self.game.initGame()
16
17      def makeMenu(self):
18        self.drawType = tk.IntVar();
19        self.drawType.set(1)
20
21        self.menuBar = tk.Menu(self.master)
22        self.master.config(menu=self.menuBar)
23
24        filemenu = tk.Menu(self.menuBar, title= "file")
25        filemenu.add_command(label="New...", command=self.onFileNew)
26        filemenu.add_command(label="Exit",  command= self.master.destroy)
27        self.menuBar.add_cascade(label="File",   menu=filemenu)
28
29  class Reversi(tk.Canvas):
30
31    # 설명 2
32    EMPTY, BLACK, WHITE = 0, 1, 2
33    def __init__(self, N=8, board_width = 512, board_height=512):
34        tk.Canvas.__init__(self, bg="gray40",
35            width= board_width, height= board_height+100)
36        self.pack(expand = tk.YES, fill=tk.BOTH)
37        #self.update()          # for self.winfo_width(), self.winfo_height()
38
39        self.N = N              # number of board
40        self.M = 10             # margin
41        #self.width = self.winfo_width()
42        #self.height= self.winfo_height()-100
43
44        self.width = board_width
45        self.height= board_height
46
47        self.xStep = (self.width-2*self.M)//self.N
48        self.yStep = (self.height-2*self.M)//self.N
49
50        self.board = [[ self.EMPTY for j in range(N)] for i in range(N)]
51        self.initGame()
52        self.bind("<Button-1>", self.onMouseLeftDown)
53
54    # 설명 3
55    def initGame(self):
56        for y in range(self.N):
57            for x in range(self.N):
58                self.board[y][x]=self.EMPTY
59        self.board[3][3]=self.BLACK
60        self.board[4][4]=self.BLACK
61        self.board[3][4]=self.WHITE
62        self.board[4][3]=self.WHITE
```

```python
63           self.currentPlayer = self.WHITE
64           self.drawBoard()
65
66       # 설명 4
67       def drawBoard(self):
68           x1 = self.M
69           y1 = self.M
70           x2 = x1 + self.xStep*self.N
71           y2 = y1 + self.yStep*self.N
72
73           self.create_rectangle(x1, y1, x2, y2, fill="yellow", outline="yellow")
74           for n in range(self.N+1):
75               self.create_line(x1+ self.xStep*n, y1, x1+self.xStep*n, y2)
76               self.create_line(x1, y1+self.yStep*n, x2, y1+self.yStep*n)
77
78           # draw board
79           for y in range(self.N):
80               for x in range(self.N):
81                   if self.board[y][x]!= self.EMPTY:
82                       self.drawCircle(x, y)
83
84           # current type drawing
85           x1 = self.M+self.xStep*3.5
86           y1 = self.M+self.yStep*self.N+20
87           x2 = x1 + self.xStep
88           y2 = y1 + self.yStep
89           if self.currentPlayer == self.BLACK:
90               color = "black"
91           else:
92               color = "white"
93           self.create_oval(x1, y1, x2, y2, outline="black", fill=color)
94
95       # 설명 5
96       def drawCircle(self, x, y):
97           x1 = self.M+self.xStep*x
98           y1 = self.M+self.yStep*y
99           x2 = x1 + self.xStep
100          y2 = y1 + self.yStep
101          if self.board[y][x]==self.BLACK:
102              color = "black"
103          else:
104              color = "white"
105          self.create_oval(x1+5, y1+5, x2-5, y2-5, outline="", fill=color)

106      # 설명 6
107      def getNext(self, playerType):
108          if playerType== self.BLACK:
109              return self.WHITE
110          else:
```

```python
111            return self.BLACK
112
113    # 설명 7
114    def onMouseLeftDown(self, event):
115        x = (event.x - self.M)//self.xStep
116        y = (event.y - self.M)//self.yStep
117
118        if (0 <= x < self.N) and (0 <= y <self.N):
119            if self.validMove(x, y, self.currentPlayer, True):
120                self.currentPlayer = self.getNext(self.currentPlayer)
121                self.drawBoard()
122            else:
123                winsound.MessageBeep(winsound.MB_ICONHAND)
124
125        if self.checkGameOver():
126            self.initGame()
127
128    # 설명 8
129    def validMove(self, x, y, playerType, bFlip):
130        bValid = False
131        if self.board[y][x]!=self.EMPTY: return False
132
133        for yDir in [-1, 0, 1]:
134            for xDir in [-1,0,1]:
135                if xDir==0 and yDir ==0:
136                    continue
137                nCount =0
138                #print("xDir=%s, yDir=%s" %(xDir, yDir))
139                while True:
140                    nCount+=1
141                    i = x+nCount*xDir
142                    j = y+nCount*yDir
143                    if not(0 <= i < self.N) or not(0 <= j <self.N):
144                        break
145                    if self.board[j][i] != self.getNext(playerType):
146                        break
147                #print("nCount=",nCount)
148                if (0 <= i < self.N) and (0 <= j <self.N) and nCount > 1 \
149                        and self.board[j][i]==playerType:
150                    bValid = True
151                    if bFlip:
152                        for k in range(0, nCount):
153                            self.board[y+k*yDir][x+k*xDir] = playerType
154        return bValid
155
156    # 설명 9
157    def checkForfeit(self, playerType):        # 놓을 곳이 있으면 False, 없으면 True
158        for y in range(self.N):
159            for x in range(self.N):
```

```
160              if self.validMove(x, y, playerType, False):
161                  return False
162      return True
163
164    # 설명 10
165    def checkGameOver(self):
166      if self.checkForfeit(self.currentPlayer):
167        if self.checkForfeit(self.getNext(self.currentPlayer)):
168          self.findWinner()
169          return True
170        else:
171          tk.messagebox.showinfo("Msg", "Turn over")
172          self.currentPlayer = self.getNext(self.currentPlayer)
173          self.drawBoard()        # draw only currentPlayer
174          return False
175      else:
176        return False
177
178    # 설명 11
179    def findWinner(self):
180      nBlack=0
181      nWhite=0
182      for y in range(self.N):
183        for x in range(self.N):
184          if self.board[y][x] == self.BLACK:
185            nBlack+=1
186          elif self.board[y][x] == self.WHITE:
187            nWhite+=1
188        if nBlack > nWhite:
189          tk.messagebox.showinfo("Msg", "Black win!")
190        elif nBlack < nWhite:
191          tk.messagebox.showinfo("Msg", "White win!")
192        else:
193          tk.messagebox.showinfo("Msg", "Draw!")
194
195  # 설명 12
196  if __name__ == '__main__':
197      GameApp().mainloop()
```

프로그램 설명

① GameApp 클래스는 메인 윈도우와 메뉴를 생성하고, 실제 오델로 게임은 Reversi 클래스에서 작성한다. GameApp 클래스는 Frame 클래스에서 상속받고, Reversi 클래스는 Canvas에서 상속받는다.

② 설명 1에서 GameApp 클래스는 메인 윈도우와 메뉴를 생성하고, Reversi 클래스 객체를 캔버스에 생성한다. __init__() 메서드는 프레임을 생성하고, 메인 윈도우의 크기를 변경하지 못하게 하고 "-topmost" 속성으로 항상 최상위 레벨로 설정하며 self.makeMenu()로 메뉴를 생성하고,

self.game = Reversi(N)로 캔버스에 N×N 크기의 보드 셀을 갖는 Reversi 클래스 객체를 생성한다. self.game = Reversi(N)는 Reversi 클래스 객체(self.game)를 캔버스에 생성한다. onFileNew() 메서드는 게임을 초기화하고, makeMenu()는 메뉴를 생성한다.

③ 설명 2에서 EMPTY = 0, BLACK = 1, WHITE = 2는 보드 셀의 상태를 위한 상수이다. __init__() 메서드에서 N = 8은 보드의 가로세로 셀의 개수, board_width, board_height는 보드의 가로와 세로의 화소 크기이다. 실제 캔버스는 width = board_width, height = board_height + 100으로 생성한다. 세로 크기를 100 크게 한 이유는 현재 플레이어(self.currentPlayer)를 표시하기 위함이다. self.xStep, self.yStep은 보드에서 하나의 사각형 크기이다. self.board 리스트는 N×N 크기의 게임 상태를 저장한다. self.initGame()으로 게임을 초기화하고, "<Button-1>" 이벤트의 핸들러를 self.onMouseLeftDown() 메서드로 바인딩한다.

④ 설명 3에서 initGame() 메서드는 모든 셀의 상태를 self.board[y][x] = self.EMPTY로 초기화하고, 가운데 4개의 위치를 self.BLACK, self.WHITE로 초기화한다. 게임을 시작하는 현재 플레이어를 self.currentPlayer = self.WHITE로 설정한다.

⑤ 설명 4에서 drawBoard() 메서드는 게임 보드를 "yellow"색으로 채운 사각형으로 표시하고, 셀을 구분하기 위해 선을 그린다. self.board[y][x]! = self.EMPTY이면 self.drawCircle(x, y) 메서드로 self.BLACK 또는 self.WHITE 원을 그린다. 현재 플레이어 self.currentPlayer를 원으로 표시한다.

⑥ 설명 5에서 drawCircle(self, x, y) 메서드는 self.board[y][x]의 값에 따라 원을 그린다.

⑦ 설명 6에서 getNext(self, turnType) 메서드는 turnType의 다음 순서를 반환한다. turnType이 self.BLACK이면 self.WHITE를 반환하고, self.WHITE이면 self.BLACK을 반환한다. 즉, 게임의 순서를 교대로 변경한다.

⑧ 설명 7에서 onMouseLeftDown() 메서드는 마우스 클릭한 셀의 위치를 x, y에 계산하고, self.validMove() 메서드의 반환값이 True이면 (x, y) 위치에서 self.currentPlayer를 놓을 수 있으므로(하나라도 포위해서 상대 돌을 뒤집을 수 있다), self.validMove() 메서드에서 self.currentPlayer로 상대 돌을 뒤집고, self.currentPlayer=self.getNext(self.currentPlayer)에 의해 게임순서를 상대에게 넘기고, self.drawBoard()로 보드의 셀의 상태를 다시 표시한다. self.validMove() 메서드의 반환값이 False이면 (x, y) 위치에 돌을 놓을 수 없는 위치이므로 winsound.MB_ICONHAND로 소리를 발생시킨다. self.checkGameOver()로 게임의 상태를 체크하여, 현재 플레이어와 다음 플레이어가 모두 돌을 놓을 장소가 없으면, self.findWinner()로 승자를 찾고 True를 반환한다. 현재 플레이어는 돌을 놓을 장소가 없지만, 다음 플레이어인 상대는 돌을 놓을 장소가 있으면, 메시지 박스에 "Turn over"를 출력하고, self.currentPlayer = self.getNext(self.currentPlayer)에 의해 상대에게 게임의 차례를 넘긴다. self.checkGameOver()가 True이면, self.initGame()로 게임 상태를 초기화하고, 게임을 다시 시작한다.

⑨ 설명 8에서 validMove(self, x, y, playerType, bFlip) 메서드는 self.board[y][x] 위치에 turnType을 놓으면 포위되는 경우가 발생하는지를 8방향에 하여 모두 조사하여, 뒤집을 수 있는 상대 돌의 개수가 범위 내에서 nCount > 1이면 True를 반환하고, bFlip = True이면 상대 돌을 뒤집을 수 있는 보드 셀을 playerType로 변경한다. 상대 돌을 뒤집을 수 없으면 False를 반환한다.

⑩ 설명 9에서 checkForfeit(self, playerType) 메서드는 playerType를 놓을 셀이 하나도 없으면 True를 반환하고, 한 셀이라도 있으면 False를 반환한다.

⑪ 설명 10에서 checkGameOver() 메서드는 현재 플레이어(self.currentPlayer)와 다음 플레이어(self.getNext(self.currentPlayer))가 모두 돌을 놓을 장소가 없으면, self.findWinner()로 승자를

찾고 True를 반환한다. 현재 플레이어는 돌을 놓을 셀이 없지만, 다음 플레이어인 상대가 돌을 놓을 장소가 있으면 메시지 박스에 "Turn over"를 출력하고 self.currentPlayer = self.getNext(self.currentPlayer)에 의해 상대에게 게임의 차례를 넘기고, self.drawBoard()로 보드의 셀의 상태를 다시 표시한다. 실제는 현재 플레이어만 변경되어 표시된다.

⑫ 설명 11에서 findWinner() 메서드는 self.board[y][x]에서 self.BLACK과 self.WHITE의 개수를 nBlack과 nWhite에 계산하여 승자를 찾아 메시지 박스로 표시한다.

⑬ 설명 12에서 GameApp().mainloop()로 GameApp 클래스 객체를 생성하여 윈도우를 생성하고, 캔버스 객체를 생성하여 이벤트 루프를 시작시키면 [그림 8.60]과 같이 Reversi(Othello) 게임이 시작된다. 게임 시작 플레이어는 self.WHITE이다.

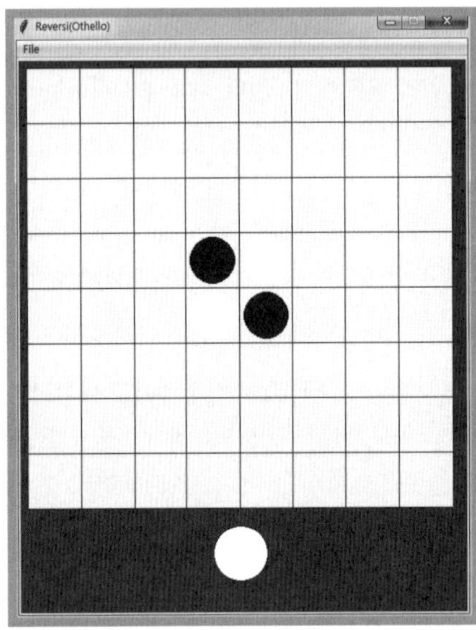

[그림 8.60] Reversi (Othello)

확장 패키지 사용

9장

NumPy는 수학, 과학, 공학을 위한 수치계산 기본 패키지로 다차원 배열 객체를 기반으로 선형대수, 푸리에 변환, 난수 생성 등 다양한 수학 도구들이 구현된 라이브러리이다.

SciPy는 NumPy를 기반으로 적분, 최적화, 보간, 선형대수, 신호 처리, 통계 처리, 다차원 영상 처리 등을 구현한 라이브러리이다.

Matplotlib는 수학 함수, 히스토그램, 벡터 필드, 테이블, 산포도(scatter), 바 차트, 파이 차트, 금융 차트, Tex 수식, 범례 등의 다양한 2D 그래프를 플로팅하는 라이브러리이다.

Pillow는 PIL(Python Imaging Library) 친화적인 영상 처리 라이브러리이며, OpenCV는 매우 강력한 영상 처리, 컴퓨터 비전, 기계학습 라이브러리이다.

[표 9.1]은 NumPy, SciPy, Matplotlib, Pillow 패키지 관련 사이트이다. Gohlke의 사이트에는 윈도우즈에서 사용할 수 있는 다양한 파이썬 패키지가 휠 바이너리 패키지(wheel binary package) 파일 포맷(*.whl)으로 제공된다. 여기서는 NumPy, SciPy, Matplotlib, Pillow/PIL, OpenCV 라이브러리 패키지를 설치하고, 간단한 예제를 이용하여 설명한다.

01 패키지 설치

[표 9.1]은 이 장에서 사용하는 패키지 관련 사이트이다. 여기서는 Gohlke의 사이트에서 윈도우즈의 Python 3.5 버전에서 사용할 수 있는 바이너리 패키지를 설치한다.

윈도우즈에서 사용하는 Python 3.5 버전의 대부분의 바이너리 패키지는 https://www.visualstudio.com/downloads/download-visual-studio-vs#d-visual-c 사이트의 Microsoft Visual C++ 2015 재배포 가능 패키지를 설치해야 한다.

표 9.1 패키지 사이트

패키지 사이트	설명
https://scipy.org/	수학, 과학, 공학 관련 파이썬 패키지의 통합 사이트이다.
http://www.numpy.org/	최신 버전(2016.3.27)은 Numpy 1.11.0 버전이다.
http://matplotlib.org/	Matplotlib 사이트로 최신 버전(2016.2.8)은 matplotlib 1.5.1이다.

| http://opencv.org/ | OpenCV 사이트로 최신 버전(2015.21.31)은 3.1.0이다. |
| http://www.lfd.uci.edu/~gohlke/pythonlibs/ | 윈도우즈의 Cpython에서 사용할 수 있는 최신 휠 바이너리 패키지 파일(*.whl)을 제공한다. |

[표 9.2]의 파일을 C:/tmp 폴더에 다운로드하고, [그림 9.1], [그림 9.2]와 같이 "pip" 설치 도구를 8.1.2로 업그레이드하고 필요한 패키지를 설치한다.

표 9.2 Gohlke 사이트의 휠 바이너리 패키지 파일

패키지	바이너리 패키지 파일(*.whl)
NumPy	numpy-1.11.0+mkl-cp35-cp35m-win32.whl
SciPy	scipy-0.17.1-cp35-none-win32.whl
Matplotlib	matplotlib-1.5.1-cp35-none-win32.whl
Pillow	pillow-3.2.0-cp35-cp35m-win32.whl
OpenCV	opencv_python-3.1.0-cp35-cp35m-win32.whl

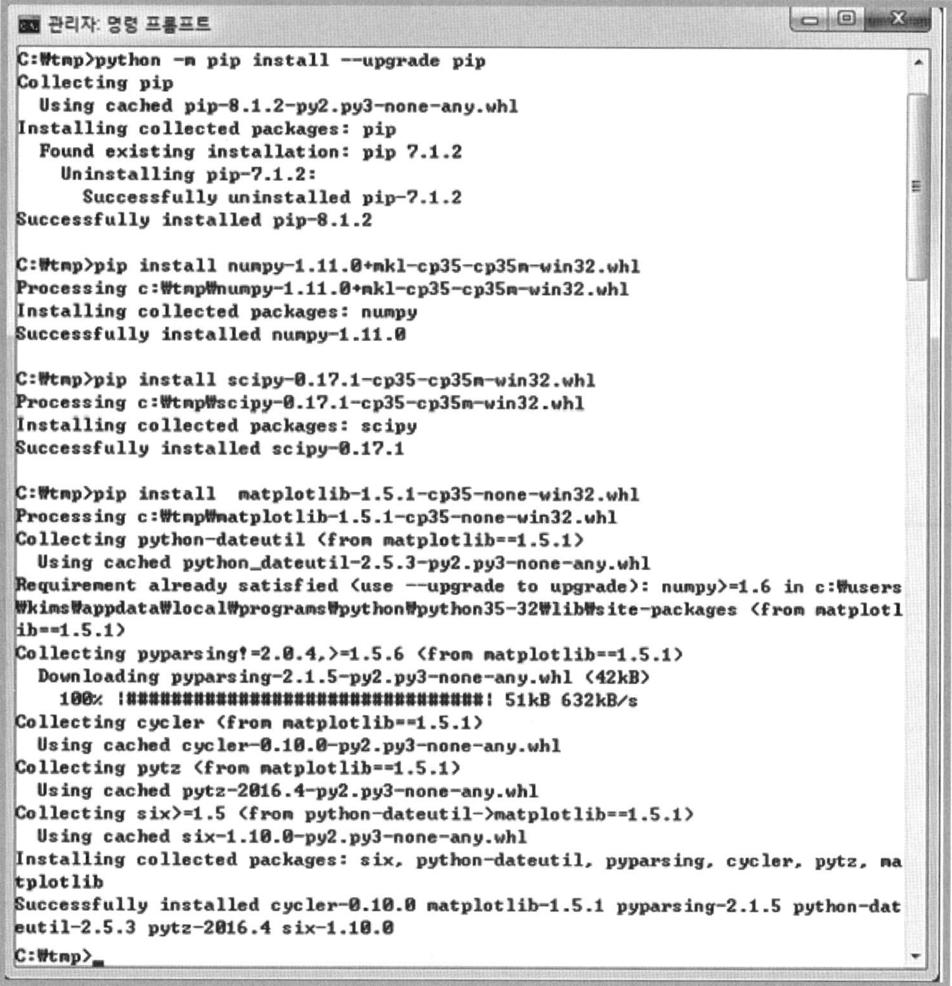

[그림 9.1] NumPy, SciPy, Matplotlib, Pillow, OpenCV 설치

O2   NumPy 수치 데이터 처리

NumPy는 SciPy, Matplotlib 등 수학, 과학, 공학을 위한 수치계산 라이브러리로 응용 프로그램에서 광범위하게 사용되는 라이브러리이다. 여기서는 NumPy의 중심이 되는 다차원 배열 클래스 ndarray를 이용한 배열 객체의 생성, 인덱싱과 슬라이싱, 배열 연산, 유니버설 함수, 통계 함수, 선형대수 함수, 파일 입출력 등에 대해 설명한다.

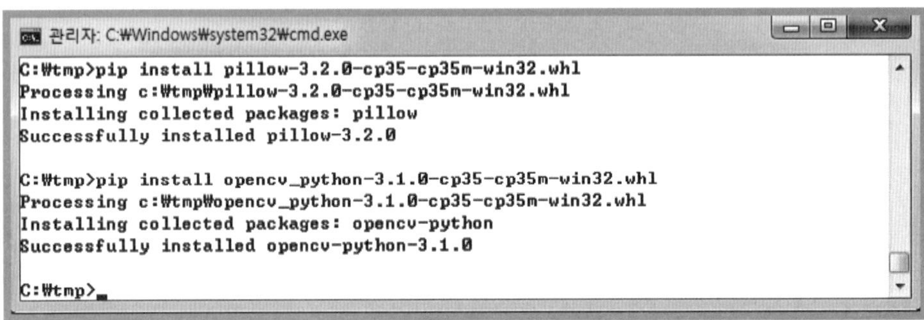

[그림 9.2] Pillow와 OpenCV 설치

2.1 NumPy 자료형 및 ndarray 객체 생성

NumPy의 배열 클래스는 ndarray이다. ndarray 클래스 객체에 저장되는 자료형은 모두 같은 자료형(homogeneous data)이어야 하며, 다차원 배열을 지원한다. [표 9.3]은 ndarray 클래스의 주요 속성이다. [표 9.4]는 Numpy의 주요 자료형(ndarray.dtype) 이다. 대부분 함수에서 자료형의 기본값(default)은 float64이고, 문자열 자료형(typestr) 으로도 가능하다. dtype = 'f4'는 dtype = float32와 같다. numpy.dtype 클래스를 사용하면 구조체와 같은 복잡한 자료형을 정의할 수 있다.

표 9.3 ndarray의 주요 속성

속성	설명
ndarray.ndim	배열의 차원(dimension)의 수. 축(axes), 랭크(rank)로도 부름
ndarray.shape	배열의 각 차원에서의 크기를 tuple로 반환
ndarray.size	배열의 요소의 전체 개수
ndarray.dtype	배열 요소의 자료형. 파이썬 기본 자료형 또는 numpy.int32, numpy.int16, numpy.float64 등의 자체 자료형
ndarray.itemsize	배열 요소의 바이트 수
ndarray.data	배열 요소를 담고 있는 실제 버퍼. 직접 사용하지 않음

표 9.4 NumPy 주요 자료형

자료형	typestr	설명
int8, uint8	i1, u1	1바이트 부호 있는 정수형, 부호 없는 정수형
int16, uint16	i2, u2	2바이트 부호 있는 정수형, 부호 없는 정수형
int32, uint32	i4, u4	4바이트 부호 있는 정수형, 부호 없는 정수형
int64, uint64	i8, u8	8바이트 부호 있는 정수형, 부호 없는 정수형
float16	f2	2바이트 실수
float32	f4, f	4바이트 실수
float64	f8, d	8바이트 실수, 파이썬의 float
float128	f16, g	16바이트 실수
complex64	c8	실수부와 허수부 각각 4바이트(32비트) 실수
complex128	c16	실수부와 허수부 각각 8바이트(64비트) 실수
complex256	c32	실수부와 허수부 각각 16바이트(128비트) 실수
bool	?	True 또는 False의 불리언
object	O	파이썬 객체
string_, bytes_	S	문자열
unicode_, str_	U	유니코드 문자열
void	V	raw data (void)

2.2 ndarray 배열 객체 생성

각 배열의 요소는 정수 튜플로 접근한다. array(), empty(), empty_like(), zeros(), zeros_like(), ones(), ones_like(), full(), full_like(), eye(), identity(), linespace(), logspace() 등의 다양한 함수를 사용하여 ndarray 객체를 생성할 수 있다.

[예제 9.1] 배열 생성 1 : array() 함수

```
# 설명 1
>>> import numpy as np
>>> # A = np.array([[1, 2, 3], [4, 5, 6]], dtype = np.int32)    #dtype = "i4"
>>> A = np.array([[1, 2, 3], [4, 5, 6]])
>>> A
array([[1, 2, 3],
   [4, 5, 6]])

# 설명 2
>>> A.dtype
dtype('int32')
>>> A.ndim
2
>>> A.shape
```

```
(2, 3)
>>> A.size
6
>>> A.itemsize
4
>>> A.data
<memory at 0x02F0B918>
```

프로그램 설명

① 설명 1에서 numpy를 np 이름으로 임포트한다. np.array() 함수로 ndarray 클래스 객체를 A에 생성한다. np.array() 함수에서 np.int16, np.int32, np.int64, np.float16, np.float32, np.float64 등의 자료형을 명시할 수 있다. dtype = np.int32는 dtype = "i4"와 같다.

② 설명 2에서 A.dtype은 요소 데이터의 자료형으로 dtype('int32')이다. A.ndim는 A 배열의 차원으로 2차원이다. A.shape은 (2, 3)로 2×3 행렬을 나타낸다. A.size는 배열 요소의 개수로 6이다. A.itemsize는 배열 요소의 바이트 수로 4바이트이다. A.data는 배열 데이터가 저장된 메모리 주소이다.

[예제 9.2] 배열 생성 2 : arrange() 함수, ndarray.astype() 메서드

설명 1
```
>>> import numpy as np
# arange([start,] stop[, step,], dtype=None)
>>> np.arange(3)
array([0, 1, 2])
>>> np.arange(3.0)
array([ 0., 1., 2.])
>>> np.arange(3, 10)
array([3, 4, 5, 6, 7, 8, 9])
>>> np.arange(3, 10, 2)
array([3, 5, 7, 9])
```

설명 2
```
>>> A = np.arange(3)
>>> A
array([0, 1, 2])
>>> A.dtype
dtype('int32')
>>> B = A.astype(np.float64)
>>> B
array([ 0., 1., 2.])
>>> B.dtype
dtype('float64')
```

프로그램 설명

① 설명 1에서 arange() 함수는 파이썬의 range() 함수와 유사하다. np.arange(3)은 정수 ndarray 배열 객체 array([0, 1, 2])를 반환한다. np.arange(3.0)은 실수(np.float64) ndarray 배열 객체 array([0., 1., 2.])를 반환한다. np.arange(3, 10)은 start = 3, stop = 10, step = 1로 정수 ndarray 배열 객체 array([3, 4, 5, 6, 7, 8, 9])를 반환한다. np.arange(3, 10, 2)는 start = 3, stop = 10, step = 2로 정수 ndarray 배열 객체 array([3, 5, 7, 9])를 반환한다.

② 설명 2에서 정수형(int32) ndarray 배열 객체 array([0, 1, 2])를 A에 생성한다. A.astype(np.float64)는 A를 8바이트 실수(np.float64)형으로 자료형을 변환한다.

[예제 9.3] 배열 생성 3 : zeros(), ones(), empty(), full() 함수

```
# 설명 1
>>> import numpy as np
# zeros(shape, dtype=float, order = 'C')
>>> A1 = np.zeros(6)
>>> A1
array([ 0., 0., 0., 0., 0., 0.])
>>> A2 = np.zeros((2, 3))
>>> A2
array([[ 0., 0., 0.],
   [ 0., 0., 0.]])
>>> A3 = np.zeros((2, 3), dtype=np.int32)
>>> A3
array([[0, 0, 0],
   [0, 0, 0]])
>>> A4 = np.zeros((2, 3), dtype=np.int64, order = 'C')
>>> A4
array([[0, 0, 0],
   [0, 0, 0]], dtype=int64)

# 설명 2
# ones(shape, dtype=None, order = 'C')
>>> B = np.ones((2, 3))
>>> B
array([[ 1., 1., 1.],
   [ 1., 1., 1.]])

# 설명 3
# empty(shape, dtype=None, order = 'C')
>>> C = np.empty((2, 3))
>>> C
array([[ 0., 0., 0.],
   [ 0., 0., 0.]])

# 설명 4
# full(shape, fill_value, dtype=None, order='C')
>>> A = np.full((2, 3), 10, dtype = np.int32)
```

```
>>> A
array([[10, 10, 10],
   [10, 10, 10]])
```

프로그램 설명

① zeros(), ones(), empty() 함수에서 shape는 반환되는 ndarray 배열 객체의 차원을 결정한다. 2차원 이상일 경우는 튜플로 표현한다. order = 'C'는 C-언어 스타일(행-우선, row-major order)로 배열의 원소를 생성한다. order = 'F'는 Fortran-언어 스타일(열-우선, column-major order)로 배열의 원소를 생성한다. dtype은 배열 요소의 자료형이다. dtype=None이면, 기본값은 8바이트 실수(np.float64)형이다.

② 설명 1에서 zeros() 함수는 0으로 초기화된 shape 차원의 ndarray 배열 객체를 반환한다.

③ 설명 2에서 ones() 함수는 1로 초기화된 shape 차원의 ndarray 배열 객체를 반환한다.

④ 설명 3에서 empty() 함수는 초기화하지 않은 shape 차원의 ndarray 배열 객체를 반환한다.

⑤ 설명 4에서 full() 함수는 fill_value 값으로 초기화한 shape 차원의 ndarray 배열 객체를 반환한다.

[예제 9.4] 배열 생성 4 : identity(), eye() 함수

```
# 설명 1
>>> import numpy as np
# identity(n, dtype=None)
>>> D = np.identity(3)
>>> D
array([[ 1., 0., 0.],
   [ 0., 1., 0.],
   [ 0., 0., 1.]])


# 설명 2
# eye(N, M=None, k=0, dtype=<class 'float'>)
>>> E1 = np.eye(3, dtype=int)
>>> E1
array([[1, 0, 0],
   [0, 1, 0],
   [0, 0, 1]])
>>> E2 = np.eye(3, k=1, dtype=int)
>>> E2
array([[0, 1, 0],
   [0, 0, 1],
   [0, 0, 0]])
>>> E3 = np.eye(3, k=-1, dtype=int)
>>> E3
array([[0, 0, 0],
   [1, 0, 0],
   [0, 1, 0]])
```

프로그램 설명

① 설명 1에서 identity() 함수는 2차원 n×n 정방(square) 단위행렬의 ndarray 배열 객체를 반환한다.

② 설명 2에서 eye() 함수는 2차원 N×M 행렬의 ndarray 배열 객체를 반환한다. M = None이면 M은 N과 같은 정방행렬이다. k = 0이면 대각선(행과 열이 같은) 원소가 1이고, 나머지는 0인 행렬이며, k가 양의 정수이면 대각 요소가 위쪽으로 움직이고, 음의 정수이면 아래로 움직인다.

[예제 9.5] 배열 생성 5 : linspace(), logspace() 함수

```
>>> import numpy as np

# 설명 1
# linspace(start, stop, num=50, endpoint=True, retstep=False, dtype=None)
>>> np.linspace(0.0, 10.0, num=5)
array([ 0. ,  2.5,  5. ,  7.5, 10. ])
>>> np.linspace(0.0, 10.0, num=5, endpoint=False, retstep = True)
(array([ 0., 2., 4., 6., 8.]), 2.0)

# 설명 2
# logspace(start, stop, num=50, endpoint=True, base=10.0, dtype=None)
>>> x1 = np.logspace(0.1, 1, num = 10)
>>> x1
array([  1.25892541,   1.58489319,   1.99526231,   2.51188643,
         3.16227766,   3.98107171,   5.01187234,   6.30957344,
         7.94328235,  10.        ])

# 설명 3
>>> y = np.linspace(0.1, 1, num=10)
>>> y
array([ 0.1, 0.2, 0.3, 0.4, 0.5, 0.6, 0.7, 0.8, 0.9, 1. ])
>>> np.power(10, y).astype('float64')
array([  1.25892541,   1.58489319,   1.99526231,   2.51188643,
         3.16227766,   3.98107171,   5.01187234,   6.30957344,
         7.94328235,  10.        ])
```

프로그램 설명

① linspace() 함수는 start에서 stop까지 등간격으로 num개의 샘플을 ndarray 배열에 생성하여 반환한다. endpoint = True이면 stop을 포함한다. retstep = True이면, (samples, step)을 반환한다. step은 샘플 사이의 간격이다. dtype = None이면 나머지 인수로 자료형을 추정한다.

② logspace 함수는 로그 스케일에서 등간격으로 샘플을 생성한다. 배열의 요소값은 base ** start에서 시작하여, base ** stop에서 끝난다. 요소 사이 간격은 ln(samples) / ln(base)이다. y = np.linspace(start, stop)로 y를 계산하고, np.power(base, y).astype(dtype) 적용한 결과와 같다.

③ 설명 1에서 np.linspace(0.0, 10.0, num = 5)는 0.0에서 10.0까지 등간격으로 5개의 샘플을 계산하여 ndarray 배열을 생성하면, array([0. , 2.5, 5. , 7.5, 10.])이다.

④ 설명 2에서 x1 = np.logspace(0.1, 1, num = 10)는 0.0에서 1까지 로그(log10) 스케일로, 등간격으로 10개의 샘플을 계산하여 ndarray 배열 x1을 생성한다.

⑤ 설명 3에서 np.linspace() 함수와 np.power() 유니버설 함수로 logspace() 함수와 같이 배열 객체를 생성한다.

[예제 9.6] 배열 생성 6 : meshgrid() 함수

```
>>> import numpy as np

# 설명 1
>>> nx, ny = 3, 2
>>> X = np.linspace(0, 10, nx)
>>> X
array([ 0.,  5., 10.])
>>> Y = np.linspace(0, 10, ny)
>>> Y
array([ 0., 10.])
>>> x, y = np.meshgrid(X, Y)
>>> x
array([[ 0.,  5., 10.],
   [ 0.,  5., 10.]])
>>> y
array([[ 0.,  0.,  0.],
   [ 10., 10., 10.]])

# 설명 2
>>> z = np.sqrt(x**2 + y**2)
>>> z
array([[ 0.   ,  5.   , 10.   ],
   [ 10.   , 11.18033989, 14.14213562]])

# 설명 3
>>> x1, y1 = np.meshgrid(X, Y, sparse=True)    # make sparse output arrays
>>> x1
array([[ 0.,  5., 10.]])
>>> y1
array([[ 0.],
   [ 10.]])
>>> z1 = np.sqrt(x1**2 + y1**2)
>>> z1
array([[ 0.   ,  5.   , 10.   ],
   [ 10.   , 11.18033989, 14.14213562]])
```

프로그램 설명

① meshgrid() 함수는 좌표벡터(coordinate vectors)를 사용하여 좌표행렬(coordinate matrices)을 반환한다.

② 설명 1에서 nx = 3, ny = 2이고, X = np.linspace(0, 10, nx)는 0에서 10까지를 등간격으로 nx개의 샘플을 X 배열에 생성한다. Y = np.linspace(0, 10, ny)는 0에서 10까지를 등간격으로 ny개의 샘플을 Y 배열에 생성한다. x, y = np.meshgrid(X, Y)는 좌표벡터 배열 X, Y를 사용하여 (nx, ny)의 좌표행렬 x, y를 생성한다. 좌표행렬 x, y의 대응되는 위치의 요소가 좌표가 된다.

③ 설명 2에서 z = np.sqrt(x ** 2 + y ** 2)는 이산 그리드 위에서 수식을 계산한 결과와 같다.

$$z(x,y) = \sqrt{x^2 + y^2} \ , \ x \in \{\,0, 5, 10\,\}, y \in \{\,0, 10\,\}$$

④ 설명 3에서 sparse = True로 메모리를 줄이기 위하여, 좌표 희소행렬 x1, y1을 생성한다. z1 = np.sqrt(x1 ** 2 + y1 ** 2)는 z와 같은 결과를 갖는다.

[예제 9.7] 배열 생성 7 : np.dtype 클래스의 자료형 사용

```
>>> import numpy as np

# 설명 1
>>> dt = np.dtype('<i4')
>>> dt.byteorder
'<'
>>> dt.itemsize
4
>>> dt.name
'int32'
>>> dt.type is np.int32
True

# 설명 2
>>> dt2 = np.dtype([('name', np.str_, 16), ('scores', np.float64, (2,))])
>>> A = np.array([('Kim', (80.0, 70.0)), ('Lee', (70.0, 90.0))], dtype=dt2)
>>> A[0]
('Kim', [80.0, 70.0])
>>> A[0]['name']
'Kim'
>>> A[0]['scores']
array([ 80., 70.])
>>> type(A[0])
<class 'numpy.void'>
>>> type(A[0]['name'])
<class 'numpy.str_'>
>>> type(A[0]['scores'])
<class 'numpy.ndarray'>
```

프로그램 설명

① 설명 1에서 dt = np.dtype('<i4')는 dt.byteorder가 '<'(리틀엔디안)이고, dt.itemsize는 4바이트, dt.name는 'int32', dt.type is np.int32는 True이다.

② 설명 2에서 dt2 = np.dtype([('name', np.str_, 16), ('scores', np.float64, (2,))])는 'name' 필드는 유니코드 문자 자료형(np.str_)으로 16자(16 * 4 = 64바이트)를 갖고, 'scores' 필드는 np.float64 자료형으로 2개(8 * 2 = 16 바이트)의 값을 갖는 자료형이다. A = np.array([('Kim', (80.0, 70.0)), ('Lee', (70.0, 90.0))], dtype = dt2)는 dt2 자료형으로 배열 A를 생성한다. A[0]['name'], A[0]['scores']는 A[0]의 'name', 'scores' 필드에 접근한다. type(A[0])는 'numpy.void' 자료형이다. A.itemsize는 80(64 + 16) 바이트이다.

[예제 9.8] 배열 생성 8 : np.vstack(), np.vsplit() 함수

```
>>> import numpy as np

# 설명 1
>>> a = np.array([1, 2, 3])
>>> b = np.array([4, 5, 6])
>>> np.vstack((a,b))
array([[1, 2, 3],
    [4, 5, 6]])

>>> A = np.vstack(([1,2,3], [4,5,6], [7, 8, 9], [10, 11, 12]))
>>> A
array([[ 1, 2, 3],
    [ 4, 5, 6],
    [ 7, 8, 9],
    [10, 11, 12]])

# 설명 2
>>> np.vsplit(A, 2)
[array([[1, 2, 3],
    [4, 5, 6]]), array([[ 7, 8, 9],
    [10, 11, 12]])]
>>> np.vsplit(A, [2, 3])
[array([[1, 2, 3],
    [4, 5, 6]]), array([[7, 8, 9]]), array([[10, 11, 12]])]
```

프로그램 설명

① 설명 1에서 np.vstack(tup) 함수는 수직(row wise)으로 배열을 차례로 쌓아 하나의 배열을 생성한다. np.vstack((a,b))은 배열 a, b를 행으로 쌓아, 배열을 생성하고, A는 4개의 리스트를 행으로 쌓아, 배열을 생성한다.

② 설명 2에서 np.vsplit(A, 2)는 배열 A를 세로 방향으로 등간격으로 2개의 배열로 분리한다. np.vsplit(A, 3)는 3개로 등간격으로 분리할 수 없기 때문에 오류가 발생한다. np.vsplit(A, [2, 3])는 [2, 3] 인덱스에 의해 A[:2], A[2:3], A[3:]으로 분리한다.

[예제 9.9] 배열 생성 9 : np.hstack(), np.hsplit() 함수

```
>>> import numpy as np

# 설명 1
>>> a = np.array([1, 2, 3])
>>> b = np.array([4, 5, 6])
>>> np.hstack((a,b))
array([1, 2, 3, 4, 5, 6])

# 설명 2
>>> a = np.array([[1],[2],[3]])
>>> a
```

```
array([[1],
   [2],
   [3]])
>>> b = np.array([[4],[5],[6]])
>>> b
array([[4],
   [5],
   [6]])
>>> np.hstack((a,b))
array([[1, 4],
   [2, 5],
   [3, 6]])


# 설명 3
>>> A = np.arange(8).reshape(2, 4)
>>> A
array([[0, 1, 2, 3],
   [4, 5, 6, 7]])
>>> np.hsplit(A, 2)
[array([[0, 1],
   [4, 5]]), array([[2, 3],
   [6, 7]])]
>>> np.hsplit(A, [2, 3])
[array([[0, 1],
   [4, 5]]), array([[2],
   [6]]), array([[3],
   [7]])]
```

프로그램 설명

① **설명 1**에서 np.hstack(tup) 함수는 수평(column wise)으로 배열을 차례로 쌓아 하나의 배열을 생성한다. np.hstack((a,b))는 배열 a, b를 열로 쌓아 array([1, 2, 3, 4, 5, 6]) 배열을 생성한다.

② **설명 2**에서 np.hstack((a,b))은 (3, 1) 배열 a, b를 열로 쌓아 (3, 2) 배열을 생성한다.

③ **설명 3**에서 np.hsplit(A, 2)는 (2, 4) 배열 A를 수평(열)으로 2개의 등간격 배열로 분리한다. np.hsplit(A, [2, 3])는 [2, 3]인덱스에 의해 A[:, :2], A[:, 2], A[:, 3:]으로 분리한다.

2.3 ndarray 배열의 모양(shape) 변경하기

ndarray 클래스의 ndarray.reshape(), ndarray.ravel(), ndarray.flatten() 메서드와 numpy.ravel() 함수를 사용하여 이미 생성된 배열의 모양(shape)을 변경할 수 있다. ndarray.T 속성은 전치행렬 정보를 갖는다. ndarray.transpose(), ndarray.swapaxes() 메서드로 전치행렬을 계산할 수 있다.

NumPy에서 ndarray 클래스 메서드와 numpy 함수로 이미 생성된 배열 객체에 적용하는 경우, 대부분 입력 배열의 뷰(view)를 반환한다. 즉, 결과로 반환되는 배열이 입력배열의 메모리를 공유한다. 메모리를 별도로 분리하고자 할 때는 numpy.copy()와 numpy.copyto() 함수 그리고 ndarray.copy() 메서드를 사용한다.

[예제 9.10] ndarray 클래스의 reshape(), ravel(), flatten() 메서드

```
>>> import numpy as np

# 설명 1
#reshape(shape, order = 'C')
>>> A = np.arange(10)
>>> A
array([0, 1, 2, 3, 4, 5, 6, 7, 8, 9])
>>> A.ndim
1
>>> A.shape
(10,)
>>> B = A.reshape((2, 5))
>>> B
array([[0, 1, 2, 3, 4],
   [5, 6, 7, 8, 9]])
>>> B.ndim
2
>>> B.shape
(5, 2)

# 설명 2
>>> A.reshape((5, -1))        # A.reshape((-1, 2)), A.reshape((5, 2))
array([[0, 1],
   [2, 3],
   [4, 5],
   [6, 7],
   [8, 9]])
>>> A
array([0, 1, 2, 3, 4, 5, 6, 7, 8, 9])

# 설명 3
>>> A.shape = (5, 2)
>>> A
array([[0, 1],
   [2, 3],
   [4, 5],
   [6, 7],
   [8, 9]])

# 설명 4
>>> B.ravel()
array([0, 1, 2, 3, 4, 5, 6, 7, 8, 9])
>>> np.ravel(B)
array([0, 1, 2, 3, 4, 5, 6, 7, 8, 9])
>>> B.flatten()
array([0, 1, 2, 3, 4, 5, 6, 7, 8, 9])
```

프로그램 설명

① 설명 1에서 ndarray.reshape() 메서드는 배열의 모양(shape)을 변경한다. A는 (10,)의 1차원 배열이다. B = A.reshape((2, 5))는 배열 A의 요소를 (2, 5)의 2차원 배열로 변경하여 배열 B에 저장한다. shape에서 음수를 사용하면 적절히 계산한다.

② 설명 2에서 A.reshape((5, -1)), A.reshape((-1, 2)), A.reshape((5, 2))는 모두 같은 결과를 갖는다. 배열 A는 여전히 1×10 1차원 배열로 변경되지 않는다.

③ 설명 3에서 A.shape = (5, 2)는 배열 A의 모양을 5×2의 2차원 배열로 변경한다.

④ 설명 4에서 ndarray.ravel(), ndarray.flatten() 메서드, numpy.ravel() 함수는 모두 다차원 배열을 1차원으로 변경한다. ndarray.ravel(), numpy.ravel()는 필요할 때만 복사한 배열을 생성하고, ndarray.flatten()은 항상 복사한 배열을 생성한다.

[예제 9.11] 전치행렬 : A.T, A.transpose()

```
>>> import numpy as np

# 설명 1
>>> A = np.arange(15).reshape((5,3))
>>> A
array([[ 0, 1, 2],
    [ 3, 4, 5],
    [ 6, 7, 8],
    [ 9, 10, 11],
    [12, 13, 14]])
>>> A.T
array([[ 0, 3, 6, 9, 12],
    [ 1, 4, 7, 10, 13],
    [ 2, 5, 8, 11, 14]])

# 설명 2
>>> A.transpose()          # A.transpose((1, 0)), A.swapaxes(1, 0)
array([[ 0, 3, 6, 9, 12],
    [ 1, 4, 7, 10, 13],
    [ 2, 5, 8, 11, 14]])
```

프로그램 설명

① 설명 1에서 A.T는 배열 A의 전치행렬을 갖는 속성이다. A.T는 A와 메모리를 공유한다.

② 설명 2에서 ndarray.transpose() 메서드도 전치행렬을 반환한다. A.transpose((1, 0))와 같이 축을 명시하여 0번 축과 1번 축을 변경하여도 같은 결과를 갖는다. A.swapaxes(1, 0)도 0번 축과 1번 축을 교환하여 같은 결과를 갖는다. ndarray.transpose(), ndarray.swapaxes(), numpy.swapaxes() 함수 모두 배열의 뷰(view)를 반환한다. 즉, 메모리를 공유한다.

2.4 ndarray 배열의 연산

ndarray 배열에서 산술연산자(+, −, *, /, //, %, ** 등), 관계연산자($\langle$, $\langle=$, $\rangle$, $\rangle=$, !=, ==) 등을 사용할 수 있다. 관계연산자의 결과는 dtype = bool의 배열이다. 논리연산은 numpy.logical_and(), numpy.logical_or(), numpy.logical_not() 함수로 진리표를 계산할 수 있다.

[예제 9.12] 배열의 산술연산

```
>>> import numpy as np

# 설명 1
>>> A = np.arange(10).reshape((2,5))
>>> A
array([[0, 1, 2, 3, 4],
    [5, 6, 7, 8, 9]])

>>> A+10
array([[10, 11, 12, 13, 14],
    [15, 16, 17, 18, 19]])
>>> A-10
array([[-10, -9, -8, -7, -6],
    [ -5, -4, -3, -2, -1]])
>>> A*10
array([[ 0, 10, 20, 30, 40],
    [50, 60, 70, 80, 90]])
>>> A/10
array([[ 0. , 0.1, 0.2, 0.3, 0.4],
    [ 0.5, 0.6, 0.7, 0.8, 0.9]])
>>> A//2
array([[0, 0, 1, 1, 2],
    [2, 3, 3, 4, 4]], dtype=int32)
>>> A%2
array([[0, 1, 0, 1, 0],
    [1, 0, 1, 0, 1]], dtype=int32)

# 설명 2
>>> A**2
array([[ 0, 1, 4, 9, 16],
    [25, 36, 49, 64, 81]])
>>> A*10 - 50
array([[-50, -40, -30, -20, -10],
    [ 0, 10, 20, 30, 40]])
>>> abs(A*10-50)
array([[50, 40, 30, 20, 10],
    [ 0, 10, 20, 30, 40]])
```

프로그램 설명

① 설명 1에서 (2, 5) 배열 A에 대해, A + 10, A - 10, A * 10, A / 10은 A의 각 요소에 10 더하기, 10 빼기, 10 곱하기, 10 나누기 연산을 수행한다. A // 2는 2로 정수 나누기(floor divide), A % 2는 2로 나눈 나머지를 계산한다.

② 설명 2에서 A ** 2는 배열 A의 각 요소의 제곱을 계산하고, A * 10 - 50은 배열 A에 10을 곱하고, 50을 뺀다. abs(A * 10 - 50)는 A * 10 - 50 연산의 결과의 절대값을 계산한다.

[예제 9.13] 배열에서 관계연산, 논리연산

```
>>> import numpy as np

# 설명 1
>>> A = np.arange(10).reshape((2,5))
>>> A
array([[0, 1, 2, 3, 4],
    [5, 6, 7, 8, 9]])
>>> A<5
array([[ True, True, True, True, True],
    [False, False, False, False, False]], dtype=bool)
>>> A>5
array([[False, False, False, False, False],
    [False, True, True, True, True]], dtype=bool)
>>> A%2 == 0
array([[ True, False, True, False, True],
    [False, True, False, True, False]], dtype=bool)
>>> A%2 != 0
array([[False, True, False, True, False],
    [ True, False, True, False, True]], dtype=bool)

# 설명 2
# ndarray.any(axis=None, out=None, keepdims=False)
>>> (A>5).any()
True
# ndarray.all(axis=None, out=None, keepdims=False)
>>> (A>5).all()
False
>>> np.logical_and(A%2 == 0 , A>5)
array([[False, False, False, False, False],
    [False, True, False, True, False]], dtype=bool)
>>> np.logical_or(A%2 == 0 , A>5)
array([[ True, False, True, False, True],
    [False, True, True, True, True]], dtype=bool)
>>> np.logical_not(A%2 == 0)
array([[False, True, False, True, False],
    [ True, False, True, False, True]], dtype=bool)
```

프로그램 설명

① **설명 1**에서 (2, 5) 배열 A에 대해, A<5 5보다 작은 요소에서 True, 나머지는 False인 dtype = bool 배열을 반환한다, A > 5는 5보다 큰 요소에서 True, A%2 == 0은 짝수인 요소에서 True, A%2 != 0 은 홀수에서 True인 dtype = bool 배열을 반환한다.

② **설명 2**에서 numpy.any(), ndarray.any()는 요소 중에서 하나라도 True이면 True이다. numpy.all(), ndarray.any()는 모든 요소가 True이면 True이다. np.logical_and(A%2 == 0 , A > 5), np.logical_or(A % 2 == 0 , A > 5), np.logical_not(A%2 == 0)는 논리 AND, OR, NOT을 수행한다.

2.5 ndarray 배열의 인덱싱 및 슬라이싱

배열 요소에 접근하고, 부분 배열을 생성하는 슬라이싱은 파이썬의 시퀀스 데이터에서 인덱싱과 슬라이싱을 포함하여 다양한 방법이 제공된다.

[예제 9.14] 1차원 배열 인덱싱, 슬라이싱

```
>>> import numpy as np

# 설명 1
>>> A = np.arange(10)
>>> A
array([ 0, 1, 2, 3, 4, 5, 6, 7, 8, 9])
>>> A[0]
0
>>> A[-1]
9
>>> A[:5] # A[0:5]
array([ 0, 1, 2, 3, 4])
>>> A[::2]
array([ 0, 2, 4, 6, 8])

# 설명 2
>>> A[:5] = 10
>>> A
array([10, 10, 10, 10, 10, 5, 6, 7, 8, 9])
>>> B = A[5:]
>>> B
array([5, 6, 7, 8, 9])
>>> B[0] = 20            # B의 값을 변경하면 A의 해당 요소가 변경됨
>>> A
array([10, 10, 10, 10, 10, 20, 6, 7, 8, 9])

# 설명 3
>>> B = A[5:].copy()     # 복사본을 만들면 A의 해당 요소가 변경되지 않음
>>> B[0] = 30
>>> B
array([30, 6, 7, 8, 9])
>>> A
array([10, 10, 10, 10, 10, 20, 6, 7, 8, 9])
```

프로그램 설명

① 설명 1에서 A[0]은 0, A[-1]은 9, A[:5]는 array([0, 1, 2, 3, 4])이다. A[::2]는 처음부터 끝까지 2씩 증가하며 슬라이싱하여, array([0, 2, 4, 6, 8])이다. A[::-2]는 마지막부터 처음까지 -2씩 감소하 며 슬라이싱하여 array([9, 7, 5, 3, 1])이다.

② 설명 2에서 A[:5] = 10은 A[0]에서 A[4]까지 10으로 변경한다. B = A[5:]는 array([5, 6, 7, 8, 9])이 다. 배열 B는 A의 부분을 복사한 것이 아니라, 메모리를 공유하는 뷰(view)이다. B[0] = 20으로 값 을 변경하면, 메모리를 공유하기 때문에 A[5]의 값이 20으로 변경된다.

③ 설명 3에서 B = A[5:].copy()는 A[5:]의 슬라이싱 결과를 복사하여 B에 저장하면, B는 더 이상 메 모리 뷰가 아니다. B[0] = 30으로 값을 변경하여도, A[5]의 값이 변경되지 않는다.

[예제 9.15] 2차원 배열 인덱싱, 슬라이싱

```python
>>> import numpy as np

# 설명 1
>>> A= np.arange(12).reshape((3, 4))
>>> A
array([[ 0, 1, 2, 3],
   [ 4, 5, 6, 7],
   [ 8, 9, 10, 11]])
>>> A[0]
array([0, 1, 2, 3])
>>> A[:2]
array([[0, 1, 2, 3],
   [4, 5, 6, 7]])

# 설명 2
>>> A[:, :1]
array([[0],
   [4],
   [8]])
>>> A[:, 1:3]
array([[ 1, 2],
   [ 5, 6],
   [ 9, 10]])

# 설명 3
>>> A12 = A[:, 1:3].copy()
>>> A12
array([[ 1, 2],
   [ 5, 6],
   [ 9, 10]])
>>> A[:, 1:3] = -1
>>> A
array([[ 0, -1, -1, 3],
   [ 4, -1, -1, 7],
   [ 8, -1, -1, 11]])
>>> A[:, 1:3] = A12
```

```
>>> A
array([[ 0, 1, 2, 3],
   [ 4, 5, 6, 7],
   [ 8, 9, 10, 11]])
```

프로그램 설명

① 설명 1에서 A는 0에서 11까지의 값을 갖는 3×4 크기의 2차원 배열이다. A[0]은 0행, A[:2]는 0에서 1행을 슬라이싱한다.

② 설명 2에서 A[:, :1]은 0열, A[:, 1:3]은 배열 A의 1, 2열을 슬라이싱한다.

③ 설명 3에서 A12 = A[:, 1:3].copy()는 배열 A의 1, 2열을 복사하여 A12에 저장한다. A[:, 1:3] = -1은 A의 1, 2열의 모든 요소값을 -1로 변경한다. A[:, 1:3] = A12는 A의 1, 2열을 원래의 값으로 복구한다.

[예제 9.16] Index 배열

```
>>> import numpy as np
```

```
# 설명 1
>>> A = np.arange(12).reshape((4,3))
>>> A
array([[ 0, 1, 2],
   [ 3, 4, 5],
   [ 6, 7, 8],
   [ 9, 10, 11]])
>>> A[np.array([2, 2, 1])]      # A[[2, 2, 1]]
array([[6, 7, 8],
   [6, 7, 8],
   [3, 4, 5]])
>>> A[np.array([2, 2, 1])] = -1
>>> A
array([[ 0, 1, 2],
   [-1, -1, -1],
   [-1, -1, -1],
   [ 9, 10, 11]])
```

```
# 설명 2
>>> A[np.array([0,0,0]), np.array([0,1,2])]        # A[[0,0,0], [0,1,2]]
array([0, 1, 2])

>>> A[np.ix_(np.array([0,0,0]), np.array([0,1,2]))]       # A[np.ix_([0,0,0], [0,1,2])]
array([[0, 1, 2],
   [0, 1, 2],
   [0, 1, 2]])
```

프로그램 설명

① 설명 1에서 A[np.array([2, 2, 1])]은 2행, 2행, 1행을 선택한다. A[np.array([2, 2, 1])] = -1은 2행과 1행의 값을 -1로 변경한다.

② 설명 2에서 A[np.array([0,0,0]), np.array([0,1,2])]는 A[0,0], A[0,1], A[0,2]의 값을 선택한다. A[np.ix_(np.array([0,0,0]), np.array([0,1,2]))]는 0행의 0, 1, 2열을 3번 반복하여 선택한다.

[예제 9.17] 불리언 인덱싱

```
>>> import numpy as np

# 설명 1
>>> A = np.arange(12).reshape((4,3))
>>> A
array([[ 0, 1, 2],
    [ 3, 4, 5],
    [ 6, 7, 8],
    [ 9, 10, 11]])
>>> A[A <= 5] = -1
>>> A
array([[-1, -1, -1],
    [-1, -1, -1],
    [ 6, 7, 8],
    [ 9, 10, 11]])

# 설명 2
>>> rowsum = A.sum(-1)
>>> rowsum
array([-3, -3, 21, 30])
>>> rows = A.sum(-1) > 0
>>> rows
array([False, False, True, True], dtype=bool)
>>> columns = [0, 2]
>>> columns
[0, 2]
>>> A[np.ix_(rows, columns)]
array([[ 6, 8],
    [ 9, 11]])

# 설명 3 : [예제 9.82]에서 레이블의 크기로 필터링하기 위해 사용
>>> A= np.array([[0, 3, 5], [3, 5, 5], [3, 3, 3]])
>>> mask = np.array([False, False, False, True, False, False])
>>> A1 = mask[A]
>>> A1
array([[False, True, False],
    [ True, False, False],
    [ True, True, True]], dtype=bool)
```

프로그램 설명

① 설명 1에서 A[A <= 5] = -1은 배열 A에서 음수 A < 0인 요소들을 모두 0으로 변경한다.

② 설명 2에서 rowsum = A.sum(-1)은 행렬 A의 행 합계를 rowsum에 계산한다. rows = A.sum(-1) > 0은 행 합계가 양수인 행은 True, 그렇지 않은 행은 False를 계산하여 rows는 array([False, False, True, True], dtype = bool)이다. A[np.ix_(rows, columns)]는 rows에서 True인 2, 3행이 선택되고, columns = [0, 2]에 의해 0, 2열을 선택한다.

③ 설명 3에서 A1 = mask[A]는 배열 A의 요소 각각에 대하여, mask[A[i,j]] 요소를 계산하여 A와 같은 크기의 dtype = bool 배열 A1을 생성한다.

2.6 유니버설 함수

유니버설(ufunc) 함수는 ndarray의 요소에 개별적으로 동작한다. 스칼라 입력을 받아, 스칼라 값을 출력하는 벡터화된 래퍼(vectorized wrapper)이다. 유니버설 함수는 numpy.ufunc 클래스의 인스턴스이다.

[표 9.5]는 모든 유니버설 함수에 적용할 수 있는 메서드들이다. [표 9.6]은 수학연산 함수, [표 9.7]은 삼각 함수, [표 9.8]은 비트연산 함수, [표 9.9]는 논리 함수, [표 9.10]은 비교 함수, [표 9.11]은 최대, 최소 함수, [표 9.12]는 실수 함수이다.

표 9.5 모든 유니버설(ufunc) 함수에 적용할 수 있는 메서드

함수	설명
reduce(a, axis=0, dtype=None, out=None, keepdims=False)	a를 axis 축에 따라 ufunc 함수를 적용하여 한 차원을 축소
accumulate(array, axis=0, dtype=None, out=None)	a를 axis 축에 따라 ufunc 함수를 적용한 결과를 누적
reduceat(a, indices, axis=0, dtype=None, out=None)	indices를 이용하여 로컬하게 한 차원을 축소
outer(A, B)	A와 B의 각 요소(a, b)에 ufunc 함수
at(a, indices, b=None)	첫 피연산자 a[indices]에 두 번째 피연산자 b를 사용하여 ufunc 함수 연산. a의 값이 변경됨

표 9.6 수학연산 유니버설 함수

함수	설명
add(x1, x2[, out])	x1, x2의 요소 사이에 덧셈
subtract(x1, x2[, out])	x1, x2의 요소 사이에 뺄셈
multiply(x1, x2[, out])	x1, x2의 요소 사이에 곱셈
divide(x1, x2[, out]) true_divide(x1, x2[, out])	x1, x2의 요소 사이에 나눗셈. x1 / x2
floor_divide(x1, x2[, out])	x1, x2의 요소 사이에 나눗셈. x1 // x2

logaddexp(x1, x2[, out])	(exp(x1) + exp(x2))의 logarithm
logaddexp2(x1, x2[, out])	(2 ** x1 + 2 ** x2)의 Base 2 logarithm
negative(x[, out])	−x
power(x1, x2[, out])	x1의 x2의 제곱
remainder(x1, x2[, out]) mod(x1, x2[, out])	x1 % x2 나머지. x2와 부호가 같다.
fmod(x1, x2[, out])	x1 % x2 나머지. x1과 부호가 같다.
absolute(x[, out])	절대값 계산
rint(x[, out])	가장 가까운 정수를 반환. 자료형 유지
sign(x[, out])	부호 반환. −1, 0, 1
conj(x[, out])	켤레복소수
exp(x[, out])	exp(x). 지수 계산
exp2(x[, out])	2**p 계산
log(x[, out])	자연로그 계산
log2(x[, out])	로그−2 계산
log10(x[, out])	로그−10 계산
expm1(x[, out])	exp(x) − 1
log1p(x[, out])	1+x의 자연로그
sqrt(x[, out])	x**0.5. 제곱근
square(x[, out])	x**2. 제곱
reciprocal(x[, out])	1/x 계산
ones_like(a[, dtype, order, subok])	a와 같은 모양과 자료형의 1의 배열

표 9.7 유니버설 삼각 함수

함수	설명
sin(x[, out]) cos(x[, out]) tan(x[, out])	sine, cosine, tangent
arcsin(x[, out]) arccos(x[, out]) arctan(x[, out]) arctan2(x1, x2[, out])	Inverse sine, cosine, tangent
hypot(x1, x2[, out])	sqrt(x1**2 + x2**2)
sinh(x[, out]) cosh(x[, out]) tanh(x[, out])	Hyperbolic sine, cosine, tangent

arcsinh(x[, out]) arccosh(x[, out]) arctanh(x[, out])	Inverse hyperbolic sine, cosine, tangent
deg2rad(x[, out])	각도(degree)를 라디안으로 변환
rad2deg(x[, out])	라디안을 각도(degree)로 변환

표 9.8 비트연산 유니버설 함수

함수	설명
bitwise_and(x1, x2[, out])	비트 단위, (x1 AND x2)
bitwise_or(x1, x2[, out])	비트 단위, (x1 OR x2)
bitwise_xor(x1, x2[, out])	비트 단위, (x1 XOR x2)
invert(x[, out])	비트 단위, (NOT x)
left_shift(x1, x2[, out])	비트 단위, x1을 x2 비트 왼쪽 이동
right_shift(x1, x2[, out])	비트 단위, x1을 x2 비트 오른쪽 이동

표 9.9 논리 유니버설 함수

함수	설명
logical_and(x1, x2[, out])	요소 단위, x1 AND x2
logical_or(x1, x2[, out])	요소 단위, x1 OR x2
logical_xor(x1, x2[, out])	요소 단위, x1 XOR x2
logical_not(x[, out])	요소 단위, NOT x

표 9.10 비교 유니버설 함수

함수	설명
greater(x1, x2[, out])	요소 단위, x1 > x2
greater_equal(x1, x2[, out])	요소 단위, x1 >= x2
less(x1, x2[, out])	요소 단위, x1 < x2
less_equal(x1, x2[, out])	요소 단위, x1 <= x2
not_equal(x1, x2[, out])	요소 단위, x1 != x2
equal(x1, x2[, out])	요소 단위, x1 == x2

표 9.11 최대, 최소 유니버설 함수

함수	설명
maximum(x1, x2[, out])	요소 단위, 최대값
minimum(x1, x2[, out])	요소 단위, 최소값
fmax(x1, x2[, out])	요소 단위, 최대값, NaN 무시
fmin(x1, x2[, out])	요소 단위, 최소값, NaN 무시

표 9.12 실수 유니버설 함수

함수	설명
isreal(x)	실수면 True
iscomplex(x)	복소수면 True
isfinite(x[, out])	np.inf, np.nan이 아니면 True
isinf(x[, out])	np.inf, -np.inf이면 True
isnan(x[, out])	np.nan이면 True
signbit(x[, out])	부호 비트가 설정(x < 0)되면 True
copysign(x1, x2[, out])	x1의 부호를 x2의 부호에 복사
modf(x[, out1, out2])	실수 부분과 정수 부분을 반환
ldexp(x1, x2[, out])	x1 * 2**x2
frexp(x[, out1, out2])	x=mantissa * 2**exponent에서 (mantissa, exponent) 반환
fmod(x1, x2[, out])	x1%x2, 나머지. x1과 같은 부호
floor(x[, out])	floor 값. i <= x 인 정수에서 가장 큰 정수 i
ceil(x[, out])	ceil 값. i >= x 인 정수에서 가장 작은 정수 i
trunc(x[, out])	소수점 이하 절단 값

[예제 9.18] 유니버설 함수 1 : np.add()

```
>>> import numpy as np

# 설명 1
>>> np.add(1.0, 2.0)
3.0

# 설명 2
>>> x1 = np.arange(9.0).reshape((3, 3))
>>> x1
array([[ 0., 1., 2.],
    [ 3., 4., 5.],
    [ 6., 7., 8.]])
>>> np.add(x1, 10)            # x1 + 10,   np.add(10, x1)
array([[ 10., 11., 12.],
    [ 13., 14., 15.],
    [ 16., 17., 18.]])

# 설명 3
>>> np.add(x1, x1)           # x1 + x1
array([[ 0., 2., 4.],
    [ 6., 8., 10.],
    [ 12., 14., 16.]])
>>> np.add(x1, x1, x1)        # x1 = x1 + x1
array([[ 0., 2., 4.],
    [ 6., 8., 10.],
```

```
      [ 12., 14., 16.]])
>>> x1
array([[ 0.,  2.,  4.],
   [ 6.,  8., 10.],
   [ 12., 14., 16.]])

# 설명 4
>>> x2 = np.arange(3.0)
>>> x2
array([ 0., 1., 2.])
>>> np.add(x1, x2)                 # broadcasting
array([[ 0.,  3.,  6.],
   [ 6.,  9., 12.],
   [ 12., 15., 18.]])

>>> b = broadcast(x1, x2)          # check for broadcasting
>>> b.shape
(3, 3)
```

프로그램 설명

① 설명 1에서 np.add(1.0, 2.0)는 스칼라 값을 덧셈한 3.0을 반환한다.

② 설명 2에서 np.add(x1, 10)는 배열 x1의 각 요소에 스칼라 10을 덧셈한다. np.add(10, x1)도 같은 결과를 반환한다.

③ 설명 3에서 np.add(x1, x1)는 x1+x1의 결과와 같다. np.add(x1, x1, x1)는 x1 = x1 + x1와 같다. 배열 x1을 변경한다.

④ 설명 4에서 배열의 크기가 서로 다른 배열에서 요소별 연산이 가능하기 위해서는 배열의 크기를 맞출 필요가 있다. 이러한 과정을 브로드캐스팅(broadcasting)이라 한다. shape를 역순으로 비교하여, shape를 뒤에서부터 비교하여, 없는 경우 1로 채워 확장 한 다음, 대응되는 위치의 값이 같거나, 둘 중 하나에 1이 있으면 큰 값을 선택하여 호환 가능한 shape이 계산된다. 그렇지 않은 경우는 브로드캐스팅 오류가 발생한다.

예들 들어, x1.shape = (3, 3), x2.shape(3,)인 경우 x2.shape = (1, 3)이 되고, 브로드캐스팅 결과는 (3, 3)이 된다. 두 배열의 모양이 (3,)와 (5, 4, 3)인 경우는 (3,)이 (1, 1, 3)로 확장되고, 각자에서 같은지, 1을 포함하고 있는지를 확인하여, 1이 있는 경우 큰 값을 취하면, 결과 모양은 (5, 4, 3)이 된다. 그러나 두 배열의 모양이 (5,)와 (5, 4, 3)인 경우는 (5,)이 (1, 1, 5)로 확장되고, 3 != 5이므로 두 배열 사이의 요소별 연산은 가능하지 않다. b = broadcast(x1, x2)는 배열 x1과 x2에 대하여 브로드캐스팅 객체 b를 명시적으로 생성한다. b.shape는 (3, 3)으로 요소별 연산이 가능한 것을 알 수 있다.

[예제 9.19] 유니버설 함수 2 : np.add.reduce()

```
>>> import numpy as np

# 설명 1
>>> A = np.arange(4)
>>> A
array([0, 1, 2, 3])
>>> np.add.reduce(A)
6

# 설명 2
>>> A = np.arange(4).reshape((2,2))
>>> A
array([[0, 1],
   [2, 3]])
>>> np.add.reduce(A, 0)          # np.add.reduce(A)
array([2, 4])
>>> np.add.reduce(A, 1)
array([1, 5])

# 설명 3
>>> A = np.arange(8).reshape((2, 2, 2))
>>> A
array([[[0, 1],
   [2, 3]],

   [[4, 5],
   [6, 7]]])
>>> np.add.reduce(A, 0)          # np.add.reduce(A)
array([[ 4, 6],
   [ 8, 10]])
>>> np.add.reduce(A, 1)
array([[ 2, 4],
   [10, 12]])
>>> np.add.reduce(A, 2)
array([[ 1, 5],
   [ 9, 13]])
```

프로그램 설명

① **설명 1**에서 A.shape = (4,)인 배열 A에 대한 np.add.reduce(A)는 배열 A를 전부 덧셈한 6이다.

② **설명 2**에서 np.add.reduce(A, 0)는 배열 A를 0-축(axis)(열)으로 add() 함수를 적용하여 덧셈한 결과 array([2, 4])를 반환한다. np.add.reduce(A, 1)는 배열 A를 1-축(axis)(행)으로 add() 유니버설 함수를 적용하여 덧셈한 결과 array([1, 5])를 반환한다.

③ **설명 3**에서 np.add.reduce(A, 0)는 (2, 2, 2) 모양의 배열 A를 0-축(axis), 1-축(axis), 2-축(axis)으로 add() 유니버설 함수를 적용하여 덧셈한 결과를 반환한다.

④ reduce()의 결과는 1차원 줄어드는 것을 알 수 있다.

[예제 9.20] 유니버설 함수 3 : np.multiply.reduce()

```
>>> import numpy as np

# 설명 1
>>> A = np.array([1, 2, 3, 4])
>>> A
array([1, 2, 3, 4])
>>> np.multiply.reduce(A)
24

# 설명 2
>>> A = np.arange(4).reshape((2,2))
>>> A
array([[0, 1],
   [2, 3]])
>>> np.multiply.reduce(A, 0)
array([0, 3])
>>> np.multiply.reduce(A, 1)
array([0, 6])
```

프로그램 설명

① 설명 1에서 모양(shape)이 (4,)인 배열 A에 대한 np.multiply.reduce(A)는 배열 A를 전부 곱셈한 24이다.

② 설명 2에서 np.multiply.reduce(A, 0)는 배열 A를 0-축(axis)(열)으로 multiply() 함수를 적용하여 곱셈하여 array([0, 3])를 반환한다. np.multiply.reduce(A, 1)는 배열 A를 1-축(axis)(행)으로 multiply() 함수를 적용하여 곱셈하여 array([0, 6])를 반환한다.

[예제 9.21] 유니버설 함수 4 : np.add.accumulate()

```
>>> import numpy as np

# 설명 1
>>> A = np.arange(4)
>>> A
array([0, 1, 2, 3])
>>> np.add.accumulate(A)
array([0, 1, 3, 6], dtype=int32)

# 설명 2
>>> A = np.arange(4).reshape((2,2))
>>> A
array([[0, 1],
   [2, 3]])
>>> np.add.accumulate(A, 0)
array([[0, 1],
   [2, 4]], dtype=int32)
```

```
>>> np.add.accumulate(A, 1)
array([[0, 1],
    [2, 5]], dtype=int32)
```

프로그램 설명

① 설명 1에서np.add.accumulate(A)는 모양(shape)이 (4,)인 배열 A를 add() 함수로 덧셈하여 누적시킨 array([0, 1, 3, 6])를 반환한다. 예를 들어, 6은 0 + 1 + 2 + 3의 결과이다.

② 설명 2에서 np.add.accumulate(A, 0)는 (2,2) 배열 A에서 0-축(axis)(열)으로 add() 함수로 덧셈하여 누적시킨다. np.add.accumulate(A, 1)는 배열 A를 1-축(axis)(행)으로 add() 함수로 덧셈하여 누적시킨다.

[예제 9.22] 유니버설 함수 5 : np.multiply.accumulate()

```
>>> import numpy as np
```

```
# 설명 1
>>> A = np.array([1, 2, 3, 4])
>>> np.multiply.accumulate(A)
array([ 1, 2, 6, 24], dtype=int32)
```

```
# 설명 2
>>> A = np.arange(4).reshape((2,2))
>>> A
array([[0, 1],
    [2, 3]])
>>> np.multiply.accumulate(A, 0)
array([[0, 1],
    [0, 3]], dtype=int32)
>>> np.multiply.accumulate(A, 1)
array([[0, 0],
    [2, 6]], dtype=int32)
```

프로그램 설명

① 설명 1에서 np.multiply.accumulate(A)는 모양(shape)이 (4,)인 배열 A를 multiply() 함수로 곱셈하여 누적시킨 array([1, 2, 6, 24])를 반환한다. 예를 들어, 24는 1 * 2 * 3 * 4의 결과이다.

② 설명 2에서 np.multiply.accumulate(A, 0)는 (2,2) 배열 A에서 0-축(axis)(열)으로 add() 함수로 곱셈하여 누적시킨 누적시킨다. np.multiply.accumulate(A, 1)는 배열 A를 1-축(axis)(행)으로 add() 함수로 곱셈하여 누적시킨다.

[예제 9.23] 유니버설 함수 6 : np.add.reduceat()

```
>>> import numpy as np
```

```
# 설명 1
>>> A = np.arange(8)
>>> A
```

```
array([0, 1, 2, 3, 4, 5, 6, 7])
>>> B = np.add.reduceat(A, [0,4, 1,5, 2,6, 3,7])
>>> B
array([ 6, 4, 10, 5, 14, 6, 18, 7], dtype=int32)
>>> B[::2]
array([ 6, 10, 14, 18], dtype=int32)

# 설명 2
>>> C = np.arange(16).reshape(4,4)
>>> C
array([[ 0, 1, 2, 3],
   [ 4, 5, 6, 7],
   [ 8, 9, 10, 11],
   [12, 13, 14, 15]])
>>> np.add.reduceat(C, [0])          # np.add.reduceat(C, [0], 0)
array([[24, 28, 32, 36]], dtype=int32)
>>> np.add.reduceat(C, [1])
array([[24, 27, 30, 33]], dtype=int32)
>>> np.add.reduceat(C, [0,1])
array([[ 0, 1, 2, 3],
   [24, 27, 30, 33]], dtype=int32)
>>> np.add.reduceat(A, [0], 1)
array([[ 6],
   [22],
   [38],
   [54]], dtype=int32)
>>> np.add.reduceat(A, [0,1], 1)
array([[ 0, 6],
   [ 4, 18],
   [ 8, 30],
   [12, 42]], dtype=int32)
```

프로그램 설명

① reduceat() 함수에서 인덱스는 [0,4, 1,5, 2,6, 3,7]과 같이 콤마로 분리된 리스트로 지정한다. 연속한 인덱스의 쌍 (0,4), (4,1), (1,5), (5,2), (2,6), (6,3), (3,7), (7,)에 의한 슬라이스에 함수를 적용한다.

② **설명 1**에서 np.add.reduceat(A,[0,3, 1,4, 2,5, 3,6, 4,7])는 행렬 A에서 인덱스 쌍에 대하여 add() 함수를 적용하여 합계를 B에 계산한다. 인덱스 (0,3)의 슬라이스의 합계는 6, (4,1)은 4이다. (1,5)의 합계는 10이다. 즉, 인덱스가 indices[i] >= indices[i + 1]이면 A[indices[i]]이다. B[::2]는 (0,4), (1,5), (2,6), (3,7)의 합계에 의해 4개씩 이동합계(moving/running sum)를 계산한다.

③ **설명 2**에서 (4,4)의 배열 C에 대해, np.add.reduceat(C, [0])는 (0,)에 의한 슬라이스, 즉, 전체 행에 대해 add() 함수로 0-축(axis)(열) 합계를 계산한다.

np.add.reduceat(C, [1])는 (1,)에 의해 1행부터 마지막 행까지 add() 함수로 열 합계를 계산한다. np.add.reduceat(C, [0,1])은 (0, 1)에 의해 0행, (1,)에 의해 1행부터 마지막 행까지 add() 함수로 열 합계를 계산한다. np.add.reduceat(A, [0], 1)는 (0,)에 의해 0열부터 마지막 열까지 add() 함수로 1-축(axis)(행) 합계를 계산한다. np.add.reduceat(A, [0,1], 1)는 (0, 1)에 의해 0열, (1,)에 의해 1열부터 마지막 열까지 add() 함수로 행 합계를 계산한다.

[예제 9.24] 유니버설 함수 7 : np.add.outer(), np.multiply.outer()

```
>>> import numpy as np

# 설명 1
>>> np.add.outer([1, 2], [3, 4, 5])
array([[4, 5, 6],
   [5, 6, 7]])

# 설명 2
>>> np.multiply.outer([1, 2], [3, 4, 5])
array([[ 3, 4, 5],
   [ 6, 8, 10]])

# 설명 3
>>> A = [1, 2]
>>> B = [[3, 4, 5], [6, 7, 8]]
>>> np.add.outer(A, B)
array([[[ 4, 5, 6],
   [ 7, 8, 9]],

   [[ 5, 6, 7],
   [ 8, 9, 10]]])

# 설명 4
>>> np.multiply.outer(A, B)
array([[[ 3, 4, 5],
   [ 6, 7, 8]],

   [[ 6, 8, 10],
   [12, 14, 16]]])
```

프로그램 설명

① 설명 1에서 np.add.outer([1, 2], [3, 4, 5])의 0행은 [1+3, 1+4, 1+5]이고, 1행은 [2 + 3, 2 + 4, 2 + 5]이다.

② 설명 2에서 np.multiply.outer([1, 2], [3, 4, 5])의 0행은 [1 * 3, 1 * 4, 1 * 5]이고, 1행은 [2 * 3, 2 * 4, 2 * 5]이다.

③ 설명 3에서 np.add.outer(A, B)는 A[0] = 1을 B의 각 요소에 덧셈하여 [[4, 5, 6], [7, 8, 9]]를 생성하고, A[1]=2를 B의 각 요소에 덧셈하여 [[5, 6, 7], [8, 9, 10]]을 생성하여, (2, 2, 3) 배열을 생성한다.

④ 설명 4에서 np.multiply.outer(A, B)는 A[0] = 1을 B의 각 요소에 곱셈하여 [[3, 4, 5], [6, 7, 8]]을 생성하고, A[1] = 2를 B의 각 요소에 곱셈하여 [[6, 8, 10], [12, 14, 16]]]을 생성하여, (2, 2, 3) 배열을 생성한다.

[예제 9.25] 유니버설 함수8 : np.negative.at(), np.add.at()

```python
>>> import numpy as np

# 설명 1
>>> A = np.array([1, 2, 3, 4])
>>> A[[0, 1, 2]]          # index check
array([1, 2, 3])
>>> np.negative.at(A, [0, 1, 2])
>>> A
array([-1, -2, -3, 4])

# 설명 2
>>> np.add.at(A, [0, 1, 2], 1)
>>> A
array([ 0, -1, -2, 4])
>>> np.add.at(A, [1, 1, 2], 10)
>>> A
array([ 0, 19, 8, 4])
```

프로그램 설명

① **설명 1**에서 A[[0, 1, 2]]는 인덱스 [0, 1, 2]를 슬라이싱하여 array([1, 2, 3])을 반환한다. np.negative.at(A, [0, 1, 2])는 A[[0, 1, 2]]의 요소들의 부호를 반대로 하여, A를 array([-1, -2, -3, 4])로 변경한다.

② **설명 2**에서 np.add.at(A, [0, 1, 2], 1)은 A[[0, 1, 2]]의 요소에 add() 함수로 b = 1을 덧셈하여, 배열 A는 array([0, -1, -2, 4])이다. np.add.at(A, [1, 1, 2], 10)은 A[1] += 10, A[1] += 10으로 10을 두 번 덧셈하여 변경하고, A[2] += 10로 변경하여, 배열 A는 array([0, 19, 8, 4])이다.

2.7 집합 함수

[표 9.13]은 numpy의 주요 집합 함수이다. unique() 함수는 배열에서 요소의 중복을 제거한 배열을 반환한다. in1d()는 부분집합, intersect1d() 함수는 교집합, setdiff1d() 함수는 차집합, union1d() 함수는 합집합, setxor1d() 함수는 집합 XOR의 집합 연산을 수행한다. 집합 관련 함수는 1차원 배열로 연산을 수행한다.

표 9.13 numpy의 주요 집합 함수

함수	설명

unique(ar, return_index=False,
    return_inverse=False,
    return_counts=False)
	배열에서 중복을 제거하여 반환

in1d(ar1, ar2, assume_unique=False, invert=False)	ar1의 각 요소가 ar2에 있는지 판단
intersect1d(ar1, ar2, assume_unique=False)	교집합 반환
setdiff1d(ar1, ar2, assume_unique=False)	차집합

union1d(ar1, ar2)[source]	합집합
setxor1d(ar1, ar2, assume_unique=False)	집합 XOR, 양 집합에 모두 있지 않은 요소

[예제 9.26] 집합 함수

```
>>> import numpy as np

# 설명 1
>>> A = np.array([1, 2, 4, 3, 3, 4, 4, 4])
>>> np.unique(A)
array([1, 2, 3, 4])
>>> u, indx = np.unique(A, return_index=True)
>>> u
array([1, 2, 3, 4])
>>> indx
array([0, 1, 3, 2], dtype=int32)
>>> A[indx]
array([1, 2, 3, 4])

# 설명 2
>>> A = np.array([1, 2, 3, 4])
>>> B = np.array([0, 2, 3])
>>> mask = np.in1d(A, B)
>>> mask
array([False, True, True, False], dtype=bool)
>>> np.intersect1d(A, B)
array([2, 3])
>>> np.setdiff1d(A, B)
array([1, 4])
>>> np.union1d(A, B)
array([0, 1, 2, 3, 4])
>>> np.setxor1d(A, B)
array([0, 1, 4])

# 설명 3
>>> from functools import reduce
>>> reduce(np.union1d, (A, B, [0, 5, 6]))
array([0, 1, 2, 3, 4, 5, 6])
```

프로그램 설명

① **설명 1**에서 np.unique(A)는 배열 A에서 유일한 요소값을 추출하여 array([1, 2, 3, 4])를 반환한다. u, indx = np.unique(A, return_index = True)는 유일한 요소는 배열 u에, u의 각 요소의 인덱스는 indx 배열에 반환한다. A[indx]는 배열 u와 같다.

② **설명 2**에서 mask = np.in1d(A, B)는 배열 A의 각 요소가 배열 B에 있는지를 확인한다. B[0] = 0이 배열 A에 없기 때문에 mask[0] = False이다. np.intersect1d(A, B)는 배열 A B의 교집합, np.setdiff1d(A, B)는 차집함, np.union1d(A, B)는 합집합, np.setxor1d(A, B)는 배열 A, B 모두

에 있지 않은 요소를 배열로 생성한다. 두 개 이상의 함수에서 np.intersect1d(), np.union1d() 등을 하려면 functools의 reduce를 임포트하여 사용한다.

2.8 배열의 정렬 및 탐색 함수

sort() 함수는 배열 요소를 정렬한다. where() 함수에 의해 조건에 맞는 요소를 구할 수 있다.

표 9.14 numpy의 주요 정렬 및 탐색 함수

함수	설명
sort(a, axis=-1, kind='quicksort', order=None)	배열을 정렬하여 복사본 반환 kind는 정렬 방법으로 'quicksort', 'mergesort', 'heapsort'
ndarray.sort(axis=-1, kind='quicksort', order=None)	배열을 정렬하여 변경
searchsorted(a, v, side='left', sorter=None)[source]	정렬된 배열 a에 새로운 값 v를 추가할 위치의 인덱스 반환. side의 값이 'left', 'right'에 따라서 같은 값이 있 을 때 왼쪽, 오른쪽에 삽입
where(condition[, x, y])	condition 조건에 따라서 x, y의 요소 반환
extract(condition, arr)[source]	condition 배열의 0이 아닌 위치 또는 True인 위치의 요소를 반환

[예제 9.27] 배열의 정렬 및 탐색 1

```
>>> import numpy as np

# 설명 1
>>> A = np.arange(10)
>>> np.random.shuffle(A)
>>> A
array([3, 4, 2, 6, 8, 1, 0, 7, 9, 5])
>>> np.sort(A)
array([0, 1, 2, 3, 4, 5, 6, 7, 8, 9])
>>> A
array([3, 4, 2, 6, 8, 1, 0, 7, 9, 5])

# 설명 2
>>> A.sort()          # 배열 A 변경
>>> A
array([0, 1, 2, 3, 4, 5, 6, 7, 8, 9])

# 설명 3
>>> np.random.shuffle(A)
>>> A
array([8, 5, 1, 2, 6, 4, 0, 7, 3, 9])
>>> A[::-1].sort()    # 내림차순 정렬
```

```
>>> A
array([9, 8, 7, 6, 5, 4, 3, 2, 1, 0])

# 설명 4
>>> np.searchsorted([1,3, 5], 3)
1
>>> np.searchsorted([1,3, 5], 3, side='right')
2

# 설명 5 : [예제 9.82]에서 레이블 번호 재조정을 위해 사용
>>> A= np.array([[0, 3, 5], [3, 5, 5], [3, 3, 3]])
>>> label = [0, 3, 5]
>>> np.searchsorted(label, A)          # A의 레이블을 label의 인덱스로 재조정
array([[0, 1, 2],
    [1, 2, 2],
    [1, 1, 1]], dtype=int32)
```

프로그램 설명

① 설명 1에서 np.sort(A)는 배열 A를 오름차순으로 정렬하여 반환한다. 배열 A는 변경하지 않는다.

② 설명 2에서 A.sort()는 배열 A를 오름차순으로 정렬한다. 배열 A가 변경된다.

③ 설명 3에서 A[::-1].sort()는 배열 A를 내림차순으로 정렬한다.

④ 설명 4에서 np.searchsorted([1,3, 5], 3)는 3이 들어갈 왼쪽(side = 'left') 위치 1을 반환한다. side = 'right'면 2를 반환한다.

⑤ 설명 5에서 np.searchsorted(label, A)는 배열 A의 요소값 0, 3, 5를 label = [0, 3, 5]의 인덱스로 재조정한 배열을 반환한다. 즉, 0은 0, 3은 1, 5는 2로 변경한다.

[예제 9.28] 배열의 정렬 및 탐색 2 : extract(), where() 함수

```
>>> import numpy as np

# 설명 1
>>> A = np.array([1, 2, 3, 4, 5, 6, 7, 8])
>>> cond = A%2 == 0
>>> cond
array([False, True, False, True, False, True, False, True], dtype=bool)

>>> np.extract(cond, A)
array([2, 4, 6, 8])
>>> A[cond]
array([2, 4, 6, 8])

# 설명 2
# numpy.where(condition[, x, y])
>>> np.where(cond)              # cond.nonzero()
(array([1, 3, 5, 7], dtype=int32),)
```

```
# 설명 3
>>> np.where(cond, A, 0)
array([0, 2, 0, 4, 0, 6, 0, 8])
>>> np.where(cond, 0, A)
array([1, 0, 3, 0, 5, 0, 7, 0])
>>> np.where(cond, 1, -1)
array([-1, 1, -1, 1, -1, 1, -1, 1])

# 설명 4
>>> B = A*10
>>> B
array([10, 20, 30, 40, 50, 60, 70, 80])
>>> np.where(cond, A, B)
array([10, 2, 30, 4, 50, 6, 70, 8])
```

프로그램 설명

① numpy.where(condition[, x, y]) 함수는 조건이 True이면 x, False이면 y를 반환한다. x, y는 배열 또는 스칼라 값도 가능하다. 배열인 경우는 condition 위치의 배열값을 사용한다. numpy.where(condition)는 condition.nonzero()를 반환한다.

② 설명 1에서 np.extract(cond, A)는 cond 배열에서 True인 A의 요소만을 추출하여 배열로 반환한다. A[cond]와 같은 값이다.

③ 설명 2에서 A.shape=(8,)인 배열 A에서 cond = A%2 == 0은 A의 요소값이 짝수에서 True인 불리언 배열 cond를 생성한다. np.where(cond)는 배열 cond에서 True인 위치로 이루어진 배열을 반환한다.

④ 설명 3에서 np.where(cond, A, 0)는 배열 cond에서 True인 요소는 대응되는 배열 A의 값이 False인 요소는 스칼라 0으로 배열을 생성하여 반환한다. np.where(cond, 0, A)는 배열 cond에서 True인 요소는 스칼라 0으로 하고 False인 요소는 대응되는 배열 A의 값으로 하여 배열을 생성하여 반환한다. np.where(cond, 1, -1)는 배열 cond에서 True인 요소는 스칼라 1로 하고, False인 요소는 스칼라 -1로 배열을 생성하여 반환한다.

⑤ 설명 4에서 B = A * 10은 배열 A에 10을 곱하여 배열 B를 생성하고, np.where(cond, A, B)는 배열 cond에서 True인 요소는 대응되는 배열 A의 값으로 하고 False인 요소는 대응되는 배열 B의 값으로 하여 배열을 생성하여 반환한다.

2.9 난수 및 통계 함수

Numpy는 numpy.random에 다양한 난수(random number) 및 통계 분포 관련 함수가 있다. [표 9.15]는 균등분포(uniform distribution)와 정규분포(normal/Gaussian distribution) 분포 관련 주요함수이다.

(d0, d1, ..., dn)은 출력 배열의 차원 관련 모양(shape)이다. size는 정수 또는 정수 튜플이다. [표 9.16]은 numpy의 주요 통계 함수로 최소값(numpy.amin), 최대값(numpy.amax), 중위수(numpy.median), 평균(numpy.average, numpy.mean), 분산(numpy.var),

표준편차(numpy.std), 공분산행렬(numpy.cov), 히스토그램(numpy.histogram, numpy.histogram2d, numpy.histogramdd) 계산 등의 다양한 통계 함수가 있다.

표9.15 주요 numpy.random의 난수 함수

함수	설명
seed(seed=None)	난수 발생기의 seed 값 초기화
rand(d0, d1, ..., dn)	shape에 의한 [0, 1)의 균등분포 랜덤 실수
random(size=None)	[0, 1)의 균등분포에서 랜덤 실수
uniform(low=0.0, high=1.0, size=None)	[low, high)의 균등분포에서 랜덤 실수
random_integers(low, high=None, size=None)	[low, high]의 이산균등분포에서 size 개수의 랜덤 정수. low, high 모두 포함
randn(d0, d1, ..., dn)	평균 0, 분산 1의 표준정규분포 랜덤 실수
normal(loc=0.0, scale=1.0, size=None)	평균(loc), 표준편차(scale) 정규분포 랜덤 실수
multivariate_normal(mean, cov[, size])	다차원 정규분포로부터 랜덤 실수
shuffle(x)	배열 x를 랜덤하게 섞는다. x를 변경
permutation(x)	정수 또는 배열 x를 랜덤하게 섞어 반환

표9.16 numpy의 주요 통계 함수

함수	설명
amin(a, axis=None, out=None, keepdims=False)	배열 a의 최소값
amax(a, axis=None, out=None, keepdims=False)	배열 a의 최대값
argmin(a, axis=None, out=None)	배열 a의 최소값의 위치
argmax(a, axis=None, out=None)[source]	배열 a의 최대값의 위치
sum(a, axis=None, dtype=None, out=None, keepdims=False)	배열 a의 함계
cumsum(a, axis=None, dtype=None, out=None)[source]	배열 a의 누적 함계
cumprod(a, axis=None, dtype=None, out=None)[source]	배열 a의 누적 곱셈
median(a, axis=None, out=None, overwrite_input=False, keepdims=False)	배열 a의 최대값
average(a, axis=None, weights=None, returned=False)	배열 a의 가중평균
mean(a, axis=None, dtype=None, out=None, keepdims=False)[source]	배열 a의 산술평균
var(a, axis=None, dtype=None, out=None, ddof=0, keepdims=False)	배열 a의 분산
std(a, axis=None, dtype=None, out=None, ddof=0, keepdims=False)	배열 a의 표준편차

cov(m, y=None, rowvar=1, bias=0, ddof=None, fweights=None, aweights=None)[source]	배열 a의 공분산행렬
histogram(a, bins=10, range=None, normed=False, weights=None, density=None)	배열 a의 히스토그램
histogram2d(x, y, bins=10, range=None, normed=False, weights=None)[source]	배열 x, y의 2차원 히스토그램
histogramdd(sample, bins=10, range=None, normed=False, weights=None)	배열 sample의 다차원 히스토그램

[예제 9.29] 난수 생성 및 샘플링 1 : seed(), rand(), random(), uniform()

```
>>> import numpy as np

# 설명 1
>>> np.random.seed(1)
>>> np.random.rand(3)
array([ 4.17022005e-01,  7.20324493e-01,  1.14374817e-04])
>>> np.random.seed(1)
>>> np.random.rand(3)
array([ 4.17022005e-01,  7.20324493e-01,  1.14374817e-04])

# 설명 2
>>> np.random.rand(3)
array([ 0.84455632, 0.74309786, 0.80457805])
>>> np.random.rand(2, 3)
array([[ 0.46930149, 0.27353054, 0.12386807],
       [ 0.4475163 , 0.14369805, 0.64971186]])

# 설명 3
>>> np.random.random(3)
array([ 0.33114383, 0.09501951, 0.82059943])
>>> np.random.random((2, 3))
array([[ 0.23899133, 0.20820684, 0.42318447],
       [ 0.77477773, 0.00106165, 0.82529968]])

# 설명 4
>>> np.random.uniform(1, 5, 3)
array([ 3.23379573, 2.99915  , 1.71046205])
>>> np.random.uniform(1, 5, (2, 3))
array([[ 1.15894024, 2.19909646, 2.28261243],
       [ 2.18500058, 1.94918486, 4.8849466 ]])
```

프로그램 설명

① **설명 1**에서 np.random.seed(1)로 난수 발생기의 seed 값을 1로 초기화하고, np.random.rand(3)로 3개의 난수를 발생하고, 다시 np.random.seed(1)로 난수 발생기의 seed 값을 1로 초기화하고, np.random.rand(3)로 3개의 난수를 발생시켜 보면, seed 값이 같을 때 발생하는 난수의 순서가 같은 것을 알 수 있다.

② **설명 2**에서 np.random.rand(3)는 (3,) 배열에 [0, 1]의 균등분포에서 3개의 랜덤 실수를 생성하고, np.random.rand(2,3)는 (2, 3) 배열에 [0, 1]의 균등분포에서 랜덤 실수를 생성한다.

③ **설명 3**에서 np.random.random(3)는 (3,) 배열에 [0, 1]의 균등분포에서 3개의 랜덤 실수를 생성하고, np.random.random(2,3)는 (2, 3) 배열에 [0, 1]의 균등분포에서 랜덤 실수를 생성한다.

④ **설명 4**에서 np.random.uniform(1, 5, 3)은 (3,) 배열에 구간 [1, 5]의 균등분포에서 3개의 샘플을 뽑는다. np.random.uniform(1, 5, (2, 3))은 (2, 3) 배열에 구간 [1, 5]의 균등분포에서 6개의 샘플을 뽑는다.

[예제 9.30] 난수 생성 및 샘플링 2 : random_integers(), shuffle(), permutation()

```python
>>> import numpy as np

# 설명 1
>>> np.random.random_integers(3, size=10)
array([1, 3, 3, 2, 2, 2, 2, 2, 3, 3])
>>> np.random.random_integers(1, 6, size=10)
array([5, 4, 1, 3, 6, 6, 5, 5, 3, 6])
>>> np.random.random_integers(1, 6, size=(2, 3))
array([[4, 3, 2],
   [2, 5, 6]])

# 설명 2
>>> A = np.arange(10)
>>> np.random.shuffle(A)
>>> A
array([0, 7, 4, 8, 1, 2, 9, 3, 5, 6])
>>> B = np.arange(8).reshape((4, 2))
>>> B
array([[0, 1],
   [2, 3],
   [4, 5],
   [6, 7]])
>>> np.random.shuffle(B)
>>> B
array([[4, 5],
   [2, 3],
   [6, 7],
   [0, 1]])

# 설명 3
>>> C = np.arange(10)
>>> np.random.permutation(C)
```

```
array([9, 2, 8, 7, 4, 0, 5, 6, 3, 1])
>>> D = np.arange(8).reshape((4, 2))
>>> np.random.permutation(D)
array([[6, 7],
    [0, 1],
    [2, 3],
    [4, 5]])
```

프로그램 설명

① 설명 1에서 np.random.random_integers(3, size = 10)는 (10,) 배열에 [1, 3] 범위에서 정수를 10개를 뽑아 채워 반환한다. np.random.random_integers(1, 6, size = 10)는 (10,) 배열에 [1, 6] 범위에서 정수를 10개를 뽑아 채워 반환한다. np.random.random_integers(1, 6, size = (2, 3))는 (2, 3) 배열에 [1, 6] 범위에서 6개의 정수를 랜덤하게 뽑아 채워 반환한다.

② 설명 2에서 np.random.shuffle(A)는 배열 A의 요소를 섞어 배열 A의 요소의 순서가 변경된다. np.random.shuffle(B)는 (4, 2) 배열 B의 행의 순서를 섞어 배열 B의 행의 순서가 변경된다.

③ 설명 3에서 np.random.permutation(C)은 배열 C의 요소를 섞어 배열로 반환한다. 배열 C는 변경되지 않는다. np.random.permutation(D)은 (4, 2) 배열 D의 행의 순서를 섞어 배열로 반환한다. 배열 D는 변경되지 않는다.

[예제 9.31] 난수생성 및 샘플링 3 : randn(), normal()

```
>>> import numpy as np

# 설명 1
>>> np.random.randn(3, 3)
array([[ 1.40860641, -0.50821425, -1.4213667 ],
    [ 0.95207266, 0.780796 , -1.59643279],
    [ 1.69715793, -1.3990682 , -1.14228842]])

# 설명 2
>>> 2 * np.random.randn(3, 3) + 10
array([[ 9.8311366 , 12.06084757,  8.44192802],
    [ 10.45540121, 10.97606245, 10.35224729],
    [ 9.97477952,  7.51043143, 10.9362987 ]])

# 설명 3
>>> S1 = np.random.randn(1000)
>>> np.mean(S1), np.std(S1)
(-0.0095202588710652739, 1.0153124582283795)

# 설명 4
>>> S2 = 2 * np.random.randn(1000) + 10
>>> np.mean(S2), np.std(S2)
(10.055621399397355, 2.0307490688847172)

# 설명 5
>>> mu, sigma = 10, 2
```

```
>>> S3 = np.random.normal(mu, sigma, 1000)
>>> np.mean(S3), np.std(S3)
(10.053694051686501, 1.9999530060112907)
```

프로그램 설명

① 설명 1에서 np.random.randn(3, 3)는 (3, 3) 배열에 평균 0, 분산 1인 정규분포 난수를 생성하여 반환한다.

② 설명 2에서 2 * np.random.randn(3, 3) + 10은 (3, 3) 배열에 평균 10, 분산 4인 정규분포, $N(\mu = 10,\ \sigma^2 = 4)$을 따르는 난수를 생성하여 반환한다.

$$N(\mu, \sigma^2) = f(X|\mu, \sigma^2) = \frac{1}{\sigma\sqrt{2\pi}} exp(-\frac{1}{2}\frac{(X-\mu)^2}{\sigma^2})$$

③ 설명 3에서 S1 = np.random.randn(1000)은 평균 0, 분산 1인 정규분포 난수 1,000개를 배열 S1에 생성한다. np.mean(), np.std() 통계 함수로 S1의 평균과 표준편차를 계산하면 0과 1의 근사값임을 확인할 수 있다.

④ 설명 4에서 S2 = 2 * np.random.randn(1000) + 10은 정규분포, $N(\mu = 10,\ \sigma^2 = 4)$을 따르는 난수 1,000개를 배열 S2에 생성한다. np.mean(), np.std() 통계 함수로 S2의 평균과 표준편차를 계산하면 10과 2의 근사값임을 확인할 수 있다.

⑤ 설명 5에서 S3 = np.random.normal(mu, sigma, 1000)은 정규분포, $N(\mu = 10,\ \sigma^2 = 4)$에서 1,000개의 샘플을 추출하여 배열 S3를 생성한다. np.mean(), np.std() 통계 함수로 S3의 평균과 표준편차를 계산하면 10과 2의 근사값임을 확인할 수 있다.

[예제 9.32] 난수 생성 및 샘플링 4 : multivariate_normal()

```
>>> import numpy as np
```

```
# 설명 1
>>> mean = [0, 0]
>>> cov = [[4, 0], [0, 100]]
>>> np.random.multivariate_normal(mean, cov, 4)
array([[ -0.18875861,  1.66277757],
   [ 2.21936623,  4.8323443 ],
   [ -2.56652898, -11.47785846],
   [ 1.46167274,  8.89527875]])
```

```
# 설명 2
>>> S4 = np.random.multivariate_normal(mean, cov, 1000)
>>> np.mean(S4, 0)
array([-0.12746429, -0.01444756])
>>> np.var(S4, 0)
array([  3.83686363, 100.78583708])
>>> np.std(S4, 0)
array([ 1.95879137, 10.03921496])
>>> np.cov(S4.T)
array([[  3.84070434,  -0.95974114],
   [ -0.95974114, 100.88672381]])
```

프로그램 설명

① **설명 1**에서 np.random.multivariate_normal(mean, cov, 4)은 평균벡터 mean = [0, 0], 공분산 행렬 cov = [[2, 0], [0, 100]]인 2변량 정규분포에서 4개의 샘플을 뽑는다.

② **설명 2**에서 S4 = np.random.multivariate_normal(mean, cov, 1000)은 평균벡터 mean = [0, 0], 공분산행렬 cov = [[2, 0], [0, 100]]인 2변량 정규분포에서 1,000개의 샘플을 뽑는다. np.mean(S4, 0)은 S4의 0-축(열) 평균으로 mean의 근사벡터이다. np.var(S4, 0)은 S4의 0-축(열) 분산으로 배열 cov의 대각요소 근사값이다. np.cov(S4.T)는 공분산 행렬 cov의 근사값을 반환한다.

$$N(\mu, \sum) = f(X = x_1, ..., x_n | \mu, \sum) = \frac{1}{\sqrt{(2\pi)^n |\sum|}} \exp(-\frac{1}{2}(X-\mu)\sum^{-1}(X-\mu))$$

[예제 9.33] 통계 함수 1 : numpy의 amin(), amax(), argmin(), argmax()

```
>>> import numpy as np

# 설명 1
>>> A = np.arange(8).reshape((4, 2))
>>> np.random.shuffle(A)
>>> A
array([[2, 3],
    [6, 7],
    [0, 1],
    [4, 5]])
>>> np.amin(A)
0
>>> np.argmin(A)
4
>>> np.amax(A)
7
>>> np.argmax(A)
3

# 설명 2
>>> np.amin(A, axis=0)
array([0, 1])
>>> np.argmin(A, axis=0)
array([2, 2], dtype=int32)
>>> np.amin(A, axis=1)
array([2, 6, 0, 4])
>>> np.argmin(A, axis=1)
array([0, 0, 0, 0], dtype=int32)

# 설명 3
>>> np.amax(A, axis=0)
array([6, 7])
>>> np.argmax(A, axis=0)
array([1, 1], dtype=int32)
```

```
>>> np.amax(A, axis=1)
array([3, 7, 1, 5])
>>> np.argmax(A, axis=1)
array([1, 1, 1, 1], dtype=int32)
```

프로그램 설명

① 설명 1에서 np.amin(A)은 배열 A에서 최소값 0이고, np.argmin(A)은 최소값 0의 행우선순위 위치 4이다. np.amax(A)은 최대값 7이고, np.argmax(A)는 최대값 7의 행우선순위 위치 3이다.

② 설명 2에서 np.amin(A, axis=0)은 배열 A의 axis = 0의 최소값 array([0, 1])이다. np.argmin(A, axis = 0)은 axis = 0의 최소값의 위치 array([2, 2])이다. 0열에서 최소값 0은 2행에 있고, 1열에서 최소값 1은 2행에 있다. np.amin(A, axis = 1)은 axis = 1의 최소값 array([2, 6, 0, 4])이다. np.argmin(A, axis = 1)은 axis = 1의 최소값의 위치 array([0, 0, 0, 0])이다. 즉, 모든 행에서 0열에 최소값이 있다.

③ 설명 3에서 np.amax(A, axis = 0)은 배열 A의 axis = 0의 최대값을 반환하고, np.argmax(A, axis = 0)는 인덱스 위치를 반환한다. np.amax(A, axis = 1)는 배열 A의 axis = 1의 최대값을 반환하고, np.argmax(A, axis = 1)는 인덱스 위치를 반환한다.

[예제 9.34] 통계 함수 2 : numpy.histogram()

```
>>> import numpy as np

# 설명 1
# histogram(a, bins=10, range=None,normed=False,weights=None,density=None)
>>> A = np.random.random_integers(1, 6, size=20)
>>> A
array([1, 5, 2, 3, 3, 6, 1, 1, 4, 2, 5, 5, 2, 6, 2, 5, 1, 3, 5, 4])
>>> np.histogram(A, bins=[0, 1, 3, 6])
(array([ 0, 8, 12], dtype=int32), array([0, 1, 3, 6]))

# 설명 2
>>> hist, bin_edges = np.histogram(A, bins=[0, 1, 3, 6], density=True)
>>> hist
array([ 0. , 0.2, 0.2])
>>> bin_edges
array([0, 1, 3, 6])
>>> hist.sum()
0.40000000000000002
>>> np.diff(bin_edges)
array([1, 2, 3])
>>> np.sum(hist*np.diff(bin_edges))
1.0
```

프로그램 설명

① histogram() 함수는 히스토그램을 계산한다. bins는 정수 또는 시퀀스에 의해 빈(bin)을 나타낸다. bins가 정수면, 주어진 범위(range)에서 등간격의 bins 개수만큼 빈을 만든다. bins가 시퀀스이면 비등간격으로 빈을 생성한다. 예를 들어, bins = [0, 1, 3, 6]이면, 3개의 빈은 [0, 1), [1, 3), [3, 6]이다. 마지막 빈은 오른쪽의 정수 6을 포함한다. weights는 배열로 가중치이다. density = False이면, 결과는 개수이고, density = True이면, 결과는 빈에서 확률이다. 모든 구간 간격의 길이가 1이면 합계는 1이다. 그렇지 않으면, 빈의 구간 간격 길이를 히스토그램에 곱해야 빈 기반 확률이 되어 합계가 1이 된다. histogram() 함수의 결과는 히스토그램(histogram) 배열과 빈 경계(bin_edge) 배열이다.

② 설명 1에서 A = np.random.random_integers(1, 6, size = 20)는 [1, 6] 범위에서 20개의 랜덤 정수를 배열 A에 생성한다. np.histogram(A, bins = [0, 1, 3, 6])은 bins = [0, 1, 3, 6]에 의해 3개의 빈 [0, 1), [1, 3), [3, 6]에 히스토그램 array([0, 8, 12])을 생성한다. 빈 [0, 1)에 의해 0의 개수는 0이고, 빈 [1, 3)에 의해 1, 2의 개수는 8이고, 빈 [3, 6]에 의해 3, 4, 5, 6의 개수는 12이다. 빈 경계(bin_edge) 배열은 array([0, 1, 3, 6])이다.

③ 설명 2에서 hist, bin_edges = np.histogram(A, bins = [0, 1, 3, 6], density = True)은 density=True에 의해 히스토그램을 빈에서의 확률값으로 hist = array([0. , 0.2, 0.2])을 계산한다. hist.sum()은 0.40000000000000002로 1이 아닌 이유는 3개의 빈 [0, 1), [1, 3), [3, 6]의 구간간격은 각각 1, 2, 3이다. 그러므로 각 빈의 확률은 0. * 0, 0.2 * 2, 0.2 * 3으로 계산해야 한다. 빈 구간간격은 np.diff(bin_edges)로 계산할 수 있다. np.sum(hist * np.diff(bin_edges))은 1.0이 된다.

[예제 9.35] 통계 함수 3 : numpy.histogram2d()

```
>>> import numpy as np

# 설명 1
#histogram2d(x, y, bins=10, range=None, normed=False, weights=None)
>>> muX, sigmaX = 10, 2
>>> X = np.random.normal(muX, sigmaX, 1000)
>>> np.amin(X), np.amax(X)
(3.6932850996179027, 16.865326863591118)

# 설명 2
>>> muY, sigmaY = 20, 4
>>> Y = np.random.normal(muY, sigmaY, 1000)
>>> np.amin(Y), np.amax(Y)
(8.5117989988509333, 32.953372787009506)

# 설명 3
>>> nx = 7
>>> ny = 7
>>> H, xedges, yedges = np.histogram2d(X, Y, bins=(nx, ny))
>>> xedges
array([ 3.6932851 ,  5.57500535,  7.4567256 ,  9.33844586,
   11.22016611, 13.10188636, 14.98360661, 16.86532686])
>>> yedges
array([ 8.511799 , 12.0034524 , 15.4951058 , 18.98675919,
```

```
        22.47841259, 25.97006599, 29.46171939, 32.95337279]])
>>> H
array([[  0.,   3.,   3.,   4.,   3.,   1.,   0.],
       [  1.,   7.,  35.,  34.,  13.,   2.,   1.],
       [  5.,  29.,  70.,  88.,  51.,  19.,   3.],
       [  7.,  42.,  85., 122.,  58.,  29.,   3.],
       [  7.,  24.,  54.,  63.,  41.,  12.,   2.],
       [  3.,   5.,  17.,  28.,  13.,   6.,   2.],
       [  0.,   0.,   3.,   1.,   0.,   1.,   0.]]])
>>> H.sum()
1000.0
```

설명 4

```
>>> H2, xedges, yedges = np.histogram2d(X, Y, bins=(nx, ny), normed=True)
>>> xstep = (np.amax(X) – np.amin(X))/nx
>>> ystep = (np.amax(Y) – np.amin(Y))/ny
>>> bin_area = xstep*ystep
>>> bin_area*H2
array([[ 0.   , 0.003, 0.003, 0.004, 0.003, 0.001, 0.   ],
       [ 0.001, 0.007, 0.035, 0.034, 0.013, 0.002, 0.001],
       [ 0.005, 0.029, 0.07 , 0.088, 0.051, 0.019, 0.003],
       [ 0.007, 0.042, 0.085, 0.122, 0.058, 0.029, 0.003],
       [ 0.007, 0.024, 0.054, 0.063, 0.041, 0.012, 0.002],
       [ 0.003, 0.005, 0.017, 0.028, 0.013, 0.006, 0.002],
       [ 0.   , 0.   , 0.003, 0.001, 0.   , 0.001, 0.   ]]])
>>> np.sum(bin_area*H2)
0.99999999999999989
```

설명 5

```
>>> dx = np.diff(xedges)
>>> dx
array([ 1.88172025, 1.88172025, 1.88172025, 1.88172025, 1.88172025,
        1.88172025, 1.88172025])
>>> dy = np.diff(yedges)
>>> dy
array([ 3.4916534, 3.4916534, 3.4916534, 3.4916534, 3.4916534,
        3.4916534, 3.4916534])
>>> W = np.outer(dx, dy)        # np.multiply.outer(dx, dy)
>>> W
array([[ 6.57031491, 6.57031491, 6.57031491, 6.57031491, 6.57031491,
         6.57031491, 6.57031491],
       [ 6.57031491, 6.57031491, 6.57031491, 6.57031491, 6.57031491,
         6.57031491, 6.57031491],
       [ 6.57031491, 6.57031491, 6.57031491, 6.57031491, 6.57031491,
         6.57031491, 6.57031491],
       [ 6.57031491, 6.57031491, 6.57031491, 6.57031491, 6.57031491,
         6.57031491, 6.57031491],
       [ 6.57031491, 6.57031491, 6.57031491, 6.57031491, 6.57031491,
         6.57031491, 6.57031491],
```

```
     [ 6.57031491, 6.57031491, 6.57031491, 6.57031491, 6.57031491,
       6.57031491, 6.57031491],
     [ 6.57031491, 6.57031491, 6.57031491, 6.57031491, 6.57031491,
       6.57031491, 6.57031491]])
>>> W*H2
array([[ 0.  , 0.003, 0.003, 0.004, 0.003, 0.001, 0.  ],
     [ 0.001, 0.007, 0.035, 0.034, 0.013, 0.002, 0.001],
     [ 0.005, 0.029, 0.07 , 0.088, 0.051, 0.019, 0.003],
     [ 0.007, 0.042, 0.085, 0.122, 0.058, 0.029, 0.003],
     [ 0.007, 0.024, 0.054, 0.063, 0.041, 0.012, 0.002],
     [ 0.003, 0.005, 0.017, 0.028, 0.013, 0.006, 0.002],
     [ 0.  , 0.  , 0.003, 0.001, 0.  , 0.001, 0.  ]])
>>> np.sum(W*H2)
1.0
```

프로그램 설명

① histogram2d() 함수는 배열 x, y에 의한 2차원 히스토그램을 계산한다. bins가 정수이면 nx=ny=bins이고, 배열이면 x_edges = y_edges = bins이고, [int, int]이면 nx, ny = bins이고, [array, array] 이면, x_edges, y_edges = bins이고, [int, array] 또는 [array, int]이면 정수(int)는 방의 수이고, array는 빈 경계(bin_edge) 배열이다. histogram2d() 함수는 2차원 히스토그램 배열 H, xedges 배열, yedges 배열을 반환한다. normed=True일 때, 히스토그램 H의 값에 빈의 면적(bin_area)를 곱해야 1이 된다.

② 설명 1에서 X = np.random.normal(muX, sigmaX, 1000)은 muX = 10, sigmaX = 2의 정규분포에서 1,000개의 샘플을 생성한다. X의 최소값, 최대값은 np.amin(X), np.amax(X)이다.

③ 설명 2에서 Y = np.random.normal(muY, sigmaY, 1000)은 muY= 20, sigmaY = 4의 정규분포에서 1,000개의 샘플을 생성한다. Y의 최소값, 최대값은 np.amin(Y), np.amax(Y)이다.

④ 설명 3에서 H, xedges, yedges = np.histogram2d(X, Y, bins = (nx, ny))는 배열 X, Y의 히스토그램 H를 bins = (nx, ny)에 계산하고, 배열 X, Y의 빈 경계 배열 xedges, yedges를 계산한다. 정규분포로부터 히스토그램 H를 계산했기 때문에 중앙 위치 H[3, 3] = 122가 가장 큰 값을 갖는다. H.sum() = 1000이다. 배열 X, Y의 랜덤 샘플에 의한 좌표 (x, y)가 1,000개인 것이다.

⑤ 설명 4에서 normed = True로 배열 X, Y의 히스토그램 H를 bins = (nx, ny)에 계산하고, 빈 경계 배열 xedges, yedges를 계산한다. bins = (nx, ny)에 의해 빈을 생성하였기 때문에, 배열 X의 빈 간격은 xstep = (np.amax(X) - np.amin(X)) / nx이고, 배열 Y의 빈 간격은 ystep = (np.amax(Y) - np.amin(Y)) / ny이다. 모든 빈의 면적은 bin_area = xstep * ystep이다. bin_area * H2는 빈 기반 확률이다. np.sum(bin_area * H2)은 1.0의 근사값이다.

⑥ 설명 5에서 dx = np.diff(xedges)는 xedges의 빈 간격을 dx에 계산하고, dy = np.diff(yedges)은 yedges의 빈 간격을 dy에 계산한다. W = np.outer(dx, dy)은 dx, dy에 의해 각 빈의 면적을 모두 계산한다. 배열 W의 모든 요소값이 bin_area와 같다. W * H2에 의해 빈 기반 확률로 변경한다. np.sum(W * H2)는 1.0이다.

2.10 선형대수 함수

[표 9.17]은 nuumpy의 벡터 및 행렬 곱셈 관련 주요 함수이고, [표 9.18]은 numpy. linalg의 주요 선형대수 함수이다.

표 9.17 numpy의 주요 선형대수 함수

함수	설명
dot(a, b, out=None)	두 배열의 Dot 곱셈, 1D 배열에서는 내적, 2D 배열에서는 행렬 곱셈
vdot(a, b)	두 벡터의 Dot 곱셈
inner(a, b)	두 배열의 내적
outer(a, b, out=None)	두 배열의 외적
matmul(a, b, out=None)	두 배열의 행렬 곱셈

표 9.18 numpy.linalg의 주요 선형대수 함수

함수	설명
cholesky(a)	Cholesky decomposition. a = L*L.H
qr(a, mode='reduced')	qr factorizatio. a = qr
svd(a, full_matrices=1, compute_uv=1)	Singular Value Decomposition. a = u*np.diag(s)*v
eig(a)	정방배열 a의 고유값. 고유벡터 계산
det(a)	배열의 행렬식 계산
solve(a, b)	ax = b의 연립방정식의 해 계산
lstsq(a, b, rcond=-1)	ax = b의 최소자승해 계산
inv(a)	a의 역행렬 dot(a, ainv) = dot(ainv, a) = eye(a.shape[0])
pinv(a, rcond=1e-15)	의사 역행렬(pseudo-inverse) 계산

[예제 9.36] dot(), vdot(), inner(), outer(), matmul() 함수

```
>>> import numpy as np

# 설명 1
>>> np.dot(2, 5)                  # np.vdot(2, 5),   np.inner(2, 5)
10
>>> np.dot([1, 2], [3, 4])        # np.vdot([1, 2], [3, 4]), np.inner([1, 2], [3, 4])
11

# 설명 2
>>> A=np.array([[1,2],[3,4]])
>>> B=np.array([[5,6],[7,8]])
>>> np.vdot(A, B)
70
```

```
# 설명 3
>>> np.dot(A, B)
array([[19, 22],
       [43, 50]])

# 설명 4
>>> np.matmul(A, B)
array([[19, 22],
       [43, 50]])

# 설명 5
>>> np.inner(A, B)
array([[17, 23],
       [39, 53]])

# 설명 6
>>> np.outer([1, 2], [3, 4])
array([[3, 4],
       [6, 8]])

# 설명 7
>>> np.outer(A, B)
array([[ 5,  6,  7,  8],
       [10, 12, 14, 16],
       [15, 18, 21, 24],
       [20, 24, 28, 32]])
```

프로그램 설명

① 설명 1에서 스칼라 2, 5의 dot(), vdot(), inner() 함수의 결과는 모두 10으로 같다. 1차원 벡터 [1, 2], [3, 4]의 dot(), vdot(), inner() 함수의 결과는 두 벡터의 내적인 11 = 1 * 3 + 2 * 4이다.

② 설명 2에서 np.vdot(A, B)는 2차원 배열 A, B를 1차원으로 평탄화(flattening)하여 벡터 내적을 계산한다. np.vdot(A, B) = 1 * 5 + 2 * 6 + 3 * 7 + 4 * 8 = 70이다.

③ 설명 3에서 np.dot(A, B)는 2차원 배열 A, B에 대해 일반적인 행렬 곱셈을 수행한다.

$$np.dot(A,\ B) = \begin{bmatrix} 1*5+2*7 & 1*6+2*8 \\ 3*5+4*7 & 3*6+4*8 \end{bmatrix}$$

④ 설명 4에서 np.matmul(A, B)은 2차원 배열 A, B에 대해 일반적인 행렬 곱셈을 수행한다.

⑤ 설명 5에서 np.inner(A, B)[0][0]은 A[0]과 B[0]행의 벡터 내적, np.inner(A, B)[0][1]은 A[0]과 B[1]행의 벡터 내적, np.inner(A, B)[1][0]은 A[1]과 B[0]행의 벡터 내적, np.inner(A, B)[1][1]은 A[1]과 B[1]행의 벡터 내적으로 계산한다.

$$np.inner(A,\ B) = \begin{bmatrix} 1*5+2*6 & 1*7+2*8 \\ 3*5+4*6 & 3*7+4*8 \end{bmatrix}$$

⑥ 설명 6에서 np.outer([1, 2], [3, 4])는 다음과 같이 벡터 외적을 계산한다.

$$np.outer([1,2],\ [3,4]) = \begin{bmatrix} 1*3 & 1*4 \\ 2*3 & 2*4 \end{bmatrix}$$

⑦ 설명 7에서 np.outer(A, B)는 2차원 배열 A, B를 1차원으로 평탄화하여 벡터 외적을 계산한다.

$$np.outer(A,\ B) = np.outer([1,2,3,4],\ [5,6,7,8])$$

$$= \begin{bmatrix} 1*5 & 1*6 & 1*7 & 1*8 \\ 2*5 & 2*6 & 2*7 & 2*8 \\ 3*5 & 3*6 & 3*7 & 3*8 \\ 4*5 & 4*6 & 4*7 & 4*8 \end{bmatrix}$$

[예제 9.37] linalg.solve() 함수에 의한 연립방정식의 해

```
>>> import numpy as np

# 설명 1
>>> L = np.array([[1, 0, 0], [1, 1, 0], [2, -4.5, 1]])
>>> b = [7, 13, 5]
>>> y = np.linalg.solve(L, b)
>>> y
array([ 7.,  6., 18.])

# 설명 2
>>> U = np.array([[1, 4, 1], [0, 2, -2], [0, 0, -9]])
>>> x = np.linalg.solve(U, y)
>>> x
array([ 5., 1., -2.])

# 설명 3
>>> A = np.dot(L, U)
>>> A
array([[ 1., 4., 1.],
   [ 1., 6., -1.],
   [ 2., -1., 2.]])
>>> x2 = np.linalg.solve(A, b)
>>> x2
array([ 5., 1., -2.])
```

프로그램 설명

① np.linalg.solve() 함수는 행렬 A가 정방행렬(square matrix)이고, 역행렬이 존재하는 풀랭크(full rank) 행렬인 경우의 Ax = b의 연립방정식의 유일한 해를 계산한다.

② 설명 1에서 np.linalg.matrix_rank(L) = 3으로 행렬 L의 행, 열의 개수와 같으므로 풀랭크이다. y
= np.linalg.solve(L, b)는 Ly = b의 해 y = array([7., 6., 18.])를 계산한다.

$$Ly = \begin{bmatrix} 1 & 0 & 0 \\ 1 & 1 & 0 \\ 2 & -4.5 & 1 \end{bmatrix} \begin{bmatrix} y_1 \\ y_2 \\ y_3 \end{bmatrix} = \begin{bmatrix} 7 \\ 13 \\ 5 \end{bmatrix} = b$$

③ 설명 2에서 x = np.linalg.solve(U, y)는 Ux = y의 해 x array([5., 1., -2.])를 계산한다.

$$Ux = \begin{bmatrix} 1 & 4 & 1 \\ 0 & 2 & -2 \\ 0 & 0 & -9 \end{bmatrix} \begin{bmatrix} x_1 \\ x_2 \\ x_3 \end{bmatrix} = \begin{bmatrix} 7 \\ 6 \\ 18 \end{bmatrix} = y$$

④ 설명 3에서 A = np.dot(L, U)는 행렬 L와 U 곱하여 A를 생성한다. x2 = np.linalg.solve(A, b)는
Ax2 = b의 연립방정식의 해 x2 = array([5., 1., -2.])를 계산한다. x2는 Ly = b, Ux = y의 해 x와
같다. NumPy에는 일반적인 행렬 A의 LU 분해 함수는 없고, SciPy의 scipy.linalg.lu()는 (M, N)
행렬 A를 PLU 분해하고, scipy.linalg.lu_factor() 함수는 (M, M) 정방행렬 A를 PLU 분해한다.

$$A = \begin{bmatrix} 1 & 4 & 1 \\ 1 & 6 & -1 \\ 2 & -1 & 2 \end{bmatrix} = \begin{bmatrix} 1 & 0 & 0 \\ 1 & 1 & 0 \\ 2 & -4.5 & 1 \end{bmatrix} \begin{bmatrix} 1 & 4 & 1 \\ 0 & 2 & -2 \\ 0 & 0 & -9 \end{bmatrix} = LU$$

[예제 9.38] forward_sub(), backward_sub() 함수에 의한 해

```python
>>> import numpy as np

# 설명 1
>>> def forward_sub(L, b):
    n = len(b)
    y = np.zeros(n)
    y[0] = b[0]
    for k in range(1, n):
        y[k] = (b[k] - np.dot(L[k, 0:k], y[0:k]))/L[k, k]
    return y

>>> def backward_sub(U, y):
    n = len(y)
    x = np.zeros(n)
    for k in range(n-1, -1, -1):
        x[k] = (y[k] - np.dot(U[k, k+1:n], x[k+1:n]))/U[k, k]
    return x

# 설명 2
>>> L = np.array([[1, 0, 0], [1, 1, 0], [2, -4.5, 1]])
>>> b = [7, 13, 5]
>>> y = forward_sub(L, b)
>>> y
array([ 7., 6., 18.])
```

```
# 설명 3
>>> U = np.array([[1, 4, 1], [0, 2, -2], [0, 0, -9]])
>>> x = backward_sub(U, y)
>>> x
array([ 5., 1., -2.])
```


① 설명 1에서 forward_sub(L, b) 함수는 하-삼각행렬(lower triangular matrix) L에 대하여, 전진대입(forward substitution)에 의해 Ly = b의 해 y를 반환한다. backward_sub(U, y) 함수는 상-삼각행렬(upper triangular matrix) U에 대하여, 후진대입(backward substitution)에 의해 Ux = y의 해 x를 반환한다. forward_sub(), backward_sub() 함수는 가우스 소거법, LU 분해, Cholesky 분해, QR 분해 등에서 해를 계산할 때 사용할 수 있다.

② 설명 2에서 y = forward_sub(L, b)는 Ly = b의 해 y를 전진대입으로 y = array([7., 6., 18.])를 계산한다.

③ 설명 3에서 x = backward_sub(U, y)는 Ux = y의 해 x를 후진대입으로 x = array([5., 1., -2.])을 계산한다.

[예제 9.39] Cholesky 분해 1 : $A = LL^*$

```
>>> import numpy as np

# 설명 1
>>> A = np.array([[2,-1],[-1,2]])
>>> L = np.linalg.cholesky(A)
>>> L
array([[ 1.41421356, 0.    ],
   [-0.70710678, 1.22474487]])
>>> np.dot(L, L.T)          # np.dot(L, L.T.conj())
array([[ 2., -1.],
   [-1., 2.]])
>>> np.allclose(A, np.dot(L, L.T))
True


# 설명 2
>>> A = np.array([[2,1+1j],[1-1j, 2]])
>>> L = np.linalg.cholesky(A)
>>> L
array([[ 1.41421356+0.j   , 0.00000000+0.j   ],
   [ 0.70710678-0.70710678j, 1.00000000+0.j    ]])
>>> np.dot(L, L.T.conj())
array([[ 2. +0.00000000e+00j, 1. +1.00000000e+00j],
   [ 1. -1.00000000e+00j, 2. +2.23711432e-17j]])
>>> np.allclose(A, np.dot(L, L.T.conj()))
True
```

프로그램 설명

① $n \times n$ 행렬 A가 영벡터가 아닌 모든 $n \times 1$ 열벡터 z에 대하여 $z^T A z > 0$이면, 양정의 행렬 (positive-definite matrix) 이라 한다. 예를 들어, 다음 행렬은 양정의 행렬이다.

$$A = \begin{bmatrix} 2 & -1 \\ -1 & 2 \end{bmatrix}, \quad A = \begin{bmatrix} 2 & -1 & 0 \\ -1 & 2 & -1 \\ 0 & -1 & 2 \end{bmatrix}$$

② 정방행렬 A의 모든 요소가 $a_{ij} = a_{ji}^*$이면, 에르미트행렬(Hermitian matrix) 이라 한다. a_{ji}^*은 a_{ij}의 켤레복소수이다. 즉, 대칭행렬에서 대각선 요소는 실수이고, 대칭 요소는 켤레복소수 관계이다. 실수 행렬 A에 대해서는 대칭행렬이면, 에르미트 행렬이다. 예를 들어, 다음 행렬은 에르미트 행렬이다.

$$A = \begin{bmatrix} 2 & -1 \\ -1 & 2 \end{bmatrix}, \quad A = \begin{bmatrix} 2 & 1+j \\ 1-j & 2 \end{bmatrix}$$

③ Cholesky 분해는 행렬 $A = LL^*$이다. 에르미트 양정의 행렬(Hermitian positive-definite matrix), A를 하-삼각행렬(lower triangular matrix) L과 켤레복소수 전치행렬(conjugate transpose) L^*의 곱셈으로 분해한다. 실수 행렬 A는 $L^* = L^T = U$이다. Cholesky 분해는 행렬 A가 양정의 행렬이고, 대칭행렬일 때, $Ax = b$의 선형방정식의 해를 계산한다. 먼저, $A = LL^*$로 분해하고, $Ly = b$의 해 y를 전진대입으로 계산하고, $L^*x = y$의 해 x를 후진대입으로 계산한다.

④ $m \times n$ 행렬 A에서 최소자승 방법(least square method) $\|Ax - b\|^2$ 을 최소화하는 x를 $A^T A x = A^T b$를 이용하여 Cholesky 분해로 계산할 수 있다. $C = A^T A$을 계산하고, $C = LL^T$ 분해한 다음, $d = A^T b$계산, 전진대입으로 $Lz = d$의 해 z를 계산하고, $L^T x = z$를 후진대입으로 x를 계산한다.

⑤ np.allclose() 함수는 두 배열에서 모든 요소 사이에 주어진 허용치 이내에서 같은 값이면 True를 반환한다.

⑥ 설명 1에서 L = np.linalg.cholesky(A)는 실수 행렬 A를 Cholesky 분해하여 행렬 L을 반환한다. 행렬 A는 실수 행렬이므로 L.T와 L.T.conj()는 같아서, np.dot(L, L.T)은 행렬 A가 된다. np.allclose(A, np.dot(L, L.T))은 True로 $A = L*L.T$이다.

⑦ 설명 2에서 L = np.linalg.cholesky(A)는 복소수 행렬 A를 Cholesky 분해하여 행렬 L을 반환한다. np.dot(L, L.T.conj())는 행렬 A와 같다.

[예제 9.40] Cholesky 분해 2 : forward_sub(), backward_sub() 함수에 의한 해

```
>>> import numpy as np

# 설명 1
>>> def forward_sub(L, b):
    n = len(b)
    y = np.zeros(n)
    y[0] = b[0]
    for k in range(1, n):
        y[k] = (b[k] - np.dot(L[k, 0:k], y[0:k]))/L[k, k]
    return y

>>> def backward_sub(U, y):
    n = len(y)
```

```
  x = np.zeros(n)
  for k in range(n−1, −1, −1):
    x[k] = (y[k] − np.dot(U[k, k+1:n], x[k+1:n]))/U[k, k]
  return x
```

설명 2
```
>>> A = np.array([[4, −2, 2], [−2, 2, −4], [2, −4, 11]])
>>> L = np.linalg.cholesky(A)
>>> L
array([[ 2., 0., 0.],
   [−1., 1., 0.],
   [ 1., −3., 1.]])
>>> L.T
array([[ 2., −1., 1.],
   [ 0., 1., −3.],
   [ 0., 0., 1.]])
>>> np.dot(L, L.T)
array([[ 4., −2.,  2.],
   [ −2.,  2., −4.],
   [ 2., −4., 11.]])
```

설명 3
```
>>> b = [0, 4, −13]
>>> y = forward_sub(L, b)
>>> y
array([ 0., 4., −1.])
>>> x = backward_sub(L.T, y)
>>> x
array([ 1., 1., −1.])
>>> np.dot(A, x)
array([ 0.,  4., −13.])
```


① 설명 1에서 forward_sub(L, b) 함수는 하-삼각행렬에 대하여, 전진대입에 의해 Ly = b의 해 y를 반환한다. backward_sub(U, y) 함수는 상-삼각행렬 U에 대하여, 후진대입에 의해 Ux = y의 해 x를 반환한다.

② 설명 2에서 L = np.linalg.cholesky(A)는 행렬 A에 대하여 Cholesky 분해하여 하-삼각행렬 L을 반환한다. np.dot(L, L.T)는 A와 같다.

③ 설명 3에서 Ax = b의 해 x를 Cholesky 분해로 계산한다. y = forward_sub(L, b)는 Ly = b의 해 y를 전진대입으로 계산하고, x = backward_sub(L.T, y)는 Ux = y의 해 x를 후진대입을 계산한다. np.dot(A, x)는 array([0., 4., −13.])으로 b와 같다.

$$Ax = \begin{bmatrix} 4 & -2 & 2 \\ -2 & 2 & -4 \\ 2 & -4 & 11 \end{bmatrix} \begin{bmatrix} x_1 \\ x_2 \\ x_3 \end{bmatrix} = \begin{bmatrix} 0 \\ 4 \\ -13 \end{bmatrix} = b$$

[예제 9.41] QR 분해 : A = QR

```
>>> import numpy as np

# 설명 1
>>> A = np.array([[4, -2, 2], [-2, 2, -4], [2, -4, 11]])
>>> Q, R = np.linalg.qr(A)
>>> Q
array([[-0.81649658, -0.49236596, 0.30151134],
   [ 0.40824829, -0.12309149, 0.90453403],
   [-0.40824829, 0.86164044, 0.30151134]])
>>> R
array([[-4.89897949, 4.0824829 , -7.75671752],
   [ 0.    , -2.7080128 , 8.98567884],
   [ 0.    , 0.    , 0.30151134]])
>>> np.allclose(np.dot(Q.T, Q), np.eye(3))
True
>>> np.allclose(A, np.dot(Q, R))
True

# 설명 2
>>> b = [0, 4, -13]
>>> y = np.dot(Q.T, b)
>>> x = backward_sub(R, y)
>>> x
array([ 1., 1., -1.])
```

프로그램 설명

① 행렬 A에서 A^TA 이역행렬이 존재한다면, Gram-Schmidt 방법으로 직교행렬(orthonormal matrix) Q와 상-삼각행렬 R의 곱셈인 $A = QR$로 분해한다. 정규직교행렬 Q는 $Q^TQ = I$이다.

② $m \times n$ 행렬 A에서 최소자승 방법(least square method) $\|Ax - b\|^2$을 최소화하는 x를 $A^TAx = A^Tb$을 이용하여 QR 분해로 계산할 수 있다. $A = QR$ 분해한 다음, $y = Q^Tb$을 계산하고, 후방대치로 $Rx = y$의 해 x를 계산한다. Cholesky 분해보다 속도가 빠르다.

③ 설명 1에서 Q, R = np.linalg.qr(A)는 행렬 A를 Q, R로 분해한다. np.allclose(A, np.dot(Q, R))은 True이다. np.allclose(np.dot(Q.T, Q), np.eye(3))는 True로 Q는 정규직교행렬이다.

④ 설명 2에서 Ax = b의 해를 계산한다. y = np.dot(Q.T, b)로 y를 계산하고, x = backward_sub(R, y)에 의해 x를 계산한다.

[예제 9.42] SVD 분해 : A = U×diag(S)×V

```
>>> import numpy as np

# 설명 1
# svd(a, full_matrices=1, compute_uv=1)
>>> A = np.array([[3, -6], [4, -8], [0, 1]])
>>> U, s, V = np.linalg.svd(A)
>>> S = np.zeros((3, 2))
```

```
>>> S[:2, :2] = np.diag(s)
>>> U
array([[-0.59808311, -0.04792284, 0.8  ],
   [-0.79744414, -0.06389712, -0.6  ],
   [ 0.07987139, -0.99680518, 0.  ]])
>>> S
array([[ 11.2161167 , 0.  ],
   [ 0.  , 0.44578709],
   [ 0.  , 0.  ]])
>>> V
array([[-0.44436288, 0.89584688],
   [-0.89584688, -0.44436288]])
>>> np.allclose(np.eye(3), np.dot(U.T, U))       # np.eye(3) = np.identity(3)
True
>>> np.allclose(np.eye(2), np.dot(V.T, V))
True
```

설명 2

```
>>> np.dot(U, np.dot(S, V))
array([[ 3.00000000e+00, -6.00000000e+00],
   [ 4.00000000e+00, -8.00000000e+00],
   [ -5.52064972e-17, 1.00000000e+00]])

>>> np.allclose(A, np.dot(U, np.dot(S, V)))
True
```

설명 3

```
>>> S1 = np.zeros((2, 3))
>>> S1[:2, :2] = np.diag(1/s)
>>> S1
array([[ 0.08915742, 0.  , 0.  ],
   [ 0.  , 2.24322334, 0.  ]])
>>> np.dot(V.T, np.dot(S1, U.T))          # pseudo inverse by SVD
array([[ 1.20000000e-01, 1.60000000e-01, 2.00000000e+00],
   [ 4.56675361e-18, 3.52206272e-18, 1.00000000e+00]])
>>> np.linalg.pinv(A)
array([[ 1.20000000e-01, 1.60000000e-01, 2.00000000e+00],
   [ 6.93889390e-18, 0.00000000e+00, 1.00000000e+00]])
>>> np.allclose(np.linalg.pinv(A), np.dot(V.T, np.dot(S1, U.T)))
True
```

프로그램 설명

① SVD(singular value decomposition)은 행렬을 $A_{m \times n} = U_{m \times m}\ S_{m \times n}\ V_{n \times n}^{T}$ 로 분해한다. 여기서 $U^{T}U = I_{m \times m}, V^{T}V = I_{n \times n}$ 이다. 즉 U, V는 직교(orthogonal)행렬이다. U의 열은 AA^{T}의 정규직교 고유벡터(orthonormal eigenvectors)이고, V의 열은 $A^{T}A$의 정규직교 고유벡터이고, S는 대각요소에 U, V의 고유값(eigen values)의 제곱근(square root)인 특이값(singular values)을 갖는다.

② m> n인 $A_{m \times n}$ 행렬에 대해 $Ax = b$의 선형방정식의 최소자승해(least square solution) x^+을 SVD 로 계산할 수 있다. $A_{m \times n} = U_{m \times m}\, S_{m \times n}\, V_{n \times n}^T$로 분해되면, 행렬 A의 의사역행렬(pseudo inverse)는 $A^+ = VS^{-1}U^T$로 계산할 수 있다. 행렬 S는 대각행렬이므로 S^{-1}는 행렬 S의 대각 요소를 역수로 계산된다. 최소자승해는 $x^+ = A^+ b = VS^{-1}U^T b$이다.

③ numpy.linalg.svd(a, full_matrices = 1, compute_uv = 1) 함수는 행렬 a를 SVD 분해하여 U, s, V를 반환한다. V는 위 수식에서 V^T이다. 즉, np.dot(U, np.dot(S, V))가 행렬 A이다. full_matrices = True이면 U, V의 shape가 (m, m), (n, n)이다. ull_matrices = False 이면 U, V의 shape가 (m, k), (k, n), k = min(m, n)이다. s는 k개의 특이값이 내림차순으로 정렬된 1차원 배열로 반환한다.

④ 설명 1에서 U, s, V = np.linalg.svd(A)는 (3, 2) 행렬 A를 SVD 분해하여 U, s, V를 반환한다. S = np.zeros((3, 2)), S[:2, :2] = np.diag(s)는 (3, 2) 행렬 S의 S[:2, :2]의 대각요소에 s 배열의 값을 복사하여 S를 생성한다. np.allclose(np.eye(3), np.dot(U.T, U))는 U가 직교행렬인지를 확인하고, np.allclose(np.eye(2), np.dot(V.T, V))는 V 행렬이 직교행렬인지를 확인한다.

⑤ 설명 2에서 np.dot(U, np.dot(S, V))는 행렬 A와 같다.

⑥ 설명 3에서 S1 = np.zeros((2, 3)), S1[:2, :2] = np.diag(1/s)는 S의 역행렬(정방행렬이 아니므로 정확히 역행렬은 아님) S1을 계산하고, np.dot(V.T, np.dot(S1, U.T))로 계산한 행렬 A의 의사역행렬은 np.linalg.pinv(A)와 결과가 같다.

[예제 9.43] 고유값, 고유벡터 계산

```
>>> import numpy as np

# 설명 1
>>> A=np.array([[1, 0, -1],[0,1, 0], [-1, 0, 1]])
>>> w, v = np.linalg.eig(A)
>>> w
array([ 2., 0., 1.])
>>> v
array([[ 0.70710678, 0.70710678, 0.   ],
   [ 0.   , 0.   , 1.   ],
   [-0.70710678, 0.70710678, 0.   ]])

# 설명 2
>>> v[:, 0]          # w[0] = 2에 대한 고유벡터
array([ 0.70710678, 0.   , -0.70710678])
>>> v[:, 1]          # w[1] = 0에 대한 고유벡터
array([ 0.70710678, 0.   , 0.70710678])
>>> v[:, 2]          # w[2] = 1에 대한 고유벡터
array([ 0., 1., 0.])
```

프로그램 설명

① 행렬 A에서 $Ax = \lambda x$을 만족하는 λ을 고유값(eigen value)라하고, 각 고유값 λ에 대한 벡터 x를 고유벡터(eigen vector)라 한다. 고유값은 $\det(A - \lambda I) = 0$의 특성방정식으로 계산한다. 주어진 데이터에 대한 주대각선 분석(principal axis analysis)에서 고유벡터는 데이터의 직교축을 계산하고, 고유값은 자료의 퍼짐을 나타낸다.

② numpy.linalg.eigeig(a) 함수는 (m, m) 정방행렬 a의 고유값을 (m,) 배열 w에 계산하고, 단위벡터로 정규화된 고유벡터를 (m, m) 배열 v에 계산한다. 고유값 배열 w는 정렬되어 있지 않고, w[i]에 대한 고유벡터가 v[:, i]열에 있다.

③ 설명 1에서 w, v = np.linalg.eig(A)는 (3, 3) 배열 A의 고유값을 w에 계산하고, 고유벡터를 v에 계산한다.

④ 설명 2에서 v[:, 0]은 w[0] = 2에 대한 고유벡터이고, v[:, 1]은 w[1] = 0에 대한 고유벡터이며, v[:, 2]은 w[2] = 1에 대한 고유벡터이다.

[예제 9.44] 행렬식, 역행렬 계산, 연립방정식의 해

```
>>> import numpy as np

# 설명 1
>>> A = np.array([[ 1, 4, 1], [ 1, 6, -1], [ 2, -1, 2]])
>>> np.linalg.det(A)
-17.999999999999996

# 설명 2
>>> A1 = np.linalg.inv(A)
>>> A1
array([[-0.61111111, 0.5     , 0.55555556],
   [ 0.22222222, 0.    , -0.11111111],
   [ 0.72222222, -0.5    , -0.11111111]])
>>> np.allclose(np.dot(A, A1), np.eye(3))
True

# 설명 3
>>> b = [7, 13, 5]
>>> x = np.dot(A1, b)
>>> x
array([ 5., 1., -2.])

# 설명 4
>>> x2 = np.linalg.solve(A, b)
>>> x2
array([ 5., 1., -2.])
```

프로그램 설명

① 설명 1에서 np.linalg.det(A)는 배열 A의 행렬식(determinant)으로 0이 아니므로 역행렬이 존재한다.

② 설명 2에서 A1 = np.linalg.inv(A)은 배열 A의 역행렬 A1을 계산한다. np.allclose(np.dot (A, A1), np.eye(3))는 True이다.

③ 설명 3에서 연립방정식 $Ax = b$의 해를 $x = A^{-1}b$로 계산한다.
   x = np.dot(A1, b)는 A의 역행렬 A1과 b를 곱하여 해(solution) x=array([5., 1., -2.])을 계산한다.

④ 설명 4에서 x2 = np.linalg.solve(A, b)는 해 x2는 역행렬로 계산한 x와 같다.

[예제 9.45] numpy.matrix 클래스

```python
>>> import numpy as np

# 설명 1
>>> x = np.array([[1, 2], [3, 4]])
>>> m = np.mat(x)          # m = np.matrix(x, copy=False)
>>> m
matrix([[1, 2],
        [3, 4]])

# 설명 2
>>> m.A
array([[1, 2],
       [3, 4]])
>>> m.T
matrix([[1, 3],
        [2, 4]])
>>> m.H
matrix([[1, 3],
        [2, 4]])
>>> m.I
matrix([[-2. ,  1. ],
        [ 1.5, -0.5]])
>>> np.allclose(m*m.I, np.eye(2))
True

# 설명 3
>>> x is m
False
>>> x == m
matrix([[ True,  True],
        [ True,  True]], dtype=bool)

# 설명 4
>>> A = np.matrix('1 2; 3 4')
>>> A
matrix([[1, 2],
        [3, 4]])
>>> A = np.mat('1 1; 1 1')
>>> B = np.mat('2 2; 2 2')
>>> C = np.bmat([[A, B], [B, A]])      # C = np.bmat('A B; B A')
>>> C
matrix([[1, 1, 2, 2],
        [1, 1, 2, 2],
        [2, 2, 1, 1],
        [2, 2, 1, 1]])
```

프로그램 설명

① 2차원 행렬의 경우 numpy.ndarray 대신 numpy.matrix 클래스를 사용할 수 있다. numpy. matrix 클래스 객체는 numpy.matrix(), numpy.mat(), numpy.asmatrix(), numpy.bmat() 등으로 생성할 수 있다. numpy.matrix 클래스 객체는 행렬 곱셈은 * 연산자로, 행렬의 제곱(power)은 ** 연산자로 사용할 수 있다. ndarry 객체(A), 역행렬(I), 전치행렬(T), 켤레복소수 전치행렬 (conjugate transpose)(H) 등의 속성(attributes)을 가지며, all(), any(), astype(), copy() 등 numpy. ndarray에서 사용할 수 있는 다양한 메서드를 사용할 수 있다.

② **설명 1**에서 np.array()로 ndarray 객체 x를 생성한다. m = np.mat(x)는 배열 x를 이용하여 matrix 클래스 객체 m을 생성한다. m = np.matrix(x, copy = False)와 같다. 행렬 m과 배열 x는 데이터를 공유한다. 즉, m[0, 0] = 10로 변경하면, x[0, 0] 값도 변경된다.

③ **설명 2**에서 m.A 속성은 행렬 m의 ndarray 객체를 반환한다. m.T는 전치행렬, m.H는 켤레복소수 전치행렬(실수 행렬은 전치행렬과 같다), m.I는 역행렬을 반환한다. m * m.I는 2×2 단위행렬 np.eye(2)와 같다.

④ **설명 3**에서 x is m은 서로 다른 객체이므로 False이다. x == m은 각 원소별 동등 비교에 의해 2×2 불리언 행렬을 반환한다.

⑤ **설명 4**에서 np.matrix('1 2; 3 4')로 행렬 A를 생성한다. 문자열에서 공백, 콤마는 열(column), 세미콜론은 행(row)을 구분한다. C = np.bmat([[A, B], [B, A]])는 행렬 블록으로 행렬 C를 생성한다.

[예제 9.46] 최소자승해 1 : 직선 y = mx + c

```
>>> import numpy as np

# 설명 1
>>> x = np.linspace(-10.0, 10.0, num=50)
>>> m, c = 3, -10
>>> y = m*x + c
>>> e = np.random.normal(0, 10.0, x.size)    # noise
>>> y1 = y + e
>>> A = np.vstack([x, np.ones(len(x))]).T
>>> p, residuals, r, s = np.linalg.lstsq(A, y1)
>>> m1, c1 = p
>>> m1, c1
(2.786633896863719, -7.6716419515814378)
>>> residuals
array([ 5413.11366544])
>>> r
2
>>> s
array([ 41.64965639,  7.07106781])

# 설명 2
>>> error = (np.dot(A, p)- y1)**2
>>> np.sum(error)
5413.1136654435513
```

```
# 설명 3
>>> U, s, V = np.linalg.svd(A)
>>> U.shape
(50, 50)
>>> V.shape
(2, 2)
>>> s
array([ 41.64965639,  7.07106781])
>>> S = np.zeros((2, 50))
>>> S[:2, :2] = np.diag(1/s)             # inverse(s)
>>> A1 = np.dot(V.T, np.dot(S, U.T))     # A1 = np.linalg.pinv(A)
>>> np.dot(A1, y)
array([ 2.7866339 , -7.67164195])
```

프로그램 설명

① numpy.linalg.lstsq(a, b, rcond = -1) 함수는 선형방정식의 최소자승해(least square solution)를 계산해 반환한다. a는 (m, n)의 계수행렬이고, b는 (m,)의 1차원 배열 또는 (m, k)의 2차원 배열이다. k개의 열 각각에 대한 해를 계산한다. 행렬 a의 가장 큰 특이값(singular value)에 rcond를 곱한 결과보다 적은 특이값은 0으로 설정한다. 최소자승해 x, 잔차(residuals)의 합계 residuals, 랭크 rank, 특이값 s를 반환한다. 최소자승해 x는 (n,) 배열 또는 (n, k) 배열이다. residuals는 b − ax의 제곱합이다. b가 1차원이면 (1,) 배열이고, b가 2차원 배열이면 (k,) 배열이다. s는 (min(m, n),) 배열이다.

② 설명 1에서 x = np.linspace(-10.0, 10.0, num = 50)는 등간격으로 50개의 데이터를 배열 x에 생성하고, 참값(truth value)으로 m = 3, c = -10을 설정하고, 직선 y = m * x + c로 배열 y를 생성한다. 배열 x, y는 기울기 m, c인 직선 위의 좌표 배열이다.

y1 = y + e는 평균 0, 표준편차 10인 정규분포 잡음을 y에 추가하여 배열 y1을 생성한다. A = np.vstack([x, np.ones(len(x))]).T로 (50, 2) 행렬 A를 구성하여, Ap = y의 형태로 표현한다. p, residuals, r, s = np.linalg.lstsq(A, y1)은 최소자승해 p, 잔차 residuals, 랭크 r, 특이값 s를 계산한다. m1, c1 = p에 의해 최소자승해로 찾은 참값(m, c)의 추정치(estimate)는 m1, c1이다.

$$Ap = y$$

$$\begin{bmatrix} x_1 & 1 \\ x_2 & 1 \\ \cdots \\ x_n & 1 \end{bmatrix} \begin{bmatrix} m \\ c \end{bmatrix} = \begin{bmatrix} y_1 \\ y_2 \\ . \\ . \\ y_n \end{bmatrix}$$

③ 설명 2에서 잔차(residuals)를 직접 계산해 본다. 잔차는 최소자승해 p와 잡음이 포함된 배열 y1(참값의 배열 y가 아니다. 우리는 시뮬레이션을 위해 참값에 잡음을 추가했지만, 실제는 참값은 모르는 데이터이다) 사이의 오차 제곱 합계이다. 잔차가 작을수록 참값에 근사한다. error = (np.dot(A, p) - y1) ** 2는 각 데이터에 대한 오차의 제곱을 계산하고, np.sum(error)로 합계를 계산한다. error는 residuals[0]과 같은 값이다.

$$residuals = \sum |Ap - y1|^2$$

④ 설명 3에서 U, s, V = np.linalg.svd(A)는 행렬 A를 SVD 분해를 한다. 특이값 s는 lstsq() 함수의 s
와 같다. A1 = np.dot(V.T, np.dot(S, U.T))는 SVD를 이용하여 의사역행렬 A1을 계산한다. A1 =
np.linalg.pinv(A)로 계산한 결과와 같다. np.dot(A1, y)에 의해 최소자승해를 계산할 수 있다.

[예제 9.47] 최소자승해 2 : 이차방정식 $y = ax^2 + bx + c$

```
>>> import numpy as np
```

```
# 설명 1
>>> x = np.linspace(-10.0, 10.0, num=50)
>>> a, b, c = 1, -2, -3
>>> y = a*x*x + b*x + c
>>> e = np.random.normal(0, 10.0, x.size)
>>> y1 = y + e
>>> A = np.vstack([x*x, x, np.ones(len(x))]).T
>>> A.shape
(50, 3)
>>> p, residuals, r, s = np.linalg.lstsq(A, y1)
>>> a1, b1, c1 = p
>>> a1, b1, c1
(0.98691015593813181, -1.9071656819014862, -2.5203399195174105)
>>> residuals
array([ 3627.4969121])
```

```
# 설명 2
>>> y = a*x*x + b*x + c
>>> e = np.random.normal(0, 5.0, x.size)
>>> y2 = y + e
>>> A = np.vstack([x*x, x, np.ones(len(x))]).T
>>> p, residuals, r, s = np.linalg.lstsq(A, y2)
>>> a2, b2, c2 = p
>>> a2, b2, c2
(1.0714179557242838, -1.936522128473507, -5.6971503578062928)
>>> residuals
array([ 682.79516487])
```

프로그램 설명

① 설명 1에서 x = np.linspace(-10.0, 10.0, num = 50)는 등간격으로 50개의 데이터를 배열 x
에 생성하고, y = a * x * x + b * x + c로 배열 y를 생성하고, y1 = y + e에 의해 평균 0, 표준편
차 10인 정규분포 잡음을 y에 추가하여 데이터 배열 y1을 생성한다. A = np.vstack([x * x, x,
np.ones(len(x))]).T로 (50, 3) 행렬 A를 구성하여, Ap = y의 형태로 表現한다. p, residuals, r, s =
np.linalg.lstsq(A, y1)은 최소자승해 p, 오차 residuals, 랭크 r, 특이값 s를 계산한다. 최소자승해
는 a1, b1, c1으로 참값 a, b, c의 근사값이다. 잔차 residuals은 array([3627.4969121])이다.

② 설명 2에서 e = np.random.normal(0, 5.0, x.size)는 평균 0, 표준편차 5인 정규분포 잡음을
배열 e를 생성하고, y2 = y + e는 배열 y에 잡음 e를 추가하여 데이터 배열 y2를 생성한다. p,
residuals, r, s = np.linalg.lstsq(A, y2)로 최소자승해 a2, b2, c2를 계산하면, 오차 residuals가
array([682.79516487])로 줄어드는 것을 확인할 수 있다.

$$A p = y$$

$$\begin{bmatrix} x_1^2 & x_1 & 1 \\ x_2^2 & x_2 & 1 \\ \cdots & & \\ x_n^2 & x_n & 1 \end{bmatrix} \begin{bmatrix} a \\ b \\ c \end{bmatrix} = \begin{bmatrix} y_1 \\ y_2 \\ \cdots \\ y_n \end{bmatrix}$$

2.11 배열의 입출력 함수

[표 9.19]는 numpy의 주요 파일 입출력 함수이다. load(), save(), savez(), savez_compressed() 함수는 바이너리 함수이고, loadtxt(), savetxt() 함수는 텍스트 파일 입출력 함수이다.

표 9.19 numpy의 주요 파일 입출력 함수

함수	설명

load(file, mmap_mode=None,
    allow_pickle=True, fix_imports=True,
    encoding='ASCII')
	바이너리 파일 npy, npz 파일로부터 배열을 로드

save(file, arr, allow_pickle=True, fix_imports=True)	바이너리 파일 npy 포맷으로 저장
savez(file, *args, **kwds)	여러 개의 배열을 하나의 바이너리 파일에 npz 포맷으로 비압축 저장
savez_compressed(file, *args, **kwds)	여러 개의 배열을 하나의 바이너리 파일에 npz 포맷으로 압축 저장

loadtxt(fname, dtype=⟨type 'float'⟩,
    comments='#', delimiter=None,
    converters=None, skiprows=0,
    usecols=None, unpack=False, ndmin=0)
	텍스트 파일에서 데이터를 배열에 로드

savetxt(fname, X, fmt='%.18e',
    delimiter=' ', newline='\n', header='',
    footer='', comments='# ')
	배열을 텍스트 파일로 저장

[예제 9.48] 바이너리 파일 입출력

```
>>> import numpy as np

# 설명 1
>>> A = np.arange(12).reshape(3, 4)
>>> np.save("dataA", A)          # dataA.npy
>>> np.load("dataA.npy")
array([[ 0, 1, 2, 3],
    [ 4, 5, 6, 7],
    [ 8, 9, 10, 11]])
```

```
# 설명 2
>>> B = np.arange(8).reshape(2, 4)
>>> np.savez("dataAB.npz", arr1=A, arr2=B)
>>> data = np.load("dataAB.npz")
>>> data["arr1"]
array([[ 0, 1, 2, 3],
   [ 4, 5, 6, 7],
   [ 8, 9, 10, 11]])
>>> data["arr2"]
array([[0, 1, 2, 3],
   [4, 5, 6, 7]])
```

프로그램 설명

① 설명 1에서 np.save("dataA", A)는 배열 A를 "dataA.npy" 파일에 바이너리 포맷으로 저장한다. np.load("dataA.npy")는 "dataA.npy" 바이너리 파일에 저장된 행렬 정보를 로드한다.

② 설명 2에서 np.savez("dataAB.npz", arr1 = A, arr2 = B)는 배열 A, B를 "dataAB.npz" 파일에 바이너리 포맷으로 저장한다. data = np.load("dataAB.npz")은 "dataAB.npz" 파일에 저장된 배열 정보를 data 사전에 배열을 읽는다. data["arr1"], data["arr2"]로 배열을 구분하여 사용할 수 있다.

[예제 9.49] 텍스트 파일 입출력

```
>>> import numpy as np
```

```
# 설명 1
>>> A = np.arange(12).reshape(3, 4)
>>> np.savetxt("test.txt", A)
>>> np.loadtxt("test.txt")
array([[ 0.,  1.,  2.,  3.],
   [ 4.,  5.,  6.,  7.],
   [ 8.,  9., 10., 11.]])
```

```
# 설명 2
>>> np.savetxt("test2.txt", A, fmt="%.3f", delimiter=",")
>>> np.loadtxt("test2.txt", delimiter=",")
array([[ 0.,  1.,  2.,  3.],
   [ 4.,  5.,  6.,  7.],
   [ 8.,  9., 10., 11.]])
```

```
# 설명 3
>>> np.loadtxt("test3.txt", delimiter=",", usecols=(0, 2))
array([[ 0.,  2.],
   [ 4.,  6.],
   [ 8., 10.]])
```

```
# 설명 4
>>> A = np.arange(4)
>>> B = np.arange(4, 8)
```

```
>>> C = np.arange(8, 12)
>>> np.savetxt("test3.txt", (A, B, C), fmt="%.3f", delimiter=",")
>>> np.loadtxt("test3.txt", delimiter=",")
array([[ 0.,  1.,  2.,  3.],
   [ 4.,  5.,  6.,  7.],
   [ 8.,  9., 10., 11.]])
```

프로그램 설명

① 설명 1에서 np.savetxt('test.txt', A)는 행렬 A를 fmt='%.18e' 포맷으로 "test.txt" 텍스트 파일에 저장한다. np.loadtxt("test.txt")는 "test.txt" 텍스트 파일에서 데이터를 행렬로 로드한다.

② 설명 2에서 np.savetxt("test2.txt", A, fmt = "%.3f", delimiter = ",")는 행렬 A를 구분자 delimiter = ","와 fmt="%.3f" 포맷을 사용하여 "test2.txt" 텍스트 파일에 저장한다. np.loadtxt("test2.txt", delimiter = ",")는 "test2.txt" 텍스트 파일에서 구분자 delimiter = ","를 사용하여 행렬로 로드한다.

③ 설명 3에서 np.loadtxt("test3.txt", delimiter = ",", usecols = (0, 2))는 usecols=(0, 2)로 0열과 2열을 로드한다.

④ 설명 4에서 np.savetxt("test3.txt", (A, B, C), fmt = "%.3f", delimiter = ",")는 (A, B, C)에 의해 (4,)인 1차원 행렬 A, B, C를 차례로 "test3.txt" 텍스트 파일에 저장한다. 행렬 A, B, C는 같은 크기의 1차원 배열이어야 한다. np.loadtxt("test3.txt", delimiter =",")는 "test3.txt" 텍스트 파일에서 데이터를 행렬로 로드한다.

03   Matplotlib 그래프 그리기

John Hunter에 의해 개발된 Matplotlib는 파이썬에서 MATLAB과 유사한 2D, 3D 그래프를 지원하는 라이브러리로, NumPy, SciPy 등의 수학, 과학, 공학 라이브러리에서 매우 광범위하게 사용된다. 여기서는 Matplotlib 튜토리얼을 참조하여, matplotlib.pyplot를 사용하여 간단한 수학함수, 히스토그램, 스케터 데이터를 표시하는 방법에 대하여 설명한다. 모든 예제에서 import matplotlib.pyplot as plt로 임포트하여 사용한다.

3.1 Matplotlib 기초

Matplotlib는 계층적으로 구성되어 있다. [그림 9.3]은 Matplotlib를 구성하는 기본 객체 요소의 관계를 나타낸다. Figure는 전체 영역을 나타낸다. Axes는 "plot"라고 하며, 하나의 Figure 내에 여러 Axes가 있을 수 있지만, 하나의 Axes 객체는 하나의 Figure에만 있어야 한다. Axes는 2개(2D) 또는 3개(3D)의 Axis 객체를 갖고 있다. Matplotlib에서 Text, Line2D, Patch 등 보이는 모든 요소(Figure, Axes, Axis 포함)는 Artist 객체이다. plt.show()로 랜더링하면 모든 Artist 객체들이 캔버스(canvas) 위에 그려진다.

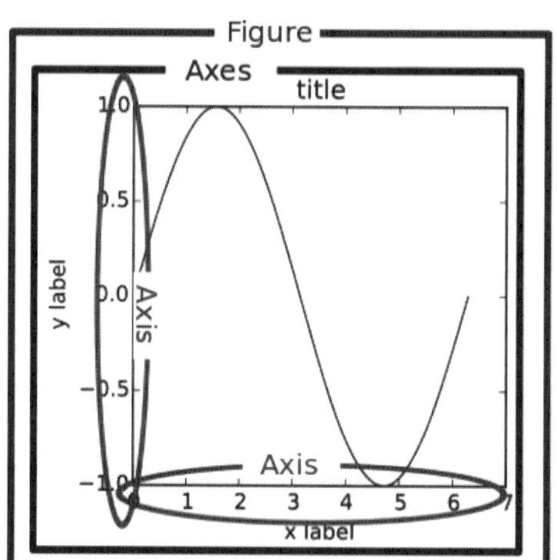

[그림 9.3] Matplotlib의 기본구조

대부분의 Artist 객체는 Axes에 묶여 있다. Matplotlib를 사용하여 그래프/도형/그림을 그리기 위해서는 Figure 객체가 있어야 하며, 하나 이상의 Axes 객체가 있어야 한다. Pyplot 모듈은 상태기계 인터페이스(state-machine interface)를 제공하고, 현재(current) Figure 객체와 현재 Axes 객체를 가지고 있다. 모든 플로팅은 현재 Axes에 대해 수행된다. plt.gca() 함수는 현재 Axes 객체를 반환하고, plt.gcf() 함수는 현재 Figure 객체를 반환한다.

plt.figure()는 Figure 객체를 생성하고, plt.subplot() 또는 Figure.add_subplot() 메서드로 Axes 객체를 추가할 수 있다. 그러나 Figure 객체를 생성하지 않고, plt.plot() 함수를 사용해도, 처음 호출에서 자동으로 필요한 Figure, Axes 객체를 생성한다. plt.subplots_adjust() 함수는 Figure, Axes 객체의 위치 및 공백을 조정할 수 있다.

3.2 선으로 그래프 그리기

plot(*args, **kwargs) 함수는 다양한 직선으로 그래프를 생성한다. 가변인수 args는 y 좌표 배열만도 가능하고, x, y 배열과 포맷 문자열 fmt가 반복적으로 올 수 있다. [표 9.20]은 가변인수 args의 사용 가능 예이다.

포맷 문자열 fmt는 [표 9.21]의 마커문자와 [표 9.22]의 컬러 단축 문자를 조합하여 지정할 수 있다. 예를 들어 'bo'는 파란색 원(blue circle) 마커이다. 또는 키워드 인수 kwargs에 [표 9.23]의 Line2D의 속성을 사용하여 선의 속성을 지정할 수 있다.

컬러는 컬러 단축 문자와 'red', '#ff0000', (1, 0, 0), '0.8' 등을 사용할 수 있다. plot() 함수로 생성된 Line2D 객체를 이용하여 setp() 함수로 속성을 변경할 수 있다.

xlabel(), ylabel(), title() 함수는 레이블, 타이틀을 문자열로 설정하고, show() 함수는 그래프를 윈도우에 표시한다.

표 9.20 matplotlib.pyplot.plot()의 가변인수 args

함수	설명
plot(y)	배열 y와 x=[0,...,len(y)-1]. 기본 선 스타일, 칼라
plot(x, y)	배열 x, y. 기본 선 스타일, 칼라
plot(y, fmt)	배열 y와 x=[0,...,len(y)-1]. 포맷 문자열 fmt
plot(x, y, fmt)	배열 x, y. 포맷 문자열 fmt
plot(x1, y1, fmt1, x2, y2, fmt2, ...)	(배열 x1, y1, 포맷 문자열 fmt1), (배열 x2, y2, 포맷 문자열 fmt2),...

표 9.21 주요 마커

marker	설명
'o'	circle
'v', '^', '<', '>'	triangle_down, up, left, right
'8'	octagon
's'	square
'p'	pentagon
'*'	star
'+'	plus
'x'	x
'D'	diamond
'd'	thin_diamond
'|'	vline
'_'	hline

표 9.22 컬러 단축문자

문자	설명
'b', 'k'	blue
'g'	green
'r'	red
'c'	cyan
'm'	magenta
'y'	yellow
'w'	white

표 9.23 matplotlib.pyplot.plot()의 키워드 인수 kwargs

Line2D의 속성	설명
alpha	투명도 0.0(투명)에서 1.0(불투명)의 실수
animated	True, False
color	
fillstyle	채우기 스타일 'full', 'left', 'right', 'bottom', 'top', 'none'
label	레이블
linestyle	선 스타일, 'solid', 'dashed', 'dashdot', 'dotted', '-', '--', '-.', ':', 'None', ' ', '' 등
linewidth	선두께
marker	마커, [표 9.21]
markeredgecolor	마커 색상
markersize	마커 크기

[예제 9.50] 선 그리기 1　　　　　　　　　　　　　　　　　　　　　(ex0950.py)

```
01    # 설명 1
02    import matplotlib.pyplot as plt
03
04    # 설명 2
05    plt.plot([1, 3, 5, 7, 9])    # "b-"
06
07    # 설명 3
08    plt.xlabel("x")
09    plt.ylabel("y")
10    plt.title("plot example1")
11    plt.show()
```

프로그램 설명

① 설명 1에서 matplotlib.pyplot를 plt로 임포트한다.

② 설명 2에서 plt.plot() 함수에서 하나의 리스트만 있는 경우 y 좌표로 사용하여 matplotlib.lines. Line2D로 그래프를 그린다. x 좌표는 0부터 시작하여 자동으로 생성된다. plt.plot([1, 3, 5, 7, 9]) 는 x = [0, 1, 2, 3, 4], y = [1, 3, 5, 7, 9]의 대응 좌표 쌍(pairs)에 의해 기본값 "b-"에 의해 파란색 실선으로 플로팅한다. matplotlib는 내부적으로 리스트 대신 numpy의 배열을 사용한다.

③ 설명 3에서 plt.xlabel(), plt.ylabel(), plt.title() 함수는 각각 X축, Y축의 레이블, 그래프의 타이틀을 주어진 문자열로 설정한다. plt.show()는 현재 그래프를 화면에 표시한다. 실행 결과는 [그림 9.4]와 같다. 아래쪽에 그래프 위치 및 여백을 조정하고, 영상 파일(*.png)로 저장할 수 있는 툴바가 있고, 그래프 위에서 마우스를 움직이면, 마우스의 좌표가 표시된다.

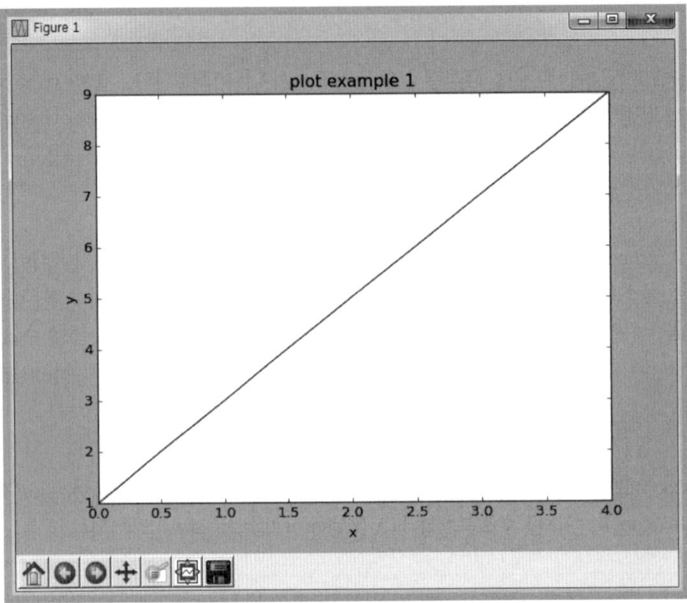

[그림 9.4] plt.plot([1, 3, 5, 7, 9])

[예제 9.51] 선 그리기 2 : 실선에 마커 표시, 그리드 표시, 파일 저장　　　　(ex0951.py)

```
01    # 설명 1
02    import numpy as np
03    import matplotlib.pyplot as plt
04
05    # 설명 2
06    x = np.arange(5)
07    y = np.array([1, 3, 5, 7, 9])
08    plt.plot(x, y, "b-", x, y, "ro")
09
10    # 설명 3
11    plt.xlabel("x")
12    plt.ylabel("y")
13    plt.title(" plot example 2")
14    plt.grid(True)
15    #plt.savefig("images/ex0951.png")
16    plt.savefig("ex0951.png")
17    plt.show()
```

프로그램 설명

① 설명 1에서 numpy를 np로 임포트하고, matplotlib.pyplot를 plt로 임포트한다.

② 설명 2에서 plt.plot(x, y, "b-", x, y, "ro")는 배열 x, y를 가지고 파란색 실선("b-")으로 그리고, "ro"
에 의해 빨간색 원(red circle) 마커로 표시한다.

③ 설명 3에서 plt.xlabel(), plt.ylabel(), plt.title() 함수는 각각 X축, Y축의 레이블, 그래프의 타이틀을 주어진 문자열로 설정한다. plt.show()는 현재 그래프를 화면에 표시한다. plt.grid(True)는 격자 그리드를 표시한다. plt.savefig() 함수로 [그림 9.5]와 같이 "ex0951.png" 파일에 그래프를 저장한다. plt.savefig("images/ex0951.png")는 파이썬 설치 폴더에 images 폴더가 있어야 한다.

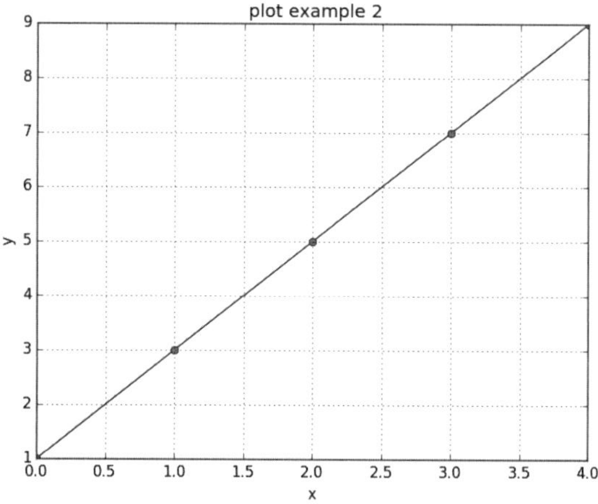

[그림 9.5] plt.plot(x, y, "b-", x, y, "ro")

[예제 9.52] $y = x^2$, X, Y 축의 범위 설정   (ex0952.py)

```python
01    import numpy as np
02    import matplotlib.pyplot as plt
03
04    # 설명 1
05    x = np.linspace(start = -1, stop = 1, num=51)
06    y = x**2
07
08    # 설명 2
09    plt.plot(x, y, 'b-', x, y, 'r*')
10    plt.axis([-1, 1, 0, 1])
11
12    plt.xlabel("x")
13    plt.ylabel("y")
14    plt.title(" plot example 3")
15    #plt.savefig("images/ex0952.png")
16    plt.savefig("ex0952.png")
17    plt.show()
```

프로그램 설명

① 설명 1에서 x = np.linspace(start = -1, stop = 1, num = 51)은 -1에서 1까지 num = 51개의 x 좌표를 등간격으로 배열 x에 생성한다. y = x ** 2는 배열 x의 각 좌표를 제곱하여 배열 y를 생성한다.

② **설명 2**에서 plt.plot(x, y, 'b-', x, y, 'r*')는 배열 x, y를 가지고 파란색 실선("b-")으로 그리고, "r*"에 의해 빨간색 스타(red star) 마커로 표시한다. plt.axis([-1, 1, 0, 1])는 X축의 범위를 [-1, 1]로, Y축의 범위를 [0, 1]로 설정한다. plt.savefig() 함수로 그래프를 [그림 9.6]과 같이 "ex0952.png" 파일에 저장한다.

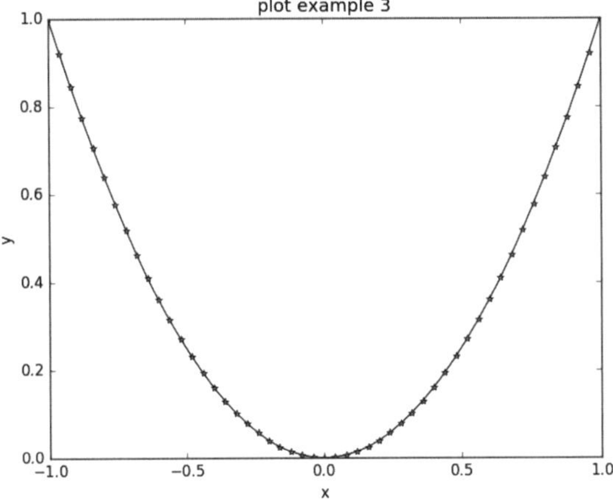

[그림 9.6] $y = x^2$, plt.axis([-1, 1, 0, 1])

[예제 9.53] $y = \sin(x)$, X축 그리기, 선 두께, 선 색 설정   (ex0953.py)

```python
01   import numpy as np
02   import matplotlib.pyplot as plt
03
04   # 설명 1
05   x = np.linspace(0, 2*np.pi, num=51)
06   y = np.sin(x)
07   line = plt.plot(x, y)
08
09   # 설명 2
10   xmin, xmax, ymin, ymax = np.amin(x), np.amax(x), -1, 1
11   plt.axis([xmin, xmax, ymin, ymax])
12   #plt.xlim(xmin, xmax)
13   #plt.ylim(ymin, ymax)
14   plt.plot([xmin, xmax], [0, 0], color='black', linewidth=4.0)
15
16   # 설명 3
17   plt.setp(line, color='red', linewidth=2.0)
18
19   plt.xlabel("x")
20   plt.ylabel("y")
21   plt.title(" plot example 4")
22   plt.savefig("ex0953.png")
23   plt.show()
```

프로그램 설명

① 설명 1에서 x = np.linspace(0, 2 * np.pi, num = 51)은 0에서 2 * np.pi까지를 등간격으로 num = 51개의 값을 배열 x에 생성한다. y = np.sin(x)는 배열 x의 각 좌표의 sin(x)을 계산하여 배열 y 를 생성한다. line = plt.plot(x, y)는 배열 x, y를 사용하여 선을 그리고, matplotlib.lines.Line2D 객체를 line에 저장한다.

② 설명 2에서 xmin = np.amin(x), xmax = np.amax(x), ymin = -1, ymax = 1이고, plt.axis([xmin, xmax, ymin, ymax])는 X축, Y축의 범위를 설정한다. plt.xlim(), plt.ylim() 함수로 각 축의 범위 를 설정할 수 있다. plt.plot([xmin, xmax], [0, 0], color = 'black', linewidth = 4.0)는 (xmin, 0), (xmax, 0)까지의 직선으로 X축을 color='black', linewidth = 4.0으로 그린다.

③ 설명 3에서 plt.setp(line, color = 'red', linewidth = 2.0)는 line 객체의 속성을 color = 'red', linewidth = 2.0으로 변경한다. [그림 9.7]은 그래프를 "ex0953.png" 파일에 저장한 결과이다.

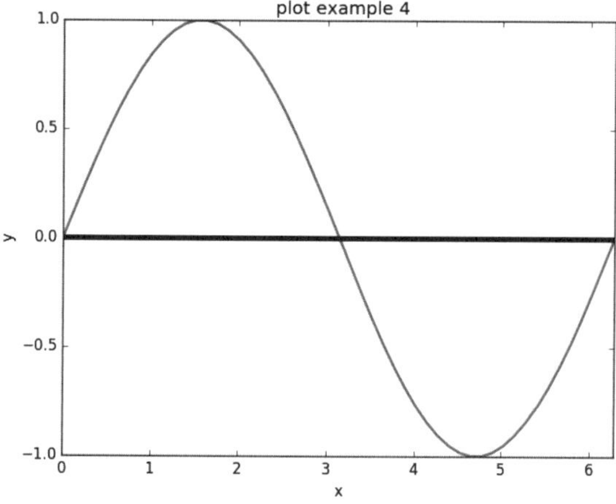

[그림 9.7] $y = \sin(x)$

[예제 9.54] $y1 = \sin(x)$, $y2 = \cos(x)$, 범례 생성　(ex0954.py)

```
01    import numpy as np
02    import matplotlib.pyplot as plt
03
04    # 설명 1
05    x = np.linspace(0, 2*np.pi, num=101)
06    y1, y2 = np.sin(x), np.cos(x)
07
08    # 설명 2
09    plt.plot(x, y1, "k--", label = "y1 = sin(x)")
10    plt.plot(x, y2, "b-", label = "y2 = cos(x)")
11
12    # 설명 3
13    xmin, xmax, ymin, ymax = x[0], x[-1], -1, 1
14    plt.axis([xmin, xmax, ymin, ymax])
15    #plt.xlim(xmin, xmax)
16    #plt.ylim(ymin, ymax)
```

```
17   # 설명 4
18   plt.legend(loc="best")
19   plt.savefig("ex0954.png")
20   plt.show()
```

프로그램 설명

① 설명 1에서 0에서 2 * np.pi까지를 등간격으로 num = 101개의 값을 배열 x에 생성한다. y1, y2 = np.sin(x), np.cos(x)는 sin(x)을 배열 y1에 생성하고, cos(x)를 배열 y2에 생성한다.

② 설명 2에서 plt.plot(x, y1, "k--", label = "y = sin(x)")는 y1 = np.sin(x)를 검은색 점선("k--")으로 label = "y = sin(x)"으로 그래프를 그린다. plt.plot(x, y2, "b-", label = "y = cos(x)")는 y2 = np.cos(x)를 파란색 실선("b-")으로 label = "y = cos(x)"로 그래프를 그린다. label은 plt.legend() 함수에 의해 범례로 생성된다.

③ 설명 3에서 xmin = -2*np.pi, xmax = 2*np.pi, ymin = -1, ymax = 1로 설정하고, plt.axis([xmin, xmax, ymin, ymax])에 의해 X, Y 축의 범위를 설정한다. plt.xlim(), plt.ylim() 함수는 X, Y축의 범위를 각각 설정한다.

④ 설명 4에서 plt.legend(loc="best")는 범례(legend)를 최적의 위치에 표시한다. 범례는 plot() 함수의 label 인수의 문자열과 그래프의 스타일을 이용하여 생성한다. 범례의 위치(loc) 인수로 0("best"), 1("upper right"), 2("upper left"), 3("lower left"), 4("lower right"), 5("right"), 6("center left"), 7("center right"), 8("lower center"), 9("upper center"), 10("center") 등의 정수 또는 문자열로 지정한다. [그림 9.8]은 생성된 그래프의 결과이다.

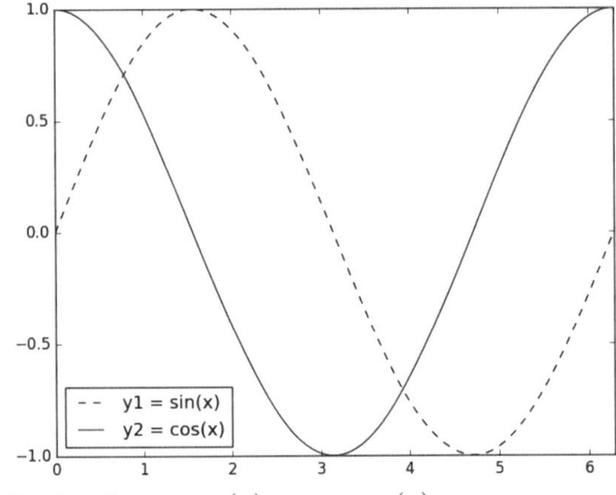

[그림 9.8] $y1 = \sin(x)$, $y2 = \cos(x)$

[예제 9.55] 1차원 정규분포 N(0, sigma) 그래프   (ex0955.py)

```python
01    import numpy as np
02    import matplotlib.pyplot as plt
03
04    # 설명 1
05    def gauss(mu, sigma, x):
06      y = 1.0/(sigma*np.sqrt(2 * np.pi ))*np.exp(-((x – mu)**2)/(2*sigma**2))
07      return y
08
09    # 설명 2
10    mu, sigma= 0, 2
11    x = np.linspace(-4*sigma, 4*sigma, num=101)
12    y1 = gauss(mu, sigma, x)
13    plt.plot(x, y1, color = "#ff0000", label = "sigma = 2")
14
15    # 설명 3
16    mu, sigma= 0, 1
17    y2 = gauss(mu, sigma, x)
18    plt.plot(x, y2, color = "#00ff00", label = "sigma = 1")
19
20    # 설명 4
21    mu, sigma= 0, 0.5
22    y3 = gauss(mu, sigma, x)
23    plt.plot(x, y3, color = "#0000ff", label = "sigma = 0.5")
24
25    # 설명 5
26    plt.title(" Normal dist. N(0, sigma)")
27    plt.legend(loc="best")
28    plt.savefig("ex0955.png")
29    plt.show()
```

프로그램 설명

① 설명 1에서 gauss(mu, sigma, x) 함수는 배열 x에서의, 평균(mu), 표준편차(sigma)의 정규분포 함수의 값을 배열 y에 계산하여 반환한다.

$$y = \frac{1}{\sigma\sqrt{2\pi}}\,exp(-\frac{1}{2}\frac{(x-\mu)^2}{\sigma^2})$$

② 설명 2에서 x = np.linspace(-4*sigma, 4*sigma, num=101)은 -4 * sigma에서 4 * sigma까지를 등간격으로 num = 101개의 값을 배열 x에 생성한다. y1 = gauss(mu, sigma, x)는 배열 x에서의 mu = 0, sigma = 2인 정규분포 함수값을 배열 y1에 생성한다. plt.plot() 함수로 배열 x, y1을 color = "#ff0000", label = "sigma = 2"로 그래프를 그린다.

③ 설명 3에서 mu = 0, sigma = 1인 정규분포 함수 값을 배열 y2에 생성한다. plt.plot() 함수로 배열 x, y2를 color ="#00ff00", label = "sigma = 1"로 그래프를 그린다.

④ 설명 4에서 mu = 0, sigma = 0.5인 정규분포 함수값을 배열 y3에 생성한다. plt.plot() 함수로 배열 x, y3를 color ="#0000ff", label = "sigma = 0.5"로 그래프를 그린다.

⑤ **설명 5**에서 그래프의 타이틀을 설정하고, 범례를 최적("best")의 위치(loc)에 표시하고, "ex0955. png" 파일에 저장한다. [그림 9.9]는 sigma = 2, 1, 0.5의 1차원 정규분포 N(0, sigma) 그래프의 결과이다.

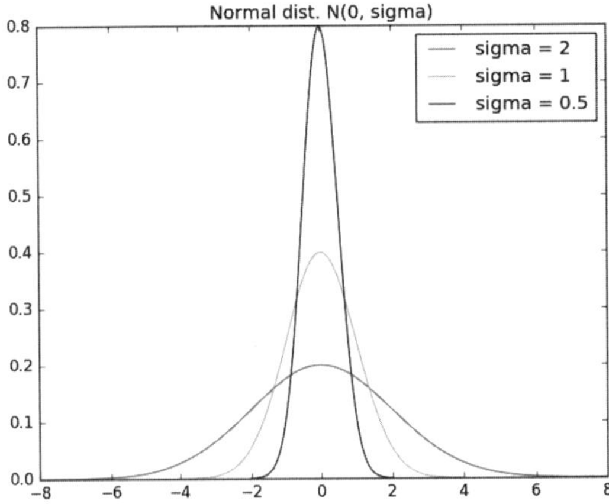

[그림 9.9] 1차원 정규분포 N(0, sigma) 그래프

[예제 9.56] 직선의 최소자승해　　　　　　　　　　　　　　　(ex0956.py)

```python
01    import numpy as np
02    import matplotlib.pyplot as plt
03
04    # 설명 1
05    x = np.linspace(-10.0, 10.0, num=51)
06    m, c = 3, -10          # Truth
07    y = m*x + c
08    e = np.random.normal(0, 10.0, x.size)      # noise
09    y1 = y + e
10    A = np.vstack([x, np.ones(len(x))]).T
11    p, residuals, r, s = np.linalg.lstsq(A, y1)
12    m1, c1 = p          # Estimate
13    y2 = m1*x + c1
14
15    # 설명 2
16    plt.plot(x, y, "b-", label = "y = 3x - 10")
17    plt.plot(x, y1, "ko", label = "y1 = 3x - 10 + N(0, 10.0)")
18    plt.plot(x, y2, "r-", label = "y2 = {:+.2f}x {:+.2f}".format(m1, c1))
19
20    plt.title(" Leaset square solution: residuals {:.2f}".format(residuals[0]))
21    plt.legend(loc="best")
22    plt.savefig("ex0956.png")
23    plt.show()
```

프로그램 설명

① 설명 1에서 x = np.linspace(-10.0, 10.0, num=51)는 등간격으로 51개의 데이터를 배열 x에 생성하고, 참값(truth value)으로 m = 3, c = -10을 설정하고, 직선 y = m * x + c로 배열 y를 생성한다. 배열 x, y는 기울기 m, c인 직선 위의 좌표 배열이다. y1 = y + e는 평균 0, 표준편차 10인 정규분포 잡음을 y에 추가하여 배열 y1을 생성한다. p, residuals, r, s = np.linalg.lstsq(A, y1)은 최소자승해 p, 잔차 residuals, 랭크 r, 특이값 s를 계산한다. m1, c1 = p는 최소자승해로 찾은 참값(m, c)의 추정치(estimate)를 m1, c1에 저장한다. y2 = m1 * x + c1은 추정치(m1, c1)로 배열 y2를 생성한다.

② 설명 2에서 참값(m, c)으로 생성한 배열 y를 사용하여 파란색 실선("b-") 그래프로 표시하고, 잡음이 추가된 배열 y1을 검은색 원 마커("k0")로 표시하고, 추정치(m1, c1)로 생성한 배열 y2를 사용하여 빨간색 실선("r-")으로 그래프를 표시한다. 난수를 사용하기 때문에 실행할 때 마다 잡음 데이터 y1이 다르게 생성되기 때문에 최소자승해의 결과는 다르게 계산된다. 타이틀에 실수 소수점 2자리까지 잔차 residuals[0]을 표시한다. [그림 9.10]은 직선의 최소자승해 그래프의 결과이다.

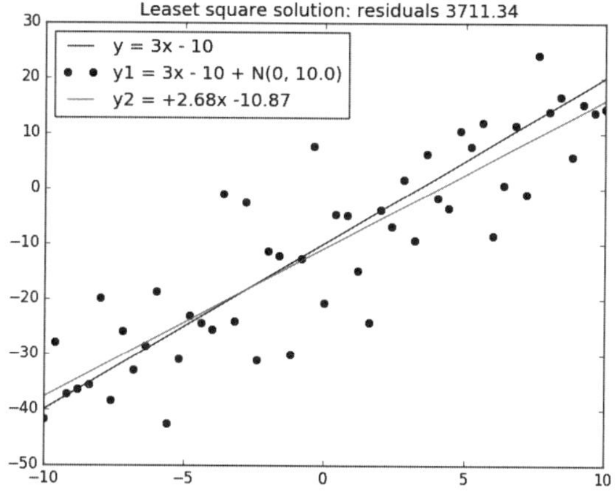

[그림 9.10] 직선의 최소자승해

[예제 9.57] 이차방정식의 최소자승해　　　　　　　　　　　　　　(ex0957.py)

```
01  import numpy as np
02  import matplotlib.pyplot as plt
03
04  # 설명 1
05  x = np.linspace(-9.0, 11.0, num=51)
06  a, b, c = 1, -2, -3        # Truth
07  y = a*x*x + b*x + c
08  e = np.random.normal(0, 10.0, x.size)      # noise
09  y1 = y + e
10  A = np.vstack([x*x, x, np.ones(len(x))]).T
11  p, residuals, r, s = np.linalg.lstsq(A, y1)
12  a1, b1, c1 = p        # Estimate
13  y2 = a1*x*x + b1*x + c1
```

```
14    # 설명 2
15    xmin, xmax = x[0], x[-1]
16    ymin, ymax = np.amin(y)-10, np.amax(y)+10
17
18    plt.axis([xmin, xmax, ymin, ymax])
19    #plt.xlim(xmin, xmax)
20    #plt.ylim(ymin, ymax)
21    plt.plot(x, y, "b-", label = "y = 1*x*x -2x - 3")
22    plt.plot(x, y1, "ko", label = "y1 = y + N(0, 10.0)")
23    plt.plot(x, y2, "r-", label="y2 = {:+.2f}*x*x {:+.2f}*x {:+.2f}".format(a1, b1, c1))
24
25    plt.title(" Leaset square solution: residuals {:.2f}".format(residuals[0]))
26    plt.legend(loc="best")
27    plt.savefig("ex0957.png")
28    plt.show()
```

프로그램 설명

① 설명 1에서 x = np.linspace(-9.0, 11.0, num=51)는 등간격으로 51개의 데이터를 배열 x에 생성하고, 참값(truth value)으로 a, b, c = 1, -2, -3을 설정하고, 이차방정식 y = a * x * x + b * x + c 로 배열 y를 생성한다. y1 = y + e는 평균 0, 표준편차 10인 정규분포 잡음을 y에 추가하여 배열 y1을 생성한다. p, residuals, r, s = np.linalg.lstsq(A, y1)은 최소자승해 p, 잔차 residuals, 랭크 r, 특이값 s를 계산한다. a1, b1, c1 = p는 최소자승해로 찾은 참값(a, b, c)의 추정치(estimate)를 a1, b1, c1에 저장하고, y2 = a1 * x * x + b1 * x + c1은 추정치로 배열 y2를 생성한다.

② 설명 2에서 plt.axis([xmin, xmax, ymin, ymax])으로 X, Y 축의 범위를 설정한다.

참값(a, b, c)으로 생성한 배열 y를 사용하여 파란색 실선("b-") 그래프로 표시하고, 잡음이 추가된 배열 y1을 검은색 원 마커("k0")로 표시하고, 추정치(a1, b1, c1)로 생성한 배열 y2를 사용하여 빨간색 실선("r-")으로 그래프를 표시한다. 난수를 사용하기 때문에 실행할 때마다 잡음 데이터 y1이 다르게 생성되기 때문에 최소자승해의 결과는 다르게 계산된다. 타이틀에 실수 소수점 2자리까지 잔차 residuals[0]을 표시한다. [그림 9.11]은 이차방정식의 최소자승해 그래프의 결과이다.

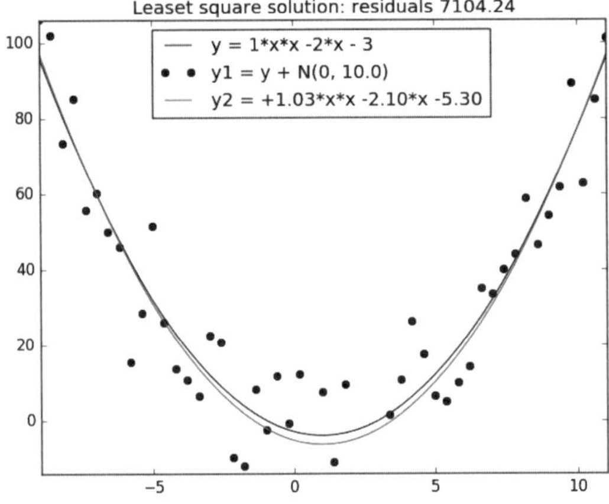

[그림 9.11] 이차방정식의 최소자승해

```python
01   import numpy as np
02   import matplotlib.pyplot as plt
03   import matplotlib.patches as patches
04
05   # 설명 1 : 데이터 생성
06   cx, cy, r = 5, 5, 10
07   # (x - cx)**2 + (y-cy)**2 = r**2
08   theta = np.linspace(0, 2*np.pi, num=10)        # num 36
09   e = np.random.normal(0, 1.0, theta.size)       # noise
10   x = (r+e)*np.cos(theta) + cx
11   y = (r+e)*np.sin(theta) + cy
12
13
14   # 설명 2 : 데이터 그리기
15   plt.axis([-10, 20, -10, 20])
16   plt.plot(x, y, 'ko', label =  "data")
17
18   # 설명 3 : 최소자승법
19   # x**2 + y**2 = Ax + By + C
20   # cx = A/2
21   # cy = B/2
22   #  r = sqrt(4C + A**2 + B**2)/2
23
24   b = x**2+y**2
25   M = np.mat(np.vstack([x, y, np.ones(len(x))]).T)
26   p, residuals, r, s = np.linalg.lstsq(M, b)
27
28   b = x**2+y**2
29   M = np.mat(np.vstack([x, y, np.ones(len(x))]).T)
30   p, residuals, r, s = np.linalg.lstsq(M, b)
31
32   A, B, C = p           # Estimate A, B, C
33   print(A, B, C)
34
35   # calculate circle parameters: cx, cy, r
36   cx2 = A/2
37   cy2 = B/2
38   r2 = np.sqrt(4*C+ A*A + B*B)/2
39
40   print("cx2 = ", cx2)
41   print("cy2 = ", cy2)
42   print("r2 = ",  r2)
43
43   # 설명 4 : 계산된 원 그리기
44   #plt.axes().set_aspect('equal', 'datalim')
45   ax = plt.gca()          # 현재 Axes
46   ax.set_aspect('equal')
```

```
47   ax.add_patch(
48       patches.Circle( (cx2, cy2), r2, color = 'red', fill=False, label =  "circle fitting by least
square" ) )
49
50   plt.title(" Leaset square solution: residuals {:.2f}".format(residuals[0]))
51   plt.legend(loc="best")
52   plt.savefig("ex0958.png")
53   plt.show()
```


① 설명 1에서 cx = 5, cy = 5, r = 10인 원(circle)에서 반지름 r에 평균 0, 표준편차 1인 정규분포의 잡음 e를 더해 반지름이 (r+e)인 데이터 배열 x, y를 생성한다.

② 설명 2에서 X, Y축의 범위를 −10에서 20으로 설정하여 배열 x, y를 검은색 원 마커("k0")로 표시한다.

③ 설명 3에서 배열 x, y에 대해 np.linalg.lstsq()에 의한 최소자승법으로 A, B, C를 계산한 다음, cx2, cy2, r2를 계산한다. 필요한 계산식은 다음과 같다.

$$(x - c_x)^2 + (y - c_y)^2 = r^2$$

$$2c_x x + 2c_y y + r^2 - c_x^2 - c_y^2 = x^2 + y^2$$

$$Ax + By + C = x^2 + y^2$$

여기서, $c_x = A/2, c_y = B/2, r = (\sqrt{4C + A^2 + B^2})/2$

$$
\begin{matrix} M & p & = & b \end{matrix}
$$

$$
\begin{bmatrix} x_1 & y_1 & 1 \\ x_2 & y_2 & 1 \\ \dots \\ x_n & y_n & 1 \end{bmatrix}
\begin{bmatrix} A \\ B \\ C \end{bmatrix}
=
\begin{bmatrix} x_1^2 + y_1^2 \\ x_2^2 + y_2^2 \\ \dots \\ x_n^2 + y_n^2 \end{bmatrix}
$$

$$
M^T M \begin{bmatrix} A \\ B \\ C \end{bmatrix} = M^T \begin{bmatrix} x_1^2 + y_1^2 \\ x_2^2 + y_2^2 \\ \dots \\ x_n^2 + y_n^2 \end{bmatrix}
$$

$$
\begin{bmatrix} A \\ B \\ C \end{bmatrix} = (M^T M)^{-1} M^T \begin{bmatrix} x_1^2 + y_1^2 \\ x_2^2 + y_2^2 \\ \dots \\ x_n^2 + y_n^2 \end{bmatrix}
$$

④ **설명 4**에서 데이터 배열 x, y를 이용하여 최소자승법으로 계산한 원(cx2, cy2, r2)을 'red' 색상으로 표시한다.

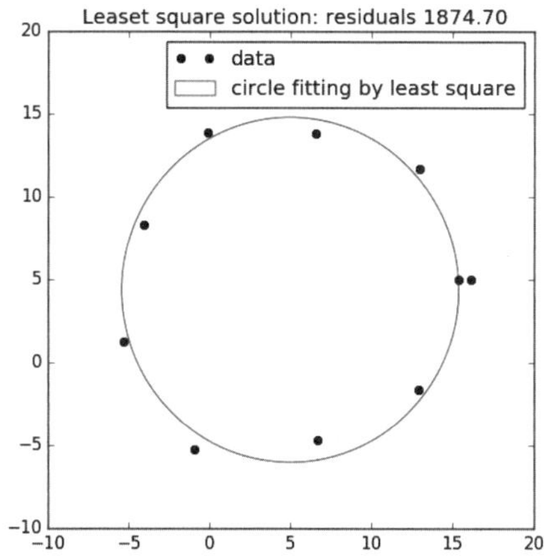

[그림 9.12] 원의 최소자승해

3.3 히스토그램 그리기

matplotlib.pyplot.hist(x, bins=10, range=None, normed=True, color=None,...) 함수는 1차원 배열 x의 1차원 히스토그램을 계산하고, 막대그래프로 그리고, (n, bins, patches)를 반환한다. n은 빈의 카운트 또는 확률, bins는 빈의 경계, patches는 패치 객체 리스트이다.

hist() 함수의 인수 중에서 bins는 정수 또는 배열로 정수이면 등간격 빈의 개수(빈 경계는 bins+1)이다. 배열이면 비등간격이다. range는 히스토그램을 계산할 배열 x 범위를 지정한다. range = None이면 range = (x.min(), x.max())이다. normed = False이면 반환 배열 n은 빈도수를 갖는다. normed = True이면 반환배열 n은 확률값을 갖는다. 여기서의 확률값은 빈의 확률값이다. 전체 확률이 1이 되기 위해서는 빈 경계 길이를 곱셈해야 한다.

numpy.histogram() 함수로 계산한 히스토그램은 bar() 함수로 막대그래프로 그린다. matplotlib.pyplot.hist2d(x, y, bins = 10, range = None, normed = False, ...)는 2차원 히스토그램을 계산하고, 막대그래프로 그린다.


```
01    import numpy as np
02    import matplotlib.pyplot as plt
03
04    # 설명 1
05    x = np.random.random_integers(1, 10, size=1000)
```

```
06    n, bins, patches = plt.hist(x, 10, normed=True, color='g')
07    print(np.sum(n*np.diff(bins)))
08
09    # 설명 2
10    xmin, xmax = np.amin(x), np.amax(x)
11    plt.xlim(xmin, xmax)
12    plt.xlabel("x")
13    plt.ylabel('Prob(x)')
14
15    plt.title("Histogram of U[1, 10]")
16    plt.savefig("ex0959.png")
17    plt.show()
```

프로그램 설명

① 설명 1에서 random_integers() 함수로 [1, 10] 범위에서 1,000개의 균등분포 랜덤 정수를 배열 x
에 생성한다. n, bins, patches = plt.hist(x, 10, normed = True, color = 'g')은 배열 x를 10개의
빈에 등간격으로 히스토그램을 생성하고, 막대그래프를 그래프를 color = 'g' 색상으로 표시한다.
normed = True는 배열 n에 빈의 확률값을 계산한다. np.sum(n * np.diff(bins))은 1이다.

② 설명 2에서 xmin, xmax = np.amin(x), np.amax(x)은 배열 x의 최소값(xmin), 최대값(xmax)을 계
산하고, plt.xlim(xmin, xmax)은 X축의 범위를 설정한다. [그림 9.13]은 균등분포의 히스토그램
그래프의 결과이다.

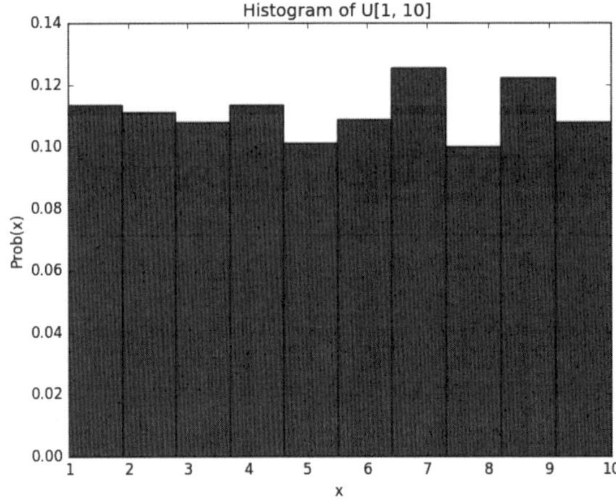

[그림 9.13] 균등분포의 히스토그램

[예제 9.60] 1차원 정규분포의 히스토그램, pdf, cdf   (ex0960.py)

```
01    import numpy as np
02    import matplotlib.pyplot as plt
03
04    # 설명 1
05    mu, sigma = 10, 1
06    x = mu + sigma * np.random.randn(10000)
07    n, bins, patches = plt.hist(x, 50, normed=True, color='g', label = 'hist')
```

```python
08    print(np.sum(n*np.diff(bins)))
09
10    # 설명 2
11    pdf = n*np.diff(bins)
12    print(np.sum(pdf))
13    middle_x = bins[:-1] + np.diff(bins)/2
14    plt.plot(middle_x, pdf, 'r-', linewidth=1.5, label='pdf')
15
16    # 설명 3
17    cdf = np.cumsum(pdf)
18    #cdf /= cdf[-1]
19    plt.plot(middle_x, cdf, 'b--', linewidth=2.5, label='cdf')
20
21    # 설명 4
22    xmin, xmax = np.amin(x), np.amax(x)
23    plt.xlim(xmin, xmax)
24    plt.xlabel("x")
25    plt.ylabel('Prob(x)')
26    plt.title("Histogram of N(10, 1) ")
27    plt.grid(True)
28    plt.legend(loc="best")
29    plt.savefig("ex0960.png")
30    plt.show()
```

프로그램 설명

① 설명 1에서 x = mu + sigma * np.random.randn(10000)는 정규분포 N(10, 1.0)을 따르는 1,000 개의 난수를 배열 x에 생성한다. n, bins, patches = plt.hist(x, 50, normed = True, color = 'g') 는 배열 x를 50개의 빈에 등간격으로 히스토그램을 생성하고, 막대그래프를 그래프를 color = 'g' 색상으로 표시한다. normed = True는 배열 n에 빈의 확률값을 계산한다. np.sum(n*np. diff(bins))은 1이다.

② 설명 2에서 pdf = n * np.diff(bins)는 빈 크기를 n에 곱하여, pdf를 생성한다. np.sum(pdf)는 1이 다. middle_x = bins[:-1] + np.diff(bins)/2는 빈 경계의 중간값을 계산한다. plt.plot() 함수로 X 축은 middle_x 배열, Y축은 pdf 배열, 빨간색 실선 'r-', 선두께 linewidth = 2.5, label = 'pdf' 속 성으로 그래프를 그린다.

③ 설명 3에서 cdf = np.cumsum(pdf)은 pdf를 누적시켜 cdf 배열을 생성한다. pdf 배열을 누적시 켜 cdf 배열을 생성했기 때문에 cdf[-1] = 1이다. 그러므로 cdf /= cdf[-1]은 필요 없다. plt.plot() 함수로 X축은 middle_x 배열, Y축은 cdf 배열, 파란색 점선 'b--', 선두께 linewidth = 2.5, label = 'cdf' 속성으로 그래프를 그린다.

④ 설명 4에서 xmin, xmax = np.amin(x), np.amax(x)은 배열 x의 최소값(xmin), 최대값(xmax)을 계 산하고, plt.xlim(xmin, xmax)은 X축의 범위를 설정한다. plt.grid(True)은 그리드를 표시한다. [그림 9.14]은 정규분포 N(10, 1.0)의 히스토그램 그래프의 결과이다.

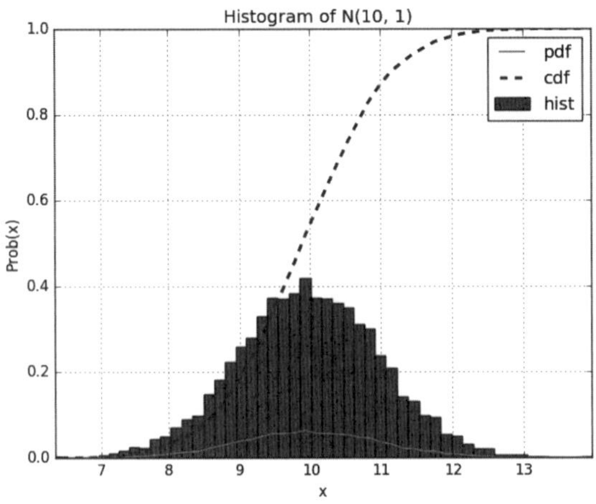

[그림 9.14] 정규분포, N(10, 1.0)의 히스토그램, pdf, cdf

[예제 9.61] bar() 함수로 히스토그램 그리기 (ex0961.py)

```
01   import numpy as np
02   import matplotlib.pyplot as plt
03
04   # 설명 1 : Uniform dist.
05   n = 10
06   x = np.random.random_integers(1, n, size=1000)
07
08   # 설명 2 : Normal dist.
09   #mu, sigma = 10, 1
10   #x = mu + sigma * np.random.randn(10000)
11   #n = 50
12
13   # 설명 3
14   hist, bin_edges = np.histogram(x, bins=n)
15   plt.bar(bin_edges[:-1], hist, width = np.diff(bin_edges))
16   plt.xlim(min(bin_edges), max(bin_edges))
17
18   # 설명 4
19   plt.xlabel("x")
20   plt.ylabel("frequency")
21   plt.title(" Histogram")
22   plt.grid(True)
23   plt.savefig("ex0961.png")
24   plt.show()
```

프로그램 설명

① 설명 1에서 random_integers() 함수로 1에서 10까지 1,000개의 랜덤 정수를 배열 x에 생성한다.

② 설명 2에서 주석 처리 부분은 x = mu + sigma * np.random.randn(10000)는 정규분포 N(10, 1.0)을 따르는 1,000개의 난수를 배열 x에 생성한다.

③ 설명 3에서 np.histogram() 함수로 배열 x를 n개의 빈에 등간격으로 히스토그램 hist와 빈 경계 bin_edges를 계산한다. plt.bar() 함수로 막대그래프를 그린다. 막대그래프의 밑변은 bin_edges[:-1]에 의해 빈 경계의 시작에서 width = np.diff(bin_edges)의 넓이, 높이는 hist이다. plt.xlim() 함수로 X축의 범위를 설정한다.

④ 설명 4에서 X, Y축 레이블, 타이틀, 그리드를 표시하고, 그림 파일로 저장한다. [그림 9.15](a)는 설명 1의 균등분포를 bar() 함수로 히스토그램을 표시한 결과이고, [그림 9.15](b)는 설명 2의 정규분포를 bar() 함수로 히스토그램을 표시한 결과이다.

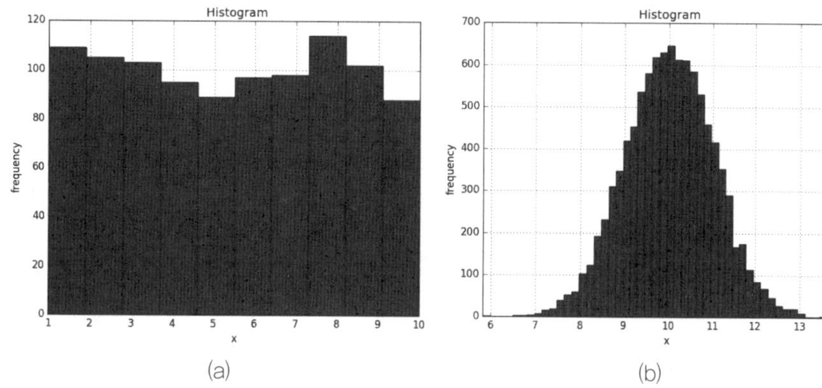

[그림 9.15] bar() 함수에 의한 히스토그램

[예제 9.62] 2차원 정규분포 히스토그램 1 : plt.hist2d()   (ex0962.py)

```python
01    import numpy as np
02    import matplotlib.pyplot as plt
03    from matplotlib.colors import LogNorm
04
05    # 설명 1 :
06    # Normal dist. center : (x=0, y=10)
07    x = np.random.randn(10000)                    # N(0, 1)
08    mu, sigma = 10, 2
09    y = mu + sigma * np.random.randn(10000)       # N(10, 2)
10
11    # 설명 2 :
12    plt.hist2d(x, y, bins=10)        # norm=Normalize(), cmap='RdBu_r'
13    #counts, xedges, yedges, Image = plt.hist2d(x, y, bins=10)
14    #plt.hist2d(x, y, bins=10, norm=LogNorm())
15    #plt.hist2d(x, y, bins=10, norm=LogNorm(), cmap=plt.cm.gray)
16    plt.colorbar()
17
18    # 설명 3
19    plt.xlabel("x")
20    plt.ylabel("y")
21    plt.title(" 2D Histogram")
22    plt.savefig("ex0962.png")
23    plt.show()
```

프로그램 설명

① **설명 1**에서 정규분포 N(0, 1)에서 10,000개의 랜덤 실수를 배열 x에 생성한다. 정규분포 N(10, 2)에서 10,000개의 랜덤 실수를 배열 y에 생성한다.

② **설명 2**에서 plt.hist2d(x, y, bins = 10)는 배열 x, y를 사용하여 10,000개의 (x, y) 좌표의 히스토그램을 10×10 빈에 계산하고, norm = Normalize(), cmap = 'RdBu_r' 컬러 기본값으로 [그림 9.16] (a)와 같이 2D 히스토그램을 표시한다. plt.colorbar()는 컬러바를 표시한다. [그림 9.16](b)는 plt. hist2d(x, y, bins = 10, norm = LogNorm())로 2D 히스토그램을 표시한 결과이다. 히스토그램 계산결과가 필요하면 counts, xedges, yedges, Image = plt.hist2d(x, y, bins = 10)와 같이 함수의 반환값을 객체에 저장하여 사용한다.

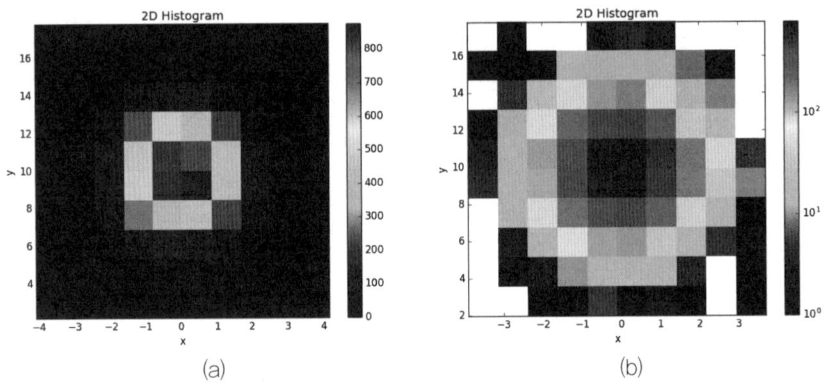

(a)   (b)

[그림 9.16] plt.hist2d() 함수에 의한 2차원 정규분포 히스토그램

[예제 9.63] 2차원 정규분포 히스토그램 2 : np.histogram2d()   (ex0963.py)

```python
01   import numpy as np
02   import matplotlib.pyplot as plt
03   from matplotlib.colors import LogNorm
04
05   # 설명 1
06   # Normal distribution center at x=0 and y=10
07   x = np.random.randn(10000)                    # N(0, 1)
08   mu, sigma = 10, 2
09   y = mu + sigma * np.random.randn(10000)       # N(10, 2)
10   H, xedges, yedges = np.histogram2d(x, y, bins=(10, 10))
11
12   # 설명 2
13   plt.matshow(H, norm=LogNorm())
14   plt.colorbar()
15   plt.xlabel("x")
16   plt.ylabel("y")
17   plt.title(" 2D Histogram: plt.matshow()")
18   plt.savefig("ex0963-1.png")
19   plt.show()
```

```
20   # 설명 3
21   # X, Y = np.meshgrid(xedges, yedges)
22   plt.pcolormesh(xedges, yedges, H, norm=LogNorm())
23   plt.colorbar()
24   plt.xlabel("x")
25   plt.ylabel("y")
26   plt.title(" 2D Histogram: plt.pcolormesh()")
27   plt.savefig("ex0963-2.png")
28   plt.show()
29
30   # 설명 4
31   plt.imshow(H, norm=LogNorm())
32   plt.colorbar()
33   plt.xlabel("x")
34   plt.ylabel("y")
35   plt.title(" 2D Histogram: plt.imshow()")
36   plt.savefig("ex0963-3.png")
37   plt.show()
38
39   # 설명 5
40   plt.imshow(H, norm=LogNorm(), cmap=plt.cm.gray)
41   plt.colorbar()
42   plt.xlabel("x")
43   plt.ylabel("y")
44   plt.title(" 2D Histogram: plt.imshow()")
45   plt.savefig("ex0963-4.png")
46   plt.show()
```

프로그램 설명

① **설명 1**에서 정규분포 N(0, 1)에서 10,000개의 랜덤 실수를 배열 x에 생성한다. 정규분포 N(10, 2)에서 10,000개의 랜덤 실수를 배열 y에 생성한다. np.histogram2d() 함수로 배열 x, y를 사용하여 10,000개의 (x, y) 좌표의 히스토그램을 10×10 빈 H 계산하고, 빈 경계는 배열 xedges, yedges에 계산한다.

② **설명 2**에서 plt.matshow() 함수로 2차원 배열인 히스토그램 H를 norm = LogNorm() 로그정규화, 기본 컬러맵 cmap = 'RdBu_r'으로 [그림 9.17](a)과 같이 표시한다.

③ **설명 3**에서 plt.pcolormesh() 함수로 빈 경계 배열 xedges, yedges와 히스토그램 H를 norm = LogNorm() 로그정규화, 기본 컬러맵 cmap = 'RdBu_r'으로 [그림 9.17](b)과 같이 표시한다.

④ **설명 4**에서 plt.imshow()로 2차원 배열인 히스토그램 H를 norm = LogNorm() 로그정규화, 기본 컬러맵 cmap = 'RdBu_r'으로 [그림 9.17](c)과 같이 컬러 영상으로 보간하여 표시한다.

⑤ **설명 5**에서 plt.imshow()로 2차원 배열인 히스토그램 H를 norm = LogNorm() 로그정규화, 컬러맵 cmap = plt.cm.gray으로 [그림 9.17](d)과같이 그레이스케일 영상으로 보간하여 표시한다.

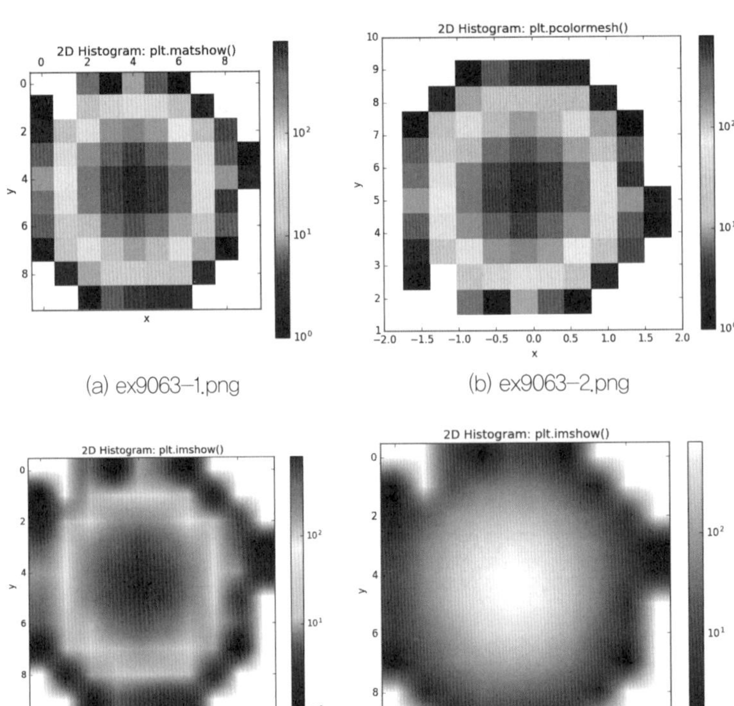

(a) ex9063–1.png   (b) ex9063–2.png

(c) "ex9063–3.png   (d) ex9063–4.png

[그림 9.17] np.histogram2d() 함수의 2차원 정규분포 히스토그램

3.4 다중 Figure 객체와 서브플롯(subplot)

Matplotlib를 사용하여 그래프/도형/그림을 그리기 위해서는 Figure 객체가 있어야 하며, 하나 이상의 Axes 객체가 있어야 한다. plt.figure() 함수는 Figure 객체를 생성하고, plt.subplot() 함수 또는 Figure.add_subplot() 메서드로 Axes 객체를 추가할 수 있다.

그러나 Figure 객체를 생성하지 않고, plt.plot() 함수를 사용해도, 처음 호출에서 자동으로 필요한 Figure, Axes 객체를 생성한다.

1. Figure 객체를 생성하지 않고 plt.plot() 함수를 사용하면, 처음 호출에서 자동으로 필요한 Figure 객체를 생성하고, Figure.add_subplot(1,1,1)에 의해 하나의 서브플롯 Axes 객체를 생성한다.
2. 새로운 Figure 객체는 plt.figure(num = None, figsize = None, dpi = None, facecolor = None, edgecolor = None, ...)로 생성한다. num은 Figure 객체 번호 또는 문자열이다. num = None이면 1부터 자동으로 증가시켜 생성한다. 그리기 객체는 number 속성에 num 값을 저장한다. figsize는 정수 튜플로 인치 단위 가로(width), 세로(height) 크기이다. dpi는 인치당 화소수이다. facecolor는 배경색, edgecolor는 테두리 색이다. Figuare 객체에 하나 이상의 서브플롯을 생성하고 그 위에 그래프를 그린다.

3. plt.subplot() 함수 또는 Figure.add_subplot() 메서드는 Axes 객체를 반환한다. Figure.add_subplot(nrows, ncols, plot_number), plt.subplot(nrows, ncols, plot_number) 함수에서 nrows, ncols, plot_number는 1에서 9까지의 정수를 사용하고, Figure.add_subplot(1,1,1) 대신 Figure.add_subplot(111)을 사용할 수 있다. plt.subplots() 함수는 Figure 객체와 다중 서브플롯을 생성하여 반환한다.

4. plt.gcf(), plt.gca() 함수는 각각 현재 Figure 객체와 Axes 객체를 반환한다.

5. plt.subplots_adjust(left, bottom, right, top, wspace, hspace)는 left, bottom, right, top으로 Figure의 위치를 설정하고 wspace, hspace로 서브플롯 사이의 공백을 조정한다.

[예제 9.64] Figure, 서브플롯, size, dpi, pixel size　　　　　　　　　(ex0964.py)

```python
01   import matplotlib.pyplot as plt
02
03   # 설명 1
04   fig = plt.figure()
05   ax = fig.add_subplot(111)
06   #fig = plt.gcf()
07   #ax = plt.gca()
08   ax.plot([1, 3, 5, 7, 9])      # "b-"
09
10   # 설명 2
11   size = fig.get_size_inches()
12   dpi = fig.get_dpi()
13   print("size = ", size)
14   print("dpi = ", dpi)
15   print("pixel size = ", size*dpi)
16
17   # 설명 3
18   plt.xlabel("x")
19   plt.ylabel("y")
20   plt.title("plot examle1")
21   plt.show()
```

프로그램 설명

① 설명 1에서 fig = plt.figure()는 Figure 객체 fig를 생성한다. fig = plt.gcf()로 현재 Figure 객체를 fig에 저장해도 된다. ax = fig.add_subplot(111)는 1×1 그리드, plot_number = 1로 서브플롯(Axes 객체) ax를 생성한다. ax = plt.gca()로 현재 Axes 객체를 가져와도 된다. ax.plot()는 Axes 객체 ax를 사용하여 X축 [0, 1, 2, 3, 4], Y축 [1, 3, 5, 7, 9] 좌표로 직선을 그린다. pixel size = [640. 480.]

② 설명 2에서 size = [8. 6.]로 Figure의 인치 크기를 계산한다. dpi=80.0로 인치당 화소수를 계산한다. size*dpi = [640. 480.]의 Figure의 화소 크기를 계산한다. 즉, 캔버스 영역의 크기가 화소 크기로 640×480이다.

③ 설명 3에서 plt.xlabel(), plt.ylabel(), plt.title() 함수는 각각 X축, Y축의 레이블, 그래프의 타이틀을 주어진 문자열로 설정한다. plt.show()는 현재 그래프를 화면에 표시한다. 실행 결과는 [그림 9.4]와 같다.

[예제 9.65] Figure, 다중 서브플롯 (ex0965.py)

```python
01   import numpy as np
02   import matplotlib.pyplot as plt
03
04   # 설명 1
05   fig = plt.figure(num=1, figsize=(6, 6), dpi=100, facecolor="#f0f0f0")
06   size = fig.get_size_inches()
07   dpi = fig.get_dpi()
08   print("size = ", size)
09   print("dpi = ", dpi)
10   print("pixel size = ", size*dpi)
11
12   # 설명 2
13   #ax1 = plt.subplot(2, 2, 1, axisbg='r')
14   ax1 = fig.add_subplot(2, 2, 1, axisbg='r')
15   ax1.plot(range(12))
16
17   # 설명 3
18   ax2 = fig.add_subplot(2, 2, 2, axisbg='g')
19   x = np.linspace(start = -1, stop = 1, num=51)
20   y = x**2
21   ax2.plot(x, y, 'b-')
22
23   # 설명 4
24   ax3 = fig.add_subplot(2, 2, 3, axisbg='b')
25   x = np.linspace(0, 2*np.pi, num=51)
26   y = np.sin(x)
27   ax3.plot(x, y,'r-')
28
29   # 설명 5
30   ax4 = fig.add_subplot(2, 2, 4, axisbg='y')
31   y = np.cos(x)
32   ax4.plot(x, y,'r-')
33   plt.savefig("ex0965.png")
34   plt.show()
```

프로그램 설명

① 설명 1에서 num=1, figsize=(6, 6), dpi = 100, 배경색 facecolor = "#f0f0f0"으로 Figure 객체 fig를 생성한다. size=[6. 6.] 인치 크기, dpi = 80.0로 인치당 화소수, size * dpi= [600. 600.] 화소 크기의 Figure이다. plt.rc('figure', figsize = (6, 6))로 크기를 설정할 수 있다.

② 설명 2에서 2×2 그리드에서 plot_number = 1, 배경색 axisbg = 'r'로 Axes 객체 ax1을 생성한다. ax1.plot(range(12))로 직선을 표시한다.

③ 설명 3에서 2×2 그리드에서 plot_number = 2, 배경색 axisbg = 'g'로 Axes 객체 ax2을 생성한다. ax2.plot(x, y, 'b-')로 y = x ** 2의 그래프를 표시한다.

④ 설명 4에서 2×2 그리드에서 plot_number = 3, 배경색 axisbg = 'b'로 Axes 객체 ax3을 생성한다. ax3.plot(x, y,'r-')로 y = np.sin(x)을 표시한다.

⑤ 설명 5에서 2×2 그리드에서 plot_number = 4, 배경색 axisbg = 'y'로 Axes 객체 ax4를 생성한다. ax4.plot(x, y,'r-')로 y = np.cos(x)를 표시한다. [그림 9.18]은 실행 결과이다.

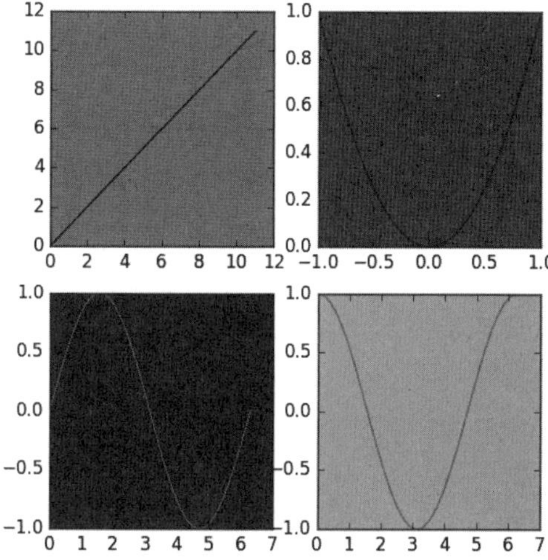

[그림 9.18] 2×2 그리드의 서브플롯

[예제 9.66] 다중 Figure, 다중 서브플롯 (ex0966.py)

```
01    import numpy as np
02    import matplotlib.pyplot as plt
03
04    # 설명 1
05    #fig1 = plt.figure(1)
06    fig1, (ax1, ax2) = plt.subplots(1, 2)
07    print(fig1.number)      # 1
08    fig1.suptitle("Figure1")
09    ax1.set_title('Line: y = x')
10    ax1.set_axis_bgcolor("red")
11    ax1.plot(range(12))
12
13    # 설명 2
14    x = np.linspace(start = -1, stop = 1, num=51)
15    y = x**2
16    ax2.set_title('Palabola: y = x**2')
17    ax2.set_axis_bgcolor("green")
18    ax2.plot(x, y, 'b-')
19    plt.savefig("ex0966-1.png")
20
21    # 설명 3
22    #fig = plt.figure(2)
23    fig2, (ax3, ax4) = plt.subplots(1,2)
24    print(fig2.number)      # 2
```

```
25    fig2.suptitle("Figure2")
26    x = np.linspace(0, 2*np.pi, num=51)
27    y = np.sin(x)
28    ax3.set_title('y = sin(x)')
29    ax3.set_axis_bgcolor("blue")
30    ax3.plot(x, y,'r-')
31
32    # 설명 4
33    y = np.cos(x)
34    ax4.set_title('y = cos(x)')
35    ax4.set_axis_bgcolor("yellow")
36    ax4.plot(x, y,'r-')
37    plt.savefig("ex0966-2.png")
38    plt.show()
```

프로그램 설명

① 설명 1에서 fig1, (ax1, ax2) = plt.subplots(1, 2)는 Figure 객체 fig1과 1×2 그리드 Axes 객체 ax1, ax2를 생성한다. fig1.number = 1이다. fig1.suptitle()은 fig1의 타이틀을 설정한다. ax1. set_title()은 타이틀을 설정하고, ax1.set_axis_bgcolor() 메서드는 배경색을 설정한다. ax1. plot(range(12))로 직선을 표시한다.

② 설명 2에서 ax2.set_title()은 타이틀을 설정하고, ax2.set_axis_bgcolor() 메서드는 배경색을 설정한다. ax2.plot(x, y, 'b-')로 y = x ** 2의 그래프를 표시한다. 현재 Ficture 객체 fig1을 "ex0966-1.png" 파일에 저장한다. [그림 9.19]는 실행 결과이다.

③ 설명 3에서 fig2, (ax3, ax4) = plt.subplots(1,2)는 Figure 객체 fig2과 1×2 그리드 Axes 객체 ax3, ax4를 생성한다. fig2.number = 2이다. fig2.suptitle()은 fig2의 타이틀을 설정한다. ax3.set_title()은 타이틀을 설정하고, ax3.set_axis_bgcolor() 메서드는 배경색을 설정한다. ax3.plot(x, y,'r-')로 y = np.sin(x)을 표시한다.

④ 설명 4에서 ax4.set_title()은 타이틀을 설정하고, ax4.set_axis_bgcolor() 메서드는 배경색을 설정한다. ax4.plot(x, y,'r-')로 y=np.cos(x)를 표시한다. 현재 Ficture 객체 fig2를 "ex0966-2.png" 파일에 저장한다. [그림 9.20]은 실행 결과이다. plt.show()는 2개의 Figure 객체 fig1과 fig2가 각각의 윈도우에 표시된다.

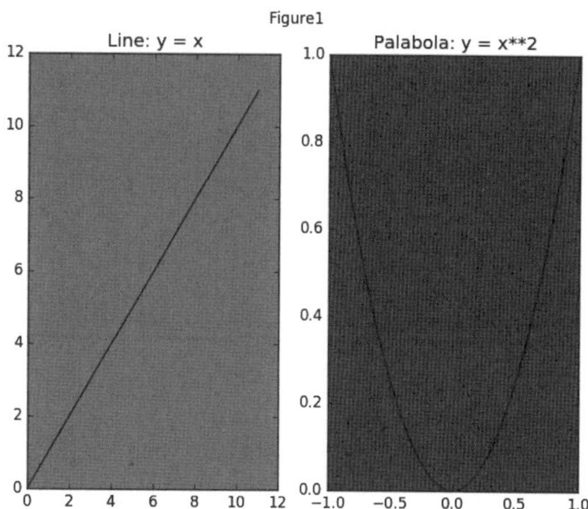

[그림 9.19] fig1, (ax1, ax2) = plt.subplots(1, 2)

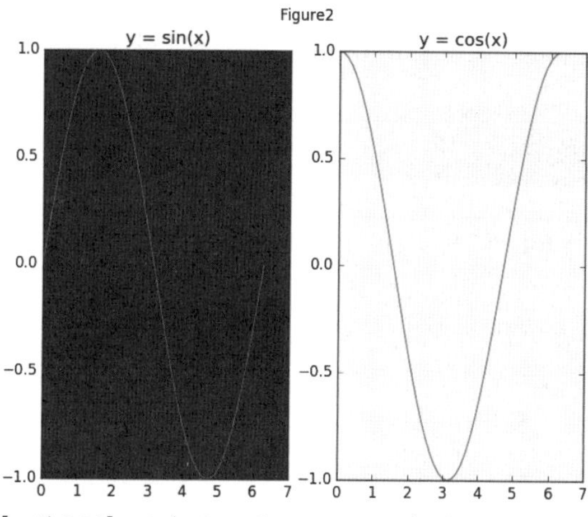

[그림 9.20] fig2, (ax3, ax4) = plt.subplots(1, 2)

3.5 텍스트, 산포도, 그래픽, 영상 파일

여기서는 텍스트, 2차원 데이터의 산포도(scatter diagram), 그래픽, 영상 파일을 읽어 화면에 출력하는 예제로 간단히 설명한다.

[예제 9.67] 텍스트 출력 (ex0967.py)

```
01    import matplotlib.pyplot as plt
02
03    # 설명 1
04    fig = plt.figure()
05    #fig.suptitle("Text example", fontsize=14, fontweight='bold')
06    ax = plt.gca()      # ax = fig.add_subplot(111)
07    ax.axis([0, 10, 0, 10])
08    ax.set_title("TeX equation")
09    ax.set_xlabel('x')
10    ax.set_ylabel('y')
```

```
11   # 설명 2
12   ax.text(2, 8, "$e{^{ix}} = cos(x) + i\/sin(x) $", style='italic', fontsize=20,
13       bbox={'facecolor':'red', 'alpha':0.5, 'pad':10})
14   ax.text(2, 6, r"parabola equation: $y=ax^2 + bx+c$", fontsize=20)
15   ax.text(2, 4, r"$\alpha_i > \beta_i$", fontsize=40)
16   ax.text(2, 2, r"$\sum_{i=0}^\infty x_i$", fontsize=20, color='green')
17   plt.savefig("ex0967.png")
18   plt.show()
```

프로그램 설명

① **설명 1**에서 fig = plt.figure()는 Figure 객체 fig를 생성한다. ax = plt.gca()는 현재 Axes 객체를 ax로 참조한다. ax.axis([0, 10, 0, 10])는 X, Y축의 범위를 [0, 10]으로 설정한다. ax.set_title("TeX equation"), ax.set_xlabel('x'), ax.set_ylabel('y')는 타이틀, X, Y 축 이름을 설정한다.

② **설명 2**에서 ax.text() 메서드로 주어진 위치에 문자열을 출력한다. 문자열에서 달러 기호($) 쌍 사이에 TeX와 유사한 수학기호를 표현할 수 있다. [그림 9.21]은 실행 결과이다.

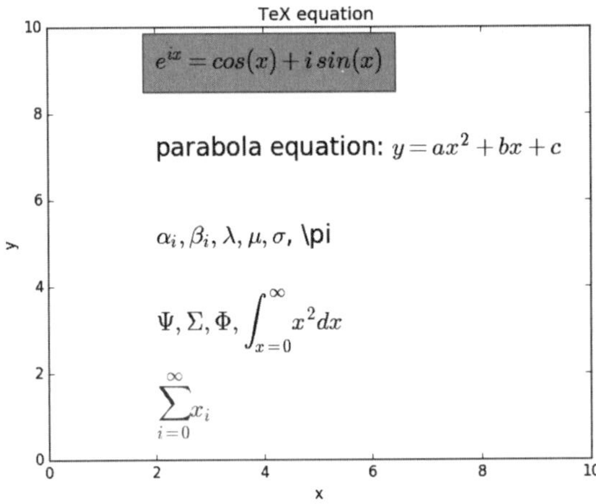

[그림 9.21] 텍스트 출력

[예제 9.68] 2차원 데이터의 산포도(scatter) 그리기　　　　　　　　　　　(ex0968.py)

```
01   import numpy as np
02   import matplotlib.pyplot as plt
03
04   # 설명 1
05   ax.add_patch( patches.Rectangle( (0.1, 0.4), 0.2, 0.2,
06           fill=False, linestyle='dashed', linewidth=2))
07
08   # 설명 2
09   plt.rc('figure', figsize=(6, 6))      # plt.rcParams['figure.figsize'] = (6, 6)
10   fig, ax = plt.subplots(2, 2)
11   fig.suptitle("Scatter diagram")
```

```
12    # 설명 3
13    ax[0][0].plot(x, y, "o")
14
15    # 설명 4
16    ax[0][1].scatter(x, y, color='b', s=10, marker='+')
17
18    # 설명 5
19    colors = np.random.rand(N)
20    ax[1][0].scatter(x, y, c=colors, s=10, marker='o', alpha=.4)
21
22    # 설명 6
23    size1 = np.random.random_integers(1, 100, size=N)
24    ax[1][1].scatter(x, y, c=colors, s=size1, marker='o', alpha=.4)
25    plt.savefig("ex0968.png")
26    plt.show()
```

프로그램 설명

① 설명 1에서 정규분포 N(0, 1)에서 N = 100개의 랜덤 실수를 배열 x에 생성한다. 정규분포 N(10, 2)에서 100개의 랜덤 실수를 배열 y에 생성한다.

② 설명 2에서 plt.rc() 함수는 환경의 전역 기본값을 설정한다. matplotlib의 plt.rc('figure', figsize = (6, 6))는 Figure의 6×6인치로 설정한다. plt.rcParams['figure.figsize'] = (6, 6)와 같이 사전형식으로 설정할 수 있다. fig, ax = plt.subplots(2, 2)는 2×2 그리드의 Axes 객체 ax를 생성한다.

③ 설명 3에서 ax[0][0].plot(x, y, "o")은 ax[0][0] 객체에 배열 x, y를 "o" 마커를 사용하여 산포도를 표시한다.

④ 설명 4에서 ax[0][1] 객체에 배열 x, y를 color = 'b' 색상, s = 10, "+" 마커를 사용하여 산포도를 표시한다.

⑤ 설명 5에서 ax[1][1] 객체에 배열 x, y를 c = colors 색상, s=10, "o" 마커를 사용하여 각 데이터의 색상을 다르게 산포도를 표시한다. alpha - .4는 겹치는 마커인 원에서 투명도를 조절하여 보이게 한다.

⑥ 설명 6에서 ax[1][1] 객체에 배열 x, y를 c = colors 색상, s = size1, "o" 마커를 사용하여 각 데이터의 색상을 다르게, 크기를 다르게 산포도를 표시한다. [그림 9.22]는 실행 결과이다.

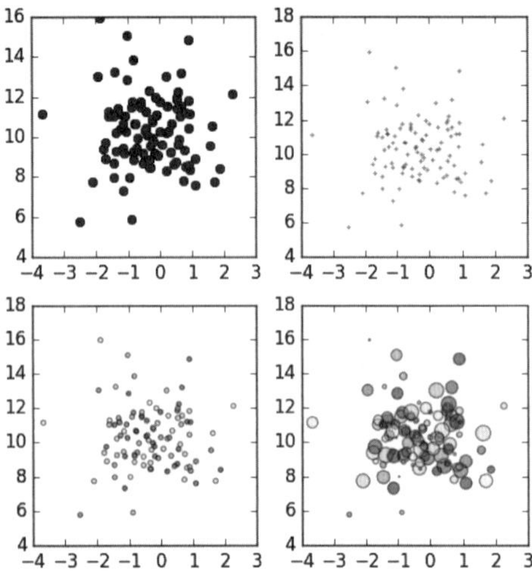

[그림 9.22] 산포도 그리기

[예제 9.69] 사각형 그리기 1 (ex0969.py)

```
01    import matplotlib.pyplot as plt
02    from matplotlib.patches import Rectangle
03
04    # 설명 1
05    fig = plt.figure()
06    fig.suptitle("Graphics1", color='b', fontsize=20)
07
08    ax = fig.add_subplot(111, aspect='equal')
09    ax.set_title("Rectangle", color='g', fontsize=14)
10
11    ax.add_patch( Rectangle( (0.1, 0.1),      # (x,y)
12                      0.2, 0.2,                      # width, height
13                      facecolor='blue', edgecolor='black'))
14    ax.add_patch( Rectangle( (0.4, 0.1), 0.2, 0.2,       # (x, y), width, height
15                      linewidth=None, alpha= 0.5))
16    ax.add_patch( Rectangle( (0.7, 0.1), 0.2, 0.2,
17                      linestyle='solid', fill=False, linewidth=2))
18
19    # 설명 2
20    ax.add_patch( Rectangle( (0.1, 0.4), 0.2, 0.2,
21                      fill=False, linestyle='dashed', linewidth=2))
22    ax.add_patch( Rectangle( (0.4, 0.4), 0.2, 0.2,
23                      fill=False, linestyle='dashdot', linewidth=2))
24    ax.add_patch( Rectangle( (0.7, 0.4), 0.2, 0.2,
25                      fill=False, linestyle='dotted', linewidth=2))
```

```
26   # 설명 3
27   ax.add_patch( Rectangle( (0.1, 0.7), 0.2, 0.2,
28              fill=False, hatch ='/'))
29   ax.add_patch( Rectangle( (0.4, 0.7), 0.2, 0.2,
30              fill=False, hatch ='\\'))
31   ax.add_patch( Rectangle( (0.7, 0.7), 0.2, 0.2,
32              fill=False, hatch ='O'))
33   plt.savefig("ex0969.png")
34   plt.show()
```

프로그램 설명

① 설명 1에서 fig = plt.figure()은 Figure 객체 fig를 생성하고, fig.suptitle()로 타이틀을 설정한다. ax = fig.add_subplot(111, aspect = 'equal')은 1×1 그리드의 Axes 객체 ax를 aspect = 'equal'로 가로, 세로 비율을 같게 생성한다. ax.set_title()로 Axes의 타이틀을 설정한다. plt.title()과 같다. ax.add_patch() 메서드로 Rectangle()로 사각형을 생성하여 ax에 추가한다. 사각형은 기준위치 (x, y)를 기준으로 가로, 세로 크기로 크기를 설정하고, facecolor는 배경색, edgecolor는 테두리 선 색, linewidth는 선 두께, alpha는 투명도, linestyle은 선 종류, fill은 채우기를 설정한다.

② 설명 2에서 linestyle을 'dashed', 'dashdot', 'dotted'로 사각형의 테두리 선 스타일을 설정한다. 기본 스타일은 'solid'이다.

③ 설명 3에서 hatch는 채우기 패턴 종류로, '/', '\\', 'O', 'o', '-', '+', 'x', '.', '*' 등 다양한 종류가 있다.

④ Rectangle() 대신, plt.Rectangle() 함수를 사용해도 같은 결과를 갖는다. [그림 9.23]은 사각형 그리기의 결과이다.

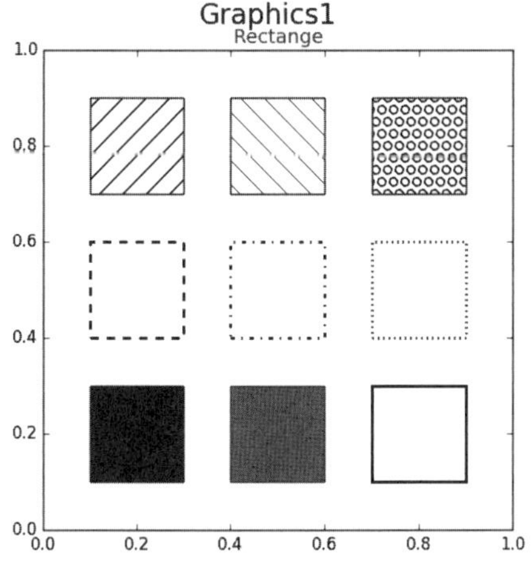

[그림 9.23] 사각형 그리기

[예제 9.70] 도형 그리기 2 (ex0970.py)

```python
01   import matplotlib.pyplot as plt
02   from matplotlib.patches import Circle, Ellipse, Rectangle, Polygon, RegularPolygon
03   from matplotlib.lines import Line2D
04
05   # 설명 1
06   fig = plt.figure()
07   fig.suptitle("Graphics2", color='b', fontsize=20)
08
09   ax = fig.add_subplot(111, aspect='equal')
10   ax.set_title("Line2D, Circle, Ellipse, Polygon...", color='g', fontsize=14)
11   #plt.title("Line2D, Circle, Ellipse, Polygon,...", color='g', fontsize=14)
12
13   ax.add_line( Line2D([0.0, 1.0], [0.0, 1.0],
14           linewidth=2, linestyle='dashed', color='g'))
15
16   # 설명 2
17   ax.add_patch(Circle( (0.2, 0.2), 0.1,          # (x,y), radius
18           color='blue'))
19
20   ax.add_patch(Circle( (0.5, 0.2), 0.1,          # (x, y), width, height
21           linewidth=None, alpha= 0.5))
22   ax.add_patch(Circle( (0.8, 0.2), 0.1,
23           linestyle='solid', fill=False, linewidth=2))
24
25   # 설명 3
26   x = [0.2, 0.5, 0.8]
27   y = [0.7, 0.9, 0.7]
28   ax.add_patch(Polygon(list(zip(x,y)),fill=True, facecolor='y', edgecolor='none'))
29
30   # 설명 4
31   w, h = 0.6, 0.4
32   ax.add_patch(Ellipse( (0.5, 0.5), w, h,
33           facecolor='#ffff00', alpha = 0.5))
34   ax.add_patch(Rectangle( (0.5-w/2, 0.5-h/2), w, h,
35           facecolor='#ff00ff', alpha = 0.5))
36
37   ax.add_patch(RegularPolygon((0.5, 0.5),    # (x,y)
38           4, 0.2,                            # number of vertices, radius
39           facecolor='#00ffff', alpha = 0.5))
40
41   plt.savefig("ex0970.png")
42   plt.show()
```

프로그램 설명

① matplotlib.patches에서 Circle, Ellipse, Rectangle, Polygon, RegularPolygon을 임포트하고, matplotlib.lines에서 Line2D를 임포트한다.

② 설명 1에서 Line2D([0.0, 1.0], [0.0, 1.0])은 (0, 0)에서 (1, 1)까지의 직선을 생성한다. ax.add_line()로 ax에 추가한다.

③ 설명 2에서 Circle((0.2, 0.2), 0.1)은 중심 좌표(0.2, 0.2)와 반지름(0.1)으로 원을 생성한다. ax.add_patch()로 ax에 추가한다.

④ 설명 3에서 list(zip(x,y))는 리스트 x, y에 저장된 좌표를 (x, y)쌍을 갖는 리스트를 생성한다. Polygon(list(zip(x,y)))는 리스트 x, y를 이용하여 다각형을 생성한다.

④ 설명 4에서 Ellipse((0.5, 0.5), w, h)는 중심좌표(0.5, 0.5)와 가로(w), 세로(h) 길이로 타원을 생성한다. Rectangle((0.5-w/2, 0.5-h/2), w, h)은 타원의 바운딩 사각형을 표시한다. RegularPolygon((0.5, 0.5), 4, 0.2) 중심좌표(0.5, 0.5), 꼭지점의 개수(4), 반지름(0.2)으로 설정한 정사각형을 그린다. [그림 9.24]는 직선, 원, 타원, 다각형 등의 도형 그리기의 결과이다.

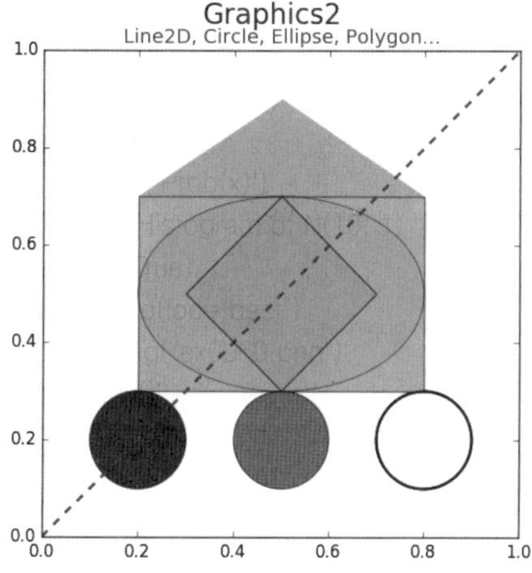

[그림 9.24] 도형(직선, 원, 타원, 사각형, 다각형) 그리기

[예제 9.71] matplotlib에 의한 영상 입출력 (ex0971.py)

```
01    import matplotlib.pyplot as plt
02    import matplotlib.image as img
03
04    # 설명 1
05    image = img.imread("C:/Users/Public/Pictures/Sample Pictures/Desert.jpg")
06    print("image.shape =", image.shape)
07
08    # 설명 2
09    plt.imshow(image)
10    img.imsave("ex0971-1.png", image)
11    plt.savefig("ex0971-2.png")
12    plt.show()
```

프로그램 설명

① matplotlib.image.imread(fname, format=None)은 fname 영상 파일을 읽어 numpy.array 배열을 반환한다. matplotlib는 기본적으로 PNG 파일만을 로드하고, PIL이 설치되어 있으면 다양한

포맷을 읽을 수 있다. 그레이스케일 영상은 M×N 배열을 반환하고, RGB 컬러 영상은 M×N×3 배열, RGBA 컬러 영상은 M×N×4 배열을 반환한다.

② matplotlib.image.imsave(fname, arr, vmin = None, vmax = None, cmap = None, format = None, origin = None, dpi = 100)는 arr 배열을 fname 영상 파일에 저장한다. origin = 'upper'이면 arr[0,0]의 위치가 왼쪽-위(upper-left)이고, origin = 'lower'이면 왼쪽-아래(lower-left)이다.

③ 설명 1에서 img.imread() 함수로 "Desert.jpg" 파일을 image 배열에 로드한다. Pillow/PIL을 설치하였기 때문에 jpg 파일을 로드할 수 있다. type(image)은 <class 'numpy.ndarray'>이다. image.shape은 (768, 1024, 3)이다.

④ 설명 2에서 plt.imshow(image)는 현재 Axes 객체에 image 배열을 디스플레이 한다. img.imsave() 함수로 image 배열을 [그림 9.25](a)의 "ex0971-1.png" 파일에 저장한다. plt.savefig() 함수로 Axes 객체를 [그림 9.25](b)의 "ex0971-2.png" 파일에 저장한다. plt.show()는 Axes의 영상을 화면에 보여준다.

(a) ex0971-1.png   (b) ex0971-2.png

[그림 9.25] matplotlib에 의한 영상 입출력

[예제 9.72] matplotlib의 서브플롯 사이의 배치 간격　　　　　　　　　　　　(ex0972.py)

```python
01    # 설명 1
02    import matplotlib.pyplot as plt
03    import matplotlib.image as img
04    image1 = img.imread("C:/Users/Public/Pictures/Sample Pictures/Desert.jpg")
05    image2 = img.imread("C:/Users/Public/Pictures/Sample Pictures/Hydrangeas.jpg")
06    image3 = img.imread("C:/Users/Public/Pictures/Sample Pictures/Tulips.jpg")
07    image4 = img.imread("C:/Users/Public/Pictures/Sample Pictures/Koala.jpg")
08
09    # 설명 2
10    fig, ax = plt.subplots(2, 2, figsize=(10,10))
11    ax[0][0].set_position([0, 0, 0.5, 0.5])
12    ax[0][0].axis("off")
13    ax[0][0].imshow(image1, aspect = "auto")
14
15    ax[0][1].set_position([0.5, 0, 0.5, 0.5])
16    ax[0][1].axis("off")
17    ax[0][1].imshow(image2, aspect = "auto")
```

```
18    ax[1][0].set_position([0.0, 0.5, 0.5, 0.5])
19    ax[1][0].axis("off")
20    ax[1][0].imshow(image3, aspect = "auto")
21    ax[1][1].set_position([0.5, 0.5, 0.5, 0.5])
22    ax[1][1].axis("off")
23    ax[1][1].imshow(image4, aspect = "auto")
24
25    plt.subplots_adjust(left=0, bottom=0, right=1, top=1, wspace=0.05, hspace=0.05)
26    plt.savefig("ex0972.png", bbox_inches='tight')
27    plt.show()
```

프로그램 설명

① 설명 1에서 img.imread()로 "Desert.jpg", "Hydrangeas.jpg", "Tulips.jpg", "Koala.jpg" 파일을 image1, image2, image3, image4 배열에 로드한다.

② 설명 2에서 2×2 서브플롯을 figsize = (10,10) 크기로 ax에 생성하고, set_position(x, y, width, height)에서 (x, y)는 사각형의 왼쪽-아래(left-lower) 위치이고, (width, height)는 크기를 설정한다. axis("off")로 축을 없애고, imshow()에서 aspect = "auto"로 설정하여 영상을 출력한다. set_position()의 원점은 왼쪽-아래(left-lower)이다.

4개의 서브플롯의 크기는 모두 (0.5, 0.5)로 설정하고, 사각형의 위치 (0,0), (0.5, 0), (0, 0.5), (0.5, 0.5)로 설정하여 서브플롯 사이의 공백을 제거한다. plt.subplots_adjust(left = 0, bottom = 0, right = 1, top = 1, wspace = 0.05, hspace = 0.05)는 서브플롯의 위치 및 크기를 left = 0, bottom = 0, right = 1, top = 1로 설정하고, 서브플롯 사이의 가로세로 공백을 wspace = 0.05, hspace = 0.05로 조정한다. ax[0][0]은 왼쪽-위, ax[0][1]은 오른쪽-위, x[1][0]은 왼쪽-아래, ax[1][1]은 오른쪽-아래에 배치한다. plt.subplots_adjust() 메서드는 set_position()의 설정을 무시한다. [그림 9.26](a)은 plt.subplots_adjust()를 주석 처리하여 set_position()으로 설정한 결과이고, [그림 9.26](b)은 plt.subplots_adjust()로 서브플롯 사이의 배치 간격을 조정한 결과이다.

(a) set_position()

(b) subplots_adjust()

[그림 9.26] matplotlib의 서브플롯 사이의 배치 간격

3.6 3차원 곡면의 3D 그래픽

mpl_toolkits.mplot3d 툴킷으로 matplotlib에서 마우스를 통한 줌인아웃과 회전 가능한 인터렉티브 3D 그래픽을 지원한다. fig.add_subplot() 함수로 3D 그래픽을 위한 서브플롯을 생성할 때 projection='3d' 인수로 Axes3D 객체를 생성한다.

Axes3D 클래스의 plot(), plot3D(), scatter(), plot_wireframe(), plot_surface(), plot_trisurf(), contour(), contourf(), text(), bar() 등의 메서드로 3D 그래픽을 지원한다. Axes3D.view_init(elev = None, azim = None) 메서드는 Axes3D 객체 ax의 ax.azim, ax.elev를 설정한다. (ax.elev, ax.azim, ax.dist)는 뷰포인트(카메라의 위치)의 위치를 설정한다. ax.elev는 x–y 평면과의 – 180에서 180의 고도각이고, ax.azim은 x–y 평면에서의 360도의 방위각이며, ax.dist는 원점으로부터의 거리이다. 여기서는, z = f(x, y)의 수학함수의 3D 플로팅 예제를 설명한다. 3차원 좌표는 np.meshgrid() 함수로 생성하고, 대부분의 메서드에서 기본인수를 사용한다.

[예제 9.73] 3차원 곡면의 3D 그래픽	(ex0973.py)

```python
01   import numpy as np
02   import matplotlib.pyplot as plt
03
04   # 설명 1
05   from matplotlib import cm
06   from mpl_toolkits.mplot3d import Axes3D
07   fig = plt.figure(figsize=(8,8))
08   fig.suptitle("$f(x, y) = x^2 + y^2$", color='b', fontsize=20)
09
10   # 설명 2
11   x = np.linspace(-5, 5, 7)
12   y = np.linspace(-5, 5, 7)
13   X, Y = np.meshgrid(x, y)
14   Z = X**2 + Y**2
15   #Z = Y**2 - X**2
16
17   # 설명 3
18   ax1 = fig.add_subplot(221, projection='3d')
19   surf = ax1.plot_wireframe(X, Y, Z)
20   ax1.set_title("wireframe")
21   #ax1.azim = -60        # azimuth: a polar angle in the x-y plane
22   #ax1.elev = 30         # elevation: angle above(positive),below (negative) the x-y plane.
23   #ax1.dist = 10         # distance from the axis origin
24
25   # 설명 4
26   ax2 = fig.add_subplot(222, projection='3d')
27   surf = ax2.plot_surface(X, Y, Z, rstride=1, cstride=1, cmap=cm.RdPu)
28   fig.colorbar(surf)
29   ax2.set_title("surface")
```

```
30    # 설명 5
31    ax3 = fig.add_subplot(223, projection='3d')
32    #surf = ax3.contour(X, Y, Z)        # contour lines
33    surf = ax3.contourf(X, Y, Z)        # filled contours
34    ax3.set_title("contour")
35
36    # 설명 6
37    ax4 = fig.add_subplot(224, projection='3d')
38    surf = ax4.scatter(X, Y, Z)
39    ax4.set_title("scatter")
40    plt.savefig("ex0973.png", bbox_inches='tight')
41    plt.show()
```

프로그램 설명

① 설명 1에서 컬러맵을 사용하기 위해 cm을 임포트하고, 3차원 그래픽을 위해 Axes3D를 임포트한다. fig = plt.figure()는 Figure 객체 fig를 생성하고, fig.suptitle()로 타이틀을 설정한다.

② 설명 2에서 [-5, 5]의 범위에서 등간격으로 7개의 데이터를 배열 x, y에 생성한다. X, Y = np.meshgrid(x, y)는 배열 x, y를 이용하여 격자구조의 (7, 7)의 2차원 좌표 배열 X, Y를 생성한다. 배열 X는 그리드에서의 x 좌표, 배열 Y는 그리드에서 y 좌표를 저장한다. Z = X ** 2 + Y ** 2 는 각 그리드 위치에서 $z = f(x, y) = x^2 + y^2$를 구현한다. 즉, $Z(i, j) = X(i, j)^2 + Y(i, j)^2$을 계산한다.

③ 설명 3에서 2×2 서브플롯의 1번에 projection='3d'로 Axes3D 객체 ax1을 생성한다. surf = ax1.plot_wireframe(X, Y, Z)는 X, Y, Z를 이용하여 와이어 프레임으로 3D 그래픽을 생성하고, Line3DCollection 객체를 surf에 반환한다. 뷰포인트(카메라의 위치)의 기본 위치는 ax1.azim = -60, ax1.elev = 30, ax.dist = 10이다.

④ 설명 4에서 2×2 서브플롯의 2번에 projection='3d'로 Axes3D 객체 ax2를 생성한다. surf = ax2.plot_surface(X, Y, Z, rstride = 1, cstride = 1, cmap = cm.RdPu)는 X, Y, Z를 이용하여 곡면을 생성하고, Poly3DCollection 객체를 surf에 반환한다. rstride, cstride은 곡면을 얼마나 자세히 처리하는가를 결정하는 배열의 행, 열의 보폭을 결정한다. 기본값은 rstride=10, cstride=10이다.

⑤ 설명 5에서 2×2 서브플롯의 3번에 projection = '3d'로 Axes3D 객체 ax3을 생성한다. surf = ax3.contourf(X, Y, Z)는 X, Y, Z를 이용하여 채워진 등고선을 생성하고, QuadContourSet 객체를 surf에 반환한다.

⑥ 설명 6에서 2×2 서브플롯의 4번에 projection = '3d'로 Axes3D 객체 ax4를 생성한다. surf = ax4.scatter(X, Y, Z)는 3D 산포도를 생성하고, Path3DCollection 객체를 surf에 반환한다. [그림 9.27]는 3차원 곡면 z = f(x, y)의 3D 그래픽을 생성한 결과이다.

$$f(x, y) = x^2 + y^2$$

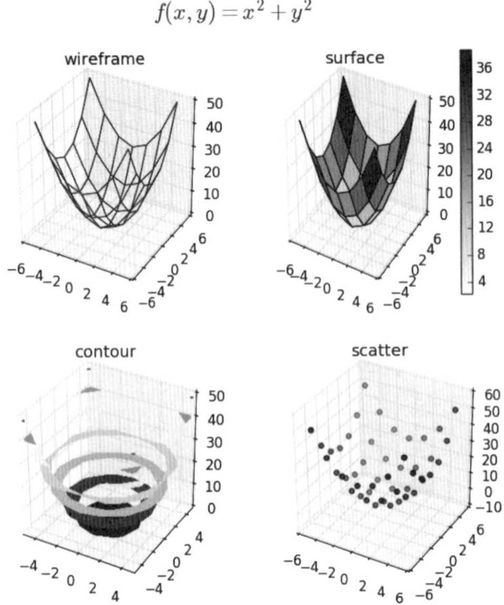

[그림 9.27] 3차원 곡면 z = f(x, y)의 3D 그래픽

O4   SciPy 고수준 수치데이터 처리

SciPy는 NumPy를 기반으로 적분, 최적화, 보간, 선형대수, 신호처리, 통계처리, 다차원 영상 처리, 클러스터링 등을 구현한 고수준 수학라이브러리이다. SciPy의 현재 최신 버전은 SciPy v0.17.1이다. 여기서는 적분(scipy.integrate), 보간(scipy.interpolate), 선형대수(scipy.linalg), 다차원 영상 처리(scipy.ndimage)에 대해 설명한다.

4.1 적분 계산

scipy.integrate는 quad(), dblquad(), tplquad(), nquad() 등의 다양한 적분함수를 제공한다. 여기서는, quad(), dblquad() 함수에 대해 간단히 알아본다. quad() 함수는 구간 [a, b] 사이의 1 변수 함수의 정적분(definite integral)을 계산한다. dblquad() 함수는 2 변수 함수의 2중 정적분을 계산하여, 적분 값과 오차의 추정치를 반환한다. 구간을 지정할 때 +inf에서 -inf를 사용할 수 있다.

[예제 9.74] 적분　　　　　　　　　　　　　　　　　　　　　　(ex0974.py)

```python
01   import numpy as np
02   from scipy.integrate import quad, dblquad, nquad
03
04   # 설명 1
05   fx1 = lambda x: x**2
06   a1, e1 = quad(fx1, 0, 10)
07   print("a1 = {}, e1 = {}".format(a1, e1))
08
09   # 설명 2
10   fx2 = lambda x : np.sin(x)
11   a2, e2 = quad(fx2, 0, np.pi)
12   print("a2 = {}, e2 = {}".format(a2, e2))
13
14   # 설명 3
15   fx3 = lambda x, a, b, c : a*x**2 + b*x + c
16   a3, e3 = quad(fx3, 0, 2, args=(3, 2, 1))
17   print("a3 = {}, e3 = {}".format(a3, e3))
18
19   # 설명 4
20   fx4 = lambda x, y: x*y**2
21   a4, e4 = dblquad(fx4, 0, 1, lambda x: 0, lambda x: 2)
22   print("a4 = {}, e4 = {}".format(a4, e4))
23
24   # 설명 5
25   a5, e5 = dblquad(fx4, 0, 1, lambda x: 2*x, lambda x: 2)
26   print("a5 = {}, e5 = {}".format(a5, e5))
27
28   # 설명 6
29   def bounds_y():
30       return [0, 1]
31   def bounds_x(y):
32       return [2*y, 2]
33   a6, e6 = nquad(fx4, [bounds_x, bounds_y])
34   print("a6 = {}, e6 = {}".format(a6, e6))

# 실행 결과
a1 = 333.33333333333326, e1 = 3.700743415417188e-12
a2 = 2.0, e2 = 2.220446049250313e-14
a3 = 14.000000000000002, e3 = 1.5543122344752194e-13
a4 = 0.6666666666666667, e4 = 7.401486830834377e-15
a5 = 0.26666666666666, e5 = 2.960594732333751e-15
a6 = 0.26666666666666666, e6 = 5.546974543905651e-15
```

프로그램 설명

① 설명 1에서 fx1 = lambda x: x ** 2 함수를 적분한다. 정확한 적분은 1000/3이다. quad(fx1, 0, 10)로 계산한 적분은 a1 = 333.33333333333326이고, 추정 오차는 e1이다.

$$a1 = \int_0^{10} x^2 \, dx = \frac{1000}{3}$$

② 설명 2에서 fx2 = lambda x : np.sin(x) 함수를 적분한다. 정확한 적분은 2이다. quad(fx2, 0, np.pi)로 계산한 적분은 a2 = 2.0이다.

$$a2 = \int_0^{\pi} \sin x \, dx = [-\cos(x) + C]_0^{\pi} = 2$$

③ 설명 3에서 fx3 = lambda x, a, b, c : a * x ** 2 + b * x + c 함수를 적분한다. 정확한 적분값은 14이다. quad(fx3, 0, 10, args = (3, 2, 1))로 계산한 적분은 a3 = 14.0이다. args = (3, 2, 1)는 함수 fx3에 a=3, b=2, c=1로 전달한다.

$$\begin{aligned}
a3 = \int_0^2 ax^2 + bx + c \, dx &= \left[a\frac{x^3}{3} + b\frac{x^2}{2} + cx + C \right]_0^2 \\
&= a\frac{8}{3} + 2b + 2c \\
&= 8 + 4 + 2 = 14, \; \text{if } a = 3, b = 2, c = 1
\end{aligned}$$

④ 설명 4에서 fx4 = lambda x, y: x * y ** 2 함수를 2중 적분한다. 정확한 적분은 2/3이다. dblquad(fx4, 0, 1, lambda x: 0, lambda x: 2)로 계산한 적분은 a4 = 0.6666666666666667이다.

$$\begin{aligned}
a4 = \int_0^1 \int_0^2 xy^2 \, dx\,dy &= \int_0^1 2y^2 \, dy \\
&= \left[\frac{2y^3}{3} \right]_0^1 = \frac{2}{3}
\end{aligned}$$

⑤ 설명 5에서 fx4(x, y) 함수를 구간을 달리하여 dblquad(fx4, 0, 1, lambda x: 2*x, lambda x: 2)로 계산한 적분은 a5 = 0.26666666666666666이다. 정확한 적분은 4/15이다.

$$\begin{aligned}
a5 = \int_0^1 \int_{2y}^2 xy^2 \, dx\,dy &= \int_0^1 (2y^2 - 2y^4) \, dy \\
&= 2\left[\frac{y^3}{3} - \frac{y^5}{5} \right]_0^1 = \frac{4}{15}
\end{aligned}$$

⑥ 설명 6에서 nquad() 함수로 fx4(x, y) 함수를 적분한다. nquad(fx5, [bounds_x, bounds_y])로 계산한 적분은 a6은 dblquad() 함수로 계산한 a5와 같다.

4.2 데이터 보간

scipy.interpolate는 interp1d, interp2d, interpn() 등의 다양한 보간(interpolation) 클래스 및 함수를 제공한다. 여기서는, 1D 보간 클래스 interp1d와 2D 그리드에서의 보간 클래스 interp2d에 대해 예제로 설명한다.

① interp1d(x, y, kind='linear', axis=-1, copy=True, bounds_error=None,
　　fill_value=nan, assume_sorted=False)

interp1d 클래스는 배열 x, y를 이용하여, y = f(x)를 근사하는 보간함수 f를 반환한다. kind는 보간법으로 'linear', 'nearest', 'zero', 'slinear', 'quadratic', 'cubic' 등의 보간법이 있다. 'slinear', 'quadratic, 'cubic'은 1, 2, 3차 스플라인 보간법이다.

② interp2d(x, y, z, kind='linear', copy=True, bounds_error=False, fill_value=nan)

interp2d 클래스는 배열 x, y, z 이용하여, z = f(x, y)를 근사하는 보간함수 f를 반환한다. kind는 보간법으로 'linear', 'cubic', 'quintic' 등의 보간법이 있다.

[예제 9.75] 1차원 데이터 보간: interp1d　　　　　　　　　　　　　　(ex0975.py)

```python
01    import numpy as np
02    import matplotlib.pyplot as plt
03    from scipy import interpolate
04
05    # 설명 1
06    def error(x, y1):
07        y = a*x**3 + b*x**2 + c*x + d
08        e = np.absolute(y - y1)
09        return np.sum(e)
10
11    # 설명 2
12    N=10
13    x = np.linspace(-10, 10, N)
14    a, b, c, d = 1/4, 3/4, -3/2, -2
15    y = a*x**3 + b*x**2 + c*x + d
16    plt.plot(x, y, 'o')
17    #print(x)
18    #print(y)
19
20    # 설명 3
21    f1 = interpolate.interp1d(x, y, kind = "linear")
22    #print(f1)
23    xnew = np.arange(x[0], x[-1], 0.1)
24    ynew = f1(xnew)
25    plt.plot(xnew, ynew, 'r-', label="linear")
26    e1 = error(xnew, ynew)
27    print("e1 = ", e1)
28
29    # 설명 4
30    f2 = interpolate.interp1d(x, y, kind = "nearest")
31    ynew = f2(xnew)
32    plt.plot(xnew, ynew, 'g-', label="nearest")
33    e2 = error(xnew, ynew)
34    print("e2 = ", e2)
```

```python
# 설명 5
f3 = interpolate.interp1d(x, y, kind = "quadratic")
ynew = f3(xnew)
plt.plot(xnew, ynew, 'b-', label="quadratic")
e3 = error(xnew, ynew)
print("e3 = ", e3)

# 설명 6
f4 = interpolate.interp1d(x, y, kind = "cubic")
ynew = f4(xnew)
plt.plot(xnew, ynew, 'k-', label="cubic")
e4 = error(xnew, ynew)
print("e4 = ", e4)

# 설명 7
plt.legend(loc="best")
plt.xlabel("x")
plt.ylabel("$y=ax^3+bx^2+cx+d$", fontsize=20)
plt.title(" 1D Interpolation")
plt.savefig("ex0975.png", bbox_inches='tight')
plt.show()
```

프로그램 설명

① 설명 1에서 error(x, y1) 함수는 배열 x에 대한 3차 함수의 참값 y = f(x)와 보간함수에 의한 근사값 y1 사이의 오차의 절대값 합계를 반환한다.

② 설명 2에서 x = np.linspace(-10, 10, N)는 -10에서 10까지 N = 10개의 등간격 값을 배열 x에 생성한다. y = a * x ** 3 + b * x ** 2 + c * x + d는 배열 x에 대한 3차 함수값을 배열 y에 생성한다. plt.plot(x, y, 'o')는 배열 x, y에 대해 마커로 원을 표시한다.

③ 설명 3에서 f1 = interpolate.interp1d(x, y, kind = "linear")는 배열 x, y를 사용하여, kind = "linear" 보간법으로 보간함수 f1을 생성한다. xnew = np.arange(x[0], x[-1], 0.1)는 x[0]에서 x[-1]까지 0.1 간격으로 새로운 배열 xnew를 생성한다. ynew = f1(xnew)은 보간함수 f1을 사용하여 새로운 배열 xnew에 대한 함수값을 배열 ynew를 생성한다. plt.plot(xnew, ynew, 'r-', label = "linear")는 새로운 배열 xnew, ynew로 빨간색 실선('r-')으로 표시하고, 범례를 위한 레이블을 label = "linear"로 설정한다. e1 = error(xnew, ynew)는 새로 생성한 배열 ynew과 xnew 배열에서 정확한 3차함수의 참값 배열과의 오차 합계를 e1 = 623.317423868로 계산한다.

④ 설명 4에서 배열 x, y를 사용하여, kind ="nearest" 보간법으로 보간함수 f2를 생성한다. ynew = f2(xnew)은 보간함수 f2를 사용하여 새로운 배열 xnew에 대한 함수값으로 배열 ynew를 생성한다. 새로운 배열 xnew, ynew로 녹색 실선('g-')으로 표시하고, 범례를 위한 레이블을 label="nearest"로 설정한다. "nearest" 보간법에 의한 오차 합계는 e2 = 2696.21098834이다.

⑤ 설명 5에서 배열 x, y를 사용하여, kind ="quadratic" 보간법으로 보간함수 f3를 생성한다. ynew = f3(xnew)는 보간함수 f3를 사용하여 새로운 배열 xnew에 대한 함수값으로 배열 ynew를 생성한다. 새로운 배열 xnew, ynew로 파란색 실선('b-')으로 표시하고, 범례를 위한 레이블을 label="quadratic"로 설정한다. "quadratic" 보간법에 의한 오차합계는 e3 = 17.1450617284이다.

⑥ **설명 6**에서 배열 x, y를 사용하여, kind ="cubic" 보간법으로 보간함수 f4를 생성한다. ynew = f4(xnew)은 보간함수 f4를 사용하여 새로운 배열 xnew에 대한 함수값으로 배열 ynew를 생성한다. 새로운 배열 xnew, ynew로 검은색 실선('k-')으로 표시하고, 범례를 위한 레이블을 label = "cubic"로 설정한다. "cubic" 보간법에 의한 오차 합계는 e4 = 1.41446888924e-11이다.

⑦ **설명 7**에서 plt.legend(loc = "best")는 범례를 생성하고, X, Y축 레이블을 설정하고, 타이틀을 설정하고, "ex0975.png" 파일로 저장한다. [그림 9.28]은 실행 결과이다.

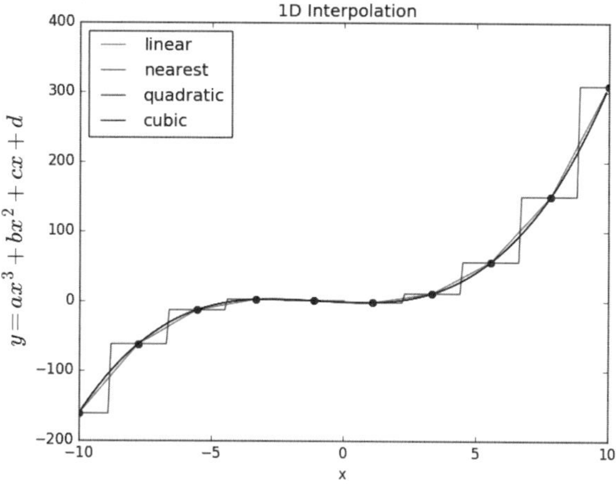

[그림 9.28] 1차원 데이터 보간

[예제 9.76] 2차원 데이터 보간 : interp2d   (ex0976.py)

```
01    import numpy as np
02    import matplotlib.pyplot as plt
03
04    from matplotlib import cm
05    from mpl_toolkits.mplot3d import Axes3D
06    from scipy.interpolate import interp2d
07
08    # 설명 1
09    def error(X1, Y1, Z1):
10        Z = Y1**2 - X1**2
11        e = np.absolute(Z - Z1)
12        return np.sum(e)
13
14    # 설명 2
15    x = np.linspace(-5, 5, 7)
16    y = np.linspace(-5, 5, 7)
17    X, Y = np.meshgrid(x, y)
18
19    #Z = X**2 + Y**2
20    Z = Y**2 - X**2
```

```python
21   # 설명 3 : interp2d에 의한 보간
22   #설명 3.1
23   fig, ax = plt.subplots(2, 2)
24   ax[0][0].pcolormesh(X, Y, Z)
25
26   #설명 3.2
27   f2 = interp2d(x, y, Z, kind="linear")          # f2 = interp2d(X, Y, Z, kind="linear")
28
29   xnew = np.arange(x[0], x[-1], 0.1)
30   ynew = np.arange(y[0], y[-1], 0.1)
31   Z2 = f2(xnew, ynew)
32   X2, Y2 = np.meshgrid(xnew, ynew)
33   ax[0][1].pcolormesh(X2, Y2, Z2)
34
35   e2 = error(X2, Y2, Z2)
36   print("linear interpolation, e2 = ", e2)
37
38   #설명 3.3
39   f3 = interp2d(x, y, Z, kind="cubic")
40   Z3 = f3(xnew, ynew)
41   ax[1][0].pcolormesh(X2, Y2, Z3)
42
43   e3 = error(X2, Y2, Z3)
44   print("cubic interpolation, e3 = ", e3)
45
46   #설명 3.4
47   f4 = interp2d(x, y, Z, kind="quintic")
48   Z4 = f4(xnew, ynew)
49   ax[1][1].pcolormesh(X2, Y2, Z4)
50
51   e4 = error(X2, Y2, Z4)
52   print("quintic interpolation, e4 = ", e4)
53
54   #설명 3.5
55   plt.subplots_adjust(left=0.02,bottom=0.05,right=0.98,top=0.95,wspace=0.1, hspace=0.1)
56   fig.savefig("ex0976-1.png", bbox_inches='tight')
57   fig.canvas.set_window_title("pcolormesh plotting")
58
59   # 설명 4 : 3D surface plotting
60   #설명 4.1
61   fig2 = plt.figure()
62   ax1 = fig2.add_subplot(221, projection='3d')
63   surf = ax1.plot_surface(X, Y, Z, rstride=2, cstride=2, cmap=cm.RdPu)
64   ax1.set_title("raw data", fontsize=10)
65   #설명 4.2
66   ax2 = fig2.add_subplot(222, projection='3d')
67   surf = ax2.plot_surface(X2, Y2, Z2, cmap=cm.RdPu)
68   ax2.set_title("linear interpolation", fontsize=10)
```

```
 69   #설명 4.3
 70   ax3 = fig2.add_subplot(223, projection='3d')
 71   surf = ax3.plot_surface(X2, Y2, Z3, cmap=cm.RdPu)
 72   ax3.set_title("cubic interpolation", fontsize=10)
 73
 74   #설명 4.4
 75   ax4 = fig2.add_subplot(224, projection='3d')
 76   surf = ax4.plot_surface(X2, Y2, Z4, cmap=cm.RdPu)
 77   ax4.set_title("quintic interpolation", fontsize=10)
 78
 79   #설명 4.5
 80   plt.subplots_adjust(left=0.02,bottom=0.05,right=0.98,top=0.95,wspace=0.1, hspace=0.1)
 81   fig2.savefig("ex0976-2.png", bbox_inches='tight')
 82   fig2.canvas.set_window_title("3D surface plotting")
 83
 84   # 설명 5 : 2D contour plotting
 85   #설명 5.1
 86   fig3, ax = plt.subplots(2, 2)
 87   CS = ax[0][0].contour(X, Y, Z, 10)
 88   plt.clabel(CS, inline=1,fontsize=10)
 89   ax[0][0].set_title("raw data", fontsize=10)
 90
 91   #설명 5.2
 92   CS = ax[0][1].contour(X2, Y2, Z2, 10)
 93   plt.clabel(CS, inline=1,fontsize=10)
 94   ax[0][1].set_title("linear interpolation", fontsize=10)
 95
 96   #설명 5.3
 97   CS = ax[1][0].contour(X2, Y2, Z3, 10)
 98   plt.clabel(CS, inline=1,fontsize=10)
 99   ax[1][0].set_title("cubic interpolation", fontsize=10)
100
101   #설명 5.4
102   CS = ax[1][1].contour(X2, Y2, Z4, 10)
103   plt.clabel(CS, inline=1, fontsize=10)
104   ax[1][1].set_title("quintic interpolation", fontsize=10)
105
106   #설명 5.5
107   plt.subplots_adjust(left=0.02,bottom=0.05,right=0.98,top=0.95,wspace=0.1, hspace=0.2)
108   fig3.savefig("ex0976-3.png", bbox_inches='tight')
109   fig3.canvas.set_window_title("2D contour plotting")
110   plt.show()
```

프로그램 설명

① 설명 1에서 error(X1, Y1, Z1) 함수는 배열 X1, Y1에서의 참값 Z = f(X1, Y1)와 보간으로 근사값 Z1의 오차의 절대값 합계를 반환한다.

② **설명 2**에서 [-5, 5]의 범위에서 등간격으로 7개의 데이터를 배열 x, y에 생성한다. X, Y = np.meshgrid(x, y)는 배열 x, y를 이용하여 격자구조의 (7, 7)의 좌표 배열 X, Y를 생성한다. 배열 X, Y를 이용하여, Z = Y ** 2 - X ** 2로 각 그리드 위치에서 $z = f(x, y) = y^2 - x^2$을 계산한다.

③ **설명 3**에서 interp2d 클래스로 X, Y, Z를 이용하여 "linear", "cubic", "quintic" 보간법으로 보간함수를 계산하고, 보간함수로 새로운 xnew, ynew 배열의 좌표에서 함수값을 생성하고, pcolormesh()로 원본과 보간 데이터를 컬러그래픽으로 생성하고 오차를 계산한다.

④ **설명 3.1**은 2×2 서브플롯을 생성하고 서브플롯 ax[0][0]에 원본 데이터 X, Y, Z를 컬러 그래픽으로 생성한다.

⑤ **설명 3.2**는 f2 = interp2d(x, y, Z, kind = "linear")로 좌표축 배열 x, y와 Z 배열을 이용하여 선형 보간법("linear") 함수 f2를 계산한다. 전체 좌표 배열 X, Y, Z를 사용해도 같은 결과를 갖는다. 함수값을 계산할 위치의 새로운 배열 xnew, ynew를 생성하고, Z2 = f2(xnew, ynew)는 보간함수 f2로 함수값을 Z2에 계산한다. ax[0][1].pcolormesh(X2, Y2, Z2)는 서브플롯 ax[0][1]에 선형보간 데이터 X2, Y2, Z2를 컬러 그래픽으로 생성한다. e2 = error(X2, Y2, Z2)는 선형보간 오차 e2 = 3553.83668864를 계산한다.

⑥ **설명 3.3**은 f3 = interp2d(x, y, Z, kind = "cubic")으로 좌표축 배열 x, y와 Z 배열을 이용하여 "cubic" 보간법으로 함수 f3를 계산한다. 서브플롯 ax[1][0]에 보간 데이터 X2, Y2, Z3을 컬러 그래픽으로 생성하고, 보간 오차는 e3 = 8.80638449913e-11이다.

⑦ **설명 3.4**는 f4 = interp2d(x, y, Z, kind = "quintic")으로 좌표축 배열 x, y와 Z 배열을 이용하여 "quintic" 보간법으로 함수 f4를 계산한다. 서브플롯 ax[1][1]에 보간 데이터 X2, Y2, Z4를 컬러 그래픽으로 생성하고, 보간 오차는 e4 = 4.88825236496e-11이다.

⑧ **설명 3.5**에서 subplots_adjust()로 서브플롯의 위치 및 크기를 left = 0.02, bottom = 0.05, right = 0.98, top = 0.95로 설정하고, 서브플롯 사이의 가로세로 공백을 wspace = 0.1, hspace = 0.1로 조정한다. plt.savefig()로 [그림 9.29]의 "ex0976-1.png" 파일로 저장할 때, bbox_inches = 'tight'는 Figure의 여백을 최소로 줄인다. 윈도우 타이틀을 "pcolormesh plotting"으로 설정한다.

⑨ **설명 4**에서 원본 데이터와 보간 데이터를 3D 곡면으로 생성한다. **설명 4.1**에서 원본 데이터(X, Y, Z)는 배열에서 rstride = 2, cstride = 2 간격으로 곡면을 표시하고, cmap = cm.RdPu 컬러 맵으로 곡면을 생성한다. **설명 4.2**에서 **설명 4.4**까지는 보간 데이터를 rstride = 10, cstride = 10 간격으로 곡면을 처리하고 생성한다. **설명 4.5**는 subplots_adjust()로 서브플롯의 위치 및 크기를 left = 0.02, bottom = 0.05, right = 0.98, top = 0.95로 설정하고, 서브플롯 사이의 가로세로로 공백을 wspace = 0.1, hspace = 0.1로 조정한다. plt.savefig()로 [그림 9.30]의 "ex0976-2.png" 파일로 저장할 때, bbox_inches = 'tight'는 Figure의 여백을 최소로 줄인다. 윈도우 타이틀을 "3D surface plotting"로 설정한다.

⑩ **설명 5**에서 원본 데이터와 보간 데이터를 2D 등고선으로 생성한다. **설명 5.1**에서 CS = ax[0][0].contour(X, Y, Z, 10)는 원본 데이터(X, Y, Z)에서 최대 10개의 등고선을 생성한다. **설명 5.2**는 "linear" 보간 데이터 (X2, Y2, Z2), **설명 5.3**은 "cubic" 보간 데이터 (X2, Y2, Z3), **설명 5.4**는 "quintic" 보간 데이터 (X2, Y2, Z4)를 2D 등고선으로 생성한다. plt.clabel(CS, inline = 1, fontsize = 10)은 등고선에 레이블을 표시한다. inline = 0은 레이블 위치에 선을 겹쳐 표시한다. inline = 1은 레이블 위치에 선을 표시하지 않는다(np.ceil() 함수에 의해 RuntimeWarning 경고가 발생할 수 있다). **설명 5.5**는 subplots_adjust()로 서브플롯의 위치 및 크기를 left = 0.02, bottom = 0.05, right = 0.98, top = 0.95로 설정하고, 서브플롯 사이의 가로세로로 공백을 wspace

= 0.1, hspace = 0.2로 조정한다. plt.savefig()로 [그림 9.31]의 "ex0976-3.png" 파일로 저장할 때, bbox_inches = 'tight'는 Figure의 여백을 최소로 줄인다. 윈도우 타이틀은 "2D contour plotting"으로 설정한다.

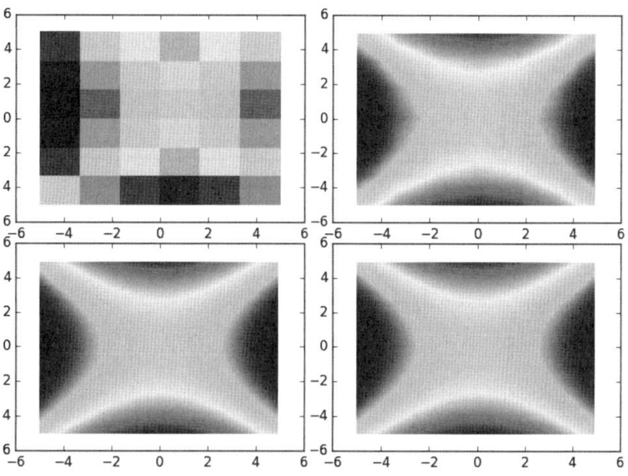

[그림 9.29] pcolormesh()로 표시한 원본과 보간 데이터(ex0976-1.png)

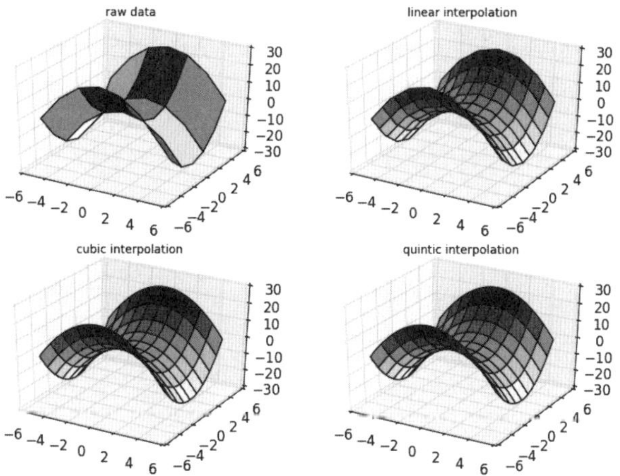

[그림 9.30] plot_surface()로 표시한 원본과 보간 데이터(ex0976-2.png)

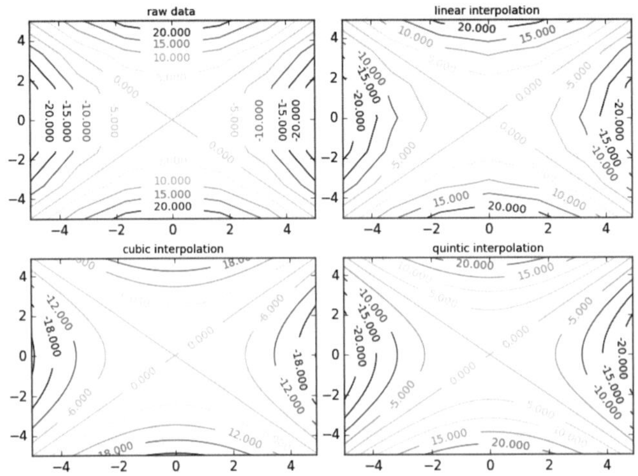

[그림 9.31] contour()로 표시한 원본과 보간 데이터(ex0976-3.png)

4.3 선형대수

scipy.linalg는 numpy.linalg를 포함한 선형대수 함수를 제공한다. 여기서는 NumPy
에 없는 LU 분해에 대해 설명한다. linalg.lu(), lu_factor() 함수는 교환(permutation)
행렬을 갖는 LU 분해를 수행한다.

(1) linalg.lu() 함수

(M, N) 행렬 A에 대해, P, L, U = linalg.lu(A)는 A = PLU 분해한다. (M, M)행렬 P는
행-교환(permutation) 행렬이고, (M, K) 행렬 L은 대각요소가 1인 하-삼각행렬, (K,
N) 행렬 U는 상-삼각행렬이다.

(2) lu_factor() 함수

lu, piv = lu_factor(A)는 lu 행렬은 대각선을 포함한 상-삼각행렬 U와 대각선 아래에
하-삼각행렬 L을 갖고 있다. L의 대각요소 1인 정보는 저장하지 않는다. piv는 행-교
환행렬 P의 피봇 인덱스이다. 주의할 것은 linalg.lu() 함수에 의해 반환되는 P 행렬과
는 다르지만, 단위행렬을 piv로 행-교환하여 P 행렬을 생성할 수 있다. x = linalg.lu_
solve((lu, piv), b)로 해를 계산할 수 있다.

[예제 9.77] linalg.lu() 함수에 의한, A = PLU 분해   (ex0977.py)

```
01  import numpy as np
02  from scipy import linalg
03
04  # 설명 1
05  def forward_sub(L, b):
06      n = len(b)
07      y = np.zeros(n)
08      y[0] = b[0]
```

```python
09      for k in range(1, n):
10          y[k] = (b[k] - np.dot(L[k, 0:k], y[0:k]))/L[k, k]
11      return y
12
13  def backward_sub(U, y):
14      n = len(y)
15      x = np.zeros(n)
16      for k in range(n-1, -1, -1):
17          x[k] = (y[k] - np.dot(U[k, k+1:n], x[k+1:n]))/U[k, k]
18      return x
19
20  # 설명 2
21  A = np.array([[ 1., 4., 1.], [ 1., 6., -1.], [ 2., -1., 2.]])
22  b = np.array([7, 13, 5])
23
24  P, L, U = linalg.lu(A)
25  print("P = ", P)
26  print("L = ", L)
27  print("U = ", U)
28
29  b1 = np.dot(P.T, b)
30  y = forward_sub(L, b1)
31  x = backward_sub(U, y)
32  print("x=", x)
33
34  # 설명 3
35  #b1 = np.dot(P.T, b)
36  y=linalg.solve_triangular(L, b1, lower=True)      # unit_diagonal = True
37  x2=linalg.solve_triangular(U, y)
38  print("x2=", x2)
```

```
# 실행 결과
P = [[ 0. 0. 1.]
  [ 0. 1. 0.]
  [ 1. 0. 0.]]
L = [[ 1.    0.    0.  ]
 [ 0.5    1.    0.  ]
 [ 0.5    0.69230769 1.   ]]
U = [[ 2.    -1.    2.  ]
 [ 0.    6.5    -2.  ]
 [ 0.    0.    1.38461538]]
A1 = [[ 1. 4. 1.]
 [ 1. 6. -1.]
 [ 2. -1. 2.]]
x= [ 5. 1. -2.]
x2= [ 5. 1. -2.]
```

프로그램 설명

① 설명 1에서 forward_sub(L, b) 함수는 하-삼각행렬 L에 대하여, 전진대입에 의해 Ly = b의 해 y 를 반환한다. backward_sub(U, y) 함수는 상-삼각행렬 U에 대하여, 후진대입에 의해 Ux = y의 해 x를 반환한다.

② 설명 2에서 Ax = b의 연립방정식의 해 x를 forward_sub(), backward_sub() 함수로 다음과 같이 계산한다. A1 = np.dot(P, np.dot(L, U))은 P, L, U를 행렬 곱셈하여 A1에 저장한다. A1은 A와 같 다. 행-교환행렬 P는 행을 교환 정보를 갖는다. 한 행, 한 열에서만 1을 갖는다.

$$Ax = b$$
$$PLUx = b$$
$$LUx = P^Tb \quad , \quad P^{-1} = P^T$$

$$Ly = P^Tb \,, \quad forwardsub()$$
$$Ux = y \quad , \quad backwardsub()$$

③ 설명 3에서 y = linalg.solve_triangular(L, b1, lower=True)는 하-삼각행렬 L에 대해 전진대입으 로 Ly = b1의 해 y를 계산한다. x2 = linalg.solve_triangular(U, y)는 상-삼각행렬 U에 대해 후진 대입으로 Ux2 = y의 해 x2를 계산한다. x2는 forward_sub(), backward_sub() 함수로 계산한 x 는 같다.

[예제 9.78] linalg.lu_factor() 함수에 의한, A = PLU 분해   (ex0978.py)

```
01   import numpy as np
02   from scipy import linalg
03
04   # 설명 1
05   A = np.array([[ 1., 4., 1.], [ 1., 6., -1.], [ 2., -1., 2.]])
06   b = np.array([7, 13, 5])
07
08   lu, piv = linalg.lu_factor(A)
09   x = linalg.lu_solve((lu, piv), b)
10   print("x = ", x)
11
12   print("lu = ", lu)
13   print("piv = ", piv)          # Pivot indices representing P
14
15   # 설명 2
16   def swap_rows(arr, r1, r2):
17       arr[[r1, r2]] = arr[[r2, r1]]       # arr[[r1, r2],:] = arr[[r2, r1],:]
18   def make_P(piv):
19       P = np.eye(len(piv))
20       for i in range(len(piv)):
21           swap_rows(P, i, piv[i])
22       return P
23   P = make_P(piv)
24   U = np.triu(lu)
25   L = np.tril(lu, -1)
26   L[np.diag_indices(len(piv))] = 1
```

```
27    print("L = ", L)
28    print("U = ", U)
29    print("P = ", P)
30    print("A=PLU = ", np.dot(P, np.dot(L, U)))
31
32    # 설명 3
33    b1 = np.dot(P.T, b)
34    y=linalg.solve_triangular(L, b1, lower=True)      # unit_diagonal = True
35    x2=linalg.solve_triangular(U, y)
36    print("x2=", x2)


# 실행 결과
x = [ 5. 1. -2.]
lu = [[ 2.    -1.    2.   ]
 [ 0.5    6.5   -2.   ]
 [ 0.5    0.69230769 1.38461538]]
piv = [2 1 2]
L = [[ 1.    0.    0.   ]
 [ 0.5   1.    0.   ]
 [ 0.5    0.69230769 1.   ]]
U = [[ 2.    -1.    2.   ]
 [ 0.    6.5   -2.   ]
 [ 0.    0.    1.38461538]]
P = [[ 0. 0. 1.]
 [ 0. 1. 0.]
 [ 1. 0. 0.]]
A=PLU = [[ 1. 4. 1.]
 [ 1. 6. -1.]
 [ 2. -1. 2.]]
x2= [ 5. 1. -2.]
```

프로그램 설명

① 설명 1에서 lu, piv = linalg.lu_factor(A)는 행렬 A의 LU 행렬 정보를 lu에 반환하고, piv는 행-교환행렬 P의 피봇 인덱스이다. x = linalg.lu_solve((lu, piv), b)는 (lu, piv)를 이용하여 Ax = b의 해 x = [5. 1. -2.]를 계산한다.

② 설명 2에서 swap_rows(arr, r1, r2) 함수는 행렬 A의 r1 행과 r2 행을 교환한다. make_P(piv) 함수는 piv를 이용하여, P = np.eye(len(piv))의 단위행렬의 행을 교환하여 행-교환행렬 P를 반환한다. P = make_P(piv)는 piv를 이용하여 행-교환행렬 P를 생성한다. U = np.triu(lu)는 lu의 상-삼각행렬을 U에 저장한다. L = np.tril(lu, -1)은 lu의 대각선 아래 하-삼각행렬을 L에 저장한다. L[np.diag_indices(len(piv))] = 1은 하-삼각행렬을 L의 대각요소를 1로 설정한다. 행렬 P, L, U의 행렬곱셈 np.dot(P, np.dot(L, U))는 A와 같다.

③ 설명 3에서 A = PLU를 이용하여 Ax2 = b의 연립방정식의 해 x2 = [5. 1. -2.]를 계산한다. linalg.lu_solve() 함수로 계산한 x와 같다.

4.4 영상 처리

scipy.misc는 PIL 기반의 간단한 영상 처리 기능을 제공하고, scipy.ndimage는 영상 필터링, 모폴로지 연산, 분할, 레이블링, 물체 검출 등의 다차원 영상 처리 및 분석 기능을 제공한다. [표 9.24]와 [표 9.25]는 scipy.misc, scipy.ndimage의 주요 함수이다.

표 9.24 scipy.misc의 주요 함수

scipy.misc	설명
ascent()	accent-to-the-top.jpg, 512 x 512, 8비트 그레이스케일
face(gray=False)	raccoon-procyon-lotor.jpg, 1024 x 768, 컬러 영상
fromimage(im, flatten=False, mode=None)	PIL 영상 im을 NumPy 배열(ndarray)로 복사해 반환
imread(name, flatten=False, mode=None)	PIL을 사용하여, name 영상 파일을 np.ndarray 배열로 읽음. mode는 'L', 'P', 'RGB' 등
imresize(arr, size, interp='bilinear', mode=None)	영상의 크기를 size로 조정. size가 정수(int)이면 현재 크기의 퍼센트, 실수(float)이면 배율(fraction), tuple이면 크기를 전달하며, interp는 보간법('nearest', 'bilinear', 'bicubic' or 'cubic')
imrotate(arr, angle, interp='bilinear')	angle 각도 회전한 배열 반환
imfilter(arr, ftype)	배열 arr을 ftype('blur', 'contour', 'detail', 'edge_enhance', 'edge_enhance_more', 'emboss', 'find_edges', 'smooth', 'smooth_more', 'sharpen') 으로 필터링
imsave(name, arr, format=None)	영상 파일 name으로 배열을 arr을 저장
imshow(arr)	배열 arr을 외부 뷰어를 통해 영상 표시

표 9.25 scipy.ndimage의 주요 함수

scipy.ndimage	설명
convolve(input, weights, output=None, mode='reflect', cval=0.0, origin=0)	input에 weights 커널의 컨볼루션 연산, mode는 경계처리 방법으로 'reflect','constant','nearest','mirror', 'wrap', mode='constant'면 cval로 채움
convolve1d(input, weights, axis=-1, output=None, mode='reflect', cval=0.0, origin=0)	input에 weights 커널의 axis 축에 따라 1D 컨볼루션 연산
correlate(input, weights, output=None, mode='reflect', cval=0.0, origin=0)	input에 weights 커널의 상관 연산
correlate1d(input, weights, axis=-1, output=None, mode='reflect', cval=0.0, origin=0)	input에 weights 커널의 axis 축에 따라 1D 상관 연산

함수	설명
gaussian_filter(input, sigma, order=0, output=None, mode='reflect', cval=0.0, truncate=4.0)	가우시안 미분 필터링, order=0, 1, 2, 3의 가우시안 미분 차수, order=0은 가우시안 필터
gaussian_gradient_magnitude(input, sigma, output=None, mode='reflect', cval=0.0, **kwargs)	가우시안 미분 필터의 그래디언트 크기를 계산
.gaussian_laplace(input, sigma, output=None, mode='reflect', cval=0.0, **kwargs)	가우시안 2차 미분 필터를 사용한 라플라시안 필터링 (LoG)
laplace(input, output=None, mode='reflect', cval=0.0)	라플라시안 필터링
sobel(input, axis=-1, output=None, mode='reflect', cval=0.0)	axis축의 Sobel 필터링
find_objects(input, max_label=0)[source]	레이블 배열 input에서 묵체 검출, 0은 배경으로 무시
label(input, structure=None, output=None)	input 배열의 0이 아닌 값에 대한 레이블링 structure는 연결성으로 기본값은 4-연결 구조(label, num_features)를 반환

[예제 9.79] scipy.misc 패키지의 영상 처리   (ex0979.py)

```
01   import scipy.misc as misc
02   import matplotlib.pyplot as plt
03
04   # 설명 1
05   #image = misc.imread("C:/Users/Public/Pictures/Sample Pictures/Lighthouse.jpg", mode='L')
06   image = misc.ascent()
07   print("image.shape =", image.shape)
08   misc.imsave("ex0979-1.png", image)
09
10   image2 = misc.imfilter(image, ftype="blur")      # "smooth"
11   misc.imsave("ex0979-2.png", image2)
12
13   edges = misc.imfilter(image, ftype="find_edges")
14   edges=(edges > 50)
15   misc.imsave("ex0979-3.png", edges)
16
17   rotImage = misc.imrotate(image, 45)
18   misc.imsave("ex0979-4.png", rotImage)
19
20   # 설명 2
21   fig, ax = plt.subplots(2, 2, figsize=(8,8))
22   plt.gray()
23   ax[0][0].set_title("raw image", fontsize=10)
```

```
24    ax[0][0].axis("off")
25    ax[0][0].imshow(image, aspect = "auto")
26
27    ax[0][1].set_title("blur image", fontsize=10)
28    ax[0][1].axis("off")
29    ax[0][1].imshow(image2, aspect = "auto")
30
31    ax[1][0].set_title("edge image", fontsize=10)
32    ax[1][0].axis("off")
33    ax[1][0].imshow(edges, aspect = "auto")
34
35    ax[1][1].set_title("rotate image", fontsize=10)
36    ax[1][1].axis("off")
37    ax[1][1].imshow(rotImage, aspect = "auto")
38    plt.subplots_adjust(left=0,bottom=0,right=1,top=0.98,wspace=0.05, hspace=0.05)
39    plt.savefig("ex0979.png", bbox_inches='tight')
40    plt.show()
```

프로그램 설명

① **설명 1**에서 misc.imread()는 영상을 image에 읽는다. image = misc.ascent()는 샘플 영상을 image에 읽는다. misc.imsave() 함수는 영상을 출력하고, misc.imfilter() 함수로 image를 ftype = "blur"로 image2에 필터링한다. misc.imfilter() 함수로 image를 ftype = "find_edges"로 edges에 필터링하고, (edges > 50)로 임계치를 설정하여 이진 에지영상 edges를 생성한다. edges 배열은 False, True를 갖는다. misc.imrotate() 함수로 image 영상을 45도 회전영상 rotImage를 생성한다.

② **설명 2**에서 2×2 서브플롯을 생성하고, figsize = (8,8)로 Figure 객체 fig를 생성한다. plt.gray()로 모든 서브플롯의 컬러 맵을 그레이스케일로 설정하고, axis("off")로 축을 없애고, Axes 객체 ax[0][0], ax[0][1], ax[1][0], ax[1][1]에 image, image2, edges, rotImage 영상을 출력한다. imshow()에서 aspect = "auto"로 설정하여 영상을 보이고, plt.subplots_adjust()로 서브플롯의 위치 및 크기를 left = 0, bottom = 0, right = 1, top = 0.98로 설정하고, 서브플롯 사이의 가로세로 공백을 wspace = 0.05, hspace = 0.05로 조정한다. plt.savefig()로 "ex0979.png" 파일로 저장할 때, bbox_inches = 'tight'는 Figure의 여백을 최소로 줄인다. [그림 9.32]는 scipy.misc 패키지의 영상 처리 결과이다.

(a) image = misc.ascent()　　　　　　　　(b) image = "Lighthouse.jpg"

[그림 9.32] scipy.misc 패키지의 영상 처리

[예제 9.80] 회선과 상관관계 연산　　　　　　　　　　　　　(ex0980.py)

```python
01  import numpy as np
02  from scipy import ndimage
03
04  # 설명 1 :
05  A   = np.array([[1, 1, 1, 1, 1, 1],
06         [1, 1, 1, 1, 1, 1],
07         [1, 1, 9, 9, 1, 1],
08         [1, 1, 9, 9, 1, 1],
09         [1, 1, 1, 1, 1, 1],
10         [1, 1, 1, 1, 1, 1]])
11  W = np.array([[-1, 0, 1],        # Sobel's gx
12         [-2, 0, 2],
13         [-1, 0, 1]])
14  print("Correlation: corr(A, W)")
15  corr1 = ndimage.correlate(A, W)      # mode = "reflect"
16  print(" border: reflect = \n", corr1)
17
18  corr2 = ndimage.correlate(A, W, mode="constant", cval= 0)
19  print("\n border: constant = \n", corr2)
20
21  corr3 = ndimage.correlate(A, W, mode="nearest")
22  print("\n border: nearest = \n", corr3)
23
24  corr4 = ndimage.correlate(A, W, mode="mirror")
25  print("\n border: mirror = \n", corr4)
26
27  # 설명 2 :
28  print("\n\nConvolution: conv(A, W)")
```

```
29    conv1 = ndimage.convolve(A, W)      # mode="reflect"
30    print(" border: reflect = \n", conv1)
31
32    conv2 = ndimage.convolve(A, W, mode="constant", cval= 0)
33    print("\n border: constant = \n", conv2)
34
35    conv3 = ndimage.convolve(A, W, mode="nearest")
36    print("\n border: nearest = \n", conv3)
37
38    conv4 = ndimage.convolve(A, W, mode="mirror")
39    print("\n border: mirror = \n", conv4)
```

실행 결과
Correlation: corr(A, W)
 border: reflect =
[[0 0 0 0 0 0]
 [0 8 8 -8 -8 0]
 [0 24 24 -24 -24 0]
 [0 24 24 -24 -24 0]
 [0 8 8 -8 -8 0]
 [0 0 0 0 0 0]]

 border: constant =
[[3 0 0 0 0 -3]
 [4 8 8 -8 -8 -4]
 [4 24 24 -24 -24 -4]
 [4 24 24 -24 -24 -4]
 [4 8 8 -8 -8 -4]
 [3 0 0 0 0 -3]]

 border: nearest =
[[0 0 0 0 0 0]
 [0 8 8 -8 -8 0]
 [0 24 24 -24 -24 0]
 [0 24 24 -24 -24 0]
 [0 8 8 -8 -8 0]
 [0 0 0 0 0 0]]

 border: mirror =
[[0 0 0 0 0 0]
 [0 8 8 -8 -8 0]
 [0 24 24 -24 -24 0]
 [0 24 24 -24 -24 0]
 [0 8 8 -8 -8 0]
 [0 0 0 0 0 0]]

Convolution: conv(A, W)
 border: reflect =
[[0 0 0 0 0 0]
```
```

```
 [ 0 -8 -8  8  8  0]
 [ 0 -24 -24 24 24  0]
 [ 0 -24 -24 24 24  0]
 [ 0 -8 -8  8  8  0]
 [ 0  0  0  0  0  0]]

border: constant =
[[ -3  0  0  0  0  3]
 [ -4 -8 -8  8  8  4]
 [ -4 -24 -24 24 24  4]
 [ -4 -24 -24 24 24  4]
 [ -4 -8 -8  8  8  4]
 [ -3  0  0  0  0  3]]

border: nearest =
[[ 0  0  0  0  0  0]
 [ 0 -8 -8  8  8  0]
 [ 0 -24 -24 24 24  0]
 [ 0 -24 -24 24 24  0]
 [ 0 -8 -8  8  8  0]
 [ 0  0  0  0  0  0]]

border: mirror =
[[ 0  0  0  0  0  0]
 [ 0 -8 -8  8  8  0]
 [ 0 -24 -24 24 24  0]
 [ 0 -24 -24 24 24  0]
 [ 0 -8 -8  8  8  0]
 [ 0  0  0  0  0  0]]
```

프로그램 설명

① 회선(convolution)과 상관관계(correlation)는 영상 처리에서 가장 기본연산이다. 2차원 행렬 A(x, y) 위치에서 (2 × size + 1) × (2 × size + 1) 크기의 필터 W(s, t)와의 상관관계는 대응하는 위치의 값을 곱하여 합계를 corr(x,y)에 저장한다. size = 1이면 3×3 필터이다. 회선은 필터 W(s, t)를 중앙을 기준으로 180도 회전시켜(상하, 좌우를 뒤집어) 대응하는 위치의 값을 곱하여 합계를 conv(x,y)에 저장한다. 대칭필터에 대해서는 상관관계와 회선은 결과가 같다. scipy.ndimage의 correlate()는 2차원 상관관계 연산을 수행하고, convolve()는 2차원 회선연산을 수행한다. 입력 배열 A의 경계에서의 처리 방법으로 'reflect', 'constant', 'nearest', 'mirror', 'wrap' 등이 있다.

$$corr(x,y) = \sum_{s=-size}^{size} \sum_{t=-size}^{size} W(s,t)\,A(x+s,\,y+t)$$

$$conv(x,y) = \sum_{s=-size}^{size} \sum_{t=-size}^{size} W(s,t)\,A(x-s,\,y-t)$$

② 설명 1에서 ndimage.correlate(A, W)에 의해 기본 경계 처리 방법인 mode = "reflect" 행렬 A와 필터 W의 상관관계를 corr1에 계산한다. 실제, 필터 W는 Sobel 에지 연산자의 x-방향 미분 계산을 위한 필터(gx)이다. mode = "constant", cval = 0로 경계의 값을 0으로 채워 상관관계를 corr2

에 계산한다. mode = "nearest"로 경계의 값을 처리하여 상관관계를 corr3에 계산한다. mode = "mirror"로 값을 처리하여 상관관계를 corr4에 계산한다. 3×3 필터 W에서 경계값 처리 방법의 차이로 첫-행과 마지막-행, 첫-열, 마지막-열의 상관관계 값만 다르고, 내부의 4×4는 상관관계 값이 같다.

③ 설명 2에서 ndimage.convolve(A, W)에 의해 기본 경계처리 방법인 mode = "reflect"로 행렬 A 와 필터 W의 회선을 conv1에 계산한다. mode = "constant", cval = 0로 경계의 값을 0으로 채워 회선을 conv2에 계산한다. mode = "nearest"로 경계의 값을 처리하여 회선을 conv3에 계산한다. mode = "mirror"로 값을 처리하여 회선을 conv4에 계산한다. 3×3 필터 W에서 경계값 처리 방법의 차이로 첫-행과 마지막-행, 첫-열, 마지막-열의 상관관계 값만 다르고, 내부의 4×4는 상관관계 값이 같다.

④ 대칭인 아닌 3×3 필터 W의 상관관계와 회선 결과는 같지 않다.

[예제 9.81] scipy.ndimage로 Sobel 에지 검출　　　　　　　　　　　　　　　　　(ex0981.py)

```
01    import numpy as np
02    from scipy import ndimage
03    import scipy.misc as misc
04    import matplotlib.pyplot as plt
05
06    # 설명 1
07    im = np.zeros((256, 256))
08    im[64:-64, 64:-64] = 255            # rect image
09
10    #im = misc.ascent()
11    #im=misc.imread("C:/Users/Public/Pictures/Sample Pictures/Tulips.jpg", mode='L')
12    #im=misc.imread("C:/Users/Public/Pictures/Sample Pictures/Lighthouse.jpg", mode='L')
13
14    # 설명 2
15    if im.dtype == 'uint8':
16        im = im.astype(np.int)          # 자료형 변경, im = im.astype(np.int)
17    print("im.dtype", im.dtype)
18
19    im = ndimage.gaussian_filter(im, sigma=2)
20    gx = ndimage.sobel(im, axis=1)    # d im(y, x)/dx
21    print("gx.dtype", gx.dtype)
22    print("gx : min = {}, max={}".format(np.amin(gx), np.amax(gx)))
23
24    gy = ndimage.sobel(im, axis=0)    # d im(y, x)/dx
25    print("gy : min = {}, max={}".format(np.amin(gy), np.amax(gy)))
26
27    edges = np.hypot(gx, gy)
28    print("edges : min = {}, max={}".format(np.amin(edges), np.amax(edges)))
29    edges = edges > 30                # threshold
30
31    # 설명 3
32    fig, ax = plt.subplots(2, 2, figsize=(8,8))
```

```
33    fig.canvas.set_window_title("Sobel edge detection")
34    plt.gray()
35    ax[0][0].set_title("gaussian blur_imag", fontsize=10)
36    ax[0][0].axis("off")
37    ax[0][0].imshow(im, aspect = "auto")       # cmap=plt.cm.gray,
38
39    ax[0][1].set_title("gx", fontsize=10)
40    ax[0][1].axis("off")
41    ax[0][1].imshow(gx, aspect = "auto")
42
43    ax[1][0].set_title("gy", fontsize=10)
44    ax[1][0].axis("off")
45    ax[1][0].imshow(gy, aspect = "auto")
46
47    ax[1][1].set_title("edges", fontsize=10)
48    ax[1][1].axis("off")
49    ax[1][1].imshow(edges, aspect = "auto")
50    plt.subplots_adjust(left=0,bottom=0,right=1,top=0.98,wspace=0.05, hspace=0.05)
51    plt.savefig("ex0981.png", bbox_inches='tight')
52    plt.show()
```

프로그램 설명

① 설명 1에서 im = np.zeros((256, 256)), im[64:-64, 64:-64] = 255는 사각형 영상을 im.dtype = float64 자료형으로 im 배열에 생성한다. im = misc.ascent()는 샘플 영상을 im.dtype = uint8 자료형으로 im 배열에 읽는다. misc.imread()로 "Tulips.jpg", "Lighthouse.jpg"를 mode = 'L'로 im.dtype = uint8 자료형으로 im 배열에 읽는다.

② 설명 2에서 im.dtype == 'uint8'이면, im = im.astype(np.float)로 자료형을 변경한다. uint8 자료형의 배열에 gaussian_filter(), sobel() 함수를 적용하면 올바른 결과를 얻을 수 없다.

ndimage.gaussian_filter()로 im을 sigma=2로 가우시안 필터링한다. ndimage.sobel(im, axis = 1)의 im과 axis = 1로 x-방향 소벨 미분 gx를 계산한다(주의, 배열에서 axis = 0이 열, axis = 1이 행이다. sobel() 함수에서는 axis=1이 x 방향 미분이다). ndimage.sobel(im, axis = 0)로 im을 axis = 0으로 y-방향 소벨 미분 gy를 계산한다. np.hypot(gx, gy)로 그래디언트(gx, gy)의 크기를 edges에 계산한다. edges = edges > 30은 임계값 30으로 이진영상을 edges에 계산한다. 작은 임계값은 더 많은 에지를 보여준다.

③ 설명 3에서 ax[0][0], ax[0][1], ax[1][0], ax[1][1]에 im, gx, gy, edges를 영상으로 표시한다. [그림 9.33]은 scipy.ndimage로 Sobel 에지를 검출한 결과이다.

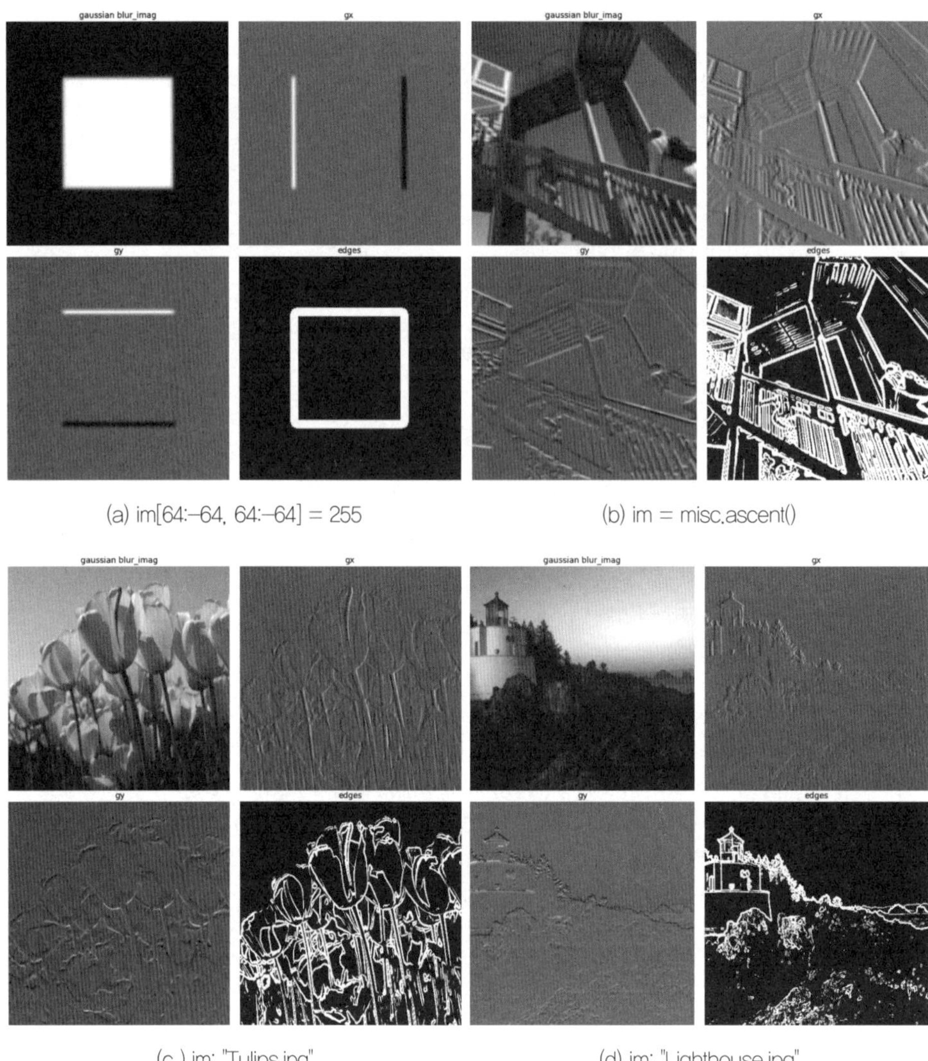

(a) im[64:−64, 64:−64] = 255

(b) im = misc.ascent()

(c) im: "Tulips.jpg"

(d) im: "Lighthouse.jpg"

[그림 9.33] Sobel 에지 검출

[예제 9.82] scipy.ndimage로 레이블링 및 바운딩 박스 검출   (ex0982.py)

```
01   #ref: http://www.scipy-lectures.org/advanced/image_processing/
02   import numpy as np
03   from scipy import ndimage
04   import matplotlib.pyplot as plt
05   from matplotlib.patches import Rectangle
06
07   # 설명 1
08   size = 256
09   im = np.zeros((size, size))
10
11   np.random.seed(1)
12   points = size*np.random.random((2, 10))
```

```python
13  x = (points[0]).astype(np.int)
14  y = (points[1]).astype(np.int)
15  im[y, x] = 255
16
17  # 설명 2
18  if im.dtype == 'uint8':
19    im = im.astype(np.int)         # 자료형 변경
20  blur_image = ndimage.gaussian_filter(im, sigma=10)
21  bin_image = blur_image > blur_image.mean()
22  #bin_image = np.where(blur_image > blur_image.mean(), 255, 0)
23  label_image, nlabels = ndimage.label(bin_image)
24  print("nlabels =", nlabels)
25  labels = np.unique(label_image)
26  print("labels=", labels)
27
28  # 설명 3 : size filtering
29  sizes = ndimage.sum(bin_image, label_image, range(nlabels+1))
30  print("sizes=", sizes)
31
32  mask = sizes < 1500
33  print("mask=", mask)
34
35  remove_pixel = mask[label_image]
36
37  label_image[remove_pixel] = 0
38
39  labels = np.unique(label_image)
40  print("labels=", labels)
41
42  label_image = np.searchsorted(labels, label_image)
43  labels = np.unique(label_image)
44  print("labels=", labels)
45
46  # 설명 4 : detect bounding boxes of objects in the labeled image
47  def bounding_box(blob_slices):
48      _boxes = []
49      for box in blob_slices:
50          Y, X = box
51          x1 = X.start
52          x2 = X.stop-1
53          y1 = Y.start
54          y2 = Y.stop -1
55          #print(x1, y1, x2, y2)
56          _boxes.append([x1, y1, x2, y2])
57      return _boxes
58  blob_slices = ndimage.find_objects(label_image)
59  bounding_boxes = bounding_box(blob_slices)
60
```

```python
61   # 설명 5
62   fig, ax = plt.subplots(2, 2, figsize=(8,8))
63   fig.canvas.set_window_title("Labeling and detecting objects")
64   ax[0][0].plot(x, y, "ow")
65   ax[0][0].set_title("raw point image", fontsize=10)
66   ax[0][0].axis("off")
67   ax[0][0].imshow(im, cmap=plt.cm.gray, aspect = "auto")
68
69   ax[0][1].plot(x, y, "o")
70   ax[0][1].set_title("gaussian blur_image", fontsize=10)
71   ax[0][1].axis("off")
72   ax[0][1].imshow(blur_image, cmap=plt.cm.gray, aspect = "auto")
73
74   ax[1][0].set_title("bin_image", fontsize=10)
75   ax[1][0].axis("off")
76   ax[1][0].imshow(bin_image, cmap=plt.cm.gray, aspect = "auto")
77
78   ax[1][1].set_title("label_image", fontsize=10)
79   ax[1][1].axis("off")
80   ax[1][1].imshow(label_image, cmap=plt.cm.spectral, aspect = "auto")
81
82   # 설명 6 : draw bounding boxes
83   for x1, y1, x2, y2 in bounding_boxes:
84       w = x2 - x1
85       h = y2 - y1
86       ax[1][1].add_patch(Rectangle((x1, y1), w, h,
87               linewidth=2, color="#ff0000", fill=False))
88   plt.subplots_adjust(left=0,bottom=0,right=1,top=0.98,wspace=0.05, hspace=0.05)
89   plt.savefig("ex0980.png", bbox_inches='tight')
90   plt.show()
```

```
# 실행 결과, print()
nlabels = 8
labels= [0 1 2 3 4 5 6 7 8]
sizes= [  0. 1108. 2958.  960. 1481. 2984. 1527. 1481. 1481.]
mask= [ True True False True True False False True True]
labels= [0 2 5 6]
labels= [0 1 2 3]
```

프로그램 설명

① http://www.scipy-lectures.org/advanced/image_processing/ 사이트의 예제를 참고하여 이 차원 배열에 10개의 난수 데이터를 생성한 다음, 가우시안 필터로 블러링을 시켜, 점 데이터를 넓혀서 영역을 생성하고, 평균값을 임계치로 이진영역을 검출한 다음 레이블링으로 물체를 검출하고, 바운딩 박스를 계산하여 사각형으로 표시한다.

② 설명 1에서 0으로 초기화된 (256, 256) 배열 im을 생성하고, points에 10개의 실수 좌표를 생성한 다음, astype() 함수로 정수로 변경하여 x, y 배열을 생성한다. im[y, x] = 255로 배열 x, y의 10개 좌표의 배열요소(영상의 화소) 값을 255로 변경한다.

③ **설명 2**에서 ndimage.gaussian_filter() 함수로 im을 표준편차 sigma = 10인 가우시안 필터링하여 blur_image에 저장한다. bin_image = blur_image > blur_image.mean()는 평균값을 이용하여 True, False인 이진배열 bin_image를 생성한다. np.where() 함수로 물체 영역은 255, 배경은 0인 이진배열을 생성할 수 있다. ndimage.label(bin_image) 함수로 이진배열 bin_image를 이용하여 기본 설정인 4-연결 요소로 영역을 레이블링한 배열 label_image와 레이블의 개수(물체의 개수)를 nlabels(예제의 실행 결과는 nlabels=8)에 계산한다. np.unique(label_image)는 label_image 배열에 사용된 유일한 레이블 번호를 labels= [0, 1, 2, 3, 4, 5, 6, 7, 8]에 계산한다. 0은 배경이고, 1에서 8까지는 각 물체 영역의 번호이다.

④ **설명 3**에서 영역 크기가 임계값보다 작은 영역은 레이블을 삭제(배경 레이블인 0으로 변경)한다. ndimage.sum(bin_image, label_image, range(nlabels+1))은 label_image 배열의 각 레이블의 bin_image의 합계(면적, 화소 개수)를 sizes 리스트에 계산한다. bin_image가 불리언 배열이고, 레이블 0 위치는 False이므로 합계는 0이고, 0이 아닌 레이블의 위치는 True이므로 각 레이블의 화소 개수를 카운트한다. sizes < 1500에 의해 각 레이블의 임계 값 크기에 대한 mask= [True, True, False, True, True, False, False, True, True]를 계산한다. 즉, 영역 면적이 임계값 1,500보다 작은 레이블을 True로 설정하여 불리언 리스트 mask를 생성한다.

remove_pixel = mask[label_image]는 label_image 배열의 레이블의 mask 값을 갖는 불리언 배열 remove_pixel을 생성한다. 즉, remove_pixel 배열의 True인 화소는 임계값보다 작은 위치이다. label_image[remove_pixel] = 0은 임계값보다 작은 레이블 영역을 배경 레이블인 0으로 변경한다. labels = np.unique(label_image)는 label_image 배열에서 유일한 레이블 번호를 계산하면 labels = [0, 2, 5, 6]이다. 즉 레이블 1, 3, 4, 7, 8은 영역 크기가 임계값보다 작아 0으로 변경된다. np.searchsorted(labels, label_image)로 레이블 번호를 labels의 인덱스로 재조정하여 label_image 배열을 변경한다. np.unique(label_image)로 다시 레이블을 찾으면 labels= [0, 1, 2, 3]으로 레이블이 변경된다.

⑤ **설명 4**에서 bounding_box(blob_slices) 함수는 ndimage.find_objects()의 반환값인 슬라이스 객체를 이용하여 바운딩 사각형 리스트를 반환한다. blob_slices = ndimage.find_objects(label_image)는 레이블링 영상 label_image에서 0이 아닌 레이블의 바운딩 사각형 슬라이스 인덱스를 blob_slices에 계산한다. 예를 들어, blur_image[blob_slices[0]]은 blur_image 영상에서 0번 물체(레이블 1)의 ROI(region of interese)가 된다. bounding_boxes = bounding_box(blob_slices)는 blob_slices를 이용하여 바운딩 사각형의 리스트 bounding_boxes를 계산한다.

⑥ **설명 5**에서 2×2 서브플롯을 생성하고, figsize = (8,8)로 Figure 객체 fig를 생성한다. ax[0][0]에 배열 x, y를 이용하여 흰색 원 마커("ow")로 출력한다. ax[0][1]에 배열 x, y를 이용하여 파랑 원 마커("o", "ob")로 출력한다. Axes 객체 ax[0][0], ax[0][1], ax[1][0], ax[1][1]에서 axis("off")로 축을 없애고, im, blur_image, bin_image, label_image 영상을 출력한다.

⑦ **설명 6**에서 바운딩 사각형의 리스트 bounding_boxes를 Rectangle()로 그려서 ax[1][1]에 표시한다. [그림 9.34] scipy.ndimage로 레이블링 및 바운딩 박스를 검출한 결과이다.

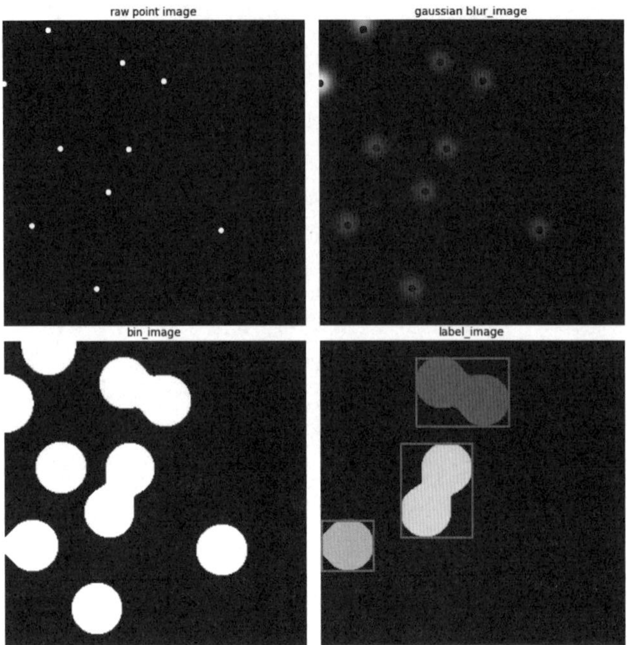

[그림 9.34] scipy.ndimage로 레이블링 및 바운딩 박스 검출

O5 Pillow/PIL과 OpenCV 영상 처리

PIL(Python Imaging Library)은 파이썬에 사용할 수 있는 영상 처리 라이브러리 중 하나이다. 2009년 11월에 발표된 PIL 1.1.7은 파이썬 버전 2.7까지만 지원한다. Python 3.5는 "The friendly PIL fork" 라이브러리인 Pillow 3.2.0 버전을 사용할 수 있으며, PIL과 같은 인터페이스를 지원한다.

OpenCV는 영상 처리, 컴퓨터 비전, 비디오처리, 카메라 캘리브레이션, 기계학습 등을 지원하는 매우 강력한 라이브러리이다. 2015년 12월에 발표된 OpenCV 3.1.0이 최신 버전이다. 여기서는 Pillow, OpenCV를 사용한 영상 입출력 및 간단한 영상 처리를 설명한다.

5.1 Pillow/PIL

PIL을 사용하면, 다양한 영상 파일 포맷을 읽고, 변환하고, 저장할 수 있으며, Tk의 PhotoImage, BitmapImage 인터페이스를 제공하며, 윈도우즈에서는 DIB 인터페이스를 제공하고, show() 메서드에 의해 자체적으로 영상을 화면에 표시할 수 있다. 영상에 대한 포인트 연산, 히스토그램 처리, 필터링, 컬러 변환, 크기 변환, 회전, 어파인 변환 등의 영상 처리 기법을 제공한다. [표 9.26]는 PIL의 영상 모드로 화소의 비트수, 깊이 (depth)를 정의한다. Matplotlib, SciPy 등에서 영상 입출력에서 PIL을 사용한다.

표 9.26 PIL의 영상 모드

모드(mode)	설명
"1"	1-bit pixels, black and white
"L"	8-bit pixels, gray scale
"P"	8-bit pixels, a color palette
"RGB"	3x8-bit pixels, true color
"RGBA"	4x8-bit pixels, true color with transparency mask
"CMYK"	4x8-bit pixels, color separation
"YCrCb"	3x8-bit pixels, color video format
"LAB"	3x8-bit pixels, the L*a*b color
"HSV"	3x8-bit pixels, Hue, Saturation, Value
"I"	32-bit signed integer pixels
"F"	32-bit floating point pixels

[표 9.27]은 PIL의 주요 모듈이다. PIL.Image 모듈은 [표 9.28]의 함수들과 [표 9.29]의 PIL.Image.Image 클래스로 구성된다. PIL.Image.open() 함수로 영상 파일을 Image 클래스 객체로 개방한다. 실제 영상의 메모리 로드는 Image.load() 메서드로 직접 수행 하거나, 영상 접근연산을 처음 수행할 때 자동으로 메모리에 로드된다.

표 9.27 PIL의 주요 모듈

모듈	설명
Image	PIL 영상을 위한 PIL.Image.Image 클래스 open(), new() 등 많은 함수
ImageChops	채널연산(channel operations, chops)인 add(), subtract(), multiply(), logical_and() 등의 산술연산
ImageDraw	Image 객체에 대한 간단한 2D 그래픽스
ImageEnhance	영상 개선 클래스
ImageFilter	Image.filter() 메서드에서 사용할 필터 집합
ImageGrab	스크린, 클립보드를 PIL 영상으로 복사
ImageMath	영상 문자열 수식을 평가
ImageMorph	모폴로지 연산
ImageOps	autocontrast(), equalize() 등의 영상 처리 연산

ImageStat	영상 전체 또는 일부 영역에 대한 합계, 평균, 표준편차 등의 통계 계산
ImageTk	tkinter의 인터페이스인 BitmapImage, PhotoImage
ImageWin	MS 윈도우즈에서 영상을 생성 및 표시하기 위한 인터페이스
PixelAccess	PIL.Image의 화소 접근(읽기/쓰기)
PyAccess	PixelAccess의 CFFI/Python 구현, PyPy에서 PixelAccess보다 빠름

표 9.28 PIL.Image 모듈의 주요 함수

모듈	설명
open(fp, mode='r')	파일 이름 fp의 영상을 개방하여, Image 객체 반환
blend(im1, im2, alpha)	out = image1 * (1.0 − alpha) + image2 * alpha
"P"merge(mode, bands)	bands에 주어진 각 채널영상을 mode를 갖는 출력영상의 각 채널로 합성한 영상 반환
new(mode, size, color=0)	mode, size의 영상을 생성

표 9.29 PIL.Image.Image 클래스의 주요 속성 및 메서드

Image 클래스 속성/메서드	설명
format	소스 파일의 영상 포맷. 직접 생성된 영상은 None
mode	[표 9.26]의 영상 모드
size	2-tuple (width, height)
width	영상의 가로 화소수
height	영상의 세로 화소수
convert(mode=None, ...)	영상을 mode로 변환하여 반환한다. "L", "RGB", "CMYK" 모드 변환
copy()	영상을 복사하여 반환
crop(box=None)	box(left, upper, right, lower)영역의 영상을 잘라서 반환
filter(filter)	ImageFilter 모듈의 filter를 사용하여 영상을 필터링
getextrema()	영상의 각 밴드에 대한 최소, 최대값 반환
getpixel(xy)	xy = (x, y)좌표의 영상 화소값 반환
getbbox()	영상에서 0이 아닌 영역의 바운딩박스(left, upper, right, lower) 반환
histogram(mask=None, extrema=None)	히스토그램을 계산, mask는 0이 아닌 값으로 마스킹
paste(im, box=None, mask = None)	image 또는 화소값(정수, 튜플)인 im을 영상 객체의 box 영역에 복사. box는 (left, upper) 또는 (left, upper , right, lower)
putpixel(xy, value)	xy=(x, y)좌표의 영상 화소값을 value로 변경 넓은 영역을 변경할 때는 paste() 또는 ImageDraw 사용

resize(size, resample=0)	영상을 size 크기로 변환하여 반환. resample은 NEAREST, BILINEAR 등 보간법 지정
rotate(angle, resample=0, expand=0)	영상을 반시계방향 angle 각도로 회전시켜 반환 expand=true이면 회전된 전체 크기 영상 반환
save(fp, format=None, **params)	파일 이름 fp로 영상을 저장. format이 생략되면 파일 확장자로 포맷 구분, BMP, GIF, JPEG, PNG, TIFF 등
show(title=None, command=None)	영상을 BMP로 저장한 후에 표준 디스플레이 유틸리티를 사용
split()	영상의 각 밴드를 분리하여 반환
thumbnail(size,resample=3)	원본 영상을 size 크기의 섬네일 영상으로 변환
transpose(method)	FLIP_LEFT_RIGHT, FLIP_TOP_BOTTOM, ROTATE_90, ROTATE_180, ROTATE_270, TRANSPOSE
load()	영상에 대한 메모리를 할당하고, 데이터를 로드한 후에 영상 접근을 위한 PixelAccess, PyAccess 객체를 반환
close()	파일을 폐쇄

[예제 9.83] Image 클래스로 영상 읽기, 보이기, 저장하기, 생성하기　　　　　(ex0983.py)

```
01    # 설명 1
02    from PIL import Image
03    im = Image.open( "C:/Users/Public/Pictures/Sample Pictures/Lighthouse.jpg")
04    print(im.format, im.size, im.mode)
05    im.save("ex0983-1.png")
06    im.show()
07
08    # 설명 2
09    im2 = Image.new("RGB", (200, 200), (0, 0, 255))
10    im.paste(im2, (100, 100))
11    im.save("ex0983-2.png")
12    im.show()
13    im.close()
```

프로그램 설명

① **설명 1**에서 PIL 라이브러리(실제는 Pillow)에서 Image 클래스를 임포트한다.

Image.open() 함수를 사용하여 샘플 사진 폴더에 있는 "Desert.jpg" 파일을 im 인스턴스 객체에 개방한다. 파일을 개방할 수 없으면 IOError 예외가 발생한다. im.format은 영상 파일 포맷 'JPEG', im.size는 영상의 크기 (1024, 768), im.mode는 영상 모드로 'RGB'를 출력한다. im.show()는 im에 개방한 영상을 임시 파일에 저장하고, Windows 사진 뷰어 또는 그림판(Paint)을 사용하여 화면에 표시한다. im.save() 함수로 "ex0983-1.png" 파일에 저장한다.

② **설명 2**에서 Image.new() 함수로 컬러 영상("RGB"), 영상 크기 (200, 200), 파란색 (0, 0, 255))로 영상을 im2에 생성한다. im.paste(im2, (100, 100))는 생성된 영상 im2를 im의 left = 100, upper = 100 위치에 복사한다. im.save() 함수로 "ex0983-2.png" 파일에 저장한다. im.close()은 im 인스턴스 객체를 닫는다.

[예제 9.84] 영상의 채널분리, Matplotlib 영상 표시　　　　　　　　　　　(ex0984.py)

```python
01    # 설명 1
02    from PIL import Image
03    import matplotlib.pyplot as plt
04    im = Image.open( "C:/Users/Public/Pictures/Sample Pictures/Lighthouse.jpg")
05
06    R, G, B = im.split()
07    print(R.size, R.mode)
08    #im2 = Im.merge("RGB", (R, G, B))
09
10    # 설명 2
11    fig, ax = plt.subplots(2, 2, figsize=(10,10))
12    fig.canvas.set_window_title("Lighthouse.jpg")
13
14    ax[0][0].set_title("RGB", fontsize=10)
15    ax[0][0].axis("off")
16    ax[0][0].imshow(im, aspect = "auto")
17
18    ax[0][1].set_title("R", fontsize=10)
19    ax[0][1].axis("off")
20    ax[0][1].imshow(R, aspect = "auto", cmap= plt.cm.gray)
21
22    ax[1][0].set_title("G", fontsize=10)
23    ax[1][0].axis("off")
24    ax[1][0].imshow(G, aspect = "auto", cmap=plt.cm.gray)
25
26    ax[1][1].set_title("B", fontsize=10)
27    ax[1][1].axis("off")
28    ax[1][1].imshow(B, aspect = "auto", cmap=plt.cm.gray)
29
30    plt.subplots_adjust(left=0,bottom=0,right=1,top=0.98,wspace=0.05, hspace=0.05)
31    plt.savefig("ex0984.png", bbox_inches='tight')
32    plt.show()
```

프로그램 설명

① 설명 1에서 Image.open() 함수를 사용하여 샘플 사진 폴더에 있는 "Lighthouse.jpg" 파일을
im 객체에 개방한다. im.split()로 컬러 영상을 R, G, B에 채널 분리한다. R.size = (1024, 768),
R.mode = 'L'이다.

② 설명 2에서 2×2 서브플롯을 figsize = (10,10) 크기로 ax에 생성하고, ax[0][0]에 원본 컬러 영상
im을 표시하고, ax[0][1]은 R, x[1][0]은 G, ax[1][1]은 B를 표시한다. axis("off")로 축을 없애고,
imshow()에서 aspect = "auto"로 설정하여 영상을 보이고, plt.subplots_adjust(left = 0, bottom
= 0, right = 1, top = 0.98, wspace = 0.05, hspace = 0.05)는 서브플롯의 위치 및 크기를 left = 0,
bottom = 0, right = 1, top = 0.98로 설정하고, 서브플롯 사이의 가로세로 공백을 wspace = 0.05,
hspace = 0.05로 조정한다. plt.savefig()에서 bbox_inches = 'tight'로 Figure의 여백을 최소로
줄여 [그림 9.35]의 "ex0984.png" 파일에 저장한다.

[그림 9.35] 영상의 채널분리, Matplotlib 영상 표시

[예제 9.85] 가우시안 블러링, 그레이스케일 변환, 에지, 히스토그램　　　　　(ex0985.py)

```python
01   # 설명 1
02   import numpy as np
03   from PIL import Image, ImageFilter
04   import matplotlib.pyplot as plt
05   im = Image.open( "C:/Users/Public/Pictures/Sample Pictures/Lighthouse.jpg")
06
07   im1 = im.filter(ImageFilter.GaussianBlur(radius=10))
08   im2 = im.convert(mode="L")
09   im3 = im2.filter(ImageFilter.FIND_EDGES)
10   im3 = im3.point(lambda i: i > 50)
11
12   # 설명 2
13   arr = np.array(im2)          # array of grayscale image
14   #hist, bin_edges = np.histogram(arr, bins=16)
15   #hist = im3.histogram()
16
17   # 설명 3
18   fig, ax = plt.subplots(2, 2, figsize=(10,10))
19   fig.canvas.set_window_title("Lighthouse.jpg")
```

```python
20    ax[0][0].set_title("GaussianBlur", fontsize=10)
21    ax[0][0].axis("off")
22    ax[0][0].imshow(im1, aspect = "auto")
23
24    ax[0][1].set_title("Grayscale", fontsize=10)
25    ax[0][1].axis("off")
26    ax[0][1].imshow(im2, aspect = "auto", cmap=plt.cm.gray)
27
28    ax[1][0].set_title("Edge", fontsize=10)
29    ax[1][0].axis("off")
30    ax[1][0].imshow(im3, aspect = "auto", cmap=plt.cm.gray)
31
32    # 설명 4
33    ax[1][1].set_title("Histogram", fontsize=10)
34    ax[1][1].axis("off")
35
36    ax[1][1].hist(arr.flatten(), 16)
37    #ax[1][1].bar(bin_edges[:-1], hist, width = np.diff(bin_edges))
38    #left = np.linspace(0, 255, num=len(hist))
39    #ax[1][1].bar(left, hist, width = 1)
40
41    plt.subplots_adjust(left=0,bottom=0,right=1,top=0.98,wspace=0.05, hspace=0.05)
42    plt.savefig("ex0985.png", bbox_inches='tight')
43    plt.show()
```

프로그램 설명

① 설명 1에서 Image.open() 함수를 사용하여 샘플사진 폴더에 있는 "Lighthouse.jpg" 파일을 im에 개방한다. ImageFilter.GaussianBlur(radius = 10) 필터로 컬러영상 im을 필터링한 im1 영상을 생성한다. im.convert(mode = "L")는 컬러영상 im을 mode="L"로 그레이스케일 영상 im2를 생성한다. ImageFilter.FIND_EDGES 필터로 그레이스케일 영상 im2를 필터링한 im3 영상을 생성한다. im3 = im3.point(lambda i: i > 50)로 im3를 임계값 50으로 이진영상을 생성한다.

② 설명 2에서 히스토그램은 NumPy, Matplotlib, PIL 등에서 계산할 수 있다. arr = np.array(im2)은 영상 im32 NumPy 배열 arr로 변환한다. np.histogram()로 bin개수만큼 히스토그램 hist를 생성한다. im3.histogram()은 PIL를 사용하여 256개의 빈에 히스토그램을 생성한다.

③ 설명 3에서 2×2 서브플롯을 figsize = (10,10) 크기로 ax에 생성하고, ax[0][0]에 컬러 가우시안 블러 영상 im1을 표시하고, ax[0][1]에 그레이스케일 영상 im2, x[1][0]은 에지 영상 im3을 표시한다. axis("off")로 축을 없애고, imshow()에서 aspect = "auto"로 설정하여 영상을 표시한다.

④ 설명 4에서 ax[1][1].hist(arr.flatten(), 16)는 배열 arr을 1차원으로 변환하여 16개의 빈에 히스토그램을 생성하고 ax[1][1]에 표시한다. np.histogram(), im3.histogram()으로 계산한 히스토그램 hist는 ax[1][1].bar()로 표시할 수 있다. plt.subplots_adjust() 함수는 서브플롯의 위치 및 크기를 조정한다. plt.savefig()에서 bbox_inches = 'tight'는 Figure의 여백을 최소로 줄인다. [그림 9.36]은 가우시안 블러링 영상, 그레이스케일 영상, 에지 영상, 히스토그램을 표시한 결과이다.

[그림 9.36] 가우시안 블러링, 그레이스케일 변환, 에지, 히스토그램

[예제 9.86] PIL의 ImageFilter.FIND_EDGES 필터 (ex0986.py)

```python
01  import numpy as np
02  from scipy import ndimage
03  from PIL import Image, ImageFilter
04
05  # 설명 1 : scipy.ndimage
06  A  = np.array([[1, 1, 1, 1, 1, 1],
07         [1, 1, 1, 1, 1, 1],
08         [1, 1, 9, 9, 1, 1],
09         [1, 1, 9, 9, 1, 1],
10         [1, 1, 1, 1, 1, 1],
11         [1, 1, 1, 1, 1, 1]])
12  W = np.array([[-1, -1, -1],        # ImageFilter.FIND_EDGES
13         [-1, 8, -1],
14         [-1, -1, -1]])
15
16  print("Correlation: corr(A, W)")
17  corr1 = ndimage.correlate(A, W)
18  print(" border: reflect = \n", corr1)
```

```
19    print("\n\nConvolution: conv(A, W)")
20    conv1 = ndimage.convolve(A, W)
21    print(" border: reflect = \n", conv1)
22
23    # 설명 2 :
24    print("\n\nA.filter(W)")
25    A = A.astype(np.byte)
26    im = Image.fromarray(A, mode='L')
27
28    #print(" np.array(im) = \n", np.array(im))
29    im2= im.filter(ImageFilter.FIND_EDGES)
30    corr2 = np.array(im2)
31    print(" corr2 = \n", corr2)
32
33    im3= im.filter(ImageFilter.Kernel((3,3),
34            ( -1., -1., -1.,
35             -1., 8., -1.,
36             -1., -1., -1.),
37          scale = 1, offset = 0))
38    corr3 = np.array(im3)
39    print(" corr3 = \n", corr3)
```

실행 결과

```
Correlation: corr(A, W)
 border: reflect =
[[ 0  0  0  0  0  0]
 [ 0 -8 -16 -16 -8  0]
 [ 0 -16 40 40 -16  0]
 [ 0 -16 40 40 -16  0]
 [ 0 -8 -16 -16 -8  0]
 [ 0  0  0  0  0  0]]

Convolution: conv(A, W)
 border: reflect =
[[ 0  0  0  0  0  0]
 [ 0 -8 -16 -16 -8  0]
 [ 0 -16 40 40 -16  0]
 [ 0 -16 40 40 -16  0]
 [ 0 -8 -16 -16 -8  0]
 [ 0  0  0  0  0  0]]

A.filter(W)
 corr2 =
[[ 1 1 1 1 1 1]
 [ 1 0 0 0 0 1]
 [ 1 0 40 40 0 1]
 [ 1 0 40 40 0 1]
 [ 1 0 0 0 0 1]
 [ 1 1 1 1 1 1]]
```

```
corr3 =
[[ 1 1 1 1 1 1]
 [ 1 0 0 0 0 1]
 [ 1 0 40 40 0 1]
 [ 1 0 40 40 0 1]
 [ 1 0 0 0 0 1]
 [ 1 1 1 1 1 1]]
```

프로그램 설명

① **설명 1**에서 배열 W는 ImageFilter.FIND_EDGES 필터와 같은 값을 갖는다. 실제로 영상 처리에서 W는 포인트 검출 필터이다. scipy를 사용하여, corr1 = ndimage.correlate(A, W)는 A와 W의 상관관계를 corr1에 계산한다. conv1 = ndimage.convolve(A, W)는 A와 W의 회선을 conv1에 계산한다. 대칭 필터 W에 의한 상관관계 corr1과 회선 conv1은 같다.

② **설명 2**에서 PIL을 사용하여 필터링한다. A = A.astype(np.byte)로 배열 A의 자료형을 np.byte로 변환하고, im = Image.fromarray(A, mode='L')로 PIL 영상 im으로 생성한다. im2 = im.filter(ImageFilter.FIND_EDGES)는 im을 ImageFilter.FIND_EDGES 필터로 필터링하여 im2를 생성한다. corr2 = np.array(im2)는 im2를 배열 corr2로 변환한다. im.filter()로 W와 같은 값을 갖는 ImageFilter.Kernel()을 사용하여 im을 필터링하여 im3를 생성하고, corr3 = np.array(im3)로 배열 corr3로 변환한다. corr2와 corr3은 같은 것을 알 수 있다. ImageFilter.FIND_EDGES 필터값이 W와 같은 것을 알 수 있다.

PIL의 Image.filter()는 상관관계와 같다. 현재 버전에서는 정수와 실수를 갖는 3×3, 5×5 필터 W를 지원하고, 입력 영상의 모드 L, RGB에서만 사용할 수 있다. 결과 또한 입력 영상과 같은 모드를 가지며, 상관연산 결과가 음수이면 0으로 출력하고, 255를 넘는 값은 255로 출력한다. 또한, 경계값은 계산을 하지 않고, 입력과 같은 값을 갖는다. 그러므로 일반적인 필터링은 scipy.ndimage.correlate()를 사용한다.

[예제 9.87] PIL 영상을 tkinter의 Label 위젯에 출력   (ex0987.py)

```python
01   import tkinter as tk
02   from PIL import Image, ImageTk
03
04   # 설명 1
05   root = tk.Tk()
06   root.title("Lighthouse.jpg")
07   im = Image.open( "C:/Users/Public/Pictures/Sample Pictures/Lighthouse.jpg")
08   #im = im.resize((512, 512), Image.ANTIALIAS)
09
10   # 설명 2
11   photo = ImageTk.PhotoImage(im)
12   tk.Label(root, image=photo).pack()
13   root.mainloop()
```

프로그램 설명

① 설명 1에서 root = tk.Tk()는 메인 윈도우 객체 root를 생성하고, 윈도우를 화면에 표시한다. root.title()로 root 윈도우의 타이틀을 설정한다. Image.open()로 "Lighthouse.jpg" 영상을 PIL의 Image 클래스 객체 im에 개방한다. im.resize()는 im의 크기를 재조정한다.

② 설명 2에서 ImageTk.PhotoImage(im)로 im을 Tk의 PhotoImage 영상으로 변환하여 photo를 생성한다. Tk의 Label, Button, Canvas 등에 표시할 수 있다. tk.Label()로 photo를 레이블에 출력한다.

[예제 9.88] tkinter의 Canvas 크기 변경 이벤트 변경 화면 출력 (ex0988.py)

```python
01  import tkinter as tk
02  from tkinter import messagebox
03  from PIL import Image, ImageTk
04
05  # 설명 1
06  root = tk.Tk()
07  root.title("Lighthouse.jpg")
08  im = Image.open( "C:/Users/Public/Pictures/Sample Pictures/Lighthouse.jpg")
09  canvas = tk.Canvas(root, width=im.width, height=im.height)
10  canvas.pack(expand=tk.YES, fill=tk.BOTH)
11
12  # 설명 2
13  def onResize(event):
14      global photo          # The application must keep a reference to the image object
15      global resized        # for saving image
16      size = event.width, event.height
17      resized = im.resize(size, Image.ANTIALIAS)
18      photo = ImageTk.PhotoImage(resized)
19
20      canvas.delete("IMG")
21      canvas.create_image(0, 0, image=photo, anchor = tk.NW, tags="IMG")
22
23  # 설명 3
24  def onDestroy():
25      if messagebox.askokcancel("Msg", "Quit?"):
26          resized.save("ex0988.png")
27          root.destroy()
28
29  # 설명 4
30  if __name__ == "__main__":
31      canvas.bind("<Configure>", onResize)
32      root.protocol("WM_DELETE_WINDOW", onDestroy)
33      root.mainloop()
```

프로그램 설명

① 설명 1에서 root = tk.Tk()는 메인 윈도우 객체 root를 생성하고, 윈도우를 화면에 표시한다. Image.open()로 "Lighthouse.jpg" 영상을 PIL의 Image 클래스 객체 im에 개방한다. canvas = tk.Canvas(root, width = im.width, height = im.height)는 im 영상의 크기와 같게 canvas 캔버스를 생성한다. canvas.pack()으로 캔버스를 root에 붙여 보이게 한다.

② 설명 2에서 onResize(event) 함수는 윈도우 크기 등의 환경 변경 이벤트("<Configure>") 핸들러 함수이다. canvas.create_image()에서 사용할 photo는 응용 프로그램에서 계속 참조할 수 있어야 하므로 전역변수로 선언한다. resized는 화면 표시만을 위해서는 지역변수여도 되지만, onDestroy() 함수에서 크기 재조정된 영상을 저장하기 위해 전역변수로 저장한다. resized=im.resize(size, Image.ANTIALIAS)는 변경된 윈도우 크기(size)로 원본 영상 im을 resized에 재조정하고, photo = ImageTk.PhotoImage(resized)로 재조정한 resized를 이용하여 photo를 생성한다. canvas.delete("IMG")로 이전의 "IMG" 태그 영상을 삭제하고, canvas.create_image()로 (0, 0)를 anchor = tk.NW를 앵커로 하고, 영상을 image=photo과 태그 tags="IMG"로 생성한다. 마우스로 윈도우 크기를 조정하면 "IMG" 태그 영상을 삭제하고 다시 생성한다.

③ 설명 3에서 onDestroy()는 윈도우 파괴에 대한 이벤트 핸들러이다. messagebox.askokcancel("Msg", "Quit?")는 확인(ok), 취소(cancel) 메시지 박스에서 [확인] 버튼을 선택하면 resized.save()에 의해 resized를 "ex0988.png" 파일로 저장한다. root.destroy()로 root 윈도우를 파괴하여 응용 프로그램을 종료시킨다.

④ 설명 4에서 canvas.bind("<Configure>", onResize)는 윈도우 크기 변경 등의 이벤트 ("<Configure>")에 대한 핸들러로 onResize() 함수를 바인딩한다. root.protocol()로 "WM_ DELETE_WINDOW" 이벤트에 대한 핸들러로 onDestroy 함수를 바인딩한다. root.mainloop() 는 이벤트 메시지 루프를 시작시킨다.

[예제 9.89] tkinter, PIL을 사용한 윈도우 기반 영상 입출력   (ex0989.py)
(메뉴, 파일 대화 상자, 영상 크기 조정 입출력)

```
01    import tkinter as tk
02    from PIL import Image, ImageTk
03    from tkinter.filedialog import askopenfilename, asksaveasfilename
04
05    class ImageApp(tk.Frame):
06
07        # 설명 1
08        def __init__(self, master=None, width=512, height=512):
09            tk.Frame.__init__(self, master)
10            # centering as frame size
11            self.screenW = self.master.winfo_screenwidth()
12            self.screenH = self.master.winfo_screenheight()
13            x = ( self.screenW - width) // 2
14            y = ( self.screenH - height) // 2
15            self.master.geometry("%dx%d+%d+%d"%(width, height, x, y))
16            #self.master.resizable(0,0)     # disable resizing
17
18            self.makeMenu()
```

```python
19          self.canvas = tk.Canvas(self, bd=0)
20          self.canvas.pack(fill=tk.BOTH, expand=tk.YES)
21          self.pack(fill=tk.BOTH, expand=tk.YES)
22
23          self.image = None       # source image
24          self.resized = None     # resized image
25          self.bind("<Configure>", self.onResize)
26          #self.canvas.bind("<Configure>", self.onResize)
27
28      # 설명 2
29      def onResize(self, event):
30          if self.image is None:
31              return
32          size = (event.width, event.height)
33          self.resized = self.image.resize(size,Image.ANTIALIAS)
34          self.photo = ImageTk.PhotoImage(self.resized)
35          self.canvas.delete("IMG")
36          self.canvas.create_image(0,0,image=self.photo, anchor=tk.NW, tags="IMG")
37
38      # 설명 3
39      def displayImage(self):         # display self.image
40          if self.image is None:
41              return
42          w, h = self.image.size
43          #self.canvas.config(width=w, height=h)
44          self.photo = ImageTk.PhotoImage(self.image)
45          self.canvas.delete("IMG")
46          self.canvas.create_image(0,0,image=self.photo, anchor=tk.NW, tags="IMG")
47
48      # 설명 4
49      def makeMenu(self):
50          menuBar = tk.Menu(self.master)
51          self.master.config(menu=menuBar)
52          filemenu = tk.Menu(menuBar, title= "file")
53          filemenu.add_command(label='Open...', command=self.onFileOpen)
54          filemenu.add_command(label='Save...', command=self.onFileSave)
55          filemenu.add_command(label='Exit',  command= self.master.destroy)
56          menuBar.add_cascade(label='File',   menu=filemenu)
57
58      # 설명 5
59      def onFileOpen(self):
60          fname = askopenfilename(title = "Image Open",
61              filetypes=[("JPEG", "*.jpg;*.jpeg"),("PNG", "*.png"),
62              ("Bitmap", "*.bmp"),("All files", "*.*")],
63              defaultextension='.jpg')
64          self.image = Image.open(fname)
65          self.resized = self.image
66          self.master.title(fname)
```

```
67              # centering as frame size
68              width, height = self.image.size
69              x = ( self.screenW − width) // 2
70              y = ( self.screenH − height) // 2
71              self.master.geometry("%dx%d+%d+%d"%(width, height, x, y))
72              self.displayImage()         # display self.image
73
74      # 설명 6
75      def onFileSave(self):
76          fname = asksaveasfilename(title = "Image Save",
77                  filetypes=[("JPEG", "*.jpg;*.jpeg"),("PNG", "*.png"),
78                  ("Bitmap", "*.bmp"),("All files", "*.*") ],
79                  defaultextension='.jpg')
80          #print(fname)
81          if self.resized is not None:
82              self.resized.save(fname)
83
84  # 설명 7
85  if __name__ == '__main__':
86      app = ImageApp()
87      app.mainloop()
```

프로그램 설명

① 윈도우를 생성, 메뉴 처리, 이벤트 처리, 화면 표시 등은 tkinter를 사용하고, 영상 입출력, 크기 조정은 PIL을 사용한다. 'File' 메뉴의 'Open...' 메뉴 항목에서 파일개방 대화 상자로 영상 파일을 선택하여, 영상을 개방하여, 캔버스에 영상 크기로 표시하고, 마우스로 윈도우 크기를 재조정하면 크기에 맞게 영상을 재조정하여 표시하고, 'Save...' 메뉴 항목에서 파일저장 대화 상자로 저장 파일이름을 선택하여 영상 파일로 저장한다. 'Exit' 메뉴 항목은 응용 프로그램을 종료시킨다.

② 설명 1에서 Frame을 초기화하고, self.master.geometry()로 윈도우를 모니터 스크린의 중앙에 위치시킨다. 실제는 최상위 윈도우가 아닌, Frame 객체의 크기 width×height를 기준으로 위치 시킨다. self.master.resizable()는 윈도우 크기 변경을 불가능하게 한다. self.makeMenu()는 메뉴를 생성한다. tk.Canvas(self, bd = 0)로 캔버스 객체 self.canvas를 생성하고, self.canvas. pack()로 캔버스를 프레임에 붙이고, elf.pack()로 프레임을 최상위 윈도우에 붙인다. 원본 영상과 크기 조정 영상을 위한 self.image, self.resized 인스턴스 변수를 None으로 초기화한다. "<Configure>" 이벤트에 대한 핸들러를 self.onResize()로 바인딩한다. 프레임에 바인딩해도 되고, 캔버스에 바인딩해도 된다.

③ 설명 2에서 onResize(self, event)는 윈도우 크기 등의 환경 변경 이벤트('<Configure>') 핸들러 함수이다. 바인딩에 따라 캔버스 또는 프레임의 크기 size로 self.image.resize(size,Image. ANTIALIAS)로 원본 영상 self.image를 크기를 재조정하여 self.resized에 저장한다. ImageTk. PhotoImage(self.resized)로 tkinter에 표시할 수 있는 영상을 self.photo에 생성한다. elf. canvas.delete("IMG")로 이전의 "IMG" 태그 영상을 삭제하고, self.canvas.create_image()로 (0, 0)를 anchor = tk.NW를 앵커로 하고, 영상을 image = photo과 태그 tags="IMG"로 생성한다. 마우스로 윈도우 크기를 조정하면 "IMG" 태그 영상을 삭제하고 다시 생성한다.

④ 설명 3에서 displayImage(self)는 onFileOpen()에서 개방한 self.image를 캔버스에 표시한
다. self.master.geometry() 윈도우 크기를 재조정하기 때문에, self.canvas.config(width = w,
height = h)는 없어도 된다.

⑤ 설명 4에서 메뉴를 생성하고, 메뉴 항목의 처리 메서드를 설정한다.

⑥ 설명 5에서 onFileOpen(self)은 askopenfilename() 대화 상자로 선택한 영상 파일 fname을
Image.open(fname)로 self.image에 개방한다. self.resized = self.image.size는 영상을 열고 크
기 조정 없이 바로 영상을 저장하는 것이 가능하게 하기 위해서이다. 윈도우를 모니터 스크린 중
앙에 위치시키고, self.displayImage()로 self.image를 캔버스에 표시한다.

⑦ 설명 6에서 onFileSave(self)는 asksaveasfilename() 대화 상자로 선택한 영상 파일 fname으로
self.resized 영상을 저장한다.

⑧ 설명 7에서 app = ImageApp()는 ImageApp 클래스 객체 app를 생성하고, app.mainloop()로 이
벤트 메시지 루프를 시작시킨다.

5.2 OpenCV

OpenCV는 영상 처리, 컴퓨터 비전, 비디오 처리, 카메라 캘리브레이션, 기계학습 등을
지원하는 매우 강력한 라이브러리로 모든 알고리즘이 C/C++ 함수, 클래스로 구현된 라
이브러리이다. 파이썬으로 C/C++ 라이브러리를 래핑(wrapping)하여 파이썬에서 모듈
로 사용한다.

파이썬을 사용하여 OpenCV 파이썬 모듈(cv)을 사용하면 실제 OpenCV 라이브러리는
C/C++ OpenCV 라이브러리가 호출되어 빠르게 실행된다. OpenCV의 모든 배열 구조를
NumPy의 배열로 변환 가능하여, NumPy, SciPy, Matplotlib 등 다른 라이브러리를 함
께 사용할 수 있다. 여기서는 OpenCV를 사용한 영상, 비디오 입출력에 대해 설명한다.

[예제 9.90] 영상 읽기, 화면 표시, 저장 (ex0990.py)

```
01    # 설명 1
02    import numpy as np
03    import cv2
04    im = cv2.imread("C:/Users/Public/Pictures/Sample Pictures/Lighthouse.jpg")
05
06    # 설명 2
07    cv2.namedWindow("image", cv2.WINDOW_NORMAL)
08    cv2.imshow("image", im)
09
10    # 설명 3
11    k = cv2.waitKey(0)
12    if k == 27:
13        cv2.destroyAllWindows()
14    elif k == ord('s'):
15        cv2.imwrite("ex0990.png", im)
```

프로그램 설명

① **설명 1**에서 numpy를 np로 임포트하고, OpenCV를 위한 cv2 모듈을 임포트 한다. im = cv2.imread()로 "Lighthouse.jpg" 영상 파일을 im 배열에 읽는다. im는 NumPy의 numpy.ndarray 배열이므로, Matplotlib, Scilib 등을 사용할 수 있다.

imread(filename[, flags])에서 flags = -1(기본값)이면 영상 파일(filename) 원본 형식 그대로 읽고, flags = 0(cv2.IMREAD_GRAYSCALE)이면, 그레이스케일 영상, flags = 1(cv2.IMREAD_COLOR)이면, 컬러영상으로 읽는다.

② **설명 2**에서 cv2.namedWindow()로 "image" 윈도우를 생성한다. cv2.imshow()로 "image" 윈도우에 im 영상을 표시한다. cv2.namedWindow() 없이 cv2.imshow()만 사용해도 윈도우를 생성한다.

③ **설명 3**에서 k = cv2.waitKey(0)는 delay = 0을 주면 키보드입력을 k에 받는다. Esc 키(k == 27)이면 cv2.destroyAllWindows()로 윈도우를 파괴한다. 키가 's'이면 cv2.imwrite()로 im을 "ex0990.png" 파일로 저장한다.

[예제 9.91] OpenCV Sobel 에지 검출 (ex0991.py)

```
01    import numpy as np
02    import matplotlib.pyplot as plt
03    import cv2
04
05    # 설명 1
06    #im = np.zeros((256, 256), dtype=np.uint8)
07    im = np.zeros((256, 256))          # np.float64
08    im[64:-64, 64:-64] = 255           # rect image
09
10    #im=cv2.imread("C:/Users/Public/Pictures/Sample Pictures/Tulips.jpg", flags=0)
11
12    #flags = cv2.IMREAD_GRAYSCALE
13    #im=cv2.imread("C:/Users/Public/Pictures/Sample Pictures/Lighthouse.jpg", 0)
14
15    print("im.dtype=", im.dtype)
16
17    # 설명 2
18    im1 = cv2.GaussianBlur(im, ksize=(7,7), sigmaX=0.0)       # sigmaX = 2.0
19    print("im1.dtype=", im1.dtype)
20
21    gx = cv2.Sobel(im1, ddepth=cv2.CV_64F, dx=1, dy=0, ksize = 3)
22    gy = cv2.Sobel(im1, ddepth=cv2.CV_64F, dx=0, dy=1, ksize = 3)
23
24    mag = cv2.magnitude(gx, gy)
25    if mag.dtype == np.float64:
26        mag = np.float32(mag)          # np.unit8(mag)
27
28    retTh, edges = cv2.threshold(mag, 30, 255, cv2.THRESH_BINARY)
29                      #+cv2.THRESH_OTSU)
30    print("ret=", retTh)
```

```python
31   #edges = np.hypot(gx, gy)
32   #edges = edges > 30          # threshold
33
34   # 설명 3 : Matplotlib
35   fig, ax = plt.subplots(2, 2, figsize=(8,8))
36   fig.canvas.set_window_title("Sobel edge detection")
37   plt.gray()
38
39   ax[0][0].set_title("GaussianBlur", fontsize=10)
40   ax[0][0].axis("off")
41   ax[0][0].imshow(im1, aspect = "auto")
42
43   ax[0][1].set_title("gx", fontsize=10)
44   ax[0][1].axis("off")
45   ax[0][1].imshow(gx, aspect = "auto")
46
47   ax[1][0].set_title("gy", fontsize=10)
48   ax[1][0].axis("off")
49   ax[1][0].imshow(gy, aspect = "auto")
50
51   ax[1][1].set_title("edges", fontsize=10)
52   ax[1][1].axis("off")
53   ax[1][1].imshow(edges, aspect = "auto")
54
55   plt.subplots_adjust(left=0,bottom=0,right=1,top=0.98,wspace=0.05, hspace=0.05)
56   plt.savefig("ex0991.png", bbox_inches='tight')
57   plt.show()
```

프로그램 설명

① 설명 1에서 im = np.zeros((256, 256)), im[64:-64, 64:-64] = 255는 사각형 영상을 im.dtype = float64 자료형으로 im 배열에 생성한다. cv2.imread()로 "Tulips.jpg", "Lighthouse.jpg"를 flags=0(cv2.IMREAD_GRAYSCALE)로 im.dtype = uint8 자료형으로 im 배열에 읽는다.

② 설명 2에서 cv2.GaussianBlur(im, ksize = (7,7), sigmaX = 0.0)로 가우시안 블러링을 계산하여 im1을 생성한다. sigmaX = 0.0이면 필터크기 ksize = (7,7)로 표준편차를 계산한다. sigmaX = 2.0, sigmaY = 2.0 등으로 명시적으로 가우시안 필터링을 수행할 수 있다. cv2.Sobel()에서 dx = 1, dy = 0, ksize = 3이면 3×3 필터로 x-방향 미분을 gx에 계산하고, dx = 0, dy = 1, ksize = 3이면 3×3 필터로 y-방향 미분을 gy에 계산한다.

mag = cv2.magnitude(gx, gy)는 그래디언트(gx, gy)의 크기를 mag에 생성한다. cv2.threshold()로 mag를 임계값 30으로 이진영상을 edges에 계산한다. retTh는 임계값을 반환한다. v2.threshold()는 np.uint8, np.float32 입력영상 가능하므로, mag.dtype == np.float64이면 np.float32(mag) 또는 np.unit8(mag)로 자료형을 변경한다. cv2.THRESH_OTSU는 np.uint8 입력영상에서 자동으로 임계값을 결정한다.

NumPy로 edges = np.hypot(gx, gy), edges = edges > 30에 의해 간단히 임계값을 계산할 수 있다.

③ 설명 3에서 ax[0][0], ax[0][1], ax[1][0], ax[1][1]에 im1, gx, gy, edges를 영상으로 표시한다. [그림 9.37]는 OpenCV로 임계값 30으로, Sobel 에지를 검출한 결과이다.

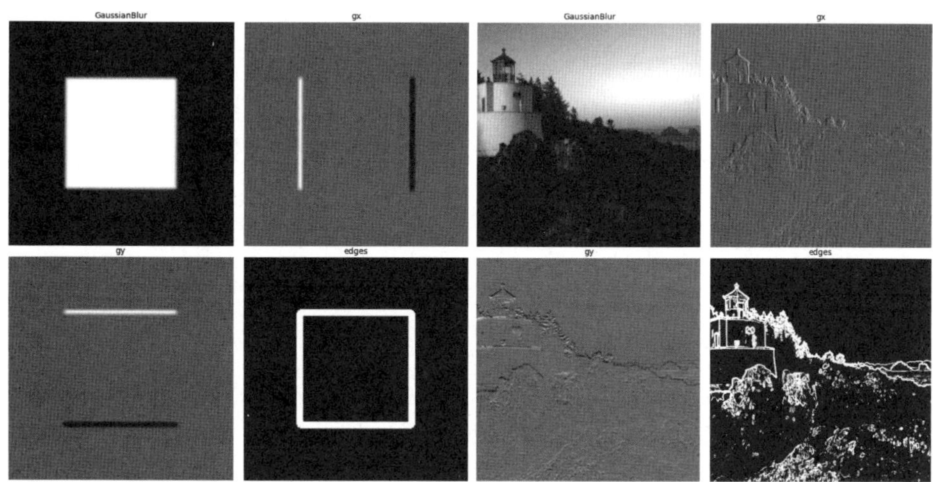

[그림 9.37] OpenCV의 Sobel 에지 검출

[예제 9.92] OpenCV 비디오 처리 1 : 입력 비디오 저장   (ex0992.py)

```python
01    import numpy as np
02    import cv2
03
04    # 설명 1
05    cap = cv2.VideoCapture(0)
06    #cap = cv2.VideoCapture("C:/Users/Public/Videos/Sample Videos/Wildlife.wmv")
07    #cap = cv2.VideoCapture("http://172.30.1.55:5037/mjpegfeed?720x480")
08
09    if not cap.isOpened():
10        print("video capture error!!")
11        exit()
12
13    # 설명 2
14    frame_size = (int(cap.get(cv2.CAP_PROP_FRAME_WIDTH)),
15             int(cap.get(cv2.CAP_PROP_FRAME_HEIGHT)))
16    print(frame_size)
17
18    fourcc = cv2.VideoWriter_fourcc(*"DIVX")  # ('D', 'I', 'V', 'X')
19    output = cv2.VideoWriter("recordVideo.avi",fourcc, 20.0, frame_size,isColor=True)
20    if not output.isOpened():
21        print("Open file error......")
22        exit()
23
24    # 설명 3
25    while(1):
26        # Take each frame
27        retval, frame = cap.read()        # retval: True or False
28        if not retval:
29            print("video capture error!!")
30            break
```

```
        output.write(frame)
        cv2.imshow('frame',frame)

        key = cv2.waitKey(5)
        if key == 27:
            break
cap.release(); output.release()
cv2.destroyAllWindows()
```

프로그램 설명

① 비디오 입출력을 위해서는 컴퓨터에 STAR Codec, Z 통합코덱 등의 코덱이 설치되어 있어야 한다. OpenCV를 사용하여 컴퓨터에 연결된 USB 카메라, 비디오 파일, 웹 카메라 등으로부터 비디오를 캡처할 수 있으며, 비디오 파일로 녹화할 수 있다.

② 설명 1에서 cap = cv2.VideoCapture(0)는 컴퓨터에 연결된 0번 카메라를 비디오 VideoCapture 객체 cap를 생성한다. "C:/Users/Public/Videos/Sample Videos/Wildlife.wmv" 문자열에 의해 비디오 파일로부터 VideoCapture 객체를 생성한다. "http://172.30.1.55:5037/mjpegfeed?720x480"은 172.30.1.55은 IP 주소, 5037은 포트번호의 웹 카메라로부터 720x480 해상도로 VideoCapture 객체를 생성한다. 안드로이드에서 Dev47Apps의 DroidCam Wireless Webcam을 설치하고, Wifi 접속을 통해 스마트폰의 카메라에 접근할 수 있다. cap.isOpened()에 의해 cap이 개방되지 않으면 종료한다.

③ 설명 2에서 cap.get()으로 비디오 프레임의 가로, 세로 크기 속성을 frame_size에 읽어 온다. fourcc = cv2.VideoWriter_fourcc(*"DIVX")는 비디오 출력을 위한 코덱을 4-문자로 fourcc에 생성한다. 입력 비디오를 저장할 비디오 파일 "recordVideo.avi", 코덱 fourcc, 프레임 속도(fps) 20.0, 프레임 크기 frame_size, isColor = True의 기본값으로 설정하여 컬러 비디오를 저장하기 위한 VideoWriter 객체 output을 생성한다. output이 개방되지 않으면 종료한다.

④ 설명 3에서 무한루프 while 문에서 retval, frame = cap.read()는 비디오 프레임을 획득한다. retval에 의해 프레임이 획득되지 않으면 while문을 벗어나 프로그램을 종료한다.

output.write(frame)는 획득된 frame을 output 객체에 출력하고 cv2.imshow('frame', frame)는 "frame" 윈도우에 입력 비디오 프레임 영상 frame을 표시한다. key = cv2.waitKey(5)는 5/1000초 대기시간을 갖고, 키입력 k가 Esc 키이면 while 루프를 탈출하고, cap, output 비디오 처리 객체를 릴리즈하고, cv2.destroyAllWindows()는 모든 윈도우를 파괴하고 프로그램을 종료한다.

[예제 9.93] OpenCV 비디오 처리 2 : Canny 에지 검출   (ex0993.py)

```
01    import numpy as np
02    import cv2
03
04    # 설명1
05    cap = cv2.VideoCapture(0)
06    #cap = cv2.VideoCapture("C:/Users/Public/Videos/Sample Videos/Wildlife.wmv")
```

```
07    frame_size = (int(cap.get(cv2.CAP_PROP_FRAME_WIDTH)),
08          int(cap.get(cv2.CAP_PROP_FRAME_HEIGHT)))
09    print("frame_size =", frame_size)
10    fourcc = cv2.VideoWriter_fourcc(*"DIVX")      # ('D', 'I', 'V', 'X')
11
12    out1 = cv2.VideoWriter("inputVideo.avi",fourcc, 20.0, frame_size)
13    out2 = cv2.VideoWriter("edgeVideo.avi",fourcc, 20.0, frame_size,isColor=False)
14
15    # 설명 2
16    while(1):
17        # Take each frame
18        retval, frame = cap.read()          # retval : True or False
19        if not retval:
20            break
21        out1.write(frame)
22
23        gray = cv2.cvtColor(frame, cv2.COLOR_BGR2GRAY)
24        edge = cv2.Canny(gray, 80, 150, 3)
25
26        cv2.imshow("frame",frame)
27        cv2.imshow("edge",edge)
28        out2.write(edge)
29
30        key = cv2.waitKey(5)
31        if key == 27:
32            break
33    cap.release(); out1.release(); out2.release()
34    cv2.destroyAllWindows()
```

프로그램 설명

① 설명 1에서 cap = cv2.VideoCapture(0)는 0번 카메라를 비디오 VideoCapture 객체 cap를 생성한다. 또한, 비디오 파일로부터 VideoCapture 객체를 생성할 수 있다. cap.get()으로 비니오 프레임의 가로, 세로 크기 속성을 frame_size에 읽어 온다. fourcc = cv2.VideoWriter_fourcc(*"DIVX")는 비디오 출력을 위한 코덱을 4-문자로 fourcc에 생성한다. 입력 비디오를 저장할 비디오 파일 "inputVideo.avi", 코덱 fourcc, 프레임 속도(fps) 20.0, 프레임 크기 frame_size, isColor = True의 기본값으로 설정하여 컬러 비디오를 위한 VideoWriter 객체 out1을 생성한다. 검출된 에지를 저장할 비디오 파일 "edgeVideo.avi", 코덱 fourcc, 프레임 속도(fps) 20.0, 프레임 크기 frame_size, isColor=False로 설정하여 그레이스케일 비디오를 위한 VideoWriter 객체 out2를 생성한다.

② 설명 2에서 무한루프 while 문에서 retval, frame = cap.read()로 비디오 프레임을 획득하고, out1.write(frame)로 out1 객체에 출력하고, cv2.cvtColor()로 입력 비디오 프레임 frame를 gray에 그레이스케일 영상으로 변환한다. edge = cv2.Canny(gray, 80, 150, 3)로 gray에서 Canny 에지를 edge에 검출한다. cv2.imshow()으로 "frame" 윈도우에 입력 비디오 프레임 frame을 표시하고, "edge" 윈도우에 검출된 에지영상 edge를 표시한다. 5/1000초 대기시간을 갖고, 키입력 k가 Esc 키이면 while 루프를 탈출하고, cap, out1, out2 비디오처리 객체를 릴리즈하고, 모든 윈도우를 파괴하고 프로그램을 종료한다. [그림 9.38]는 OpenCV로 비디오를 획득하고, Canny 에지 검출한 결과이다.

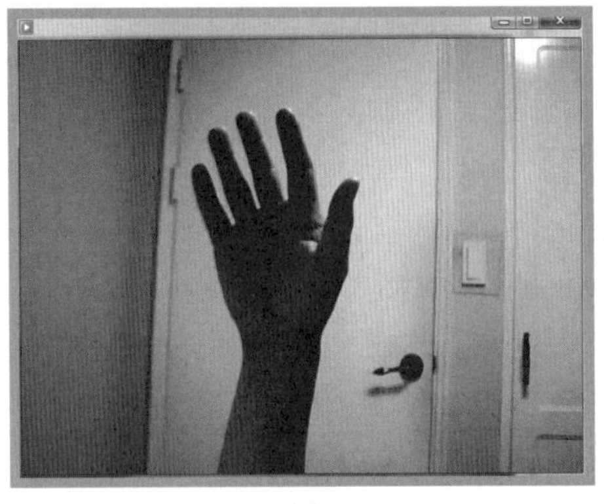
(a)

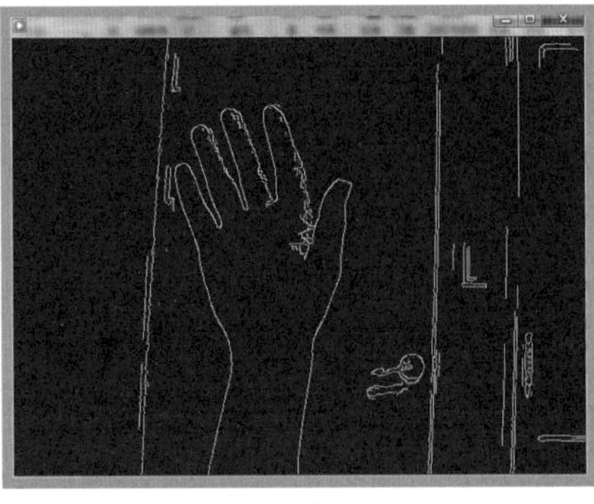
(b)

[그림 9.38] OpenCV 비디오 처리 : Canny 에지 검출

[예제 9.94] OpenCV 비디오 처리 3 : Blob 검출   (ex0994.py)

```python
01    import numpy as np
02    import cv2
03
04    # 설명 1
05    #cap = cv2.VideoCapture(0)
06    cap = cv2.VideoCapture("inputVideo.avi")
07    frame_size = (int(cap.get(cv2.CAP_PROP_FRAME_WIDTH)),
08          int(cap.get(cv2.CAP_PROP_FRAME_HEIGHT)))
09    print(frame_size)
10
11    fourcc = cv2.VideoWriter_fourcc(*"DIVX") # ('D', 'I', 'V', 'X')
12    output = cv2.VideoWriter("resultVideo.avi",fourcc, 20.0, frame_size,isColor=True)
13    if not output.isOpened():
14        print("Open file error......")
15        exit()
16
17    # 설명 2
18    minHSV = np.array([0,  50,  0])
19    maxHSV = np.array([180, 180, 255])
20
21    kernel = np.ones((5, 5), np.uint8)                  # for filtering mophology
22
23    # 설명 3
24    params = cv2.SimpleBlobDetector_Params()            # detecting blobs
25    params.blobColor   = 255                            # default, 0
26    params.minThreshold = 180                           # default, 50
27    params.minArea     = 1000                           # default, 25
28    params.maxArea     = frame_size[0]*frame_size[1]*0.5   # default, 5000
29    params.minDistBetweenBlobs = 50                     # default, 10
30
31    #params.thresholdStep = 10                          # default
32    #params.maxThreshold = 220                          # default
```

```python
33    #params.filterByColor    = True
34    #params.filterByArea     = True          # default
35    #params.filterByCircularity = False      # default
36
37    params.filterByInertia   = False         # default = true
38    params.filterByConvexity = False         # default = true
39    blobF = cv2.SimpleBlobDetector_create(params)
40
41    # 설명 4
42    while(1):
43        # Take each frame
44        retval, frame = cap.read()               # retval: True or False
45        if not retval:
46            print("video capture error!!")
47        break
48
49    # 설명 5
50        im_blur = cv2.GaussianBlur(frame, ksize=(7, 7), sigmaX=0.0)
51        hsv = cv2.cvtColor(im_blur, cv2.COLOR_BGR2HSV)       # Convert BGR to HSV
52        mask = cv2.inRange(hsv, minHSV, maxHSV)
53
54        mask = cv2.erode(mask, kernel,iterations = 1)
55        mask = cv2.dilate(mask,kernel,iterations = 1)
56        mask = cv2.dilate(mask,kernel,iterations = 1)
57        mask = cv2.erode(mask, kernel,iterations = 1)
58
59    # 설명 6
60        keypoints = blobF.detect(mask)
61        #outImage = cv2.cvtColor(mask, cv2.COLOR_GRAY2BGR)
62        outImage = frame.copy()
63        cv2.drawKeypoints(outImage, keypoints, outImage)
64
65        for element in keypoints:
66            center = (int(element.pt[0]), int(element.pt[1]))
67            r = int(element.size//2)
68            cv2.circle(outImage, center, r, [0, 0, 255], 2)
69
70    # 설명 7
71        output.write(outImage)
72        cv2.imshow("frame", frame)
73        cv2.imshow("mask",mask)
74        cv2.imshow("outVideo", outImage)
75
76        key = cv2.waitKey(5)
77        if key == 27:
78            break
79    cap.release(); output.release()
80    cv2.destroyAllWindows()
```

프로그램 설명

① HSV 색상 범위 minHSV = np.array([0, 50, 0])에서 maxHSV = np.array([180, 180, 255])의 화소를 cv2.inRange()로 검출하고, 모폴로지 연산을 수행하여 잡음을 제거하고, cv2. SimpleBlobDetector()로 Blob(binary large object)를 원으로 검출한다. minHSV와 maxHSV의 범위에 따라 결과가 달라진다. 피부색상 같은 특정 색상을 정확히 검출하기 위해서는 검출하고자 하는 색상 분포에 대한 고려가 더 필요하다.

② **설명 1**에서 cap = cv2.VideoCapture(0)는 0번 카메라를 비디오 VideoCapture 객체 cap를 생성한다. cap = cv2.VideoCapture("inputVideo.avi")는 "inputVideo.avi" 비디오 파일로부터 VideoCapture 객체를 생성할 수 있다. cap.get()으로 비디오 프레임의 가로, 세로 크기 속성을 frame_size에 읽어 온다. fourcc = cv2.VideoWriter_fourcc(*"DIVX")는 비디오 출력을 위한 코덱을 4-문자로 fourcc에 생성한다. 결과 비디오를 저장할 비디오 파일 "resultVideo.avi", 코덱 fourcc, 프레임 속도(fps) 20.0, 프레임 크기 frame_size, isColor = True로 설정하여 컬러비디오를 위한 VideoWriter 객체 output을 생성한다.

③ **설명 2**에서 검출할 HSV 색상 범위를 minHSV = np.array([0, 50, 0]), maxHSV = np.array([180, 180, 255])로 설정한다.

kernel = np.ones((5, 5), np.uint8)는 (5, 5) 크기의 배열의 값이 모두 1인 kernel 배열을 생성한다. 모폴로지 연산에서 잡음을 제거하고, 구멍을 메우기 위해 사용한다.

④ **설명 3**에서 SimpleBlobDetector에서 사용할 파라미터 객체 params를 생성하고 하고 초기화한다. SimpleBlobDetector 검출기는 영상을 임계값 범위 minThreshold, maxThreshold에서 thresholdStep 간격으로 임계값을 적용하여 이진영상을 생성하고, cv2.findCountours()로 윤곽선을 검출하고, 중심점을 계산한다. 중심점 사이의 최소간격 minDistBetweenBlobs으로 인접한 중심점을 그룹핑하여 중심점을 다시 계산하여 특징점으로 사용하고, 반지름을 특징점의 크기로 반환한다.

검출된 특징점을 필터링하기 위한 다양한 방법을 제공한다. blobColor = 255이면 흰색(255)을 물체로 검출한다. minArea, maxArea는 면적의 크기, minCircularity, maxCircularity는 원형정도, minConvexity, maxConvexity는 볼록 다각형면적 비율, minInertiaRatio, maxInertiaRatio는 관성 비율을 설정한다. 이러한 값들은 filterByColor, filterByArea, filterByCircularity, filterByInertia, filterByConvexity의 불리언 값에 따라 필터링여부를 결정한다.

여기서는, params.blobColor = 255로 흰색을 물체로 검출하고, 이진영상에서 물체를 검출하기 때문에 다단계 임계값 결정이 필요없어, params.minThreshold = 180로 설정하고, 손과 같이 큰 영역을 검출하기 위하여 params.minArea = 1000로 설정하고, 최대 크기는 params.maxArea = frame_size[0] * frame_size[1] * 0.5로 화면의 절반 크기 까지 큰 영역도 검출하고, params.minDistBetweenBlobs = 50으로 가까운 물체는 그룹핑을 수행한다. blobF = cv2.SimpleBlobDetector_create(params)는 설정된 파라미터 params을 이용하여 SimpleBlobDetector 객체 blobF를 생성한다.

⑤ **설명 4**에서 무한루프 while 문에서 retval, frame = cap.read()로 비디오 프레임을 획득하고, HSV 색상 범위 minHSV, maxHSV의 화소를 mask에 검출하고, mask에 모폴로지 연산 cv2.erode(), cv2.dilate()를 적용하여 잡음을 제거하고, 구멍을 채우고, keypoints = blobF. detect(mask)로 Blob를 keypoints에 검출하고, 입력영상 프레임을 복사하여 원으로 표시한다.

⑥ **설명 5**에서 입력 영상 프레임 frame을 가우시안 필터링하여 잡음을 제거하고, cv2.cvtColor()
로 BGR 컬러 영상을 HSV 컬러 영상 hsv를 생성한다. cv2.inRange(hsv, minHSV, maxHSV)로
색상범위 minHSV, maxHSV의 화소는 255, 나머지 화소는 0인 mask 영상을 생성한다. mask에
kernel 필터를 사용하여 모폴로지 연산 cv2.erode(), cv2.dilate()를 적용하여 잡음을 제거하고,
cv2.dilate(), cv2.erode()를 적용하여 물체 내의 구멍을 채운다.

⑦ **설명 6**에서 keypoints = blobF.detect(mask)로 Blob를 keypoints에 검출하고, 입력 영상 프
레임 frame을 outImage에 복사한다. cv2.drawKeypoints(outImage, keypoints, outImage)
는 keypoints의 특징점을 outImage에 원(circle)으로 표시한다. for element in keypoints 문
으로 keypoints의 각 요소 element에 대해 중심점 center, 반지름 r을 계산하여 cv2.circle()로
outImage 영상에 [0, 0, 255] 색상의 선두께 2인 원으로 표시한다. [예제 9.82]를 이용하여 scipy.
ndimage로 레이블링 및 바운딩 박스 검출할 수 있다.

⑧ **설명 7**에서 output.write(outImage)로 outImage를 ouput 비디오 파일에 출력하고, cv2.
imshow()로 "frame" 윈도우에 입력영상 frame, "mask" 윈도우에 이진영상 mask, "outVideo"
윈도우에 결과 영상 outImage를 표시한다. 5/1000초 대기시간을 갖고, 키입력 k가 Esc 키이면
while 루프를 탈출하고, cap, output 비디오처리 객체를 릴리즈하고, 모든 윈도우를 파괴하고 프
로그램을 종료한다. [그림 9.39]는 손의 피부색상을 검출한 결과이다.

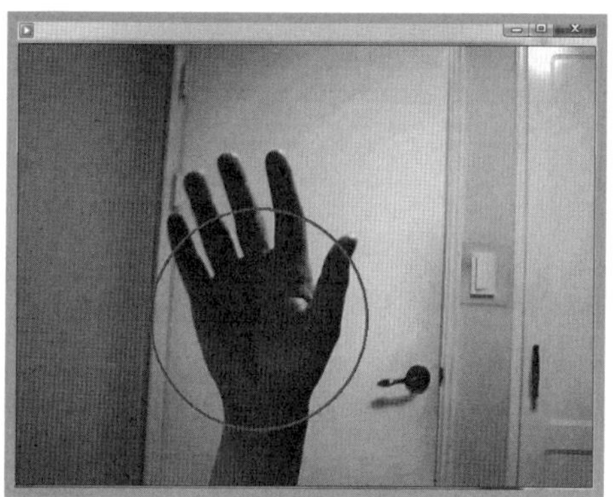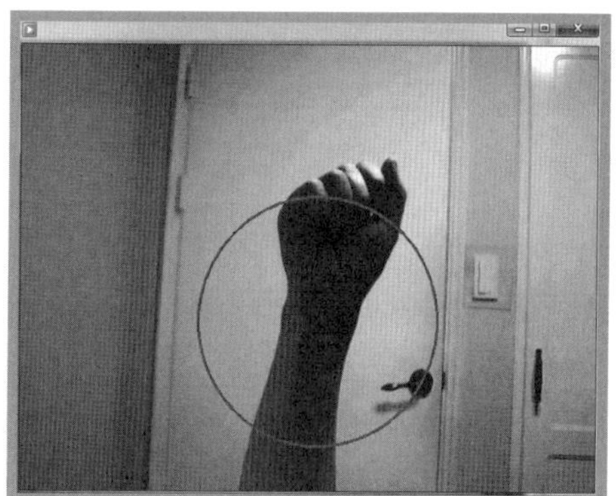

[그림 9.39] OpenCV 비디오 처리: Blob 검출

인쇄 일자 : 2016년 7월 14일 초판 인쇄
발행 일자 : 2016년 7월 20일 초판 발행

펴낸곳 : 가메출판사(http://www.kame.co.kr)
발행인 : 성만경
지은이 : 김동근

주소 : 서울시 마포구 서교동 394-25 동양한강트레벨 504호
전화 : 031)923-8317
팩스 : 031)923-8327

ISBN : 978-80-8078-283-3
등록번호 : 제313-2009-264호

정가 : 28,000원